赵立新　编著

常用景观园林植物
快速选择手册

化学工业出版社

·北京·

内容简介

本书精选了 153 科 653 属 1812 种常见景观园林植物，涵盖了中国北方常用的景观植物种类以及种植设计品种，收录的品种全部可以在中国北方生长，实用性及针对性很强，力求一书在手，搞定常用植物选择；按照应用频度，以表格形式分为十二大类，方便读者迅速检索、选定植物；5000 余幅精美图片记录了植物不同的观赏状态和全貌，展示了我国 34 个省级行政区和其他 10 余个国家的植物应用经典实例；特别收录了植物常用规格数据图片，便于初学者熟悉植物形态特征。

本书适合景观设计人员，园林绿化工作者，相关专业在校师生以及广大植物爱好者使用。

图书在版编目（CIP）数据

常用景观园林植物快速选择手册/赵立新编著. —北京：化学工业出版社，2023.3
ISBN 978-7-122-42400-6

Ⅰ.①常… Ⅱ.①赵… Ⅲ.①园林植物-手册
Ⅳ.①S68-62

中国版本图书馆CIP数据核字（2022）第 194370 号

责任编辑：孙高洁　刘　军
责任校对：宋　夏
装帧设计：关　飞

出版发行：化学工业出版社
　　　　　（北京市东城区青年湖南街 13 号　邮政编码 100011）
印　　装：盛大（天津）印刷有限公司
880mm×1230mm　1/16　印张 44　字数 1323 千字
2023 年 5 月北京第 1 版第 1 次印刷

购书咨询：010-64518888
售后服务：010-64518899
网　　址：http://www.cip.com.cn
凡购买本书，如有缺损质量问题，本社销售中心负责调换。

定　　价：298.00 元　　　　　　　　版权所有　违者必究

序

在一个春日出差的路上，我在北京农学院任教的老同学郑强微信我，说一本有关园林植物的书，希望我读读，如果可能是否可以作个序。这部书就是赵立新先生编著的《常用景观园林植物快速选择手册》。

通过郑强的详细介绍，得知编著者赵立新从事园林工作30余年，在园林局、施工单位以及苗圃均有长期的工作经历，特别是在优地联合建筑景观设计公司担任工程总监兼技术总工期间，负责了全国近20个省的200余个景观设计项目的施工图审图、施工现场的技术支持和服务或竣工验收，包括当时成为地产行业景观标杆项目的北京龙湖双珑原著、滟澜新宸，北京K2海棠湾、首邑溪谷，北京万柳书院等项目。在负责种植设计的植物选定、施工图设计技术指导和设计师培训过程中，感受到现有园林植物图书在应用中的不便，尝试自己整理编写资料。此书是作者经过10余年艰苦耕耘，取得的种植设计实践和研究的结晶。

阅览书稿，欣慰地看到一位认真求实的有心园林人，主动而负责的社会责任担当，这是该行业最需要的可贵品质。此书针对园林设计中植物种植设计存在的问题和设计师的困惑，提供了一种解决方案。该书以服务中国北方园林绿化建设为主要目标，基本收录了近几年北方实际使用的可展现城市绿化不同景观效果的木本和草本植物。该书不仅适用于设计单位和学校学生等行业相关人员使用，对城乡人居环境建设中植物多样性的建设发展也有参考价值。

园林植物相关知识的掌握和应用有一定的难度，特别是在具体实践中的灵活应用更是一项具有挑战性的工作。目前针对设计师需要而编著的园林植物相关著作较少。此书作者通过大量实践工作，在积累了丰富经验的基础上，从设计师需求角度，提供了一种植物快速选择路径，图文并茂，特别注意到不同植物规格产生的景观效果差异，并用图片加以展示，实用性强，这是此书的一个亮点，也是作者对植物选择和应用区域调查、应用研究方面的有价值的成果。相信此书的出版对提高业界对园林植物正确选择和应用水平提升，一定会起到积极的推动作用。

此书中"景观园林植物"的提法和"乡土植物"在园林应用中的无条件肯定，都是业界存在争议的一些问题，但瑕不掩瑜，作者对行业的积极思考及身体力行的探求解决方法的态度，并付出巨大精力，呈现出很好成果值得赞赏和肯定！

北京林业大学教授

2023.3.26 北京

前言

　　本书的编写，完全从"快速选择、设计实用"出发，为读者在植物选择、景观设计、园林应用和学习辨识等方面提供快捷、便利和帮助。

　　编者从事景观园林工作 30 年，阅读过大量植物类图书，绝大部分是标准科属排列形式的文字或图鉴类型，更适合鉴别、分类和科研。编者认为，学习植物知识的终极目的是应用。景观设计和园林应用中，经常需要快速选取某类植物，比如性状适合北京某绿地生长的常绿乔木、观赏竹或某月开花的花卉等，现有图书很难达到快速选定的目的。因此，编者根据以往积累的经验和资料编写了本书。

　　本书最主要的特点是：快捷地选定植物、独特的规格数据、精选的北方品种、全面的植物种类、丰富的应用实景。

　　1. 区别于常见的学院式排列方式，将植物按照实际应用频度和习惯，以表格形式分为十二大类排列，检索、选定植物更加方便快捷，避免了烦琐的查找过程。表格文字与图片分开，也保证了文字的系统性和很多相似植物间的比较、辨析功能。

　　2. 收录了植物常用的不同规格照片，并且给出了规格数据，直观地反映了植物的形态特征，在选择、配置时可以更准确地把握植物规格特点，保证植物的准确应用和效果。方便植物初学者、应用者尽快熟悉掌握植物的生长特点和主要规格。

　　3. 精选的常用景观园林植物全部可以在中国北方生长，植物品种的实用性、针对性更强，植物图片如同一部调查笔记，展示了我国 34 个省级行政区，以及英国、日本等 10 余个国家的植物应用经典实例。

　　4. 涵盖了中国北方的景观植物种类，以及种植设计的常用品种，力求一书在手，搞定常用植物选择。

　　5. 通过图片展现植物不同的观赏状态和全貌，以及植物的典型景观应用实景。

　　本书植物虽然包括部分中国南方的种类，但是实际应用的范围主要是秦岭、淮河以北的地区，具体以《中国园林绿化树种区域规划》一书 I 区寒温带、II 区温带、III 区北暖温带、IV 区中暖温带（以北京及周边区域为本书的重点）、V 区南暖温带等温带地区为主。选取这一区域常用景观植物 153 科 653 属 1812 种（含亚种、变种、变型和栽培变种），其中包括编号植物 1700 种，无编号或照片的92 种，仅有照片的 20 种。植物的收录原则是收录园林绿地中相对常见和常用种类，并且适当收录了一些植物新品种和潜力种类。各大类植物的排列顺序，主要按照使用的频度高低，同时兼顾植物的科属性状。

　　书中的图片部分，共收录植物图片 5000 余幅，是编者利用十多年的时间，实地考察了我国 30 多个省级行政区近三百座城市，数十个植物园，数百个城市公园、景点、风景区、房地产项目，以及苗圃、苗木市场，从几十万张照片中精心选取的。每种植物的图片，力求反映其主要生物学辨识特征；标准、丰满、优质的植株形态，小、中、大规格以及不同的季相；主要观赏特性等，并重点反映其应用地点、应用实例，为读者提供丰富、实用、直观的植物图片资料。为了植物认定的准确性，图片多选用悬挂标牌的植物，同时进行必要的甄别。

英国的百余张植物图片由孟兆祯院士的博士研究生、北京园点景观设计有限公司首席设计师李健宏先生拍摄，他对本书的构思和完成也给予了许多指导和帮助，并且无偿提供了大量植物应用图片，在此致以衷心的感谢！李健宏、刘燕、赵世伟、郑强，及舒健骅、靳源、王焱、李菲、邱幸芳、邓义丰、谢万里、刘雪梅等老师及朋友参与了本书的编写，或提供了无私的帮助、指导，在此致以最诚挚的谢意！

植物的宝藏极其丰富多彩，由于水平和能力所限，书中疏漏在所难免，敬请读者朋友们指正！

赵立新

2022 年 6 月

本书的检索系统采用植物的生活型分类的目录查找方法。按照植物的生活型和使用习惯分为十二大类：常绿乔木，常绿灌木，观赏竹，落叶乔木，落叶灌木，藤本植物，沙生植物，观赏草，水生植物，草坪、地被植物，多年生花卉，一二年生花卉。

每大类植物均按照文字部分和图片部分，分别进行检索。文字部分根据阅读的不同需求，又分为表一、表二两个部分。表一、表二和图片部分可以通过目录检索，还可以通过表一检索图片的位置。为查找方便，每种植物的编号在表一、表二和图片部分都是相同的。

1. 文字部分

表一：供读者按照不同的植物大类，快速选择植物，最快地选定植物的名称，了解其科属、产地等。

表二：供读者深入了解植物，熟悉植物的观赏及应用、生态习性、栽培管护要点、辨识要点以及一些文化内涵和花语等。

2. 图片部分

供读者进一步掌握植物的辨识要点、规格、观赏形态、季相、典型景观应用实例等。

目录

第二部分 图片部分

第一部分

文字部分

本书景观园林植物的应用范围以中国北方为主，即我国温带地区。其北界即东北、北部、西北国境线；南界为平均极端最低温度 –10℃等温线，即华北南部平原、秦岭南坡的北部及四川北部一线，主要包括山东南部、江苏北部、安徽北部、河南（不含西南端）、陕西中部、甘肃南部一段及四川北部一小段。书中很多植物在这一区域广泛分布和应用，有些在这一区域以南也普遍存在，因此，精选中国北方的园林植物，既注重植物在一定区域内存在的普遍性，又注重植物在不同城市存在的独特性，会为植物学习和设计应用提供很大便利。

一、植物在景观园林中的意义

景观设计已经被学者提升到"生存的艺术"的高度，需要综合考虑人居环境、人类生存环境、生态、气候、污染等一系列问题。植物是设计的重要元素，是解决这些问题的主要材料，具有无可替代的重要地位。

植物除了具有观赏、怡情和维系生态平衡等基本功能，在我国还有很多文化和精神的内涵，是我国传统文化中"天人合一"思想的重要内容，景观园林可以借助植物抒发情怀，寓情于景，用于意境和主题的营造。

中国工程院院士尹伟伦指出，由植物配置构成的植物多样性是园林的重要组成部分，园林设计脱离了植物，园林便没有了生命。植物是造园中最灵活、最生动、有生命的基本材料，充满了生机和活力，构成了景观园林的重要方面，反映了景观中的生气和精神。因此，植物被称为"景观之魂"。第19届国际植物学大会宣言指出，"我们绝对地依赖植物而存在"。对景观园林植物重要性的认识程度，以及植物设计、应用的水平高低，对造园的成败有着十分重要的影响。

二、我国植物应用中需要改进的一些问题

1. 园林绿地植物种类的应用亟待丰富

苏雪痕先生在 2006 年指出，"在美国 *Plant Founder* 名录中，可以买到的有 8 万至 10 万个植物品种"。美国芝加哥超过 9 公顷的保尔花园中，配置着 2 万个以上品种的植物。《中国花卉报》2015 年 9 月 24 日报道，英国皇家园艺协会可查的花园植物品种达到 10 万个之多。欧洲大陆植物也有 7 万余种，绿化市场常用的就有 3 万多个品种。

我国是种质资源大国，2021 年统计数据显示，共有 6 ～ 7 个特有科，256 个特有属，1.7 万余个特有种，我国原产的观赏植物有 7930 多种，仅自然分布的乔木有 3000 多种。但我国园林绿地中应用的植物种类有限，大多数城市绿化中不超过 200 种，多样性十分欠缺，这与我国丰富的植物资源极不相称，落后于许多发达国家。根据《中国花卉报》2018 年 4 月 12 日的报道，清华大学教授杨军调查统计，就乔木树种，国内城市平均使用数量仅为 85 个，其中乡土树种 60 余个，外来种 20 余个。

上海近些年在丰富植物品种方面做了很多工作，2016 年常用的园林物种或植物种类已达到 2500 ～ 3500 个，而且每年以 50 个物种或植物种类的速度递增，其中有不少来自国外。因此，在本土植物应用方面，我国与国外的差距还是十分明显的。

我们常见的种植设计苗木表中，一般仅涉及几十种植物，甚至对于十几万平方米的居住园区，植物种类只有 20 ～ 30 种，植物景观显得单调和贫乏。此外，我们的苗木生产也存在较大问题。我国是世界最大的苗木种植国，但国槐、法桐等一些常规树种占比长期过大，其他许多树种供应匮乏，苗木结构性矛盾突出。

张启翔教授指出，植物多样性有修复、改善及美化环境的功能，植物多样性及其科学应用，是提升城市人居生态环境质量的核心内容，多样性的植物在打造丰富、稳定、持续、健康的景观中必不可少。相反，植物多样性的匮乏，会造成景观同质化严重，城市森林生态系统质量不高。

植物种类单一，集中成片种植，容易造成当地生态脆弱，病虫害大量发生，甚至形成毁灭性危害。1949年，北京城内大面积种植复叶槭，几年后，天牛危害十分严重并迅速蔓延，只得全部砍伐。植物种类单一，还会造成景观单调，缺乏特色和新奇，缺少文化内涵等问题。独具特色的植物可以成为当地的名片，可以加强城市的辨识度，丰富城市的面貌，塑造城市的风情，甚至可以成为一个城市的文化标志，成为发展旅游的一个途径。新奇的植物甚至可以成为绿地、景点的特色，成为宣传、吸引游客的内容之一。然而目前一个普遍的现象是，3~5种常见树种就组成了长江流域、黄河流域、华南及西南地区数百个城市的骨干树种。草花也是如此，无论哈尔滨还是海南岛，5种常见草花占据了国内一二年生草花总用量的20%左右。这使城市绿化陷入"千城一面"的尴尬，城市丧失了自己的特色和情趣，缺少了应有的风貌。

2. 植物的鉴定、科普、育种等工作亟待加强

我们植物的鉴定、科普以及育种、推广工作相对比较薄弱，很多地方的植物园，专业水平比较低；很多苗圃还处于较低的技术水平。

植物园担负着植物收集、物种保育、科学研究、科普教育、资源利用等功能。笔者利用近几年的时间，参观了我国北方地区能参观的各类植物园以及南方一些植物园，发现，我国北方地区的几十个植物园，能够达到专业水准、有比较好的参观价值的不多，不少园内最基本的植物标牌设置、科普、规划等工作都不够完善，与我国港台地区的公园相比，还有一定差距。在香港尖沙咀星光大道的绿地里，可以看到几百字的单种植物科普标牌，香港城市公园的植物科普做得更加到位，而在内地南、北方植物园、公园参观学习植物时，根本找不到多少标牌，总感觉像是在寻宝，能认识、发现什么植物，全凭自己的本事，让人很是无奈！

我们植物园的功能更多地放在了市民的休闲娱乐方面，很多植物没有标牌，标牌错误和混乱的情况也时常出现，让学习者无所适从。当然有些标牌缺失与游人素质低，随意损毁有一定关系，但更多的原因还是管理、鉴定和科普不到位。有几个省会城市的植物园，水平不如一线城市的一般公园；许多地区级别的植物园，与一线城市的郊野公园或休闲公园水平相当，植物种类少而普通，没有多少科普功能，缺少科学合理的分类、规划；个别地方的植物园，根本达不到植物园标准。

2019北京世界园艺博览会（以下简称世园会）的植物标牌，也出现不少错误。某地区园的密枝紫叶李标牌，属名、种名连在一起，且标注为忍冬科忍冬属，到世园会结束，也没有更改。

我国植物园以及植物科普工作的现状，在种类丰富、知识普及等方面有许多工作需要加强，尤其应尽早完善最基本的植物标牌的准确、完整、规范等工作，为植物爱好者提供更多便利。在城市园林绿地植物品种的使用上，还需要绿化部门多做植物种类规划，从而带动植物的育种和推广，提高苗圃的科技水平。

3. 种植设计、施工的水平和指导思想需要提高

我们不少地区的种植设计还停留在种树种草、绿化、植物种类简单堆砌的水平，距离美化、功能化、艺术化有相当的距离，当然生态效应也会大打折扣。

笔者参观了 2017 年春季完成的北京某中心城区恢复老北京历史文脉的景观工程，"小桥、流水、人家"，硬景从设计到施工有不少亮点，但是种植设计比较失败，一万多平方米的面积，无论是花卉还是乔灌木，给人的感觉是机械、单调、生硬，植物选择、搭配十分随意，缺乏细节，没有自然和美感；植物种类很少，树形差（见图片部分附录 1～6）。

一些项目看似形象工程，为了追求立竿见影的效果，植物过度密植，封闭了植物合理的生长空间，违背了自然规律，引发病虫害，景观效果也变得越来越差。还有一些项目追求奢华效果，急功近利，违背科学，盲目种大树，干径几十厘米的大树重截后种植，既破坏了原有的生态环境和森林资源，树木成活率和保存率还很低。

近几年地产景观种植设计、施工有不少成功的案例，但是种植设计水平的全面提升，可能还需要相当长的时间。（植物配植参考图片部分附录 7～24。）

三、植物的选择

1. 景观园林项目的投资左右植物品种的选择

设计师可以与苗木市场、苗圃实现互动，多走出去，实际了解植物的性状和栽培，熟悉市场种类、苗木存圃的资源状况、价格以及寻找的难易程度，随时总结归纳当地常用植物资源和价格，根据项目投资情况、植物栽植点位的重要程度，合理选择植物种类。

2. 重视设计前的必要考察

设计前，景观项目设计人员应该对项目所在地的植物进行必要的考察，特别是不熟悉地区的项目更宜重视。最好在该地区专业人士引导下，对当地的街道绿化、楼盘、苗圃、公园、植物园实地参观、调查，熟悉当地的植物种类、生长特点、使用习惯、喜好以及与植物相关的一些文化、风情，做到心中有数。对设计场地的地形、地貌、土壤结构和性能等也需明确，便于恰当地选择植物。

3. 设计师需要保证所选择的植物名称准确、规格适当

对植物的种和品种辨识清楚，这是对设计师基本的要求，但是现实中问题很突出，植物种类应用常常比较混乱。进行种植设计时，基本没有使用植物唯一的拉丁学名，仅使用不唯一的中文名称，需要注意准确性。比如我们经常使用的北美海棠，应该给出品种名称，即使做不到，也要用文字做精确定义，比如"白花北美海棠"。再如花色多种的紫薇、色彩丰富的花卉、单瓣或重瓣花，也需明确定义；还有像云杉属等植物，不易辨识，设计方首先要合理选择，确定具体种类，而不是笼统标注云杉，以致影响使用效果。另外还应该通过高度、干径、冠幅、分枝点等规格以及原冠苗的国际标准对植物进行约束，力求规格适当，以达到预期的设计效果。

4. 熟悉植物的基本情况

应熟悉植物的规格、形态、体量、生态、生长发育规律、物候、季相、抗性、病虫害情况、对人的保健康养功能等，在植物选择时作为参考。有些植物如桧柏与苹果、海棠等，种植在一起易发生锈病，设计时需要注意植物此类相生相克问题。

5. 植物选择要"适地适树"

植物的栽植地点应该适应其对旱湿、盐碱、阴阳、温度等要求。设计师需要考虑景观园林设计项目所在的地域、气候情况，选择适宜生长的植物，还要了解当地群众

对有关植物的喜好和需求，以及一些使用禁忌、习惯，作为植物选择的参考，在商业区、居民区、单位等地使用时，还需要考虑植物的毒性、脆弱性和过敏性。

一个地区的树种，乡土树种和适生树种，可以放心种植。选择树种，尤其是北方，应该首选耐旱乡土树种或者原生树种，这是经过大自然长期选择的树种，在耐旱、抗病、抗寒等方面表现良好，普遍生长较慢。乡土植物更能适应地方气候和生态环境，节能低耗，有利于构建适于当地气候条件的稳定植物群落，降低绿地养护成本，提高城市建设中植物群落的综合功能，同时具有独特的地方景观特征，可提升景观质量，适宜增加种植。近几年兴起的新自然主义生态种植，以乡土植物模拟自然群落的设计理念，具有低维护、可持续的优点，逐步在世界范围内替代传统种植形式，成为城市景观种植设计的一种趋势。

要慎用外来植物，预防植物灾害发生。边缘植物，要总量控制，在小气候条件好的地方使用，不能为了求新求异，过分强调异域风情而大量选择。尝试新品种，应该选择种源与当地环境气候类似，能适应当地环境考验的树种，否则风险很大。植物是否适合当地生长，需要从种子播种到种子成熟，前后大概二三十年时间考察。引种要充分考虑引种地与被引种地气候相似程度，尤其是纬度、经度、海拔、温度（年平均气温、最高温、最低温）、湿度、光照、水（水质、降水量、地下水位）、风力等限制植物引种的主要生态因子，从而使引入的植物种类更适合当地气候，可以应对恶劣天气，减轻受灾程度。"要判断一种植物能否适应引种城市的气候，除了需要比较树种的自然分布区和城市气候，也要考虑引种城市发生极端灾害的可能性"，比如风灾、雪灾、病虫害、极冷和极热天气、暴雨水涝等都是考虑的因素。

2015 年冬季的严寒，济南的女贞、小叶女贞、全缘栾树等冻害严重；苏北的香樟、女贞、全缘栾树、夹竹桃，中原地区的香樟、女贞、桂花冻害严重。2016 年初，连云港超过 4 万株香樟受到冻害。影响冻害程度的因素，与"植物原产地、植物自身生物学特性、区域小气候、群落配置方式以及养护的精细程度"都有关系，种植设计时需要权衡多方面因素。

设计项目苗木的选择，原则上应该使用施工场地附近的本地苗，或在本地经过一定时间严格驯化的外地苗木，对于边缘树种，这一点尤其重要。需要采购外地苗木的，距离施工场地 300 公里以内最佳，并且最好 24 小时内运输到位，以保证苗木的成活率。

6. 植物选择要比例适当

在确定基调树种、骨干树种的基础上，要注意常绿树和落叶树的比例适当，注意乔木、灌木和草坪的比例，注意增加彩叶树种以及观花观果树种比例，注意增加无公害植物的比例。彩叶树，包括秋色叶树种，可以提升景观质量，通过色彩搭配带来悦目的效果，我国绿地彩叶树种比例偏低，应该有很大提升空间。无公害植物指无飘絮、落果等污染环境、致敏致灾的植物，环境污染日益受到重视，这类植物会更加为人注意。

7. 谨慎使用速生树

为达到速生目的，尽早出圃，速生树育苗过程中大水大肥，造成苗木徒长，木质化程度不够，抗性下降，越冬能力差，耐移植能力差，寿命短，使用时需要注意。

8. 重视行道树的选择

行道树是处于最恶劣的生态环境中的植物之一，对适应性、抗性、安全性、无公害等要求比较突出，对形态、遮阴能力、分枝点等也有要求。国际树木学会有一套客观的行道树规格标准，值得参考。

9. 原冠苗的使用成为趋势

原冠苗即原生冠苗，国际上的主干树，由种子繁殖，需要经过复杂的修剪，以控制生长、减免风险，控制病虫害，为小苗增强结构，最终达到抗风的形态。原冠苗定植时不换土施肥，模仿自然降雨浇水，尽量不打药，而从小苗培育其良好抗性，大苗通过修剪祛除病灶，自我修复。从 2012 年上海迪士尼项目美方设计师要求使用原冠苗开始，G20 杭州峰会、雄安新区绿化等相继提出使用原冠苗，这是景观行业发展水平提升的要求，是遵循科学的趋势，也是包括欧美国家、日本、新加坡等都在遵循的国际通行的准则。在植物选择时，特别是城市绿化、行道树，倡导使用符合树木自然生长状态、符合生长自然规律的原冠苗，可以弘扬城市绿化可持续发展的理念，最大限度地发挥植物的生态价值，抵御风害、雪压。

10. 根据不同林地、绿地的情况，选择合适的地被类型和植物种类

应当根据城市和园林绿地的不同类型，比如是历史、工业还是旅游城市，是街头绿地还是居住区、儿童活动绿地等，选择相应的植物种类。北京市按照生态优先、景观多样、因地制宜的原则，已经不再要求拔除野花野草，强调科学利用管理，发挥其生态景观价值，2018 年 4 月还出台了《北京市绿地林地地被植物选择与养护技术指导书（试行）》，推出 100 多个乡土地被植物优良种类，这为推动生态文明建设、丰富植物选择提供了新的思路。在选择树种时还需要更注重生态效益，考虑环保树种，以达到涵养水源、保持水土、防风固沙、滞尘减噪、吸收有毒气体等效果。

四、植物设计需要注意的几个方面

植物设计除了需要遵循基本的原则和方法，还需要注意以下问题：

1. 种植设计师需要具备一定的方案设计能力

种植设计师不应该仅仅是单一地绘制种植图纸，还非常需要具备学习、加强和掌握一定方案设计的能力，这既是提高自身水平和本领的要求，也是高质量的园林设计必需的素质。具备方案设计的能力，可以更好地理解项目方案主创的设计意图，处理好植物和建筑、小品、道路、假山、水体等硬质景观的相互关系以及植物的组团关系，创造性地做好种植设计。如果方案主创设计师同时具备种植设计的能力，那一定会是具有综合素养的高水平设计师。

2. 景观设计师需要加强植物设计的知识和水平

我国的景观园林设计师因为毕业院校不同，各学校课程设置差异大，学生素质、知识、经验的积累差异也很大。农林院校学生的植物知识比较扎实，建筑、艺术院校学生则相对薄弱，他们在从事设计工作时侧重和水平有很大不同。景观设计单位往往分工比较细，方案、土建和种植都有专人负责，种植设计受方案主创人员的能力影响会比较大，主创如果对植物的知识和认识不足，对种植设计没有足够的重视，设计水平很难估量。因此，结合植物在景观园林中的意义可以看出，只有具备丰富的植物相关知识的景观设计师，才能更好地担当大任！

建议景观设计师从以下几方面初步提升设计水平：

① 综合多个大型成功景观项目的苗木表，熟知常用植物的性状。

② 综合多个设计得比较成功、已经施工完成的项目图纸，学习研究，现场观摩、实测，总结出一些对自己有用的规律性的东西，便于在日后设计中应用。

③ 多观察、多思考，熟悉植物配置的一些惯用方法，在设计中自觉使用。

3. 种植设计需要综合考虑植物的自然属性、功能、文化、艺术、生态以及植物安全等诸多因素

种植设计的主要工作是根据景观园林总体方案的风格，按照相关规范的要求，准确、充分地利用植物，在满足使用者功能需求的前提下，创造景观的不同空间关系、时间变化和情境——何处密植组团，何处种植纯林，何处为草坪，何处风格精致，何处富有野趣，等等，创建好植物的空间划分、疏密关系、开合关系、景深关系以及植物与建筑、地形、道路、小品、假山、水体等的位置关系；通过设计，使不同项目、不同地域呈现出自身可持续的、独特的个性。

在植物组团配置时，要处理好植物立体组合的结构、高低、大小，以及组团的整体色彩、常绿与落叶、叶形、叶色、花期、花色、病虫害问题等，同时注意栽植的密度，既要形成密实完整的色块，又要利于植物生长。

种植设计需要重视植物自身的观赏特性，比如花期、果期、色彩、香味、姿态、时序和季相变化等，可以设计特定的景观，突出色彩，表现季相，或是利用芬芳，招蜂引蝶；还可以通过植物刺激人们的听觉，感受风雨，比如雨打芭蕉、万壑松风。

种植设计需要兼顾植物的栽培历史和其自身的文化内涵，特别是与中国传统文化的结合，重视植物人格化的精神内容，可以突出以少胜多、小中见大的效果，形成更高的意境和鲜明的特色，或创造诗画混成、诗情画意、情景交融的艺术效果。

种植设计还需要注重植物的生态功能，以及结合植物保护知识，从植物布局、植物选择、植物所处环境、植物配置、植物管理方面，保障植物的安全。通过合理的设计，防范自然灾害和生态风险，减少病虫的发生数量与侵染的可能性，从而达到控制病虫的目的，对植物保护、生态建设发挥着积极作用。

景观特别是植物景观作为建设工程的最后一项工作，可以弥补建筑、规划的一些缺陷，软化构筑物生硬的线条，装点山水，衬托建筑，丰富景观的层次，因此需要切实利用好种植设计的这一特点。

只有充分、全面地考虑好种植设计的诸多因素，才能让种植设计经得起时间的考验，成为更具文化底蕴、更为大众接受和喜爱、更有价值的作品。

五、园林景观项目种植设计的主要流程

种植设计一般是景观园林项目中众多的设计内容之一，它不是孤立进行的，建筑立面、建筑的覆土深度和地下结构、综合管线位置及埋深、地下水位、竖向设计高差变化、路网、灯位、总图详图的调整更新、空间节点的性质和范围等条件都会影响种植设计。做好种植设计，需要在项目全过程随时与方案、造价、总图、详图、结构、水、电设计师等密切配合，通过团队合作共同完成。种植设计在实际设计中一般按照以下流程进行。

项目概念、方案阶段，确定苗木表，预设苗木规格，如常绿乔木是否从地面分枝，高度、冠幅；落叶乔木有无主干，分枝点高度、干径、冠幅、高度；灌木是丛生还是有独干，分枝点、地径、高度、冠幅等，对于重点树最好附照片说明。有了苗木表，植物种类的主次、大概数量就可以做到心中有数。可以使用 SketchUp 等软件做模型，先做重要位置的种植，然后进行其他区域的种植，模型在空间表达上要力求准确，以保证 AutoCAD 或天正建筑软件翻图的准确性。通过模型可以感受种植的实际立体效果，还可以进行种植设计调整。

项目初步设计阶段，将 SketchUp 模型上的种植，翻到 CAD 上，将空间转化为平面。模型中选用的植物大小原则上要与 CAD 使用的苗木大小一致，点对点翻种。翻前要确定植物图例，冠幅规格为图例块大小；规格不同要分开命名，如桧柏 1、桧柏 2 等等；CAD 中要选用图层，如乔木、灌木、地被等；还会采用外部参照形式。确定种植点位时，需要认真推敲确定。

项目施工图阶段，在 CAD 进行植物名称引出标注、数量统计（可以使用插件提高统计的效率），按固定的打印样式，出图比例一般为 1∶200，生成种植施工图，主要包括苗木表、种植总平面图、乔木种植平面图、灌木种植平面图、花卉和地被种植平面图，小型项目可以只包括前两种图纸。种植图纸的分区和图幅通常与总图一致，另外还要编制种植设计说明。

后期配合阶段，在项目开始施工前，根据需要配合甲方、施工方号苗，确定施工所需苗木。在苗木现场种植后，设计师根据实际效果可以进行适当调整，特别是重点位置效果的把控，有时还要对设计图纸进行必要的修改，最终高标准完成植物种植。

六、种植设计需要高质量的施工效果

1. 保证设计的质量

细节体现品质。要保证施工效果，设计图纸首先要做到精细准确，提高设计精度，控制细节，同时要确保设计的专业水平。设计师可以运用专业软件建立植物景观配置的立体模型，以明确对树形的要求，乔木、灌木、草坪之间体量对比，植物与建筑、小品等的配置关系，最直观地体现设计思想。为了保证苗木的质量，还需要提供植物的意向照片。种植设计还需要遵守消防等相关规范以及建筑立面、窗前等种植的基本要求，注意避让地下管线，明确车库顶板覆土情况，使设计符合规范、合理。

2. 种植施工同样是一项系统工程

施工是需要设计方、建设方、施工方和监理方共同完成的系统工程，适时的交流和沟通、密切配合必不可少。设计师需要做好对施工的监控，多去施工现场，实地参与施工。

建设单位是施工系统工程的核心，起着决定性作用，应该确保施工的管理力度和水平。建设单位需要配备一名施工经验丰富、业务熟练而且管理能力强的景观工程师，充分理解设计要求，熟悉图纸。前期做好施工图纸的审查，做好各相关单位的协调、沟通，把图纸和施工现场不相符合或需要更改的问题，力争施工前解决好。施工过程中一定要严格管理，确保施工单位按图施工，不符合设计要求的一律整改。

每个项目的景观设计都需要合理的施工工期，以保证工程细节完美，不粗糙，避免"速成景观"，这也是确保施工质量和效果的前提条件之一。建设方应该尽量统筹安排充裕的景观施工工期，避免因为工期紧迫而弱化细节或修改简化设计，影响施工效果。

建设单位考察、施工队伍选择同样十分重要。施工人员对设计意图的掌握、与相关单位的密切沟通、严格按图施工，也是保证种植工程质量的基本要求。在理解、贯彻设计意图的前提下，种植施工又是相对灵活的景观施工，是技术与艺术的结合，是需要现场感觉和艺术创造力的施工过程。因此施工方配备的现场技术人员需要具备美学、艺术修养以及对种植图纸的理解、深化能力。施工人员的技能水平，会直接影响景观效果，高技能的施工人员也是打造精品工程的条件。

种植施工前，施工方需要充分理解景观设计的空间关系与个性，充分认识设计的植物空间划分、疏密关系以及植物与建筑、小品等的位置关系，通过对照设计的立体模型，参考植物配置的典型实景意向照片，以求达到设计要求的效果。重点位置的点景乔木、重要节点的植物配置关系，原则上应该严格按照设计图纸要求的苗木种类、规格和品质进行施工。其他位置的植物，在不改变景观设计的思路与空间结构、空间性格的前提下，施工方经过与建设方、设计方充分沟通，获得认可后，可以根据现场条件及施工当地市场苗木资源，对植物种类进行替换，对种植点位进行局部调整。

施工中应该根据不同的场地条件采取相应的措施。比如对于盐碱地、胶泥类容易板结的不渗水地块、沙性较强渗水快的地块等，根据土质进行相应的改良或处理。对于屋顶种植、地下车库顶板覆土种植等特殊场地的施工，应该根据相关规范要求，采取适当的应对方法。

3. 非季节种植施工

非季节种植施工是指在不适宜植物栽植时间的施工，如北方的夏季施工。在非种植季节种植施工时，苗木需要使用提前储备好的假植苗和容器苗。

① 苗木适宜在本地或距离施工场地最近的范围内储备或选择，尽量缩短运输时间。

② 依据苗木的具体情况，可以在保证设计规格、保留原树冠形态的前提下进行适当修剪，疏枝疏叶。

③ 夏季可以采取遮阴、树冠喷雾、树干缠草绳保湿或喷施抗蒸腾剂等措施，减少水分蒸发；冬季可采取树干缠草绳和塑料薄膜等保温、保湿措施，防风防寒。针对不同性状的苗木，可以分别采取喷水、浇水，使用生根剂、喷施农药等办法，保持苗木的成活。

④ 苗木运输、栽植以阴雨天或傍晚、夜间为宜，运输时适宜用封闭货车或完全覆盖、遮阴，防止水分蒸发和沿途风吹，必要时要补水，尽量缩短运输时间，并在尽量短的时间栽好，浇足水分。当日起苗，连夜运输，到场立即定植，保证植物须根不能脱水，可以提高成活率。

七、风景园林也是时间的艺术

园林前辈施奠东指出：风景园林，不仅是空间的艺术，还是时间的艺术，包含着四季的变化，以及一代一代人与自然的互动；世界上没有任何一种艺术，像园林艺术那样，从创作开始就一直处于动态之中；园林的传世，是一个过程，不是一年两年见效果，而是建好后在发展中不断维护，在维护中不断提高的。苏轼寓居雪堂时自题对联"台榭如富贵，时至则有；草木似名节，久而后成"，说明了植物配置后，必须抚育管理，如同人的声誉名望，无法一蹴而就。

人与自然的互动以及不断维护、抚育管理，就包含了植物栽植后的后期养护内容。后期养护包括种植施工过程中的养护和施工完成后的日常养护，是确保植物成活和健康生长，保持设计要求的景观效果的必要工作。后期养护应该根据植物种植施工完成的时间、不同的植物类别、不同的生长季节和施工所在城市、地块的气候分别确定。植物的日常养护是维持和提高植物和园林的景观效果的重要内容和手段，也是十分重要的园林传承的工作，需要扎扎实实做好。

景观园林是一门特别综合的学科，植物的应用虽然仅仅是其中一方面内容，但是也涵盖了许多知识，本书所能涉及的植物内容，也仅仅是植物宝藏中的沧海一粟。唯有不断地学习，不断地提高自己，才能更好地认识、运用植物中的瑰宝！

序号	名称	拉丁名	别名	科属	产地及分布	彩图页
1	雪松	Cedrus deodara	喜马拉雅雪杉、喜马拉雅雪杉	松科雪松属	产喜马拉雅山西部。我国长江流域、大连、西安、青岛、北京等地多栽培	246
2	青杆	Picea wilsonii	青扦、青杆云杉、刺儿松、细叶松、华北云杉	松科云杉属	我国特有，广布于内蒙古、河北、山西、陕西、甘肃、青海、济南及东北地区有栽培。北京、青岛等地山。北京等地习见，小兴安岭及吉林省山区习见。内蒙古、北京、东北地区城市有栽培	246
3	红皮云杉	Picea koraiensis	红皮臭、带岭云杉、高丽云杉、针松、沙树	松科云杉属	产我国东北山地、大兴安岭、小兴安岭及吉林省山区习见。内蒙古、北京、东北地区城市有栽培	247
4	云杉	Picea asperata	粗枝云杉、大果云杉	松科云杉属	我国特有，产四川、陕西、甘肃高山。北方地区使用相对较少	247
5	油松	Pinus tabuliformis	红皮松、东北黑松、马尾松	松科松属	我国特有，产华北、西北地区、吉林、辽宁、山东、河南等地及西南地区有分布	248
6	黑皮油松	P. tabuliformis var. mukdensis		松科松属	产河北承德以东至辽宁沈阳、鞍山等地	248
7	扫帚油松	P. tabuliformis var. umbraculifera		松科松属	产辽宁千山、天津盘山	248
8	白皮松	Pinus bungeana	三针松、虎皮松、白果松	松科松属	我国特有，产华北、西北各地。四川北部地区。沈阳以南及长江流域各城市有栽培	249
9	华山松	Pinus armandii	果松、五叶松、白松	松科松属	产我国中部至西南高山地区。北京、沈阳、青岛、武汉等地常见	250
10	樟子松	Pinus sylvestris var. mongolica	蒙古赤松、西伯利亚松、海拉尔松、黑河赤松	松科松属	产东北大兴安岭山区、沈阳以北山区及沙丘常见。北京、内蒙古等地及西北地区有栽培	250
11	长白松	Pinus sylvestris var. sylvestriformis	长白赤松、美人松	松科松属	产吉林长白山北坡海拔800～1600m地带。哈尔滨、北京等地有栽培	251
12	黑松	Pinus thunbergii	日本黑松	松科松属	原产日本及朝鲜南部海岸地区。山东、安徽、江浙地区有栽培，华东沿海、大连生长旺盛	251
13	桧柏	Sabina chinensis	圆柏、刺柏、红心柏	柏科圆柏属	原产我国北部及中部地区。北至内蒙古及沈阳南部，南至两广北部为栽培	252
14	龙柏	S. chinensis 'Kaizuca'		柏科圆柏属	产华北南部及长江流域。北京、大连、兰州有栽培	253
15	塔柏	S. chinensis 'Pyramidalis'	塔柏、圆柱桧	柏科圆柏属	华北地区及长江流域有栽培	253
16	望都塔桧	S. chinensis cv.		柏科圆柏属	产河北望都	254
17	西安桧	S. chinensis 'Xian'		柏科圆柏属	产河南鄢陵。东北至华中地区有栽培，西安栽培多	254
18	沈阳桧	S. chinensis 'Shenyang'		柏科圆柏属	1982年在沈阳发现并栽培。黑龙江、吉林、辽宁可生长	254
19	丹东桧	S. chinensis 'Dandong'		柏科圆柏属	东北地区栽培多	255
20	蜀桧	Sabina komarovii	塔枝圆柏、蜀柏、笔柏、灰桧	柏科圆柏属	我国特有，产四川西部高山，长江流域及黄河流域一带。北京、大连有栽培	255

一、常绿乔木

序号	名称	拉丁名	别名	科属	产地及分布	彩图页
21	侧柏	Platycladus orientalis	柏树、黄柏、扁柏	柏科侧柏属	原产我国北部，现北至吉林，南至广东以南、西至四川、云南、新疆吐鲁番等普遍栽培	255
22	北海道黄杨	Euonymus japonicus 'Beihaidao'		卫矛科卫矛属	产日本北海道，1986年引入我国。华北地区有栽培，陕西、甘肃有分布。华北、西北有栽培。北京背风向阳处可露地越冬	256
23	女贞	Ligustrum lucidum	大叶女贞、女桢、桢木、将军树、蜡树	木樨科女贞属	产我国长江流域及以南地区，陕西、甘肃可露地越冬	256
24	三色女贞	L. lucidum 'Excelsum Superbum'	金边大叶女贞、辉煌女贞	木樨科女贞属	我国2001年首次从荷兰引进。山东、河南、华北中南部及长江以南有栽培	257
25	白杆	Picea meyeri	白扦、白杆云杉、白儿松、红杆云杉、钝叶杉、刺儿松	松科云杉属	我国特产，产山西、河北、内蒙古等地。辽宁、黑龙江、河南、北京及济南有栽培	257
26	蓝粉云杉	Picea pungens	蓝叶云杉、科罗拉多蓝杉、美国蓝杉、尖锐北美云杉银杉	松科云杉属	原产北美洲西部山地，美国及东、北欧广泛栽培观赏。北京、大连、沈阳等地有栽培	257
27	日本五针松	Pinus parviflora	五针松	松科松属	原产日本南部。我国长江流域各城市及青岛等地有栽培，北京小气候好处可露地过冬。浙江奉化列为五针松之乡	258
28	金塔柏	Platycladus orientalis 'Beverleyensis'		柏科侧柏属	我国特产、杭州。北京等地有栽培	258
29	金蜀桧	Sabina komarovii 'Aurea'		柏科圆柏属	华北、西北。华东地区可以栽培	258
30	蓝色天堂落基山圆柏	Juniperus scopulorum 'Blue Heaven'		柏科刺柏属	产北美洲西部和美国德克萨斯州。华北、西北、华东地区有栽培	259
31	蓝阿尔卑斯刺柏	Juniperus chinensis 'Blue Alps'	日本翠柏	柏科刺柏属	产中国、日本。蒙古及喜马拉雅山。华北、西北、华东地区有栽培	259
32	火云刺柏	Juniperus formosana 'Fire Dragon'		柏科刺柏属	华北、西北。华东地区有栽培	259
33	蓝剑柏	Juniperus formosana 'Blue Arrow'	蓝剑北美圆柏	柏科刺柏属	欧洲引进。北京栽培需小气候好且适当保护越冬	260
34	蓝冰柏	Cupressus glabra 'Blue Ice'		柏科柏木属	欧美各国常栽培。适应范围广，南至广东、福建，北到黄河以北	260
35	金冠柏	Cupressus macrocroglossus 'Gloderest'	香冠柏	柏科柏木属	天津及黄河以南有栽培	260
36	金丝线柏	Chamaecyparis pisifera 'Filifera Aurea'	金线柏、黄金海岸线柏	柏科扁柏属	原产日本。北京、青岛等地及江浙地区有栽培，北京露地越冬	260
37	金球北美香柏	Thuja occidentalis 'Golden Globe'		柏科崖柏属	华北南部、华东。西南地区，北京露地越冬比较困难	260
38	黄金构骨	Ilex × attenuata 'Sunny Foster'	黄金树、阳光莱冠冬青	冬青科冬青属	国外引进，产美国、巴西。从北京到广州可以栽植	261
39	油橄榄	Olea europaea	木樨榄、欧洲橄榄	木樨科木樨榄属	原产小亚细亚，后广植于地中海地区。我国甘肃及长江流域以南有栽培	261
40	杉松	Abies holophylla	辽东冷杉、针枞、沙松、白松	松科冷杉属	产东北南部、长白山。北京常见	261
41	臭冷杉	Abies nephrolepis	东陵冷杉、臭松、白枞、白松	松科冷杉属	产东北小兴安岭至白山山地，河北小五台山和山西五台山	262
42	日本冷杉	Abies firma		松科冷杉属	原产日本，1920年引入中国。青岛、大连、南京、杭州等地有栽培	262

续表

序号	名称	拉丁名	别名	科属	产地及分布	彩图图页
43	杜松	*Juniperus rigida*	刚松、棒儿松	柏科刺柏属	产我国东北、华北及西北地区。济南有栽培	262
44	垂枝杜松	*J. rigida* 'Pendula'		柏科刺柏属		262
45	乔松	*Pinus griffithii*	喜马拉雅松	松科松属	产西藏南部和西南部、云南西北部。北京有栽培	263
46	北美乔松	*Pinus strobus*	美国白松	松科松属	产美国东部及加拿大东南部。北京、南京、大连至辽宁北部有栽培	263
47	北美短叶松	*Pinus banksiana*	班克松、美国五针松	松科松属	原产北美洲东北部。我国东北一些城市及北京、青岛、南京等地有栽培	263
48	红松	*Pinus koraiensis*	海松、红果松、朝鲜松	松科松属	产东北长白山及小兴安岭，是东北林区主要森林树种之一	263
49	赤松	*Pinus densiflora*	日本赤松、辽东赤松	松科松属	产我国东北部沿海山地至长白山低海拔处	264
50	青海云杉	*Picea crassifolia*	泡叶松、松娃娃（幼树别名）	松科云杉属	我国特有，产甘肃、宁夏、青海、内蒙古山地。最早发现于青海得名	264
51	长白鱼鳞云杉	*Picea jezoensis* var. *komarovii*	长白鱼鳞松	松科云杉属	产我国东北大兴安岭、小兴安岭及吉林东部、南部及辽宁东部	264
52	雪岭云杉	*Picea schrenkiana*	雪岭杉	松科云杉属	产新疆天山及昆仑山西部地区，在天山天池周围形成美丽的森林	265
53	天山云杉	*P. schrenkiana* var. *tianschanica*		松科云杉属	产北天山及昆仑山分布广泛，分布较雪岭云杉多	265
54	铅笔柏	*Sabina virginiana*	北美圆柏	松科圆柏属	原产北美洲。北京、河北、河南及华东地区引进栽培	265
55	祁连圆柏	*Sabina przewalskii*	蒙古圆柏、柴达木桧	松科圆柏属	我国特有树种，产青海东北部、甘肃河西走廊及南部、四川北部	265
56	北美香柏	*Thuja occidentalis*	美国香柏、美国侧柏	柏科崖柏属	原产北美洲。我国南京、武汉、青岛、北京等地有栽培	265
57	线柏	*Chamaecyparis pisifera* 'Filifera'	垂花柏	柏科扁柏属	原产日本。华东地区及北京、大连、庐山等地有栽培	266
58	紫杉	*Taxus cuspidata*	东北红豆杉、赤柏松、米树	红豆杉科红豆杉属	产我国东北东部海拔500~1000m山地	266
59	红豆杉	*Taxus wallichiana* var. *chinensis*	观音杉、扁柏、红豆树	红豆杉科红豆杉属	我国特有，产我国西部及中部地区	266
60	蚊母树	*Disylium racemosum*	蚊子树	金缕梅科蚊母树属	产我国东南沿海各省及长江流域。北京偶见栽培，小气候好处可露地越冬	266
61	广玉兰	*Magnolia grandiflora*	荷花玉兰、洋玉兰	木兰科木兰属	原产北美洲东南部，约1913年引入广州栽培。我国长江流域及以南各城市广为栽培，北京兰州等地有栽培，北京偶见栽培，小气候好处可露地越冬	267
62	石楠	*Photinia serrulata*	千年红、端正树、笔树、水红树	蔷薇科石楠属	产华东、中南、西南地区及陕西、甘肃等地。山东、山西南部有栽培，北京偶见栽培，小气候好处可露地越冬	267
63	枇杷	*Eriobotrya japonica*	卢橘、蜡兄	蔷薇科枇杷属	产我国中西部地区，包括河南、陕西及甘肃、山东及南方各地多栽培，北京偶见栽培，小气候好处可露地栽培	268
64	桂花	*Osmanthus fragrans*	木樨、岩桂、金粟、九里香、桂	木樨科木樨属	原产我国西南部，现各地广为栽培，杭州、苏州、桂林、合肥市花，咸宁是桂花之乡。北京偶见栽培，小气候好处可露地越冬	269

一、常绿乔木

续表

序号	名称	拉丁名	别名	科属	产地及分布	彩图页
65	丹桂	O. fragrans 'Aurantiacus'		木樨科木樨属	北京偶见栽培，小气候好处可露地越冬	269
66	金桂	O. fragrans 'Thunbergii'		木樨科木樨属	北京偶见栽培，小气候好处可露地越冬	269
67	银桂	O. fragrans 'Latifolius'		木樨科木樨属	北京偶见栽培，小气候好处可露地越冬	269
68	四季桂	O. fragrans 'Semperflorens'		木樨科木樨属	北京偶见栽培，小气候好处可露地越冬	269
69	刺桂	Osmanthus heterophyllus	柊树	木樨科木樨属	原产日本及我国台湾。山东、河南、长江流域及以南地区有栽培。北京见栽培，小气候好处可露地越冬	270
70	银斑刺桂	O. heterophyllus 'Variegatus'	花叶柊树	木樨科木樨属	陕西及南方地区有栽培	270
71	三色刺桂	O. heterophyllus 'Tricolor'	彩叶柊树	木樨科木樨属	产日本	270
72	棕榈	Trachycarpus fortunei	棕树	棕榈科棕榈属	产长江流域及以南地区。河南、山东等地有栽培。北京偶见栽培，小气候好处可露地越冬	270
73	罗汉松	Podocarpus macrophyllus	罗汉柏、土杉	罗汉松科罗汉松属	产我国长江以南地区。山东、河南有栽培。广西北海是罗汉松之都	271
74	短叶罗汉松	P. macrophyllus var. maki	小叶罗汉松、短叶土杉	罗汉松科罗汉松属	原产日本。山东、河南、陕西及长江以南有栽培。北京有盆栽	271
	小叶罗汉松	Podocarpus wangii	珍珠罗汉松、短叶罗汉松、小叶竹柏松	罗汉松科罗汉松属	产广西、广东南部及海南、云南东南部	271
75	冬青	Ilex chinensis		冬青科冬青属	产山东、河南、长江流域及以南地区	272
76	香樟	Cinnamomum camphora	樟、樟树、油樟	樟科樟属	产我国东南及中南部。适生淮河以南、长江流域、河南、山东有栽培	272
77	月桂	Laurus nobilis	甜月桂	樟科月桂属	原产地中海一带。我国浙江、江苏、福建、台湾、四川及云南等省有引种栽培，山东、河南、陕西有栽培	273
78	柳杉	Cryptomeria japonica var. sinensis	孔雀杉、长叶孔雀松	杉科柳杉属	我国特有，主产长江流域。山东、河南有栽培	273
79	日本柳杉	Cryptomeria japonica		杉科柳杉属	原产日本。长江流域及山东、河南有栽培	273
80	杉木	Cunninghamia lanceolata	杉、刺杉、木头树、正木、正杉、沙树、沙木	杉科杉木属	产我国秦岭、淮河以南各丘陵及中低山地带。北京等地有栽培	273
81	弗吉尼亚栎	Quercus virginiana	强生栎	壳斗科栎属	原产美国沿海地区。山东青岛以南沿海、河南及长江以南可以栽植	274
82	椤木石楠	Photinia bodinieri	贵州石楠、山官木、凿树、梅子树、水红树花、椤木	蔷薇科石楠属	产我国长江以南至华南地区。河南、山东、陕西等地有栽培	274

常绿乔木 表一

序号	名称	观赏及应用	生态习性、栽培管护	辨识
1	雪松	松柏为百木之长，其耐寒性比德于君子的坚强性格，刚毅坚贞。民间庭院很少种植松柏，今人常误认为松柏是坟地植物，不进阳宅。其实中国古代帝制历来等级分明，连植物也分了等级。"松王柏相"，松柏类植物都种在皇家御苑内，平民百姓是不敢种的。古人有厚葬的传统，墓地种植松柏正是对过世之人的体现。松柏除比德坚强性外，还寓意长春、松鹤延年，即长寿。一般松柏叶片不光鲜，适宜幽静的庭院。现代庭院松树应用并很多。松柏还充分泌杀菌素，净化环境。雪松寓意高洁，寄予人生积极向上，不屈不挠的信念。一般扦播苗苗形好，扦插苗差	喜强光，喜湿润凉爽气候，有一定耐寒性，对过于湿热的气候适应差；抗污染耐瘠性弱，抗烟害能力差；较耐寒，喜深厚肥沃、排水良好、富含腐殖质的微酸性土壤，浅根性，抗风力不强。雪松耐旱，怕水涝水性要好，不耐湿涝。北京不能在风口，背阴处栽植，新植雪松因缓苗会有掉叶现象，栽植头三年因季来雪导致大面积枝条黄化。栽植三年内都需有季节防寒。一是枯枝病及整株死亡。原因：由嫩叶中间枝条，全枝发展至枯死，诱因是气候原因引起冻害；二是根腐病，全枝较大量死亡，新根发生多，干基部树脂流出；地下水位高，积水，土壤黏重贫瘠时容易发病。四因因地下水位老树会容易蚜病，是枯枝病诱因，是因松大蚜发生，在5～10cm表土中，冻。三是根颈腐烂病，主要因是极端气候，地下水位降低以及施微融雪严重下降致毛细根扎根过浅，旱灾害剂对植株的伤害等	树冠圆锥形。针叶灰绿色，长2.5～5cm，横切三角形；在短枝上簇生，长枝散生。北京有垂枝品种
2	青杄	树冠圆锥形，针叶灰蓝色，枝叶紧密，老树主干下部常无叶。云杉类树种有高土俊雅之风。常作圣诞树	喜光喜温凉气候湿润、深厚、排水良好的微酸性土壤，耐阴、耐阴性强，耐寒；分布较广；生长慢	一年生小枝黄绿或淡黄灰色，二三年枝淡灰或灰色。冬芽卵圆形，无树脂，芽鳞不反卷。刺叶长0.6～1.2cm，较短，细密，球果长4～7cm。本属小枝具显著叶枕及沟槽；叶无柄；球果下垂
3	红皮云杉	树冠尖塔形，红皮云杉、青杆、白杆、云杉等容易辨别不清	较耐阴，耐寒，耐旱；喜空气湿度大，土壤肥沃、排水良好的环境；浅根性；生长快。在北京生长一般	树皮暗红色或淡红褐色。一年生枝淡红褐或淡黄褐色。叶不白粉，无白粉。芽长圆锥色。芽辐射生长。球果1.2～2.2cm，宽约1.5mm，锥形。球果长5～8cm
4	云杉	树冠圆锥形，叶灰绿或蓝绿色	稍耐阴，喜冷凉温润气候及土层深厚、排水良好的微酸性土壤，耐严寒、怕旱寒干燥，不喜高温；浅根性	一年生枝黄、淡褐黄或黄褐色，具白粉。冬芽圆锥形，有树脂，叶长1～2cm，宽1～1.5mm。球果圆柱形，长6～10cm
5	油松	老树伞形，树姿苍劲古雅	喜光，喜干冷气候；耐寒、耐旱、深根性，抗风力强；各种土壤都能适应，耐瘠薄，不耐盐碱。油松与侧柏混植可相互助长	干皮灰褐或褐灰色，裂缝及上部树皮红褐色。小枝较粗，褐黄色，冬芽矩圆形，芽鳞红褐色。针叶2针一束，深褐色，针叶1.5mm
6	黑皮油松		同原种	树皮黑灰色。二年生枝以上小枝灰褐色深灰色
7	扫帚油松	仅下部主干明显，上部大枝向上斜伸，形成扫帚状树冠	喜光，喜干冷气候，喜酸性和中性土壤	
8	白皮松	幼树树冠阔圆锥形，老树树冠开阔，树皮灰绿色。老树树皮薄鳞片状剥落后，留下大片黄白色斑块，老干皮白粉，独特。有雍容平和之美，长寿古雅之意	喜光，耐半阴，耐寒，耐较干冷气候，不耐积水，耐瘠薄和轻盐碱土；抗污染力强，对二氧化硫及烟尘抗性强；生长缓慢，寿命长。栽植时土球宜高干地面3～15cm，有时叶色枯黄，松针脱落变稀，原因是高温下生长不良，土壤营养条件不佳，团絮结构差对其生长不利。应选择沙性透气土壤，用粗沙作作排水层，改良土壤；树冠投影下种草坪色带	一年生枝灰绿色。冬芽褐色。针叶3针一束，粗硬，长5～10cm，径1.5～2mm

序号	名称	观赏及应用	生态习性、栽培管护	辨识
9	华山松	叶灰绿色。幼树皮灰绿或淡灰色，老树皮灰色呈块状	弱阳性，耐寒，不耐炎热；喜温凉湿润气候；喜深厚、肥沃、湿润的土壤，稍耐干旱瘠薄，怕涝，浅根性，不耐盐碱；抗大气污染，适应性不及白皮松。辽宁青沟、湿润环境可应用	一年生绿色或灰绿色。冬芽近圆柱形，褐色，较细软，长8～15cm，径1～1.5mm。针叶5针一束，长4～9cm，径1.5～2mm，比油松短1/3
10	樟子松	针叶黄绿色	强阳性，极耐寒；喜冷气候及贫瘠土壤，耐旱；深根性，抗风沙，防风固沙先锋树种	树干下部树皮深纵裂，灰或黑褐色，上部树皮脱落黄色，裂成薄片脱落。针叶2针一束，长4～9cm，径1.5～2mm
11	长白松	树干中上部树皮标黄至金黄色，观赏价值高	喜光，耐寒性强；较耐瘠薄；深根性	树皮裂成薄片状脱落。冬芽红褐色。针叶长5～8cm，径1～1.5mm，呈伞形树冠
12	黑松	树冠广卵形或伞形，针叶深绿色，唯一能在盐碱地做绿化的松类树种，也常做造型应用	强阳性，极喜光，抗寒；耐盐碱，耐干旱瘠薄；抗海潮风，抗松毛虫及松干蚧等能力较强，海水浸蚀的土地不能存活，不耐水涝。栽培不能过深，深根性，生长较快	干皮黑灰色。一年生枝淡褐黄色，冬芽银白色。针叶粗硬，2针一束，长6～12cm，径1.5～2mm
13	桧柏	幼树树冠狭圆锥形，老变广圆形。很多国人忌讳住宅处种植松柏，而欧美常用松柏作建筑立面装饰或遮挡建筑阴死角，棱角。2007年北京某售楼处大胆使用，营造欧美景观体验，逐步改变了国人认知	阳性，幼树稍耐阴，喜温凉气候，喜温暖；对土壤要求不严，耐瘠薄，较耐寒，耐干旱，耐修剪；深根性，抗污染能力强。寿命长。原因主要为：即清明前后栽植，成活率较高，栽前灌水，栽后灌水，打药，妊干苗危害；与海棠梨不能混栽，以防苹桧锈病和梨桧锈病	幼树常为刺叶，长0.6～1.2cm；成年树及老树鳞叶为主。木属刺叶或鳞叶，刺叶基部下延无关节。一般雌雄异株。栽培变种有60余个
14	龙柏	树冠圆柱形似龙体，枝条向上伸展，侧枝常有扭转上升之势	阳性，耐寒性不强，滞有害气体，抗生能力强；土壤含盐0.2%以下不能生长。新植龙柏北京冬季需隔防寒	小枝密，叶为鳞叶，排列紧密，老则变翠绿色
15	塔桧	树冠圆柱状窄塔形	阳性，耐寒，耐修剪	枝密集向上。通常全刺叶
16	望都塔桧	形似宝塔，针叶翠绿，树姿优美	适应性强，耐寒，耐旱	幼树叶为针叶，侧枝上分枝，枝密而匀称
17	西安桧	树冠金字塔形，树形好，冠径大。叶色嫩绿	阳性，耐寒，怕水涝	针叶长，小枝密，密生，一直保持圆柱形
18	沈阳桧	树冠尖塔形	喜光，耐半阴，耐寒，耐热；喜湿润、肥沃、深厚的土壤；侧根发达，生长中等偏快	大枝呈螺旋状扭曲，小枝直立或斜生，紧密。叶有针叶、鳞叶两种
19	丹东桧	树冠圆柱状尖塔形，枝叶螺旋状上升深绿	阳性，耐寒，对土壤要求不严；萌芽力强，耐修剪；易移植	侧枝生长势强，树冠外缘较松，稍有向上扭转趋势。具鳞叶，针叶两种叶型
20	蜀桧	树冠圆锥形，紧密，常做各种造型使用	喜光，喜温暖、湿润气候，不耐水湿，肥沃土壤生长良好，生长快速；以温暖、湿润，对土壤要求不严，生长快速	全鳞叶，生鳞叶的2回或3回分枝均由下向上逐渐变短，使整个轮廓呈塔形
21	侧柏	幼树树冠圆锥形，老树树冠广圆形。柏树、石榴、核桃任选其一。古时柏树用于驱邪	阳性，适应于冷气候，也能在温暖地生长及钙质土壤，耐干旱瘠薄和轻盐盐碱地；浅根性，生长慢，寿命长；耐修剪	小枝竖直排列，扁平成一平面。叶鳞片状，长1～3mm，对生。种子无翅

一、常绿乔木

序号	名称	观赏及应用	生态习性、栽培管护	辨识
22	北海道黄杨	大叶黄杨变种。枝叶翠绿，果色艳丽，观赏性较原种强。有金边品种'黄金甲'，全年金色；'雪中红'品种，冬季叶红色，温差越大，红色越鲜艳	耐寒，-25℃左右可保持绿色；抗旱，对土壤要求不严；抗病虫害能力强；耐修剪。可用丝绵木作砧木嫁接，效果好	叶碧绿、革质，椭圆、圆形至阔椭圆形。蒴果长1～2cm，种子橙红色
23	女贞	是北京极少的可露地栽培的常绿阔叶乔木之一。小花白色，花期6～7月。女贞花语是生命、代表贞女，用来比喻有崇高、贞洁的性格。古典园林有前（情）贞（厚）朴（朴树）的寓意。树冠圆整优美。北方宜背风向处种植，空旷处冬季落叶。女贞所有部位含有毒，儿童误食会导致中毒黑色浆果	喜光，稍耐阴，喜温暖、湿润气候；有一定耐寒性，能耐-10℃左右低温；怕风吹，耐修剪，耐轻盐碱，耐干旱瘠薄，喜肥沃、深厚、通气性好的沙壤土；生长慢，华北新植需防寒，应到保温防风的效果，达防风作用，不要栽植过密，夏季移植，成活率高，可作砧木，嫁接桂花、丁香、水蜡、金叶女贞	叶卵形至卵状长椭圆形，长6～12cm，先端尖，革质，有光泽。圆锥花序。核果椭圆形，蓝黑色，11～12月熟
24	三色女贞	春季新叶粉红色，后变为中间浅绿色斑块、边缘黄色，霜降后黄色部分变为红色。夏季叶不焦边	喜光，耐半阴，喜温暖、湿润环境，不耐干旱，耐修剪，湿润环境下生长良好，在中性偏碱性土壤宜背风向阳处栽植；抗二氧化硫等有毒气体。华北中南部宜背风向阳处栽植	
25	白杆	树冠狭圆锥形，针叶粉绿色	中性，幼树耐阴性强，对土壤要求不严，耐寒、喜空气湿润、冷凉；耐旱、耐瘠薄，对土壤要求不严，浅根性，生长慢	树皮灰褐色，不规则薄鳞状剥落。一年生枝黄褐色，有白粉。芽多圆锥形，褐色，略有树脂，芽鳞先端向外反卷。叶四棱状条形，弯曲，青绿色，有粉白色气孔线，叶长1.3～3cm，宽约2mm，先端微钝，螺旋状排列
26	蓝粉云杉	针叶呈近于银白色的蓝绿色、蓝灰色。引人注目。由于其灰绿色松针表面覆盖一层蜡质，反射蓝光，使人们看到浓蓝或浅蓝色。种源、苗龄、季节、环境、技术影响蓝色表现。空气污染，以及移植衣药、除草剂、使用油杀虫剂或碱性蜡层形成，减少喷抑制蜡质层形成，影响观赏。被誉为最美常青树和树中蓝宝石	喜光，耐半明、耐寒、喜凉爽，湿润气及排水良好，富含有机质的肥沃土壤之地；不宜空气干燥之地，黏重土壤和极端气候，冬季宜保暖。辽宁开原11年苗中害。北京无病虫害，栽植地应避免烈日和极强风。栽植高度2m，冬季宜保暖。北京无病虫害，栽成活率很高	小枝黄褐色，螺旋状排列。针叶4棱，硬而尖，长约3cm，红色长柱形球果美丽。品种性状不稳定，小苗难以分辨。栽培品种约70个。有品种'胖艾伯特'，树形优美；'琥珀寨'，颜色突出；'蓝钻'，远观枝叶梦幻'，'法斯特'，管冠'，等
27	日本五针松	针叶呈蓝绿色。姿态端正，适合庭院应用	耐阴；忌湿，畏热，不耐寒；生长慢	针叶5针一束，细而短，长3～6cm，稍弯曲，有明显白色气孔线
28	金塔柏	树冠塔形。叶金黄色，冬季黄棕色	北京可露地越冬	
29	金蜀桧	树冠宝塔形。春、夏、秋叶金黄色，冬季受冻呈咖啡色	喜光，管理粗放，生长慢；耐寒、耐水湿，对土壤要求不严；适应性广，南至广东，北至北京、内蒙古，宁夏都有栽培	高可达5～6m
30	蓝色天堂落基山圆柏	树冠圆锥形。叶全年蓝色或灰绿色	抗寒性强，抗病性强；北京可露地越冬	通常多干，枝粗壮
31	蓝阿尔卑斯刺柏	树冠圆柱形，顶部稍尖。叶蓝色到银灰色	耐半阴或全光，耐寒性强，耐旱、耐热；病虫害少；耐空气污染，要求土壤排水良好，避免黏土。比较适应北京冬、夏气候	直立分枝，主梢拱形垂枝。刺形叶，3枚轮生，基部有关节，不下延。鳞叶排列紧密。刺柏属全为刺

一、常绿乔木

序号	名称	观赏及应用	生态习性、栽培管护	辨识
32	火云刺柏	叶色春、夏季金黄色，秋季棕红色，冬季火红色	耐寒，耐旱；抗病虫害；北京可露地越冬	主枝斜向上伸展，长势健壮
33	蓝剑柏	叶蓝色不如蓝冰柏鲜艳，树冠宝剑形	耐寒性强，-17℃能生长，积水中泡3～5天无明显影响；无病虫害；生长慢；年生长10～20cm	高可达5m
34	蓝冰柏	树冠宝塔形，垂直，整洁，紧凑。叶片精蓝色，具宜人香气；冬季景观效果差	喜光，pH5～8均能生长，盐碱，也耐高温，绝不能积水；根系浅，可修剪成球形，5年生长达2m。北方大部难以露地越冬，北京需小气候好且适当保护越冬	高可达6m，有鳞叶和刺叶
35	金冠柏	树冠宝塔形，鳞叶春、秋季浅黄色，夏季呈绿色，冬季金黄色，有柠檬香味，有驱蚊效果	喜光，喜冷凉，耐高温和盐碱；宜排水良好的湿润土壤；常保持土壤湿润，夏季宜常喷水，避免干冷风吹	叶鳞形，交叉对生，幼苗或萌生枝上着生刺叶
36	金丝线柏	小枝及鳞叶金黄色，细柔	喜光，耐半阴，耐寒，喜温暖、湿润气候；耐修剪	外形如线条，小枝细长下垂
37	金冠北美香柏	树冠多圆球形，顶部绿色，叶基部绿色，顶端钝圆黄色	喜光，稍耐寒；北京露地越冬需保护	小枝扁平。叶浓密，具浓浓的苹果香味；叶冬季褐色
38	黄金枸骨	树冠宝塔形，4～10月叶金黄色，果亮红色，果期11～12月	喜光，耐半阴，湿润，排水良好的微酸性土壤；耐-15℃低温；耐40℃以上的高温和强光；抗有害气体；耐修剪	单叶互生，叶厚，革质，有光泽，椭圆形至长椭圆形，长3～8cm，叶缘具硬刺齿1～4对
39	油橄榄	叶银灰色具鳞片。果成熟时蓝黑色，是西方最神圣的树，橄榄枝是胜利、和平的象征，也象征尊贵、祝福	喜光，耐高温，干旱，喜夏季炎热干燥，冬季温暖湿润的气候；对土壤适应性强，抗寒品种耐-16℃的短时间低温；不耐水湿	干，枝灰色，小枝具棱角，密被银灰色鳞片。叶革质，披针形，有时为长圆形或长椭圆形，长1.6～2.5cm，果椭圆形，长1.5～6cm
40	杉松	树冠圆锥形，优美。不惧严寒、不畏高大，是忠实、是坚实、力量的象征，是美丽的图腾	耐阴，较臭冷杉喜光且生长快，适应寒冷、湿润气候；喜土层肥厚湿润的酸性土；抗烟尘能力差	幼树树皮淡褐色，不开裂，老则卵圆形，成条片状，长2～4cm宽1.5～2.5mm，排列紧密，叶先端尖。枝条向上伸展，冷杉属叶线形，背面有两条白色气带；球果直立
41	臭冷杉	树冠圆锥形或圆柱状	耐阴性强，耐寒，喜冷湿气候及酸性土壤；浅根性，易风倒，生长慢。如土壤及空气湿度较高，枝叶冬季也显得青翠秀丽	树皮小臭包。幼树树皮常具疣片状皮孔；老则灰色，裂成条块状鳞片状，列成两列。叶1～2.5(3)cm，宽约1.5mm，上面中脉通常微凹，先端尖。冬芽圆球形
42	日本冷杉	树冠阔圆锥形	耐阴，较耐寒，喜凉爽，湿润气候，不耐烟尘，生长较快	树皮暗灰或暗灰黑色，粗糙，呈鳞片状开裂。叶长2～3.5cm，宽3～4mm，叶端常两裂
43	杜松	幼时树冠窄塔形，后变圆锥形	阳性，耐阴，耐寒，耐干旱瘠薄，生长缓慢	刺叶三叶轮生，坚硬，长1.2～1.7cm，宽约1mm，旋状着生于两侧展开，正面有一条白粉带在深槽内，背面有明显纵脊
44	垂枝杜松	枝细长下垂	同原种	
45	乔松	针叶灰绿，细柔下垂。树冠觉塔形	弱阳性，耐阴，耐旱，喜温暖湿润。北方冬季需防寒	树皮暗褐色，裂成小块片状脱落。针叶5针一束，长12～20cm，径约1mm

序号	名称	观赏及应用	生态习性、栽培管护	辨识
46	北美乔松	树冠阔圆头状，叶色深绿	喜光，稍耐阴，较耐寒，不耐盐碱，以肥沃、排水良好的微酸性沙质土壤为佳；抗污染能力较差；生长比华山松快	树皮深裂，紫色，小枝绿褐色。针叶5针一束，长6～14cm，细软，略下垂
47	北美短叶松		喜光，耐旱，很耐寒；生长缓慢	树皮黑褐色。小枝淡紫褐或棕褐色，短粗，径约2mm。针叶2针一束，长2～4cm，通常扭曲
48	红松	针叶蓝绿色。城市绿化应用很少	阳性，耐寒，喜冷凉、湿润及肥性土；对土壤水分要求高，不宜过干过湿，在肥沃、排水好、pH5.5～6.5山坡地带生长最好。山下长势不良，移栽成活率不高	内皮、冬芽赤褐色。一年生小枝密被黄褐或棕褐色柔毛。针叶5针一束，粗硬，直，长6～12cm
49	赤松	针叶暗绿色	强阳性，较耐寒，不耐盐碱，抗风力强；纯林或混交林，较耐瘠薄，耐精薄，松干蚧危害；忌黏重土壤	树皮橘红色，裂成不规则鳞片状剥落。针叶2针一束，细短，长5～12cm，径约1mm
50	青海云杉	树冠圆锥形。成熟前种鳞背部露出部分绿色，上部边缘紫红色	喜阳耐阴，幼树耐阴，喜潮湿、耐寒、耐旱性强、耐瘠薄，是高原的脊梁。生于贺兰山阴坡或沟谷	一年生嫩枝淡黄绿色，下后或二年生枝呈黄褐或紫褐色，芽圆锥形，近辐射状伸展。叶较粗，宽2～3mm，长1.2～3.5cm，径约1mm。球果成熟前圆柱形或矩圆状圆柱形，长7～11cm
51	长白鱼鳞云杉	树冠尖塔形。树皮灰色，裂成鳞状块片	适应性强，稍耐阴，喜高寒气候，耐高寒，喜生于湿润、肥沃、排水良好处；浅根性	枝较短，平展，一年生黄或黄色。叶条形，长1～2cm，宽1.2～1.8mm，较短，果近熟前绿色，熟时淡褐或褐色，长3～4cm，中部果鳞菱状卵形
52	雪岭云杉	树冠圆柱形或窄尖塔形	阴性，对水分条件要求高，抗旱性不太强；浅根性	针叶四棱状，长2～3.5cm，宽约1.5mm。球果圆柱形，下垂，成熟前绿色
53	天山云杉	树冠圆锥形	同原种	球果成熟前呈暗红色或紫红色
54	铅笔柏	树冠圆锥形。做铅笔杆的优良木材；是代替桧柏等在盐碱地栽培的优良树种	适应性强，稍耐阴，耐旱、耐寒、耐低湿、沙砾，可在含盐气体和锈病危害0.3%～0.5%的土壤生长；抗有毒气体和锈病抵抗能力较强；生长快	树冠稠密。树皮红褐色，小枝细，四棱形。叶刺形或鳞形，幼树刺叶，心材淡红，边材淡黄，有香气
55	祁连圆柏	树冠塔形。叶蓝绿色	适应性强，耐干旱、瘠薄，耐严寒、凌寒不惧风雪；病虫害少	叶有刺叶与鳞叶，幼树全为刺叶，大树或老树几全为鳞叶；鳞叶交互对生，刺叶三枚轮生
56	北美香柏	树冠塔形。叶揉碎有浓烈的苹果香气，受人喜爱	喜光，稍耐阴，较耐寒，喜湿润、肥沃及石灰岩土壤；生长慢，寿命较短。北方须栽植于背风处，防春旱风害	干皮常红褐色。小枝片扭旋水平或斜向排列。上面叶暗绿色，下面淡黄绿色，鳞叶先端突尖，略显粗大
57	线柏	小枝细长而圆，下垂如线	喜光，稍耐阴，喜温暖、湿润气候，不耐贫瘠、干旱	鳞叶细小，端锐尖，暗绿色
58	紫杉	树冠广卵形，圆形。叶深绿色，种子紫红色，醒目	阴性，耐寒性强，喜冷凉、湿润气候及肥沃、湿润、排水良好的酸性土，忌盐碱、浅根性；生长慢，萌桑力强，耐修剪	树皮红褐，有浅裂纹。叶短而密，枝密，呈不规则上翘，长1.5～2.5cm，宽约3mm，常直而不弯，在枝上呈羽状二列
59	红豆杉	种子生于杯状红色肉质的假种皮中	耐阴，较耐寒，喜湿润，肥沃、排水良好的土壤	树皮褐色，裂成条片状脱落。叶线形，边缘平，长1.5～2.4cm，宽约3mm，质地较厚，中脉与气孔带同色，背面在枝上呈羽状二列

续表

序号	名称	观赏及应用	生态习性、栽培管护	辨识
60	蚊母树	花小无花瓣，但红色雄蕊十分显眼，花期4～5月。可作自然或规整树篱使用	喜光，稍耐阴，喜温暖、湿润气候，耐寒性不强；萌芽力强，耐修剪；抗有毒气体	栽培常呈灌木状，嫩枝及裸芽被垢鳞。单叶互生，革质，有光泽，倒卵状椭圆形，长3～7cm，全缘或近端略有齿裂状，先端钝或稍圆，侧脉背面稍突起
61	广玉兰	树冠圆锥形。花如荷状，叶深亮绿色。花大，白色，芳香，花期5～6月	喜光，弱阳性，喜温暖、湿润气候及湿润、肥沃的沙质土壤，不耐寒，狭叶品种籽播能耐-15℃低温；对二氧化硫等抗性强，耐烟尘，抗虫害好。注意女贞日灼危害	叶长椭圆形，长10～20cm，厚革质，径15～20cm。有狭叶品种
62	石楠	嫩叶红色，发芽极早，抗雪压，能与梅花媲美。叶色小龙呈复伞房花序，4～5月开花。味发臭。秋冬红果满枝，可赏可观果，是寓意兴旺的黄意	喜光，稍耐阴，喜温暖、湿润气候，耐高温，较耐寒，不耐水湿，对有毒气体抗性强，北方栽植2～3年内需防寒。可作枇杷砧木，使枇杷寿命长，生长强壮	树冠球形，枝叶浓密。单叶互生，革质，长椭圆形，长10～20cm，缘有细齿，表面深绿而有光泽，叶柄长2～4cm。梨果近球形，径约5mm
63	枇杷	花小，白色，芳香，初夏开花。翌年初夏橙黄色果熟，醒目。叶大荫浓，冬花夏实，是庭院常用吉祥树，金黄果实象征黄足	弱阳性，稍耐阴，喜好的排水良好的中性或微酸性土。是基源植物。河南安阳是枇杷原生长良好	小枝，叶背，花序密生锈色茸毛。单叶互生，革质，长椭圆形(倒披针形)，长12～30cm，先端渐尖，基部渐狭，中上部有疏齿，表面羽状脉凹入。顶生圆锥花序。果近球形，径2～4cm
64	桂花	花小，淡黄色，浓香，是天然的空气清新剂。花语是"送给贵人"里，"贵"，桂花有荣华富贵的寓意；有些地方有新娘子戴桂花的习俗，寓意早生贵子；古时称中榜登科为折桂，获得殊荣称桂冠。中秋必备月中有桂树，象征着高洁。古典园林中"玉堂富贵"即桂花。书房外植桂树，喻望子折桂。门前植桂与神仙，意味着门当户贵、福禄兼备。科举有关联，多在庭院、书院、贡院、文庙、专庙栽植，取双桂当庭，两桂流芳之寓意	喜光，也耐半阴，喜温暖、湿润气候，耐高温，不耐寒，淮河以南可露地栽培；对土壤要求不严，富含腐殖质的湿润、微酸性沙质壤土最好，怕水积水，怕涝烟，抗逆性强，抗有毒气体，耐修剪。北方露地越冬不宜，用流苏树作砧木嫁接，增加耐寒性	树皮灰色，不裂。单叶对生，长椭圆形，长5～12cm，两端尖，缘具疏齿或近全缘，硬革质。或生顶生聚伞花序。核果具卵球形，蓝紫色，果期翌年3～5月。桂花分四季桂和秋桂两类，秋桂按花色等级性状分金桂、银桂、丹桂三类。云田彩是金桂新品种。彩叶
65	丹桂	花橘红色或橙黄色，香味差	同原种	发芽较迟。叶较厚
66	金桂	花黄至深黄色，香气最浓的桂品种，经济价值高	同原种	叶薄，长而窄，矩圆状披针形，叶面发皱
67	银桂	花近白色或浅黄色，香味较金桂淡	同原种	叶较宽大，薄，矩圆状椭圆形，叶面较平
68	四季桂	花黄白色，5～9月陆续开放，但仍以秋季开花较盛	同原种	叶较厚
69	刺桂	花白色，甜香，花期10～12月	喜光，稍耐阴，喜温暖、湿润气候，稍耐寒，忌劳地，碱地；生长慢	叶对生，硬革质，卵状椭圆形，长3～6cm，缘常有3～5对大刺齿，偶全缘。核果蓝色，翌年5～6月熟
70	银斑刺桂	叶缘具乳白色不规则斑块	同原种	
71	三色刺桂	幼叶黄色，老叶绿色，散布白、乳黄色不规则斑块，春季新枝头微红	喜光，耐-10℃低温，耐旱，忌劳，宜微酸至微碱性土壤；耐修剪	

序号	名称	观赏及应用	生态习性、栽培及管护	辨识
72	棕榈	干直，叶如扇，树形优美。花期4～5月。寓意是喜欢乐和胜利，风水上有生财护财的作用，可作庭院吉祥树	稍耐旱，喜温暖、湿润气候，不耐寒；抗大气污染；不抗风；慢生树。棕榈是世界上最耐寒的棕榈科植物之一，长江以北冬季须裹草防寒	茎圆柱形，径50～80cm，不分枝，具纤维网状叶鞘。叶簇生茎顶，掌状裂至中下部，裂片较硬直，先端一般不裂。圆锥花序，常下垂，花小，鲜黄色，雌雄异株
73	罗汉松	传统文化中象征长寿、守财，富贵、寓意吉祥。广东民间有"家有罗汉松，世世不受穷"之说。古代官员喜欢庭院种植，视其为官位守护神	稍耐阴，不耐寒，喜温暖、湿润气候	叶条状披针形，微弯，长7～12cm，宽7～10mm，先端尖，中脉显著隆起，着生于肥大肉质的紫色种托（假种皮）上，整体似着裂浆体的紫红罗汉，种子8～9月熟
	短叶罗汉松	叶短而密生	较耐阴，喜温暖、耐寒性弱；抗病虫害能力较强	叶较小，长2.5～7cm，宽3～7mm，先端钝或圆，中脉隆起
74	小叶罗汉松	叶特短小、密生，多作盆景材料	喜阴湿环境，常散生于常绿阔叶林中或阔叶科山低矮种内，适于在排水良好、湿润的沙壤土生长；生于岩石缝间	叶长1.5～4cm，宽3～8mm，先端微尖或钝，基部渐窄，叶柄极短，中脉隆起
75	冬青	聚伞花序，花淡紫色，美丽。果冬不落。花期5月。绿叶长青	阳性，稍耐阴，喜温暖气候及肥沃酸性土，不耐寒，偏暖，耐修剪，生长慢	干皮灰黑色，光滑。叶椭圆形至披针形，薄革质，长5～11cm，先端尖，缘具圆齿。果长约8mm，径约1～1.2cm。雌雄异株
76	香樟	枝叶茂密，冠大荫浓，树姿雄伟，侧柏都是理想的比德树木，是古典园林中常见贤者，人才相比拟的植物	喜光，稍耐阴，喜温暖、湿润、微酸性黏质土，较耐水湿，不耐干旱瘠薄，石灰质、盐碱化；深根性，萌芽力强，耐修剪，寿命长；有一定的抗海潮风，烟尘和有毒气体的能力，抗虫害	叶卵状椭圆形，长5～8cm，薄革质，背面灰绿色，离基3出脉，果近球形，径约8mm，熟时紫黑色。花期8～10月
77	月桂	小花黄色，美观，花期3～5月。果卵球形，熟时暗紫色。花都有香气。西方的桂是月桂叶编成花冠戴在头上，象征胜利，尊敬，声誉	喜光，稍耐阴，喜温暖、湿润气候。对土壤要求不严，耐寒力不强，耐干旱	树皮黑褐色。小枝绿色。单叶互生，长圆形或长圆状披针形，革质，长5.5～12cm，宽1.8～3.2cm，两端尖，边缘微波状，羽状脉，叶柄常带紫色。腋生球状伞形花序，雌雄异株
78	柳杉	树姿优美	稍耐阴，湿润，喜温暖、湿润气候及肥厚的酸性土壤，忌积水，浅根性，侧根发达，生长较快，对二氧化硫抗性较强	叶线状锥形，长1～1.5cm，常下垂。小枝细长，条状纵裂，先端内曲，径1～2.2cm
79	日本柳杉	小枝略下垂	与柳杉相近	叶钻形，直伸或微内曲，长0.4～2cm，稀微扁
80	杉木	树冠圆锥形，干耸直挺拔，我国中部及南部重要速生用材树种	在阴坡生长较好，喜温暖、湿润气候及深厚、肥沃、排水良好的酸性土壤，不耐水淹，盐碱；浅根性，生长快	叶线状披针形，长3～6cm，缘有细齿，螺旋着生，在侧枝常扭曲成二列状
81	弗吉尼亚栎	树干常较矮，大枝平展，枝条柔韧。少有的常绿耐盐碱观赏树种	喜光，抗风，抗雪，耐-15℃低温，对土壤适应性很强，偏酸偏碱，干燥湿润皆可，极耐海滨盐，罗及海水短期浸泡，病虫害少	枝条软，树皮灰黑褐色。单叶互生，叶形多变，椭圆形或倒卵形，略外卷，长4～10cm，深绿色，有光泽
82	樱木石楠	复伞房花序，花白色，径1～1.2cm，花期5月，黄红色，9～10月果熟。果卵球形，径约1cm，红色，耐盐碱环境	喜光，耐阴，喜温暖、略耐寒，耐-10℃低温，对土壤要求不严，耐干旱瘠薄，在酸性土和钙质土上均能生长；耐修剪	树干、枝条常有刺；幼枝褐色，有毛。叶互生，革质，卵形、倒卵形或长圆形，长5～15cm，先端急尖或渐尖，有刺状齿，叶柄长1～1.5cm

二、常绿灌木

常绿灌木 表一

序号	名称	拉丁名	别名	科属	产地及分布	彩图页
1	千头柏	Platycladus orientalis 'Sieboldii'	凤尾柏、扫帚柏	柏科侧柏属	产华北、西北至华南地区	275
2	万峰桧	Sabina chinensis 'Wanfenggui'		柏科圆柏属	产我国北部和中部地区	275
3	沙地柏	Sabina vulgaris	叉子圆柏、新疆圆柏、臭柏	柏科圆柏属	产内蒙古及西北地区。北京、西安、哈尔滨等地有栽培	275
4	铺地柏	Sabina procumbens	爬地柏、匍地柏、偃柏、爬柏	柏科圆柏属	原产日本。各地常见栽培，也作桩景	276
5	球桧	Sabina chinensis 'Globosa'	球柏	柏科圆柏属	产我国北部和中部地区	276
6	迷你球桧	Sabina virginiana 'Mini Globosa'		柏科圆柏属	我国中科院植物所培育	277
	绒柏球	Chamaecyparis pisifera 'Squarrosa'		柏科扁柏属	原产日本。我国庐山、南京、杭州等地有栽培。北方多以球状观赏	277
7	胶东卫矛	Euonymus kiautschovicus	胶州卫矛、鬼见愁、鬼羽卫矛	卫矛科卫矛属	产山东、辽宁南部、江浙地区、福建北部、安徽、湖北及陕西。北京常见栽培	277
8	大叶黄杨	Euonymus japonicus	冬青卫矛、正木	卫矛科卫矛属	最先于日本发现。我国南北各地均有栽培，长江流域尤多	277
9	金边大叶黄杨	E. japonicus 'Aureo-marginatus'		卫矛科卫矛属		278
10	金心大叶黄杨	E. japonicus 'Aureo-pictus'		卫矛科卫矛属		278
11	银边大叶黄杨	E. japonicus var. albo-marginatus		卫矛科卫矛属		278
12	小果卫矛	Euonymus microcarpus		卫矛科卫矛属	产陕西、湖北、四川、云南、山西、河南有栽培，北京偶见栽培，小气候好处可露地越冬	278
13	黄杨	Buxus sinica	瓜子黄杨、小叶黄杨、黄杨木	黄杨科黄杨属	产我国中部及东部地区。国内最常使用	279
14	小叶黄杨	Buxus microphylla	日本黄杨	黄杨科黄杨属	产日本。北京、河北、辽宁等地有栽培	279
15	朝鲜黄杨	B. microphylla var. koreana	锦州黄杨	黄杨科黄杨属	产朝鲜中部和南部。我国东北地区和北京等地有栽培	279
16	锦熟黄杨	Buxus sempervirens		黄杨科黄杨属	原产西欧、北非及西亚一带。我国有少量栽培	279
17	雀舌黄杨	Buxus bodinieri	匙叶黄杨、细叶黄杨	黄杨科黄杨属	产我国长江流域至华南、西南地区。北方地区有栽培，北京偶见，小气候好处可露地越冬	280
18	凤尾兰	Yucca gloriosa	凤尾丝兰、菠萝花	天门冬科丝兰属	产北美洲东部及东南部。我国南方地区常见，北京可露地栽培	280
	金边凤尾兰	Y. gloriosa 'Variegata'	花叶凤尾兰	天门冬科丝兰属		280

续表

序号	名称	拉丁名	别名	科属	产地及分布	彩图页
19	丝兰	*Yucca smalliana*	细叶丝兰、洋波萝	天门冬科丝兰属	产美国东南部，我国南北方地区都有栽培	281
20	金边丝兰	*Y. smalliana* 'Bright Edge'		天门冬科丝兰属		281
21	警戒色丝兰	*Y. smalliana* 'Color Guard'		天门冬科丝兰属		281
22	兴安桧	*Sabina davurica*	兴安圆柏、兴安桧	柏科圆柏属	产大兴安岭、小兴安岭及长白山，900m 以上石质山地及沙丘	281
23	鹿角桧	*Sabina chinensis* 'Pfitzeriana'	万峰桧、鹿角柏	柏科圆柏属	产我国北部和中部地区	281
24	铺地龙柏	*Sabina chinensis* 'Kaizuka Procumbens'		柏科圆柏属	于庐山植物园发现。产我国北部和中部地区	281
25	矮紫杉	*Taxus cuspidata* var. *umbraculifera*	伽罗木	红豆杉科红豆杉属	产日本北海道、朝鲜。我国北方园林有栽培	282
26	粗榧	*Cephalotaxus sinensis*	粗榧杉、中国粗榧、中华粗榧杉	三尖杉科粗榧属	产长江流域及以南地区。北京引种栽培，生长良好	282
27	洒金柏	*Platycladus orientalis* 'Aureo-nanus'	金枝千头柏、金侧柏	柏科侧柏属		283
28	金球侧柏	*Platycladus orientalis* 'Semperaurescens'	金黄球柏	柏科侧柏属		283
29	金球桧	*Sabina chinensis* 'Aureo globosa'	金星球桧、洒金柏、金叶桧	柏科圆柏属	大连以南地区有栽培	283
30	偃柏	*Sabina chinensis* var. *sargentii*		柏科圆柏属	原产黑龙江。东北地区多栽培	284
31	蓝翠柏	*Sabina squamata* 'Meyeri'	粉柏、翠柏	柏科圆柏属	沈阳以南各地庭园有栽培	284
32	金叶鹿角桧	*Sabina chinensis* 'Aureo pfitzeriana'	美国花柏、美国扁柏	柏科圆柏属	由比利时引种到北京	284
33	新西兰扁柏	*Chamaecyparis lawsoniana*		柏科圆柏属	原产美国西部。华北、西北、华东及西南等地区可栽培	284
34	萨伯克黄金桧柏	*Sabina chinensis* 'Saybrook Gold'		柏科圆柏属	由比利时引种到北京。华北、西北及华东地区可栽培	285
35	金羽毛桧柏	*Sabina chinensis* 'Plumosa Aurea'	金羽桧柏	柏科圆柏属	华北、西北及华东等地区可栽培	285
36	真柏	*Sabina chinensis* 'Shimpaku'		柏科圆柏属	华北、西北及华东等地区可栽培	285
37	黄真柏	*Sabina chinensis* 'Shimpaku Gold'		柏科圆柏属	华北、西北及华东等地区可栽培	285
38	矮生铺地柏	*Sabina procumbens* 'Nana'	新西兰小刺柏	柏科圆柏属	华北、西北及华东等地区可栽培	285
39	金叶疏枝欧洲刺柏	*Juniperus communis* 'Depressa Aureo'		柏科刺柏属	华北地区及长江流域有引种栽培	285
40	蓝色筹玛平铺圆柏	*Juniperus horizontalis* 'Blue Chip'		柏科刺柏属	产美国北部。华北、西北、华东地区	286
41	巴港平铺圆柏	*Juniperus horizontalis* 'Bar Harbor'		柏科刺柏属	华北、西北及华东等地区可栽培	286
42	蓝地柏	*Juniperus squamata* 'Blue Carpet'		柏科刺柏属	华北、西北及华东等地区可栽培	286

序号	名称	拉丁名	别名	科属	产地及分布	彩图页
43	小叶女贞	Ligustrum quihoui		木樨科女贞属	产我国中部及西南部。北京可露地栽培	286
44	变色女贞	Ligustrum quihoui cv.		木樨科女贞属		287
45	日本女贞	Ligustrum japonicum		木樨科女贞属	原产日本。我国有栽培，北京需小气候好处栽培	287
46	云南黄馨	Jasminum mesnyi	野迎春、南迎春、金腰带	木樨科素馨属	原产云南，四川中西部及贵州中部。南方地区常见，徐州冬季落叶	287
47	探春花	Jasminum floridum	迎夏、鸡蛋黄、牛氣子	木樨科素馨属	产华北南部至湖北、四川等地	288
48	黄素馨	J.floridum ssp. giraldii	毛叶探春、黄馨	木樨科素馨属	产山西、河南、陕西、甘肃、四川、湖北等地	288
49	皱叶荚蒾	Viburnum rhytidophyllum	枇杷叶荚蒾、山枇杷	忍冬科荚蒾属	产陕西南部、湖北西部、四川及贵州等地。北京小气候好处栽培	288
50	照白杜鹃	Rhododendron micranthum	照山白	杜鹃花科杜鹃花属	产甘肃、四川、湖北、华北地区	289
51	越橘	Vaccinium vitis-idaea	越桔、红豆	杜鹃花科越橘属	产欧洲及亚洲北部。我国东北、内蒙古、新疆北部有分布	289
52	杜香	Ledum palustre	细叶杜香、狭叶杜香	杜鹃花科杜香属	产东北大兴安岭、小兴安岭、长白山及内蒙古等地	289
53	山茶	Camellia japonica	茶花、崂山耐冬、海石榴、曼陀罗树、川茶、晚山茶	山茶科山茶属	我国东部及中部地区栽培较多、青岛、西安小气候良好处可露地栽培。金华竹马乡、云南大理是中国茶花之乡	289
54	茶梅	Camellia sasanqua		山茶科山茶属	原产日本西南部及琉球群岛。我国长江以南地区有栽培	290
55	红叶石楠	Photinia × fraseri 'Red Robin'	红罗宾石楠	蔷薇科石楠属	长江流域生长良好，华北大部、华东、华中、华南及西南各地区有栽培，北京偶见栽培，小气候好处可露地越冬	290
	鲁宾斯石楠	Photinia glabra 'Rubes'		蔷薇科石楠属	我国黄河流域以南地区均可栽培。北京偶见栽培，小气候好处可露地越冬	290
56	火棘	Pyracantha fortuneana	火把果、救军粮、救命粮	蔷薇科火棘属	产我国东部、中部及西南部地区。北京偶见、北京偶见。小气候好处可露地栽	291
57	橙红火棘	P.fortuneana 'Orange Glow'		蔷薇科火棘属	北京偶见。北京偶见。小气候好处可露地越冬	291
58	小丑火棘	P.fortuneana 'Harlequin'		蔷薇科火棘属	引自日本，我国东部、中部及西南部地区有栽培	291
59	海桐	Pittosporum tobira	海桐花	海桐科海桐属	产我国东南沿海地区及江海地区。湖北。北京罕见。小气候好处可露	291
60	阔叶十大功劳	Mahonia bealei		小檗科十大功劳属	产我国中部和南部地区，如陕西、河南。北京偶见。小气候好处可露地越冬	292
61	十大功劳	Mahonia fortunei	狭叶十大功劳、细叶十大功劳	小檗科十大功劳属	产四川、湖北、浙江等地，长江流域常见栽培	292
62	南天竹	Nandina domestica	蓝田竹、红天竺	小檗科南天竹属	原产中国和日本。黄河以南、长江流域及以南地区庭院多栽培，北京偶见，小气候好处可露地越冬	293
63	火焰南天竹	N. domestica 'Firepower'		小檗科南天竹属	山东、河南偶见栽培	294
	蒙猪刺	Berberis julianae	拟变缘小檗、三棵针	小檗科小檗属	产我国中部地区。北京偶见栽培，小气候好处可露地越冬	294

二、常绿灌木

序号	名称	拉丁名	别名	科属	产地及分布	彩图页
	假豪猪刺	*Berberis soulieana*		小檗科小檗属	产陕西、甘肃、湖北、四川。北京偶见栽培	294
64	枸骨	*Ilex cornuta*	鸟不宿、老虎刺、猫儿刺、圣诞冬青	冬青科冬青属	产我国长江中下游各省、陕西、山东、河南有栽培，小气候好处可露地越冬。河北任丘等风向阳处可露地越冬，北京偶见	294
65	金边枸骨	*I. cornuta* 'Aureo-marginata'		冬青科冬青属	适生长江流域，北京罕见	294
66	无刺枸骨	*I. cornuta* 'National'		冬青科冬青属	产我国浙江、福建、江西、湖南、广东、台湾等地。山东青岛等地有栽培，北京小气候好处可勉强越冬	295
67	齿叶冬青	*Ilex crenata*	钝齿冬青、波缘冬青	冬青科冬青属		295
68	金叶齿叶冬青	*I. crenata* 'Golden Gem'	金宝石冬青、金叶冬青	冬青科冬青属	由美国、日本等国家引进。江浙地区栽培较多	295
69	龟甲冬青	*I. crenata* 'Convexa'	豆瓣冬青	冬青科冬青属		295
70	直立冬青	*I. crenata* 'Sky Pencil'	帚状钝齿冬青	冬青科冬青属	原产中国台湾、日本。山东、河南及长江以南地区可露地越冬。北京罕见，北京等地有栽培	296
71	八角金盘	*Fatsia japonica*	手树	五加科八角金盘属	产陕西及南方大部分地区。河南、北京等地有栽培	296
72	通脱木	*Tetrapanax papyrifer*	天麻子、木通树、通草	五加科通脱木属	广布长江流域及以南地区。华北地区及山东、河南、陕西有分布	296
73	金丝桃	*Hypericum monogynum*	土连翘、金丝海棠、金丝莲	金丝桃科金丝桃属	主产长江流域，西南地区有分布	296
74	金丝梅	*Hypericum patulum*		金丝桃科金丝桃属		297
75	法国冬青	*Viburnum odoratissimum* var. *awabuki*	日本珊瑚树、珊瑚树	忍冬科荚蒾属	主产日本及朝鲜南部。我国浙江、台湾有分布，长江中下游城市普遍栽培，北京偶见，小气候好处可露地越冬，河南安阳冬季生长良好	297
76	匍枝亮叶忍冬	*Lonicera ligustrina* var. *yunnanensis*	亮叶忍冬	忍冬科忍冬属	原产中国西南部各地区。甘肃、河南、陕西引进，西安、山东、上海等地有栽培	297
77	大花六道木	*Abelia* × *grandiflora*	大花糯米条	忍冬科六道木属	1880年意大利育成。国内外有栽培	298
78	金叶大花六道木	*Abelia* × *grandiflora* 'Francis Mason'		忍冬科六道木属	自法国引进	298
79	金森女贞	*Ligustrum japonicum* 'Howardii'	哈娃蒂女贞	木樨科女贞属	国外引进。北京以南、西安以东可种植	298
80	石岩杜鹃	*Rhododendron obtusum*	钝叶杜鹃、东鹃、东洋杜鹃、雾岛杜鹃、朱砂杜鹃、石岩	杜鹃花科杜鹃花属	产日本。我国东部及东南部均有栽培。辽宁南及华北、西北地区均可露地越冬，北京小气候好处可勉强越冬	299
81	毛鹃	*Rhododendron mucronatum*	白花杜鹃、毛叶杜鹃、大叶杜鹃、毛白杜鹃、春鹃	杜鹃花科杜鹃花属	产日本及我国西南方地区。云南、四川是该属的世界分布中心	299
82	紫鹃	*Rhododendron indicum*	皋月杜鹃、夏鹃、西鹃、东亚杜鹃	杜鹃花科杜鹃花属	原产日本南部。我国广为栽培	300
83	夹竹桃	*Nerium oleander*	柳叶桃、半年红、柳叶树、洋桃梅	夹竹桃科夹竹桃属	原产伊朗、印度、尼泊尔。长江流域以南可露地栽培，山东、河南有栽培	300
84	粉花重瓣夹竹桃	*N. oleander* 'Plenum'		夹竹桃科夹竹桃属		301
85	白花夹竹桃	*N. oleander* 'Album'		夹竹桃科夹竹桃属		301

序号	名称	拉丁名	别名	科属	产地及分布	彩图页
	二、常绿灌木					
86	红花檵木	*Loropetalum chinense* var. *rubrum*	红檵木、红花桎木、红花继木	金缕梅科檵木属	产湖南。南方各地普遍栽培，山东、河南有栽培	301
87	桃叶珊瑚	*Aucuba chinensis*	东瀛珊瑚、青木	山茱萸科桃叶珊瑚属	产我国福建、台湾、广东、海南、广西等地。山东及南方地区有栽培	301
	日本桃叶珊瑚	*Aucuba japonica*	青木	山茱萸科桃叶珊瑚属	产日本、朝鲜及我国台湾、福建	301
88	洒金桃叶珊瑚	*A. japonica* 'Variegata'	花叶青木、洒金东瀛珊瑚、金沙树	山茱萸科桃叶珊瑚属	产日本及我国台湾、浙江南部。南方地区及青岛等地可栽培。北京罕见，小气候好处可露地越冬	302
89	胡颓子	*Elaeagnus pungens*	蒲颓子、羊奶子、甜棒子、三月枣	胡颓子科胡颓子属	青岛有栽培，北京罕见，小气候好处可露地越冬	302
90	金边胡颓子	*E. pungens* 'Aureo-marginata'		胡颓子科胡颓子属	华东、华中等地有栽培。北京小气候好处勉强越冬	302
91	大叶胡颓子	*Elaeagnus macrophylla*	圆叶胡颓子	胡颓子科胡颓子属	产山东、江浙地区的沿海岛屿和台湾。北京偶见栽培	303
	披针叶胡颓子	*Elaeagnus lanceolata*	大披针叶胡颓子、红枝胡颓子	胡颓子科胡颓子属	产陕西、甘肃、湖北、四川、贵州、云南、广西。北京偶见，小气候好处可露地越冬	303
92	栀子花	*Gardenia jasminoides*	黄栀子、山栀、水栀、林兰	茜草科栀子属	产长江以南至华南地区。山东、河南、河北、陕西及甘肃有栽培	303
93	重瓣栀子花	*G. jasminoides* 'Fortuneana'	玉荷花、白蟾	茜草科栀子属		303
94	水栀子	*G. jasminoides* var. *radicans*	雀舌栀子	茜草科栀子属		303
95	金边栀子	*G. jasminoides* 'Variegata'	花叶栀子	茜草科栀子属		304
96	六月雪	*Serissa japonica*	满天星、白马骨	茜草科六月雪属	产长江流域及以南地区。山东、河南有栽培	304
97	金边六月雪	*S. japonica* 'Aureo-marginata'		茜草科六月雪属		304
	岩栎	*Quercus acrodonta*		壳斗科栎属	产陕西、甘肃、河南、湖北、四川、贵州和云南。北京罕见，小气候好处可露地越冬	304
98	芭蕉	*Musa basjoo*	板焦、板蕉、甘蕉、大叶芭蕉	芭蕉科芭蕉属	原产日本琉球群岛。南方大部及陕西、甘肃、河南、山东部分地区有栽培	304

常绿灌木 表二

序号	名称	观赏及应用	生态习性、栽培管护	辨识
1	千头柏	树冠紧密，近球形或卵圆形。叶嫩绿色	耐寒性不如侧柏	无主干，枝密集丛生，小枝明显直立
2	万峰桧	树冠近球形，高数米	喜光、耐干旱瘠薄、较耐湿	树冠外围着生刺叶的小枝直立向上，呈无数峰状
3	沙地柏	匍匐状灌木，枝密，斜上伸展	阳性，极耐寒，耐贫瘠；生长迅速。移栽宜比原根系深8～12cm，头三遍水应浇足、浇透	刺叶常生于幼树，交互对生；壮龄树几乎全为鳞叶，交互对生、斜方形，叶揉碎有不愉快香味
4	铺地柏	匍匐灌木，贴近地面伏生，小枝端上升	阳性，喜海滨气候，忌低湿，耐寒；生长慢，适应性强	叶全为刺叶，三叶交叉轮生，叶长6～8mm，灰绿色，顶角角质锐尖头，背面沿中脉有纵槽
5	球桧	形成近球形头状树冠	喜光，耐旱，喜沙质土	枝密生，斜上展，通常全为鳞叶，也有刺叶，淡绿色
6	迷你球桧	扁球形，植株低矮，呈蓝绿色或灰绿色	具很强的抗逆性，生长极慢，耐寒性较差	小枝柔软，当年生枝度很短。鳞叶或刺叶，幼龄叶为刺状叶，偶有鳞叶；成熟叶为刺
	纵柏球	日本花柏栽培变种，柔和可人	喜光，也耐阴，耐寒	灌木或小乔木。叶为线形刺叶，柔软，长6～8mm，背面有两条白粉带
7	胶东卫矛	直立或蔓性半常绿灌木。绿叶红果，果期10月	喜光，耐寒，耐旱。可用丝绵木作砧木嫁接胶东卫矛，解决不能安全越冬及冬季落叶、抽干问题	茎直立，枝常披散式依附他树。下部枝有须状生根。叶薄，近纸质，倒卵形至椭圆形，长5～8cm。花约长8mm以上
8	大叶黄杨	枝叶紧密。花绿白色，花期6～7月。蒴果粉红色，假种皮橘红色，果期9～10月	喜光，耐阴，喜温暖、湿润气候，抗有毒气体；耐寒性不强，北方冬季需防寒；极耐修剪	小枝四棱形，叶深绿色，革质，光亮，倒卵状椭圆形，长3～7cm，缘有钝齿。腋生聚伞花序，果近球形
9	金边大叶黄杨	叶边缘金黄色	喜光，耐寒，-20℃能成活，对土壤要求不严	
10	金心大叶黄杨	叶中脉附近金黄色呈黄色	耐干旱瘠薄；对多种有毒气体、烟尘抗性强	
11	银边大叶黄杨	叶有狭白边	同原种	
	小果卫矛	果熟时假种皮橘黄色，北京冬季叶片暗绿	耐阴，耐碱性土壤，病虫害少	叶薄革质，椭圆形，阔倒卵形至广卵形，长4-7cm，缘有微齿或近全缘，近长圆形，4浅裂
12	黄杨	树冠圆形。花簇生叶腋或枝端，黄绿色，花期3～4月。蒴果近球状	喜光，耐阴，耐寒性较弱；浅根性；抗烟尘；生长极慢；耐修剪；北京可露地栽培	枝叶较疏散，叶革质，倒卵形，倒卵状椭圆形，叶片最宽处在中部以上，长1.3～3.5cm，先端圆或微凹，有窄翅，仅表面侧脉明显
13	小叶黄杨	常呈半球状	喜光，耐修剪，黄杨绢野螟顺长较直，忌积水及低注地；耐修剪。黄杨绢野螟很多白色丝状物，丝上还有黑色粪便，被害叶子上有很多白色丝状物，雀舌黄杨虫害重，植株死亡；小苗季注意防寒	高0.5～1m。枝密生，小枝方形，叶狭倒卵形至倒披针形，长1～2.5cm，先端圆或微凹，先端圆
14	朝鲜黄杨	叶冬季多变为紫褐色	喜光，稍耐阴，耐寒性强，耐-35℃低温；耐修剪	高约60cm。分枝紧密，小枝方形，叶较小，革质，倒卵形、倒卵圆形，长6～13mm，边缘略反卷，表面深绿色，背面浅绿色，两面略侧脉不明显

二、常绿灌木

序号	名称	观赏及应用	生态习性、栽培管护	辨识
15	锦熟黄杨	叶表面暗绿色，背面色浅或黄绿色，两面有光泽	耐阴，喜温暖、湿润，有一定耐寒性；耐修剪；较耐瘠薄、黏土中生长不良，不耐水湿，但栽植头3年应加强浇水，栽后头3水必须浇透，3年内土壤保持大半墒，如有积水，应及时排除	高可达6m。小枝密集，四方形。叶椭圆形或长卵形，长1～3cm，中部或中下部最宽，先端钝或微凹。花簇生叶腋，浅绿色。蒴果三角鼎状
16	雀舌黄杨	枝叶细密	喜温暖、湿润和阴光充足的环境，较耐半阴，耐干旱和半阴，要求疏松肥沃，排水良好的沙壤土；抗污染；耐修剪	叶较狭长，薄革质，倒披针形或倒卵状长椭圆形，侧脉极多，两面中脉明显凹下
17	凤尾兰	圆锥花序矮，乳白色，花下垂，6月、9月两次开花。叶尖扎人很痛，不宜靠近路边种植，避免对儿童造成伤害	喜光，也耐阴，喜温暖、湿润，有一定耐寒性；抗污染；萌芽力强	叶剑形，硬直，顶端硬尖，长40～60（80）cm，宽5～8（10）cm，老叶边缘有时具疏丝。花序高1～1.5m，花端部常带紫晕
18	金边凤尾兰	绿叶带黄白色边条纹	同原种	
19	丝兰	圆锥花序花大，直立，花白色，下垂，花期6～8月	喜光，也耐阴，喜温暖、湿润，耐高温，喜沙壤土，生长强健	叶近莲座基生，线状披针形，长30～75cm，宽2.5～4cm，先端刺状，边缘有卷曲白丝。花序高1～2m
20	金边丝兰	叶柔软不刺手，叶缘黄色	同原种	
21	警戒色丝兰	叶缘白色边及黄色	同原种	叶面大部分为黄色
22	兴安桧	可形成整齐的多年生枝形成一峰的地毯式景观	喜光，稍耐阴，耐寒、耐旱、耐瘠薄；忌夏季湿热和水涝。北京应选择坡地或林下、排水良好的地方栽植	多分枝，可延伸至6～7m。刺叶、鳞叶并存，均交叉对生，刺叶细长柔软，长4～9mm，鳞叶长1～3mm
23	鹿角桧	每一明显的多年生枝形成一峰，全树万峰参差	耐寒性稍差	大枝自地面向上斜展，小枝端下垂。通常全为鳞叶，灰绿色
24	匍地龙柏	植株匍地生长	同原种，由龙柏侧枝扦插育成	以鳞叶为主，植株就地平展
25	矮紫杉	半球状态丛生灌木，枝叶繁茂，多分枝而向上。叶暗绿色	阴性，耐寒，怕涝，喜冷凉，湿润及排水良好的酸性土；耐修剪	干皮红褐色，枝密。叶短而密，长1.5～2.5cm，常直而不弯
26	粗榧	树冠广圆形	喜光，耐一定盐碱，耐阴性强，喜温凉、湿润气候，抗虫能力强；生长缓慢；不耐移植，耐修剪	叶扁线形，长2～4cm，先端突尖，背面有2条白粉带
27	洒金柏	嫩枝叶黄色，入冬转褐绿色	北方冬季需防寒	树冠圆形至卵圆形。高约1.5m
28	金球侧柏	树冠近球形。叶全年保持金黄色	同原种	高可达3m
29	金球桧	丛生球形或卵圆形灌木。枝端绿中杂有金黄色枝叶	喜光，也耐阴，耐热，耐寒，喜排水良好的沙壤土。昆明有栽培	枝向上伸。小枝具刺叶及鳞叶，刺叶中脉及叶缘黄绿色，嫩枝端鳞叶金黄色

二、常绿灌木

序号	名称	观赏及应用	生态习性、栽培管护	辨识
30	偃柏	匍匐灌木，大枝匍地生，小枝向上伸，呈密丛状。针叶两面均显著被白粉，呈翠蓝色	喜光，非常耐寒，比丹东桧、云杉耐寒；耐瘠薄。宜勤修剪形成多头	幼树刺叶多交互对生，长3～6mm，老树鳞叶
31	蓝翠柏	叶两面均显著被白粉，呈翠蓝色	喜光，较耐寒	分枝硬直而开展，3枚轮生，呈放射状
32	金叶鹿角桧	外形如鹿角桧，嫩枝叶夏、秋季为金黄色，老叶翠绿色	耐高温，耐干旱和贫瘠土壤，宜光照充足，宜排水良好的沙质壤土。适应北京气候条件，生长旺盛	高1.5～2m，枝叶繁密
33	新西兰扁柏	变种很多。颜色随季节变化，北京夏季叶色翠黄，冬季深褐色	冬季可耐-12℃低温；浇水应见干见湿。北京可露地越冬	树冠圆锥形，丛生状。大枝斜伸，小枝直立，扁平
34	萨伯克黄金桧柏	叶夏季嫩黄色，冬季青铜色到黄绿色	喜光，有一定耐旱性，土壤需排水良好；长势中等	高度一般0.6～2m，冠幅1～2m。树皮片状剥落后光滑，红到褐色。基部多分枝，呈悬垂形横向扩展，枝稍下垂。有针叶和鳞叶
35	金羽毛桧柏	叶端黄绿，秋季黄黄色，内部深绿色	耐热，耐旱。北京可露地越冬	大枝广展，小枝羽状，顶端下俯。叶多为鳞叶，也有针叶
36	真柏	匍匐灌木，叶深绿色	喜光，稍耐阴，耐寒，耐瘠薄	枝条弯曲。鳞叶，极少数为刺叶
37	黄真柏	叶全年金黄色	抗病性强	
38	矮生铺地柏	树体呈土丘状。叶全年亮绿色	抗病性极强，极少有病虫害。北京可露地越冬	大枝斜伸平展
39	金叶疏枝欧洲刺柏	5～11月生长季整株呈金黄色，冬季红褐色	耐高温，耐强光。北京可露地越冬	高0.5～2m，呈开心形
40	蓝色筹码平铺圆柏	叶蓝绿色，冬季部分叶转为淡紫色	北京可露地越冬	树皮褐色
41	巴港平铺圆柏	叶春、夏，秋季青绿色或黄绿色，冬季转为紫色	北京可露地越冬	树皮褐色。枝叶密集，形如垫子，侧枝散生
42	蓝地柏	全年叶色蓝绿	耐寒，耐旱性强；耐粗放管理。北京可露地越冬	树体平展，主枝伏地蔓生，侧枝散生
43	小叶女贞	落叶或半常绿灌木。小花白色，花期5～7月。果黑色，老后为绿色	喜光，喜温暖，湿润，较耐寒；耐修剪。北京栽植前三年，冬季需防风障保护越冬	小枝幼时有毛。叶形变化大，叶倒卵状椭圆形，常倒卵状椭圆形，长1～4cm，先端钝，基部楔形。花冠裂片与筒部近等长，近无花梗。细长圆锥花序长10～20cm
44	变色女贞	嫩叶黄褐色，后变为黄色	较耐寒	
45	日本女贞	高达3～6m。小花白色，圆锥花序长6～15cm，6～7月开花	较喜阴湿环境，生长慢，耐寒力较女贞强。北京需选择小环境栽植	叶厚革质，椭圆形或卵状椭圆形，长4～8cm，缘常带红色。花冠短尖或略短于筒部或近等长
46	云南黄馨	花黄色，径3.5～4cm，比迎春花大，花期3～4月	喜光，稍耐阴，不耐寒；对土壤要求不严，宜疏松、肥沃、排水良好的酸性土壤；生长强健，萌蘖力强，耐修剪	三出复叶对生，细长下垂。枝绿色，细长下垂，中脉表面凹下。花单生小枝端，花冠漏斗状，6～8裂片或重瓣
47	探春花	花黄色，花期5～6月，可到9月	喜光，不耐湿，喜温暖，湿润气候，耐寒性不如迎春；忌涝；在碱性土壤上也能正常生长，耐瘠薄，耐修剪。北京露地保护越冬	小枝绿色无毛。羽状复叶互生，小叶3～5，先端锐尖，光滑无毛，中脉表面凹下，下部凸起。花冠裂片5，先端卵形或卵状椭圆形，长1～3.5cm，顶生聚伞花序，小花3～5朵。花萼裂片与等筒等长或疏长

续表

序号	名称	观赏及应用	生态习性、栽培管护	辨识
48	黄素馨	花黄色，花期5～6月，可到10月	同原种	小枝有毛。小叶卵状长椭圆形，长4～5cm，表面光滑或疏生柔毛，背面被白色长柔毛。花萼裂片较萼筒短，疏生柔毛，聚伞花序，小花3～9朵
49	皱叶荚蒾	花序扁，径达20cm，花冠黄白色，花期4～5月。小核果9～10月由红变黑，生长旺盛，果实美丽	喜光，耐半阴，有一定耐寒性，喜温暖、湿润环境，不耐劳，对土壤要求不严。扦插成活率高。北京栽植多年的苗可保持叶片终年不落，幼株冬季部分落叶，叶色黄绿	幼枝，叶背，花序密被厚革毛。叶大，厚革质，卵状长矩圆形至卵状披针形，长8～20cm，长宽比4:1，先端钝尖，全缘或具小齿，叶面深绿色，较而有光泽
50	照白杜鹃	夏季开白色密集小花，径约1cm，花期5～6月。有剧毒	耐寒，喜高山酸性土，怕碱，偏碱会发生黄化病。杜鹃类植物嫌钙	叶近革质，倒披针形，长3～4cm，边缘略反卷。顶生伞形总状花序。生于枝顶端
51	越橘	花冠钟状，长约6mm，4浅裂，微下垂，白色或淡红色，花期6～7月。浆果亮红色，径约9mm，果期秋、冬季	喜光，耐阴，耐寒，喜酸性土	高达30cm。小枝细。叶革质，互生，椭圆形或倒卵形，长1～2cm，叶暗绿色有光泽，上部有不明显锯齿
52	杜香	叶有香味，小花白色，花期6～7月	耐阴，耐寒，喜水湿。常生于河谷或苔藓沼泽地	高达50cm。多分枝，枝叶互生，密而互生，狭线形，长1.5～3cm，边缘强烈反卷，上面多皱
53	山茶	我国十大名花之一，有300个以上品种，叶色翠绿，花大色艳，花多极多，花色主要有红、粉、橙、白、黄及复色，花期2～4月。理想的魅力，丁不起的爱，谦让。红山茶象征天生丽质。山茶冒寒而开，有牡丹的鲜艳，有梅花的风骨，与迎春、梅花、水仙并称"雪中四友"	喜半阴，喜温暖、湿润。喜肥沃、排水良好的酸性土壤，有一定耐寒能力，整个生长过程中需较多水分，水分不足会引起落花、落蕾、落叶等。对海潮风有一定抗性，抗二氧化硫和硫化氢生长慢。夏季应适当遮阴，35℃以上叶片会灼伤。室内不开花或花蕾焦枯脱落，主要由室内湿度不够，缺少通风，空气污浊或室温超过20℃等原因造成	叶椭圆形、革质，长5～10cm，表面深绿，有光泽，缘有细齿。花径5～12cm，近无柄，花色丰富，品种繁多，与未瓣化的雄蕊混生成球状，瓣型有单瓣型、托桂型、大花瓣型、武瓣型、重瓣扭曲，皱褶，瓣型有瓣型，中心雄蕊变成小花瓣；全文瓣型：半文瓣型，排列不整齐；雄蕊完全瓣化，排列整齐成轮。数量可达一百余片，雌蕊退化或变成小花瓣
54	茶梅	花形兼具茶花、梅花的特点得名。花常有白色，或粉，或红及复色，花期因品种不同从9～11月至翌年1～3月	喜光，稍耐阴，喜温暖、喜温暖气候及酸性土壤，不耐寒	嫩枝、芽鳞有毛。叶较小而厚，椭圆形，长3～5cm，缘有细齿，表面有光泽。花1～2朵顶生，花开展，花瓣近离生，无花柄；径3.5～7cm
55	红叶石楠	光叶石楠与石楠的杂交种，新梢嫩叶为红色型，极艳丽持久。春、秋两季，新梢和嫩叶火红，极具生机；夏季叶转为上部鲜红，下部叶鲜红，下部叶深红色。花语寓意生机，一年比一年红	喜强光照，也有很强的耐阴能力，在直射光照下，色彩更为鲜艳。耐土壤贫瘠，耐干旱能力强，不耐盐碱，喜温暖、湿润气候及微酸性土壤，短期可耐-25℃以上低温。生长快，耐修剪，水土偏碱地区生长不良	叶革质，长椭圆形至倒卵状披针形，长5～6mm，红或褐紫色，夏季房花序，小花白色。复伞花序，梨果球形，径5～6mm，红或褐紫色
56	火棘	新叶鲜红，红叶期长。花期4～5月。白花繁密，花白色，花期4～5月。入秋果红如火，宿存久，可到次年2～3月	抗病力强，较耐寒。喜光，喜温暖、湿润，喜肥，耐寒，不耐寒，耐修剪，萌芽力强	叶革质，椭圆形，长圆形或长圆倒卵形，长1.5～9cm，两面无毛。花序无毛。枝拱形下垂。叶倒卵形或倒卵状长圆形，长1.5～6cm，先端圆钝或微凹，缘具钝齿，另有全缘火棘、欧亚火棘。花径约1cm，果径约5mm，北京罕见栽培，小环境生长良好
57	橙红火棘	果熟时橙红色	同原种	

序号	名称	观赏及应用	生态习性、栽培管护	辨识
58	小丑火棘	叶片有花纹，似小丑花脸。有银边品种	同原种	
59	海桐	伞房花序，花白色，后变黄色，清丽芳香，花期5月。有花叶海桐	喜光，略耐阴，喜温暖、湿润气候，不耐寒；对土壤要求不严；抗海潮风及二氧化硫等有毒气体能力强；耐修剪	叶聚生枝端，革质，有光泽，长倒卵形，长4～9cm，先端圆钝形，径约1.2cm，种子红色，10月果熟
60	阔叶十大功劳	总状花序直立，长5～10cm，6～9条簇生，小花黄色，花期3～4月	耐阴，喜温暖气候；性强健	小叶7～15；顶生叶大，卵形；侧生叶卵状椭圆形，长2～13cm，边缘反卷，缘每边1～6大刺齿；厚革质，硬直
61	十大功劳	总状花序，小花亮黄色，花期7～8月。新梢紫红色	耐阴，喜温暖，湿润气候，不耐寒	小叶5～11，无柄，披针形，长5～14cm，缘有刺齿5～10对，硬革质，有光泽
62	南天竹	白色小花芳香，花期5～7月。叶冬季变红，后随着低温的持续，叶逐渐变浓艳的红色，红色可持续到次年3月，可观叶观果。全株有毒，促癌。花语为长寿，经久不衰	喜光，也耐阴，喜温暖、湿润气候，耐寒性不强，喜肥沃、湿润且排水良好的土壤，是石灰岩钙质土指示植物；生长慢	丛生，少分枝，株型较大，株形较松散，2至3回羽状复叶互生，小叶椭圆状披针形，长3～10cm
63	火焰南天竹	秋天气温在5℃以下持续1周，叶变红，后随着低温的持续，叶逐渐变浓艳的红色，红色可持续到次年3月	喜光，喜温暖、湿润气候，喜疏松、排水良好的土壤，在干旱瘠薄土壤中生长缓慢。光线越强色越红	植株矮小，枝叶浓密。叶椭圆形或卵形，总叶柄较短，节间较短。一般无果
	豪猪刺	小花黄色，微香，10～25朵簇生、花期4月。浆果卵形，蓝黑色，被白粉	较耐寒，病虫害少。北京冬季少量叶面变紫褐或红色，景观效果良好	小枝有3叉刺，长1～4cm，革质叶狭卵形至倒披针形，长3～10cm，先端渐尖，每边具10～20刺齿，叶柄长1～4mm
	假豪猪刺	小花黄色，7～20朵簇生，花期4月。果黄熟时色红，北京冬季叶色红、黄、绿相间	病虫害少，北京小环境生长良好，生于山沟河边、灌丛、山坡；林中或成林缘	与豪猪刺区别：枝刺短，可达2.5cm；叶先端急尖，具1硬刺尖；叶每边具5～18刺齿，叶柄长1～2mm
64	枸骨	优良观叶赏果树种。果鲜红，果期9～10月，经冬不落至次年2～3月。是圣诞花开之一——	喜光，耐阴，喜温暖、湿润土壤；有一定耐寒力；宜微酸性土壤；生长很慢；萌枝力强，耐修剪；北方多季叶色发黄	叶厚革质，四角状长圆形或卵形，长4～9cm，具坚硬刺齿5枚，叶端向后弯，表面深绿，具光泽。核果球形，径约1cm
65	金边枸骨	叶缘乳黄色	同原种	
66	无刺枸骨	叶形奇特，浓绿，有光泽。树冠圆整，4～5月开黄绿色小花。球形核果满枝，初秋由绿变红，经冬不落	喜光，耐阴，喜温暖、湿润又排水良好的土壤；性强健，耐修剪；在低温-8℃和微碱性土壤至-10℃生长良好	叶面微凸，缘无刺齿
67	齿叶冬青	小花白色，花期5～6月。果球形，果熟时亮黑色	喜光，耐半阴，喜温暖、湿润气候，宜肥沃湿润、排水良好的酸性土壤，病虫害少，性强健，耐修剪	叶小而密生，厚革质，椭圆形至倒长卵形，长1～3.5cm，缘有浅钝齿，面深绿，有光泽
68	金叶齿叶冬青	上部受阳光照射叶片，全年金黄色	喜光，耐旱，怕湿，生长快	
69	龟甲冬青	枝叶密生，很好的盆景材料。有金叶品种	喜光，耐旱，成苗可耐-18℃低温；抗性强，生长快	叶较小，厚革质，椭圆形至倒长卵形，叶面凸起，深绿，有光泽

二、常绿灌木

序号	名称	观赏及应用	生态习性、栽培管护	辨识
70	直立冬青	高可达3～4m。树冠柱形。花白色，花期5～6月。果深紫红色，果期9～10月	可耐-23～-28℃低温；耐旱性强，一般土壤均能良好生长，忌积水和强碱土壤，抗性强，无严重病虫害	分枝多且直立向上
71	八角金盘	树冠丛生状球形。小花乳白色，夏，秋季开花。花语为八方来财	极耐阴、耐湿，要求空气湿润，土壤排水良好，耐寒性不强，夏季应避免阳光直射；病虫害少，性强健，可吸收空气中的硫化物等。山东济南冬季需防寒；河南安阳可不防寒，冬季翠绿，生长良好	幼枝叶多着生易脱落的褐色毛。叶革质，近圆形，宽12～30cm，掌状7～11深裂，缘有齿，表面深绿色而有光泽，叶柄长
72	通脱木	温带半常绿或落叶灌木。高1～3.5m，叶片硕大，具热带风情。革毛刺激人的黏膜，种植宜注意避免行人。大型圆锥花序，花淡黄白色，冬季开放。1～2月可赏。花簇心大，白色，切片为"通草纸"	喜光，耐阴，可耐-20℃低温；生长速度极快，萌蘖力强。栽植时宜对其他植物保持一定间距，生长期注意浇水分供应	分枝较少，新枝、花均有革毛。叶大，倒卵状长圆形或卵状长圆形，顶，叶长50～75cm；掌状5～11裂，裂片常为叶的1/3或1/2，通常再分裂为2～3小裂片；叶背密生白色厚革毛。球形果，径约4mm，紫黑色
73	金丝桃	花叶秀丽。顶生聚伞花序，花金黄色，径约5cm，5瓣，花丝多而细长，金黄色，花期5～7月	喜光，耐半阴，耐寒性比较严重，多雨且温度多变的季节等发生病频繁，湿润，闷热，栽植过密、通风不良，以及土壤黏重，施肥不足的情况下，发生更严重	多分枝，小枝红褐色。单叶对生，长椭圆形或倒披针形，长3～8cm，先端钝头。雄蕊比花瓣略长或近等长
74	金丝梅	花单生枝端，金黄色，径3～4cm，花期4～8月	喜光，耐半阴，不耐寒	小枝具2棱，卵圆形至长圆形，先端钝圆至圆形，常具小尖突
75	法国冬青	华南珊瑚树变种。顶生圆锥花序，小花白色，花冠筒长3.5～4mm，裂片短于筒部，花期5～6月。深秋果实鲜红，多做绿篱或绿墙	稍耐阴，喜温暖气候，不耐寒。对烟尘和二氧化硫，氯气具较强的抗性和吸收能力；耐火性强。应注意施肥并及时剪除老枝以促发新枝，耐修剪	枝灰或灰褐色，有小瘤体。叶厚革质，叶卵形至椭圆状披针形至长椭圆形，叶7～13cm，长宽比3：1，先端钝头，全缘或上部有疏钝齿。核果先变红后变蓝黑色，果期7～9月
76	匍枝亮叶忍冬	枝叶密集，叶小，亮绿色。花较小，黄白色，清香，花期4～6月。有金叶品种	喜光，也耐阴，对土壤要求不严；萌芽力强，极耐修剪	小枝细长，密集。叶对生，卵形至卵状椭圆形，长1.5～1.8cm，革质。花腋生，浆果蓝紫色
77	大花六道木	糯米条与单叶六道木杂交种。半常绿，7月至晚秋开花不断，花冠白色或略带粉红晕，秋叶铜褐色或紫色，彩叶等品种	喜光，耐半阴，耐热，耐旱，耐寒（耐-10℃低温）；适应性强，移植易活，根系发达，生长快，耐修剪	幼枝红褐色，纤细，老枝树皮纵裂，端急尖或渐尖，缘有疏齿，表面暗绿而有光泽。顶生松散圆锥花序，花冠漏斗形，端5裂，长1.5～2cm
78	金叶大花六道木	新叶金黄色，老叶浅黄绿色	夏季需防阳光过强灼伤的叶片，其他同原种	
79	金森女贞	新叶鲜黄，部分新叶沿中脉两侧或一侧局部有浅绿色斑块，冬叶金黄。花期6月	喜光，耐半阴，耐热，35℃以上高温不会影响其生态特性和观赏价值；稍耐寒，可耐-9.7℃低温；耐修剪；微酸性中等土壤生长迅速	叶革质，厚实。花白色。果紫色
80	石岩杜鹃	南方春鹃的小种。仅1裂片有浓红色斑，盛开时只见花，不见叶，艳丽，辉映粉墙。杜鹃花思多、事业兴旺、鸿运高照等寓意	耐热，不耐强光暴晒，不耐盐碱及钙质土壤，宜排水良好，微酸性土壤，抗病性强	植株低矮，枝条细软，分枝繁多，紧凑，常呈假生状，深绿而有光泽，缘及两面有毛。花2～3朵簇生枝顶，径约2.5cm，花开繁密。叶细小，质厚，长1～2cm，密被锈色毛

序号	名称	观赏及应用	生态习性、栽培管护	辨识
81	毛鹃	花白色、无紫红、有粉红、玫瑰紫、重瓣等品种。杜鹃按花期分春鹃(4月)、夏鹃(5～6月)及西洋杜鹃,本种是春鹃的主要种类	喜光、耐半阴、不耐热,喜温暖、湿润的气候;对土壤适应性强,喜排水良好、疏松透气的酸性土;抗有害气体能力强,越冬最低温2℃,可耐-5℃低温。江苏北部地区不宜大面积种植	高达2～3m。芽鳞外有黏胶,枝叶及花梗密生粗毛。叶长椭圆形、纸质、白色。叶长椭圆形,径5～6cm。长3～6cm,叶面细缺,背面有黏性腺毛,就连蜜蜂从花中提取的蜂蜜也有毒,注意避免儿童误食
82	紫鹃	花形、花色丰富,花色以红色为主,另有粉、白、紫色等。花期5～6月。南方多应用植株低矮,秋冬是春鹃的品种	喜光,喜温暖、湿润气候,喜酸性土壤;栽培容易	高达1.8m。叶狭小、厚而光泽、近革质,披针形、椭圆形或倒披针形,长达3.8cm,两面有红褐色毛,缘有细锯齿。鹃原种及变种1100多种,有一半以上在中国
83	夹竹桃	花冠红或粉红色、橙色及、重瓣,斑点等品种,花期6～10月。干皮、茎、叶、根、花、种子均有毒性极强,促癌	喜温暖、喜温暖、湿润气候,稍耐阴;对土壤适应性强,有一定耐盐力;耐烟尘,抗有害气体能力强,有"环保卫士"之称	3叶轮生,叶矮披针形、硬革质,长11～15cm,叶缘反卷。花漏斗形,5裂,径2.5～5cm,花冠喉部具5片宽鳞片状副花冠
84	粉花重瓣夹竹桃	花粉色、重瓣	同原种	
85	白花夹竹桃	花白色、单瓣,裂片5,倒卵形并旋转针旋转	同原种	
86	红花檵木	紫红色带状线形花瓣,每年开花3～4次,2月始花,3～5月盛花开。叶常暗紫色,10月初再用分嫩叶红,透明红和双面红三个色带,品种40余个	喜光,稍耐阴,喜温暖,肥沃、湿润的酸性土;萌芽、发枝力强;耐修剪	多分枝,嫩枝淡红,枝叶浓密。叶互生,有大红、紫红或绿色,长2～5cm,先端短尖。花瓣长1～2cm
87	桃叶珊瑚	核果长椭圆形,长1.4～1.8cm,熟时深红色,可观赏	喜湿润、半阴环境及排水良好的土壤	小枝有柔毛。叶长椭圆形或倒披针形,长10～20cm,先端锐尖、缘常具齿、薄革质,背面有硬毛。雌雄异株
88	日本桃叶珊瑚	核果鲜红色、卵圆形,长约2cm。圆锥花序密生刚毛。雌雄异株	耐半阴,喜温凉气候及排水良好土壤,忌高温干旱	小枝绿色,无毛。叶椭圆状卵形至长椭圆形,稀倒披针形,长8～20cm,渐尖、缘疏生粗齿,暗绿色,革质,叶柄长5～8mm
89	洒金桃叶珊瑚	叶面散生大小不等的黄色或淡黄色斑点。核果鲜红色,果期11月至翌年4月	耐阴,喜温暖、湿润气候,对烟尘和大气污染抗性强,在排水良好、肥沃的酸性土壤生长良好;畏日灼;耐修剪	叶革质,有光泽,长椭圆形或卵状长椭圆形,长8～20cm,缘疏生粗齿
90	胡颓子	叶背银白色鳞片,花银白色,芳香,美丽,花期9～11月。椭圆形红果,果熟次年5月熟	喜光,耐半阴,喜温暖气候,耐干旱,也耐水湿,对土壤适应性强,不耐寒;根具固氮功能,对有害气体抗性强;耐修剪	小枝被锈色鳞片,刺较少。叶长椭圆形,革质,有光泽,长5～10cm;侧脉7～9对,与中脉开展成50～60°;边缘常波状,背面银白色并有少数褐色鳞片。果长1.5cm
	金边胡颓子	叶边缘金黄色。有金心、花叶品种	喜光,也耐阴,喜湿润、耐旱,宜肥沃,排水良好的壤土	
91	大叶胡颓子	花白色,芳香,萼筒较短,花期3～4月;果红色,果期9～10月	喜光,较耐寒;抗海风,海雾;耐修剪	各部具银白色鳞片,枝无刺。叶厚纸质或薄革质,卵圆至近圆形,长4～9cm,顶端钝形或钝尖,叶柄长可达2.5cm
	披针叶胡颓子	幼枝密被银白和淡黄褐色鳞片。叶背银白色;北京冬季叶面黄绿	耐半阴,较耐寒、耐碱性土壤;生长快;生长适环境生长良好	叶椭圆状披针形,长5～14cm,侧脉8～12对,与中脉开展成45°,叶面网脉不明显(胡颓子叶面网脉很明显)

二、常绿灌木

序号	名称	观赏及应用	生态习性、栽培管护	辨识
92	栀子花	花白色，浓香，单瓣，花期6~8月，为炎夏酷暑带来清芬，洁白素净，香馨扑人，深受佛教信徒喜爱	喜光，耐阴，怕暴晒，不耐寒，喜温暖、湿润气候及肥沃的酸性土	单叶对生，少3叶轮生，革质，有光泽，常倒卵状长圆形，长7~13cm。花单生枝端，径约3cm，端常6裂
93	重瓣栀子花	花大重瓣，径7~8cm	同原种	
94	水栀子	花重瓣，较小，植株矮小，常作地被材料	同原种	枝常平展铺地。叶较小，倒披针形，长4~8cm
95	金边栀子	叶具不规则的大面积黄白色斑纹，花重瓣	同原种	
96	六月雪	花小，白色或带淡紫色，漏斗状，有臭气，花期6~7月	喜温暖、阴湿环境，畏强光，不耐严寒，耐旱，萌芽力强，耐修剪	枝密生。叶狭椭圆形，革质，长0.7~2cm。花冠前端5裂，长约1cm，有重瓣品种
97	金边六月雪	叶边缘黄绿色	同原种	
	岩柃	常绿乔木，有时灌木状。北京冬季叶色浓绿	不择土壤。北京小环境球状修剪，圆整致密，生长优良	小枝幼时密被灰黄色星状茸毛。叶椭圆形，椭圆状披针形，长2~6cm，大小变化大，中部以上有刺状梳齿，叶背密被灰黄色星状茸毛
98	芭蕉	多年生草本，南方常绿，北方秋后地上部分枯萎。茎直立高大，粗犷潇洒，蕉叶却碧翠似绢，玲珑入画，兼有北人之粗犷和南人之精细，常与孤植优柔，离情别绪相联系，有罗汉经中常提到，有在树下修行汉在树下修行	耐半阴，喜温暖、湿润，耐寒力弱；茎分生能力强，生长较快；以沙壤土为宜。冬季须保持4℃以上温度，也能耐短时间0℃低温；宜避风种植	高2~4m，茎直立。叶螺旋状排列，长椭圆形，长2~3m，宽25~40cm，有粗大主脉，侧脉羽状，多而平行，叶面鲜绿，有光泽。穗状花序顶生，大苞片佛焰苞状，常红褐色

三、观赏竹

观赏竹 表一

序号	名称	拉丁名	别名	科属	产地及分布	彩图页
1	早园竹	*Phyllostachys propinqua*	园竹、沙竹、桂竹	禾本科刚竹属	产河南、江苏、安徽、浙江、贵州、广西、湖北等地。北京地区常见栽培	305
2	黄槽竹	*Phyllostachys aureosulcata*	玉镶金竹	禾本科刚竹属	产北京、浙江	306
3	金镶玉竹	*P. aureosulcata* 'Spectabilis'		禾本科刚竹属	北京、大连、连云港等地有栽培。是最为适应北京气候的竹种之一	306
4	京竹	*P. aureosulcata* 'Pekinensis'		禾本科刚竹属	北京、河南、江苏、浙江等地有栽培	306
5	黄杆京竹	*P. aureosulcata* 'Aureocaulis'		禾本科刚竹属	初见于北京八大处大悲寺，南北方有引种	306
6	紫竹	*Phyllostachys nigra*	黑竹、乌竹	禾本科刚竹属	原产我国。南北各地多有栽培	307
7	毛金竹	*P. nigra* var. *henonis*		禾本科刚竹属	产黄河流域以南各地、华北地区及辽宁南部有栽培	307
8	刚竹	*Phyllostachys bambusoides*	桂竹、金竹、黄竹	禾本科刚竹属	产黄河流域及其以南各地。浙江安吉是中国十大竹之一	307
9	斑竹	*P. bambusoides* 'Tanakae'	湘妃竹	禾本科刚竹属	产黄河至长江流域各地	307
10	黄槽斑竹	*P. bambusoides* f. *mixta*		禾本科刚竹属	产河南博爱	308
11	对花竹	*P. bambusoides* f. *duihuazhu*	斑槽桂竹	禾本科刚竹属	产河南博爱、陕西等地	308
12	淡竹	*Phyllostachys glauca*	粉绿竹	禾本科刚竹属	产黄河至长江流域各地。是黄河流域中下游栽培最普遍的乡土竹种	308
13	筠竹	*P. glauca* 'Yunzhu'		禾本科刚竹属	产河南、山西、陕西等地	308
14	罗汉竹	*Phyllostachys aurea*	人面竹、寿星竹、布袋竹	禾本科刚竹属	产黄河流域以南各地	308
15	乌哺鸡竹	*Phyllostachys vivax*	风竹	禾本科刚竹属	产江苏、浙江。山西运城、山东等地有栽培	308
16	黄杆乌哺鸡竹	*P. vivax* 'Aureocaulis'		禾本科刚竹属	特产于河南永城。江浙地区及山东、河南等地常栽培，北京有栽培	308
17	黄纹竹	*P. vivax* 'Huangwenzhu'		禾本科刚竹属	特产于河南永城。适于华北地区栽培	309
18	巴山木竹	*Arundinaria fargesii*	秦岭箭竹、法氏箭竹、四川箬竹	禾本科青篱竹属	产陕西、四川、湖北、甘肃、河北等地。集中分布于秦岭和巴山海拔1000m以下。北京有引种	309
19	苦竹	*Pleioblastus amarus*	石竹、伞柄竹	禾本科苦竹属	产河南山区及长江流域。北京、河北太行山区、山西南部及山东沿海有栽培	—
	狭叶青苦竹	*Pleioblastus chino* var. *hisauchii*	花叶苦竹、长叶苦竹	禾本科苦竹属	原产于日本。我国南北方有栽培	309
20	箭竹	*Sinarundinaria nitida*	华西箭竹、松花竹	禾本科箭竹属	产山西芮城、平陆、永济，及河南伏牛山，陕西、甘肃南部，四川、贵州等地	309
	矢竹	*Pseudosasa japonica*	箭竹、篠竹	禾本科矢竹属	原产日本及朝鲜南部。我国江苏、上海、浙江、台湾、北京、山东、陕西等地有栽培	—
	甜竹	*Phyllostachys flexuosa*	曲杆竹、曲箪竹	禾本科刚竹属	产河北、山西、河南、陕西、江苏、湖南等地	—
21	毛竹	*Phyllostachys edulis*	孟宗竹	禾本科刚竹属	产秦岭、淮河以南地区。华北地区及辽宁南部有栽培。是我国竹类中分布最广的竹种	310

三、观赏竹

序号	名称	拉丁名	别名	科属	产地及分布	彩图页
22	龟甲竹	P. edulis 'Heterocycla'	龙鳞竹	禾本科刚竹属	各地毛竹林中零星出现，少有呈小片生长	310
23	孝顺竹	Bambusa multiplex	凤凰竹、蓬莱竹	禾本科孝顺竹属	主产长江流域及以南地区。山东、河南有栽培	310
24	凤尾竹	B. multiplex 'Fernleaf'		禾本科孝顺竹属	山东青岛有栽培	310
25	观音竹	B. multiplex var. riviereorum	实心凤尾竹	禾本科孝顺竹属	产我国东南部地区	311
26	大佛肚竹	Bambusa vulgaris 'Wamin'		禾本科孝顺竹属	我国华南地区及浙江、福建、台湾等地的庭园中常栽培，长江流域及以北常盆栽观赏	311
27	箬竹	Indocalamus tessellatus		禾本科箬竹属	普遍见于南方地区，尤其是长江流域各地。北方有栽培	311
28	善变箬竹	Indocalamus varius	西湖箬竹	禾本科箬竹属	原产浙江西湖孤山。北京已栽培几十年	311
29	阔叶箬竹	Indocalamus latifolius	实竹、簝竹	禾本科箬竹属	产江苏、浙江、安徽、山东、河南及陕西南部。北京等地有栽培	311
30	鹅毛竹	Shibataea chinensis		禾本科鹅毛竹属	广布于江苏、安徽、江西、福建等省。北方有栽培	312
31	铺地竹	Pleioblastus argenteostriatus		禾本科苦竹属	分布于江苏、浙江等地。北方有栽培	312
32	菲白竹	Pleioblastus fortunei	翠竹	禾本科苦竹属	原产日本。我国江苏、上海有栽培，北方有引种	312
33	菲黄竹	Pleioblastus auricoma		禾本科苦竹属	原产日本。我国江苏、上海有栽培，北方有引种	312
34	黄条金刚竹	Pleioblastus kongosanensis f. aureostriatus		禾本科苦竹属	原产日本。我国江苏、浙江、陕西、北京等地有栽培，北方有引种	312
35	白纹阴阳竹	Hibanobambusa tranquillans f. shiroshima		禾本科阴阳竹属	原产日本。我国江苏、浙江、陕西、上海及西南地区等地有栽培，北方有引种	312

观赏竹　表二

序号	名称	观赏及应用	生态习性、栽培管护	辨识
1	早园竹	中国竹文化丰富多彩，独具特色，人们称竹子是"东方美的象征"，称中国为"竹子文化的国度"。在我国源远流长的文化史上，松、竹、梅被誉为"岁寒三友"，而梅、兰、竹、菊被称为"四君子"。竹被赋予美好品格，无心而不屈不挠逆境，"有节有节"，虚心（中通外直），其正直，虚心（中空），气节（生而有节），"祝"与"竹"谐音，有美好祝福的寓意，无竹不成园。竹子是我国古典风格园林中不可缺少的组成部分，无竹则俗，是高雅脱俗的象征，"宁可食无肉，不可居无竹"，更是君子与竹相关关系的写照	喜光，较耐阴，耐寒，耐短期 -20℃低温；耐轻盐碱，沙地及低洼地；喜肥，喜湿润，不耐积水。竹类生长最重要的条件是水，既要保证较高的空气湿度，还要保证根部不积水，合理间翻，控制竹林密度，也能保证长势。北方宜4月或7～8月种植，新植苗应常给中片喷水。华北地区宜选择背风向阳处栽植。北方入冬前，新栽竹类2～3年内宜阳光向应该搭设风障。竹在绿化工程中成活率不高，原因主要是，移植时要直接使用（间距不小于30cm），没有任它地进行缓苗，而宜选择原地多选用缓苗。另外，移植时要带好竹鞭，行鞭：栽植间距不宜过大（间距不小于30cm），否则影响竹鞭生长。行鞭：适当修剪；宜浅栽，不宜深栽	新秆绿色，被白粉，秆环、箨环略隆起。秆高4～8m，径3～5cm。每小枝具叶3～5，叶长12～18cm，宽2～3cm，背面中脉基部有细毛。世界竹类有1000余种
2	黄槽竹	秆绿色或黄绿色，纵槽黄色。在较细的秆基部有2或3节常作"之"字形折曲	阳性，喜温暖，湿润，在本属中耐寒性最强	幼秆被白粉及柔毛，秆环、箨环均隆起。秆高3～5(9)m，径1～3(5)cm。叶长可达1.8m，宽达15cm
3	金镶玉竹	秆金黄色，纵槽绿色。隔结对称生长	耐寒，耐 -20℃低温	秆高4～10m，径2～5cm。叶偶有黄色条纹
4	京竹	秆全绿色	同原种	
5	黄秆京竹	秆黄色，纵槽绿色，节间时有绿色条纹	同原种	叶有时具浅黄色线条
6	紫竹	新秆绿色，老秆紫黑色。属散生竹，竹鞭分布在土壤上层，横向起伏生长	阳性，喜温暖，湿润，耐 -20℃低温	秆高3～5(10)m，径2～4cm。每小枝具叶2～3，叶长6～10cm，宽1～1.5cm
7	毛金竹		喜光，也耐阴，喜温暖气候，稍耐寒，喜肥沃、疏松的酸性土壤	与紫竹的区别：秆绿至全绿色而不变为紫黑色，较紫竹粗大，高达7～15m。与淡竹的区别：节间较短
8	刚竹	秆有紫褐色斑，内深外浅。散生竹，秆散生	阳性，喜温暖，湿润气候，耐 -18℃低温，耐盐碱，喜深厚、肥沃土壤	秆高8～10(16)cm，秆环、箨环均隆起，每小枝具叶3～6，叶长8～20cm，宽1.3～3cm
9	斑竹	秆有紫褐色斑点及褐色斑块。常被用来表达凄苦的爱情或怀念，有"斑竹一枝千滴泪"的诗句	阳性，喜温暖，湿润，稍耐寒	秆高4～6(13)m，径3～7cm，竹秆及分枝有紫褐或淡褐色的斑块和斑点
10	黄槽斑竹	节间具黄沟槽及褐色斑点	同原种	
11	对花竹	秆不同之处在于，秆节间在芽或分枝一侧的沟槽内有黄沟槽色斑块	同原种	
12	淡竹	新秆密被白粉，呈蓝绿色，老秆仅节下有白粉环。散生竹	耐寒，耐瘠薄土壤	秆高5～10m，径2～5cm，老竹秆绿色或灰黄绿色。每小枝具叶5～7，常保留3。叶长7～17cm，宽1.2～2cm，叶舌紫褐色
13	筠竹	秆有紫褐色斑点或斑纹，内浅外深	同原种	秆初为绿色，后渐次出现紫褐色斑块和斑点
14	罗汉竹	秆畸形多姿。叶色浅绿，狭长披针形，长6.5～13cm，宽1～2cm	喜温暖，湿润，耐寒性较强，宜在肥沃、湿润、疏松、排水良好的沙质土壤中生长	北方秆高2～4m，径2～3cm，下部节间不规则短缩或畸形肿胀，或其节交互歪斜，或该节近正常而于下有长约1cm的一段膨大

续表

序号	名称	观赏及应用	生态习性、栽培管护	辨识
15	乌哺鸡竹	秆环常一侧显著隆起，使节间不对称	喜光，抗寒性较强，耐-20℃左右低温；喜湿润、疏松的沙质土壤，微碱性土也可生长。华北地区适于栽培	秆高5～15m，径4～8cm。幼秆被白粉，老秆灰绿至淡黄绿色。每小枝有叶2～4，叶长12～20cm
16	黄秆乌哺鸡竹	秆金黄色，色泽鲜艳，中、下部偶有几个节间具不规则绿色条纹	喜光，耐寒性强，喜湿润，在微碱性土中也能生长	秆高5～8m，径5～6cm。上部枝叶密集下垂，略呈拱形。秆节歪斜，秆环常一边突出
17	黄纹竹	区别于乌哺鸡竹，其秆绿色，纵槽金黄色，观赏性强	耐-29℃低温	竹材壁薄，径可达8cm，高可达12m，秆环隆起
18	巴山木竹	秆散生，新秆有白粉	耐旱，耐寒性强	秆高2～8m，壁厚，近实心。上部节上分枝3～5(7)，每小枝具叶4～6，叶长10～20(30)cm，宽1～2.5(5)cm
19	苦竹	秆散生，幼时有厚白粉，老秆暗墨绿色，箨环常具箨鞘基部残留物	耐寒性较强	秆高3～5m，径2～4cm，节间长25～40cm，秆环、箨环隆起。叶线状披针形，长5.5～11(20)cm，宽1～2.8cm，次脉4～8对
	狭叶青苦竹	幼秆紫绿色至暗墨绿色，具少量白粉，老秆暗绿色。是观姿观叶的优良竹种	适应性强，耐旱，耐瘠薄，能适应低温，病虫害较少	秆高1.5～3m，径0.5～1cm，秆壁厚或近实心，秆环平坦至微微隆起，长15～24cm，宽0.7～1.5cm
20	箭竹	散生竹。幼秆绿色，被白粉；秆圆，壁厚，节部微隆起	较耐阴，耐寒	秆高1.5～3m，径1～1.5cm，中部节间长约20cm。每小枝3～5叶，叶披针形，长5～10cm，宽0.5～1cm
	矢竹	叶面深绿，有光泽，叶背稍白	喜潮湿。肥沃的土壤。耐-15℃低温	高2～5m。秆径0.5～1.5cm，秆中上部每节1分枝，每小枝具3～10叶，叶长4～30cm，宽1～4cm
	甜竹	基部有多少呈"之"字形弯曲。是黄河流域重要的用材竹之一	耐-20℃低温，较耐干旱；发笋力强；笋味甜	秆高5～6m，径2～4cm，幼秆微隆起，老秆灰白色，秆环微被白粉。秆箨绿褐色，有条纹及褐色斑点
21	毛竹	散生竹。在我国分布最广，面积最大，经济价值最高，可作风景林	喜光，较耐寒，喜背风向阳，喜温暖，怕劳，怕干热风	秆高10～25m，径12～20cm，中部节间达30cm。每小枝具叶2～3，叶较小，长5～10cm，宽0.5～1.2cm
22	龟甲竹	秆下部节间短而肿胀，并交错成斜面	偶见于毛竹林中，但性状不稳定。可用竹鞭移植	秆较矮小
23	孝顺竹	秆绿色，后变黄，近实心	是我国最耐寒的丛生竹种，一般没有长达距离横走的地下竹鞭，分布很广	秆高2～7m，径1～4cm；秆密集丛生；稍端外倾；新秆有白粉；具叶小枝着生5～9，叶薄，无叶柄，长4～14cm，宽0.5～2cm
24	凤尾竹	秆细小而空心，比观音竹高大，小枝稍下弯，叶细小，纤秀美观	喜光，稍耐阴，喜温暖、湿润气候，喜酸性、微酸性或中性土壤，忌黏重，耐寒性稍差，环境温度宜高于0℃	秆高1～2(3～6)m。每小枝具叶9～13，叶长3～6cm，宽4～7mm，羽状二列
25	观音竹	秆紧秘丛生，实心，在民间被认为是一种吉祥植物，在庭院种植，寓意住宅平安	喜光，耐半阴，稍耐寒，生长快，耐修剪	秆高1～3m，径3～5mm，羽状二列，且常下弯呈弓状，叶长13～23，羽状二列。每小枝具叶13～23，叶长1.6～3.2cm，宽2.6～6.5mm
26	大佛肚竹	秆绿色，有时各节间极短缩而膨大，下部各节间极短缩而膨大	北方需温室过冬	竹丛较矮。秆高2～5m。每小枝有叶7～9，叶长16～25cm，宽1.8～2.5cm

序号	名称	观赏及应用	生态习性、栽培管护	辨识
27	箬竹	秆丛状散生；节下方贴生红棕色毛环，秆环隆起。与以下竹种均为混生竹	地被类竹喜阳光充足而偏阴的环境，喜温暖、耐寒、喜湿润土壤；扩繁能力强，病虫害少。北京生长良好，极耐阴	秆高 0.7～1.5m，径 4～8mm，节间长 2.5～5cm，每节 1～2 分枝。叶巨大而较薄，长 18～46cm，宽 4～10cm，次脉 15～18 对，小横脉极明显
28	菩变箬竹	应用较多样，可用于地被、护坡、绿篱，也可与山石、建筑组合	遇冬、春季大风，叶易干枯，来年发新叶，不影响景观；病虫害少。北京冬季可安全越冬，表现很好	秆高 0.5～1.2m，径约 5mm，节下有一圈白粉，每节 1～2 分枝。叶深绿色，长 5～11cm，宽 1～2cm
29	阔叶箬竹	秋季叶边缘变白色，叶在成长植株上弯作弧形，具观赏性；略有香气，可包粽子	喜温暖、湿润气候，在干旱枝梢处及叶常枯萎；在林下，林缘生长良好	秆高 1～2m，径 5～15mm，节间长 5～20cm，被微毛，节下毛更多，每节 1 分枝。小枝具叶 1～3，叶宽大，先端渐尖为长披针形，长 10～30（40）cm，宽 2～5（8）cm，次脉 6～12 对
30	鹅毛竹	矮生灌木竹类，秆散生或丛生，叶常 1 枚生于枝顶，表面绿色而有光泽。北京冬季小环境好处枝叶翠绿	稍耐阴，喜温暖、湿润环境，抗寒性强；排水良好的沙质壤土中生长良好；浅根性	秆高 0.6～1m，节间长 7～10cm，径 2～3mm，节间上部节生 1（2）叶，叶卵状披针形，形似鹅毛，长 6～10cm，宽 1.2～2.5cm，叶缘有小齿，具明显小横脉，基部为不对称圆形
31	铺地竹	叶绿色，偶有黄或白色条纹	北方小环境好处长势良好，病虫害少。北京冬季应将地上部分剪掉或将地上干枯，冬季应将地上部分剪或防寒	秆高 0.3～0.5m，径 2～3mm，节间长约 10cm，秆绿色，节下具窄白粉环，长 8～12cm
32	菲白竹	一般高 20～40cm，叶绿色，具明显的乳白色（入夏渐黄色）条纹	喜温暖、湿润的半阴环境，忌烈日暴晒，不耐旱、耐寒，耐瘠薄，对土壤要求不严；抗污染，病虫害少；分枝能力强，繁殖快，耐修剪，管理粗放。北方小环境好处地上露地越冬，或将地上部分剪掉。北京冬季地上干枯，须采取防寒措施	秆高 0.1～0.8m，径 1～2mm，叶长 8～15cm，宽 0.8～2cm。混生竹既有散生竹和丛生竹的生长特性，既有黄色走的地下竹鞭，又有密集簇生的竹丛
33	菲黄竹	叶幼时淡黄色有深绿色纵条纹，夏季全部变为绿色，观赏性强，市场价值比菲白竹高	喜温暖、湿润，向阳至略荫蔽处；耐旱、耐风，生长适温 15～25℃，不耐寒，高温下生长迟缓	秆高 0.3～0.5m，有时可达 1.2m，径 2mm 左右，叶披针形，先端渐尖，基部圆形，长 10～20cm
34	黄条金刚竹	新叶深绿色，至夏季出现黄色纵条纹	北京长势好	秆高 1m 以内，有时可达 2m，秆径 4～6mm，幼时被白粉，节下更厚密，叶披针形，较厚、长 16～22cm
35	白纹阴阳竹	叶绿色，有白色纵条纹，通常 1 年生竹白纹多；秆、枝也有少数白色纵条纹，是比较珍稀的竹种	喜光，稍耐阴，抗寒性好。北京冬季观赏效果佳	秆高 1.5～2m，叶长 15～20cm，先端渐尖

四、落叶乔木

落叶乔木 表一

序号	名称	拉丁名	别名	科属	产地及分布	彩图页
1	银杏	Ginkgo biloba	白果、公孙树、鸭脚树	银杏科银杏属	我国特有，主要分布在山东、江苏、四川、河北、湖北、河南等地。北自沈阳，南至广州，东南至台湾南投，西抵西藏昌都广为栽培	313
2	金叶银杏	G. biloba 'Aurea'		银杏科银杏属	山东泰安选育	314
3	华北落叶松	Larix principis-rupprechtii	红杆、落叶松	松科落叶松属	我国特有，产华北地区高山上部。辽宁、内蒙古、陕西、甘肃、宁夏、新疆有栽培	314
4	兴安落叶松	Larix gmelinii	落叶松、意气松、达乌里落叶松	松科落叶松属	产东北大兴安岭、小兴安岭山地，是东北林区的主要森林树种	314
5	长白落叶松	Larix olgensis	黄花松、黄花落叶松	松科落叶松属	产东北长白山及老爷岭山区	315
6	日本落叶松	Larix kaempferi		松科落叶松属	原产日本。我国东北地区南部及山东、河南、北京、天津等地有栽培	315
7	金钱松	Pseudolarix amabilis	金松、水树	松科金钱松属	我国特有，产长江中下游地区。华北地区有栽培	315
8	水杉	Metasequoia glyptostroboides		杉科水杉属	我国特有，原产四川东部、湖北西南部及湖南西北部。从辽宁到广东、云南及贵州广泛栽培，中南及华东地区栽培最多	315
9	金叶水杉	M. glyptostroboides 'Aurea'	黄金杉	杉科水杉属	由韩国引进。华东、华南、西南及我国西南地区小气候处可生长，北京地区生长不良	316
10	墨西哥落羽杉	Taxodium mucronatum	尖叶落羽杉、墨杉	杉科落羽杉属	原产墨西哥及美国南部。我国山东及西南方城市有栽培	316
11	中山杉	Taxodium 'Zhongshanshan'		杉科落羽杉属	江苏省、中科院植物研究所选育。适应山东、河南、河北，以及长江三角洲、华中、华南、天津、大连、河北有应用	316
12	银白杨	Populus alba		杨柳科杨属	新疆有分布。西北、华北及东北地区南部有栽培	317
13	新疆杨	P. alba var. pyramidalis		杨柳科杨属	产新疆、内蒙古。北方各地常栽植	317
14	银中杨	P. alba × P. berolinensis		杨柳科杨属	东北地区广泛栽植	318
15	毛白杨	Populus tomentosa	大叶杨、响杨、白杨	杨柳科杨属	我国特有，黄河中下游为分布中心。分布范围南达长江下游	318
16	抱头毛白杨	Populus tomentosa 'Fastigiata'		杨柳科杨属	山东、河北等地有分布。河南、甘肃有栽培	319
17	毛新杨	P. tomentosa × P. bolleana		杨柳科杨属	我国北方地区有栽培	319
18	河北杨	Populus hopeiensis	串杨、椴杨	杨柳科杨属	产华北、西北地区山地。能生长在寒冷多风的黄土高原上，河北山区常见	319
19	山杨	Populus davidiana		杨柳科杨属	广布于东北、华北、西北、华中及西南地区高山，是黄河流域高山常见树种	319
20	钻天杨	Populus nigra 'Italica'	美国白杨	杨柳科杨属	哈尔滨以南至长江流域有栽培，华北、西北地区适生	320
21	箭杆杨	Populus nigra 'Thevestina'	钻天杨	杨柳科杨属	产西亚及北非。分布于我国黄河中上游，在西北地区受人喜爱	320

四、落叶乔木

四、落叶阔叶乔木

序号	名称	拉丁名	别名	科属	产地及分布	彩图页
22	加杨	Populus × canadensis	加拿大杨、欧美杨、美国大叶白杨	杨柳科杨属	除广东、云南、西藏外，各地均有引种栽培，华北地区至长江流域普遍栽培	320
23	沙兰杨	Populus 'Sacrau 79'	萨克劳	杨柳科杨属	适于辽宁南部、西南部、华北平原，黄河中下游及淮河流域一带的广大地区栽植	320
24	小叶杨	Populus simonii	南京白杨、菜杨、河南杨、明杨	杨柳科杨属	产东北、华北、西北、华中及西南各地区	321
25	小青杨	Populus pseudosimonii		杨柳科杨属	主产我国东北地区、北京、河北、山西、内蒙古、河南等地也有分布	321
26	青杨	Populus cathayana		杨柳科杨属	东北、华北、西北、西南地区均有分布，分布之广仅次于山杨。适合在青藏高原等高寒地区生长	321
27	香杨	Populus koreana	大青杨	杨柳科杨属	主产东北小兴安岭到长白山山区、北京、河北北部	321
28	中华红叶杨	Populus 'Zhonghua Hongye'	变色杨、红叶杨、中红杨	杨柳科杨属	我国培育的芽变品种	322
29	垂柳	Salix babylonica	清明柳、线柳、垂杨柳、水柳	杨柳科柳属	产长江与黄河流域，其他各地均有栽培。是扬州市树	322
30	金丝垂柳	Salix alba 'Tristis'	金枝白垂柳	杨柳科柳属	我国北方城市多有栽培	323
31	旱柳	Salix matsudana	柳树、立柳、汉宫柳。古时柳树也称为杨柳	杨柳科柳属	产东北、华北、西北地区，南至淮河流域，北方平原地区更为常见	323
32	绦柳	S. matsudana 'Pendula'	旱垂柳	杨柳科柳属	产东北、华北、西北地区及上海等地。北方城市常见，常误认为垂柳	324
33	馒头柳	S. matsudana 'Umbraculifera'		杨柳科柳属	北京常见，各地栽培	324
34	龙爪柳	S. matsudana 'Tortuosa'	龙须柳	杨柳科柳属	东北、华北、西北各地有栽培	325
35	金枝龙爪柳	S. matsudana 'Aureotortuosa'		杨柳科柳属	北京、辽宁等地有栽培	325
36	腺柳	Salix chaenomeloides	河柳、红心柳	杨柳科柳属	产辽宁南部、黄河中下游至长江中下游地区	325
37	核桃	Juglans regia	胡桃	胡桃科胡桃属	原产伊朗。辽宁南部以南至华南、西南、西北地区均有栽培	325
38	核桃楸	Juglans mandshurica	胡桃楸、山核桃、楸子	胡桃科胡桃属	产东北及华北地区	326
39	枫杨	Pterocarya stenoptera	大叶柳、麻柳	胡桃科枫杨属	分布于黄河、长江流域至华南、西南地区	326
40	化香树	Platycarya strobilacea	化香、花木香、还香树、皮杆条、栲香树、麻柳树、板香树、栲香	胡桃科化香树属	产我国甘肃、陕西、河南、山东及长江流域和西南地区。北京有栽培	326
41	白桦	Betula platyphylla	桦木、粉桦、桦皮树	桦木科桦木属	产东北林区及河南、华北高山地区。西南、西北地区有栽培	327
42	黑桦	Betula dahurica	棘皮桦	桦木科桦木属	产内蒙古及东北、华北地区山地	328
43	欧洲白桦	Betula pendula	垂枝桦、疣枝桦	桦木科桦木属	产欧洲及小亚细亚一带。我国新疆北部有分布	328
44	紫叶桦	B. pendula 'Purpurea'		桦木科桦木属	我国东北地区及北京等地有栽培	328
45	红桦	Betula albosinensis	纸皮桦、红皮桦	桦木科桦木属	产华北至西南地区	329
46	赤杨	Alnus japonica	日本桤木	桦木科赤杨属	产我国东北地区南部及河北、山东、江苏、安徽等地	329

四、落叶乔木

序号	名称	拉丁名	别名	科属	产地及分布	彩图页
47	水冬瓜赤杨	*Alnus sibirica*	辽东桤木、水冬瓜、毛赤杨	桦木科赤杨属	产我国内蒙古东部、山东及东北地区	329
48	鹅耳枥	*Carpinus turczaninowii*	穗子榆	桦木科鹅耳枥属	产辽宁南部、华北地区及黄河流域	329
49	千金榆	*Carpinus cordata*	千金鹅耳枥	桦木科鹅耳枥属	产我国东北、华北至中部地区	330
50	蒙古栎	*Quercus mongolica*	柞树、柞栎、小叶槲树	壳斗科栎属	产我国北部、东北部、山东等地区	330
51	辽东栎	*Quercus wutaishanica*	柴树、辽东柞、橡子树	壳斗科栎属	产黄河流域及东北地区。北京有栽培	331
52	槲树	*Quercus dentata*	柞栎、波罗栎、大叶波罗	壳斗科栎属	产东北地区南部及西南部、华北、西北、华东、华中及西南各地区	331
53	槲栎	*Quercus aliena*	大叶青冈、细皮青冈、青冈	壳斗科栎属	产华北至华南、西南各地区	331
54	锐齿槲栎	*Q. aliena* var. *acutiserrata*		壳斗科栎属	产辽宁南部、华北、西北地区至华南、西南地区山地	331
55	红栎	*Quercus rubra*	红槲栎、北方栎、北方红栎、北美红栎、欧洲红栎、红橡树	壳斗科栎属	原产美国北部和加拿大东部。辽宁南部、北京等地有栽培	332
56	栓皮栎	*Quercus variabilis*	软木栎、软皮栎、花栎、白枣子、粗皮青冈	壳斗科栎属	产华北、华东、中南及西南各地区。北起辽宁，南至广西及广东均有分布	332
57	麻栎	*Quercus acutissima*	橡子树、小叶波罗	壳斗科栎属	产我国辽宁南部经华北至华南地区，及甘肃、云南等地，以黄河中下游及长江流域较多	332
58	夏栎	*Quercus robur*	夏橡、英国栎、欧洲白栎	壳斗科栎属	产欧洲、北非及亚洲西南部。我国新疆、山东、北京有栽培	333
59	沼生栎	*Quercus palustris*	针栎	壳斗科栎属	原产加拿大和美国。山东、北京、辽宁有栽培	333
60	板栗	*Castanea mollissima*	栗、毛栗	壳斗科栗属	辽宁以南各地均有分布。华北地区及长江流域栽培集中	333
61	榆树	*Ulmus pumila*	榆、白榆、家榆、钻天榆	榆科榆属	产东北、华北、西北、华东、华中及西南各地区	334
62	金叶榆	*U. pumila* 'Jinye'	中华金叶榆	榆科榆属	应用范围很广，东北、华北、西北及盐碱地区均有分布	334
63	金叶垂榆	*U. pumila* 'Chuizhi Jinye'		榆科榆属		335
64	垂枝榆	*U. pumila* 'Pendula'	垂榆	榆科榆属	东北、华北、西北地区有栽培	335
65	大叶垂榆	*Ulmus americana* 'Pendula'		榆科榆属	产北美洲。辽宁中南部、山东、北京等地有栽培	335
66	黑榆	*Ulmus davidiana*	山毛榆、热河榆、东北黑榆	榆科榆属	产华北地区及山东及辽宁山区、陕西	335
67	春榆	*U. davidiana* var. *japonica*	日本榆、红榆、光叶春榆、山榆	榆科榆属	我国东北地区及山东、河南、浙江、安徽、湖北地区有分布	335
68	大果榆	*Ulmus macrocarpa*	黄榆、毛榆、山榆	榆科榆属	主产东北地区、华北、华中地区有分布	336
69	裂叶榆	*Ulmus laciniata*	青榆、麻榆、大叶榆	榆科榆属	产东北、华北地区及陕西、河南等地。新疆等地有栽培	336
70	椰榆	*Ulmus parvifolia*	小叶榆、花皮榆、秋榆	榆科榆属	产华北中南部至华东、中南及西南各地区	336
71	脱皮榆	*Ulmus lamellosa*		榆科榆属	产我国河北、山西、内蒙古及河南。北京、辽宁等地有栽培	337

四、落叶乔木

序号	名称	别名	拉丁名	科属	产地及分布	彩图页
72	圆冠榆		*Ulmus densa*	榆科榆属	原产中亚、俄罗斯。我国新疆、内蒙古、黑龙江哈尔滨等地栽培生长良好	337
73	欧洲白榆	新疆大叶榆、大叶榆	*Ulmus laevis*	榆科榆属	原产欧洲中部及亚洲西部。我国新疆栽培多，东北地区及山东、上海、北京也有引种	337
74	小叶朴	黑弹树、棒棒树	*Celtis bungeana*	榆科朴属	产东北南部、华北、长江流域及西南各地区	338
75	大叶朴		*Celtis koraiensis*	榆科朴属	主产华北地区及辽宁等地，西北地区也有分布	338
76	朴树	沙朴、青朴、黄果朴	*Celtis sinensis*	榆科朴属	产淮河流域，秦岭经长江中下游至华南地区	338
77	珊瑚朴	大果朴	*Celtis julianae*	榆科朴属	主产长江流域及河南、陕西等地	339
78	榉树	大叶榉树、红榉树、血榉、鸡油树	*Zelkova schneideriana*	榆科榉属	产我国淮河流域，秦岭以南至华南、西南广大地区	339
79	小叶榉	大果榉、太行榉、大青榆、圆齿鸡油树、抱树	*Zelkova sinica*	榆科榉属	产河北南部、山西南部、河南、湖北西北部、四川北部、陕西、甘肃常有栽培	340
80	光叶榉	榉树、鸡油树	*Zelkova serrata*	榆科榉属	产陕西南部、甘肃东南部、大连、山东、河南及我国中南部。华东地区常有栽培	340
81	青檀	檀、檀朴、翼朴、摇钱树	*Pteroceltis tatarinowii*	榆科青檀属	我国特有，黄河及长江流域有分布	340
	糙叶树	沙朴、糙皮树、牛筋树、加条	*Aphananthe aspera*	榆科糙叶树属	我国东南部及南部有分布	一
82	玉兰	白玉兰、玉堂春、木花树、应春花	*Magnolia demudata*	木兰科木兰属	原产我国中部。现东北地区南部、北京以南均有栽培。浙江嵊州、云南文山是中国木兰之乡	340
83	红脉玉兰		*M. demudata* 'Red Nerve'	木兰科木兰属	我国西安植物园育成。陕西、北京、河北等地有栽培	340
84	玉灯玉兰	多瓣玉兰	*M. demudata* 'Lamp'	木兰科木兰属		341
85	飞黄玉兰	黄花玉兰	*M. demudata* 'Fei Huang'	木兰科木兰属		341
86	二乔玉兰	二乔玉兰、朱砂玉兰、苏郎辛夷	*Magnolia soulangeana*	木兰科木兰属	全国各地广为栽培	341
87	紫二乔玉兰		*M. soulangeana* 'Purpurea'	木兰科木兰属	北京等地有栽培	341
88	常春二乔玉兰		*M. soulangeana* 'Semperflorens'	木兰科木兰属		342
89	红运玉兰		*M. soulangeana* 'Hongyun'	木兰科木兰属		342
90	紫玉兰	木兰、辛夷、木笔	*Magnolia liliflora*	木兰科木兰属	原产我国中部。现全国各地都有少量栽培。我国北方有栽培	342
91	红花玉兰	五峰玉兰	*Magnolia wufengensis*	木兰科木兰属	2004年发现于湖北五峰县	342
92	望春玉兰	辛夷、望春花、华中木兰、辛兰	*Magnolia biondii*	木兰科木兰属	产陕西、甘肃、河南、湖北、四川等地，中国辛夷之乡	342
93	星花玉兰	星玉兰、日本毛木兰	*Magnolia tomentosa*	木兰科木兰属	原产日本。青岛、大连、南京、西安、北京等地有栽培	342

序号	名称	拉丁名	别名	科属	产地及分布	彩图页
92	天女木兰	Magnolia sieboldii	天女花、小花木兰	木兰科木兰属	产辽宁、安徽、浙江、江西及广西北部	343
93	鹅掌楸	Liriodendron chinense	马褂木、中国郁金香树	木兰科鹅掌楸属	产长江以南各地区、河南、山东、陕西、北京等地生长良好	343
94	杂种鹅掌楸	L. chinense × L. tulipifera	杂交马褂木	木兰科鹅掌楸属	20世纪60年代在南京育成，南京林业大学有纯种F1代。北京以南有栽培	343
95	金边北美鹅掌楸	Liriodendron tulipifera 'Aureo-marginatum'	郁金香树	木兰科鹅掌楸属	产北美洲东南部。我国北京、青岛、南京等地有栽培	343
96	厚朴	Houpoea officinalis		木兰科厚朴属	产我国中部及西部。山东、河南有栽培，国家植物园有引种	344
97	凹叶厚朴	H. officinalis ssp. piloba	庐山厚朴	木兰科厚朴属	产我国东南部。山东有栽培	344
	日本厚朴	Houpoea hypoleuca		木兰科厚朴属	原产日本北海道。北京、山东等地有栽培	—
98	三球悬铃木	Platanus orientalis	法桐、悬铃木、法国梧桐、祛汗树	悬铃木科悬铃木属	原产欧洲东南部及亚洲西部。我国长江流域及北京有栽培。山东菏泽是中国法桐之乡	344
99	二球悬铃木	Platanus acerifolia	悬铃木、英国梧桐	悬铃木科悬铃木属	我国东北、华北、华中及华南地区均有引种	344
100	一球悬铃木	Platanus occidentalis	美桐、美国梧桐	悬铃木科悬铃木属	原产北美洲。我国长江流域及华北地区南部有栽培	345
101	杜仲	Eucommia ulmoides		杜仲科杜仲属	产我国中部及西部。北京、河北栽培较多	345
102	构树	Broussonetia papyrifera	楮树、构桃树、谷桑、假杨梅	桑科构属	产黄河流域至华南、西南各地区	345
103	桑树	Morus alba	桑、家桑、白桑	桑科桑属	原产我国中部和北部。现由东北至西南各地区，西北地区直至新疆均有栽培；长江中下游各地栽培最多。吐鲁番用作绿篱	346
104	龙桑	M. alba 'Tortuosa'	龙爪桑	桑科桑属		346
105	白果桑树	M. alba 'Leucocarpa'		桑科桑属		346
106	裂叶桑	M. alba 'Laciniata'		桑科桑属		346
107	黑桑	Morus nigra		桑科桑属	原产亚洲西部伊朗。河北、北京、新疆等地有栽培	346
108	蒙桑	Morus mongolica	崖桑	桑科桑属	产内蒙古及东北、华北至华中、西南各地区	346
109	柘树	Maclura tricuspidata	柘、柘桑、黄桑	桑科橙桑属	产河北南部，及华东、中南、西南各地区	347
110	无花果	Ficus carica	映日果、奶浆果、明目果、菩提圣果	桑科榕属	原产亚洲西部及地中海中东部沿岸地区。黄河、长江流域及以南地区常见栽培，山东、新疆分布多，品种多	347
111	增井王妃无花果	F. carica 'Masui Dauphine'		桑科榕属		347
112	山杏	Prunus sibirica	西伯利亚杏	蔷薇科李属	产内蒙古及东北、华北地区	347
113	辽梅山杏	P. sibirica 'Pleniflora'	辽梅杏	蔷薇科李属	产辽宁西部及东北部、沈阳、鞍山、北京等地有栽培	348

四、落叶乔木

四、落叶乔木

序号	名称	拉丁名	别名	科属	产地及分布	彩图页
114	杏	*Prunus armeniaca*	杏树、杏花	蔷薇科李属	产东北、华北、西北、西南地区及长江中下游各地。北方栽培普遍，有"北梅"之称	348
	陕梅杏	*P. armeniaca* var. *meixiamensis*		蔷薇科李属	产陕西关中地区。华北地区及辽宁中南部有栽培	348
115	野杏	*P. armeniaca* var. *ansu*	山杏	蔷薇科李属	产华北、西北地区及内蒙古、江苏、山东等地	349
116	山桃	*Prunus davidiana*	京桃、山毛桃、野桃	蔷薇科李属	主产我国黄河流域及西南地区	349
117	白花山桃	*P. davidiana* 'Alba'		蔷薇科李属		350
118	红花山桃	*P. davidiana* 'Rubra'		蔷薇科李属		350
119	桃	*Prunus persica*		蔷薇科李属	起源于我国，原产我国中部及北部。自东北地区南部至华南地区，西至甘肃、四川、云南普遍栽植	350
120	单红桃	*P. persica* 'Rubra'	红花桃	蔷薇科李属	北京绿地中较多，混杂在碧桃中	350
121	单粉桃	*P. persica* 'Rosea'	粉花桃	蔷薇科李属	北京绿地中较常见	350
122	白花桃	*P. persica* 'Alba'	单瓣白桃	蔷薇科李属	北京栽培较少	350
123	紫叶桃	*P. persica* 'Atropurpurea'	红叶桃	蔷薇科李属		350
124	重瓣紫叶桃	*P. persica* 'Atropurpurea-plena'		蔷薇科李属	北京大红色花品种应用很多	351
125	品霞桃	*P. persica* × *davidiana* 'Pinxia'		蔷薇科李属	由国家植物园用合欢二色桃与白花山碧桃杂交育成	351
126	碧桃	*P. persica* 'Duplex'		蔷薇科李属		351
127	绛桃	*P. persica* 'Camelliaeflora'		蔷薇科李属		351
128	绯桃	*P. persica* 'Magnifica'		蔷薇科李属		351
129	红碧桃	*P. persica* 'Rubro-plena'		蔷薇科李属		352
130	二色桃	*P. persica* 'Erse Tao'		蔷薇科李属		352
131	花碧桃	*P. persica* 'Versicolor'	二乔碧桃、撒金碧桃	蔷薇科李属		352
132	人面桃	*P. persica* 'Renmian Tao'		蔷薇科李属		352
133	垂枝桃	*P. persica* 'Pendula'		蔷薇科李属		352
134	白碧桃	*P. persica* 'Albo-plena'		蔷薇科李属		352
135	白花山碧桃	*Prunus davidiana* 'Albo-plena'		蔷薇科李属	北京地区有栽培	352
136	粉红山碧桃	*P. davidiana* 'Fenhong Shanbitao'		蔷薇科李属		353
137	菊花桃	*P. persica* 'Stellata'		蔷薇科李属		353
138	京舞子桃	*P. persica* 'Kyoumaiko'		蔷薇科李属		353
139	塔形桃	*P. persica* 'Pyramidalis'	帚桃、照手桃	蔷薇科李属		353

四、落叶乔木

序号	名称	拉丁名	别名	科属	产地及分布	彩图页
140	紫叶塔形桃	P. persica 'Ziyezhaoshou'	紫叶照手桃	蔷薇科李属	我国北方栽培较多	354
141	寿星桃	P. persica 'Densa'		蔷薇科李属		354
142	紫叶寿星桃	P. persica 'Densa Rubrifolia'	红叶寿桃	蔷薇科李属	河南等地有栽培	354
	扁桃	Prunus amygdalus	巴旦杏、八担杏	蔷薇科李属	原产亚洲中部、西北较多。北京、河北、山西、山东、河南有引种	—
143	紫叶李	Prunus cerasifera 'Pissardii'		蔷薇科李属	原产亚洲西部。我国各地园林中常见栽培	354
144	太阳李	Prunus cerasifera 'Zhonghua'		蔷薇科李属	我国大连以南有栽培	355
145	密枝红叶李	Prunus domestica 'Mizhi'		蔷薇科李属	我国辽宁及华北、西北等地区有栽培	355
146	俄罗斯红叶李	Prunus domestica 'Atropurpurea'	紫叶欧洲李	蔷薇科李属	我国东北等地区有栽培	356
147	李	Prunus salicina	山李子、嘉庆子、玉皇李	蔷薇科李属	产中国东北南部、华北、华东及华中地区	356
148	稠李	Prunus padus	臭李子、臭耳子	蔷薇科李属	产内蒙古及东北、华北、西北地区	356
149	山桃稠李	Prunus maackii	斑叶稠李、山桃	蔷薇科李属	产东北、华北及西北地区	357
150	紫叶稠李	Prunus virginiana 'Canada Red'	加拿大红樱	蔷薇科李属	国外引入的栽培种，东北、西北地区生长良好，河北、北京等地有栽培	357
	樱花	Prunus serrulata	山樱花、野生福岛樱	蔷薇科李属	产东北、华东、华中、西南等地区。日本、朝鲜也有栽培	—
151	山樱	P. serrulata var. spontanea		蔷薇科李属	产中国、日本、朝鲜	358
152	杭州早樱	Prunus discoidea 'Hangzhou'		蔷薇科李属	由中国原生种选育。长江中下游栽培较多，北京有驯化栽培	358
153	椿寒樱	Prunus 'Introrsa'	初美人樱	蔷薇科李属	原产日本。我国大部分地区有栽培	358
154	垂枝樱	Prunus subhirtella 'Pendula'	垂枝早樱	蔷薇科李属	原产日本	359
155	八重红枝垂	Prunus subhirtella 'Plena Rosea'		蔷薇科李属	原产日本。北京等地有栽培	359
156	江户彼岸樱	Prunus spachiana var. spachiana		蔷薇科李属	产日本	359
157	大山樱	Prunus sargentii	早樱、山樱	蔷薇科李属	产日本北部及朝鲜。我国大连、丹东、沈阳、北京等地有栽培	359
158	东京樱花	Prunus yedoensis	日本樱花、吉野樱、樱花、江户樱	蔷薇科李属	原产日本。我国各地有栽培	360
159	染井吉野樱	P. yedoensis 'Somei-yoshino'	有时也代指东京樱花	蔷薇科李属	原产日本。现为各个樱花园的骨干品种，占栽植樱花的70%以上	360
160	阳光樱	Prunus campanulata 'Youkou'	阳光、和平之樱	蔷薇科李属	20世纪50年代由日本育成。我国南北方地区均可栽植	360
161	八重红大岛	Prunus speciosa 'Yaebeni-ohshima'		蔷薇科李属	原产日本。我国北京等地栽培	361
162	日本晚樱	Prunus lannesiana	里樱	蔷薇科李属	原产日本	361
163	关山樱	P. lannesiana 'Kanzan'		蔷薇科李属	我国长江流域、黄河流域、华北地区有栽培，是栽培最多的日本晚樱	361
164	一叶樱	P. lannesiana 'Hisakura'		蔷薇科李属	产日本	361

序号	名称	拉丁名	别名	科属	产地及分布	彩图页号
165	松月樱	P. lannesiana 'Superba'		蔷薇科李属	产日本	362
166	普贤象樱	P. lannesiana 'Alborosea'		蔷薇科李属	产日本	362
167	郁金樱	P. lannesiana 'Grandiflora'		蔷薇科李属	产日本、较稀少	362
168	樱桃	Prunus pseudocerasus	莺桃、朱桃、樱珠、英桃、荆桃	蔷薇科李属	产华北、华东、华中地区至四川、北京较少	362
169	欧洲甜樱桃	Prunus avium	欧洲樱桃、樱桃、大樱桃	蔷薇科李属	原产欧洲及西亚。我国东北、华北等地区有栽培、北京常见	363
170	山樱桃	Prunus verecunda	山樱、辽东山樱	蔷薇科李属	产辽宁、吉林	363
171	弗吉尼亚樱桃	Prunus virginiana	弗吉尼亚稠李	蔷薇科李属	我国天津、上海等地有栽培	363
172	梅	Prunus mume	梅花、春梅、干枝梅、酸梅、乌梅	蔷薇科李属	原产我国西南地区。黄河以南可露地越冬，北京一些品种可以露地栽培。是南京、武汉、无锡、泰州的市花	364
173	宫粉梅	P. mume f. alphandii		蔷薇科李属	北京有栽植	364
174	大红梅	P. mume f. rubriflora		蔷薇科李属	北京有栽植	364
175	朱砂梅	P. mume f. purpurea		蔷薇科李属	北京有栽植	364
176	绿萼梅	P. mume f. viridicalyx		蔷薇科李属	北京有栽植	364
177	玉蝶梅	P. mume f. albo-plena		蔷薇科李属	北京有栽植	364
178	江梅	P. mume f. simpliciflora		蔷薇科李属	北京有栽植	364
179	洒金梅	P. mume f. versicolor		蔷薇科李属	北京有栽植	365
180	照水梅	P. mume var. pendula	垂枝梅	蔷薇科李属	北京有栽植	365
181	龙游梅	P. mume var. tortuosa		蔷薇科李属	北京有栽植	365
182	杏梅	P. mume var. bungo		蔷薇科李属	北京有栽植	365
183	美人梅	Prunus blireana 'Meiren'		蔷薇科李属	由法国选育，我国1987年从美国引入。北京、河北、太原、兰州、熊岳等地可露地栽培	365
184	山楂	Crataegus pinnatifida		蔷薇科山楂属	产东北、华北地区及内蒙古至陕西、江苏、浙江等地	366
185	山里红	C. pinnatifida var. major	大山楂、红果、棠棣	蔷薇科山楂属	产华北地区及河南、山东、江苏、安徽等地	366
	甘肃山楂	Crataegus kansuensis	面日子	蔷薇科山楂属	产甘肃、山西、河北、陕西、青海、贵州及四川	—
	辽宁山楂	Crataegus sanguinea	辽东山楂	蔷薇科山楂属	产东北地区及河北、山西、内蒙古、新疆等地	—
186	重瓣红欧洲山楂	Crataegus laevigata 'Pauls Scarler'	红花重瓣山楂	蔷薇科山楂属	原产欧洲、西亚及北非。北京、沈阳、大连等地有栽培	367
187	冬季王山楂	Crataegus viridis 'Winter King'	北美山楂、绿山楂"冬季之王"	蔷薇科山楂属	原产美国。我国北京等地有栽培	367

序号	名称	拉丁名	别名	科属	产地及分布	彩图页
188	白梨	*Pyrus bretschneideri*	白罐梨、白挂梨	蔷薇科梨属	产我国北部及西北部，黄河流域常见。在我国分布广，古人称之为"百果之宗"	367
189	杜梨	*Pyrus betulaefolia*	棠梨、甘棠、梨丁子、土梨、海棠梨、灰梨	蔷薇科梨属	产我国东北地区南部，内蒙古及黄河流域各地。沈阳有栽培	368
190	山梨	*Pyrus ussuriensis*	秋子梨、酸梨、花盖梨、青梨、梨、沙梨	蔷薇科梨属	产我国内蒙古及东北、华北和西北地区	368
191	豆梨	*Pyrus calleryana*	彩叶豆梨、红叶豆梨、赤梨、糖梨	蔷薇科梨属	主产长江流域至华南地区。北京、山东、河南、辽宁沈阳及大连有栽培	368
192	苹果	*Malus pumila*	平安果、西洋苹果	蔷薇科苹果属	原产欧洲及亚洲中部。我国东北、华北、华东、西北地区和四川、云南等地均有栽培	369
193	红肉苹果	*M. pumila* var. *neidzwetzkyana*	观赏苹果	蔷薇科苹果属	沈阳、河北等地有栽培	369
194	芭蕾苹果	*Malus domestica* 'Ballerina'	柱形苹果	蔷薇科苹果属	20世纪90年代从英国引进。河北、北京等地有栽培	369
195	海棠花	*Malus spectabilis*	海棠、海棠梨	蔷薇科苹果属	原产我国北部地区。华北、华东各地庭园习见栽培	369
196	西府海棠	*M. spectabilis* 'Riversii'	红海棠花、重瓣粉海棠	蔷薇科苹果属	华北、华东地区常见，北京多栽培	369
197	海棠果	*Malus prunifolia*	楸子、海棠红、红海棠果	蔷薇科苹果属	产我国华北地区及辽宁、陕西、甘肃、山东、河南等地	370
198	八棱海棠	*Malus robusta*	扁棱海棠、平顶花红、海棠果、怀来海棠、沙果、楸子、海红、海红子、柰子	蔷薇科苹果属	主要分布在华北地区，河北怀来是知名产地之一，东北南部、西北地区及内蒙古也有分布。云南西北部的大理、丽江等地区亦有种植	371
199	垂丝海棠	*Malus halliana*		蔷薇科苹果属	产我国西南部。长江流域至西南等地区均有栽培，北京小气候好处可露地越冬	371
200	重瓣垂丝海棠	*M. halliana* 'Parkmanii'		蔷薇科苹果属		371
201	白花垂丝海棠	*M. halliana* var. *spontanea*		蔷薇科苹果属		372
202	北美海棠	*Malus* 'American'		蔷薇科苹果属	多由欧美国家杂交育种而成，品种达数百个，在美洲流行应用了几十年。南到贵州、浙江，北到黑龙江哈尔滨，西到新疆都有栽培，大连、沈阳、北京栽培多	372
203	王族海棠	*Malus* 'Royalty'	红宝石海棠	蔷薇科苹果属		372
204	绚丽海棠	*Malus* 'Radiant'	喜洋洋	蔷薇科苹果属		373
205	钻石海棠	*Malus* 'Sparkler'		蔷薇科苹果属		373
206	粉手帕海棠	*Malus* 'Hopa'		蔷薇科苹果属		373
207	火焰海棠	*Malus* 'Flame'		蔷薇科苹果属		373
208	雪坠海棠	*Malus* 'Snowdrift'		蔷薇科苹果属		373
209	宝石海棠	*Malus* 'Jewelberry'		蔷薇科苹果属		374

四、落叶乔木

序号	名称	拉丁名	别名	科属	产地及分布	彩图页
210	红玉海棠	Malus 'Red Jade'		蔷薇科苹果属		374
211	高原之火海棠	Malus 'Prairifire'		蔷薇科苹果属		374
212	印第安魔力海棠	Malus 'Indian Magic'		蔷薇科苹果属		374
213	白兰地海棠	Malus 'Brandywine'		蔷薇科苹果属	国家植物园有栽培	374
214	山荆子	Malus baccata	山丁子、林荆子、山定子、糖李子、石枣	蔷薇科苹果属	产我国东北、黄河流域各地区	374
215	花红	Malus asiatica	沙果、林檎	蔷薇科苹果属	原产亚洲东部。我国内蒙古及东北、辽宁及黄河流域，长江流域至西南各地区作果树栽培	375
216	花楸树	Sorbus pohuashanensis	百华花楸、红果臭山楸、绒花树	蔷薇科花楸属	产东北、华北、内蒙古高山地区	375
	北京花楸	Sorbus discolor	白果臭山楸、白果花楸、红叶花楸	蔷薇科花楸属	产河北、河南、山西、山东、甘肃及内蒙古北部	一
217	西伯利亚花楸	Sorbus sibirica		蔷薇科花楸属	产俄罗斯。我国河北、辽宁等地有栽培	376
218	水榆花楸	Micromeles alnifolia	水榆、黄山榆、粘枣子	蔷薇科水榆属	产东北、华北、西北（陕南、甘南）及长江中下游地区	376
219	木瓜	Chaenomeles sinensis	木梨、香瓜、光皮木瓜、木李、宣木瓜、降龙木	蔷薇科木瓜属	产我国东南部及中南部。北京小气候好处可露地越冬	376
220	木瓜海棠	Chaenomeles cathayensis	毛叶木瓜、木桃、光皮木瓜	蔷薇科木瓜属	产我国中部及西部，俄罗斯东南部有分布	377
221	加拿大棠棣	Amelanchier canadensis	加拿大唐棣	蔷薇科唐棣属	中国、日本、韩国。各地常栽培观赏	377
222	石榴	Punica granatum	安石榴	石榴科石榴属	原产中亚的伊朗、阿富汗。我国黄河流域及以南地区多栽培，其中以江苏、河南栽培最多，北京也有栽培	377
223	千瓣红石榴	P. granatum 'Plena'	牡丹石榴	石榴科石榴属		378
224	玛瑙石榴	P. granatum 'Legrellei'		石榴科石榴属		378
225	月季石榴	P. granatum 'Nana'	多花石榴、花石榴	石榴科石榴属		378
226	白花石榴	P. granatum 'Albescens'		石榴科石榴属		378
227	千瓣白石榴	P. granatum 'Alba Plena'		石榴科石榴属		379
228	墨石榴	P. granatum 'Nigra'		石榴科石榴属		379
229	合欢	Albizia julibrissin	夜合树、绒花树、芙蓉树、马缨花	豆科合欢属	我国黄河流域及以南地区均有分布，北京、河北有栽培	379
230	紫叶合欢	A. julibrissin 'Purpurea'		豆科合欢属	河南及辽宁南部有栽培	380
231	国槐	Sophora japonica	槐、槐树、家槐	豆科槐属	产我国北部。自东北地区沈阳以南，至华南、西南各地区均有栽培	380
232	金叶国槐	S. japonica 'Chrysophylla'	金叶槐	豆科槐属		381
233	金枝国槐	S. japonica 'Chrysoclada'	金枝槐	豆科槐属	1998年从韩国引入栽培	381
234	龙爪槐	S. japonica 'Pendula'		豆科槐属		381

序号	名称	拉丁名	别名	科属	产地及分布	彩图页
235	金叶龙爪槐	S. japonica 'Pendula-Gold'		豆科槐属	北京、河北、河南等地有栽培	382
236	五叶槐	S. japonica 'Oligophylla'	蝴蝶槐、畸叶槐、鸡爪槐	豆科槐属		382
237	刺槐	Robinia pseudoacacia	洋槐	豆科刺槐属	原产美国中东部。我国北至东北地区铁岭以南、辽东半岛、内蒙古以及新疆，西至四川、云南，南至华中地区及福建均有栽培	382
238	金叶刺槐	R. pseudoacacia 'Aurea'		豆科刺槐属	我国各地常见栽培	383
239	红花刺槐	R. pseudoacacia 'Decaisneana'	红花洋槐	豆科刺槐属		383
240	香花槐	R. pseudoacacia 'Idaho'		豆科刺槐属	1996年从朝鲜引入。我国南北各地栽培表现良好	383
241	江南槐	Robinia hispida	毛刺槐、毛洋槐	豆科刺槐属	原产美国东南部。我国北方园林有栽培	383
242	朝鲜槐	Maackia amurensis	山槐、青皮槐、高丽槐	豆科马鞍树属	产朝鲜，我国小兴安岭、长白山及内蒙古、河北、山东等地	384
243	皂荚	Gleditsia sinensis	皂角	豆科皂荚属	产我国黄河流域及以南各地。北京、大连等地有栽培	384
244	山皂荚	Gleditsia japonica	日本皂荚、山皂角	豆科皂荚属	产我国东北地区南部、华北至华东地区。哈尔滨有栽培	384
245	野皂荚	Gleditsia microphylla	小皂角、短荚皂角	豆科皂荚属	产华北地区及山东、河南、陕西、安徽、江苏等地	385
	美国皂荚	Gleditsia triacanthos	三刺皂荚、三刺皂角	豆科皂荚属	原产美国。我国上海、沈阳、北京、新疆等地有栽培	—
246	金叶皂荚	G. triacanthos 'Sunburst'	美国无刺金叶皂荚	豆科皂荚属	美国引进。我国华北地区及辽宁等地有栽培	385
247	美国肥皂荚	Gymnocladus dioicus	北美肥皂荚、加拿大肥皂荚	豆科肥皂荚属	原产加拿大东部及美国东北部至中部。我国杭州，南京，北京，青岛，泰安等地有栽培	385
248	湖北紫荆	Cercis glabra	巨紫荆、云南紫荆	豆科紫荆属	产我国东部，中部至西南部，甘肃，陕西有分布。北京，大连以南适用，新疆有栽培	385
249	四季春1号紫荆	C. glabra 'Spring-1'		豆科紫荆属	我国河南选育	386
250	加拿大紫荆	Cercis canadensis		豆科紫荆属	产加拿大南部及美国。山东，河南等地及华东地区有栽培	386
251	紫叶加拿大紫荆	C. canadensis 'Purpurea'		豆科紫荆属	产加拿大东部及美国东北部。山东，河南有栽培	386
252	元宝枫	Acer truncatum	元宝槭、平基槭、华北五角枫、元宝树	无患子科槭属	产黄河流域、东北地区及内蒙古、江苏、安徽。本溪是中国枫叶之都	386
253	丽红元宝枫	A. truncatum 'Lihong'		无患子科槭属	北京园林科学研究院选育	387
254	五角枫	Acer mono	色木槭、地锦槭、丫角槭、五角槭、水色树	无患子科槭属	产我国东北、华北地区至长江流域各地	388
255	鸡爪槭	Acer palmatum	青枫	无患子科槭属	产山东、河南南部及长江流域各地	388
256	小鸡爪槭	A. palmatum var. thunbergii	小叶鸡爪槭	无患子科槭属	产山东、江苏、浙江、福建、江西、湖南等地	389
257	金陵黄枫	A. palmatum 'Jinlinghuangfeng'		无患子科槭属	由江苏省农科院李倩中研究员精心培育而成	389

四、落叶乔木

四、落叶乔木

序号	名称	拉丁名	别名	科属	产地及分布	彩图页
258	红枫	A. palmatum 'Atropurpureum'	红叶鸡爪槭、紫红鸡爪槭	无患子科槭属		389
259	羽毛枫	A. palmatum 'Dissectum'	细裂鸡爪槭、羽毛槭	无患子科槭属		390
260	红叶羽毛枫	A. palmatum 'Dissectum Ornatum'		无患子科槭属		390
261	茶条槭	Acer ginnala	茶条、华北茶条槭	无患子科槭属	产东北、华北地区及内蒙古、河南、陕西、甘肃	391
262	复叶槭	Acer negundo	梣叶槭、羽叶槭、糖槭、美国槭、白蜡槭	无患子科槭属	原产北美洲。我国东北、华北、西北、华东地区有栽培，新疆生长良好	391
263	金叶复叶槭	A. negundo 'Aureum'		无患子科槭属	国外引进。东北、华北、华东地区有栽培	392
264	火烈鸟复叶槭	A. negundo 'Flamingo'	花斑复叶槭	无患子科槭属	引自北美洲。东北、华北地区有栽培	392
265	银边复叶槭	A. negundo 'Variegatum'	银花叶复叶槭	无患子科槭属	引自美洲。华北地区及辽宁等地有栽培	392
266	拧筋槭	Acer triflorum	三花槭、伞花槭	无患子科槭属	产我国东北地区。山西阳城县苗圃有种植，北京有栽培	393
267	白牛槭	Acer mandshuricum	东北槭、白皮槭、白牛子、关东槭、满洲槭	无患子科槭属	产我国黑龙江南部、吉林、辽宁等地，长白山分布较多	393
268	三角枫	Acer buergerianum	三角槭	无患子科槭属	产长江中下游地区、河南、北至山东、南至广东。天津有栽培	393
269	建始槭	Acer henryi	三叶槭、亨利槭	无患子科槭属	产山西南部、河南、陕西、甘肃及长江流域各地	394
270	假色槭	Acer pseudosieboldianum	紫花枫、九角枫、丹枫	无患子科槭属	产黑龙江东部至东南部、吉林东南部、辽宁东部	394
271	血皮槭	Acer griseum	纸皮槭	无患子科槭属	我国特有。产山西吕梁山及中条山、河南山区、陕西和甘肃南部、华中、西南地区也有分布；河南栾川是中心分布区。北京长势良好	395
272	银槭	Acer saccharinum	银白槭、水槭	无患子科槭属	原产美国东北部及加拿大。北京、东北地区、长江中下游有引种	395
273	糖槭	Acer saccharum	加拿大槭、美洲糖槭	无患子科槭属	原产北美洲。黑龙江、辽宁、江苏南京、湖北武汉及庐山等地有栽培	396
274	青榨槭	Acer davidii	青虾蟆、大卫槭、青皮椴、青皮槭	无患子科槭属	广布黄河流域至华东、中南、西南各地区	396
275	青楷槭	Acer tegmentosum	辽东槭、青楷子	无患子科槭属	产辽宁东部山区、黑龙江、吉林、河北等地	396
276	葛萝槭	Acer grosseri	小青皮槭、青扇子、来苏槭	无患子科槭属	产华北、西北、东北地区	396
277	花楷槭	Acer ukurunduense		无患子科槭属	产我国东北地区	397
278	细裂槭	Acer stenolobum	细裂枫	无患子科槭属	产山西、陕西、甘肃、宁夏等地。北京有栽培	397
279	挪威槭	Acer platanoides		无患子科槭属	原产欧洲及高加索一带。我国华北、华中地区及辽宁沈阳等地有栽培	397
280	红国王挪威槭	A. platanoides 'Crimson King'		无患子科槭属	原产欧洲。山东、河南、北京、辽宁等地有栽培	397
281	银红槭	Acer freemanii 'Autumn Blaze'	自由人槭、秋红枫、秋火焰、焰槭	无患子科槭属	原产美国东部。北京、大连、沈阳等地有栽培	398

四、落叶乔木

序号	名称	拉丁名	别名	科属	产地及分布	彩图页
282	美国红枫	*Acer rubrum*	红花槭、北美红枫、加拿大红枫	无患子科槭属	产美国东部及加拿大，2000年左右引入中国。上海、浙江杭州及上海等地有栽培，辽宁沈阳等地有栽培，辽、北京、山东	398
	舞扇槭	*Acer japonicum*	日本槭	无患子科槭属	产日本北部及朝鲜。我国辽宁、山东、浙江杭州及上海等地有栽培	一
283	泂裥槭	*A. japonicum* 'Aconitifolium'	鸟头叶日本槭	无患子科槭属		398
284	臭椿	*Ailanthus altissima*	椿树、樗树	苦木科臭椿属	产辽宁、华北及西北地区至长江流域各地	399
285	千头椿	*A. altissima* 'Umbraculifera'	多头臭椿	苦木科臭椿属	分布于黄河中下游地区，已在北方地区推广应用	399
286	红叶椿	*A. altissima* 'Purpurata'		苦木科臭椿属	产山东潍坊、泰安等地	400
287	苦树	*Picrasma quassioides*	苦木、苦檀、苦楝树、苦皮树、黄楝树	苦木科苦木属	产黄河流域及以南各地	400
288	香椿	*Toona sinensis*	椿、椿阳树、春阳树、红椿	楝科香椿属	原产我国中部。辽宁南部、华北地区至东南，西南各地区有栽培	400
289	楝树	*Melia azedarach*	楝、苦楝、紫花树	楝科楝树属	产华北地区南部至华南，西南各地区	400
290	黄栌	*Cotinus coggygria* var. *cinerea*	红叶、灰毛黄栌、光叶黄栌、栌木、烟树	漆树科黄栌属	产河北、山东、河南、湖北及四川	401
291	毛黄栌	*Cotinus coggygria* var. *pubescens*	柔毛黄栌	漆树科黄栌属	产贵州、四川、甘肃、陕西、山西、山东、河南。北京等地有栽培	402
292	美国红栌	*Cotinus coggygria* 'Royal Purple'		漆树科黄栌属	由美国引入。河南、河北、北京等地有栽培	402
293	紫叶黄栌	*Cotinus coggygria* 'Purpureus'	紫霞黄栌	漆树科黄栌属	北京、河北、山东、河南有栽培	402
294	金叶黄栌	*Cotinus coggygria* 'Golden Spirit'		漆树科黄栌属		402
295	黄连木	*Pistacia chinensis*	楷木、楷树、凉茶树、黄楝树、药木	漆树科黄连木属	产长江以南各地及华北、西北地区	402
296	火炬树	*Rhus typhina*	鹿角漆、加拿大盐肤木	漆树科盐肤木属	原产北美洲。我国1959年引种，在山东、河北、山西、陕西、宁夏、上海等20多个地区有分布。我国1959年引种，上海等地区表现良好	403
297	花叶火炬树	*R. typhina* f. *laciniata*	裂叶火炬树	漆树科盐肤木属	北京、山东、河南、宁夏等地有栽培	403
298	盐肤木	*Rhus chinensis*	五倍子树、山梧桐、土椿树	漆树科盐肤木属	我国自东北地区南部、黄河流域至华南，西南各地区均有分布	403
299	青麸杨	*Rhus potaninii*	鸟倍子、五倍子	漆树科盐肤木属	产华北、西北至西南地区	404
300	漆树	*Toxicodendron vernicifluum*	漆、山漆、干漆	漆树科漆树属	产我国华北地区南部至长江流域	404
301	栾树	*Koelreuteria paniculata*	木栾、灯笼树、摇钱树、大夫树、木栏牙	无患子科栾属	产我国大部分地区，自东北地区辽宁起，至西南地区的云南，以北部地区为主，兰州有栽培	404
302	晚花栾树	*K. paniculata* 'Serotina'		无患子科栾属	北京常见	404
303	金叶栾树	*K. paniculata* 'Goldrush'		无患子科栾属	由实生苗选育	405

序号	名称	拉丁名	别名	科属	产地及分布	彩图页
304	复羽叶栾树	Koelreuteria bipinnata		无患子科栾树属	产我国东部、中南部及西南部地区	405
305	全缘栾树	K. bipinnata var. integrifoliola	黄山栾树、摇钱树、山膀胱	无患子科栾树属	产长江以南地区。西安、华北地区南部及以南地区有栽培	405
306	文冠果	Xanthoceras sorbifolium	文冠树、文官果、木瓜、中国橄榄	无患子科文冠果属	产我国黄河流域，西至宁夏、甘肃，东北至辽宁，北至内蒙古，南至河南、哈尔滨，吐鲁番有栽培	406
307	柿树	Diospyros kaki	柿、凌霜侯	柿科柿属	产长江至黄河流域。东北地区南部至华南地区广为种植	406
308	君迁子	Diospyros lotus	黑枣、软枣、牛奶柿、羊枣	柿科柿属	产东北地区中南、西南各地区	407
309	梧桐	Firmiana simplex	青桐、青皮梧桐	梧桐科梧桐属	原产我国中南、西南地区广泛栽培	407
310	枣树	Ziziphus jujuba	枣、大枣、红枣树	鼠李科枣属	原产我国及日本。自东北地区及内蒙古南部至华南地区均有栽培	408
311	龙爪枣	Z. jujuba 'Tortuosa'	龙枣、蟠龙爪	鼠李科枣属		408
312	枳椇	Hovenia acerba	拐枣、鸡爪子、万字果、南枳椇、金果梨、枸	鼠李科枳椇属	产我国陕西和甘肃南部，经长江流域，至华南，西南各地区。北京有栽培	408
313	北枳椇	Hovenia dulcis	拐枣、鸡爪梨、枳椇子、甜半夜	鼠李科枳椇属	产河北、山西，陕西至长江流域	408
314	七叶树	Aesculus chinensis	娑椤树	七叶树科七叶树属	主产黄河中下游地区。西安、北京等地多栽培，江西、湖南也有栽培	409
315	欧洲七叶树	Aesculus hippocastanum		七叶树科七叶树属	原产巴尔干半岛。北京、青岛等地及华东地区有栽培	409
316	日本七叶树	Aesculus turbinata		七叶树科七叶树属	原产日本。我国沈阳及华北、华东地区有栽培	409
317	白蜡	Fraxinus chinensis	白蜡树、中国白蜡	木樨科白蜡属	自我国东北地区南部及华北、西北地区，经长江流域，至华南地区北部均有分布	410
318	金叶白蜡	F. chinensis 'Aurea'		木樨科白蜡属	河南、辽宁等地有栽培	411
319	金枝白蜡	Fraxinus excelsior 'Golden Bough'		木樨科白蜡属	我国北方有栽培	411
320	绿毛白蜡	Fraxinus velutina	津白蜡	木樨科白蜡属	原产美国西南部及墨西哥西北部。20世纪初引入济南栽培。天津栽培最为普遍，是天津市树	411
321	洋白蜡	Fraxinus pennsylvanica	美国红梣、毛白蜡、宾州白蜡	木樨科白蜡属	原产美国东部及中部。我国北方地区有引种栽培，北京多作道树	411
322	美国白蜡	Fraxinus americana	美国白梣	木樨科白蜡属	原产北美洲。我国北方引种栽培，新疆栽培较多	411
323	秋紫美国白蜡	F. americana 'Autum Purple'	秋紫白蜡	木樨科白蜡属	北京有栽培	411
324	小叶白蜡	Fraxinus bungeana	小叶梣	木樨科白蜡属	产东北地区南部、华北地区至河南、安徽	412
325	大叶白蜡	Fraxinus rhynchophylla	花曲柳、大叶梣、苦枥白蜡树	木樨科白蜡属	产东北地区及黄河流域各地，长江流域或福建、广东有分布，北京颐和园有野生	412
326	对节白蜡	Fraxinus hupehensis	湖北白蜡、湖北梣	木樨科白蜡属	我国特有，1975年发现，仅分布于湖北荆州	412

四、落叶乔木

序号	名称	拉丁名	别名	科属	产地及分布	彩图页
327	新疆小叶白蜡	*Fraxinus sogdiana*	天山梣、窄叶白蜡	木樨科白蜡属	产新疆北部、西部，新疆广泛应用、常作行道树	413
328	水曲柳	*Fraxinus mandshurica*	东北梣	木樨科白蜡属	主产东北地区，是小兴安岭和长白山主要树种，华北至西北地区也有分布	413
329	暴马丁香	*Syringa reticulata* ssp. *amurensis*	暴马子、阿穆尔丁香、荷花丁香、西海菩提树（西北地区佛教中代替菩提树）	木樨科丁香属	产东北地区及内蒙古南部，华北、西北地区东部也有分布	414
330	北京丁香	*S. reticulata* ssp. *pekinensis*		木樨科丁香属	产我国北方四川北部。黄河流域多栽培	414
331	北京黄丁香	*S. reticulata* ssp. *pekinensis* 'Beijing-huang'		木樨科丁香属	产黄河中下游地区，华北地区多栽培	415
332	流苏树	*Chionanthus retusus*	四月雪、炭栗树	木樨科流苏树属	产黄河中下游及以南地区	415
333	雪柳	*Fontanesia fortunei*	五谷树	木樨科雪柳属	主产黄河流域至长江中下游地区	415
334	楸树	*Catalpa bungei*	楸、梓楸、金丝楸（名贵品种）、木王、水桐	紫葳科梓属	主产河北及黄河流域，长江流域也有分布	416
335	灰楸	*Catalpa fargesii*	川楸	紫葳科梓属	华北及西北地区南部至华南、西南地区均有分布	416
336	梓树	*Catalpa ovata*	梓、花楸、水桐、河楸、臭梧桐、黄花楸、木角豆	紫葳科梓属	黄河中下游平原为中心产区，分布甚广，东北至华南地区北部也有分布	416
337	黄金树	*Catalpa speciosa*	黄金藤、白花梓树	紫葳科梓属	原产美国东部和中部。华北和西北地区有栽培	417
338	金叶黄金树	*C. speciosa* 'Aurea'		紫葳科梓属	产美国东南部	417
339	美国梓树	*Catalpa bignonioides*	美国木豆树	紫葳科梓属	原产美国东南部。我国沈阳、南京、合肥等地有栽培	417
340	金叶美国梓树	*C. bignonioides* 'Aurea'		紫葳科梓属	国外引进。辽宁、北京有栽培	418
341	紫叶美国梓树	*C. bignonioides* 'Purpurea'		紫葳科梓属	国外引进。辽宁、北京有栽培	418
342	毛泡桐	*Paulownia tomentosa*	华毛泡桐、紫花泡桐、籽桐、紫桐	泡桐科泡桐属	主产淮河至黄河流域，辽宁南部、河北及西北地区有分布，各地普遍栽培	418
343	兰考泡桐	*Paulownia elongata*	河南桐	泡桐科泡桐属	主产豫东平原和鲁西南地区、河北、山西、辽宁南部及西北、华东地区有分布	418
344	楸叶泡桐	*Paulownia catalpifolia*	山东泡桐、楸皮泡桐、小叶泡桐、无籽泡桐	泡桐科泡桐属	分布于河南伏牛山及淮河以北各地，以山东、河南、河北、陕西、山西为多	419
345	泡桐	*Paulownia fortunei*	白花泡桐、大果泡桐	泡桐科泡桐属	主产长江流域及以南地区。山东、河北、河南、陕西等地有栽培	419
346	柽柳	*Tamarix chinensis*	华北柽柳、红荆条、三春柳	柽柳科柽柳属	产吉林、辽宁、内蒙古及华北至西北地区。华东、华中及西南各地区有栽培	419

序号	名称	别名	拉丁名	科属	产地及分布	彩图页
347	乔木柽柳	盐松、松柏柽柳	T. chinensis 'Qiaomu'	柽柳科柽柳属	辽宁凌海从柽柳芽变选育	420
348	多枝柽柳	红柳	Tamarix ramosissima	柽柳科柽柳属	广布我国西北地区，新疆最普遍，是我国分布最广的一种柽柳	420
	甘蒙柽柳		Tamarix austromongolica	柽柳科柽柳属	产山西、河北、内蒙古、河南、陕西北部、甘肃、宁夏、青海东部等地	一
349	山茱萸	蜀枣、药枣、肉枣	Macrocarpium officinale	山茱萸科山茱萸属	产我国长江流域及山西、山东、河南、陕西、甘肃等地。北京有栽培。河南西峡县是山茱萸之乡	420
350	毛梾木	毛梾、车梁木、椋子木、黑椋子、油树	Cornus walteri	山茱萸科梾木属	产辽宁、河北、山西南部以及华东、华中、华南、西南各地区、黄河流域主产	421
351	灯台树	六角树、瑞木	Cornus controversa	山茱萸科梾木属	产辽宁及华北、西北至华南、西南地区	421
352	四照花	山荔枝、小车轴木	Dendrobenthamia japonica var. chinensis	山茱萸科四照花属	产长江流域及河南、山西、陕西、甘肃等地。北京小气候好处可露地栽培	421
353	丝绵木	白杜、华北卫矛、明开夜合、桃叶卫矛	Euonymus maackii	卫矛科卫矛属	产东北、华北地区至长江流域各地、西至陕西、甘肃、四川、广西及广东也可见到	422
354	大圆叶丝绵木	大叶丝绵木	E. maackii f. macrophylla	卫矛科卫矛属		423
355	狭长叶丝绵木		E. maackii sp.	卫矛科卫矛属		423
356	陕西卫矛	金丝系蝴蝶、金丝吊燕	Euonymus schensianus	卫矛科卫矛属	产陕西、甘肃南部、四川东北部、湖北西部、贵州	423
357	糠椴	辽椴、大叶椴、菩提树、金桐力	Tilia mandshurica	锦葵科椴属	主产东北地区、河北、内蒙古、山东和江苏北部也有分布	423
358	蒙椴	小叶椴、白皮椴、米椴	Tilia mongolica	锦葵科椴属	主产华北地区、河南及东北地区也有分布	423
359	紫椴	籽椴、椴树、小叶椴	Tilia amurensis	锦葵科椴属	主产东北、华北地区、长白山和小兴安岭混交林常见树种	424
360	裂叶紫椴		T. amurensis var. tricuspidata	锦葵科椴属	产辽宁	424
361	心叶椴	欧洲小叶椴	Tilia cordata	锦葵科椴属	原产英国西部石灰石悬崖和潮湿的林地。我国华东地区及新疆、山东青岛、辽宁大连等地有栽培	424
362	欧洲大叶椴	菩提树	Tilia platyphylla	锦葵科椴属	原产欧洲、高加索及小亚细亚、北京、青岛等地有引种	424
363	黄檗	黄柏、黄波罗、檗木	Phellodendron amurense	芸香科黄檗属	产东北、华北地区至山东、河南及安徽	425
364	臭檀吴萸	北吴萸、臭檀、抛辣子	Evodia daniellii	芸香科吴茱萸属	产辽宁以南至长江流域各地、西至甘肃、四川	425
365	吴茱萸	野茶辣、野吴萸	Evodia rutaecarpa	芸香科吴茱萸属	产河南、长江流域及以南各地。北京、山西、山东中南部有栽培	425
366	沙枣	桂香柳、银柳、俄罗斯沙枣、七里香、刺榆	Elaeagnus angustifolia	胡颓子科胡颓子属	原产亚洲中西部及欧洲。分布于我国西北地区沙地、华北、东北地区及河南也有分布	426
367	翅果油树	毛折子、贼绿柴、灰桉蛋、柴禾	Elaeagnus mollis	胡颓子科胡颓子属	产陕西、山西南部。北京有栽培	426
368	玉铃花	老爪皮、老丹皮、山棒子	Styrax obassia	野茉莉科野茉莉属	产辽宁南部至华北、华东、华中地区。沈阳有栽培	427

四、落叶乔木

序号	名称	拉丁名	别名	科属	产地及分布	彩图页
369	秤锤树	Sinojackia xylocarpa		野茉莉科秤锤树属	产江苏西南部、浙江西北部、安徽、湖北及河南东南部。北京、青岛有栽培	427
370	刺楸	Kalopanax septemlobus	刺桐、云楸、茨楸、棘楸、刺枫树	五加科刺楸属	产亚洲东部，我国东北地区南部至华南、西南各地区均有分布	427
371	八角枫	Alangium chinense	华瓜木	八角枫科八角枫属	我国黄河中上游、长江流域至华南、西南地区均有分布	428
372	瓜木	Alangium platanifolium	篠悬叶瓜木、八角枫	八角枫科八角枫属	产我国东北地区南部、华北、西北及长江流域地区	428
373	连香树	Cercidiphyllum japonicum	子母树	连香树科连香树属	产我国中部山地，山西西南部、河南、陕西、甘肃及长江流域。山东、北京能露地越冬	428
374	珙桐	Davidia involucrata	中华鸽子树、空桐	蓝果树科珙桐属	我国特有，分布于湖北西部、湖南西部、四川中南部、贵州东北部、云南北部高山以上。北京背风小环境处，冬季防寒可生长	428
375	领春木	Euptelea pleiosperma		领春木科领春木属	产河北、山西、河南、陕西、甘肃、华中、华东、西南等地区	428
376	毛叶山桐子	Idesia polycarpa var. vestita	水桃	大风子科山桐子属	产河北、陕西、甘肃至长江流域各地。北京有栽培	429
377	乌桕	Sapium sebiferum	桂林乌桕、柏子树、木子树	大戟科乌桕属	主要分布于我国黄河以南各地区，北达陕西、甘肃，南至华南、西南地区	429
378	重阳木	Bischofia polycarpa	乌杨、茄冬树、红桐	大戟科重阳木属	产秦岭、淮河以南至广西及广东北部，长江中下游平原习见。山东、河南有栽培	429
379	枫香树	Liquidambar formosana	枫香、枫树	金缕梅科枫香树属	产秦岭及淮河以南至华南、西南地区各地。北起河南、山东，西至四川、云南及西藏有分布	430
380	北美枫香	Liquidambar styraciflua	胶皮枫香树	金缕梅科枫香树属	原产北美洲，美国东南部有大量分布。华东地区及山东、河北有栽培	430
381	无患子	Sapindus mukorossi	木患子、油患子、油罗树、洗手果	无患子科无患子属	产我国长江流域及其以南地区。河南、山东有栽培	430

落叶乔木　表二

序号	名称	观赏及应用	生态习性、栽培管护	辨　识
1	银杏	树姿优美，叶形美，秋叶金黄。银杏果含有氰苷、银杏酚等物质，有微毒，儿童过量误食会中毒。银杏是世界五大行道树之一，也是世界著名的古生树种，被称为"活化石"，其生长慢、寿命长，寿命可达3000多年。银杏，又名白果、公孙树，有长寿、希望、丰饶、好德、友情和平安、吉祥，古时可征服象征意义，现有长寿、希望、丰饶、好德、友情等象征意义，我国北方早期用于替代行道提树和广泛栽植于寺庙、道观	阳性，耐寒；不耐积水，喜干净的环境，对大气污染有一定抗性；深根性；病虫害少；要求土壤疏松，透气性好，土壤贫瘠干燥、过于黏重和盐碱化严重时，根系生长不良，不宜栽植；大面积的硬质铺装和极端的气候条件会导致银杏焦叶落叶；种植密度过大，街道尾气、烟尘、除臭剂，地下害虫及地下水超强度开采也会对其造成威胁，栽培避免与松树、水杉时作；防止过量结果；雨季应及时排涝，春季及时补水、打孔，施草炭、陶粒、有机肥，增强透气性。易发生早期黄化病和真菌性叶枯病。长江流域土壤多为酸性，银杏长势不好	幼年及壮年树冠圆锥形，老则广卵形。叶扇形，有长柄，先端常2裂。雌雄异株，雄株树冠紧凑，雌株侧枝较开展，种子核果状，熟时黄色，果期9～10月
2	金叶银杏	生长期肉叶中常为金黄色	同原种	
3	华北落叶松	树冠圆锥形，树姿优美，秋叶黄色	强阳性，甚耐寒，耐旱，对土壤适应性强，宜酸性、中性土壤；对不良气候抵抗力较强，并有保土、防风的效能；深根性；生长快。栽植地宜建筑地忌建筑及生活垃圾	树皮暗灰褐色，不规则纵裂，呈小块状脱落。1年生小枝淡黄褐色，径1.5～2.5mm。球果长卵形，长2～3cm，宽约1mm。球果长卵形，果鳞五角形，边缘反卷，长2～3.5cm，短枝上簇生；球果直立；果鳞革质宿存
4	兴安落叶松	树冠卵状圆锥形，秋叶黄色。球果幼时紫红色。醒目	强阳性；极耐寒，喜温凉、湿润气候；浅根性；对土壤要求不严，湿润、湿润；喜温凉，生长快	1年生枝淡黄色，较细，径约1mm。叶长1.5～3cm，宽约1mm，披针状条形。球果基部常有长毛；球果五角形或四方形广卵形
5	长白落叶松	树冠尖塔形，树姿优美，秋叶黄色。能生于沼泽地带。球果或呈紫红色	喜强光，耐严寒，也耐干旱和轻碱，在湿润、肥沃，排水良好的中性或微酸性土壤上长势好；生长快；浅根性；寿命长	1年生小枝红褐色或淡褐色，径约1mm。叶长1.5～2.5cm，宽约1mm，披针状条形。球果卵形或圆形或四方状广卵形
6	日本落叶松	树冠卵状圆锥形，树姿优美，秋叶黄色	喜光，耐寒，喜肥厚、喜肥厚的酸性土壤；抗旱期落叶病；干旱环境及瘠薄、黏重土壤上生长不良；对水分要求较高；生长快；在风力大，生长要求较高	枝斜展或近平展，1年生长淡红褐色或淡黄色，有白粉，径约1.5mm。叶长1.5～3.5cm，宽1～2mm。线形扁平。果鳞显著向外反卷
7	金钱松	树冠圆锥形，叶秋天变黄，似金钱，树姿优美，叶态秀丽	强阳性，喜温暖、多雨气候及深厚、肥沃的酸性土壤；深根性，耐寒性不强；生长较慢；耐-10℃低温；抗火性较强	叶线形，长3～7cm，宽2～3.5mm，柔软而鲜绿，在长枝上螺旋状排列，在短枝上轮状簇生，平展成圆盘形
8	水杉	世界著名古生树种。树冠狭圆锥形	喜光，喜温暖、耐寒能力强，不耐旱气候，喜湿润；不耐涝，喜湿润、肥沃，排水良好的酸性或弱碱性土壤；深根性；抗病虫害；生长快，寿命长；病虫害少为保证移栽成活率，最好在休眠期阴雨天气移植，水肥管理得当，注意根部环境，不宜栽植过深	大枝不规则轮生，小枝对生或近对生，下垂。叶条形，长1～2cm，宽1～2mm，柔软，在侧生小枝上列成二列，羽状，淡绿色
9	金叶水杉	新生叶春、夏、秋三季呈金黄色	要求较高的空气湿度，扦插或嫁接繁殖	
10	墨西哥落羽杉	半常绿，树冠广圆锥形，树形美观、绿叶期长	喜温暖，耐寒性差；耐水湿，耐盐碱，抗风力强；生长迅速；病虫害少	树皮长条形开裂。叶扁线形，长约1cm，宽约1mm，浅绿色，羽状，紧密排成二列。球果近球形，球果表面有瘤状突起

四、落叶乔木

序号	名称	观赏及应用	生态习性、栽培管护	辨识
11	中山杉	是落羽杉属树木和同杂交种，有十几个品种。半常绿，树冠圆锥形，树形美观；绿期长，落叶期短，严寒时叶色橘红色或红棕色。适于造林	抗逆性卓越；耐水湿，可耐3～6个月水淹，污水中生长更好；耐盐碱，土壤含盐量小于0.4%；抗风力强，能抗10级风；生长快；病虫害少；能吸收水体中富营养化物质氮、磷，净化水质	叶条形，较小
12	银白杨	树冠宽阔，多卵圆形，干白至灰白色，光滑，银光闪烁	阳性，适应寒冷、干燥气候，耐旱，耐寒，能在沙荒及轻盐碱地上生长；深根性，根蘖性，抗风力强；不耐湿热。北京以南栽培多有病虫害	叶卵形，背面密生不脱落白色茸毛。幼枝、芽密被白色茸毛，缘有波状齿或3～5浅裂
13	新疆杨	有宽冠品种。树冠窄圆柱形或尖塔形。干灰绿色，老则灰白色，光滑少裂。仅见雄株	喜光，抗寒性略差，新疆北部地区在树干基西南方向常发生冻裂，-30℃以下时，苗木冻害严重；耐大气干旱；喜湿热；深根生；抗烟尘，抗风；生长快；虫害多	短枝之叶近圆形，有粗齿，叶背初有白茸毛，后绿色全无毛，叶背和长枝之叶常掌状3～5深裂，缘有不规则粗齿或波状齿，叶背有白茸毛。本属单叶互生，叶较宽；花序下垂
14	银中杨	银白杨和中东杨杂交种。干皮绿至灰白色，光滑。皮孔明显	耐寒，耐干旱，瘠薄和盐碱；抗病虫害；生长快	叶卵形至扁卵形，表面深绿色，背面有柔毛。缘有不规则波状齿裂
15	毛白杨	树冠圆锥形至卵圆形，干皮青白至灰白色，秋叶黄色后，干皮实牙开裂，随风飘散大量飞絮，对人的皮肤、呼吸道造成环境污染，引发火灾、危害严重。因此种宜选择雄株。速生杨树品种多，飞絮严重	喜光，耐寒，喜温凉气候及深厚、肥沃、排水良好的土壤；深根性；生长快；杨树栽植区不能栽种旱柳、构、栎、小叶朴，因为严重危害害天牛成虫只有在取食毛白杨的柔天牛卵、小叶朴后才能产卵。杨树是光肩星天牛寄主植物，应注意此类寄生害虫的防治。枝条较脆，易折断，一般运输或栽植时会短截	干皮老时纵深裂，皮孔菱形散生。幼芽被白茸毛，叶三角状卵形，长10～15cm，缘有不整齐浅裂，幼枝背面密被灰白色毛
16	抱头毛白杨	侧枝直立向上，呈紧密狭长树冠	同原种	
17	毛新疆杨	毛白杨和新疆杨杂交种	同原种	冠似新疆杨，叶比毛白杨大
18	河北杨	山杨和毛白杨天然杂交种。树冠圆整。树皮黄绿色至灰白色，光滑。枝叶清秀，枝叶黄	阳性，耐寒，抗旱，喜湿润，不耐水湿，多生于河两岸，适于高寒多风地区；深根性，侧根发达，萌芽力强，生长快	冠阔圆形。叶卵圆形或近圆形，长3～8cm，缘具波状齿或不规则缺刻，先端钝或短尖，幼叶背被茸毛
19	山杨	树冠球形，幼叶金黄或红艳	强阳性，耐寒性强，耐干旱瘠薄，宜微酸性至中性、排水良好的肥沃土壤；浅根性，抗风力强，根系发达，分蘖能力强	树皮灰绿色变暗灰色。叶近圆形或三角状圆形，长3～6cm，先端钝尖，缘具波状钝齿，叶柄细而扁
20	钻天杨	黑杨变种。树冠圆柱形或狭塔形。干皮暗灰色，老时纵裂。雄株多数	阳性，耐干旱气候及大风，稍耐盐碱及湿热及大风，不耐南方湿热。寿命短，易风折，树形差；生长快；寿命短。已不再推广应用	一年生黄绿色或黄棕色。长枝之叶扁三角形，长5～10cm，先端渐尖。短枝之叶三角状卵形或菱形，长3～6cm，长大于宽，先端尖至长渐尖，基部阔楔形至近圆形
21	箭杆杨	树冠比钻天杨狭窄，干皮灰白色，较光滑。只见雄株多，雌株少，有时出现两性花	喜光，耐寒，耐干气候，喜水湿，耐中度盐碱；生长快；材质坚韧；根幅小。有星天牛危害	萌枝及长枝之叶长宽卵形至菱形，长5～10cm，长大于宽，基部楔形至近圆形；叶形变化大，一般三角形，先端尖长渐尖
22	加杨	雄株多，雌株少。秋叶黄色	喜光，耐水湿，耐干气候，耐轻盐碱，喜温凉气候及湿润土壤，也能适应温暖热气候；根系发达；生长快；不飞絮	树皮纵深裂，小枝有棱。叶近三角形，缘具圆钝齿，叶近等边三角形，基部截形至近圆形，6～10cm

序号	名称	观赏及应用	生态习性、栽培管护	辨识
23	沙兰杨	加杨栽培变种。树冠宽阔	强阴性，抗寒性较差，较能耐高温多雨气候，对水肥条件要求较高，耐轻盐碱及短期积水；生长快；抗病虫害能力强于加杨	侧芽近轮生。大而显著。叶三角形或三角状卵形，长8～11cm，先端长渐尖，缘具密钝齿。树皮灰白或灰褐色，皮孔菱形，先
24	小叶杨	树冠广卵形。用于防风、固沙、保土及绿化	喜光，耐寒，耐干旱瘠薄及弱碱性土壤；抗风；抗病虫害；根系发达；生长快；寿命短	树皮灰绿色，老时暗灰色，纵裂。叶菱状倒卵形，长5～12cm，缘具细齿，叶端短尖，基部常楔形，先端常楔形，基部红色
25	小青杨	小叶杨与青杨的天然杂种。分枝较密，树冠圆满，树干皮灰白色，较光滑，老时浅纵裂	适应性，抗逆性强，抗寒力强；愈伤快；干直；生长快；生长势强；耐修剪；易繁殖	叶菱状卵形至卵状椭圆形，最宽处在中下部，先端渐尖，基部楔形，稀近圆形，叶柄具细密起伏交错的锯齿，叶柄略扁
26	青杨	春天发芽很早，树皮灰绿色，老时暗灰色，纵裂	喜湿润及干燥，寒冷的气候，喜温凉、耐旱，生长快；深根性；耐积水和盐碱土，多生于山区沟谷或阴湿坡地，在自然界变异程度大；在干燥瘠薄山坡上生长时，不如山地适应性强	小枝绿色或黄色，长4～10cm，宽3～5cm，先端失尖头，缘具钝腺齿，具5～7弧状脉；短枝之叶卵形，椭圆形或狭卵形，基部圆形或狭椭圆形，椭圆形或倒卵形，长4～10cm；长枝之叶披针状卵形或椭圆形，长5～15cm；叶柄圆而较细长，3～4瓣果卵球形，3～4瓣裂
27	香杨	树皮幼时灰绿色，老时暗灰色，纵裂。发芽早。树脂多，浓香。冬芽大。树脂	喜冷湿，寿命较长	短枝之叶椭圆形或椭圆状披针形，长4～12cm，具细腺齿，长圆形或倒卵状披针形，短枝之叶圆状长卵形，粗壮，带红褐色。基部广楔形或圆形，基部广楔纹，基部5～15cm
28	中华红叶杨	叶片颜色春、夏、秋三季四变。从发芽到6月中旬为紫红色，6月中旬到7月中旬渐变为黄或橘黄色，7月中旬到10月上旬黄绿色，10月片以后由绿变黄或橘黄色，有全红杨品种，从发芽到落叶，叶一直呈红色，生长慢，无飞絮。有金叶品种，叶春期鲜红，后变金黄，下部叶黄绿色。落叶期橘红色。干型通直圆满	适应性强，不择土壤；生长快；抗洪涝；无飞絮；皮薄，需保护	叶柄，叶脉，叶始终为红色。主干和侧枝顶端的叶始终为红色，树冠顶端和侧枝顶端在整个生长期叶片稠密，大而肥厚，有光泽，亮丽夺目
29	垂柳	柳很早吐绿色报春，是早春的象征。且有"清明插柳"之说，"福降千家"之说，比喻春色常留人间，永葆青春。柳树是情思缠绵的象征，折柳送别为始于汉代的风俗，"柳"与"留"谐音，有惜留之意。陶渊明宅前栽柳称五株，自称五柳先生	阳性，喜温暖；特耐水湿、水涝、也耐旱，耐寒，耐盐碱；生长快；柳树是光肩星天牛寄主植物。柳树种子上的白色革毛随风飞散，形成飘絮，与毛白杨雌株有同样危害，应选择无絮品种种植。现显示出大地复苏时叶的勃勃生机。桃红柳绿是滚水经典配置，美观的无絮品种种植。有些人不喜欢种植桃、柳，有"前不栽桑，后不栽柳，门前不栽鬼拍手（枫杨）"的说法	树冠倒卵形，枝细长下垂，淡褐或带紫色。叶披针形，长9～16cm，缘有细齿，叶背带绿色，叶柄长6～12mm，世界柳树共560多种，我国分布近半，其中，有栽培价值的乔木15种，灌木40余种；单叶常互生，叶序直立；芽鳞1枚；单叶常互生，本属枝芽无顶芽，芽序直立。花序直立，垂柳雌花只有1个腺体别是，垂柳雌花只有1个腺体
30	金丝垂柳	金枝白柳与垂柳杂交种。树冠宽阔，小枝亮黄色，细长下垂	喜光，耐寒，喜水湿，也耐旱	叶狭披针形，叶背发白
31	旱柳	冠广卵形或倒卵形。有速生品种	阳性，耐寒，耐旱，湿地也能生长，以湿润而排水良好的土壤生长最好；生长快，易繁殖；根系发达，抗风力强	小枝黄绿色或浅褐黄色，直立或斜伸。叶披针形，长5～10cm，缘有细腺齿；叶柄短，长2～4mm。柳絮多，雌花具腺背2腺体

四、落叶阔叶乔木

序号	名称	观赏及应用	生态习性、栽培管护	辨识
32	绦柳	枝条细长下垂	阳性、耐寒、耐旱、耐湿;生长快	小枝较短,黄色。叶披针形,无毛,下面苍白色或带白色,缘有腺毛锐齿,叶柄长5~8mm。雌花有2个腺体
33	馒头柳	冠半圆球形,状如馒头	阳性、耐寒、耐旱、耐湿;生长快。新疆库尔勒有栽培	分枝密,端稍齐整
34	龙爪柳	冠长圆形,枝条扭曲如游龙	阳性、耐寒、耐旱;长势弱,寿命短;抗污染	
35	金枝龙爪柳	枝条黄色或橙红色	耐寒、耐盐碱	
36	腺柳	嫩叶常红紫色。多水边应用,护堤护岸	喜光、耐寒、喜水湿。多生于溪边沟旁	小枝红褐或绿褐色,有光泽。叶长椭圆形至长圆状披针形,长4~10cm,缘有腺锯齿,背面苍白色,叶柄具腺点
37	核桃	叶大荫浓,且有清香。花、果,叶的挥发气体有杀菌、杀虫功能。核桃的叶子与根能分泌一种植物抑制剂,对海棠等蔷薇科花木和多种草本花卉有抑制作用,不宜一起种植,但与山楂可以相互促进生长	阳性,喜温凉、湿润气候,较耐干冷,不耐湿热;对土壤要求严格,适于排水良好、深厚、肥沃、湿润的微酸至弱碱性土壤。抗旱性较强,不耐盐碱、深根性,抗风力较强,不宜移植;有肉质根,不耐水淹。枝条较脆,大树运输易折断	冠广圆形至扁球形。树皮幼时灰绿色,老时灰色而纵浅裂。小叶5~9,椭圆状卵形至长椭圆形,长6~15cm,通常全缘,先端钝圆或尖
38	核桃楸	树冠广卵形	喜光,耐寒性强,喜生于土层深厚、肥沃、排水良好的沟谷内旁。深根性,抗风力强。比核桃耐寒,生长较快	幼枝密被毛,小叶9~17,长椭圆形,缘有细齿,先端尖。果核椭圆形,具纵棱,两端尖
39	枫杨	遇风叶片啪啪作响,被称为"鬼拍手"	喜光,较耐阴,喜温暖、湿润气候,耐低湿,萌蘖生长;微酸性至轻盐碱土均能生长,因其根系发达、郁闭度强,可固堤护岸、涵养水源。河床两岸低洼湿地适用	羽状复叶互生,小叶10~16,长椭圆形,长8~12cm,缘有内弯细齿,叶轴具翅。果序长20~45cm,具果翅
40	化香树	重要的荒山造林树种	喜光,耐干旱瘠薄,萌芽力强	羽状复叶互生,小叶7~19,卵状长椭圆形,长4~11cm,缘有重锯齿,基部歪斜。果序球状果序,长2.5~5cm
41	白桦	姿态优美,树皮光滑洁白。白桦在俄罗斯有丰富的民族文化内涵,是国树和爱国树,是青年男女约会的地方,也是春天和爱情的信使。白桦林是分泌物抑制白桦生长,不宜一起种植	强阳性、耐严寒、喜冷凉、喜酸性土、耐瘠薄,极不耐盐碱;深根性,阴坡、沼泽、阳坡均可生长,生长快,寿命短;适宜高海拔高原生长环境不良。怀柔喇叭沟门可作行道树种;北京市区生长差,北京园科所选育出了耐热白桦,对高温、暴晒,大风抗性好	树皮成层剥裂。小枝红褐色。叶菱状三角形,长3~9cm,侧脉5~8对,缘有不规则重锯齿,长1.5~3cm。果序单生,下垂,圆柱形,长3cm,具果翅
42	黑桦	北方蜜源植物	喜光,耐强烈日照,耐寒,耐火性强。多生于干燥山坡及丘陵山脊	树皮黑褐色,龟裂。小枝红褐色。叶卵形或椭圆状长椭圆形,长4~8cm,先端尖,缘具不规则锐尖重锯齿,侧脉6~8对,果序直立,长达3cm
43	欧洲白桦	枝条细长下垂,姿态优美	喜光,耐寒性强,喜湿润,也耐干旱瘠薄;萌芽力强	树皮灰白色或黄白色,剥裂。叶三角状卵形或菱状卵形,长3~7.5cm,侧脉6~8对,果序长2~4cm,缘具粗重锯齿,有疣点
44	紫叶桦	干皮白色,小枝下垂,叶紫色	同原种	叶卵形或阔卵形

序号	名称	观赏及应用	生态习性、栽培管护	辨识
45	红桦	树皮橙红或红褐色，有光泽和白粉，呈薄层状剥落，纸质。树冠端丽，有观赏价值	较耐阴、喜湿润、耐寒；多生于高山阴山坡或半阴坡	小枝紫褐色。叶卵形或椭圆状卵形，长5～10cm，顶端渐尖，缘具细或重锯齿，齿尖常角质化。雄花序及果序圆柱形，长3～5.5cm
46	赤杨	可在低湿处及水边种植	喜光、耐水湿、生长快、萌芽力很强	小枝具脂点。叶互生，长4～12cm，基部楔形，缘具疏细齿，背脉隆起。果序2～6个集生于一总梗上
47	水冬瓜赤杨	可在河岸及潮湿地、沼泽种植	喜光、耐寒	叶近圆形，长4～9cm，光滑，先端圆，缘不规则粗齿和浅裂状缺刻，侧脉5～8对，直伸齿下垂。果序2～8个集生
48	鹅耳枥	叶形秀丽，幼叶亮红色。屋顶绿化可用	稍耐阴、耐干旱瘠薄、喜肥沃、湿润的中性及石灰土壤；萌芽性强、移植易成活	单叶互生，叶卵形或椭圆状卵形，长3～5cm，先端尾，缘有重锯齿，侧脉8～12对，稀疏下垂，长3～6cm
49	千金榆	树姿美观，果序奇特，具观赏价值	喜光、稍耐阴、耐寒、耐瘠薄、喜湿润、肥沃的中性土壤	叶椭圆形或卵形，长8～14cm，先端渐尖，缘具尖锐重锯齿，侧脉14～21对，果序长5～12cm
50	蒙古栎	秋叶暗红色，栎即橡树类，有伟大、权力、长寿的象征，也象征永恒和强大的生命力	喜光、喜凉爽气候；耐寒；固土抗风；抗病虫害；生长中等偏慢，寿命长。不适于湿热多雨，光照强度大，盐碱土的平原地区。种子采收后须马上播种，播前用药拌种	小枝粗壮，有棱。叶集生枝端，倒卵形，长7～18cm，先端钝或短突尖，深波状缺刻，侧脉7～11对，叶柄长2～5mm。壳斗内有明显疏状突起
51	辽东栎	绿荫浓密	阳性、喜光、耐寒、抗旱性强、萌芽力强	小枝无毛，灰绿色。叶倒长卵形，长5～12（15）cm，缘有波状疏齿，侧脉5～8对，长2～5mm。常呈灌木状，类蒙古栎
52	榔榆	枯叶在枝上经冬不落	喜光、耐旱、耐寒、耐瘠薄、在酸性土、钙质土及轻度石灰性土上均能生长；抗风、抗烟尘及有害气体；深根性、萌芽力强，寿命长	叶大，密生灰黄茸毛。叶粗糙，有沟槽，倒卵形或倒长卵形，长10～30cm，缘具波状裂片或齿，叶背生褐色毛，长2～5mm。壳斗片反卷，红棕色
53	槲栎	秋叶变红。暖温带常落叶阔叶林阔叶树种	喜光、稍耐阴；对气候适应性强、耐寒；萌芽力强、不耐移植、宜秋季落叶后移植，宜沙壤土、施生根粉，草绳绕树干保湿，春季绕好树保湿，以利成活	小枝无毛。叶倒卵状椭圆形，长15～25cm，缘具波状圆齿，侧脉10～15对，表面有光泽，叶背被灰棕色细茸毛，叶柄长1～3cm。壳斗具粗大锯齿，齿端列紧密
54	锐齿槲栎		稍耐阴、喜温凉、湿润气候及湿润土壤	叶较小，长9～20cm，叶缘具大锯齿，齿端尖锐，内弯
55	红栎	新叶红润，秋叶暗红或深红色，美丽壮观。树冠阔半球形	喜光、耐寒、能耐-29℃低温；喜肥沃、深厚、排水良好的沙质土壤，对贫瘠、干旱土壤适应能力强；生长较快，能适应城市环境污染，耐移植；前	树皮光滑，银灰色，长12～24cm，宽10～15cm，先端锐尖，羽状7～11浅裂，裂片尖头，接近先端有2～3个线形锯齿
56	栓皮栎	秋叶橙褐色，树干通直，树冠雄伟	喜光，幼时喜侧方遮阴；耐寒、耐瘠薄、深根性、萌芽力强、抗火、抗风，树皮不易燃烧	树皮木栓层发达，革质叶互生，较软。叶长椭圆形或长椭圆状披针形，长8～15cm，齿端具芒状齿，叶背密生灰白色茸毛。雄花序下垂，壳斗无刺

四、落叶乔木

序号	名称	观赏及应用	生态习性、栽培管护	辨识
57	麻栎	秋叶橙褐色	喜光，不耐上方遮阴；喜湿润气候，耐寒；耐干旱瘠薄，不耐水湿及盐碱；耐烟尘，抗风力强；萌芽力强，生长较快，不耐移植	干皮坚硬，深纵裂。长8~19cm，羽状侧脉直达齿端呈刺芒状齿，背面淡绿色，近无毛
58	夏栎	秋叶部分转红	喜光，极耐寒，喜深厚、湿润而排水良好的土壤，寿命长，可达800年	叶长倒卵形至椭圆形，长6~20cm，先端钝圆，基部近耳形，缘有4~7对圆钝大齿，叶柄短，长3~5mm。果长椭圆形或椭圆形，4~10cm，长1.5~2.5cm
59	沼生栎	新叶亮嫩红色，秋叶橙红或红色。树冠窄半球形	喜光，耐寒，也耐高温，喜湿润，耐水湿，也耐旱；喜微酸性土壤，耐风能力强；耐移栽	树皮暗灰色。枝条细长，先端下垂。叶长卵形或椭圆形，长10~20cm，宽7~10cm，顶端渐尖，基部楔形，叶缘每边5~7羽状深裂，裂片具细锯齿。叶面深绿色，叶背淡绿色
60	板栗	雄花序被毛，白色，花期5~6月。栗与枣有吉祥幸福的象征，婚礼上有"早立子"的祈福	喜光，抗旱，抗寒，喜肥沃、湿润、排水良好的土壤及温凉气候；深根性，根系发达；萌芽性较强，耐修剪；忌低湿、黏重及碱性土壤	干皮深纵裂。叶长椭圆形，长9~18cm，缘齿尖芒状，背面常有柔毛，雄花序直立，长10~20cm；壳斗有刺，全包坚果
61	榆树	树冠圆球形。天牛、榆毒蛾、榆金花虫危害严重，导致在城市绿化中用量大幅减少，大量扩繁使用须谨慎，应以抗虫害发生、集中连片种植可能导致严重的病虫害的源头。榆是火之源，椿是文明的源泉，生命的保障，作砧木	阳性，生长快，耐寒，耐修剪，耐干旱，耐瘠薄，耐中度盐碱，不耐湿；生长快，耐烟尘，能适应城市地理位置严重气体；根系发达，寿命较长。同一种南榆树原生地理应不同，会有形态，主要是耐寒性不同，如河南南榆树作砧木嫁接金叶榆，在哈尔滨种植会发生冻害，哈尔滨本地榆树冻死则不会，因此应该注意本地榆树种的应用。榆树是行星天牛的寄主植物	树皮灰色，纵裂，小枝灰色，细长。叶卵状长椭圆形，长2~8cm，基部稍歪斜，缘具重锯齿或单锯齿。叶前开花，翅果近圆形，长1.2~1.5cm，4~6月熟，嫩果呈翅称榆钱，可食
62	金叶榆	由密枝白榆选育而来，是我国首个具有自主知识产权的彩叶树种。叶金黄，阳光越足，色彩越鲜艳。矮干金叶榆新疆应用的多，光照强度大时易白叶	喜光，耐寒，耐高温，耐干旱，耐瘠薄，耐盐碱，抗涝性好；病虫害少；抗风及有害气体	
63	金叶垂榆	枝条下垂，叶金黄色	同原种	
64	垂枝榆	树冠伞形，枝下垂	阳性，耐寒，耐干旱瘠薄，不耐水湿；生长快，根系发达；抗烟尘	
65	大叶垂榆	美洲榆变种。冠半形，圆大蓬松	喜光，耐寒，耐干旱瘠薄，对土壤适应性强	
66	黑榆	树皮暗灰色，沟裂，小枝紫褐色具不明显不规则的木栓翅，2年以上小枝有时	喜光，耐寒，耐旱，抗碱性强；深根性；萌芽力强	叶倒卵形或窄椭圆形，长5~10cm，先端突尖，基部歪斜，缘有重锯齿，重锯齿。侧脉12~20对，叶柄密被毛。果核部分被密毛
67	春榆	沈阳绿化的基调树种之一，作庭院树、行道树	耐寒性强，抗风，耐火，抗病虫害，生长快，分布广	区别于黑榆，其树皮色较深，小枝无毛，不规则则木栓翅

序号	名称	观赏及应用	生态习性、栽培管护	辨识
68	大果榆	翅果大，花果期4～6月。深裂秋叶红褐色	喜光、耐瘠薄，稍耐盐碱，喜深厚、湿润、疏松的土壤，严寒、高温、干旱条件下也能生长，萌蘖力强，生长快，寿命长	小枝淡黄褐色，常具木栓翅2（4）条。叶倒卵形，大小变化大，长5～9cm，两面粗糙，厚革质，先端突尖，基部歪心形，重或单锯齿。翅果大，径2～3.5cm，具黄褐色毛
69	裂叶榆	树皮淡灰褐色，浅纵裂，呈薄片状剥落。花果期4～5月	喜光、稍耐阴，较耐干旱瘠薄，多生于湿润山谷、平地或杂木林；对生；二氧化硫抗性较强	叶倒卵形或卵状椭圆形，长6～18cm，先端常3～7裂，裂三角形或尾状尖，基部歪斜，单锯齿，表面粗糙。翅果椭圆形，长1～2cm
70	榔榆	常见内树皮红褐色，近平滑，微凹凸不平。秋叶变为黄或红色。秋季开花，果实很小，长约1cm	喜光、喜温暖、湿润，耐干旱瘠薄，酸性、中性及碱性土均能生长；深根性，萌芽力强，寿命长；抗二氧化硫及烟尘	树皮薄片状剥落后仍较光滑，厚，卵状椭圆形至倒卵形，单锯齿，叶面深绿有光泽。幼枝淡褐色
71	脱皮榆	新皮淡黄绿色，老皮灰白色，棕黄色皮孔明显		树皮不断裂，呈不规则薄片脱落。叶倒卵形，长5～10cm，缘兼有单与重锯齿，两面粗糙，密生硬毛。翅果长2.5～3.5cm
72	圆冠榆	1980年引入新疆，被称为"戈壁明珠"。树冠近圆形，主干端直，绿荫浓密，树形整齐优美	喜光、耐-39℃低温，耐45℃高温；耐旱，适合在盐碱土壤生长，在土层深厚、湿润、疏松的沙质土壤中生长迅速。空气湿度不宜过大，会致病虫害严重	枝条直伸至斜展，长4～9cm，先端渐尖，基部多少偏斜。种子不孕，常以白榆为砧木嫁接繁殖
73	欧洲白榆	树冠半球形	喜光，要求土层深厚、湿润的沙壤土，抗病虫能力强，深根性	叶卵形至倒卵形，长6～15cm，重锯齿，表面暗绿色，近光滑，背面有毛。翅果椭圆形，长约1.5cm，边缘具睫毛
74	小叶朴	树冠倒广卵形至扁球形，枝叶茂密，树形美观，干皮灰色光滑。北方地区常作菩提树，古时民俗有的（门）椿（树）后（门）朴之说	喜光、也较耐阴，耐寒、非常耐旱，耐轻盐碱，喜黏质土，深根性，萌蘖力强，生长慢，寿命长；病虫害少；抗有毒气体	叶长卵形，长4～8cm，基出3脉，基部不对称，中部以上具浅钝齿近全缘，单生，核果近球形，径0.5～1.5cm，紫黑色，果柄长1～2.5cm，为叶柄长的2倍以上；果期10～11月。本属干皮不裂，基部全缘，3主脉，侧脉不伸入齿端
75	大叶朴	树皮暗灰或灰色、光滑、树形优美	喜光、稍耐阴，耐旱，耐瘠薄；抗烟尘及有毒气体；病虫害少；根系发达，可防风护堤	小较褐色。叶较大，椭圆形，长7～12cm，先端圆形或圆状截形，具尾状尖，缘具粗齿，单生，径约1.2cm。果橙色或果柄较叶柄长或近等长
76	朴树	冠大荫浓，秋叶黄色，果期9～10月	喜光、稍耐阴，对土壤要求不严，耐轻盐碱土；深根性，抗烟尘及有毒气体；生长较慢，寿命长	叶卵形或卵状椭圆形，长2.5～10cm，基部有光泽，偏斜或偏斜，中部以上有浅钝齿，背脉隆起并有疏毛，径5～7mm，果黄色或橙红色，单生或叶柄近等长
77	珊瑚朴	树冠卵球形，冠大荫浓。干通直。冬季及早春枝上生满红褐色花序，状如珊瑚，美丽。果鲜红艳丽，果期10月	喜光、稍耐阴；耐热，也耐寒，对土壤要求不严，喜肥沃、湿润；深根性；耐旱、耐涝，对土壤要求少，病虫害少	小枝及叶柄均密被黄褐色毛。叶宽卵形至倒卵状椭圆形，长6～12cm，卵形至倒卵状椭圆形，背面网纹隆起，橙红色，核果大，单生，径1～1.3cm

四、落叶乔木

序号	名称	观赏及应用	生态习性、栽培管护	辨识
78	榉树	树冠倒卵状伞形，枝叶细密，树形优美，秋叶黄或红色。枝条上举，有蓬勃向上之意。"榉"与"举"同音，寓意金榜题名，连连高中。叶缘锯齿似寿桃，因此还有健康长寿之意	喜光，稍耐阴；喜温暖气候及肥沃、湿润土壤，忌积水；吸收有害气体能力强，抗病虫害能力较强，深根性，侧根广展，抗风力强；生长较慢，寿命较长，是珍贵的用材树种。美国广泛应用，如白前有栽植	树皮深色，不裂，老干树皮片状剥落后仍光滑。1年生枝枝褐灰绿色，密被柔毛。叶卵形至椭圆状披针形，厚纸质，长3～10cm，侧脉8～15对，缘有圆齿状近桃形则单锯齿，表面被糙毛，叶背密被灰白色毛。坚果歪斜，有皱纹，径2.5～4mm，10～11月熟
79	小叶榉	树皮灰白色，呈块状剥落	喜生于石灰质深厚、肥沃的山谷、溪旁，较湿润的山坡疏林中及平原	外形与榉树相似，不同于榉树之处在于：小枝通常无毛。叶较小，卵形或椭圆形，长2～7cm，钝浅圆齿或圆齿，侧脉6～10对，表面光滑，较其余两种纤细，坚果较大，径4～7mm，顶端几乎不偏斜
80	光叶榉	树冠扁球形，树形优美。秋叶黄或红色，叶色变化大，树皮灰白或黄褐灰色，呈不规则的片状剥落	喜光，喜湿润土，在石灰岩各地生长良好；生长快，抗风力强，萌芽力强；寿命长	小枝紫褐色，无毛。叶薄，卵形，椭圆形，披针形，长3～10cm，表面光滑，亮绿色，叶缘有尖锐单锯齿，尖头向外斜涨，侧脉7～14对，叶背无毛。果似榉树
81	青檀	树皮灰或深灰色。为制造宣纸的原料。寺庙内常有种植	喜光，稍耐阴，喜生于石灰岩山地；根系发达，萌芽力强，寿命长	树皮长片状剥落。单叶互生，卵形，长3～10cm，基部以上有齿，先端长尖或渐尖，侧脉不直达齿端。小坚果周围有薄翅，基出3主脉
	糙叶树	良好的庭荫树及溪边种植。各地绿化树种	喜光，耐阴，喜温暖、湿润气候；在潮湿、肥沃、深厚的酸性土壤中生长良好，寿命长，不耐干旱瘠薄；能抗烟尘有害气体	单叶互生，卵形或椭圆形，长5～10cm，先端渐尖或尾状尖头，侧脉直达平行支脉直达齿尖，叶面粗糙有硬毛，两侧脉直达齿端。黑色核果球形，径约8mm，果梗长5～10mm
82	玉兰	树冠球形或长圆形。花大而洁白，肉质花被厚，3～4月先叶开放。园林中"玉堂富贵"中，"玉"即玉兰。玉兰又称根恩兰，花开圣洁如莲，寺庙喜欢栽植。明代诗人以"玉雪霓裳"状其姿态，比拟杨贵妃。花语为表器爱意，高洁，芬芳等	喜温暖、向阳、湿润，较耐寒，怕旱；爱高燥，忌低湿，地势低易烂根，喜肥沃、排水良好的微酸性沙质土壤，能耐轻盐碱；生长慢，抗虫害。宜在花前移植，合理修剪，长枝短截，疏除密枝，摘除全部花蕾，避免养分消耗影响成活。土壤不可黏重，宜向阳处栽植，但要注意强光，夏季防灼伤。栽后浇水要适度，不可积水，防止烂根。北方冬季宜防寒，不宜风口栽植	幼枝及芽具柔毛。叶倒卵状椭圆形，长8～18cm，先端具短突尖，基部圆形或广楔形，花萼、花瓣近似，共9片。花被片长6～8(10)cm，花径10～16cm，有多瓣、重瓣等。本属单叶互生，全缘；雪菱瓣聚成球状果，熟时红色
83	红脉玉兰	花被片9，白色，基部外侧淡红色，脉纹色较浓	同原种	有重瓣品种
84	玉灯玉兰	花朵将开时形如灯泡，盛开时形如莲花，纯白色	同原种	花瓣12～33片
	飞黄玉兰	花淡黄至淡黄绿色，花期比玉兰晚15～20天	同原种	
85	二乔玉兰	是玉兰和紫玉兰的杂交种。花外面多淡紫色，基部较深，里面及边缘白色，芳香，3月叶前开放。花色品种间变化很大，花色有些个品种	喜光，较耐寒，耐旱。萼茎本耐寒。夏季应防日灼	叶倒卵形，长6～15cm，先端短急尖，基部楔形。花瓣6；萼片3，常花瓣状（有时绿色），长度只达其一半或与之等长

序号	名称	观赏及应用	生态习性、栽培管护	辨识
86	紫二乔玉兰	花被片9，紫色	同原种。北京颐和园有栽培	
87	常春二乔玉兰	一年内能多次开花	同原种	
88	红运玉兰	春、夏、秋共开花3次，花瓣6~9片，由外到内由紫红、深红、淡红到白色，有香味	萌发力不强，分枝也不多，宜轻修剪；对有害气体抗性较强	
89	紫玉兰	花大，外面紫色或紫红色，内带白色，稍有香气，4月先叶开放。不多见，多数紫色玉兰是二乔玉兰的品种	阳性，较耐寒、喜温暖、耐湿，对土壤要求不严。萌蘖多。木兰属植物抗病虫害能力较强	大灌木。叶椭圆形或倒卵状椭圆形，长8~18cm，先端急渐尖或渐尖尖。基部楔形并稍下延，长8~10cm；萼片紫绿色，长2~3.5cm，披针形，常早落
	红花玉兰	花色亮丽，有内外深红、内白外粉红等品种；花形有菊花型、牡丹型等型。北方可嫁接其他玉兰	喜光，较耐寒，喜肥沃、排水良好的微酸性沙质土壤。忌低湿	叶柄较长，叶背沿主脉密被白色柔毛。花被片9，有多瓣品种。有'娇红1号''娇红2号'等品种
90	望春玉兰	花白色，基部带紫红色，芳香，早春3月叶前开，有紫花品种。可作嫁接其他紫花品种的砧木，药用，观赏皆宜	喜光，喜温凉，湿润气候及微酸性土壤。北京最早3月中开花	叶卵状披针形或长状披针形，长10~18cm。花瓣6，长4~5cm；萼片3，狭小，长约1cm，紫红色。蓇葖果紫红色，较明显，果期9~10月
91	星花木兰	花纯白色，径约8cm，有香气，叶前开花，花期3~4月。秋叶黄褐色	喜光，稍耐风寒；耐碱性土壤，宜深厚、肥沃、排水良好的微酸性土壤	树皮幼时有芳香。叶狭长椭圆形倒卵形，长4~10cm。花瓣长条形，长4~5cm，12~18片或更多。有粉、淡红品种
92	天女木兰	花萼淡粉红色，花瓣白色，雄蕊紫红色，美丽芳香；花梗细长，随风飘荡，似天女散花；花期5~6月	喜生于阴坡及湿润的山谷中，喜肥沃、深厚的土壤。移植较难，宜带土球	多为灌木。叶宽倒卵形，长6~15cm，先端突尖。基部近圆形。花在新枝上与叶对生，萼片3，花瓣6，有多瓣品种
93	鹅掌楸	花黄绿色，杯状，大而美丽，花期4~5月。叶马褂状，叶形奇特，古雅，秋叶黄色。世界五大行道树之一（其他四种为槭树、银杏、七叶树、悬铃木），也是世界珍贵的庭园观赏树种	阳性，耐寒、耐热性不强，生长较快，寿命长，病虫害少；抗有害气体。喜温暖、湿润气候及肥沃的酸性土壤。夏季炎热少雨，吸收的水分不能满足生长需求，叶片会失水脱落。宜用草绳包裹树干，预防日灼。早晚宜补水。注意植株通风透光。土壤喜偏碱，空气干燥不适宜生长。病虫害较少	干皮灰白色，光滑。叶端截形，两侧各具一凹裂，全形如马褂。花被片9，长2~4cm，绿色，萼片状，向外弯垂，内两轮6片，直立，倒卵形，花瓣状，绿色，具黄色纵条纹
94	杂种鹅掌楸	花被外轮3片，黄绿色，内两轮黄色	阳性，耐寒性较强，喜酸性土，不耐积水及盐碱；生长快；病虫害少；能适应平原环境，无旱落叶现象。肉质根怕涝也怕旱，最好选黄河边上的。北京宜越冬尤其要注意根茎部分的防护，保持水分和温度，但要保证土壤透气性良好。移植移栽，缓苗难，加强管理。移植前需断根栽，驯化，萌发前宜补水。移植后第一个春天要早浇，防止早春水要浇到北京的热风，提高成活率。木兰科植物移植到北京种植，最好选黄河大地肥，选择河南南阳地区的树种，培养中宜大水大肥，正常水肥即可。每1~2年做一次侧根切断栽，做好土球打包，树干用无纺布缠住。冬季树根部北京前半年用无纺布包，树干用高形成土包，用塑料薄膜覆盖，用土把薄膜压住。保温保湿，这样做成活率高	干皮及枝皮紫褐色，深纵裂，皮孔明显。叶基常有小裂片

四、落叶乔木

续表

序号	名称	观赏及应用	生态习性、栽培管护	辨识
95	金边北美鹅掌楸	北美鹅掌楸变种。叶边缘黄绿色，形似郁金香，花较大，形似郁金香，花期5月。上海园科所培育的黄叶品种'黄相'，由金边北美鹅掌楸芽变选育而来，有四月、五月两个月黄叶观赏期，秋天叶片又变黄	喜光，稍耐寒，喜温暖、湿润气候，喜深厚、肥沃的酸性土壤	干皮灰褐色，深纵裂，侧脉较浅，近基部每边具2浅裂片，先端2浅裂，内侧近基部橙红色。叶长7～12cm，叶较宽短
96	厚朴	花与叶同放，花单生于新枝顶，白色，有强烈香气，径约15cm，杯状，花期5～6月。叶大荫浓	喜光，幼树稍耐阴，喜温凉、湿润气候及肥沃、酸性土壤	叶厚，紫褐色。幼枝黄绿色。有绢状毛。叶革质，簇生枝端，倒卵形或倒卵状椭圆形，长20～45cm，先端圆钝或具短急尖，上面光滑，浓黄绿色，下面初有灰毛，后变白色。花被片盛开时直立。花丝长3～5mm(17)，内轮花被片盛开时直立。树皮厚，
97	凹叶厚朴	聚合果大而红色，美丽。花同厚朴，花期5月	中性偏阴，喜凉爽、湿润气候及肥沃、排水良好的微酸性土壤，畏酷暑、干热	树皮淡褐色。叶狭倒卵形，长15～30cm，叶端凹入。叶端倒卵形，叶端凹入
	日本厚朴	花大，白色，芳香，花丝及雌蕊群鲜红色，美丽。花期6～7月	生长较快，4～5年树可开花	与厚朴的区别：小枝紫色无毛；叶柄紫色；内轮花被片盛开时不直立，花柄长1～1.4cm
98	三球悬铃木	冠阔球形，冠大荫浓。秋叶黄。悬铃木类是世界五行道树之一，具较强吸收有害气体、抗烟尘、隔离噪声的能力，对人呼吸道等造成伤害，皮肤及幼叶脱落的表皮飞向空中也会形成飘絮。春季萌芽的芽鳞及幼叶脱落的表皮飞向空中也会形成飘絮，因此近几年，欧美国家、日本等陆续减少了种植。	阳性，耐寒性不强，萌芽力强，生长快，寿命长，速生品种喜光，耐移植，深根性，抗烟尘，耐重剪。发芽早，生根迟，木质疏，吸水能力强，宜秋栽。对土壤要求不严；河南网畹随消吸收有害气体，红蜘蛛、袋蛾或悬铃木方翅高。土壤含盐量高，缺铁失绿，从嫩叶开始整个树始黄化。叶边发黄，向内卷曲，严重时整个叶片发黄，与高温干旱天气、强太阳辐射有关；土壤盐碱重、工业污染等也易导致焦叶	树皮薄片剥落，灰褐色。叶宽9～18cm，长8～16cm；5～7掌状深裂，可达叶片1/2。果球常3个或多达6个一串
99	二球悬铃木	法国梧桐与美国梧桐的杂交种。枝叶茂密，遮荫效果好	耐轻盐碱；抗烟尘，生长迅速，耐修剪	树皮灰绿色，大片块状脱落，脱落后呈绿白色，光滑。叶近三角形，长9～15cm，3～5掌状裂，缘有不规则大尖齿。果球常2个一串，果期9～10月
100	一球悬铃木	当代爱情小说、电影常有恋人在悬铃木类行树荫下漫步的场面，象征浪漫、时髦	耐寒性比三球悬铃木强。三种悬铃木均应注意防止冬季树干冻裂，一是冬季日夜、初冬、夜间温度剧降受冻，二是早春温差大，皮层温度过旺组织随日晒温度升高而活动，夜间温度剧降冷缩，木质部产生应力将树皮撑破，生长过旺的幼树容易发生	树皮常呈小块状裂开，不易剥落，灰褐色斑纹。叶3～5掌状浅裂，中裂片宽大于长。果球单生常单生
101	杜仲	树冠球形，枝叶茂密，落叶晚，北京11月上旬叶翠绿。树皮可入药	喜阳光充足、温暖湿润气候，遮阴条件下生长不良，耐寒，对土壤要求不严，喜肥、耐积水，耐旱，不耐积水，耐轻盐碱，侧根发达，萌蘖发达，根桃也易发生；较耐夏天移植	树皮灰褐色，粗糙。单叶互生，枝、叶，折断拉开有多数细丝。小坚果具翅，长椭圆形，扁而薄。椭圆形，长6～15cm，缘具齿，干皮，果折断拉开有多数细丝，长椭圆形，扁而薄
102	构树	聚花果果球形，熟时橘红色，易招苍蝇，污染环境。经济树种，在产业扶贫中大有作为，可以作木饲料。有金叶等品种	强阳性，一定耐阴性，耐寒，耐旱，耐瘠薄，耐轻盐碱，较耐水湿，萌蘖力强，生长快，耐修剪；耐烟尘，抗大气污染能力强。适应性极宽，生态幅度宽，具有潜在的入侵性	树皮浅灰色，不开裂，小枝密生柔毛。叶广卵形，长6～20cm，不分裂或3～5裂，缘有粗齿，两面密生柔毛。雌雄异株。果径2～3cm

序号	名称	观赏及应用	生态习性·栽培管护	辨识
103	桑树	秋叶黄色，聚花果熟时常由红变紫色。现代居所中，有些人不喜欢种植桑、柳。古时人们房前屋后和梓树一起栽培，故常以桑梓代表家乡，桑还是农业文化和儒家文化的重要植物，孔庙多有栽植，被尊为"众木之本"	阳性，喜温，耐寒；耐干旱瘠薄，不耐涝，寿命长，深根性，自播易存活，荒山造林好；毛白杨、抗烟尘和有害气体，耐山火，蔷薇科植物不可与桑科树种混栽，以减少桑天牛危害	小枝褐色或灰白色，嫩枝及叶含乳汁。单叶互生，有光泽，叶柄长1.5～5.5cm。聚花果（桑椹）卵状椭圆形
104	龙桑	枝条扭曲，状如游龙	同原种	
105	白果桑树		同原种	果实成熟时白色
106	裂叶桑		同原种	叶深裂
107	黑桑	树皮暗褐色。果大，圆球形，成熟时紫黑色	同桑	叶广卵形，长6～12cm，有时可达20cm，先端渐尖，或先端头裂，基部心形，质厚。叶柄长1.5～2.5cm
108	蒙桑		喜光，耐寒，耐旱，抗风	小枝红棕色。叶卵形或椭圆状卵形，长6～16cm，常不规则裂片，叶缘锯齿齿尖有长刺芒，先端尾尖，先端尾头，基部心形，叶柄长2.5～3.5cm
109	柘树	聚花果球形，径约2.5cm，熟时红色	喜光，较耐寒，耐干旱瘠薄，是喜钙树种；生长缓慢	小枝有刺。叶卵形或菱状卵形，长5～14cm，偶为3裂
110	无花果	枝繁叶茂，树态优雅。象征和平及幸福，丰收、财富；基督教象征自由和平	喜光，喜温暖，湿润气候，较耐干旱，不耐涝，抗风；盐碱多种有毒气体，抗风，根系发达，生长较快，冬季生枝出现冻害，-18℃左右地上部分冻死，华北地区冬季需防寒。总地现象。根据老树死后两三年才能栽植新株。老根分泌有毒物质，重，虫害多引起烂根，应注意此类害虫的防治	多分枝。树皮灰褐色，皮孔明显。叶厚纸质，广卵圆形，长10～20cm，常3～5掌状裂。叶深裂，卵梨形，长5～8cm，熟时紫黄色或黑紫色。果期7～10月
111	增井王妃无花果		同原种	叶深裂，枝叶密集，果顶红色
112	山杏	花白或淡粉红色，径1.5～2cm，3～4月叶前开放，北京最早3月上旬始花，花期短，不足一周，有时呈灌木状	喜光，耐寒性强，能耐-50℃低温，耐干旱瘠薄，踏实，不要栽培过深。重茬育苗不易成活，可与柠条育苗；栽植时要注意严，踏实，不要栽培过深。重茬育苗	叶卵圆形或近圆形，长5～10cm，先端尾尖，缘具细钝齿。花单生，近花便，花萼反折，花常红色。果小，成熟后短裂，密被短柔毛，酸涩不可吃，果期6～7月
113	辽梅山杏	花深粉红色，径2～3cm，大而重瓣，密集，似梅花，花期3月末至4月初	极抗寒，能耐-38℃低温，可在东北地区最北部越冬；抗病虫；深根性：寿命长；与梅花亲和力强	花瓣30余枚
114	杏	孔子曾杏林坐于杏坛之上，弟子读书，弟子成了讲学圣地的同义词。"杏林高手"指医术高超的医生，此源于三国董奉"杏林春暖"的故事。杏林有讲学圣地，活命之恩之喻。人们也常用"细雨杏花"形容清明节。杏花又称及杏花，唐朝金榜题名时，会到长安游赏杏花。"杏"谐音"幸"，是吉祥花，也象征幸福	喜光，耐寒，耐干旱性强，极不耐涝，不耐高空气湿度，抗盐性较强；深根性；寿命长	小枝红褐色。叶卵圆形或卵状椭圆形，长5～9cm，先端突尖或突渐尖，缘具圆钝齿，叶柄常带红色且具腺体。花常单生，花淡粉红或近白色，径2～3cm，近无柄，3～4月先叶开放，北京花期3月末至4月初；萼筒圆筒形，萼片卵形至长卵圆形，先端急尖或艳红，含苞时艳红色，开放后变淡，反折；花瓣圆形至倒卵圆形，具短爪，白色，黄色至黄红色。果球形，果红色黄红色，常具红晕

四、落叶乔木

序号	名称	观赏及应用	生态习性、栽培管护	辨识
115	陕梅杏	花径4.5～6cm，花蕾红色，花瓣粉红色，重瓣，似梅花，花朵密集；先花后叶，在原种落花后开放，比辽梅山杏晚近一周	耐寒性强于桃树，能耐-28℃低温；与梅花亲和力强；抗病虫	花瓣70枚以上、长、皱褶、近半雄蕊反卷于萼筒内
	野杏	花2朵或3朵簇生，淡红或近白色，花期3～4月	喜光，耐寒性强，耐干旱瘠薄，根系发达	叶较大，长4～5cm。果较小，红色，径约2cm，密被柔毛，果肉薄，不开裂，果核网纹明显
116	山桃	是北方早春重要的观赏树种，北京3月底前开放，早于山杏约20天，与山杏一前一后可在山区形成花海景观；树皮暗紫色，有光泽	阳性，耐寒，耐旱，较耐盐碱，忌水湿。北京平原地区3月初可开花	小枝较细。叶长卵状披针形，长5～13cm，先端渐尖，缘具细锐齿。花单生，花萼直伸，中下部最宽，无毛。果近球形，果肉干薄，核具沟纹，可供赏玩
117	白花山桃	花白色，单瓣	同原种	
118	红花山桃	花深粉红色，单瓣	同原种	
119	桃	3～4月叶前开放。桃林可营造世外桃源浪漫仙境；植于校园，寓意"桃李满天下"，歌颂老师培育人才众多。"桃红柳绿"是水径典雅的桃李实多，植于庭院也是吉祥和人丁兴旺的象征。桃树是春联的起源。桃被称艳外之艳，花中之花。桃是古人的"仙果"，现用"寿桃"祝老人健康长寿。广东、香港一带"红桃K"与"宏图"谐音，春节习俗桃花寓意桃花运，大展宏图	喜光，耐寒，耐旱；最怕渍涝，淹水24小时就会造成植株死亡；宜选择土层深厚的沙质微酸性土壤，寿命短。先肥沃土壤及高燥处栽植，保持充足水分，干旱天气注意补水。碧桃花芽上移，影响观赏，原因主要是疏于修剪，光照不足，种植过密，水肥过剩或大缺等。桃流胶病有生理性流胶，由冻害、机械外伤，树势衰弱等引起；病理性流胶由感染真菌性病害引起；复合型流胶由于树势衰弱或虫害侵入流胶。紫叶桃、樱花也会感染桃流胶病。桃不宜与苹果、梨、山楂混栽	叶长椭圆状披针形，长7～16cm，中部最宽，先端渐尖，缘有细齿。花单生，径2.5～3.5cm，花梗极短或几无梗。萼筒钟形，绿色而具红色斑点。萼片外被毛，卵形至长圆形，顶端圆钝。花瓣较软，长圆状椭圆形至宽倒卵形，粉红色，罕为白色。花药绯红色
120	单红桃	花深粉红色，单瓣，花期与碧桃相近	北京绿地中混植于碧桃中较多	
121	单粉桃	花粉红色，单瓣，花期较早	同原种	
122	白花桃	花白色，单瓣，花期比碧桃稍早	北京绿地中栽植较少	
123	紫叶桃	叶紫红色。花粉红或大红色，有单或重瓣，花期4月	阳性，喜温暖，较耐寒，不耐水湿。宜抬高种植，背阴和大树下不能正常开花	嫩叶紫红色，后渐变为近绿色
124	重瓣紫叶桃	花重瓣，大红或粉红色，观赏价值高	同原种	
125	品霞桃	花淡粉色，后期颜色变深，重瓣或半重瓣，花期介于碧桃和碧桃之间	同原种	树形高大，花期早。还有花色深粉的品虹桃
126	碧桃	花深红至淡粉色，重瓣，3～4月叶前开放	阳性，较耐寒，不耐水湿。可用细绳控枝伸法扩大树冠	
127	绛桃	花深红色，花芯白色，半重瓣，花大而繁密	北京在碧桃各品种中开花较早，应用较多	小枝紫色。叶卵形或倒卵状披针形，略下垂
128	绯桃	花亮红色，花瓣基部变白色，重瓣	北京在碧桃各品种中开花较晚，应用相对较少	
129	红碧桃	花粉红色，近重瓣	阳性，较耐寒，不耐水湿	
130	二色桃	同一枝上的花有粉、粉红二色，近重瓣	同原种	

序号	名称	观赏及应用	生态习性、栽培管护	辨识
131	花碧桃	花近重瓣，同一树上有粉红与白色相间的花朵。花瓣或条纹	同原种	
132	人面桃	花近重瓣，淡粉色	同原种	
133	垂枝桃	枝条下垂。花白，粉红或近红色，近重瓣	同原种	
134	白碧桃	花大，白色，重瓣，密生。花期4月上旬至中旬	阳性，较耐寒，不耐水湿	干皮灰色。叶椭圆状披针形
135	白花山碧桃	山桃和白碧桃的天然杂交种。花白色，重瓣，似白碧桃，但萼外近无毛。花期3月中旬至4月初	同山桃	树体较大。干皮紫铜色，光滑。叶卵状披针形
136	粉红山碧桃	花粉红色，花期较白花山碧桃晚，比碧桃稍早	同原种	有粉花山碧桃。花淡粉色
137	菊花桃	花鲜桃红色，形似菊花，花期4月中旬	同原种	
138	京舞子桃	花形如菊花桃。花紫红色，花期4月中旬	同原种	
139	塔形桃	花粉红或纯白色，单瓣或半重瓣，比碧桃花小，花期4月。枝条直立向上，呈窄塔形或帚形树冠	不择土壤，病虫害少，适应性强	小枝红褐色，枝多而繁密。叶披针形
140	紫叶塔形桃	叶紫色，其他同塔形桃	同原种	
141	寿星桃	花红、桃红或纯白色，单瓣或重瓣，花芽密集	喜光，耐高温，也耐寒。耐修剪	植株矮小，枝条节间很短
142	紫叶寿星桃	叶紫红色。其他同寿星桃	耐瘠薄，耐修剪，浅根性	
	扁桃	花白至粉红色，径3～4.5cm，先叶开放，花期3～4月。果椭圆形，长3～6cm，核仁可食用	喜光，耐寒，也耐高温，干旱气候。对土壤要求不严，稍耐盐碱	叶卵状披针形至披针形，长6～12cm，先端头而长，缘具细齿。花单生
143	紫叶李	花小，淡粉红色，叶前开花与叶同放。花期3～4月。叶紫红色	阳性，喜向阳处。细菌性穿孔病常见于背风向阳处，叶片成病斑斑点，后形成穿孔，碧桃、桃、碧桃、樱花、李等也发生普遍，注意防治	叶卵形或卵状椭圆形，长3～4.5cm，暗红色。缘具微细齿 1.2cm
144	太阳李	由多种红叶李品种选育而成。树形优美。枝叶鲜红艳丽，全年红叶期达260天左右	喜光，耐寒，耐干旱瘠薄，忌盐碱，水涝；耐修剪	小枝淡红褐色
145	密枝红叶李	从中华太阳李、俄罗斯斯红叶李，长春红叶李中不断选育而成。主要是俄罗斯斯红叶李的变异型提纯种。修剪后新叶鲜红色，枝条多目细密，可作形叶篱及整形树种，5～11月红叶长用	喜光，耐寒，-20℃左右可安全过冬；抗旱，怕涝，耐瘠薄，不耐水涝，碧桃，桃，碧桃，樱花，榆叶梅，樱花，李等密集，萌芽力强，可由山杏，碧桃，李或李等嫁接繁殖	叶椭圆形或卵形，紫红色。果紫红色
146	俄罗斯红叶李	新叶鲜红色，老叶及树干深红色，背阴处老叶绿色。花粉白色，花期4～5月	喜光，耐寒，耐旱，抗逆性强	小枝有时具枝刺。叶倒卵形或倒卵状椭圆形，长3～8cm，缘具齿，网脉明显，背面密被柔毛。果球形，径1～2.5cm，被蓝黑色果粉
147	李	花白色，3～4月叶前开放，径1.5～2.2cm，常3朵簇生。校园多种植桃、李，喻指李芬芳。李花，清雅幽素，与古人性格相通，宜远、多栽、宜远、泉右同瘦，"桃李不言，下自成蹊""李代桃僵"等典故，说明了人们对李树的喜爱	喜光，耐半阴，耐寒，喜肥沃、湿润土壤。管理较粗放	单叶互生，倒卵形，倒卵状椭圆形，长3～8cm，先端突尖或渐尖，缘有圆钝重锯齿，常混生单锯齿，先端急尖圆钝，边角疏齿，花瓣薄，长圆倒卵形，先端啮蚀状，基部楔形；花药黄色

四、落叶乔木

序号	名称	观赏及应用	生态习性、栽培管护	辨识
148	稠李	观叶为主，花白色，径1～1.5cm，有清香，花序长而美丽，花期4～6月。果成熟时亮黑色，径6～8mm。秋叶黄红色	喜光，较耐阴，耐寒性强；喜肥沃湿润、排水良好的土壤，不耐干旱瘠薄，怕积水；对病虫害抵抗能力较强；萌蘖强。在黑龙江漠河浅水中能生长	叶卵状长椭圆形至椭圆状倒卵形，较薄，长4～12cm，先端渐尖，基部圆形或宽楔形，缘有锐齿。总状花序长7～15cm，下垂
149	山桃稠李	树皮亮黄至红褐色。花白色，有香气，径约5mm，果呈黑色，果期8月	喜光，稍耐阴，耐寒性强，喜湿润土壤	小枝带红色，幼时密被柔毛。叶椭圆形至矩圆状卵形，长4～8cm。总状花序长5～7cm
150	紫叶稠李	花白色，清香，花期4～5月。新叶绿色，后变紫红再到绿紫色，色发旧，叶背发灰。果紫黑色，可观	喜光，耐阴，极耐寒，抗热性稍差；耐干旱瘠薄；土壤黏重时树干易流胶，不耐水湿；抗盐碱，怕强风。全光照叶子易变红	叶卵状长椭圆形，长5～14cm，较厚，花径1～1.5cm，总状花序直立，后期下垂。果软稠李子大，径1～1.2cm
	樱花	为各栽培樱花的最原始种。花白色或淡粉红色，无香，4月叶前开放。花语：热烈、高尚、纯洁，生命。它是美爱情与希望的象征，在很多人的心目中是精神美丽、漂亮和浪漫的象征，是春天的象征和使美。俗语称"樱花七日"，一朵花由开放至凋谢约7天，文学作品将樱花的美形容为最浪漫与凄美，短暂开而后又归于沉寂的大地	喜光，有一定的耐寒和耐旱能力；喜温暖、湿润气候及深厚肥沃的沙质土壤，不耐盐碱土，忌积水低洼地。对烟尘、有害气体及海潮风的抵抗力均较弱；根系较浅。在肥料和水分供应充足的情况下，因生长过快，有时会导致树皮开裂	树皮灰褐色，光滑。叶卵状椭圆形，长4～10cm，缘有芒状单或重锯齿，背面淡绿色。樱花类花常数朵着生，花梗长，萼筒管状或钟状，花瓣先端多凹缺。日本樱花类有超过200个品种，北京玉渊潭公园有近40个品种
151	山樱	花单瓣而小，径约2cm，花瓣先端凹	同原种	花梗和花萼无毛或近无毛。短总状花序具花3～5朵
152	杭州早樱	为迎春樱桃的一个品种。伞形花序具2花，稀1或3，基部常有褐色革质鳞片；花粉红色，小巧细密，常先叶开放，花期3月。是北京玉渊潭最早开花的品种，3月中旬开放	抗性强	小枝灰褐色。叶倒卵状长圆形或椭圆形，长4～8cm，先端急尖或尾尖，缘具尖锐或重锯刺，齿端有小盘状腺体
153	椿寒樱	早樱类，由寒绯樱与樱桃杂交而成。花粉红色，后为粉白色，花朵繁密，北京花期3月中旬，先叶开放。新叶红褐色	同原种	树形中等，叶椭圆形至倒卵形，倒卵形，长约10cm，先端尾尖。伞形花序具花4～6朵
154	垂枝樱	枝下垂。花白色或粉红色，花期4月初	同樱花	另有垂枝大叶早樱。嫩叶绿色。花先叶或与叶同放。垂枝山樱花等
155	八重红枝垂	属中樱类，盛开时粉红色，花初开时红色，花期长	喜光，耐寒，耐旱，生长势旺，病虫害较少	枝条细长下垂。花先叶或与叶同放。枝条长1.7～2.5cm
156	江户彼岸樱	是彼岸樱花的一种，属日本早樱。在春分时开花，花淡红色，北京花期3月底，比染井吉野樱稍早	同樱花	早樱类代表品种
157	大山樱	花粉红色，径3～4cm，2～4朵簇生，花期3～4月。先叶开放，花蕾红色，幼叶常带紫或古铜色，秋叶很早变为铜色	耐寒性较强，不耐烟尘	干皮光滑，栗褐色。叶较宽而粗糙，椭圆状倒卵形，长7～12cm，缘有不规则尖锐齿。果熟时黑色，果期6～7月
158	东京樱花	花白色或淡粉红色，单瓣，花瓣5，有香气，花繁密，先叶开放，花期3～4月，开放状态仅保持5～6天。代表品种染井吉野樱	喜光，较耐寒，喜温暖、湿润气候及肥沃、排水良好的沙壤土；生长快；寿命较短	树皮暗灰色，平滑。叶椭圆形卵状倒卵形或椭圆圆形，长5～12cm，宽3～3.5cm，缘尖锐重锯齿，花径3～6cm，伞形总状花序具花4～6朵，花梗约2cm。核果近球形或卵圆形，径约1cm，黑色

四、落叶乔木

序号	名称	观赏及应用	生态习性、栽培管护	辨识
159	染井吉野樱	花雪白，先花后叶，12cm左右干径即可繁花满树，花期3月下旬或4月初。花期比之早的为早樱，晚的为晚樱，同期的为中樱	适应性很强，生长快。长江流域栽植时，寿命一般可达30年，地径10cm栽植3年可形成很好的景观效果	树形高大，枝条舒展
160	阳光樱	属中樱。花淡红紫色，径4～4.5cm；先端凹，有细齿状蚀刻，花瓣面有明显脉纹，先花后叶。北京花期4月初	能够适应国内南北方气候，树势强健，抗病、抗逆性强，耐寒又耐热。北京花期稍晚于染井吉野樱，是搭配至替代染井吉野樱的最佳品种之一	幼叶黄绿色。伞形花序具3花；小花梗淡绿色，密生直立毛；萼筒长钟形，萼片长椭圆状披针形，全为紫红色，花开时有反折
161	八重红大岛	大岛樱栽培品种，属中樱。花叶同放，花期比染井吉野樱稍晚，淡红色，重瓣	生长势强	树形宽卵状。幼叶绿褐色。花朵较小，径约4cm
162	日本晚樱	花粉红或纯白色，常下垂，花形大而有香气；花期4月中下旬至5月上旬，较其他晚樱花期日长	阳光，喜温暖，较耐寒；有一定耐盐碱能力，在pH8.7，含盐量0.15%的轻盐碱土上生长正常	干皮浅灰色。叶有渐尖重锯齿，齿端有长芒。花2～5朵聚生
163	关山樱	花粉红色，重瓣，径可达6cm。花期4月中旬	同原种	树形幼时杯状，大树伞状。花叶同放。春叶茶褐色，花叶化现象
164	一叶樱	花淡红色，重瓣，花序具花3朵。花成簇开放，持续时间长。晚樱中花期最早，为4月中下旬。开花时妩媚动人	喜光，耐旱，病虫害较少	因花芯抽出一片叶状雌蕊而得名。花蕾浓红色，开花后期花芯偏红，花色偏粉，花大型。嫩叶淡黄绿色，较快变绿
165	松月樱	花淡红色，重瓣，花序具花3～5朵，花叶同放。北京花期4月上中旬。开花后期花芯颜色变化不明显	同原种	树枝柔软下垂，树形伞状。花叶同放。花芯绿色，花后期红色，花外层颜色比一叶樱更深，雌蕊有时叶化
166	普贤象樱	花淡粉色，重瓣，花蕾颜色暗红，在晚樱中花期最晚，为4月中下旬。开花后期花芯偏红，花色偏粉	抗逆性较强，较容易栽培。北京方庄芳城路最早4月上旬与关山、松月同时开放	树形伞状。嫩叶黄绿色，持续较长时间后同变绿。花芯有两枚叶化的雌蕊，如两根象牙
167	郁金樱	花浅黄绿色，最外层的花瓣背部带淡红色。花期4月中旬	同原种	花较大，径可达5cm，最后花芯出现红色。花量多，初开黄绿色，渐变白
168	樱桃	花白色，径1.5～2.5cm，3～4月先叶开放，北京花期3月下旬。果5～6月熟，径0.9～1.3cm，红色或橘红色。常有樱桃小口之喻	喜光，喜温暖，湿润气候及排水良好的沙质壤土，较耐干旱瘠薄。北京及以南地区流胶问题严重	叶卵状椭圆形，长5～12cm，先端渐尖或尾尖，缘具尖锐重锯齿，花瓣先端凹缺；花梗长0.8～1.9cm，花梗及萼筒有毛，萼片三角状卵形或卵状总尖或钝，长为萼筒一半或过半
169	欧洲甜樱桃	花白色，北京4月中旬花与叶同放，萼片花后反折，红色果较大，径1～1.5(2.5)cm，6月果熟	喜温暖、湿润气候及排水良好的沙质壤土	叶倒卵状椭圆形或椭圆状圆钝，重锯齿，先端骤尖或短渐尖。花瓣先端凹；萼筒及花梗无毛，萼片长椭圆形，先端圆钝，与萼筒近等长或短于萼筒
170	山樱桃	花白色或淡粉色，花期4～5月，有重瓣品种，果红紫色	喜光，喜空气湿度较大的环境，耐寒、耐旱，不耐盐碱；对烟尘和有害气体抗性较差	树皮灰褐色，有环状条纹。叶倒卵形、倒卵状椭圆形，长9～13cm，缘具细齿，齿端有小腺体或具刺芒。短总状花序具1～5花
171	弗吉尼亚樱桃	观叶品种，叶暗褐色	喜光，喜沙质壤土，忌积水	

四、落叶乔木

序号	名称	观赏及应用	生态习性、栽培管护	辨识
172	梅	花红、粉、白或淡黄色，芳香，2~3月叶前开放。花语、高雅、坚贞、高洁。梅是报春的使者，也是初春报喜的吉祥象征。它与苍松、翠竹组成"岁寒三友"，又与兰、竹、菊组成"花中四君子"。赏梅主要赏色、香、形、韵、时。梅树花开五瓣，其五片花瓣有开五福之意。我国有三千多年栽植史，其冲寒傲雪，不折不挠，不畏冰霜，不与百花争春的品性与傲骨，为人传诵。梅花是中华民国的国花	喜光，喜温暖、湿润气候，耐寒性不强；宜排水良好的土壤；较耐干旱，最怕涝，可达千年。花芽在夏季多于短枝新梢节上萌生，次年开花。宜剪除过长枝、保留短枝，如放任其自由生长，树形杂乱。北京明城墙3月初始花	小枝细长，绿色，光滑。叶片卵形或椭圆形，长4~8cm，先端尾尖或渐尖，缘具锐尖齿。花单生，径2~2.5cm，近无花梗；有硬花萼，萼筒宽钟形，萼片卵形或近圆形，先端圆钝；花瓣倒卵形，近圆形，较硬。果近球形，径2~3cm，熟时黄色，可食。中国有梅花品种300个以上
173	宫粉梅	直枝梅类。花碟形，半重瓣至重瓣，深或浅粉红色，花萼绛紫色	同原种	枝条直立或斜展
174	大红梅	直枝梅类。花形似宫粉梅，花色大红，花开繁盛，甜香甚浓	同原种	枝条直立或斜展
175	朱砂梅	直枝梅类。花碟形，单瓣、半重瓣或重瓣，紫红色	同原种	枝条直立或斜展
176	绿萼梅	直枝梅类。花碟形，单瓣至半重瓣，白色、花萼纯绿色	同原种	枝条直立或斜展
177	玉蝶梅	直枝梅类。花碟形，重瓣或半重瓣，白色，花萼绛紫色	同原种	枝条直立或斜展
178	江梅	直枝梅类。碟形单瓣花，白、水红，肉色或桃红等单色，花萼不为纯绿	同原种	枝条直立或斜展
179	洒金梅	直枝梅类。花碟形，单瓣至重瓣，在一棵树上同时开近白色、粉红色与白底红斑点的各色花朵。粉红色与白底红条纹或白底红斑点较为独特	同原种	枝条直立或斜展
180	照水梅	枝条下垂，形成独特的伞状树姿	同原种	据花形分为五种，有粉花、五宝、残雪、白碧及骨红照水梅型等
181	龙游梅	枝条自然扭曲如游龙。花碟形，半重瓣	同原种	
182	杏梅	是梅与杏或山杏的天然杂交种。花粉或近白色，似杏，不香或微香，花期较晚，在4月中下旬	生长强健，病虫害较少，特别是具有较强的抗寒性，能在北京等地安全过冬	枝叶形态介于梅杏之间，花托肿大
183	美人梅	樱李梅类。由紫叶李与宫粉梅杂育而成。花大而美，似梅，繁密，浓紫红色，重瓣，花叶同放，花期4~5月。嫩叶红色，老叶绿色。可观花、叶、果	喜光，不耐阴，耐高温，能抗-30℃低温，耐一定盐碱，抗旱，不耐劳。应种在较高处	枝叶似紫叶李。花梗长约1cm
184	山楂	顶生伞房花序，径4~6cm，花白色，花期5~6月。球果果大，深亮红色	弱阳性，耐寒，耐旱，耐瘠薄，喜冷凉、干燥气候及排水良好土壤	常有枝刺。单叶互生，宽卵形，长5~10cm，羽状5~9裂，裂缘有锐齿。果径1.5~2cm，有浅色斑点
185	山里红	花同山楂。球果大，深亮红色	抗洪涝能力超强	叶较山楂大而羽裂较浅。果径约2.5cm

续表

序号	名称	观赏及应用	生态习性、栽培管护	辨识
	甘肃山楂	伞房花序径3～4cm，花瓣近圆形，白色，花径约1cm，花期5月。果近球形，红或橘黄色，果期7～9月	喜光，较耐阴，耐寒，较耐干旱，喜湿润，肥沃的沙壤土	小枝细，枝刺多。叶宽卵形，长4～6cm，先端急尖，缘有尖锐重锯齿和5～7对不规则羽状浅裂，裂片三角状卵形。果三角状卵形。果径8～10mm，无斑点。
	辽宁山楂	伞房花序径2～3cm，多花，密集，花瓣长圆形，白色，花径约8mm，花期5～6月。果近球形，血红色，果期7～8月	喜光，耐半阴，耐寒，耐旱	刺短粗，先端急尖，亦常无刺。叶宽卵形或菱状卵形，长5～6cm，先端急尖，缘常有3～5对浅裂和重锯齿，基部多楔形，两面有柔毛。果径约1cm
186	重瓣红欧洲山楂	花桃红色，重瓣，径1～1.2cm，花期5月上旬。果深红，亮丽。秋叶橙黄色	喜光，也耐阴，耐寒，喜湿润，肥沃土壤，较耐污染，抗风性强	枝刺长2.5～3cm。叶广卵形至倒卵形，长达5cm，3～5裂，缘有锯齿。伞房花序具5～15花，果近球形，径1～1.5cm
187	冬季王山楂	花白色，花期5月。秋叶橙红或黄色。果近球形，成熟后鲜红色，宿存至次年春季。是冬季很美的景观树	适应性强，耐低温	缘具粗大锯齿，长约8cm，缘有4～9mm，无斑点。
188	白梨	伞形总状花序具7～10花，洁白，芬芳，淡雅。花期4月，叶前开或与叶同放。故白居易有诗中有栽植，比作漂亮女子。梨园弟子是戏曲艺人的别称。梨药带雨隐喻佳人垂泪	阳性，耐寒，耐涝性特强，喜冷凉，干燥气候及肥沃、湿润的沙质土；平原生长良好。桃、梅与梨相距太近，易导致梨小食心虫大量发生	叶卵形至卵状椭圆形，长5～11cm，缘有刺芒状尖齿。花梗长1.5～3cm，花径2～3.5cm；萼片三角形，边缘具腺齿；花瓣卵形，先端啮蚀状，基部具短爪。果黄色，花药常紫红色
189	杜梨	花白色，繁密，花期4月。秋叶红色。古代文学中常咏颂，是类似桃花颂的象征。古人认为杜其是楷模中的候树，甘棠遗爱是周召公施政的佳话，由此用来颂赞贤吏，赞扬其德政和对民情的体恤	耐涝性在梨属中最强，耐盐碱，喜光，抗旱，深根性，寿命长，可达百年以上；萌蘖性强。常作梨树砧木。病虫害少	枝常具刺，幼枝密被灰白色茸毛。叶菱状长卵形，长4～8cm，缘有粗锐齿，幼叶两面有茸毛，老叶仅背面有茸毛，有淡色斑点
190	山梨	花序密集，花白色如雪。秋叶红色	喜光，抗寒力强，适合在寒冷，干燥地区生长，也耐湿和碱土；深根性，寿命长，对病虫的抗性较强	叶卵形至广卵形，长5～10cm，果近球形，径2～6cm，萼片宿存
191	豆梨	花白色，径2～2.5cm，花期4月。秋叶黄、橙、红、紫等种色彩，秋末满树红叶。果（红）叶豆梨品种多个	喜温暖，喜湿润气候及酸性至中性土壤，耐干旱瘠薄，耐湿涝及黏重土，稍耐盐碱，抗病虫害；根系强盛，生长较快	小枝褐色，幼时密被茸毛。叶卵形至椭圆形，长4～8cm，缘有细钝齿，果近球形，黑褐色，径1～1.5cm。有斑点，萼片脱落
192	苹果	花白色或带红晕，花期5月。世界四大水果之一（其他葡萄、柑橘、香蕉），品种以上千。因苹"平"谐音，常象征平安。在西方则是给予者权力的象征，有很丰富的苹果文化，也象征爱情、完美、智慧、宇宙、女性美、战胜死亡等	阳性，耐寒，喜冷凉，干燥气候，排水良好的深厚、肥沃土壤，湿热气候生长不利，苹果园种植紫花苜蓿、夏至草等天敌寄生蜜源植物，可使叶螨和金纹细蛾等虫害减轻	小枝紫褐色，幼时密被茸毛。叶椭圆形至长卵形，长5～10cm，缘具圆钝齿，背面有柔毛。本属单叶互生；花药常黄色
193	红肉苹果	新叶紫红色。花红至紫红色，径3cm以下	喜光，不耐阴，较耐干旱，盐碱	小枝红褐色。叶椭圆形至长椭圆形，表面绿色，有光泽，背面灰绿色
194	芭蕾苹果	花脂粉红色，花期4月中下旬至5月初，花开如芭蕾女而得名。果红色，花果秋秋缘红色，鲜红色	抗逆性强，具抗盐碱能力，耐旱，较耐寒，喜肥水	分枝多，枝短。冠形小而紧凑，冠幅0.6m左右坐果率高，果期9月中旬至10月初

四、落叶乔木

序号	名称	观赏及应用	生态习性、栽培管护	辨识
195	海棠花	花蕾深粉红色，开后淡粉红至近白色，4～5月开花。素有"花中神仙"、"花贵妃"之称。花语为游子思乡，离愁别绪。园林中"玉堂春富贵"指海棠。"棠棣之华"，珍爱，象征兄弟和睦，其乐融融。又称解语花，被誉为会说话的花朵。其丰姿艳质，令富贵满堂	喜光、耐寒、耐旱，忌水湿。海棠移植后树势衰弱，冬季受冻后很容易得腐烂病。短截后剪口下方芽一般不易萌发，造成剪口处枝条延长生长停滞；轻硫剪可以保持高大自然的树势。修剪后伤口愈合能力不强，隐芽寿命短，成枝力较强。萌芽力较强，修剪时期最好在初冬，剪口做简单防寒处理。避免海棠、苹果、梨与圆柏属等树木混植，柏属植物须种植在下风口，防止海棠锈病。红蜘蛛、蚜虫、卷叶虫也需注意防治	枝条红褐色。叶椭圆形至卵状椭圆形，长5～8cm，先端尖，缘贴的极浅细钝锯齿，有时近全缘，嫩叶呈微红褐色，叶柄中粗，长1～2cm。近伞形花序具4～6花，花常半重瓣，径约2cm。果黄色，8～9月果熟
196	西府海棠	花玫瑰红色，径大，半重瓣，花期4～5月	喜光，耐寒，耐干旱，忌空气过湿。主枝开张角度小，可在主枝间安设支撑物，用树棍撑开，扩大树冠	枝较宽大。另有小果海棠有时也称西府海棠，注意区分
197	海棠果	花蕾浅粉红色，花开后白色，单瓣，花期4～5月。果红色，径2～2.5cm，可宿存至冬	喜光，耐寒，耐旱，较耐水湿；深根性。海棠类还应注意防治由寄生菌引起的溃疡病，新移栽的树势弱，易发病，需及时防治	叶卵形至椭圆形，长5～10cm，先端尖，缘有细锐齿，叶柄细，长1～5cm。近伞形花序具4～10花
198	八棱海棠	花白色至淡粉红色，花期4月中下旬。球果红艳，果期9～10月	喜光，抗寒，抗旱，也耐湿涝，耐酸碱。深根性，生长快，树龄长	叶缘具细钝齿。果实扁圆，较大，有不规则的6～8条纵棱
199	垂丝海棠	著名庭园观赏花木。花鲜玫瑰红色，4～7朵簇生小枝端，花梗细长下垂，花期3～4月，果倒卵形，径6～8mm，带紫色，果期9～10月	喜光，喜温暖、湿润气候，不耐寒，病虫害及病害	枝开展，嫩枝、叶柄常紫色，或狭卵形，长4～8cm，先端长渐尖，缘紫绿色，叶质较厚硬，带紫绿色而有光泽
200	重瓣垂丝海棠	花半重瓣至重瓣，鲜粉红色，花梗深红色	同原种	叶开展，椭圆形至椭圆形状倒卵形
201	白花垂丝海棠	花较小，近白色，花柱4，花梗较短	同原种	
202	北美海棠	一种观赏海棠。叶有红、紫或绿色，花色多，繁密、艳丽，有浓香，花期4月。冬果不落	病虫害少，抗性较强的国内品种。山荆子嫁接的海棠抗病性强，但不耐盐碱；八棱、西府海棠作砧木不耐盐碱。海棠茎腐病病菌以菌丝侵入传播，在土壤或病残组织内越冬。品种感染严重的霍巴抗茎腐病，发病严重的植株会干腐烂，发病死亡	有当娜、红巴巴、亚当、红珠等品种，果冬天宿存，红巴巴、亚当、红珠等的苹果品种，果冬天宿存。西府海棠属国际上通常将果实直径小于5.08cm的苹果称为海棠果（crabapple），大于等于5.08cm的称为苹果（apple）
203	王族海棠	叶生长期内呈紫红色，花深紫红色，花期4月中下旬。果深红色	耐寒，耐旱	果径约1.5cm。秋叶黄褐色
204	绚丽海棠	新叶红色，花深粉红色，花期4月中旬。亮红色果似丽果，绚丽	同原种	冬季果条紫红色。花蕾深红色，冰冻后脱落
205	钻石海棠	花深粉色，繁密、艳丽，花期4月中下旬。果深红色，宿存至冬	同原种	新叶红色。果径约1cm，红艳如火，果期6～12月
206	粉手帕海棠	花粉色，有浓香，花期4月上中旬	同原种	叶色暗绿。果实硕大，6～7月淡红色，10月落果
207	火焰海棠	花白色，径约4cm，果深红色	同原种	果径约2cm
208	雪坠海棠	花白色，蕾粉色，花重较大，花期4月中下旬	同原种	橄榄形果实夏季绿色，入秋变黄

序号	名称	观赏及应用	生态习性、栽培管护	辨识
209	宝石海棠	花蕾粉红色，完全开后白色、小而密集，花期4月中下旬。果亮红色，繁密，宿存，果期8月，观果期长	喜光，耐寒，耐旱，忌水湿	树矮，分枝密
210	红玉海棠	花白色至浅粉红色。花期4月中下旬。果亮红色。枝下垂	同原种	果径约1.2cm，宿存
211	高原之火海棠	花深粉红色	同原种	树形开展
212	印第安魔力海棠	花蕾深粉红色，开后变粉红色。新叶浅红色	同原种	树形开展
213	白兰地海棠	花粉红色，半重瓣。美丽，花期4月下旬	同原种	
214	山荆子	伞房花序具花4～6朵，白或淡粉红色，密集，有香气，花期4～5月。果近球形，亮红或黄色，9～10月果熟，经冬不落，美丽	喜光，耐寒性强，对土壤要求不严，耐干旱瘠薄，不耐水湿、盐碱；深根性，寿命长，生长较快。常用作嫁接苹果和西府海棠的砧木	幼树树冠圆锥形，老时广圆形。小枝细，叶椭圆形或卵形，长3～8cm，锯齿细尖，整齐，质较薄。花序径5～7cm。果径约1cm
215	花红	花蕾粉红色，开后变白，花期4～5月。果黄或红色，果期8～9月	阳性，喜温凉气候及肥沃、湿润土壤。耐寒、耐碱	小枝粗壮，暗红色，幼时密生毛。叶卵形或椭圆形，长5～11cm，缘具细锐齿。果径4～5cm，顶端无脊棱
216	花楸树	顶生复伞房花序，花小而白，花期5～6月。秋叶变红。梨果橙红至红色，果期9～10月。花、叶、果美丽。是俄罗斯的爱情树，象征姑娘和爱情	稍耐阴，耐寒，喜冷凉、湿润气候，喜湿润的酸性或微酸性土壤。移植宜早春出芽前进行，不能裸根移植，树干易发腐烂病。欧洲花楸生长快，树体高大，观赏价值高	小叶11～15，卵状披针形或长圆状椭圆形，长3～5cm，有细锯齿，叶背有稀疏柔毛，苍白色；花序被白色柔毛。入秋红果累累，果球形，径6～8mm
217	北京花楸	复伞房花序，花小而白，花期5月	同花楸	小枝及冬芽密被白色柔毛。奇数羽状复叶互生，长
218	西伯利亚花楸	伞形花序，花白色，花期5～6月。梨果红或橙黄色，果期8～9月	喜光，稍耐阴，耐寒，耐旱	枝密被柔毛。奇数羽状复叶，小叶4～7对，上部有锯齿，叶柄密被柔毛
219	水榆花楸	树冠圆锥形，花白色如雪，花期4～5月。果黄或红色，径1～1.5cm，秋叶红或金黄色。果期9～10月	耐阴，耐寒，喜湿润，排水良好的微酸性或中性土壤。多生于山地阴坡及溪谷附近	小枝有皮孔，暗红褐色或灰褐色。单叶互生，似椭叶，卵形至椭圆状卵形，长5～10cm，缘有重锯齿，锐尖，有时微裂，有时整齐尖。复伞房花序具6～25花；果椭球形，径7～10mm
220	木瓜	花粉红色，花期4～5月。果熟时深色，长椭圆形，长8～12cm，果熟时绿色，秋叶由绿转黄，色香兼备，历来是观赏名木，可与枫叶媲美，有万寿果之称	喜光，不耐阴，耐寒性不强，喜温暖、湿润气候及肥沃、深厚，排水良好的土壤。不耐低湿，盐碱	树皮斑状薄片剥落。小枝无刺，紫红色，叶状圆形，椭圆形，长5～8cm，革质，缘有芒状锐齿，单生。梨果长10～15cm
221	木瓜海棠	花粉红或近白色，花期3～4月。果卵形至椭球形，黄色有红晕，芳香，果期9～10月	耐寒力不及木瓜。北京有露地栽培	枝近直立，具短枝刺。叶长椭圆形至披针形，长5～11cm，缘具芒状细尖齿，叶较硬，背面幼时密被褐色柔毛
	加拿大棠棣	花白色或近白色，簇生，花期4～5月，仲夏叶片变黄，秋末变红色	耐寒，宜酸性，湿润及排水良好的土壤	小乔木或灌木。叶卵形至卵状矩圆形，长4～5cm，缘具细齿

四、落叶乔木

序号	名称	观赏及应用	生态习性、栽培管护	辨识
222	石榴	花通常深红、黄或白色，花期5～6(7)月。果色深红、红色或黄色。石榴，寓意多子多福，全家团聚，是红红火火、子孙昌盛的象征。夏花秋实，我国北方端午节，老人给子女头上戴一朵石榴花，以祈求子女平安富贵。人们七夕在石榴树下，观着天上的牛郎、织女(星)。石榴、桃、佛手是我国三大吉祥果	喜光，喜温暖、湿润气候，有一定耐寒能力；耐干旱，怕积水，喜肥沃、湿润、排水良好的土壤。不适于山区栽植，北京小气候好处可露地栽培，2021年初极端低温死亡较多。光照不足时，植株徒长，开花稀少	枝常有刺。单叶对生或簇生，长椭圆状倒披针形，长2～9cm，亮绿色。花多数是退化花，一般10%的花可坐果。浆果近球形，径5～12cm，具宿存花萼。品种70余个，有观花的花石榴和食用的果石榴
223	千瓣红石榴	花红色，重瓣	同原种	春季新芽红色。花朵大，最大径达15cm
224	玛瑙石榴	花重瓣，橙红色而有黄白色条纹，边缘黄白色	同原种	
225	月季石榴	丛生灌木高达1m，花果小。花多红色、单瓣、有粉、黄或白色花	同原种	枝叶小，枝条细软上伸。叶矩圆状披针形，长1～2cm。花期长，易结果
226	白花石榴	花白色，单瓣	同原种	
227	千瓣白石榴	花白色，重瓣	同原种	
228	墨石榴	花小，多单瓣。果熟时亮紫黑色	同原种	矮生，可低至20cm。枝较细软。叶狭小。果皮薄，味酸，不能食
229	合欢	树冠开展呈伞形，树姿优美，冠大荫浓，花叶俱美。花粉红色，清香，花期6～7月。其名、其姿俱佳，常庭前堂后配置。合欢有消除愤怒、忘却忧愁，去嫌和好的寓意，书房居室喜配置。其还有爱情之树，象征甜蜜爱情和美满家庭之意，又称合家庭	阳性，喜温暖、湿润和阳光充足环境，较耐寒、耐旱、耐瘠薄，不耐水湿，耐沙质土壤；抗有毒气体。根部具根瘤，适宜在含盐量0.5%的轻盐碱土上栽植，耐盐量可达1.5%以上；耐氯化盐能力差，超过0.4%则不适生长。华北地区宜背风向阳处种植，冬季适当防寒，从根部到树干分枝点缠绕草绳，防止树皮冻裂、冻伤流，侵染病虫害，尽量不在草坪中种植，如种植应清除周边杂草坪及草坪菌传播。溃疡病危害新移植及生长势弱的树干，主干或枝梢现淡褐色小斑，随后枯死，现黑色小点；或从剪口处发病，病原菌借水传播，夏季病盛发。枯萎是合欢常见毁灭性真菌病害，幼苗、大树均可发病，造成大量树木枯萎死亡。病原菌镰刀菌在土壤、病残组织、种子中存留，经土壤传播，由地下根侵入或通过伤口侵入。侵染症状即无法挽救，管理以预防为主。树势衰弱、土壤黏重、排水不良、土层瘠薄、管理粗放时，加重病害发生。降雨多，土壤湿度大，雨季多集中发病。发现病株应立即清除，并对树穴及周围相邻土壤集中消毒，且发病区域不宜再补植的关键是确保选择无菌土，栽植在地势较高处，注意抗旱排涝；种前土壤处理；剪后伤口涂保护剂。另外，可通过杂交文育种或选育抗病品种，或用抗病性强的山合欢常作砧木嫁接。合欢常见虫害有吉丁虫和木虱	复叶具羽片4～12对，各羽片具小叶10～30对，小叶线形至长圆形，长6～12mm，宽1.5～4mm，先端尖。花夜合昼开，头状花序于枝顶排成圆锥花序，花丝细长达2.5cm，粉红色
230	紫叶合欢	春季叶紫红色，后渐变绿色，新梢嫩叶仍紫红色。花深红色	是抗枯萎病品种	有金叶叶品种

四、落叶乔木

序号	名称	观赏及应用	生态习性、栽培管护	辨识
231	国槐	槐树位列"三公"，是吉祥树种，老槐荫屋，满院清凉，是高贵、文化的象征。槐也象征科第吉兆，金盼子孙登科入仕。四合院大门外大多植古槐取意福禄，而一般不栽不种植大门内。古代朝廷种三槐九棘。槐有很深的文化内涵，后人以三槐喻三公，象征高官显贵。三槐吉祥。其历来被视为有灵性的树种，如天仙配中；也是长寿树种	阳性，喜干冷气候，喜寒、耐寒；宜肥沃、湿润、排水良好的土壤，在石灰性及轻盐碱土上能正常生长。深根性，寿命长，耐强修剪，耐移栽，对烟尘及有害气体抗性较强。对于枝干害虫，应采取人工和物理方法防治，取消林下地被，加强虫情监测，保持树势，摘除槐豆，树干刮倒卵涂白；悬挂诱捕器捕杀引入天敌生物；树干注射农药，树下埋施农药。国槐与苗蚜混栽，易发生严重的槐蚜	树冠球形，枝叶茂密。树皮灰黑色，浅纵裂。枝绿色。奇数羽状复叶互生，小叶7~17，卵状椭圆形，长2.5~6cm。花蝶形，黄白色。花期7~8月。荚果串珠状。小叶互生。圆锥花序顶生。有浓紫堇色花的品种
232	金叶国槐	叶春季金黄色，生长季变为黄绿色，秋季黄色	喜深厚、湿润、肥沃、排水良好的沙壤土；对有害气体抗性强；抗风力强	
233	金枝国槐	秋季小枝变为金黄色，颜色保持整个冬季至初春。春季叶黄绿色，秋季叶金黄色	春季萌芽前对枝条不断短截，金肥特别是氮肥过大，会造成枝条黄色变浓。秋季宜少浇水，施磷、钾肥；充足的光照，会使枝条颜色保持金黄	
234	龙爪槐	冠伞形，枝条扭转下垂，花黄色	同原种	
235	金叶龙爪槐	叶金黄色，其他同龙爪槐	同原种	
236	五叶槐	小叶5~7，常簇集在一起，大小、形状不整齐，有时3裂	生长势较弱	
237	刺槐	树冠椭圆状倒卵形。花白色，芳香，花期4~5月。法国宫廷庭院早有栽植	喜光，不耐阴；对土壤适应性强，耐干旱瘠薄，不耐涝，怕积水；浅根性，不抗风，萌蘖性强，生长快。对周围果树有较强湿抑制作用；与杨树混栽互相促进生长	干皮浅至深纵裂，灰褐至黑褐色。枝具托叶刺，长2~5cm。羽状复叶互生，小叶7~19，椭圆形，长1.8~5cm。总状花序下垂
238	金叶刺槐	幼叶金黄色，夏叶黄绿色，秋叶橙黄色	耐寒性比刺槐稍差	
239	红花刺槐	由刺槐和江南槐杂交选育而来。花亮玫瑰红色，花期5月	同原种	
240	香花槐	花紫红至深粉红色，芳香，花期长，北京5月和7~8月两次开花	耐寒，耐热，耐干旱瘠薄，生长快	枝有少量刺，花大色艳，不结种子
241	江南槐	花粉红或淡紫色，大而美丽，6~7月开花，很少结果	耐寒，耐瘠薄，萌蘖力强	落叶灌木，高接在刺槐上呈小乔木状。枝、叶皮花序密红色长毛。羽状复叶互生，小叶7~13，椭圆形至近圆形，无毛，长1.8~5cm
242	朝鲜槐	复总状花序，花白色，花丝基部合生，7~8月开花	喜光，稍耐阴，耐旱，耐寒力强，喜肥沃湿润土壤，萌芽力强	树皮淡绿褐色，薄片状剥裂，枝紫褐色，无顶芽。羽状复叶，小叶7~11，卵形至倒卵状矩圆形，长3.5~8cm，幼叶两面密被灰白色毛，长3~7.2cm。荚果扁平，狭长椭圆线与1mm宽的狭翅
243	皂荚	树冠广阔，叶密荫浓。荚果煎汁可代肥皂用，洗涤丝毛纺织物	喜光，较耐寒，耐旱，喜深厚、肥沃的土壤，在石灰岩山地、石灰质土、微酸性及轻盐碱土上都能正常生长；深根性，寿命长，生长慢，萌蘖性；抗污染，华北地区冬季宜适当防寒	树干或大枝具分枝圆刺。1回羽状复叶，小叶3~7对，卵状椭圆形，长2~10cm，先端钝，具小尖头，边缘具细钝齿，较肥厚，长12~30cm。荚果直而扁平

四、落叶乔木

序号	名称	观赏及应用	生态习性、栽培管护	辨识
244	山皂荚		喜光，耐寒，耐干旱，喜肥沃、深厚土壤，石灰质及轻碱土能生长；深根性；病虫害少	分枝刺扁，小枝常紫褐色。1回或2回偶数羽状复叶，具纯小叶3～10对，卵状长椭圆形，长1.5～5cm，质薄，齿或近全缘。荚果长20～30cm，不规则旋扭或弯曲呈镰刀状。有无刺山皂荚
245	野皂荚	小乔木或灌木，可作绿篱树种	多生于黄土丘陵及石灰岩山地，向阳处或路边	小枝细，枝刺细小，不分枝或分枝。1至2回羽状复叶，小叶5～12对，斜卵形至长椭圆形，长0.7～2.4cm。荚果短小扁薄，长3～7.5cm
246	美国皂荚	叶表面暗绿色而有光泽，秋叶金黄	喜光，较耐寒，喜潮湿、深厚、肥沃、排水良好的壤土，寿命长	枝干有单刺或分枝。1至2回羽状复叶，5～16对，椭圆状披针形，长2～3.5cm，圆钝或椭圆形或扭曲，长30～45cm，被疏柔毛
247	金叶皂荚	幼叶金黄，夏季变为明亮的黄绿色，秋季又变为鲜艳的金黄色	喜光，稍耐阴，也耐热，喜温暖，耐盐碱，干旱，耐移植	枝水平展，无刺。1至2回羽状复叶，无刺，常生不结实
248	美国肥皂荚	秋季叶由粉红变黄	较耐寒	无刺。2回羽状复叶互生，上部羽片小叶3～7对，最下部小叶常减少成一片小叶，小叶卵形或卵状椭圆形，长5～8cm，先端锐尖，基部偏斜。荚果长15～25cm，肥厚
249	湖北紫荆	花淡粉至淡紫红色，3～4月开花，观赏期长，树形高大，树荫浓密。嫩叶、紫叶、紫红、鲜艳、美丽	喜光，稍耐阴，耐热；耐干旱瘠薄，稍耐盐碱，水湿，喜肥沃、排水良好的土壤；萌芽力强	叶心形或卵圆形，长6～13cm，先端短尖，基部心形，叶柄红褐色。花假蝶形，7～14(24)朵成短总状花序，簇生老枝上。荚果长长圆形，长9～14cm，掌状。本属植物单叶互生，全缘，掌状脉
250	四季春1号紫荆	花玫红色，花序大，花量多，整齐，花期比原种长5～10天。荚果熟时暗红色	抗逆性强，移植，修剪后生长势恢复快；大连以南大部分地区均适宜生长；抗病虫能力强	
251	加拿大紫荆	花红紫色，繁茂，簇生于老枝，花期3～4月前开放，夏季结果，果红褐色。秋天落叶前，叶金黄，秋叶褐色，美丽	喜光，也耐阴；耐寒性强，喜湿润、肥沃土壤，耐干旱瘠薄，忌水湿，耐盐碱性强；抗二氧化硫、氯气	叶广卵形至卵圆形，宽约10cm，具光泽。新生叶浅红紫色，老叶铜褐色或绿褐色
252	紫叶加拿大紫荆	叶紫红色，红叶观赏4～8月，后变为深绿色，秋叶黄绿或金黄色。荚果红褐或紫红色	喜光，耐寒，怕积水，喜生湿润，能耐盐碱，抗风力强，分枝能力强，冠幅大	树冠圆形，主干短，有多个主枝
253	元宝枫	高8～10m，树形优美。秋叶橙黄或红色。小花黄绿色，花期4月。翅果下垂，似元宝。枫类树叶片较大，叶柄细长，稍有轻风，叶片便会摇曳不定，发出哗啦啦的响声，给人招风应风的印象，枫树因此得名，象征鸿运	较喜光，喜侧方遮阴，喜温凉、湿润气候，耐寒性强，耐旱耐瘠薄，耐轻盐碱，喜肥，耐旱耐劳；深根性，能适应城市环境，不宜在冬季和早春修剪，否则光肥发生风寒和伤流。槭属树种不宜大面积单一种植，以免发星天牛危害严重	干皮深灰色，纵裂。多年生灰褐色，嫩枝绿色，叶纸质，长5～10cm，常5裂，裂片三角状卵形或披针形，幼树或萌发枝的叶中央1或3裂片的上段有3裂，叶通常较宽，叶基通常截形，常与果核等长，形似元宝，果翅展开近直角或钝角
253	丽红元宝枫	嫩叶红色。叶10月下旬至11月中旬血红色，极具观赏价值	耐半阴	

四、落叶乔木

序号	名称	观赏及应用	生态习性、栽培管护	辨识
254	五角枫	高达20m。秋叶亮黄或红色。花淡白色，萼片黄绿色，花期4～5月	喜光，稍耐阴，喜温凉。湿润气候及雨量较多的地区，喜深厚、肥沃土壤；深根性；不宜生长，吉林、黑龙江生长良好，北京生长一般	干皮薄，暗灰色或褐灰色。小枝灰色。叶近椭圆形，长6～8cm，宽9～11cm，常5裂，稀3或7裂，基部常心形。果翅较长，为果核之1.5～2倍，果翅张开常呈钝角
255	鸡爪槭	树姿优美，叶形秀丽。秋叶红色或古铜色。花紫色，花期4～5月。翅果嫩时紫红色，果期9～10月	喜光，喜疏荫环境，喜温暖、湿润气候，耐寒性不强，夏日怕暴晒，能忍受较多干旱的气候条件；不耐水涝	枝细长，光滑。叶掌状5～9深裂，裂片卵状披针形，先端锐尖或长锐尖，缘具紫贴的锐重锯齿。顶生伞房花序
256	小鸡爪槭	秋叶较原种更红、更亮眼，持续时间长，可达一个半月	生长速度很慢，不易受病虫侵害，抗性较原种更强	与原种区别：叶较小，径约4cm，7裂常很深，裂片狭窄，缘具锐尖的重锯齿。小坚果卵圆形，具短小的翅
257	金陵黄枫	新芽紫红色，嫩叶亮黄色，叶缘橙红色，成熟叶叶缘黄色；夏季叶片橙黄色。春、夏季黄叶，秋季叶片红艳	同原种	
258	红枫	叶常年红或紫红色	中性，喜光，怕暴晒，喜温暖、耐寒，不耐水湿，雨天定植成活率差；喜湿润气候及深厚、肥沃、疏松及排水良好的酸性沙质壤土。中原地区夏季高温下叶片易焦灼，初夏常被真菌感染，叶尖反卷发白，叶面暗红色斑点。新植红枫根系弱，缺水易卷叶干枯。8月底把枝条上所有老叶打掉，追肥一次，半个月左右即可发出新叶，国庆节前后叶片火红。落叶后施鸡粪肥加合肥，不影响来年生长	枝条常紫色。叶5～7深裂。日本有千余品种
259	羽毛枫	叶绿色，秋叶深黄至橙黄色。翅果红艳	同原种	树冠开展，枝略下垂。叶深裂达基部，裂片狭长且又羽状细裂，具细尖齿
260	红叶羽毛枫	叶常年古铜色或古铜色	同原种	叶形同羽毛枫。另有紫、暗紫叶羽毛枫
261	茶条槭	秋叶常红或黄色。翅果成熟前粉红色，醒目	弱阳性，耐寒耐旱，喜温凉、湿润气候；萌蘖力强，黄叶严重；耐修剪；深根性；抗风雪及烟尘。新疆强光照射下，叶片焦灼，北京落叶比元宝枫晚；虫害少	叶卵状椭圆形，长6～10cm，常3～5裂，中裂特大，缘具不整齐重锯齿，叶柄及主脉常带紫红色。翅果不开展
262	复叶槭	秋叶金黄。蜜源植物，树液含糖。不能集中成片种植	喜光，喜冷凉气候，耐干冷，耐寒。东北地区生长较好，温湿地区长势欠佳。光肩星天牛危害具有毁灭性，不宜大面积种植	羽状复叶对生，小叶常3～7，纸质，卵状椭圆形。两长5～10cm，缘常具3～5个粗齿。雌雄异株。两果翅展开呈锐角，果期9月
263	金叶复叶槭	叶金黄。还有金边	几个品种中最漂亮，耐寒，喜光，喜冷凉，耐轻盐碱；生长快，耐修剪；抗性强，耐烟尘及污染。注意预防光肩星天牛。西北地区可以推广，在新疆种植的金叶复叶槭表现好，天冷叶色变广，由于干旱、病虫害少。北京可越冬	
264	火烈鸟复叶槭	新叶桃红色，老叶粉红色，白粉相间。秋叶金黄色	喜光，耐半阴，较耐寒，能耐-45℃左右低温，耐旱，喜排水良好的土壤。北京夏季高温和强光直射下，易出现叶片焦边	叶柔软下垂

四、落叶乔木

序号	名称	观赏及应用	生态习性、栽培管护	辨识
265	银边复叶槭	叶绿色，边缘呈白或淡黄粉色	喜光，耐半阴，耐寒性强	冠圆形，枝多舒展
266	拧筋槭	秋叶亮橙红花色或鲜红色，叶形美，伞房状花序，绿色花花3朵，花期4月，两果翅开张呈锐角或近直角，具小黄至黄直角	喜光，稍耐阴，耐寒、喜湿润、肥沃土壤	干皮黄褐色，片状剥落。小枝紫色。三出复叶对生，小叶卵状椭圆形至长倒卵形，长7～9cm，中上部有2～3个粗钝齿
267	白牛槭	秋叶橙红或橙红色。翅果紫褐色。果期9月	喜光，较耐阴，耐寒、喜温润、凉爽气候和土层深厚的山地，生于海拔500～1000m混交林中	树皮灰色，粗糙。幼枝紫褐色。老枝灰色。三出复叶对生，叶柄长6～11cm；小叶长椭圆状披针形，长5～10cm，缘有钝疏齿，背面灰绿色
268	三角枫	秋叶暗红或橙红色。果核凸起，果翅展开呈锐角	弱阳性，稍耐阴，喜温暖、湿润气候，耐水湿，微酸性、中性、石灰性土壤均可生长；萌芽力强，耐修剪	树皮暗灰色，片状剥落。叶常3浅裂，裂片向前伸，全缘或上部疏生齿，叶长4～10cm，裂片向前伸，叶背生白粉
269	建始槭	叶暗绿色，秋叶亮橙色或橙红色。花单性，雌雄异株，穗状花序下垂。叶形美丽。是蜜源植物	较喜光，喜温暖、湿润、适生于微酸性土的低山丘陵区	树皮浅灰褐色。三出复叶对生，小叶椭圆形，长6～12cm，先端尾状渐尖，全缘或近先端疏稀疏的3～5个钝齿，叶柄长4～8cm
270	假色槭	花紫色，花期5～6月。翅果嫩时紫开呈钝角或近直角。秋叶鲜红色	喜光，喜温凉、湿润气候及排水良好的肥沃土壤	当年生枝被白色疏柔毛，多年生枝被蜡质白粉，叶近圆形，径约6～10cm，掌状9～11裂，裂缘具锐重锯齿
271	血皮槭	秋叶从黄，橘黄色变为鲜红色，落叶晚。叶脉、叶柄及新梢带红色。树干亮棕褐色。树冠紧凑，可观叶观干。是世界著名园林树种	喜阳，亦耐阴。喜空气湿度较大的环境，可耐-28℃左右低温。对土壤要求不严，喜透气性好土壤。耐旱，耐瘠薄、耐水湿。栽培速度慢；浅根性，栽培管理容易，抗病虫能力强，在槭属中低抗天牛危害属最强，很少发生天牛危害	树皮纸质，片状卷曲剥落。小枝紫红。三出复叶，叶，小叶厚，卵圆形，椭圆形或倒卵状椭圆形，长4～6cm，中间小叶具短柄，基部楔形，上半部枝柄，基部略，缘常有2～3对疏钝齿，侧生小叶近无柄，下偏斜，有齿钝齿，叶前绿色，叶背粉白色，叶柄长2～4cm。果翅夹角小
272	银槭	幼枝紫红色，嫩叶绯红色，花黄绿色。花淡绿色，秋叶黄或红色，树液含糖。叶前开，花期3月	喜光，耐寒、耐干燥、喜温凉气候及深厚土壤，喜湿润又耐旱，忌涝，耐瘠薄、耐盐碱，浅根性，萌蘖性，生长快	叶掌状3～5深裂，径10～15cm，裂片边有疏齿齿，叶表面亮绿色，叶背银白色。翅果两翅几成直角。果翅呈钝角或近直角
273	糖槭	新梢略带红色，秋叶金黄、橙至深红色，美丽。树液可制糖	喜光，耐寒，不耐热	干皮灰白，小枝光滑，棕红到棕色。叶掌状3～5裂，裂片中部，径10～15cm，基部心形，裂片先端，缘有粗钝齿，花淡黄绿色，叶前平，叶前端下垂，两翅夹角小
274	青楷槭	枝干绿色，平滑，有蛇皮状白条纹，秋叶黄色。花黄绿色。花期4～5月，花黄色	喜光，耐半阴，喜温暖气候，较耐寒，喜生于湿润、肥沃的溪谷	叶卵状椭圆形，长6～14cm，基部圆形或近心形，果翅先端长尾形，缘具细齐钝齿，总状花序下垂。展开呈近心形，基部圆形或几呈钝角
275	青榨槭	树皮平滑，灰绿色，有白色纵条纹，老树有黑条纹。花黄绿色	喜光，较耐阴，耐寒。喜生于低山疏林较湿润地带，常与枫、水曲柳等混交成林	单叶对生，近圆形或近阔卵形，长10～12cm，常3～5浅裂，两侧裂片较小，先端渐尖或尾尖，叶柄长具尖的重锯齿，基部圆形或近心形，张开呈黄褐角或近水平3～8cm

四、落叶乔木

序号	名称	观赏及应用	生态习性、栽培管护	辨识
276	葛萝槭	树皮绿色或淡褐色，具纵纹。小枝黄绿色。花淡黄绿色，雌雄异株。翅果嫩时淡紫色，成熟后黄褐色	喜光，耐半阴，喜温暖、湿润气候及肥沃土壤，生于海拔1000～1600m疏林中	单叶厚纸质，卵形，长7～9cm，3～5浅裂或不明显分裂，中裂片突出几占全叶之半，两侧及近基部的裂片小或不分裂，先端钝尖，缘具密而尖锐的重锯齿，叶柄长2～3cm，细瘦。果翅张开近平角
277	花楷槭	秋叶黄或橙色。花黄绿色，雌雄异株。翅果嫩时淡红色，成熟时黄褐色，果翅张开呈直角	喜光，稍耐阴，耐寒，喜较湿润处生长	树皮粗糙，裂成薄片状脱落。小枝细，当年生枝紫或紫褐色。叶近圆形，长10～12cm，稀7裂，裂片阔卵形，缘具粗齿
278	细裂槭	秋叶红或黄色	喜光，稍耐阴，较耐寒，耐干旱瘠薄；生长慢	叶较小，长3～5cm，三叉状深裂，裂片与中裂片几呈直角，裂缘有粗钝齿或细裂齿。张开平角或近平角，翅略向内曲
279	挪威槭	树形圆整近球形。秋叶黄或金黄色，美丽。小花黄绿色	喜光，较耐寒，喜温凉、湿润气候。北京可越冬	树皮常不开裂。小枝，叶和红色芽鳞中有丰富的乳液。叶掌状5裂，先端尖，缘疏生锐齿，果下垂。果翅展开近平角
280	红国王挪威槭	春，夏季叶暗红或亮紫铜色，秋季变金黄色	喜光照充足，耐寒，耐干燥气候、喜肥沃、排水良好的土壤	
281	银红槭	是红花槭和银白槭杂交系中的改良品种，拥有红花槭优异的观赏性。新叶红色，夏季叶碧绿，秋季叶艳丽。花期4～5月	保留了银白槭广泛的适应性。喜光，较耐寒，能耐-35℃左右低温，耐盐碱；生长快。顶端易干梢。寿命在100年左右	叶呈掌状深裂，叶形饱满，长5～10cm，叶面绿色，背面浅灰白色
282	美国红枫	树干通直，树冠优美。花红色。新叶微红色，秋由黄色最终变为红色，十分靓丽	喜光，耐寒，可耐-40℃左右低温，喜中性至微酸性土壤使中秋叶色更艳；抗大风，生长快	叶3～5裂，宽8～15cm，裂片三角状卵形，缘有不等齿锯齿，果嫩时亮红色，果翅呈锐角
283	羽扇槭	顶生伞房花序下垂，美丽。花纹大，萼片花瓣状，春天叶花同放，美丽	喜光，稍耐阴，稍耐寒，喜湿润、肥沃土壤	幼枝，叶柄，裂达中部被柔毛。叶掌状7～11裂，径8～12cm，基部心形，裂缘有重锯齿。果翅展开呈钝角
		树冠红色，美丽	同原种	叶深裂达基部，裂片基部楔形，上部又有缺刻状羽裂。其他同原种
284	臭椿	树冠半球形，树姿雄伟，枝叶茂密。春天嫩叶紫红色。有些植株叶色红色。新叶红色，秋季绿色。果期8～10月。叶揉碎后具臭味	阳性，喜光，不耐阴，耐寒，耐干旱瘠薄及盐碱；抗污染；深根性；生长快；病虫害少	树皮平滑而有直纹。叶痕倒卵形，内有9维管束痕。奇数羽状复叶，小叶13～27，卵状披针形，长7～12cm，大圆锥花序。雄花与两性花异株
285	千头椿	树冠圆头形，整齐美观	耐寒，对土壤要求不严，喜排水良好的沙质土壤	枝条直立生长，分枝角度小于45°，枝干细而密集。无明显主干
286	红叶椿	幼叶紫红色，6月渐转绿色。新叶直到7月中旬才变绿	耐寒，耐旱，耐盐碱；根系浅，易遭风害	有金叶品种

四、落叶乔木

序号	名称	观赏及应用	生态习性·栽培管护	辨识
287	苦树	全株有苦味，树皮味极苦，有毒	多生于湿润、肥沃之处	树皮紫褐色，平滑。裸芽密生绣色柔毛。羽状复叶互生，小叶9～15，卵状椭圆形，长4～10cm，缘有不整齐粗齿，成熟后蓝绿色
288	香椿	树干通直，冠大荫浓，枝叶有香气。民间视其为吉祥树，长寿之木。王府贵族庭院、花园讲究"椿（香椿）交耀，椿（梓椿）萱（萱草）并茂"，比喻家庭兴旺，父母健在长寿。旧时椿也是父亲的代称，用于护宅祈寿	喜光，喜温暖，有一定耐寒能力；喜肥沃土壤，较耐水湿。根性，萌蘖力强，生长中等偏快	树皮粗糙，深褐色，片状剥落；紫褐芽和绿椿芽。叶痕大。小枝5维管束迹。偶数羽状复叶，小叶10～22，长椭圆状披针形，先端尾尖，全缘或有疏齿小岛。萌芽果离疏小岛，长2～3.5cm
289	楝树	树冠伞形。花淡紫色，芳香，花期5月。叶、果有毒。冬季淡黄色果宿存。江浙地区有"前樟后楝"之说，即宅前栽樟，宅后种楝。"楝"与"连"寓意延伸、发展。楝树还有杀蚊虫、杀菌功效，能减少周围林木病虫害的发生	喜光，耐寒性不强，喜温暖、湿润气候，耐干和炎热；耐烟尘，抗污染；生长快，侧根发达，在酸性、钙质、轻盐碱土上均能生长，在含盐量0.4%的土壤上生长良好，是轻盐碱土改造的先锋树种，喜生海滨沙滩地及海水经常冲击的地方，是极优良的沿海沙地固沙树种	树皮光滑，老则纵裂。2至3回奇数羽状复叶，长20～40cm，小叶卵形至椭圆形，长3～7cm，缘有钝齿。圆锥花序约与叶等长。核果球形至椭圆形，长1～2cm，果期10～12月
290	黄栌	秋季霜叶艳丽美丽，因品种和栽培环境不同，叶色或变为紫红、黄红、绿红。霜季重色愈浓。果序有许多紫色羽毛状的不孕性花梗，能在树上保留较长时间，远望似缕缕绿烟，因此又被称为烟树	中性，喜温暖，耐寒、耐旱，怕涝；多生于干燥的山地、向阳山坡。植株密度大，分蘖多，半阴半阳通风良好，生长不良时，8～9月易发白粉病	枝红褐色。单叶互生，叶多为阔椭圆形，长4～8cm，先端圆或微凹，侧脉二叉状，两面或背面有灰色柔毛，花小，黄色
291	毛黄栌		同黄栌	区别于黄栌之处：叶多为阔椭圆形，稀圆形或近无毛，叶背尤其沿叶脉和叶柄密被柔毛；花序无毛或近无毛，其他同黄栌
292	美国红栌	叶紫红色，秋叶鲜红	喜光，耐半阴，稍耐寒；耐干旱、瘠薄及碱性土，不耐水湿；抗污染能力强	叶卵形，长3～5cm
293	紫叶黄栌	叶深紫色，有金属光泽，春、夏、秋季叶色稳定	喜光，耐寒，能耐-29℃左右低温；喜排水良好的沙质壤土	圆锥花序紫状，鲜红
294	金叶黄栌	叶金黄色	同黄栌	
295	黄连木	树冠近圆球形，枝叶茂密。别名楷树。其叶干稀疏而少曲折，故"楷"得其真，而正，直恰是古人所推崇的做人原则，又因其生长在孔子墓旁，后人便把那些品德高尚，可为人师表的楷样人物称为"楷模"（古人认为楷模生于孔子墓旁），寓意正直、品德高尚。是优良的木本油料树种	喜光，不耐严寒，耐旱、耐瘠薄；深根性，抗风；生长慢，寿命长。漆树科植物均含乳汁，枝叶、乳汁可致人皮肤过敏，其木材耐腐性强，木雕木纹如丝而不断，名楷雕	树皮小方块状剥落。偶数羽状复叶互生，小叶5～7对，披针形或卵状披针形，长5～8cm，先端渐尖，基部斜，核果近球形，径约6mm，熟时紫红色，种子含油脂，可提取生物柴油
296	火炬树	秋叶艳色橙黄，果穗红色，大而显目，宿存久。是盐碱地栽植的主要绿化树种	喜光，耐寒，耐干旱瘠薄，忌水湿，耐盐碱，浅根性，生长快，寿命短，萌蘖力，适应能力，繁殖能力极强，具有入侵物种的特性。能大量栽植其他树木受到排挤，引种需谨慎。少数人接触其枝叶可引起皮肤过敏	小枝密生长茸毛。小叶11～31，长椭圆状披针形，长5～13cm，缘有锐齿。雌雄异株。果成圆锥形火炬形
297	花叶火炬树	小叶呈不规则深裂，基部有时达全裂；秋叶紫红，观赏价值较高	喜光，不耐干旱，根蘖力强	幼枝棕褐色，比原种颜色深；老枝深褐色

续表

序号	名称	观赏及应用	生态习性·栽培管护	辨识
298	盐肤木	秋叶红色，美丽。果序开展，果色红。果期10~11月。叶上常寄生一种虫瘿，即五倍子	喜光，不耐阴；对气候和土壤的适应性很强，喜温暖、湿润气候，耐寒冷和干旱，耐轻盐碱；生长较快	枝芽密生黄色茸毛。羽状复叶叶轴有宽翅，长5~12cm，小叶7~13，卵状椭圆形，缘有粗锯齿，叶背被白粉。圆锥花序顶生，没有火炬树整齐
299	青麸杨	秋叶红色。核果深红，9月果熟	喜光，耐干旱瘠薄	小叶7~9，长卵状椭圆形，常全缘，叶轴上端有时具狭翅
300	漆树	我国经济树种，为涂料、油料、木材提供原料	喜光，不耐严寒，喜温暖、湿润气候。可能致人过敏	与盐肤木主要区别是：体内通常具白色乳汁，即漆胶。奇数羽状复叶，小叶9~15，卵状椭圆形，长7~15cm。核果棕黄色
301	栾树	秋叶橙黄。圆锥花序顶生，长25~40cm，花黄色，花期6~8月，果红褐色。果期9~10月。有摇钱树别种之称	阳性，耐阴，喜温暖、耐寒、耐旱、耐瘠薄，喜湿润环境及石灰质土壤，耐短期水淹和盐碱地。深根性，萌芽力强，但和木槿一起种植易生蚜虫	树皮灰褐色，老时纵裂。1至2回奇数羽状复叶互生，小叶11~18，卵形或卵状椭圆形，长5~10cm，有不规则粗锯齿或羽状深裂。花4瓣，不整齐。蒴果圆锥形，具3棱。有栽培品种
302	晚花栾树	花期8月。有秋花栾树，花期7月底满树金黄	同原种	
303	金叶栾树	嫩叶红色，后转为金黄	同原种	
304	复羽叶栾树	花黄色，花期7~9月。秋果淡紫红色，老熟时褐色，果期8~10月	喜光，适生于石灰岩山地；生长较快	皮孔圆形至椭圆形，2回羽状复叶互生，小叶9~17，卵状椭圆形，长3.5~7cm，缘有小齿，基部稍偏斜。圆锥花序大型
305	全缘叶栾树	花黄色，花期8~9月。秋果深红色	喜光，喜温暖湿润，耐寒性强；生长快。深根性，夏季枝干易被烈日灼伤，新移植幼树需做防护	奇数羽状复叶互生，小叶全缘，亮绿色，有纵裂。小枝红色，密生皮孔
306	文冠果	4~5月白花满树，有紫花品种，观赏价值高，是生物柴油林优选树种之一，有北方油茶之称。种子油量高。花紫红，种子可食	喜光，耐半阴，耐严寒，可耐-42℃左右低温；对土壤要求不严，耐干旱，不耐水湿，在沙荒、石砾地、黏土及轻盐碱土上均能生长。深根性，萌蘖力强，抗病虫害	奇数羽状复叶，小叶9~19，长椭圆形或披针形，长2~6cm，缘有锐齿。顶生总状或圆锥花序，长约20cm，花瓣5，边缘皱，基部紫红色或黄色，径4~6cm，常宿存
307	柿树	秋叶红色，叶色俱佳。树姿、树冠美。古称："柿有七绝：一多寿，二多阴，三无鸟巢，四无虫蠹，五霜叶可玩，六嘉实可餐，七落叶肥大。"一般种植在四合院正房东西两侧，或外院垂花门东西两侧，不宜种二门里东西两侧院中央	阳性，喜温暖，喜温暖气候，不畏严寒，不喜沙质土，耐干旱水湿及盐碱，深根性，寿命长，生长快	树冠球形或长圆球形。树皮方块状开裂。单叶互生，椭圆状倒卵形，长6~18cm，革质。浆果大，扁球形，径3~8cm，橙黄或橙红色，果期9~10月
308	君迁子	干直，树冠圆整。名字与儒家一直大力宣扬的孝道有关。因为君子曾暂（君）喜欢吃与（迁）儿子曾参（子）不再食用。山东孔庙有栽植，纪念先贤	阳性，耐半阴，耐寒、旱，耐瘠薄，耐一定水湿；耐盐碱力，抗污染；深根性，寿命长。相对耐夏天移植	树皮方块状开裂。叶椭圆形，较窄。先端灰色或苍白色。浆果近球形，径1.5~2cm，熟时由黄变蓝黑色，果期9~10月
309	梧桐	树皮绿色，枝干青翠，叶大荫浓。梧桐有"召凤"的传说，被认为是吉祥的象征，象征离愁。"梧桐一叶落，天下皆知秋"，也常与雨燕联系，也作为感知秋天的灵性植物	阳性，喜温暖，喜温暖气候，湿润环境，耐寒性不强，对土壤要求不严，在沙质土壤上生长较好，不耐积水，不耐移栽，生长较快，萌芽力强，抗污染，不耐修剪，夏季树皮不耐烈日暴晒	肉质根，粗壮。叶掌状3~5裂，长15~20cm，裂片渐尖，顶端渐尖。大型圆锥花序顶生，长6~11cm。果膜质，有柄，成熟前开裂呈叶状，期9~10月

四、落叶乔木

序号	名称	观赏及应用	生态习性、栽培管护	辨识
310	枣树	枣和栗、柿、核桃、山楂并称"北方干果五珍"。枣树萌喻快、早得贵子，凡事快人一步。古枣是北方佳木，肉中赤心，外表多棘刺，枣象征财富、光明、温饱。内中实赤心，是故居主人坚强性格的写照。	暖温常强阳性树种。喜光，喜干冷气候，耐寒，也耐湿热；对土壤要求不严，耐干旱瘠薄，低湿微碱；寿命长。根萌蘖力强，	枝常有托叶刺。单叶互生，卵形至卵状长椭圆形，长3～6cm，缘有细钝齿，基部3主脉。小花黄绿色，花期较长，芳香多蜜，为良好的蜜源植物。核果椭球形，长2～4cm，成熟时红色，后变红紫色
311	龙爪枣	小枝卷曲如蛇游状，无刺	嫁接繁殖	果实较小而质差
312	枳椇	树姿优美，枝叶茂密。顶生和腋生的聚伞圆锥花序，对称，花小，黄绿色。果实因形态又名万寿果，果期8～10月	喜光，较耐寒，耐干旱瘠薄，在肥沃、湿润土壤上生长迅速	叶椭圆状卵形、宽卵形或心形，长8～16cm，缘常具整齐、浅而钝的细锯齿，基出3主脉，较长，熟时黄或黄褐色。果近球形，径5～6.5mm，
313	北枳椇		同枳椇	与枳椇区别：叶缘具不整齐锯齿或粗锯齿；聚伞圆锥花序小，顶生、腋生，稀兼腋生；果近球形，径6.5～7.5mm，熟时黑色
314	七叶树	树冠开阔，叶大荫浓，新叶红色。顶生圆柱状圆锥花序，长20～25cm，白色，花瓣4，花期5～6月。是世界四大行道树之一（另外三种为法桐、椴树、榆树），也是我国北方佛教圣树之一，寺庙常栽植	喜光，耐半阴，喜温暖、湿润气候，不耐严寒及干热气候，略耐水湿，生长慢，寿命长。喜深厚、肥沃土壤，耐轻盐碱，萌芽力不强；病虫害多，宜较移植，具较强根性；深根性，病虫害少，采取人工措施减少危害。吸收有害气体能力，干径4cm前，保持树体较软，侧枝2cm时，贴主干修直，保持树形；干皮较滑，注意日灼危害，宜适当遮阴两面防晒。在北京腐边缘树种	小枝粗壮，无毛。掌状复叶，小叶5～7，（倒卵状长椭圆形，长8～20cm，缘有尖细齿，有短柄。种子近球形，种子一头大，一头小。
315	欧洲七叶树	花白色，花瓣4～5，基部有红、黄色斑。欧美广作行道树及庭园树。我国有红花七叶树引种，由北美红花七叶树和欧洲七叶树杂交而成	喜光，稍耐阴，喜温暖，耐-20℃左右低温，喜深厚、肥沃、排水良好的土壤；性强健	树冠卵形，下部枝下垂，小枝幼时有棕色长柔毛。小叶无柄，5～7枚，倒卵状长椭圆形，长10～25cm，缘有不整齐重锯齿，先端突尖。圆锥花序顶生，长20～30cm
316	日本七叶树	圆锥花序粗大，尖塔形，花白色，花瓣4～5，带红斑，花期5～6月。秋叶浅橙黄色	喜光，稍耐阴，较耐寒，不耐干旱；生长较快；性强健	小叶无柄，5～7枚，倒卵形，长20～40cm，中间小叶较两侧小叶大2倍以上，缘有不整齐重锯齿，先端突尖
317	白蜡	树冠卵圆形，秋叶黄色。具体品种有时不易辨识，使用中需注意	喜光，耐侧方庇荫，喜温暖、湿，也耐干旱瘠薄，耐轻盐碱，在含盐量0.2%～0.3%的盐土上生长良好，是极好的滩涂盐碱地栽植树种，对烟尘、抗烟尘；深根性，萌蘖力强，生长较快，耐修剪	小叶5～7，卵状长椭圆形，长3～10cm，缘具整齐钝齿。圆锥花序顶生或腋生枝梢，长8～10cm，叶后开放。翅果倒披针形，长3～4cm。速生白蜡有园蜡1号、园蜡2号等品种
318	金叶白蜡	叶金黄色，颜色可延续春、夏、秋三季	抗性强	欧洲白蜡的栽培变种，枝条金黄色，秋叶黄色
319	金枝白蜡		耐寒、抗风、耐瘠薄，要求土壤湿润；生长较快；移栽易活	小叶9～11，卵状长椭圆形至卵状披针形，长5～11cm。翅果较宽，长2.5～4cm。有金枝垂白蜡蜡品种

序号	名称	观赏及应用	生态习性、栽培管护	辨识
320	绒毛白蜡	干皮灰至灰绿色，树冠卵圆形。秋叶黄色，落叶较晚	喜光、耐寒、耐干旱瘠薄、耐低洼和盐碱地；对有害气体及病虫害抗性较强；萌蘖力强；生长快	小叶3～5(7)，椭圆形至卵状披针形，长3～5(8)cm，先端尖，中部以上略有齿，两面常有毛。圆锥花序具柔毛，叶前开花。翅果体短，先端常凹，长1.5～2(3)cm，果期9～10月
321	洋白蜡	枝叶茂密，叶色深绿、有光泽，发叶迟而落叶早	喜光、耐寒、耐低湿、抗冬春干旱、耐盐碱力强；生长较快	树皮粗糙，纵裂，老枝红褐色，近无柄，卵形长椭圆形至披针形，长8～14cm，缘有齿或近全缘。圆锥花序叶前开花。翅果长3～5(～7)cm，果翅较狭，下延至果体中下部或近基部。雌雄异株
322	美国白蜡	是白蜡属中最高大的种，原产地有树高48m的记录	耐寒性稍差	小叶7～9，叶柄长8～15cm。卵形至卵状披针形，长8～15cm，全缘或端部略有齿。叶前开花。翅果长0.5～1.5cm，卵形至卵状披针形，果翅下延不超过果长1/3
323	秋紫美国白蜡	春、夏季叶绿色，秋叶紫红色	同原种	
324	小叶白蜡	小乔木，常呈灌木状，高3～5m	耐干旱瘠薄，喜钙质土，多生于石灰岩山地阴坡	小叶5～7，常为5，形小，菱状卵形，倒卵形，长2～4cm，缘具深锯齿至缺裂状。翅果长圆形，长2～3cm
325	大叶白蜡	秋叶金黄色	对气候、土壤要求不严，喜湿润及富含腐殖质的土壤，碱地或瘠薄沙地不宜种植	树皮较光滑，褐灰色。小叶5～7，多为5，卵形至椭圆状倒卵形，长5～15cm，顶生小叶常特大，锯齿疏而钝。翅果线形，长约3.5cm
326	对节白蜡	树干挺直，又易于攀枝造型，可做盆景	生于600m以下的低山丘陵	徒长枝之侧枝垂直主枝生长。复叶叶轴有窄翼，小叶7～9(11)，革质，披针形至披针状卵形，长1.7～5cm，先端渐尖，缘具锐齿。翅果匙状倒披针形，长4～5cm
327	新疆小叶白蜡	树形挺拔优美。北京天坛公园有干径40cm大树生长	耐干旱，生河旁低地及开旷落叶林中	羽状复叶对生或轮生，小叶5～7(11)，卵状披针形至狭披针形，长2.5～8cm，缘具整齐而疏的三角形尖齿，背面密生细腺点，叶柄长3～5cm。翅果倒披针形，长0.5～1.2cm
328	水曲柳	秋叶金黄色。材质优良	喜光、耐寒、喜冷湿气候，喜生于湿润、肥沃的平缓山坡及山谷；深根性，生长较快，抗风力强	小叶9～13，近无柄，卵形至长椭圆形，长8～16cm，缘具细齿，小叶着生处具关节，节上常簇生黄褐色曲柔毛。翅果常扭曲，大而扁，长圆形至3～3.5cm，倒卵状披针形，雌雄异株
329	暴马丁香	圆锥花序大而疏散，长12～18cm，花白色，有异香；花期5月底至6月，花期长且晚，丁香属中花期最晚	阳性，稍耐阴、耐旱、耐寒、耐瘠薄，喜湿润、喜潮湿冲积土，积水易引起病害；春季萌芽前，秋季11月初至12月上旬移植较好	叶卵圆形，长5～10cm，基部常近圆形，叶背网脉多著凸起，叶脉在叶面明显下凹；叶柄较粗，长1～2cm。花冠筒甚短，雄蕊长为花冠裂片的1.5倍或略长。蒴果小于北京丁香，先端通常钝

序号	名称	观赏及应用	生态习性、栽培管护	辨识
			四、落叶乔木	
330	北京丁香	花黄白色，有异香，花期5月底至6月	阳性，耐旱	和暴马丁香形态相似。叶卵形至卵状披针形，基部广楔形，叶背网脉不隆起或略隆起；叶片稍薄，叶柄细，长1.5～3cm。雄蕊比花冠裂片短或等长，蒴果先端尖
331	北京黄丁香	花明显黄或淡黄色	同北京丁香	
332	流苏树	宽圆锥花序，花白色，花冠4裂片狭长，长1.5～3cm，美丽，5月初开，满树雪白	阳性，喜温暖、耐寒、耐热；适应土壤广泛，耐旱也耐涝，喜酸耐碱；生长慢，寿命长；病虫害少，抗倒伏；繁殖比较困难	树干灰色。单叶对生，革质，卵形、倒卵形或倒卵状椭圆形，长3～10cm，先端常钝圆或微凹。核果椭球形，蓝黑色
333	雪柳	圆锥花序，花小，绿白色或微带红色，花冠4裂，5～6月开放。嫩叶可代茶	稍耐阴，喜温暖，又耐寒，喜肥沃、排水良好的土壤；耐修剪	多为灌木。枝细长直立，四棱形。单叶对生，披针形，长4～12cm。果扁平，边缘具窄翅
334	楸树	树冠长圆形，干直荫浓，花大而美。冠白或浅粉色，内有2黄色条纹及紫斑，花期（4）5～6月，单株花期10天左右。木材材质优良，有"南檀北楸"之喻。因其花略呈紫红色，有紫气东来之黄意，一直被道教视为"仙木"。楸是古诗词故乡的代称，文化的象征。皇家栽植，寓意千秋万代	弱阳性，喜温和的气候，不耐严寒，肥沃的沙壤土，不耐干旱，不耐瘠薄、水湿，耐轻盐碱；对有毒气体抗性强；耐修剪；病虫害少，生长迅速，有速生品种。不对主枝短截会导致生长扩大树冠小不开张，可通过截干扩大树冠	干皮纵裂。叶三角状卵形，长6～15cm，先端尾尖，两面无毛，全缘或近基部有1～2侧裂或钝尖齿。顶生总状花序无毛，花较少，萼片顶端两尖裂，蒴果长2～3.5cm。蒴果径5mm，长25～50cm，果期6～10月
335	灰楸	花粉红或淡紫色，喉部有红褐色斑点及黄色条纹，花期3～5月。7～15朵呈聚伞状圆锥花序	喜温凉气候及湿润土壤，适应性强，生长快，是优良的速生用材树种	树皮深灰色，较暗，纵裂。叶卵形或三角状心形，长8～16cm，叶背幼时密被淡黄色毛，顶端渐尖。嫩叶青铜色，蒴果长55～80cm
336	梓树	树冠球形。顶生圆锥花序，花多，冠淡黄色，内有紫斑及黄色条纹，花期5～6月。古时宅旁喜植梓与桑，梓喻故乡	喜光，稍耐阴，耐寒，喜温凉气候及肥沃、湿润、排水良好的土壤；根系较浅；性强健，生长较快，抗污染能力强，抗有毒气体	树冠开展。叶广卵形或近圆形，长10～25cm，常3～5浅裂，有毛，基部心形。花冠钟状，长2.5cm。蒴果径5～6mm，长22～30cm
337	黄金树	叶大荫浓，开花美丽，秋叶金黄色。花白色，内有淡紫黄色及2条黄色宽条纹，花期5～6月	强阳性，较耐寒，喜湿润、凉爽气候及深厚、疏松、肥沃的土壤，不耐瘠薄积水；生长较慢，仅能在平原宜厚土壤上生长迅速	叶卵形或广卵形，多全缘，长15～30cm，先端长渐尖。10余朵呈稀疏顶生圆锥花序，花径5～6cm。蒴果径1～1.8cm，长20～45cm
338	金叶黄金树	树冠圆球形。新叶柔软，金黄色，内具黄色和紫色斑点	同原种	叶大，长达25cm，宽20cm。圆锥花序大而直立，花冠钟状
339	美国梓树	顶生圆锥花序长20～30cm，径约5cm，喉部黄色，具黄斑，花期6月中旬。叶大荫浓，花香而美	喜光，较耐寒，要求排水良好的土壤；树势强健，生长快	树皮光滑，灰褐色。叶广卵形，长15～25cm，先端突尖，有时具2小侧裂片，幼叶发紫，叶撕破后有臭味。蒴果长20～40cm，径6～8mm
340	金叶美国梓树	新叶金黄色，夏季变为黄绿色	同原种	
341	紫叶美国梓树	新叶紫红色	同原种	

四、落叶乔木

序号	名称	观赏及应用	生态习性、栽培管护	辨识
342	毛泡桐	广圆锥花序宽大，花冠鲜紫或蓝紫色，漏斗状钟形，长5.5～7.5cm，内有紫斑及黄条纹，纹有无，多少变化极大，先叶化，花期4～5月，泡桐晚一周左右	强阳性，喜温暖，耐干旱瘠薄，耐盐碱；生长快；是本属最耐寒的一种，适应性强，分布范围较广。泡桐也易发生丛枝病虫害混栽严重。泡桐易引起果树病虫害，不宜与果树混栽	幼枝、幼果密被黏质腺毛。叶大，纸质，广卵形或卵形，有时3浅裂，长12～40cm。花蕾近圆形，基部略圆，密被黄色毛；花萼盘状钟形，裂至中部或过中部，外面茸毛不脱落；花冠外密被黏质腺毛，基部略膨大，筒部常弯曲；蒴果卵圆形，长3～4cm，被黏质腺毛
343	兰考泡桐	树冠宽稀疏。花序狭圆锥形或圆筒状，长约30cm，花冠较大，漏斗状钟形，长8～10cm，紫色至粉白色，内有紫色细小斑点，花期4～5月	强阳性，喜温暖气候及排水良好的土壤，肥沃，湿润及土层深厚，疏松，不耐积水和盐碱，深根性；生长快；耐干旱瘠薄，受伤不易愈合，易日灼	叶广卵形或卵形，全缘或3～5浅裂，长达34cm。花蕾倒卵形，花萼倒圆锥形，浅裂约1/3，外部毛易脱落；花冠外疏被黏质腺毛，无黏质腺毛，长3.5～5cm
344	楸叶泡桐	树冠圆锥形，枝叶较密。花冠细瘦，管状漏斗形，淡紫色或白色，内密布紫色小斑及紫线，花期比兰考泡桐早4～5天	喜光，耐寒冷，干旱及瘠薄能力较考泡兰桐稍强，但耐盐碱性，宜在北方山地比较温凉气候或较冷的地区栽植较差；适宜温凉气候区栽植	叶深绿色，长卵形，厚纸质或近革质，长12～28cm，长约为宽的2倍，先端长尖。圆锥花序，花蕾长倒卵形，先端浅裂达1/3，花萼浅倒卵形，外部毛易脱落；花细长，长7.5～10cm，果实椭圆形，长3.5～6cm
345	泡桐	花冠白色或黄白色，漏斗状，稍稍向前曲，腹部无明显纵褶；内面淡黄色并杂有大紫斑，小紫斑连成块；春季叶前开，花期比楸叶泡桐早2～4天	喜光，耐寒性不强，喜温暖多雨天气，较耐潮湿和黏重土壤，适宜南方栽植，北京易受冻害；生长快	叶厚，心状卵形，与楸叶泡桐近似，区别是：圆锥花序，花蕾倒卵状椭圆形，浅裂约1/4至1/3，花后毛脱落，花冠筒部向上渐次扩大，长8～11cm，基部略压，蒴果椭圆形，特大，长6～10cm。花肥大，紫斑大，种子大，是区别其他泡桐的显著特点
346	柽柳	枝叶细小，柔软下垂，不下垂。花序细弱，下垂，雄蕊等长于花瓣或伸为其2倍，小花粉红色，花期4～9月，自春到秋开放2～3次	阳性，耐严寒，抗烈日沙荒，抗劳，也抗旱，抗风沙盐碱；抗有害气体；管理粗放；生长快；萌芽力强，耐修剪；有"大漠英雄树"的美誉	树皮红褐色。叶淡绿色，鳞片状，互生，长1～3mm；春季总状花序侧生于去年生枝上，夏、秋季总状花序生于当年生枝，再组成大型圆锥花序
347	乔木柽柳		同原种	小乔木，高2～5m
348	多枝柽柳	小花粉红至淡紫红色，紧密美丽，或超出花冠1.5倍，花期5～9月	是西北荒漠地区良好的固沙造林种	小枝纤细，长而直伸，红棕色；总状花序生于当年生枝顶，长2～5mm，鳞片状
	甘蒙柽柳	枝条直伸，不下垂。花序轴硬质直伸，雄蕊红紫色，花期5～9月，开花2～3次	喜水湿，也耐干旱，盐碱和霜冻	老枝及主干栗红色，叶互生，鳞片状，长2～3mm
349	山茱萸	小花鲜黄色，3～4月叶前开，花期50天左右，果实鲜红色，深入秋色，冬季叶长干花瓣。果实入秋色红，冬季叶亮红，深秋叶不落；果实去核称"黄肉"，是著名中药，重阳节有插茱萸的习俗	喜光，耐寒，耐旱，喜肥沃，喜深厚，肥沃土壤，中喜温也抗寒。华北地区宜背风向阳处栽植	树皮片状剥裂，叶对生，卵状椭圆形，长5～12cm，先端渐尖，弧形侧脉6～7对，花黄色，伞形花序腋生，长约2cm
350	毛梾木	花白色，径约1cm，有香气，花期5月。果实含油多，木材坚硬，纹理细密，可制作家具等	较喜光，喜温暖，喜深厚，肥沃土壤，中性、酸性；微碱性，深根性，耐修剪；寿命长，病虫害少	幼枝有灰白色毛。叶对生，椭圆形至长椭圆形，长4～12cm，弧形侧脉4～5对，两面被短柔毛，聚伞花序伞房状；核果黑色，果期9～10月

四、塔叶乔木

序号	名称	观赏及应用	生态习性、栽培管护	辨识
351	灯台树	树形整齐美观。伞房状聚伞花序顶生，花白色，美丽，花期5～6月	阳性，耐寒，也耐热，喜湿润；生长快	侧枝轮状着生，层次明显。叶互生，常集生枝端，阔卵形至卵状椭圆形，长7～16cm，弧形侧脉6～7对，背面密被淡白色短柔毛；核果由紫红变蓝黑色
352	四照花	白色大型花瓣状总苞片4枚，花开满树，花期5～6月。秋叶变红或红褐色。秋果红色。引进种有多花梾木，开红或粉色花，叶色多变	喜光，稍耐阴，喜温暖，湿润，有一定耐寒力，喜湿润的沙壤土	单叶对生，纸质或厚纸质，卵状椭圆形，长6～12cm，弧形侧脉4～5对，背面粉绿色
353	丝绵木	树冠圆球形，小枝绿色、细长，枝叶秀丽，花绿白色。秋冬蒴果橘红色。品种多，有金叶丝绵木等品种。可作嫁接胶木卫矛，大叶黄杨等的砧木，火焰卫矛，大叶黄杨等的砧木	中性，稍耐阴，耐寒，耐旱，耐水湿，耐盐碱，抗污染；病虫害少。土壤过于黏重时长势不佳，宜通透性好的沙质壤土；低注，积水地区不宜栽植。注意预防卫矛尺蠖，肥水过大易引起树皮干裂，但日灼是树皮干裂的直接原因；过分干燥、温差大的地区，西南侧树皮易开裂。运输时注意保护树干。移植后缓苗慢	叶长4～8cm，宽2～5cm，卵状椭圆形或卵状椭圆形，先端急锐尖，缘有细齿，叶柄长2～3cm。聚伞集球形头状花序3至多花
354	大圆叶丝绵木	蒴果成熟后粉红色，种子具橙黄色假种皮，果期9月。发芽早，落叶晚，绿期长	喜光，稍耐阴，喜低温，耐水湿，抗盐碱；主侧根发达，抗风，萌蘖能力强。对二氧化硫、氯气等抗性强，在降尘等方面效果明显，净化空气能力强	叶椭圆形，长12～16cm，宽5～9cm，先端渐头，基部宽楔形，缘具细齿，约为叶片的1/3
355	狭长叶丝绵木		耐寒力较差	叶狭长披针形
356	陕西卫矛	深秋黄叶与深红叶相间。果色鲜红艳丽，观果期5月至11月特酷似蝴蝶	稍耐阴，耐寒，不择土质，耐干旱，也耐水湿	叶披针形或窄卵形，长4～7cm，先端头，纤毛状细形，呈十字形。蒴果具4大翅，果果细长达10cm以上
357	糖槭	树姿雄伟，叶大荫浓。花黄色，有香气，花期6～7月。槭树是世界四大行道树之一，国内常替代等提树。德国，捷克的国树，在德国是爱国和幸运女神的象征	喜光，也相当耐阴，喜冷凉，湿润气候，不耐干热；喜生于湿润山地或平原中的肥沃的中性及微酸性土壤；深根性，耐修剪，耐移栽；槭属叶背星状毛有清除有害气体，抑制灰尘的作用	树皮灰色。嫩枝被灰白色革毛。叶广卵圆形，长8～15cm，基部心形，缘有带头头的粗齿，背面密被灰白色革毛。聚伞花序具花7～12朵。全枝属近50种梾树
358	蒙椴	树姿优美。嫩叶红色，秋叶黄色。花黄色，花序梗之"之"字状苞片春朝后成为佛家圣树	中性，喜光，也相当耐阴，喜冷凉，湿润，耐寒，不耐干热	树皮红褐色。小枝无毛。叶广卵形，长4～7cm，基部截形或广楔形，少近心形，缘具不整齐粗尖齿，有时3浅裂。聚伞花序10～20朵
359	紫椴	树姿优美，枝叶繁密。聚伞花序长4～8cm，花序梗之无柄，狭带形，花期6～7月。是蜜源植物	喜光，耐侧方庇荫，耐寒性强，喜温凉，湿润，喜泥沃及排水良好的土壤，萌蘖力强；抗烟尘和有毒气体；虫害少。西安安栽培	树皮灰色。叶广卵形或圆圆形，长3.5～8cm，先端尾尖，基部心形，叶缘锯齿有小尖头
360	裂叶紫椴	椴树在俄罗斯有纪念，回忆的内涵，因其有一股甜甜的芳香，易勾起乡思怀旧情感	同原种	叶上部明显3浅裂，缘有不整齐锯齿，苞片线形有柄
361	心叶椴	树冠圆球形。花黄白色，芳香，花期6～7月。树冠雄伟，秋季叶色金黄，欧美各国常作行道树	喜光，稍耐阴，喜湿润，耐寒，能耐-30℃左右低温，湿润环境下耐盐碱，喜湿润，肥沃，排水良好的壤土；抗烟及抗病能力强；耐修剪，移植成活率高。东北部分地区采取防寒防冻和返青水，树干涂白与包裹，培土，搭风障等	叶近圆形，长3～6cm，先端突头，基部心形，缘有细尖锯齿，表面暗绿，叶柄绿色。聚伞花序最多有10朵花，花瓣5片

序号	名称	观赏及应用	生态习性、栽培管护	辨识
362	欧洲大叶椴	树冠圆整，叶大荫浓。北京故宫古树，称菩提树，传为明代种植。聚伞明序具花3～9朵，花黄白色，芳香，花期6月	喜光，耐寒，对土壤要求不严，喜湿润环境和肥沃土壤；病虫害少	小枝幼时多柔毛。叶卵圆形，长6～12cm，先端突短尖，基部斜心形或斜截形，锯齿有短刺尖。果有明显3～5棱
363	黄檗	树形美观。树皮厚，浅灰色，木栓层发达，有弹性，网状深纵裂，内皮薄，鲜黄色	阳性，耐严寒，喜湿润、肥沃、排水良好的土壤；深根性，生长慢；抗风，耐火烧	羽状复叶对生，小叶5～13，卵状披针形，长6～12cm，缘不显小齿及透明油点，撕开有臭味。核果蓝黑色，径约1cm，果期9～10月
364	臭檀吴萸	秋叶鲜黄色。顶生聚伞圆锥花序，小花白色，有臭味。聚合蓇葖果，紫红色，果期9～11月	喜光，耐干旱，在沙质壤土上生长迅速；深根性	树皮暗灰色，平滑。羽状复叶对生，小叶7～11，卵状椭圆形，长6～13cm，缘明显的圆或钝齿
365	吴茱萸	花序的花相对较疏离，花白色。蓇葖果红色	喜光，喜温暖，在低海拔、肥沃、排水良好的湿润地生长良好	枝紫暗紫红色。小叶5～9，长圆形至卵状披针形，长3～15cm，全缘或浅波浪状，两面被柔毛，具粗大油腺点
366	沙枣	叶银白色，秋叶金黄。有"飘香沙漠的桂花"之称，花期6～7月。蜜源植物。吐鲁番沙漠园果用园果用品种，种仁含油量高达51%	阳性，耐寒性极强，耐干旱，低湿、盐碱，宜沙荒盐碱地，深根性，具根蘖；萌芽力强，生长较快；耐盐碱，对硫酸盐抗性强，在土壤含硫酸盐1.5%以上时能生长；对氯化盐抗性较弱，在土壤含氯化盐0.6%以下不适于生长，氯化盐土壤上含盐量超过0.4%不适于生长	枝有时具刺，幼枝银白色，老枝褐色。叶披针形或矩圆状披针形，长4～8cm，两面密被鳞片；有光泽。花着生于小枝下部叶腋，花被钟状，密被银白色鳞片，内面黄色。核果椭圆形，熟时棕黄色，径约1cm，可食，9～10月果熟
367	翅果油树	花淡黄色，芳香，花期4～5月。核果近球形或阔椭圆形，长1.5～2.2cm，密被白茸毛，有8条翅状纵棱脊。蜜源植物，含油量高达51%	喜温暖气候及深厚、肥沃湿润的沙壤土，也耐瘠薄，不耐水湿，多生于阴坡和半阴坡；萌芽力强，生长快；根系发达，富根瘤菌	幼枝、叶、芽灰绿色，密被茸毛和鳞片。叶卵形或卵状椭圆形，倒卵形，长6～15cm，表面绿色，背面密被灰白色鳞片。背面绿色，背面密被灰白色茸毛
368	玉铃花	花白色或带红色，花径约2cm，单生于枝上部叶腋或10余朵呈顶生总状花序，花垂向一侧，花期5～6月，美丽芳香	温带树种，喜光，较耐寒，耐旱，耐贫瘠，喜湿润、排水良好的肥沃酸性土壤。是本属植物分布于我国最北方的一种	树皮灰褐色。枝紫红色。叶椭圆形至倒卵形，长5～14cm，缘有齿，叶背密被灰白色茸毛，似铃铃，长1.4～1.8cm，端凸尖。核果卵球形，挂果时间同长
369	秤锤树	花白色，美丽，花期4～5月。花梗细长下垂，长约2cm，木质，似秤锤，具灰褐色斑纹，具钝或凸尖的喙，果期10～11月	喜光，耐半阴，喜肥沃、湿润、排水良好的酸性至中性土壤；深根性，生长快；病虫害少；枝叶抗火	嫩枝密被短柔毛，叶，纸质，倒卵形或椭圆形，长3～9cm，缘有硬质细齿，叶脉背面凸起。腋生伞形花序具3～5朵花，花冠5～7裂，基部合生
370	刺楸	树干通直，树形美观。叶形美观，秋叶金黄。花期7～10月，绿黄色	喜光，耐寒，耐旱，喜肥沃、湿润的酸性至中性土，生长快；病虫害少；枝叶抗火	枝干均有宽大皮刺。叶掌状5～7裂，径9～25cm，基部心形，裂片先端渐尖，缘有细齿，径约5mm，蓝黑色
371	八角枫	花瓣6～8，狭带状，黄白色，长1～1.5cm。花丝基部及花柱有毛，长约2cm。花期6～8月。核果卵球形，长5～7mm	喜光，稍耐阴，耐寒性不强，对土壤要求不严	常呈灌木状，单叶互生，卵圆形，长13～20cm，基部歪斜，稀近于心脏形；不分裂或3～7(～9)裂，裂片短锐尖或钝尖，叶柄常红色
372	瓜木	花瓣5～6，长2.5～3.5cm，花丝基部及花柱无毛，长9～12mm。1～7朵呈聚伞花序。核果常紫红色	喜光，较耐阴，喜温暖气候及肥沃土壤	树皮平滑，灰或深灰色。叶近圆形，长11～18cm，全缘或稀3～5浅裂，裂片顶尖锐尖至尾状锐尖，深仅达叶片长度1/3～1/4，稀1/2；边缘呈波状或钝齿状，基部近心形或圆形

四、落叶乔木

序号	名称	观赏及应用	生态习性、栽培管护	辨识
373	连香树	子遗树种。树干高大，树姿优美。幼叶紫色，秋叶黄、橙、红或紫色。叶形奇特，发芽早，落叶迟，叶子散发的味道有一定驱蚊效果	喜光，不耐阴，喜温凉气候及湿润、肥沃土壤，萌蘖力强；寿命长	单叶对生，广卵圆形，长4～7cm，5～7掌状脉，基部心形，缘有细钝齿。雌雄异株
374	珙桐	头状花序下着生2枚白色叶状大苞片，椭圆状卵形，长8～15cm，中上部有锯齿，奇特美丽，形如飞鸽。北京花期4～5月	不耐寒，喜温凉、湿润气候及肥沃土壤，喜阴湿，抗旱性较差，不耐积水、高温。对环境要求较高，一旦离开原生环境，会产生不适应状况	树皮深灰或深褐色，常裂成不规则薄片脱落。单叶互生，阔卵形或近圆形，长7～16cm，先端突尖，缘有粗锯齿，背面叶脉显著凸起
375	领春木	花小，无瓣，6～12朵簇生，红色雄蕊显眼，花期4～5月，先叶开放	喜光，较耐阴，稍耐寒。生于海拔500～2000m阴坡且湿度较大的环境。国家植物园有引种，生长良好	树皮紫或紫褐灰色。单叶互生，纸质，宽卵形，长5～13cm，中部及以上有细尖齿，先端突尖突尾状尖，羽状脉。聚合翅果，果翅两边不对称
376	毛叶山桐子	浆果球形，红色，径7～8mm，秋日红果累累下垂，能在树上留存较久，甚为美观。树冠端整，果实均有毒，促癌，是一种能源植物	喜光，喜温暖，耐高温，喜排水良好的土壤	干皮灰白色，光滑。单叶互生，广卵形，长10～20cm，先端渐尖，掌状5～7基出脉，背面疏有短柔毛，叶柄上部有两大腺体，顶生圆锥花序，花黄绿色
377	乌桕	树冠整齐，叶形秀丽，美观。秋叶红艳。叶形红艳，秋叶均有毒，促癌。是一种能源植物	喜光，喜温暖气候及肥沃、深厚土壤，耐旱也耐水湿，对土壤要求不严；抗风力强，抗火力强，生长发达。主根发达，寿命较快，黄河以北种植时需注意冻灾，当地实生苗耐寒性相对较强	小枝细。单叶互生，菱状广卵形，长5～9cm，先端尾状长渐尖，基部广楔形。近球形蒴果3裂，径约1.3cm，种子外敷白蜡层，经冬不落，可提炼工业用油
378	重阳木	秋叶红色，美观，南方著名秋色叶树种。浆果球形，径5～7mm，熟时红褐色，果期9～11月。	暖温带树种，喜光，稍耐阴，喜温暖气候，喜温暖水湿，耐寒性较弱；对土壤要求不严，耐水湿，耐瘠薄，抗风，生长快	树皮褐色，纵裂。三出复叶互生，小叶卵形至椭圆形，圆状卵形，长5～11cm，先端突尖或突渐尖，圆形或近心形，缘有细齿
379	枫香树	秋叶黄或红色，南方著名秋色叶树种。紫叶品种福禄枫生长季紫红色，叶片紫红色，秦岭以南淮河以北适生。"枫""封"同音，象征"受封"	喜光，喜温暖气候，也喜水湿，生长快；萌芽力极强，黄河以南可以生长	单叶互生，薄革质，宽卵形，掌状3裂，长6～12cm，先端尾尖，缘有齿，叶柄长达11cm
380	北美枫香	树形优美，紫、红皮多色混合，栽培品种多	喜光，耐部分遮阴，喜温暖、湿润，耐水湿，稍耐旱，耐盐碱、瘠薄；生长快；萌芽性，深根性，抗风，抗有毒气体	小枝红褐色，通常有木栓质翅。叶互生，宽卵形，掌状5～7裂，叶长10～18cm，叶柄长6.5～10cm
381	无患子	树形高大，冠大荫浓。秋叶金黄色，美丽。顶生圆锥花序，花小，黄白色，花期5～6月。果皮可代肥皂，尤宜洗丝质品。南方用来替代皂荚树	喜光，稍耐阴，喜温暖，湿润气候，耐寒性不强，在中性土壤及石灰岩山地生长良好；深根性，抗二氧化硫，抗风力强，萌芽力弱，不耐修剪；生长较快；寿命长	树皮灰褐色，不裂。偶数羽状复叶，小叶8～14，卵状长椭圆形，长8～20cm，先端渐尖，基部偏斜，径约2cm，熟时褐黄色，果期10月

五、落叶灌木

落叶灌木　表一

序号	名称	别名	拉丁名	科属	产地及分布	彩图页
1	小檗	日本小檗	Berberis thunbergii	小檗科小檗属	原产日本。我国各地有栽培	432
2	紫叶小檗	红叶小檗	B. thunbergii 'Atropurpurea'	小檗科小檗属	产日本。我国南北各地有栽培，辽宁以北地区生长不良	432
3	朝鲜小檗	掌刺小檗	Berberis koreana	小檗科小檗属	原产朝鲜及我国东北、华北地区	432
4	黄芦木	阿穆尔小檗、大叶小檗、东北小檗、三颗针、雀心	Berberis amurensis	小檗科小檗属	产东北及华北山地、山东、河南、陕西、甘肃也有分布	433
5	细叶小檗	针雀	Berberis poiretii	小檗科小檗属	产我国北部山地。青海、陕西有分布，沈阳有栽培	433
	匙叶小檗	西北小檗	Berberis vernae	小檗科小檗属	产甘肃、青海、四川	—
6	蜡梅	蜡梅、香梅、黄梅、腊梅、雪里花、干枝梅、雪梅、冬梅、素儿	Chimonanthus praecox	蜡梅科蜡梅属	原产我国中部。黄河流域至长江流域，广西、广东广泛栽培；河南鄢陵人工栽培著名；北京小气候好处可露地	433
7	素心蜡梅	荷花梅	C. praecox 'Concolor'	蜡梅科蜡梅属		434
8	罄口蜡梅		C. praecox 'Grandiflorus'	蜡梅科蜡梅属		434
9	虎蹄蜡梅		C. praecox 'Cotyiformus'	蜡梅科蜡梅属	河南鄢陵的传统品种	434
10	狗牙蜡梅	九英梅、狗英梅、狗蝇蜡梅、红心蜡梅、狗爪蜡梅	C. praecox var. intermedius	蜡梅科蜡梅属		434
11	太平花	北京山梅花、太平瑞圣花	Philadelphus pekinensis	八仙花科山梅花属	产华北地区及辽宁、河南、陕西、湖北、四川等地。北京山地有野生，哈尔滨有栽培	434
12	山梅花	白毛山梅花、密密材	Philadelphus incanus	八仙花科山梅花属	产我国中部，沿华岭及其邻近地区均有分布	435
13	东北山梅花	辽东山梅花、石氏山梅花	Philadelphus schrenkii	八仙花科山梅花属	产我国东北地区	435
14	溲疏	齿叶溲疏、圆齿溲疏	Deutzia crenata	八仙花科溲疏属	原产日本。我国华北、华东各地区常见栽培，西南、华中、华南地区有栽培	435
15	白花重瓣溲疏		D. crenata 'Candidissima'	八仙花科溲疏属		435
16	大花溲疏	华北溲疏	Deutzia grandiflora	八仙花科溲疏属	主产我国北部地区，经华北地区南达湖北、西到陕西、甘肃	436
17	钩齿溲疏		Deutzia baroniana	八仙花科溲疏属	产辽宁、河北、山西、陕西、山东、河南和江苏	436
18	小花溲疏	唐溲疏	Deutzia parviflora	八仙花科溲疏属	产我国华北及东北地区、陕西、甘肃、河南、湖北有分布	436
19	圆锥八仙花	水亚木、柏叶绣球、糊溲疏、白花丹、轮叶绣球	Hydrangea paniculata	八仙花科八仙花属	产西北、华中、华南、西南等地区。北京有栽培	437

序号	名称	拉丁名	别名	科属	产地及分布	彩图页
20	圆锥绣球	H. paniculata 'Grandiflora'	大花圆锥绣球、木绣球、大花水亚木	八仙花科八仙花属	栽培变种，日本培育。华北、东北地区有栽培	437
21	绣球	Hydrangea macrophylla	大花绣球、阴绣球、大八仙花、紫阳花、粉团花、大叶绣球、紫绣球、八仙绣球	八仙花科八仙花属	我国长江流域至华南各地区常见栽培，山东、河南有栽培	437
22	延绵夏日绣球	H. macrophylla 'Endless Summer'	无尽夏	八仙花科八仙花属	北京等地有栽培	438
23	银边八仙花	H. macrophylla 'Maculata'		八仙花科八仙花属	北京等地有栽培	438
24	雪山绣球花	Hydrangea arborescens 'Annabelle'	乔木绣球、光滑绣球、安娜贝尔、安娜贝拉	八仙花科八仙花属	原产美国东部，1990年引入我国。北京、青岛、上海、杭州等地有栽培	438
25	东陵八仙花	Hydrangea bretschneideri	东陵绣球、柏氏八仙花、光叶东陵绣球	八仙花科八仙花属	主产河北及黄河流域各地区山地，经四川至云南西北部，西藏东南部	438
26	东北茶藨子	Ribes mandshuricum	山麻子、东北醋李、满洲茶藨子、山樱桃、狗葡萄	茶藨子科茶藨子属	产东北、华北及西北地区	439
27	美丽茶藨子	Ribes pulchellum	小叶茶藨、碟花茶藨子	茶藨子科茶藨子属	产内蒙古、山西北部、河北北部、陕西北部，甘肃及青海东部	439
28	香茶藨子	Ribes odoratum	黄花茶藨子、野芹菜	茶藨子科茶藨子属	产美国中部。北京、天津、沈阳、哈尔滨及山东等地有栽培	439
29	刺果茶藨子	Ribes burejense	刺梨、醋栗	茶藨子科茶藨子属	产东北长白山、小兴安岭，华北较高山地及陕西，甘肃、河南	439
30	榆叶梅	Prunus triloba	小桃红、桃红、榆梅、京梅	蔷薇科李属	主产我国北部、东北、华北地区及陕西、甘肃、山东、江西、江苏、浙江各地普遍栽培	440
31	重瓣榆叶梅	P. triloba 'Plena'		蔷薇科李属	北京常见栽培	440
32	红花重瓣榆叶梅	P. triloba 'Roceo-plena'		蔷薇科李属		440
33	半重瓣榆叶梅	P. triloba 'Multiplex'		蔷薇科李属		440
34	鸾枝榆叶梅	P. triloba 'Atropurpurea'	兰枝	蔷薇科李属	北京多栽培	441
35	截叶榆叶梅	P. triloba var. truncatum		蔷薇科李属	东北地区常栽培	441
36	红叶榆叶梅	P. triloba 'Hongye'		蔷薇科李属		441
37	紫叶矮樱	Prunus × cistena		蔷薇科李属	法国培育的杂交种。沈阳以南及华北等地区有栽培	441
38	郁李	Prunus japonica	寿李、小桃红、秋李	蔷薇科李属	产东北、华北、华中至华南地区	442
39	红花重瓣郁李	P. japonica 'Roseo-plena'		蔷薇科李属		442
40	麦李	Prunus glandulosa		蔷薇科李属	产长江流域，西南地区及陕西、河南、山东。北京可露地	442
41	白花重瓣麦李	P. glandulosa 'Albo-plena'	白千瓣麦李、小桃白	蔷薇科李属		442

五、落叶灌木

序号	名称	拉丁名	别名	科属	产地及分布	彩图页
42	红花重瓣麦李	P. glandulosa 'Sinensis'	红千瓣麦李、小桃红	蔷薇科李属		443
43	粉花麦李	P. glandulosa 'Rosea'		蔷薇科李属	东北、华北地区及山东、河南均有分布	443
44	欧李	Prunus humilis	乌拉奈、酸丁、郁李仁	蔷薇科李属		443
45	钙果	P. humilis 'Gaiguo'		蔷薇科李属	山西农业大学选育	443
46	毛樱桃	Prunus tomentosa	山樱桃、梅桃、山豆子	蔷薇科李属	产东北、华北、西北及西南地区	443
47	东北扁核木	Prinsepia sinensis	辽宁扁核木、扁胡子、东北蕤核	蔷薇科扁核木属	产东北地区及内蒙古	444
48	贴梗海棠	Chaenomeles speciosa	皱皮木瓜、贴梗木瓜、铁角海棠	蔷薇科木瓜属	产我国东部、中部至西南部及陕西、甘肃。北京可露地栽培	444
49	红花重瓣贴梗海棠	C. speciosa 'Rubra Plena'	满堂红	蔷薇科木瓜属		445
50	红白二色贴梗海棠	C. speciosa 'Alba Rosea'	东洋锦	蔷薇科木瓜属		445
51	白花贴梗海棠	C. speciosa 'Alba'		蔷薇科木瓜属		445
52	日本贴梗海棠	Chaenomeles japonica	日本瓜、倭海棠	蔷薇科木瓜属	原产日本。我国各地庭园常见栽培	445
53	平枝栒子	Cotoneaster horizontalis	铺地蜈蚣、平枝灰栒子	蔷薇科栒子属	产湖北西部和四川山地、秦岭。我国南方多栽植	445
54	水栒子	Cotoneaster multiflorus	多花栒子、栒子木、多花灰栒子	蔷薇科栒子属	产辽宁、河南及华北、西北及西南地区	445
55	毛叶水栒子	Cotoneaster submultiflorus		蔷薇科栒子属	产辽宁、内蒙古、山西、陕西、甘肃、宁夏、青海及新疆	446
56	西北栒子	Cotoneaster zabelii	土兰条、札氏灰栒子、杂氏灰栒子	蔷薇科栒子属	产华北、西北及华中地区	446
57	黑果栒子	Cotoneaster melanocarpus	黑果栒子木、黑果灰栒子	蔷薇科栒子属	产我国东北地区及内蒙古、河北、甘肃、新疆等地	446
58	灰栒子	Cotoneaster acutifolius	北京栒子、河北栒子	蔷薇科栒子属	产内蒙古、河北、山西、河南、湖北、陕西、甘肃、青海及西藏	446
59	现代月季	Rosa hybrida	大花月季、胜春花、月月红、长春花、斗雪红、人间不老春	蔷薇科蔷薇属	广为栽培。是我国60余座城市的市花	446
60	杂种香水月季	hybrid tea roses		蔷薇科蔷薇属	广为栽培	447
61	丰花月季	floribunda roses		蔷薇科蔷薇属	广为栽培	447
62	状花月季	grandiflora roses		蔷薇科蔷薇属		448
63	微型月季	miniature roses		蔷薇科蔷薇属		448
64	地被月季	ground cover roses		蔷薇科蔷薇属		448

五、落叶灌木

序号	名称	拉丁名	别名	科属	产地及分布	彩图页
65	棣棠	Kerria japonica	鸡蛋黄花、土黄条、黄榆梅、黄棣棠	蔷薇科棣棠属	黄河流域至华南、西南地区有分布。北京及华北地区其他城市栽培需背风向阳	448
66	重瓣棣棠	K. japonica 'Pleniflora'		蔷薇科棣棠属	辽宁及华北、西北至华中、华东地区有分布	448
67	鸡麻	Rhodotypos scandens		蔷薇科鸡麻属		449
68	玫瑰	Rosa rugosa	刺玫	蔷薇科蔷薇属	辽宁、山东及华北地区有分布，南北各地有栽培。山东平阴是玫瑰之乡	449
69	重瓣紫玫瑰	R. rugosa 'Rubro-plena'		蔷薇科蔷薇属		449
70	白玫瑰	R. rugosa 'Alba'		蔷薇科蔷薇属		449
71	重瓣白玫瑰	R. rugosa 'Albo-plena'		蔷薇科蔷薇属		449
72	多季玫瑰	R. rugosa 'Duoji'		蔷薇科蔷薇属	原产亚洲东部，华北、西北、西南地区有分布	449
73	黄刺玫	Rosa xanthina	黄刺梅	蔷薇科蔷薇属	我国北部多栽培，东北、华北、西北地区常见	450
74	单瓣黄刺玫	Rosa xanthina f. spontanea		蔷薇科蔷薇属	产我国北部山地，即华北、西北地区一带	450
75	黄蔷薇	Rosa hugonis	红眼刺	蔷薇科蔷薇属	产山东、山西、陕西秦岭、甘肃南部、四川等地	450
76	报春刺玫	Rosa primula	樱草蔷薇	蔷薇科蔷薇属	产我国西北、华北地区及河南	450
77	山刺玫	Rosa davurica	刺玫蔷薇、刺玫果、红根	蔷薇科蔷薇属	产东北及华北山区	451
78	美蔷薇	Rosa bella	美丽蔷薇、油瓶子、山刺枚	蔷薇科蔷薇属	产东北、华北、西北地区及河南各地	451
79	刺蔷薇	Rosa acicularis	大叶蔷薇	蔷薇科蔷薇属	产东北、华北、西北等地区	451
	缫丝花	Rosa roxburghii	刺梨、文光果、木梨子	蔷薇科蔷薇属	产我国长江流域、西南部及陕西、甘肃等地。四川	—
80	单瓣缫丝花	R. roxburghii f. normalis		蔷薇科蔷薇属	山东、北京有栽培	451
81	弯刺蔷薇	Rosa beggeriana	洛花蔷薇	蔷薇科蔷薇属	产新疆、甘肃，广泛分布于中亚各地	452
82	珍珠梅	Sorbaria kirilowii	华北珍珠梅、吉氏珍珠梅、雪柳	蔷薇科珍珠梅属	产华北、西北地区及河南、山东	452
83	东北珍珠梅	Sorbaria sorbifolia	珍珠梅、山高粱、八木条	蔷薇科珍珠梅属	产我国东北地区及内蒙古	452
84	华北绣线菊	Spiraea fritschiana	弗氏绣线菊	蔷薇科绣线菊属	产河北、山西、山东、江苏及华中、西北、东北地区	453
85	柳叶绣线菊	Spiraea salicifolia	绣线菊、珍珠梅、空心柳	蔷薇科绣线菊属	产东北地区及内蒙古、河北、水边，山沟常见	453
86	粉花绣线菊	Spiraea japonica	日本绣线菊、蚂蟥精	蔷薇科绣线菊属	原产日本、朝鲜。我国各地有栽培	453
87	金山绣线菊	Spiraea × bumalda 'Gold Mound'	金叶粉花绣线菊	蔷薇科绣线菊属	从美国引种，北方城市常见	454
88	金焰绣线菊	Spiraea × bumalda 'Gold Flame'		蔷薇科绣线菊属	从美国引种，北方城市常见	454

五、落叶灌木

序号	名称	拉丁名	别名	科属	产地及分布	彩图页
89	珍珠绣线菊	Spiraea thunbergii	珍珠花、喷雪花、雪柳、线叶绣线菊	蔷薇科绣线菊属	原产华东地区。华北及东北地区南部（含长春），山东、陕西等地有栽培	454
90	珍珠绣球	Spiraea blumei	绣球绣线菊、朴氏绣线菊、绣球	蔷薇科绣线菊属	北自辽宁、内蒙古，南至两广地区皆有分布	455
91	三裂绣线菊	Spiraea trilobata	三桠绣球、团叶绣球	蔷薇科绣线菊属	产亚洲中部至东部，我国东北、华北地区及山东、河南、陕西、甘肃、安徽有分布	455
92	土庄绣线菊	Spiraea pubescens	柔毛绣线菊、土庄花	蔷薇科绣线菊属	主产黄河流域及东北、华北地区，南达安徽、湖北	455
93	中华绣线菊	Spiraea chinensis	铁黑汉条、华绣线菊	蔷薇科绣线菊属	广布于我国西北、华北、长江流域至两广及西南各地区	455
94	麻叶绣球	Spiraea cantoniensis	麻叶绣线菊、石棒子、粤绣线菊	蔷薇科绣线菊属	产我国东部及南部地区。河北、河南、陕西有栽培	456
95	菱叶绣线菊	Spiraea × vanhouttei	范氏绣线菊	蔷薇科绣线菊属	1862年法国育成。山东、广东、广西及四川有栽培	456
96	欧亚绣线菊	Spiraea media	石棒绣线菊、石棒子	蔷薇科绣线菊属	产东北地区及河北、山西、新疆	456
97	石蚕叶绣线菊	Spiraea chamaedryfolia	乌苏里绣线菊、大叶绣线菊	蔷薇科绣线菊属	产山东、陕西及长江流域地区	456
98	李叶绣线菊	Spiraea prunifolia	笑靥花	蔷薇科绣线菊属	产湖北、湖南、江苏、浙江、江西、福建。北京有栽培	457
99	单瓣李叶绣线菊	S. prunifolia f. simpliciflora		蔷薇科绣线菊属	产黑龙江及河北等地	457
100	风箱果	Physocarpus amurensis	阿穆尔风箱果	蔷薇科风箱果属	原产北美洲东部。哈尔滨、沈阳、青岛、济南等地有栽培	457
101	北美风箱果	Physocarpus opulifolius	无毛风箱果	蔷薇科风箱果属	北京、辽宁、吉林等地有栽培	457
102	金叶风箱果	P. opulifolius 'Darts Gold'	矮生金叶风箱果	蔷薇科风箱果属	北京、辽宁、吉林、兰州等地有栽培	458
103	紫叶风箱果	P. opulifolius 'Diabolo'	金瓜果、茧子花	蔷薇科风箱果属	产河南、江苏、安徽、浙江、江西等地。青岛有栽培，北京可露地越冬	458
104	白鹃梅	Exochorda racemosa	榆叶白鹃梅	蔷薇科白鹃梅属	产我国东北地区南部及河北	458
105	齿叶白鹃梅	Exochorda serratifolia	锐齿白鹃梅	蔷薇科白鹃梅属	产河北、河南、山西、陕西、甘肃	459
106	红柄白鹃梅	Exochorda giraldii	纪氏白鹃梅	蔷薇科白鹃梅属	产东北、安徽、江浙地区、湖北及四川	459
107	金露梅	Potentilla fruticosa	金老梅、金蜡梅、药王茶	蔷薇科委陵菜属	产我国内蒙古、西南各地区	459
108	小叶金露梅	Potentilla parvifolia	银老梅、白花棍儿茶	蔷薇科委陵菜属	产西北至西南地区	459
109	银露梅	Potentilla glabra	银露梅、白花山	蔷薇科委陵菜属	产我国东北、河北、山西、河南、山东等地	459
110	山楂叶悬钩子	Rubus crataegifolius	牛叠肚、托盘、蓬蘽悬钩子	蔷薇科悬钩子属	产我国东北、华北地区及河南、陕甘及南至两广、西南地区	460
111	茅莓	Rubus parvifolius	红梅消、小叶悬钩子、茅莓悬钩子、婆婆头、草杨梅子	蔷薇科悬钩子属	产我国东北、河北、山西、河南、山东等地	460

五、落叶灌木

序号	名称	拉丁名	别名	科属	产地及分布	彩图页
112	山莓	*Rubus corchorifolius*	树莓、牛奶泡、大麦泡、泡儿刺、刺葫芦	蔷薇科悬钩子属	除东北地区、甘肃、青海、新疆、西藏外，全国均有分布	460
113	黑果腺肋花楸	*Aronia melanocarpa*	黑涩石楠、黑果花楸	蔷薇科腺肋花楸属	产北美洲东北部，我国2002年引种。东北地区、北京等地有栽培	460
114	紫荆	*Cercis chinensis*	乌桑、满条红	豆科紫荆属	产黄河流域及以南各地、陕西、河北。北京需背风	460
115	白花紫荆	*C. chinensis* 'Alba'	银荆	豆科紫荆属		461
116	锦鸡儿	*Caragana sinica*	黄金雀、金（黄）雀花、土黄豆、娘娘袜、阳雀花、黄棘	豆科锦鸡儿属	产华北、华东、华中及西南、陕西地区、山区多	461
117	红花锦鸡儿	*Caragana rosea*	金雀儿、飞来凤、黄枝条、紫花锦鸡儿	豆科锦鸡儿属	产东北、华北地区及河南、甘肃南部	461
118	树锦鸡儿	*Caragana sibirica*	蒙古锦鸡儿、小黄条	豆科锦鸡儿属	产东北、华北及西北地区	462
119	北京锦鸡儿	*Caragana pekinensis*	灰叶黄刺条	豆科锦鸡儿属	产华北地区、河北沿长城内外	462
120	小叶锦鸡儿	*Caragana microphylla*	雪里注	豆科锦鸡儿属	产东北、华北地区及山东、陕西、甘肃	462
121	胡枝子	*Lespedeza bicolor*	随军茶、茗条、二色胡枝子	豆科胡枝子属	产我国东北、华北地区及河南、山东、陕西、甘肃至长江以南广大地区	462
122	多花胡枝子	*Lespedeza floribunda*		豆科胡枝子属	产辽宁及华北、西北至长江流域各地区	463
123	美丽胡枝子	*Lespedeza formosa*		豆科胡枝子属	产我国中部至东南部地区、河北	463
124	兴安胡枝子	*Lespedeza davurica*	达乌里胡枝子、达呼尔胡枝子、毛果胡枝子	豆科胡枝子属	产华北地区经秦岭淮河以北至西南各地区	463
125	牛枝子	*Lespedeza potaninii*	牛筋子	豆科胡枝子属	产华北、西北地区及辽宁、山东、河南、江苏、四川、云南、西藏等地	463
126	杭子梢	*Campylotropis macrocarpa*		豆科杭子梢属	主产我国北部、西北至华南、西南地区有分布	464
127	花木蓝	*Indigofera kirilowii*	吉氏木蓝、花篮槐	豆科木蓝属	产东北南部、华北至华东地区北部	464
128	河北木蓝	*Indigofera bungeana*	铁扫帚、本氏木蓝、野蓝枝子、狼牙草、马棘、陕甘木蓝	豆科木蓝属	产辽宁、内蒙古、河北、山西、陕西	464
129	多花木蓝	*Indigofera amblyantha*		豆科木蓝属	产河北、山西、陕西、河南、甘肃及长江流域和西南地区	465
130	紫穗槐	*Amorpha fruticosa*	椒条、棉条、棉槐、紫槐	豆科紫穗槐属	原产北美洲。东北、华北、西北地区及长江流域广泛栽培，华北地区生长最好	465
131	白刺花	*Sophora davidii*	马蹄针、狼牙刺、铁马胡烧、苦刺花、小叶槐	豆科槐属	产华北、西北、华中、华东至西南各地区	465
132	木槿	*Hibiscus syriacus*	木棉、荆条、无穷花、篱樟花、朝开暮落花	锦葵科木槿属	原产我国中南部各地，东北南部至华南地区广为栽培	466

五、落叶灌木

序号	名称	拉丁名	别名	科属	产地及分布	彩图页
133	红花重瓣木槿	H. syriacus 'Ardens'	玫瑰重瓣木槿	锦葵科木槿属		466
134	粉紫重瓣木槿	H. syriacus 'Amplissimus'	桃紫重瓣木槿	锦葵科木槿属		466
135	紫花重瓣木槿	H. syriacus 'Violaceus'	菁紫重瓣木槿	锦葵科木槿属		466
136	白花重瓣木槿	H. syriacus 'Albo-plenus'		锦葵科木槿属		466
137	浅粉红心木槿	H. syriacus 'Hamabo'		锦葵科木槿属		466
138	白花深红心木槿	H. syriacus 'Dorothy Crane'		锦葵科木槿属		466
139	扁担杆	Grewia biloba	扁担木、孩儿拳头、葛荆棵、棉筋条	锦葵科扁担杆属	我国北自辽宁南经华北至华南、西南地区广泛分布	467
140	紫薇	Lagerstroemia indica	百日红、满堂红、痒痒树、猿猾树、猴刺脱	千屈菜科紫薇属	产华东、中南、西南各地区。北京可露地栽培	467
141	红薇	L. indica 'Rubra'		千屈菜科紫薇属		468
142	翠薇	L. indica 'Purpurea'		千屈菜科紫薇属		468
143	银薇	L. indica 'Alba'		千屈菜科紫薇属		468
144	矮紫薇	L. indica 'Petite Pinkie'	姬紫薇、姬百日红	千屈菜科紫薇属	从日本引进	468
145	天鹅绒紫薇	L. indica 'Pink Velour'	美国红叶紫薇	千屈菜科紫薇属	美国1996年选育，我国2010年前后引种，南北方有栽培	468
146	紫叶紫薇	L. indica 'Chocolate'		千屈菜科紫薇属		469
147	红瑞木	Cornus alba	红梗木、凉子木、红瑞山茱萸	山茱萸科梾木属	产东北、华北、西北地区及山东、江苏	469
148	金叶红瑞木	C. alba 'Aurea'		山茱萸科梾木属		469
149	银边红瑞木	C. alba 'Variegata'		山茱萸科梾木属		469
150	金边红瑞木	C. alba 'Spaethii'		山茱萸科梾木属		469
151	芽黄红瑞木	C. alba 'Bud Yellow'		山茱萸科梾木属		469
152	偃伏梾木	Cornus stolonifera		山茱萸科梾木属	原产北美洲东部。我国东北地区一些城市有栽培	470
153	金枝梾木	C. stolonifera 'Graviamea'		山茱萸科梾木属		470
154	迎春	Jasminum nudiflorum	迎春花、金腰带、小黄花、金梅	木樨科茉莉属	产山东、河南、山西、甘肃、陕西、云贵川地区及西藏东南部	470
155	连翘	Forsythia suspensa	黄花杆、黄寿丹、黄绶带	木樨科连翘属	主产长江以北地区。除华南地区外，其他各地均有栽培	471
156	金叶连翘	F. suspensa 'Aurea'		木樨科连翘属	北京、大连有栽培	471
157	黄斑叶连翘	F. suspensa 'Variegata'	花叶连翘	木樨科连翘属		471

序号	名称	拉丁名	别名	科属	产地及分布	彩图页
158	网脉连翘	F. suspensa 'Aureo Reticulata'	金脉连翘	木樨科连翘属	主产长江流域。除华南地区外，全国各地有栽培	471
159	金钟花	Forsythia viridissima	细叶连翘、迎春柳、金梅花	木樨科连翘属	原产朝鲜。我国东北地区有栽培	472
160	朝鲜金钟花	F. viridissima var. koreana	朝鲜连翘	木樨科连翘属	欧美常见，我国已引种	472
161	金钟连翘	Forsythia × intermedia	杂种连翘、美国金钟连翘	木樨科连翘属		472
162	卵叶连翘	Forsythia ovata		木樨科连翘属	原产朝鲜。我国东北各地庭园有栽培	472
163	东北连翘	Forsythia mandshurica		木樨科连翘属	产辽宁沈丹铁路沿线山地，东北地区及北京有栽培	472
164	紫丁香	Syringa oblata	丁香、华北紫丁香、百结花	木樨科丁香属	产东北、华北、西北（除新疆）至西南地区，达四川西北部	473
165	白丁香	S. oblata 'Alba'		木樨科丁香属	产河南、华北。华北地区普遍栽培	474
166	佛手丁香	S. oblata var. plena	白花重瓣丁香	木樨科丁香属	北京等地有栽培	474
167	紫萼丁香	S. oblata var. giraldii	毛紫丁香	木樨科丁香属	产华北、东北、西南地区	474
168	长筒白丁香	S. oblata 'Changtongba'		木樨科丁香属	国家植物园杂交培育	474
169	晚花紫丁香	S. oblata 'Wan Hua Zi'		木樨科丁香属	国家植物园杂交培育	474
170	欧洲丁香	Syringa vulgaris	欧丁香、洋丁香	木樨科丁香属	原产欧洲中部至东南部。华北、东北、西北地区有栽培	475
171	白花欧洲丁香	S. vulgaris 'Alba'		木樨科丁香属		475
172	蓝花重瓣欧丁香	S. vulgaris 'Coerulea-plena'		木樨科丁香属	哈尔滨、沈阳、北京等地有栽培	475
173	紫叶丁香	S. vulgaris 'Ziye'		木樨科丁香属	北京、沈阳等地有栽培	475
174	什锦丁香	Syringa × chinensis		木樨科丁香属	1777年法国用欧洲丁香与波斯丁香杂交育成。北京、东北地区有栽培	475
175	巧玲花	Syringa pubescens	毛叶丁香、小叶丁香、雀舌花	木樨科丁香属	产吉林、辽宁，华北至西北地区	476
176	小叶丁香	S. pubescens ssp. microphylla	小叶巧玲花、四季丁香	木樨科丁香属	产我国北部及中西部	476
177	关东丁香	S. pubescens ssp. patula	关东巧玲花、小叶丁香、毛丁香	木樨科丁香属	产东北长白山，辽宁、河北、黑龙江有栽培	476
178	红丁香	Syringa villosa	柏氏丁香、长毛丁香	木樨科丁香属	产辽宁、华北及西北地区。内蒙古有栽培	476
179	辽东丁香	S. villosa ssp. wolfii		木樨科丁香属	主产我国东北地区，华北地区也有分布。青海西宁有栽植	477
180	匈牙利丁香	Syringa josikaea		木樨科丁香属	原产欧洲各尔巴阡山，阿尔卑斯山。我国东北地区、北京等地有栽培	477
181	花叶丁香	Syringa × persica	波斯丁香	木樨科丁香属	甘肃、四川、西藏有分布。我国北部庭园多栽培观赏	477
182	蓝丁香	Syringa meyeri	蓝紫丁香、南丁香	木樨科丁香属	产大行山脉南端，山西南部和河南北部。北方常见栽培	478
183	四季蓝丁香	S. meyeri 'Si Ji Lan'		木樨科丁香属		478
	甘肃丁香	Syringa protolaciniata	华丁香	木樨科丁香属	产甘肃东南部、青海东部、内蒙古贺兰山。我国北方地区有栽培	—
184	裂叶丁香	Syringa laciniata	羽裂丁香	木樨科丁香属	产我国西北部。北京、沈阳、哈尔滨等北方园林有栽培	478

五、落叶灌木

五、落叶灌木

序号	名称	别名	拉丁名	科属	产地及分布	彩图页
185	羽叶丁香		Syringa pinnatifolia	木樨科丁香属	产内蒙古西部、陕西南部。甘肃、宁夏、四川西部。北京有栽培	479
186	金叶女贞		Ligustrum × vicaryi	木樨科女贞属	1984年引入我国，各地普遍栽培	479
187	水蜡	辽东水蜡	Ligustrum obtusifolium	木樨科女贞属	产黑龙江、辽宁、山东及江苏沿海地区至浙江舟山群岛。新疆伊宁有栽培	479
188	金叶水蜡		L. obtusifolium 'Jinye'	木樨科女贞属	辽宁海坡培育	480
189	紫叶水蜡		L. obtusifolium 'Atropurpureum'	木樨科女贞属	吉林、辽宁等地有栽培	480
190	小蜡	山指甲、黄心柳	Ligustrum sinense	木樨科女贞属	产长江以南各地区。北京小气候好可露地	480
191	银姬小蜡	斑叶小蜡	L. sinense 'Variegatum'	木樨科女贞属		480
192	金姬小蜡		L. sinense 'Golden Leaves'	木樨科女贞属		481
193	小紫珠	白棠子树	Callicarpa dichotoma	马鞭草科紫珠属	产我国东部及中南部。北京常见栽培	481
194	白果紫珠		C. dichotoma 'Albo-fructa'	马鞭草科紫珠属		481
195	日本紫珠	紫珠	Callicarpa japonica	马鞭草科紫珠属	产我国辽宁、山东、安徽、浙江、江西、湖南及华北、西南等地区	481
196	紫珠	珍珠枫、漆大伯、大叶鸦鹊饭、白木姜、紫荆、爆竹紫	Callicarpa bodinieri	马鞭草科紫珠属	产河南南部、甘肃、陕西中南部各地区。其他产地同紫珠。北京有栽培	—
	老鸦糊	鱼胆、兰香草、小米团花	Callicarpa giraldii	马鞭草科紫珠属	产华东及中南各地区。北京有栽培	482
197	莸	兰香草、马蒿	Caryopteris incana	马鞭草科莸属	产河北、山西、陕西、内蒙古及甘肃	482
198	蒙古莸	白沙蒿、山狼毒、兰花茶	Caryopteris mongholica	马鞭草科莸属	国外引进。东北、西北、华东、华中地区有栽培	482
199	金叶莸	莸与蒙古莸杂交种	Caryopteris × clandonensis 'Worcester Gold'	马鞭草科莸属	由美国引进的栽培变种。东北、华北、华东、中南及西南各地区	482
200	邱园蓝莸	蓝花莸	Caryopteris × clandonensis 'Kew Blue'	马鞭草科莸属	产辽宁、甘肃、陕西以及华北、西北地区、长江中下游及西南各地区有栽培	483
201	海州常山	臭梧桐、后庭花、香楸	Clerodendrum trichotomum	唇形科大青属	产辽宁、甘肃、陕西以及华北、中南及西南各地区	483
202	臭牡丹	臭八宝、臭梧桐、矮桐子	Clerodendrum bungei	唇形科大青属	产我国华北、西北地区，主产长江以南	483
203	黄荆		Vitex negundo	唇形科牡荆属	分布几乎遍及全国	484
204	荆条	荆	V. negundo var. heterophylla	唇形科牡荆属	产东北南部、华北、西北、华东至西南各地区	484
205	牡荆		V. negundo var. cannabifolia	唇形科牡荆属	我国自河北经华东、中南至西南各地区均有分布	484
206	穗花牡荆		Vitex agnus-castus	唇形科牡荆属	原产欧洲。北京、江苏、上海等地有栽培	485
	单叶蔓荆		Vitex rotundifolia	唇形科牡荆属	产辽宁、河北、山东到海南的沿海地区及部分内陆地区	—
207	锦带花	连萼锦带花	Weigela florida	忍冬科锦带花属	产东北地区南部、华北地区及河南、山东、陕西、江西等地	486

五、落叶灌木

序号	名称	拉丁名	别名	科属	产地及分布	彩图页
208	四季锦带花	W. florida 'Semperflorens'		忍冬科锦带花属	从美国引进，华北、东北、西北、华东地区有栽植	485
209	红王子锦带	W. florida 'Red Prince'	红花锦带花	忍冬科锦带花属		485
210	粉公主锦带	W. florida 'Pink Princess'	深粉锦带花	忍冬科锦带花属		486
211	亮粉锦带花	W. florida 'Abel Carriere'		忍冬科锦带花属	杂种起源	486
212	花叶锦带花	W. florida 'Variegata'	银边锦带花	忍冬科锦带花属		486
213	金叶锦带花	W. florida 'Aurea'		忍冬科锦带花属	辽宁及北京等地有栽培	486
214	紫叶锦带花	W. florida 'Purpurea'		忍冬科锦带花属	华北地区及辽宁有栽培	486
215	日本锦带花	Weigela japonica	杨栌	忍冬科锦带花属	原产日本。我国南北多地栽培	486
216	早锦带花	Weigela praecox	毛叶锦带花	忍冬科锦带花属	产俄罗斯、朝鲜及我国东北地区南部。北京有栽培	487
217	海仙花	Weigela coraeensis	朝鲜锦带花	忍冬科锦带花属	原产日本。华北及华东地区常见栽培，北京可露地越冬	487
218	红海仙花	W. coraeensis 'Rubriflora'		忍冬科锦带花属	原产日本。北京有栽培	487
219	金银木	Lonicera maackii	金银忍冬	忍冬科忍冬属	产东北、华北、华东地区、陕西、甘肃至西南地区	487
220	新疆忍冬	Lonicera tatarica	鞑靼忍冬、桃色忍冬	忍冬科忍冬属	产欧洲东部至西伯利亚。新疆北部有分布，华北、东北地区有栽培	488
221	红花新疆忍冬	L. tatarica 'Arnold Red'	深红新疆忍冬	忍冬科忍冬属	华北、东北地区及新疆有栽培	488
222	白花新疆忍冬	L. tatarica 'Alba'		忍冬科忍冬属		489
223	繁果忍冬	L. tatarica 'Myriocarpa'		忍冬科忍冬属		489
224	橙果新疆忍冬	L. tatarica 'Morden Orange'		忍冬科忍冬属		489
225	蓝叶忍冬	Lonicera korolkowii	柯氏忍冬	忍冬科忍冬属	原产土耳其。北京、沈阳、长春等地有栽培	489
226	郁香忍冬	Lonicera fragrantissima	香忍冬、香吉利子、四月红	忍冬科忍冬属	产河南、河北、陕西南部、山西、安徽南部、浙江、江西、湖北等地	489
227	苦糖果	L. fragrantissima ssp. standishii	神仙豆腐、鸡骨头、苦竹泡、驴奶果、狗蛋子	忍冬科忍冬属	产我国中西部至部，北方如陕西、甘肃、山东、河南等地	490
228	葱皮忍冬	Lonicera ferdinandii	秦岭忍冬、波叶忍冬、千层皮、大葱皮木、秦岭金银花	忍冬科忍冬属	产我国东北地区南部、山西、河南，陕西及甘肃南部，四川北部等地区	490
229	长白忍冬	Lonicera ruprechtiana	扁旦胡子	忍冬科忍冬属	产东北地区及河北等地	490
230	蓝靛果忍冬	Lonicera caerulea var. edulis		忍冬科忍冬属	产东北、西北及华北地区高山灌丛中	491
231	金花忍冬	Lonicera chrysantha	黄花忍冬	忍冬科忍冬属	产东北、西北及山东、河南，四川东部和北部等地	491
232	天目琼花	Viburnum sargentii	鸡树条（荚蒾）、萨氏荚蒾、佛头花	忍冬科荚蒾属	产东北、华北地区至长江流域，陕西、甘肃、宁夏等西北地区	491
233	欧洲琼花	Viburnum opulus	欧洲荚蒾	忍冬科荚蒾属	产欧洲、亚洲及非洲北部。新疆西北部山地有分布，青岛、北京有栽培	492

五、落叶灌木

序号	名称	拉丁名	别名	科属	产地及分布	彩图图页
234	欧洲雪球	Viburnum opulus 'Roseum'	欧洲绣球	忍冬科荚蒾属	北京、青岛有栽培	492
235	木本绣球	Viburnum macrocephalum	绣球荚蒾、斗球、绣球、八仙花、紫阳花	忍冬科荚蒾属	原产我国长江流域。山东、河南、河北、江苏、浙江等地有栽培	492
236	琼花	V. macrocephalum f. keteleeri	聚八仙、八仙花、蝴蝶木、扬州琼花	忍冬科荚蒾属	产长江中下游地区。扬州市花。北京能栽培	493
237	蝴蝶绣球	Viburnum plicatum	粉团、雪球荚蒾、日本绣球	忍冬科荚蒾属	产中国及日本，湖北西部和贵州中部有分布。长江流域庭园常见，北京、大连等地有栽培	493
238	蝴蝶戏珠花	V. plicatum f. tomentosum	蝴蝶荚蒾、蝴蝶荚蒾	忍冬科荚蒾属	产华东、华中、西南地区及陕西南部、河南	493
239	荚蒾	Viburnum dilatatum		忍冬科荚蒾属	产黄河以南至华南、西南地区	494
240	香荚蒾	Viburnum farreri	香探春、野绣球	忍冬科荚蒾属	产河南、甘肃、青海及新疆等地。华北地区常有栽培	494
241	暖木条荚蒾	Viburnum burejaeticum	修枝荚蒾、河朔绣球花	忍冬科荚蒾属	产东北地区及河北东北部、山西中部	494
242	蒙古荚蒾	Viburnum mongolicum	蒙古绣球花	忍冬科荚蒾属	产内蒙古中南部、河北、山西、陕西、宁夏、甘肃、青海等地区	494
243	猬实	Kolkwitzia amabilis	蝟实	忍冬科猬实属	我国特有。产山西、陕西、河南、河南、湖北及安徽等省。北京生长良好	495
244	追梦人猬实	K. amabilis 'Dream Catcher'	金叶猬实	忍冬科猬实属		495
245	糯米条	Abelia chinensis	茶树条	忍冬科糯米条属	产长江以南各地。北方有栽培，北京可露地	495
246	六道木	Zabelia biflora	六条木、双花六道木	忍冬科六道木属	分布于我国黄河以北的辽宁、河北、山西等地	496
247	接骨木	Sambucus williamsii	公道木、续骨草、九节风	忍冬科接骨木属	产东北、华北、华东、西北及西南地区	496
248	西洋接骨木	Sambucus nigra		忍冬科接骨木属	原产欧洲。北京、山东、江苏、上海等地有栽培	496
249	金叶裂叶接骨木	S. nigra 'Sutherland Gold'		忍冬科接骨木属	原产欧洲及西亚。我国北京、大连、沈阳等地有栽培	497
250	加拿大接骨木	Sambucus canadensis		忍冬科接骨木属	原产北美洲。我国华北、东北地区有栽培	497
251	金叶接骨木	S. canadensis 'Aurea'		忍冬科接骨木属	原产北美洲。我国华北、东北等地有栽培	497
252	雪果	Symphoricarpus albus		忍冬科毛核木属	原产北美洲。北京等地引种栽培	497
253	红雪果	Symphoricarpus orbiculatus	小花毛核木、雪果忍冬	忍冬科毛核木属	原产墨西哥、美国。北京等地引种栽培	497
254	牡丹	Paeonia suffruticosa	花王、洛阳花、木芍药、鹿韭、鼠姑、天香国色	芍药科芍药属	原产我国中部及北部。菏泽和洛阳是著名产地	498
255	紫斑牡丹	Paeonia rockii	甘肃牡丹、西北牡丹	芍药科芍药属	产云南中西部、四川北部、甘肃东南部、陕西南部、河南、湖北西部。哈尔滨可种植	498
	凤丹	Paeonia ostii	杨山牡丹	芍药科芍药属	产河南西部。安徽铜陵栽培最为著名	—

五、落叶灌木

序号	名称	拉丁名	别名	科属	产地及分布	彩图页
256	大叶醉鱼草	Buddleja davidii	大卫醉鱼草、绛花醉鱼草、兴山醉鱼草	醉鱼草科醉鱼草属	产陕西、甘肃南部经长江流域至华南、西南地区。华北地区多见，可露地栽培	499
257	紫花醉鱼草	B. davidii 'Lochinch'		醉鱼草科醉鱼草属		499
258	粉花醉鱼草	B. davidii 'Charming'		醉鱼草科醉鱼草属		499
259	白花醉鱼草	B. davidii 'White Profusion'		醉鱼草科醉鱼草属		499
260	金叶醉鱼草	B. davidii 'Santana'	桑塔纳大叶醉鱼草	醉鱼草科醉鱼草属		499
261	醉鱼草	Buddleja lindleyana	闭鱼花、痒见消、毒鱼草、五霸蔷	醉鱼草科醉鱼草属	产河南、山东、长江流域及以南各地。北方较少见，北京有栽培	499
262	互叶醉鱼草	Buddleja alternifolia	白芨、白积梢、泽当醉鱼草、小叶醉鱼草	醉鱼草科醉鱼草属	我国特产。产华北、西北地区及四川、西藏等地。济南有栽培	500
263	枸杞	Lycium chinense	食用枸杞	茄科枸杞属	东北南部、华北、西北至长江以南、西南地区均有分布	500
264	菱叶枸杞	L. chinense var. rhombifolia		茄科枸杞属		500
265	宁夏枸杞	Lycium barbarum	中宁枸杞、津枸杞、山枸杞	茄科枸杞属	产西北地区和内蒙古、山西、河北北部	501
266	黑果枸杞	Lycium ruthenicum		茄科枸杞属	分布于陕西西北部、宁夏、甘肃、青海、新疆和西藏，西南地区也有	501
267	卫矛	Euonymus alatus	鬼箭羽	卫矛科卫矛属	产东北南部、华北、西北至长江流域各地	502
268	火焰卫矛	E. alatus 'Compacta'	密冠卫矛	卫矛科卫矛属	从欧洲引入。我国华北地区有栽培	502
269	栓翅卫矛	Euonymus phellomanus		卫矛科卫矛属	产陕西、河南、山西、宁夏、甘肃及四川北部	502
270	花椒	Zanthoxylum bungeanum	秦椒、蜀椒	芸香科花椒属	产辽宁、华北、西北至长江流域及西南各地。华北地区栽培最多	502
271	野花椒	Zanthoxylum simulans	刺叶椒、刺椒、黄椒	芸香科花椒属	产华北地区至长江中下游一带	502
272	枸橘	Poncirus trifoliata	枳、枸桔、臭橘、雀不站	芸香科枸橘属	分布于黄河流域以南。北京能露地栽培	503
273	木本香薷	Elsholtzia stauntonii	华北香薷、柴荆芥	唇形科香薷属	产辽宁、华北地区至陕西、甘肃	503
274	白花木本香薷	E. stauntonii 'Alba'		唇形科香薷属	产辽宁、华北地区至陕西	503
275	薄皮木	Leptodermis oblonga	白柴	茜草科野丁香属	产我国华北地区及陕西、河南、湖北、四川及云南、北京、河北最常见	503
276	迎红杜鹃	Rhododendron mucronulatum	蓝荆子	杜鹃花科杜鹃花属	产东北和华北地区山地、山东、江苏北部	504
277	兴安杜鹃	Rhododendron dauricum		杜鹃花科杜鹃花属	产东北地区及内蒙古	504
278	杜鹃	Rhododendron simsii	杜鹃花、山踯躅、山石榴、映山红、照山红	杜鹃花科杜鹃花属	产长江流域及以南各地山地。山东五莲山有野生分布	504
279	大字杜鹃	Rhododendron schlippenbachii	大字香	杜鹃花科杜鹃花属	产东北长白山至辽宁东部和南部及内蒙古东部	504

续表

序号	名称	拉丁名	别名	科属	产地及分布	彩图页
280	笃斯越橘	*Vaccinium uliginosum*	野生蓝莓、笃斯、都柿、黑豆树、地果、龙果	杜鹃花科越橘属	产亚洲北部及北欧、北美。我国东北部及东北部山地有分布	505
281	蓝莓	*V. uliginosum* 'Bluecrop'		杜鹃花科越橘属	产美国。我国辽宁、北京等地有栽培	505
282	秋胡颓子	*Elaeagnus umbellata*	牛奶子、伞花胡颓子、甜枣、麦粒子	胡颓子科胡颓子属	主产长江流域及以北、西南地区、甘肃、宁夏	505
283	酸枣	*Ziziphus jujuba* var. *spinosa*	棘、角针、硬枣、山枣树、刺枣、野枣	鼠李科枣属	产辽宁、内蒙古、黄河及淮河流域、华北地区常见	506
284	鼠李	*Rhamnus davurica*	大绿、臭李子、火琉璃	鼠李科鼠李属	产我国东北至华北地区	506
285	东北鼠李	*Rhamnus schneideri* var. *manshurica*		鼠李科鼠李属	产吉林、辽宁、河北、山西及山东	506
286	圆叶鼠李	*Rhamnus globosa*	山绿柴、黑旦子	鼠李科鼠李属	产华北至华东地区	506
287	小叶鼠李	*Rhamnus parvifolia*	琉璃枝	鼠李科鼠李属	产辽宁、华北地区至陕西、宁夏等地	506
288	冻绿	*Rhamnus utilis*	红冻、狗李、绿皮刺、冻木树	鼠李科鼠李属	产我国华中、华东、华中及西南地区	506
289	榛子	*Corylus heterophylla*	平榛	桦木科榛属	产东北、华北及西北地区山地	507
290	毛榛子	*Corylus mandshurica*	火榛子	桦木科榛属	产东北、华北地区山地、西北、西南地区也有分布	507
291	虎榛子	*Ostryopsis davidiana*	棱榆	桦木科虎榛子属	产辽宁西部、华北地区、陕西、甘肃及四川北部，黄土高原优势灌木	507
292	蚂蚱腿子	*Pertya dioica*	万花木	菊科帚菊属	产辽宁西部、内蒙古东南部、河北、山西、河南、陕西	507
293	省沽油	*Staphylea bumalda*	水条、珍珠花	省沽油科省沽油属	产长江中下游地区、华北地区及辽宁	508
294	刺五加	*Eleutherococcus senticosus*	老虎潦	五加科五加属	产东北及华北地区	508
295	无梗五加	*Eleutherococcus sessiliflorus*	短梗五加	五加科五加属	产河北、东北地区	508
296	银芽柳	*Salix* × *leucopithecia*	棉花柳、银柳	杨柳科柳属	原产我国东北地区及日本。沪、宁、杭、北京一带有栽培	509
297	杞柳	*Salix integra*	蒲柳、簸箕柳	杨柳科柳属	产东北地区、河北等地	509
298	花叶杞柳	*S. integra* 'Hakuro Nishiki'	花叶柳、彩叶杞柳	杨柳科柳属	从加拿大引入。大连、北京、河南及华东地区有栽培	509
299	筐柳	*Salix linearistipularis*	蒙古柳	杨柳科柳属	产华北至西北地区	510
300	蒿柳	*Salix viminalis*	清钢柳、绢柳	杨柳科柳属	产东北地区、内蒙古东部及河北	510
301	叶底珠	*Flueggea suffruticosa*	一叶荻、狗梢条	叶下珠科白饭树属	东北、华北地区及河南、湖北、四川、陕西、贵州等地均有分布	510
302	雀儿舌头	*Leptopus chinensis*	黑钩叶、断肠草	叶下珠科雀舌木属	除黑龙江、新疆、福建、海南和广东外，全国各地区均有分布	510
303	木贼麻黄	*Ephedra equisetina*	木麻黄、山麻黄	麻黄科麻黄属	产华北及西北地区	511

五、落叶灌木

序号	名称	拉丁名	别名	科属	产地及分布	彩图页
304	北美冬青	Ilex verticillata	轮生冬青、美洲冬青、奥斯特（品种）	冬青科冬青属	原产美国东北部。我国东北地区、北京、陕甘宁地区、山东、江浙地区、福建引种成功	511
305	夏蜡梅	Calycanthus chinensis	黄梅花、蜡木、大叶柴、牡丹木、夏梅	蜡梅科夏蜡梅属	20世纪50年代发现于浙江昌化、天台。北京、西安、长江流域有栽培	511
306	山胡椒	Lindera glauca	野胡椒、牛筋树、假死柴、香叶子	樟科山胡椒属	广布于我国黄河以南地区。北方产山东、河南、陕西、甘肃、山西	511
307	结香	Edgeworthia chrysantha	黄瑞香、打结花、雪里开、梦花、三椏	瑞香科结香属	山东、河南、陕西至长江流域以南各地有分布	512
308	木芙蓉	Hibiscus mutabilis	芙蓉花、拒霜花、木莲、酒醉芙蓉、三变花、秋牡丹	锦葵科木槿属	我国湖南原产。黄河流域至华南、西南各地有栽培	512
309	重瓣芙蓉	H. mutabilis 'Plenus'		锦葵科木槿属		512
310	醉芙蓉	H. mutabilis 'Versicolor'		锦葵科木槿属		512
311	海滨木槿	Hibiscus hamabo	海槿、日本黄槿、黄芙蓉、海塘树	锦葵科木槿属	原产日本、朝鲜半岛。我国舟山群岛和福建沿海岛屿、深圳、北京、天津有栽培	512

落叶灌木　表二

序号	名称	观赏及应用	生态习性、栽培管护	辨识
1	小檗	小花淡黄色，花期5月。浆果椭圆形，秋天果、叶红艳	中性，喜光、耐半阴，耐寒，耐干旱瘠薄；耐修剪	枝红褐色，刺通常不分叉。叶多簇生，倒卵形、倒卵状匙形，长1~2cm。花2~5朵呈具总硬的伞形花序。果长约8mm
2	紫叶小檗	在阳光充足情况下，叶常年紫果红色，秋果红	中性，耐寒	
3	朝鲜小檗	花黄色，花期5月。果亮红色或橘红色，经冬不落	喜光，稍耐阴，十分耐寒，耐干旱	老枝暗红褐色，有纵槽，枝节部有单刺或3~7分叉刺，呈明显掌状。叶长3~7cm，长椭圆形至倒卵形，缘有刺齿。花呈下垂的总状花序
4	黄芦木	花淡黄色，花期5~6月。浆果稍球形，鲜红色，长约1cm，果期8~9月。花果美丽	喜光，稍耐阴，耐寒性强，耐干旱，不耐积水，耐轻盐碱；乌鲁木齐有栽培	老枝灰色，刺三叉，长1~2cm。叶倒卵状椭圆形，长3~8cm，缘具细刺齿，叶背网脉明显。花10~25朵呈下垂的总状花序，花瓣顶端浅缺裂
5	细叶小檗	花黄色，花期5~6月。浆果卵球形，长约9mm，鲜红色	喜光，耐寒，耐旱	小枝紫褐色，刺常单生。叶倒披针形，长1.5~4cm。花常单生。下垂总状花序，花瓣先端锐裂
6	匙叶小檗	花黄色，花期5~6月。浆果长圆形，淡红色，长4~5mm	生于河滩地或山坡灌丛中	茎刺粗壮，单生，叶倒披针形或匙状倒披针形，长1~5cm，全缘，偶具1~3刺齿。总状花序具15~35花
7	蜡梅	花被片蜡质，黄色，内部有紫色条纹，浓香，花期1~2月。花迎风亮节。坚贞不屈，蜡梅迎霜傲雪，寓意刚强、忠贞、高洁而有傲骨。出淤然正气和独特的美丽	阳性，喜温暖、湿润，有一定耐寒性；喜肥，宜土层深厚、排水良好的中性及微酸性土壤，及盐碱地生长不良；忌水湿、耐干旱，萌生力强，耐修剪，宜背风向阳栽植。因花蕾生当年新枝上，花谢后，及时将花枝进行短截，促进次年更多花枝增多，花更旺盛	小枝近方形。单叶对生，卵状椭圆形，长7~15cm，半革质，较粗糙。花径2~3cm。果为坛状果托所包，品种160种以上
8	素心蜡梅	花被片纯黄色，内部无紫色条纹，香味稍淡	同原种	花径2.6~3cm。花瓣先端或略尖，盛开时花瓣反卷
9	馨口蜡梅	花较大，深鲜黄色，红心，花盛开时半开半合，花期而长	同原种	叶较大，可达20cm。花径3~3.5cm，花被片近圆形且内凹
10	虎蹄蜡梅	外轮花被片淡黄色，内轮花被片近白色，中心有形如虎蹄的紫红色斑纹	同原种	花径3~4.5cm
11	狗牙蜡梅	花小，黄色，红芯，香浓	多为实生苗或野生类型	花径1~1.2cm。花瓣狭长而尖
12	太平花	花乳白色，径2~3cm，顶端4裂，有香气。花语为平安吉祥美丽	弱阳性，耐阴，喜寒，喜湿润环境，怕涝，对土壤要求不严，土壤含盐0.12%能正常生长	树皮易剥落。幼枝无毛，常常紫色。叶卵形或状卵椭圆形，长4~8cm，具基出脉，缘疏生乳头状齿。蒴果常倒圆锥形，花柄具5~9花。总状花序具5~11花，有金丝桃型
13	山梅花	花白色，径约2.5cm，有香气，花期5~6月	弱阳性，较耐寒（-20℃），耐热，耐旱，怕水湿，不择土壤	幼枝及叶有柔毛，叶卵形或长圆状卵形，长3~7cm，缘有细尖齿，背面密被白色长粗毛。有金色柔毛
13	东北山梅花	花白色，径2.5~3.5cm，微香，花期6~7月，花期较长。花语为平安，顺畅。太平花寓意吉祥天下太平	喜光，稍耐阴，耐寒，耐旱，多生于山地疏林或灌丛	小枝褐色，多少有毛。叶卵形至卵形，长4~7cm，缘有疏齿或近全缘。总状花序具5~7花，花萼及萼筒下部被灰褐色柔毛

序号	名称	观赏及应用	生态习性、栽培管护	辨识
14	溲疏	花白色或外面带粉红色，径1.5～2.5cm，花期5～6月	喜光，稍耐阴，喜温暖、湿润气候，有一定耐寒性；抗旱，对土壤要求不严，以排水良好、肥沃的中到微酸性壤土为佳；萌蘖力强，耐修剪。北京以南、西安以东有栽培	树皮薄片状剥落。叶卵形至卵状披针形，长4.5～7cm，缘具细圆齿。圆锥花序长5～10cm，花丝先端有2短齿，花梗和萼筒密被黄褐色毛。蒴果近球形，灰绿色，先端截形，径约5mm，果期10～11月
15	白花重瓣溲疏	花重瓣，纯白色，密集，美丽	同原种	花蕾外有红晕
16	大花溲疏	花白色，4月中下旬叶前开放，是本属中花最大和开花最早者，花坠满树雪白美丽	弱阳性，喜温暖、喜寒，喜生干燥处，对土壤要求不严	叶卵形，长2～5cm，缘有芒状小齿，表面粗糙，背面密被灰白色毛。花序具1～3花，花径2～3cm，花丝先端具2钩状尖齿。蒴果半球形
17	钩齿溲疏	花白色，花期4月中下旬，叶前开放	喜生阴湿处	叶卵形，与大花溲疏的区别是叶背绿色，疏被星状毛。花径1.5～2.5cm
18	小花溲疏	小花白色，径约1.2cm，素雅繁密，花期6月	喜光，稍耐阴，耐寒性强，耐旱，不耐积水，对土壤要求不严；萌芽力强，耐修剪。多生于山地林缘及灌丛中	叶卵状椭圆形至卵状披针形，长3～8cm，具多数花，缘有细齿。伞房花序径2～5cm，花丝几无裂齿
19	圆锥八仙花	顶生圆锥花序长10～20cm，白色可育两性花小，不育花大，仅具4枚白色花瓣状萼片，花期8～9月	喜光，稍耐阴，耐半阴，耐酷暑，耐严寒；喜肥，忌水涝，宜排水良好的微酸性土壤	枝暗红褐色或灰褐色。叶对生，有时在上部3叶轮生，卵形或椭圆形，长6～12cm，先端渐尖或急尖，缘有内曲细齿
20	圆锥绣球	花色渐变浅粉红至粉紫色，花期7～10月，开花久，冬季宿存	喜阴，稍耐阴，喜温暖、湿润气候，怕旱，怕涝，不耐寒，东北可露地越冬；喜肥沃、湿润、排水良好的土壤，不耐干旱，稍耐瘠薄和盐碱	小枝褐色。叶长圆形或椭圆形，长7～10cm，宽3～5cm，圆锥花序尖塔型，全部或大部由大形不育花组成，长可达40cm，宽30cm
21	绣球	顶生伞房花序近球形，径15～20cm或更大，粉或蓝色，花期6～7月。花与土壤酸碱性有关，酸性越强花色越蓝，碱性越强花色越红。植株有毒，儿童误食	喜阴，喜温暖、湿润气候，排水良好的酸性土体。抗二氧化硫等多种有毒气体。花谢后一个月内应进行修剪、施肥，有利于植株健壮生长，来年花开旺盛。冬季修剪只可剪除枝顶在下2～3节枝叶，以保留花芽；同时施磷钾肥为主的基肥，利于花芽饱满	小枝粗壮，皮孔明显。叶大而有光泽，倒卵形至椭圆形，长7～20cm，缘具粗齿，网状小脉两面明显。花序中几乎全是大型不育花
22	延绵夏日绣球	叶碧绿。花朵硕大精致，花色可控，花期5～11月	耐寒品种，较耐阴，光照不宜太强。北京地区冬季低修剪，覆土可露地越冬	
23	银边八仙花	叶较小，边缘白色	同原种	
24	雪山绣球花	花白色，花期5～10月	耐寒，可耐-35℃低温，喜湿润，但怕积水。北京可露地栽培，冬季防寒	成株高度可达1.5m。花序径达20cm以上，花大，不孕花大，花色在酸性土壤中变蓝，在碱性土壤中变粉红
25	东陵八仙花	花白色，边缘不育花白色后变淡紫色，美丽，花期6～7月	喜光，稍耐阴，耐寒，喜湿润、排水良好的土壤	枝条红褐或栗褐色，叶卵形，叶柄常带红色，叶卵形至长卵形，长5～15cm，宽2～5cm，缘具尖齿。伞房花序径7～15cm

序号	名称	观赏及应用	生态习性、栽培管护	辨识
26	东北茶藨子	花黄绿色，花期5～6月。8～9月红红果美丽，可食	喜光，稍耐阴，怕热	高1～2m，枝较粗。总状花序长5～15cm，花两性，萼片反折。浆果球形，径7～9mm，有光泽
27	美丽茶藨子	花浅绿黄色或淡红褐色，花期5～6月。浆果球形，红色，美丽，果期9～10月	弱阳性，耐寒，抗性强	叶缘具粗齿。叶基常具一对小刺。叶广卵圆形，长1.5～4cm，3（5）深裂，裂缘具粗毛，两面具柔毛。雌雄异株，雄花序长5～7cm，具8～20朵疏松排列的花；雌花序长2～3cm，8至10余朵花密集排列。球果径5～8mm
28	香茶藨子	花瓣状花黄色，芳香，美丽，花期4～5月。球形浆果黑色，径8～10mm，果期7～8月。秋叶变紫色和红色	喜光，稍耐阴，耐寒、耐旱，怕湿热，喜肥沃、湿润的土壤，不耐积水，耐一定盐碱，根萌蘖力强	直立丛生，幼枝密被白色柔毛。叶肾圆形至宽圆形，宽3～8cm，掌状3～5裂，裂片有粗齿，叶背被短柔毛并疏生棕褐色斑点。花两性，掌状3～5深裂，缘被针刺，熟时乳黄
29	刺果茶藨子	小花淡红色，花期5～6月	喜凉爽，湿润气候，不耐高温，忌水浸，喜腐殖质丰富的黏质土壤	小枝密生细刺和刺毛。叶宽卵圆形，长1.5～4cm，深裂，缘有粗齿。浆果球形，径约1cm，光亮透明
30	榆叶梅	花粉红色，单瓣，径1.5～3cm，叶前开放，先叶开放	喜光、耐寒、耐旱、耐轻盐碱，不耐水涝。适度短剪，施重肥可以使花多，朵大。可用细绳拉伸法扩大树冠。花后修剪时，枝条留3～5个芽，入伏后复剪，打顶摘心	叶宽椭圆形至倒卵形，长2～6cm，先端有时3浅裂，重锯齿。果近球形，径1～1.5cm，红色，有毛
31	重瓣榆叶梅	花粉红色，密集艳丽，先叶开放	同原种	花较大，瓣数多，萼片多为10
32	红花重瓣榆叶梅	花玫瑰红色，重瓣，花期最晚	同原种	叶端多3浅裂。花瓣10或更多，萼片多为10，有时为5
33	半重瓣榆叶梅	花粉红色	同原种	小枝紫红色，有时大枝及老干也能直接开花，萼片5～10
34	鸾枝榆叶梅	花紫红色，单或重瓣，花径较小，密集成簇	同原种	叶端近截形，3裂
35	截叶榆叶梅	花粉红色，花梗短于花萼筒	同原种	叶端近截形
36	红叶榆叶梅	叶红色	同原种	
37	紫叶矮樱	小枝、叶紫红色。花粉红色，5瓣，花萼、花梗红棕色，花期4～5月	喜光，光照充足会保持叶色。耐寒、耐薄，耐轻盐碱，喜湿润、喜湿、不耐积水，生长慢，耐修剪	叶卵形至长卵状椭圆形，长4～8cm，先端长渐头，缘有不整齐细齿。果紫色
38	郁李	花粉红或近白色，单或重瓣，5月花叶同放，果深红色。果美丽，秋叶变红	喜光，喜温暖、湿润、耐旱、耐热，对土壤要求不严；耐烟尘；根系发达，树体健壮	枝细密，灰褐色。叶卵形或卵状长状椭圆形，长4～7cm，先端渐尖，缘有尖锐重锯齿，叶柄长2～3mm。花着生于叶两侧，径约1.5cm。果核两端尖
39	红花重瓣郁李	花玫瑰红色，重瓣，与叶同放或稍早于叶	同原种	
40	麦李	花粉红或白色，生于叶腋，径1.5～2cm，3～4月叶前开花，果红色，径1～1.3cm	阳性，较耐寒、耐旱，不耐涝，耐轻盐碱，根系发达	枝稍粗。叶较狭长，卵状长椭圆形至椭圆状披针形，长3～8cm，中部或中部下部最宽，先端急尖或渐尖，基部广楔形，缘有不整齐细钝齿，叶柄长4～6mm

五、落叶灌木

序号	名称	观赏及应用	生态习性、栽培管护	辨识
41	白花重瓣麦李	花白色、较大、重瓣	同原种	
42	红花重瓣麦李	花粉红色、重瓣	同原种	
43	粉花麦李	花粉红色、单瓣	同原种	
44	欧李	花白或粉红色，1～2朵生于叶腋，径1～2cm，4～5月与叶同放。果鲜红色，径1～1.8cm，果柄长	喜光、耐严寒，耐干旱瘠薄，喜较湿润的环境	嫩枝有柔毛。叶倒卵状椭圆形至倒披针形，长2.5～5cm，中部以上最宽，先端细密齿，缘有细锯齿，表面有光泽；叶柄极短，长约1mm
45	钙果	果鲜红或黄色，含钙高，果期9月	同原种	果较大
46	毛樱桃	花白色或略带粉红色，径1.5～2cm，4月花叶同放。果红或白色	喜光，稍耐阴，性强健，耐寒力强，耐干旱瘠薄；根系发达	幼枝密被茸毛。树皮片状剥落。叶椭圆形或倒卵形，长4～7cm，叶面极皱，缘有不整齐尖锯齿，两面具茸毛。花萼筒管状。果径约1cm
47	东北扁核木	花黄色，微香，花期4月。核果近球形，鲜红色。果美丽	喜光，耐寒，耐干旱瘠薄。多生于林缘或河岸灌木林	枝刺细弱。干皮呈片状剥落。叶互生或簇生，卵状长椭圆形，长3～7cm，全缘或有稀疏锯齿，暗绿色，有光泽。花径约1.5cm，果径约1.5cm
48	贴梗海棠	花粉红、朱红、橙红或白色，径达3.5cm，单或重瓣，3～4月先叶开放，黄色，秋果有香气，鲜艳美丽。果红紫	喜光，有一定耐寒能力，喜排水良好的深厚肥沃土壤，不耐水湿，不宜低洼栽植，耐瘠薄、轻盐盐碱；粗放管理长势较差，土壤板结影响生长，需要精细的水肥管理和修剪	有枝刺。单叶互生，长卵形至椭圆形，长3～9cm，先端急尖，稀圆钝，缘有锐齿，齿尖开展，表面有光泽，叶柄长约1cm。花3～5朵簇生于2年生枝上，花径4～6cm
49	红花重瓣贴梗海棠	花红色、重瓣	同原种	
50	红白二色贴梗海棠	花红、白二色	同原种	
51	白花贴梗海棠	花白色	同原种	另有粉花'Rosea'，红花'Rubra'，朱红'Sanguinea'常见
52	日本贴梗海棠	花火焰色或亮橘红色，3～5朵簇生，花期3～6月。果近球形，黄色，径3～4cm。有白、粉、重瓣等品种	喜光，较耐寒，喜排水良好土壤	高约1m。枝开展，有细刺，小枝粗糙，幼时具茸毛，紫红色；二年生枝条有疣状突起，黑褐色。叶广卵形至倒卵形，长3～5cm，先端圆钝，稀微有急尖，缘具钝齿，齿尖内贴，果径约5mm
53	平枝栒子	小花粉红色，径5～7mm，花期5～6月，匍匐状，晚秋叶变红，秋冬果鲜红，果期9～12月	阳性，较耐阴，耐寒，不耐湿热，喜温暖湿润，耐干旱瘠薄，耐轻度盐碱，怕积水	枝水平开张成整齐两列状。叶近圆形或宽椭圆形，长5～15mm，先端急尖，背面有柔毛。果径约7mm，常为3核
54	水栒子	花白色，花瓣5，花期5～6月，果期9～10月。枝叶繁茂，花果繁多	喜光，稍耐阴，耐寒，极耐干旱瘠薄；耐修剪，低洼种植易造成根系腐烂死亡	枝条细长拱形，小枝红褐色，幼时有柔毛。叶卵形，长2～5cm，先端急尖或圆钝，基部宽楔形或圆形。聚伞花序具6～21花，花径1～1.2cm，果径约8mm
55	毛叶水栒子	果实红至深红色，果期较水栒子早10天左右，观果期长	喜光，耐寒，耐干旱瘠薄	与水栒子近似，仅叶背及花序、花萼有柔毛，花基部宽楔形
56	西北栒子	花浅红色，径5～7mm，花期5～6月，果期8～9月	生石灰岩山地，山坡灌木丛中，沟谷或灌木丛中	枝条细弱开张，小枝深红褐色。叶椭圆形至卵形，长1.2～3cm，先端多圆钝，叶柄短，果径7～8mm。叶面无毛，叶老时背面仿密被茸毛，先端急尖或圆形

五、落叶灌木

序号	名称	观赏及应用	生态习性、栽培管护	辨识
57	黑果枸子	小花粉红色，花瓣直立，花期5～6月。梨果近球形，径6～7mm，蓝黑色	喜光，稍耐阴，较耐寒，耐干旱瘠薄	小枝褐或紫褐色。叶卵状椭圆形至宽卵形，长2～4.5cm，下面密被白色茸毛。聚伞花序具3～15花
58	灰枸子	小花白色外带红晕，花瓣近圆，径7～8mm，2～5朵呈聚伞花序，花期5～6月。果期9～10月，长约1cm	喜光，稍耐阴，耐旱，耐寒，适合西北干冷地区；深根性	叶条开张，小枝细，棕褐色或红褐色，幼时被长柔毛。叶椭圆状卵形至圆卵形，长2.5～5cm，先端常急尖，基部宽楔形，幼时两面均被长柔毛
59	现代月季	月季四季常开，常含苞待放，四季平安之意，还被赋予长春，顽强之意。花容秀美，千姿百态，芳香馥郁，有"花中皇后"之称	阳性，喜温暖、湿润气候，较耐寒，喜肥，需细致管理	花色、花形丰富，多刺。全世界有2万多种种。玫瑰，基本为现代月季
60	杂种香水月季	花大、色、形丰富，月季中栽培最广，品种最多的一类	同现代月季	叶绿色或带古铜色，通常表面有光泽。花蕾较长而尖，多少有芳香，花梗多长而坚韧。品种如和平、粉和平，红双喜等
61	丰花月季	有成团成簇开放的中型花朵，花色丰富，花期长，多刺，是一个强健多花的品种群	性强健，耐寒力较强，平时不需细致管理	品种多，如红帽子、病虫害少，花期长，抗寒，耐高温，金玛丽、曼海姆等。北京12月初仍盛开；其他品种有冰山、白后等
62	状花月季	生长较高，能开出成簇的大型花朵，四季开花	植株强健，适应性强	由杂种香水月季与丰花月季杂交而成，是年轻而有希望的一类。品种如粉后、法国小姐、白后等
63	微型月季	植株特别矮小。花色丰富，重瓣，四季开花	耐寒性强	高一般不及30cm。枝叶细小。花径1.5cm左右
64	地被月季	花色有鲜红、大红或绿光、玫瑰红和白色等，花小，夏秋开花	喜日照充足，空气流通，能避雨的环境；耐干旱贫瘠，抗寒，冬季能耐-30℃低温，夏季能抗40℃高温；抗病能力很强，一般不需施药，有很强的蓄水保水功能，大面积种植可起到防沙固沙作用	为匍匐扩张型生长状态，分蘖力极强，单株一年可萌生50个以上分枝，每枝可开花50～100朵，株高15cm左右
65	棣棠	花金黄色，花期4～10月。秋季叶黄色，北京落叶晚，12月初仍不落叶。花语为文雅，崇高	中性，较耐阴，喜温暖、湿润气候，较耐寒，耐旱。通过重截地上部分留10～20cm，萌发新枝，可以保持枝条浓绿色的绿色观赏性	小枝绿色光滑，常拱垂。单叶互生，卵状椭圆形，长3～8cm，先端长尖，缘有尖锐重锯齿，常浅裂，径3～4.5cm，花萼、花瓣5
66	重瓣棣棠	花重瓣，盛花期4～5月，6～10月也开花繁密	各地栽培最普遍	
67	鸡麻	花白色，花期4～5月。蔷薇科中唯一开4瓣花的品种。北京11月底叶翠绿，冬季留存	喜光，耐寒，耐旱，易栽培，宜初春或秋季落叶后进行	小枝淡紫褐色。叶对生，卵形，长4～11cm，顶端渐尖，花单生侧顶端，缘有尖锐重锯齿，萼、核果4。核果4，椭圆形，亮黑色
68	玫瑰	花粉红至紫红色，花径6～8cm，单瓣，芳香，花期5～6月。象征美丽和爱情，是和平、友谊、勇气和献身精神的化身。美国国花	强阳性，不耐阴，耐寒，耐旱，不耐积水，萌蘖力强	枝灰褐色，密生皮刺和刚毛。小叶5～9，椭圆形，长2～5cm，光亮多皱，缘具锐锯齿。果扁球形，径2～2.5cm，砖红色。紫枝玫瑰又名四季玫瑰，一年多次开花，花期5～8月。中科院生态所培养的冷香玫瑰，香浓，花径12～15cm，开花量大，花期6～11月；冬季枝条红色；应用前景广
69	重瓣紫玫瑰	花重瓣，紫红色，香气浓	同原种	
70	白玫瑰	花白色，单瓣	同原种	

序号	名称	观赏及应用	生态习性、栽培管护	辨识
71	重瓣白玫瑰	花白色，重瓣	同原种	植株较矮。枝上有皮刺，花枝上部几乎无刺
72	多季玫瑰	花玫瑰红色，重瓣，多季开花	同原种	
73	黄刺玫	花黄色，单生，重瓣或半重瓣，花期4~5月	喜光、耐寒、耐旱，耐瘠薄，忌水湿；少病虫害。管理简单	小枝褐色，多硬直皮刺。小叶7~13，长1~2cm，常宽卵形或近圆形，缘具圆钝齿。花径约4cm。果较少
74	单瓣黄刺玫	花单瓣，黄色。果近球形，红黄色至紫褐色	同原种	花后萼片反折。果径约1cm。果期7~8月
75	黄蔷薇	花淡黄色，4~6月开，单生，径4~5.5cm，花瓣5。果深红至黑褐色，花期7~8月	喜光，耐旱性强，扦插易活	枝细长，拱曲，具扁刺，常混生细密针刺。小叶5~13，卵形至椭圆形，长1~2cm，缘具单锐齿。果扁球形，径约1.5cm
76	报春刺玫	花由淡黄色变黄白色，比黄刺玫略早且繁密，花期4~5月。叶揉碎有香气	多生山坡、林下、路旁或灌丛中	高1~2m。小枝细，多硬直皮刺。小叶7~15，椭圆形，长6~15mm，重锯齿，齿端及叶背有腺点。果近球形，径约1cm，红棕色
77	山刺玫	花粉红色，径约4cm，1~3朵集生，花期6~7月。果近球形或卵球形，鲜红色，径1~1.5cm，经冬不落。花果美丽	喜光，稍耐阴，耐寒性强，较耐低湿	小枝或叶柄基部常有成对稍弯皮刺。小叶5~7，长椭圆形，长1.5~3.5cm，中部以上有锐齿，萼片宿，长超过花瓣，端部呈小叶状。果无颈部
78	美蔷薇	花粉红色，径约5cm，芳香，1~3朵集生，花期5~7月。果梨形或长椭圆形，猩红色。花果美丽	喜光，耐寒，耐干旱瘠薄土壤	小枝密生直立的皮刺，有细而直立的皮刺。卵形或长圆形，长1~3cm，果期8~10月
79	刺蔷薇	花粉红色，径3.5~5cm，芳香，1~3朵集生，花期5~7月。果近球形，黄绿色，果期8~9月	喜光，能耐阴，耐寒，喜空气湿润	小枝密生细直针刺，赤褐色。奇数羽状复叶，小叶5~9，宽椭圆形或宽倒卵形，长2~5cm，缘单锯齿或重锯齿。果有明显颈部
	缫丝花	花浓红或粉红色，重瓣至半重瓣，微香，径4~6cm，花期5~7月，果期8~10月	稍耐阴，喜温暖，喜温暖湿润和阳光充足环境，对土壤要求不严，喜肥沃的沙壤土	多分枝，小枝在叶柄基部有成对稍扁皮刺。小叶9~15，椭圆形，长1~2cm，先端急尖或圆钝，缘单细锯齿。果径3~4cm，密生针刺，可食
80	单瓣缫丝花	花单瓣，粉红色	同原种	
81	弯刺蔷薇	花白色，稀粉红色，数朵或多朵排列成伞房状，花期5~7月。果近球形，鲜红色转为黑紫色，果期7~10月	生山坡、山谷、河边及路旁等处	小枝紫褐色，有成对或散生的基部膨大、浅黄色镰刀状皮刺。小叶7~9，广椭圆形或椭圆状倒卵形，长8~25mm，缘具单锯齿而近基部全缘
82	珍珠梅	花白色，小而密，蕾时如珍珠，开放后似梅花，花期6~8月。花叶美丽	耐阴，耐寒，对土壤要求不严；萌蘖力强，耐修剪	羽状复叶，小叶11~17，长卵状披针形，长4~7cm，缘有尖锐重锯齿，羽状脉，侧脉15~23对。顶生圆锥花序，与花瓣近等长
83	东北珍珠梅	花白色，花期7~8月，比珍珠梅花期晚而短	喜光，稍耐阴，耐寒性强，喜肥沃、湿润土壤；萌蘖力强，耐修剪	与珍珠梅区别：小叶侧脉12~16对；雄蕊40~50，长度为花瓣长的1.5~2倍，圆锥花序近直立。蓇葖果长圆形，熟时果穗浅红色，似红高粱

序号	名称	观赏及应用	生态习性、栽培管护	辨识
84	华北绣线菊	复伞房花序多花，小花白色，在芽中呈粉红色，雄蕊长于花瓣，花径5～6mm，花期6月	喜光，较耐阴，耐干旱，适生于排水良好的沙壤	小枝具显著棱角，有光泽，紫褐色至红褐色。叶卵形或椭圆状卵形，长3～8cm，先端急尖或渐尖，基部宽楔形，缘具不整齐重或单锯齿
85	柳叶绣线菊	顶生圆锥花序长6～13cm，花粉红色，花期6～8月	喜光，耐寒，不耐干旱瘠薄，喜肥沃、湿润的土壤	叶长椭圆状披针形，长4～8cm，先端尖，缘密生锐齿
86	粉花绣线菊	复伞房花序，花粉红色，花朵密集，径4～7mm，花期6～7月	阳性，喜温暖、耐湿	枝条细长开展。叶卵状椭圆形，长2～8cm，先端尖，缘有缺刻状重或单锯齿。蓇葖果直立
87	金山绣线菊	白花绣线菊和日本绣线菊的杂交种。花小，粉红色，密集，花期6～9月。新叶金黄，夏变黄绿色	喜光，不耐阴，耐旱，忌涝，耐盐碱，抗病虫能力强；光照充足时叶色更鲜艳	高40～60cm。叶卵形至卵状椭圆形
88	金焰绣线菊	小花粉红色，花期6～9月。树冠上部叶红色，下部叶黄绿色。秋叶变橘红	阳性，稍耐阴，耐旱，耐盐碱，怕涝，耐修剪	春叶有红，夏全绿，秋叶红色
89	珍珠绣线菊	花小，径6～8mm，白色，3～7朵呈无总梗伞形花序，4～5月与叶同放，繁花满枝如积雪。秋叶由黄变橘红	喜光，较耐寒，对土壤要求不严，喜湿润而排水良好的土壤，耐一定盐碱；耐修剪；管理粗放	枝细长开展，弯曲，老时红褐色，褐色。叶细小，条状披针形，长2～4cm，基部狭楔形，羽状脉
90	珍珠绣球	伞形花序有总梗，具10～35朵花，花梗长0.6～1cm；径6～8mm，开放前形如珍珠，花期4～6月	喜光，稍耐阴，耐寒，耐旱，稍耐碱，怕涝；分蘖力强，耐修剪	小枝细，稍弯曲，深红褐或暗灰褐色。叶互生，叶细，长2～3.5cm，羽状脉或不显3出脉，卵形，倒卵状楔形或广楔形，近中部以上具少数圆钝状缺齿或3～5浅裂
91	三裂绣线菊	密集伞形总状花序，白色，花期5～6月	稍耐阴，耐寒，耐旱，易栽培	小枝细，稍弯曲，稍呈之字形弯曲，长1.5～3cm，先端钝，常3裂，中部以上具少数圆钝齿，基出脉3～5
92	土庄绣线菊	伞形花序半球形，小花白色，雄蕊和花瓣等长，花期4月底至5月	喜光，耐阴，耐旱，对土壤要求不严	小枝细长，拱曲。叶菱状卵形至椭圆形，长2～4cm，先端急尖，基部宽楔形，中部以上具粗齿或3浅裂，表面疏生柔毛，背面密被灰色短柔毛
93	中华绣线菊	伞形花序被黄色柔毛，花小，白色，径3～4mm，花期3～6月	生于山坡灌木丛中，山谷溪边、田野、路旁	小枝拱形，幼时有黄柔毛。叶菱状卵形至倒卵形，长2.5～6cm，先端急尖，缘有缺刻状尖粗齿或不明显3浅裂，叶面暗绿，叶背暗绿、网脉下凹，叶背被黄柔毛
94	麻叶绣球	半球状伞形花序，密集，花小，白色，花期5～6月	喜光，耐寒，喜温暖、喜温暖气候及湿润土壤	枝细长，拱形弯曲。叶菱状披针形或菱状长圆形，长3～5cm，先端急尖，中部以上有缺刻状锯齿，羽状脉，基部楔形
95	菱叶绣线菊	伞形花序绣球形，密集，花纯白色，径约8mm，花期5～6月	喜光，稍耐阴，耐寒，耐旱，耐瘠薄；分蘖能力强，易繁殖	小枝细长，拱曲。叶菱状卵形至菱状倒卵形，长2～3.5cm，先端急尖，基部楔形，常3～5浅裂，缘有齿，表面绿色，背面蓝绿色
96	欧亚绣线菊	麻叶和三裂绣线菊的杂交种。花白色，径0.7～1cm，花丝细长，花期5～6月，径较大，美丽	喜光，耐寒，耐旱，对土壤要求不严	叶长椭圆形至披针形，长1～2.5cm，先端急尖，稀圆形或先端有2～5浅裂，羽状脉。雄蕊长于花瓣，全缘
97	石蚕叶绣线菊	花序伞形总状，小花白色，径约8mm，花期5～6月，密集美丽	喜光，稍耐阴，较耐寒，对土壤适应性强	小枝有棱角，先端急尖，有时之字形弯曲，叶宽卵形，稀圆状尖，长2～5cm，先端急尖，伞形总状花序，缘有细锐单和重锯齿

五、落叶灌木

序号	名称	观赏及应用	生态习性、栽培管护	辨识
98	李叶绣线菊	花白色、较大，径约1cm，重瓣，3～6朵呈聚伞花序，4月与叶同放，美丽	喜光，喜温暖、湿润气候，不耐寒	小枝细长。叶卵形或椭圆形，长1.5～3cm，中部以上有细锐齿，羽状脉
99	单瓣李叶绣线菊	花单瓣，径约6mm，花期3～4月	同原种	
100	风箱果	花序伞形总状，密集，花白色，径约1cm，花期6月。蓇葖果膨大、卵形、浅红色，沿背腹两缝开裂，果期7～8月	喜光，稍耐阴、耐寒、抗风、抗雪压，不耐水渍	树皮纵向剥落。叶三角状卵形至宽卵形，长3.5～5.5cm，基部心形或圆形，3～5浅裂，缘有重锯齿。花梗及萼片外有茸毛，微被柔毛
101	北美风箱果	花白色，似绣线菊，花期6月。蓇葖果红色，果期7～8月	喜光，耐寒、耐修剪，病虫少	叶三角状卵形至广卵形，3～5浅裂，叶缘锯齿较钝，基部广楔形。花梗及萼片外无毛或近无毛。果无毛
102	金叶风箱果	春季叶金黄色，果在夏末呈红色	同原种	
103	紫叶风箱果	叶鲜叶绿紫色，夏至秋季深紫红色，深秋变紫红色	喜光，耐寒、耐瘠薄。耐粗放管理	
104	白鹃梅	枝叶秀丽。顶生状总状花序6～10花，花径3～4cm，洁白美丽，4～5月开花	弱阳性，较耐寒，对土壤要求不严，薄、忌积水，稍耐盐碱；耐修剪	叶椭圆形或倒卵状椭圆形，长3.5～6.5cm，全缘或上部疏生齿，先端钝或具短尖。蒴果倒圆锥形，具5棱脊，果期9月
105	齿叶白鹃梅	总状花序，花白色，径3～4cm，美丽，4～5月与叶同放	喜光，耐半阴，耐寒性强，喜深厚、肥沃的土壤	叶椭圆形或倒卵状椭圆形，长5～9cm，中部以上有锐齿，下部全缘。蒴果具5棱
106	红柄白鹃梅	总状花序，花白色，美丽，径3～4.5cm，花期5月。有绿梗变种	喜光，稍耐阴，较耐寒，喜深厚、肥沃的土壤	叶椭圆形，长椭圆形，长3～4cm，先端急尖或圆钝，全缘，稀中部以上有钝齿。叶柄常红色
107	金露梅	花鲜黄色，径2～3cm，花期6～7（8）月，花色艳丽，观赏性强	阳性，耐-50℃低温，不择土壤，耐旱耐瘠薄，喜湿润怕积水，少有病虫害	树皮纵向剥落。羽状复叶互生，小叶常为5，狭长椭圆形，长1～2.5cm，两面有丝状柔毛。花单有丝数朵呈伞房状
108	小叶金露梅	花黄色，径1～2cm	喜光，耐寒，耐干旱瘠薄	小叶5～7，常集生，似掌状，披针形至倒披针形，长6～12mm
109	银露梅	花白色，单生，径2～3.5cm，花期6～8月	喜光，稍耐阴，耐寒性强，较耐干旱	小叶3～5，倒卵状长圆形至长圆状披针形，长5～12mm
110	山楂叶悬钩子	花白色，径1～1.5cm，2～6朵集生成总状伞房花序，花期6～7月。果近球形，红色，果期8～9月	喜光，耐寒、耐旱，不耐水湿	枝有皮刺。单叶互生，卵圆形，3～5掌状浅裂，先端渐尖，缘有不整齐粗齿。聚合果径约1cm
111	茅莓	伞房花序，花约径1cm，粉红至紫红色，花期5～6月。红果鲜艳丽，卵球形，径1～1.5cm，可作地被或植于石边、水边、篱边	喜光，耐寒，耐瘠薄；生长迅速，繁殖容易，覆盖力强	枝弓形弯曲，被稀疏钩刺。小叶常3枚，菱状卵形或圆状卵形，长2.5～6cm，顶端圆钝或急尖，叶背密被灰白色毛，缘有不整齐粗刻或重锯齿，常具浅裂片
112	山莓	花单生，径可达3cm，白色，花期2～3月。果近球形或卵球形，径1～1.2cm，红色，果期4～6月	普遍生于向阳山坡、溪边、山谷、荒地和疏密灌丛中潮湿处	直立灌木，高1～3m。单叶，卵形至卵状披针形，长5～12cm，边缘不分裂或3裂，有不规则锐或粗重锯齿，基部具3脉，果密被细柔毛
113	黑果腺肋花楸	花白色，密集，花期4～5月，芳香，有药用价值。秋季叶色变红	喜光，耐寒，耐-40℃低温，耐盐碱	叶卵状圆形。复单房花序。果球形，径达1.4cm

序号	名称	观赏及应用	生态习性、栽培管护	辨识
114	紫荆	花紫红色，假蝶形，5～8朵簇生老枝及茎干上，3～4月叶前开放。紫荆旧时是兄弟和睦的象征，有"手足情深、思念故园、不离不弃"等文化内涵	喜光，有一定耐寒能力；对土壤要求不严，耐干旱瘠薄、耐一定盐碱，喜湿润、肥沃土壤，耐修剪；萌芽力强，华北地区背风向阳处生长更好。2～4年枝活力最强，开花最多，树龄增长，花量减少，修剪时要注意疏剪与短剪，以保持开花量	单叶互生，近圆形，长6～14cm，有光泽。荚果扁平，条形
115	白花紫荆	花白色	同原种	
116	锦鸡儿	花单生，橙黄色，常带红色，旗瓣狭倒卵形，翼瓣稍长于旗瓣，花期4～5月	中性，喜光，喜温暖、耐干旱瘠薄。与杨树混植可相互助长	枝细长，直立，有棱角，托叶针刺状。小叶4，呈远离的两对，长倒卵形，长1～3.5cm，先端圆或微凹。荚果圆筒状，长3～3.5cm
117	红花锦鸡儿	花橙黄带红色，凋谢时变红色，花期5～6月	喜光，耐寒，耐干旱瘠薄，抗风沙，不择土壤，根系发达，萌芽力强	小枝细长，有棱角，长枝托叶宿存。小叶4，假掌状排列，椭圆状倒卵形，长1～2.5cm，先端圆或具短刺头
118	树锦鸡儿	花黄色，常2～5个簇生，花期5～6月	喜光，也耐阴，耐寒，不耐干旱瘠薄，耐轻盐碱，忌积水。耐粗放管理	枝具托叶刺，幼枝密被短柔毛，托叶宿存。老枝褐色或黑褐色，羽状复叶互生，小叶8～12，倒卵形至椭圆形，长1～2.5cm，先端圆，具小尖头。花梗长2～5cm。荚果圆筒形
119	北京锦鸡儿	花黄色，单生或2～3朵并生，子房有毛，花梗长是花萼的近2倍，花期4～5月。荚果近等长，无毛	喜光，耐寒，喜湿润的沙质土	老枝褐色，幼枝被褐色短柔毛，托叶宿存，有小尖头，硬化成针刺。小叶12～16，倒卵状椭圆形，长5～12mm，两面密生，生灰白色柔毛
120	小叶锦鸡儿	花黄色，单生，长约2.5cm，子房无毛，花梗与花萼近等长，花期4～5月。荚果圆筒形，稍扁，无毛。是北方固沙保土的优良树种	喜光，耐寒，极耐干旱瘠薄；萌芽力强，根系发达	老枝深灰或黑绿色，嫩枝被毛。托叶在长枝硬化成刺。小叶10～20，倒卵形或倒卵状椭圆形，长3～10mm，有短刺尖，幼时两面有毛
121	胡枝子	腋生总状花序长于叶，每节生2朵花，小花长12～17mm，淡红紫色，花期7～9月。是水土保持植物，有固氮作用	喜光，耐半阴，耐寒（-25℃），耐干旱瘠薄，对土壤要求不严；根系发达，萌芽力强	高1～3m。三出复叶互生，（叶较宽），长1.5～7cm，宽1～3.5cm。小叶卵状椭圆形（叶较圆，小叶小尖头）。花硬无关节，花冠旗瓣反卷。荚果斜卵形
122	多花胡枝子	腋生总状花序长于叶，花小很多，紫、紫红或蓝紫色，长约8mm，花期6～9月。是良好的水土保持及改良土壤树种	阳性，喜光，抗风沙，耐旱，耐寒，耐瘠薄	高0.6～1m。茎近基部分枝。三出复叶，小叶具柄，倒卵形，椭圆形（叶稍细长），长1～2.5cm，宽6～9mm，背面白色毛。侧生小叶较小。荚果宽卵形
123	美丽胡枝子	花红紫色，龙骨瓣花盛开时明显长于旗瓣，花期7～9月。有固氮作用	喜光，稍耐阴，耐寒，抗旱，耐水湿，耐瘠薄	高1～2m，多分枝。小叶椭圆形至倒卵形（叶较圆），长2.5～6cm，宽1～3cm，先端常微凹。荚果倒卵形或倒卵状长圆形
124	兴安胡枝子	总状花序腋生，较叶短或与叶等长，花淡黄白色，花冠白或黄白色，中央带紫色，花期7～8月	喜光，耐阴，耐旱，耐寒，耐瘠薄，萌蘖力强	高达1m。幼枝被白色短柔毛，三出复叶。小叶长圆形或狭长圆形，长2～5cm
125	牛枝子	花序显著长于叶，花淡黄色，径6～7mm，旗瓣中央及龙骨瓣先端带紫色，花期7～9月	生于荒漠草原、草原带的沙质地，砾石地、丘陵地，石质山坡及山麓。耐干旱，可作固沙及改良沙植物	半灌木，高20～60cm。羽状复叶具3小叶，小叶多狭长圆形，长8～15（22）mm，先端钝圆或微凹，具小刺头
126	杭子梢	腋生总状花序，每节生1朵花，花期6～8月。花冠紫红或近粉红色，旗瓣直伸不反卷，是蜜源植物及保持水土树种	多生于山坡，林缘或疏林下	高1～2m。幼枝密被托叶，具宿存托叶，小叶互生，顶生小叶较大，三出复叶，长2～5cm，具小尖头，具柄细长，网脉清晰而密。花梗细长，在花萼下具关节

五、落叶灌木

序号	名称	观赏及应用	生态习性、栽培管护	辨识
127	花木蓝	腋生总状花序与复叶近等长，约12cm，花冠紫红色，长1.5～2cm，花期5～7月，花大而美丽	喜光也耐阴，抗寒，耐干燥，瘠薄，耐盐碱，病虫害少；耐修剪；根系发达，可作护坡材料。根部易裂皮，特别在低洼地种植时	高1～1.5m。一年生枝淡绿或绿褐色，有棱角。羽状复叶互生，小叶7～11，卵状椭圆形至倒卵形，长1.5～4cm，两面疏生白色毛
128	河北木蓝	腋生总状花序长4～6cm，比复叶片长，花冠紫或紫红色，长约5mm，花期5～6月	阳性，生于海拔600～1000m山坡、草地或河滩地	高0.4～1m。茎褐色，圆柱形，有皮孔；枝银灰色，被灰白色毛。羽状复叶小叶7～9，椭圆形或稍倒阔卵形，长5～15mm
129	多花木蓝	腋生总状花序直立，长达11cm，花冠淡红色，小花长6～7mm，花期5～7月，连续开花	喜光，喜温暖，耐寒性强，要求排水良好的土壤	高1～2m。羽状复叶，小叶7～9，形状、大小变异较大，通常为卵状长圆状椭圆形，长1～3.7cm
130	紫穗槐	花暗紫色，无翼瓣和龙骨瓣，穗状花序常1至数个生长，长7～15cm，花期5～6月。是蜜源植物	阳性，耐阴，耐严寒，耐旱及水湿，瘠薄、盐碱；抗烟尘及污染；病虫害少；根系发达，具根瘤，能改良土壤；在含盐量1%的盐碱地能生长，落叶含大量酸性物质，可以中和土壤碱性	嫩枝密被短柔毛。羽状复叶互生，小叶11～25，卵形或稍圆形，长1～4cm，有芒尖
131	白刺花	花白色或染淡蓝紫色，长1.6～2cm，6～12朵呈总状花序，花期5月	喜光，稍耐阴，喜温暖、湿润，怕水涝；对土壤要求不严，耐瘠薄，耐干旱。根系发达，能在飞沙地匍匐生长，有改良、防风固沙作用	树干深褐色，苍老古朴，枝具长针刺。羽状复叶互生，小叶13～19，形态多变，多长椭圆形，长0.6～1cm左右
132	木槿	花冠钟形，通常淡紫色，花期7～10月。晨开夕落，却日椎陈出新，月月满树繁锦。木槿昌暑怒放，可作农家花篱，营造田园风光。花语质朴、永恒、美丽，叫无穷花，寓意永远绽放，永不凋落。古时还喻红颜易老、年华易逝。是朝鲜、韩国国花，象征义。是朝鲜、韩国代代生生不息的民族精神。花朝开暮敛，美好难留	阳性，喜光，能耐半阴；喜温暖、湿润气候，耐寒；耐干旱瘠薄，耐盐碱，萌蘖力强，对烟尘、二氧化硫、氯气等有害气体抗性强，浅根性；不抗风。华北和西北大部分地区都能露地越冬，北京小苗冬季要采取保护措施防冻害	单叶互生，菱状卵形，长5～9cm，缘具粗齿或缺刻，常3裂，具3主脉，缘具花单生叶腋，径6～7cm，单朵花只开一天，花还有花色多达白余个。有独行品种，米黄、粉、白，米黄或复色，单瓣或重瓣以及重瓣，分枝1m左右。部分秋叶会黄
133	红花重瓣木槿	花玫瑰色红色，重瓣	同原种	
134	粉紫重瓣木槿	花粉紫色，花瓣内面基部洋红色，重瓣	同原种	
135	紫花重瓣木槿	花青紫色，重瓣	同原种	
136	白花重瓣木槿	花白色，重瓣	同原种	
137	浅粉红心木槿	花浅粉色，芯部红色，单瓣	同原种	
138	白花深红心木槿	花白色，芯部深红色，单瓣	同原种	
139	扁担杆	花淡黄绿色，径1～2cm，花期5～7月。核果秋天橙黄至紫红色，经冬不落，适观赏	性强健，耐半阴，常生于平原或丘陵，低山灌木中	嫩枝被粗毛。叶互生，狭菱状卵形至卵形，长3～9cm，缘有重锯齿，基出3主脉，聚伞花序与叶对生
140	紫薇	花亮粉红至紫红色，花期6～9月，是夏季耀眼的木本花卉。秋叶常变成红或黄色，花开百日红，是长寿之木，500年仍繁花似锦，又称满堂红，寓意富贵运兴盛。日子红火。是古老庭院植物，象征紫气东来。其耐寒耐热，古人比喻世态炎凉，不追求势利，自得其乐的高风亮节	喜光，耐寒，喜温暖、湿润，不耐严寒，耐旱，不耐劳，对土质要求不高，抗大气污染，性强健。北方春节宜重剪，紫薇枝条柔韧耐寒，适合编织扎各种造型，速生紫薇近年受关注，从美国引进。在北越冬风险大	树皮光滑。小枝具4棱。叶椭圆形或卵形，长3～7cm。顶生圆锥花序长7～20cm，花径达4cm，花瓣6，皱波状或细裂状，具长爪。抚摸树干，树枝即会颤动。有复色品种，有红叶品种，美国紫薇近两年受关注，似红叶石楠
141	红薇	花玫红至红色	同原种	

序号	名称	观赏及应用	生态习性、栽培管护	辨识
142	翠薇	花亮紫蓝色	同原种	
143	银薇	花白色	同原种	
144	矮紫薇	花紫红色等，花序较小	同原种	高约60cm，株形矮小紧凑密实，叶小而厚实。枝密。
145	天鹅绒紫薇	新叶酒红色，老叶紫红色。花玫红至深粉红色，花期长，花量大，可观花、观叶	喜光，耐旱，耐-23℃低温，是耐寒特性优良的品种；耐轻中度盐碱；直立性强，生长快	叶近圆形或阔椭圆形
146	紫叶紫薇	叶紫色	同原种	
147	红瑞木	枝条鲜红色。花小，白或黄白色，花期6～7月。秋叶鲜红色	喜光，耐半阴，耐寒，耐湿，耐干瘠薄，耐轻度盐碱；管理粗放。每年剪除老枝，重截地上部分留10～20cm，基部萌发新梢，可以冬季观赏	一年生枝鲜红色。单叶对生，卵形或椭圆形，长4～9cm，背面灰白色，侧脉4～5（6）对。伞房状聚伞花序顶生。核果乳白色或蓝白色
148	金叶红瑞木	春夏叶金黄色，秋后鲜红色，明亮醒目	喜光，喜略湿润土壤；浅根性，萌蘖力强	具根出条，枝被粗伏毛。叶椭圆形或长卵状披针形，长5～12cm，背面灰白色，有时带绿色
149	银边红瑞木	叶边缘银白色	同原种	
150	金边红瑞木	叶边缘金黄色	同原种	
151	芽黄红瑞木	冬季枝干黄绿色	同原种	
152	偎伏栗木	花小，白色，花期6～7月。枝血红至紫红色，可观茎、花、果。秋叶橙红色	喜光，荫蔽条件下生长慢，抗寒性强，耐-41℃低温	花50～70朵呈聚伞花序。花径约8mm，白色，有时带绿色
153	金枝梾木	冬春枝条金黄色，夏秋黄绿色	同原种	
154	迎春	花黄色，2～3月早叶前开。迎春与松近栽，是春天的使者，象征着活力。希望、山茶与"雪中四友"。传统园林"玉堂春富贵"中的"春"即迎春	阳性，稍耐阴，耐-15℃低温，耐旱，怕涝，喜湿润、肥沃环境。北京背风处3月初开花	小枝细长拱形，绿色，4棱。小叶卵状椭圆形，长1～3cm。花径2～2.5cm，单生，单瓣，花冠常6裂，黄色有时带红晕
155	连翘	花亮黄色，雄蕊常短于雌蕊，3～4月前开放。枝条弯曲下垂	阳性，耐半阴，怕涝，抗旱，耐寒，耐瘠薄，对土壤要求不严；病虫害少。北京一般3月中开花。乌桕木齐有栽培	枝疏生皮孔，节间中空，节部具实心髓。3出复叶，常单叶，少数3裂至3全裂，卵形或卵状椭圆形，长3～10cm，缘具齿。表面疏生皮孔，萼宿存
156	金叶连翘	小叶金黄有光泽，全光下春秋叶保持金黄色，半阴或全阴下叶片变为黄绿或绿色	喜半阴，稍耐寒，宜遮光。新植遇过强光焦叶，宜遮光	
157	黄斑叶连翘	叶有金黄色块斑	同原种	
158	网脉连翘	整个生长季叶嫩绿，叶脉金黄色	同原种	枝开展，拱形下垂
159	金钟花	花金黄色，裂片较长，3月底至4月中叶前开放	阳性，喜温暖，较耐寒	枝直立性强，单叶，不裂，叶长椭圆形至披针形，长5～10cm，中或中上部最宽，上部具不规则锯齿，皮孔明显，基部楔形。果皮孔少，萼脱落

五、落叶灌木

序号	名称	观赏及应用	生态习性、栽培管护	辨识
160	朝鲜金钟花	花深黄色，较大而华美，雄蕊长于雌蕊	同原种	枝开展拱形。叶开展拱形。叶长达12cm，较金钟花略宽，基部全缘，中下部最宽
161	金钟连翘	连翘与金钟花杂交种，有密花品种	强阳性，抗寒，耐干旱；耐修剪	枝较直立，节间常具片状髓，节部实心。有时3深裂
162	卵叶连翘	花黄色，花冠长1.5～2cm，花萼长为花冠筒之半，花期4～5月	喜光，耐半阴，耐寒，耐干旱瘠薄，不择土壤	高1～1.5m，枝开展。叶卵形至宽卵形，浓绿色，革质，5～7cm，先端突尖，缘具齿或近全缘，下面叶脉明显隆起
163	东北连翘	花黄色（带绿），径约2cm，4月开花	喜光，耐半阴，耐寒性强，喜湿润，肥沃土壤	高1～3m，先端尾状渐尖。叶具片状髓。叶广卵形至椭圆形，纸质，长5～12cm，先端尾状渐尖，短尾状渐尖头或圆钝，缘有锯齿、锯齿或牙齿，背面及叶柄有毛
164	紫丁香	花紫色，花期4月，花开时满院清香。是爱情之花，花语为初恋，代表青春欢笑，是象征幸福美满之树。我国是丁香属主产国，世界最早栽培，丁香历史文化丰富，也是哈尔滨、呼和浩特、西宁市市花。其花含苞不放，古人也用来比喻愁思郁结	阳性，稍耐阴，耐寒，耐旱，忌低湿，对土壤要求不严，轻度盐碱地能种植；耐瘠薄，肥，抗病虫害能力强，吸收二氧化硫的能力较强；枝条萌发力强	单叶对生，广卵形，常宽大于长，宽4～10cm，先端渐尖，基部多近心形。密集圆锥花序，花冠裂片宽3～5mm，花药位于花冠管中部或中上部，距花冠管喉部0～4mm处。秋叶多紫红色或酱黄褐色
165	白丁香	花白色，香气浓，花期4～5月	同原种	叶较小
166	佛手丁香	花白色，重瓣，单朵花花瓣有3层。花序松散，具茉莉花的香味，花序硕大，给人雍容之美	同原种	叶卵形，先端渐尖。单朵花比单瓣丁香花大3倍
167	紫萼紫丁香	花序较大，细长，长10～15cm。叶柄、花轴、花瓣、花萼紫色	同原种	叶先端狭尖，叶背及边缘有柔毛，但花枝上叶有时全部无毛
168	长筒白丁香	花白色，花序稍疏松，盛开时叶瓣反卷，花冠管细长	同原种	枝条较平展。叶心形，叶基心形
169	晚花紫丁香	圆锥花序长达16cm，花粉紫色，花瓣常扭转，北京花期4月下旬左右	树势强健	枝条斜展，分枝多。叶心形，叶基平截
170	欧洲丁香	花蓝紫色，花冠裂片较宽，花径约1cm，花期4～5月，在紫丁香之后开放。品种很多	阳性，稍耐阴，耐寒，耐旱，不耐热，喜湿润，排水良好的肥沃土壤。适合气候冷凉地区，哈尔滨能栽植	叶长大于宽，长5～12cm，质较厚，基部多广楔形至截形，秋叶仍为绿色。花药位于花冠管喉部稍下，位于距花冠管喉部0～1（2）mm处
171	白花欧洲丁香	花白色	同原种	
172	蓝花重瓣欧丁香	花冠蓝色，重瓣	同原种	
173	紫叶丁香	新叶紫红色	同原种	
174	什锦丁香	花淡紫红色，芳香，花期5月	喜光，喜温暖，湿润气候，耐寒，耐旱，耐瘠薄，怕涝	枝细长，拱形。叶卵状披针形至卵形，长5～7cm，先端锐尖。圆锥花序大而疏散，略下垂，长8～15cm
175	巧玲花	花淡紫红色，芳香，花冠筒细长，长1～1.5cm，花期4～6月	生山坡杂木林中。北京花期4月中下旬	小枝细，稍4棱形，无毛。叶卵状椭圆形至菱状卵形，长3～7cm，基部广楔形。花期在丁香中较晚，花序侧生，花序轴、花梗、花萼带紫红色，无毛

五、落叶灌木

序号	名称	观赏及应用	生态习性、栽培管护	辨识
176	小叶丁香	花淡紫或粉红色，芳香，较细小，长约1cm，花序轴及花梗、花萼紫色，被柔毛，因4～5月及8～9月两次开花而又称四季丁香		小枝无棱。叶卵圆形，长1～4cm，先端头或渐尖。圆锥花序疏散，长3～7cm；花药距口部3mm；花冠盛开时外面呈淡紫红色，内带白色
177	关东丁香	花白带淡紫色，花冠筒细长，长8～12mm，圆锥花序长6～20cm，北京花期4月中下旬	喜光，稍耐阴，耐寒，耐旱	小枝细长，4棱形，有短茸毛。嫩叶卵形至卵状椭圆形，长3～10cm，先端尾状渐尖或近凸尖头，花冠裂片稍张开，花药兜状，花药距口部约1mm，花梗、花萼稍有毛。蒴果披针形，有猪状突起
178	红丁香	顶生圆锥花序紧密，长8～20cm，花紫红至近白色，花冠筒圆柱形，长约1.2cm，裂片开展且端钝，花期5～6月	喜光，稍耐阴，耐旱，耐寒性强，喜冷凉、湿润气候。北京花期4月下旬至5月	小枝粗壮，有疣状突起，叶较大，宽椭圆形，长5～18cm，先端急尖，表面暗绿色，较皱，背面有白粉。花序轴基部有1～2对小叶，花药在花冠筒口部或稍凸出
179	辽东丁香	花冠蓝紫色，长1.5～1.8cm，花冠筒中部以上渐宽，裂片稍开展，先端向内钩曲，花期5～6月。叶秋天变黄	喜半阴及湿润环境，耐寒力强	叶矩圆形至卵状长矩圆形，网脉下凹，叶面较皱。圆锥花序大而松散，长5～30cm；花冠筒口部1～2mm以下。蒴果表面光滑
180	匈牙利丁香	圆锥花序顶生，花蓝紫色，花期5～6月。北京花期4月下旬至5月上旬	喜光，稍耐阴，耐寒，喜湿润气候，抗逆性强。在肥沃土壤上，方开花繁密	与辽东丁香很相似，主要区别是花药位于花冠筒口部3～4mm以下
181	花叶丁香	疏散圆锥花序，花蓝紫色，花期5月	喜光，稍耐寒，喜温暖、湿润气候	叶披针形或卵状披针形，长2～4cm，偶有3裂或羽裂，边缘略向内卷。花冠筒细，长约1cm
182	蓝丁香	花暗蓝紫色，圆锥花序长3～8cm，花期4～5月，8～9月可二次开花	喜光，稍耐阴，耐旱，耐寒，耐瘠薄，耐修剪，长势强健，哈尔滨可栽培	幼枝带紫色，叶椭圆状卵形，长2～4cm，叶柄带紫色，裂片稍展开，长约1.5cm
183	四季蓝丁香	花5～10月间开放	同原种	叶柄带常紫色，叶片稍展开，先端向内勾
184	甘肃丁香	花淡紫色，有香气，花期4～5月。花色淡雅，枝叶秀丽，是极优美的园林观赏树种	喜光，稍耐阴，耐寒，耐瘠薄，耐旱，不耐水湿	枝棕褐色，细长，叶大部或全部羽状深裂，长1～4cm。花序由侧芽抽生，长2～10cm，通常多对排列在枝条上部呈顶生圆锥花序状
	裂叶丁香	花淡紫色，花期4～5月	同甘肃丁香	与甘肃丁香相似，叶大部或全部羽状深裂，长2～4cm，裂片稍展开，先端呈狭针形，叶柄带常不育
185	羽叶丁香	小花淡紫色，略带浓红色，圆锥花序侧芽生，花期，长2～6.5cm，北京花期4月上中旬	喜光，较耐寒，耐旱，喜湿润气候	树皮呈片状剥裂，有时具狭翅，小叶7～11，卵形至卵状披针形，长0.5～3cm。叶轴羽状复叶对生或近对生，羽状深裂对生，叶轴无柄
186	金叶女贞	总状花序，花白色，芳香，花期6～7月。嫩叶黄色，后渐变为黄绿色。落叶或半常绿。小花冠漏斗状，阳光充足能使叶色黄艳	喜光，稍耐阴，喜温暖、湿润、耐高温，不耐严寒干燥，北方冬季注意防寒；耐修剪；不宜大面积片植，雨季栽植高温高湿环境，会发生斑点病，通风、透光差，株间形成高温高湿，会发生斑点病，叶焦枯脱落；还会发生褐斑落叶病，造成落叶	叶卵状椭圆形，长3～7cm。核果紫黑色

五、落叶灌木

序号	名称	观赏及应用	生态习性、栽培管护	辨识
187	水蜡	花白色，芳香，花期6～7月。果期8、9月至初冬。枝叶密生，落叶晚	中性，喜光，稍耐阴，不择土壤；耐修剪。呼和浩特可栽培	小枝有柔毛。叶长椭圆形，长3～6cm。顶生圆锥花序，长2～3.5cm；花冠筒较裂片长，花药伸出，与花冠裂片近等长
188	金叶水蜡	叶金黄色	东北、华北、西北栽植表现出色	叶嫩黄
189	紫叶水蜡	幼叶紫色，老叶绿色，秋季全株紫红色	东北、华北、西北栽植表现出色	嫩枝黑绿色
190	小蜡	花白色，芳香，花期5～6月。半常绿灌木或小乔木，可修剪成类似小叶女贞的造型	中性，喜温暖，不耐严寒，萌蘖力强；耐修剪，根系发达，生长慢	小枝密生短柔毛。叶椭圆形或卵状椭圆形，长3～5cm。圆锥花序长4～10cm，具花梗，花药黄色，超出花冠裂片
191	银姬小蜡	叶灰绿色，边缘不规则乳白或黄白色	喜强光，耐寒，耐旱，耐瘠薄，耐修剪	
192	金姬小蜡	叶灰绿色，边缘具不规则黄斑	同原种	
193	小紫珠	小花淡紫色，花丝长约为花冠的2倍，花6～7月。核果球形，亮紫色，有光泽，果径约4mm，果期9～11月	喜光，稍耐阴，喜温暖，较耐寒；也较耐旱，怕积水，对土壤要求不严，喜湿润环境，肥沃土壤；根系发达，萌芽力及萌蘖力强	小枝带紫红色，有毛。叶对生，倒卵状长椭圆形，长3～8cm。顶端急尖，基部楔形，中部以上有粗钝齿，叶柄长2～5mm。聚伞花序长为叶柄长的3～4倍，着生于叶柄基部稍上的茎上，细弱，花序宽1～2.5cm，2～3次分歧
194	白果紫珠	果白色	同原种	
195	日本紫珠	花淡紫或近白色，花丝与花冠等长或稍长，花6～7月。核果紫色，径约4mm。果期8～10月	喜光，稍耐寒，较耐旱	小枝、叶片无毛。叶卵状椭圆形至倒卵形，长7～15cm，先端急尖或长尾尖，缘有细齿，叶柄长5～15mm。聚伞花序细弱，短小，宽约2cm，2～3次分歧，花序总柄与叶柄近等长
196	紫珠	花淡紫色，有暗红色腺点，花丝长于花冠近1倍，花期6～7月。核果紫红色，光亮，径约2mm，果期9～10月。秋叶红紫色	生于海拔200～2300m的林中、林缘及灌丛	小枝、叶柄和花序均被粗糠状星状毛。叶长椭圆形至椭圆形，长7～18cm，顶端长渐尖至短尖，缘有细齿。两面密红色色粒状腺点，背面密生，叶柄长0.5～1cm，与果序松散，聚伞花序宽3～4.5cm，5～7次分歧
	老鸦糊	观赏同紫珠。幼叶古铜色，老叶表面光滑，灰绿色	喜光，稍耐寒，较耐旱	与紫珠极相似，仅叶背星状毛稀疏，具细小黄色腺点；花序宽2～3cm，较紧密，4～5次分歧，果实常较大，2～4mm；与果柄近等长
197	莸	花冠蓝紫色，端5裂，较大裂片上部边缘细条状，伸出，花果期8～10月	喜光，喜温暖气候及湿润的钙质土	全体具灰白色柔毛。叶对生，卵状椭圆形，长3～6cm，先端钝或急尖，基部楔形或近圆形，背面灰白色。聚伞花序腋生
198	蒙古莸	花冠蓝紫色，长1～1.5cm，花形类筒，花期8～10月	喜光，稍耐阴，生于干旱草坡地、沙丘荒野及干旱碱质土壤上	叶对生，条形至条状披针形，长1～4cm，两面被茸毛，全缘。聚伞花序
199	金叶莸	叶表面鹅黄色，背面具银白毛。花蓝紫色，花期7～9月初，可持续2～3个月。花叶美丽，光强叶色金黄，弱则淡黄绿	喜光，耐半阴，耐热，耐寒，耐旱，怕积水，耐盐碱；耐粗放管理，病虫害少，不宜重剪；发枝弱，不能重剪，不能作绿篱	叶卵状披针形，长3～6cm。开花前后应适当修剪
200	邱园蓝莸	花深蓝色，花期8～11月	喜光，耐寒，耐旱，怕积水，有一定盐碱性。耐粗放管理	叶卵圆形至披针形，微具齿，长约5cm，叶面深绿，叶背银灰色

五、落叶灌木

序号	名称	观赏及应用	生态习性、栽培管护	辨识
201	海州常山	花冠白色或带粉红色、花冠筒细长，紫红色核果蓝紫色，经冬不落，保持时间长。花萼宿存。球形核果蓝紫色，花果期6~11月。花果美丽	喜光，稍耐阴，但喜阳处长势弱。喜温暖，有一定耐寒性，耐-19℃低温；耐旱，耐轻盐碱，但不耐积水，耐轻盐碱；抗有毒气体。幼苗期应加强越冬防护	单叶对生，有臭味，宽卵形至三角状卵形，长5~16cm，全缘或有波状齿。聚伞花序顶生或腋生，长8~18cm，疏散，雄蕊长而外露
202	臭牡丹	叶具臭味。顶生密集头状聚伞花序，径10~20cm，花美丽芳香，玫瑰红色，花期6~9月	喜光，较耐阴，喜湿润环境，耐寒，耐旱	叶对生，宽卵形，缘片短小。花冠筒细长，花冠筒长，萼片短小，花柱不超出雄蕊
203	黄荆	顶生狭长圆锥花序，长10~27cm，花冠淡紫色，外有茸毛，端5裂，二唇形，花期4~6月	多生于山坡路旁及林缘	小枝四方形。掌状复叶对生，小叶常5、少3，披针形，全缘或疏生粗齿，背面密生灰色茸毛
204	荆条	花蓝紫色，有香气，花期7~9月	喜光，耐寒，耐干旱瘠薄	小叶边缘有缺刻状大齿或成为羽状深裂，背面密被灰白色茸毛。其他同原种
205	牡荆	花冠淡紫色，花期6~7月	喜光，耐阴，较耐寒，对土壤适应性强	小叶边缘有整齐粗齿，背面无毛或稍有稀毛
206	穗花牡荆	聚伞花序排列成圆锥状，长8~18cm，花冠蓝紫色，长约1cm，有香味，花期7~8月	喜光，耐热，较耐寒，耐干旱瘠薄，不耐积水；病虫害少，耐修剪	小枝四棱形，掌状复叶对生，小叶4~7，狭披针形，背面密被灰色茸毛，中间小叶片长5~9cm，通常全缘，顶端渐尖，背面密被灰白色茸毛和腺点
	单叶蔓荆	花淡紫色或蓝紫色，花期7~8月。用于沙荒地造林绿化，生态修复	耐盐碱，耐干旱瘠薄，抗海风、海雾。盐度小于10%可以正常生长。有固沙改土功能，蓄水保水能力强，能降低土壤pH值	茎匍匐，节处常生不定根，单叶对生，叶倒卵形或近圆形，顶端钝圆或短尖头，基部楔形，长2.5~5cm
207	锦带花	花冠漏斗形，端5裂，紫红色或玫瑰红色，内面色淡，花序常3~4朵呈聚伞花序，花期4~6月	喜光，耐半阴，耐寒，耐干旱瘠薄，喜湿润环境，怕水涝；抗硫化氢，萌芽力强，生长迅速	枝弧形，小枝细弱，幼时有毛。叶椭圆形或卵状椭圆形，长5~10cm，先端渐尖，缘有齿，几无叶柄，花萼5裂中部至中部下半部合生，花冠长3~4cm
208	四季锦带花	花于生长季连续开放	同原种	
209	红王子锦带	花鲜红色，繁密而下垂，5~6月盛花，可持续开花至10月	喜光，耐阴，耐寒，对土壤要求不严；病虫害少，分枝力强，耐修剪；抗有害气体，夏季注意日灼	枝条细长柔软，花冠深裂
210	粉公主锦带	花深粉红色，花期较一般锦带花早半月	同原种	花繁密，色彩艳丽
211	亮粉锦带花	花亮粉色，盛开时整株被花朵覆盖	同原种	
212	花叶锦带花	叶边缘淡黄白色，花色黄绿相间，花粉白色	耐-25℃低温，对土壤要求不严	枝条细长柔软，花冠深裂
213	金叶锦带花	新叶金黄色，老叶黄绿色，花红色	同原种	
214	紫叶锦带花	叶褐紫色，花紫色粉色	同原种	植株紧密，高达1.5m
215	日本锦带花	花冠长2.5~3cm，初开时白色，后渐变深红色，柱头伸出花冠外，花期5~6月	喜光，较耐寒	叶柄长2~5mm。聚伞花序具1~3花，萼片线形，裂达基部，裂片裂。其他同锦带花
216	早锦带花	花玫瑰红或粉红色，喉部黄色，开花较早，花期4月中下旬	喜光，稍耐阴，耐寒性强，耐瘠薄，不择土壤	叶两面均有柔毛，多毛，基部合生，花3~5朵着生于侧生小短枝上。花冠狭钟形，中部以下突然变细，外面有毛，花萼裂片较宽，基部连合

五、落叶灌木

序号	名称	观赏及应用	生态习性、栽培管护	辨识
217	海仙花	花初开黄白色，后渐变紫红色，数朵组成腋生聚伞花序，花期5～6月	喜光，稍耐阴，有一定耐寒性，喜湿润、肥沃土壤	小枝粗壮直立，无毛。叶广椭圆形至倒卵形，长2.5～4cm，基部1/3骤窄状钟形；花萼线形，花冠漏斗状钟形，长8～12cm。花无梗，花冠漏斗状钟形，裂达基部
218	红海仙花	花浓红色	同原种	
219	金银木	花冠二唇形，白色，后变黄，长约2cm，芳香，花期5～6月。浆果红色，8～10月熟，可经冬。有红花品种	喜光，耐阴，耐寒，耐瘠薄；性强健；管理简单	叶卵状椭圆形至卵状披针形，两面疏生柔毛，长5～8cm，顶端渐尖。总花梗长1～2mm，花成对腋生，下唇瓣长为花冠筒的2～3倍。果径5～6mm
220	新疆忍冬	花冠二唇形，粉红色，长2～2.5cm，有黄果品种，花期5～6月。浆果红色，果期6～9月	喜光，稍耐阴，耐寒，喜深厚土壤	小枝中空。叶卵形或卵状椭圆形，长2.5～6cm，基部圆形或近心形，表面暗绿色
221	红花新疆忍冬	花深红色	同原种	
222	白花新疆忍冬	花白色	同原种	
223	繁果新疆忍冬	果实繁多	同原种	
224	橙果新疆忍冬	果橙色	同原种	
225	蓝叶忍冬	叶蓝绿色。花玫瑰红色，稀白色，晚春4～6月开花。浆果红色	喜光，稍耐阴，耐寒，耐旱，也较耐涝，耐轻盐碱；生长快，耐修剪	叶卵形至椭圆形，长达2.5cm，背面有毛。花成对腋生，长约1.3cm。果长约1cm
226	郁香忍冬	花白色或带粉红色，花期2～4月，开花早而芳香，北京浆果鲜红色，果期5～6月，半常绿，绿期长，冬季背风处叶不落	喜光，也耐阴，耐寒，耐旱，忌涝，湿润、肥沃土壤上生长良好，萌芽力强	叶近革质，卵状椭圆形至卵状长圆形，长4～10cm，先端短尖，花成对腋生，长1～1.5cm；两花萼筒合生达中部以上。浆果球形，两花萼筒合生
227	苦糖果	花期1月下至4月上旬，果期5～6月	生于杂木林下或山坡灌丛中	与原种区别：幼枝及叶柄密被刚毛；叶边缘有睫毛，叶两面有刚毛。叶较狭长，卵状披针形，卵状矩圆形或卵状披针形；花冠外有毛
228	葱皮忍冬	花冠白色，后变鲜黄色，外被腺毛，花期4月下旬至6月。果实坛状壳斗所包，成熟后裂开露出红色浆果，果期9～10月	喜光，稍耐阴，耐寒，肥沃土壤。多生于山坡灌丛中	茎皮条状剥落，幼枝常具刺毛，叶卵形至卵状披针形，长3～8cm，先端尖，基部圆形，背面有粗毛。花成对腋生，包1片叶状，花冠长1.5～2cm，筒基部弯曲
229	长白忍冬	花冠白色，后变黄色，花期5～6月。浆果橘红色，果期7～8月，有黄果品种	喜光，也耐阴，耐寒，耐-35℃低温，亦耐旱，能耐盐碱，对土壤要求不严	幼枝和叶柄革状短柔毛。叶长圆状倒卵形至长圆披针形，长4～6(10)cm，顶端渐尖或急渐尖，不规则浅波状起伏或具不规则波状大牙齿。花梗长1～2cm
230	蓝锭果忍冬	果蓝或蓝黑色，美丽，花期5～6月。浆果蓝黑色，果期8～9月	生于林间，沿山河谷及灌丛中	叶卵状长椭圆形至长椭圆形，长2～5cm，基部常圆形。花成对腋生，花冠9～15mm，长约1.5cm，稍有白粉
231	金花忍冬	花冠黄白色后变黄色，花，径美观，发亮，球形，芳香，花期5～6月。浆果红色，径5～6mm，果期7～9月	喜光，耐半阴，耐寒，喜湿润气候；对土壤要求不严	叶纸质，菱状至卵状披针形，长4～10cm，花序球形，花梗长9～15mm，果实椭球形，花瓣长1.2～3cm，花唇瓣长2～3倍于花冠筒
232	天目琼花	大型不育花边花白色，花期5～6月。秋果鲜红，落果较快，果期9～10月。可观花观果观叶	喜光，耐阴，耐寒，耐旱，对土壤要求不严，少病虫害，易栽培；耐修剪。多生于夏凉、湿润多雾的灌木丛	树皮暗灰色，质厚而多少呈木栓质。叶卵圆形，长6～12cm，缘常不规则大齿，掌状3出脉，复伞形花序径8～12cm，可育花药常紫色。核果径约8mm

序号	名称	观赏及应用	生态习性、栽培管护	辨识
233	欧洲琼花	聚伞花序扁平，大型不育花边花色，花期5～6月；秋果红色。秋叶红艳	喜光，耐阴，耐寒，喜湿润，肥沃土壤；耐修剪	树皮薄，非木栓质。叶近圆形，枝浅灰色。叶3裂，有时5裂，缘叶不规则粗齿。可育花花药黄色。核果近球形，径约8mm，半透明
234	欧洲雪球	花序绣球状，花初为绿色后呈白至白色，花期5～6月	喜湿润，肥沃土壤	花序全为大形不育花
235	木本绣球	花序全为大型白色不育花，径15～20cm，形如绣球，美观，花期4～5月，白春至夏开花不绝	喜光，略耐阴，耐寒性不强，对土壤要求不严，耐旱；生性强健，萌芽力强	芽、幼枝及花序密被灰白色毛。叶纸质，卵形或卵状椭圆形，长5～10cm，先端钝圆，缘牙因状细齿
236	琼花	花白色，花期4月。花语为美丽、浪漫的爱情，被视为有情之物	生于丘陵山区林下或灌丛中	聚伞花序中央为两性可育花，边缘有大形白色不育花仙。核果椭球形，长8～12mm，先红后黑，果期9～10月
237	蝴蝶绣球	不育花组成绣球形聚伞花序，径6～10cm，前期淡绿色，后变白色，花期4～5月	喜光，稍耐阴，喜温暖、湿润气候	叶卵形至倒卵形，长4～10cm，缘有整齐三角状锯齿，表面羽状脉基凹下，羽脉间又有平行小脉相连，背面疏生星状毛及革毛
238	蝴蝶戏珠花	花序外围花可育，大型的不孕花黄白色，花期4～5月，中部有后变黄白色，后变红色美丽，秋果红变蓝色黑色，果期8～9月	生于山谷或林中	叶较狭，宽卵形或矩圆状卵形，形如蝴蝶，对。不育花裂片2大2小，径近4cm，卵圆形或宽卵圆形，长5～6mm
239	荚蒾	复伞形聚伞花序，径8～12cm，花期5～6月。核果深红色，果期8～9月	生于林下灌丛	幼枝、叶柄和花房均披斜平展的剌毛状糙毛。叶广卵形或卵形，长3～9cm，缘有尖齿，先端急尖
240	香荚蒾	花冠高脚碟形，白色或略带粉红色，芳香，花期4月。核果椭圆球形，紫红色	喜温暖湿润气候及深厚肥沃土壤	叶椭圆形，长4～8cm，缘具三角形锯齿，羽状脉明显，叶脉，花略带丁香。圆锥花序顶生
241	暖木条荚蒾	花白黄色，花期5～6月。核果由红变蓝黑色	喜光，稍耐阴，耐寒；耐修剪。移植易活	小枝较软。叶卵状椭圆形至倒卵形，长4～10cm，有波状齿，辐状，5裂片。顶生聚伞花序，径约5cm；花冠筒钟形，辐状平展
242	蒙古荚蒾	聚伞花序花稀少，生在第一级辐射枝上；花冠淡黄白色，筒状钟形，非辐状，花期4～5月	喜光，耐半阴，耐寒，对土壤要求不严	叶和小枝与暖木条荚蒾类似。叶宽卵形至椭圆形，长3～6cm，边缘有波状浅齿，果实红色后变黑色
243	猬实	花冠钟形，粉红色，内具黄色斑纹，果似刺猬，果期8～9月。开花繁密，花色鲜艳，果实奇特	阳性，耐寒、耐旱、耐瘠薄，喜温暖湿润，阳光充足的环境，喜排水良好的土壤，管护容易	幼枝红褐色，老枝灰褐色。单叶对生，卵形至卵状椭圆形，长1.5～2.5cm，花成对生长，花冠长3～8cm，全缘或疏生浅齿。伞房状聚伞花序
244	追梦人猬实	叶金黄色	同原种	
245	糯米条	花冠漏斗状，白色或带粉红色，芳香，花后宿存萼片变红色，深秋似红色（9）月，花期长，花期7～8月	喜光，稍耐阴，有一定耐寒性，耐干旱瘠薄，不耐积水，对土壤要求不严，根系发达，萌芽力强，耐修剪	幼枝及叶背带红色。叶卵形或三角状卵形，长2～5cm，缘疏生浅齿。圆锥状伞形花序，花冠长1～1.2cm，端5裂，雄蕊，花柱伸出
246	六道木	小花白色，淡黄色或带浅红色，花期4月；花后4枚萼片增大宿存	喜光、耐阴，耐寒，有一定耐盐碱能力，对土壤要求不严；萌蘖力强，生长慢，寿命长	老枝有明显6纵沟，花冠筒状，端4裂，成对着生于侧枝端。叶长椭圆形至披针形，长2～6cm，全缘至羽状浅裂
247	接骨木	花小而白色，有时微黄，花期4～5月。核果红色或蓝紫色，果期7～9月。接骨木和制松树、杨树的生长	性强健，喜光，耐旱，不耐水湿，沙壤中生叶最好，根系发达，耐轻盐碱，萌蘖力强	干皮灰褐色，枝上具纵棱和密而明显的皮孔。枝髓淡黄褐色。羽状复叶对生，小叶5～11，椭圆形至长椭圆形或披针形，长5～12cm，缘具齿，叶揉碎有臭味。顶生圆锥花序，较松散，长5～11cm，宽4～14cm。果径4～5mm

五、落叶灌木

序号	名称	观赏及应用	生态习性、栽培管护	辨识
248	西洋接骨木	花黄白色，有臭味，呈5叉分枝的扁平状聚伞花序，径12～20cm，花期5～6月。核果球形，亮黑色，径6～8mm	喜光，耐阴	干皮褐色，皮孔粗大突出。羽状复叶有小叶(3)5～7，椭圆形或椭圆状卵形，长4～12cm，缘具尖齿
249	金叶裂叶接骨木	小花白至黄色。叶色金黄，初生红色	喜光，耐旱，对土壤要求不严	小叶椭圆形至椭圆状披针形，大部分羽状浅裂至深裂。核果鲜红或蓝紫色
250	加拿大接骨木	花白色，聚伞花序扁平状，由5分枝组成，径达25cm，花期6～7月	同金叶接骨木	枝髓白色。小叶7，长椭圆形至披针形，长达15cm。果紫黑色
251	金叶接骨木	加拿大接骨木的品种。新叶金黄色，成熟叶黄绿色	喜光，稍耐阴，耐旱，耐瘠薄，忌水涝	小叶5～7
252	雪果	花冠钟形，粉红色，长约6mm，花期6～8月。浆果白色，蜡质，10～12月果熟并宿存越冬。叶蓝绿色	耐寒，耐瘠薄和石灰质土壤。北京宜背风防抽条	叶对生，椭圆形至卵形，长达5cm，全缘或有缺裂。雄蕊不伸出花冠外
253	红雪果	花白色，花期6～7月。果红或桃红色，8月成熟，冬经冬不落至翌年3月。叶蓝绿色	喜光，喜湿润及半阴性土壤。耐寒，耐旱，耐瘠薄和石灰质性土壤。管理粗放；耐修剪；病虫害少	枝拱形下垂，长6～7cm，果径约6mm，果穗可做干饰
254	牡丹	花色有黄、白、粉、红、紫、黑、绿及复色八大色系，花型多样，花径12～30cm，花香浓郁，"富""当"即牡丹，古典园林中"玉堂春富贵"或芍药。牡丹花朵丰腴，花色丰富，给人雍容华贵的感觉，有国色天香、花中之王的美誉。富贵吉祥的文化内涵，还有不同寓意，曾是1911年前的国花	喜光，耐寒，喜凉爽，畏炎热；喜疏松、肥沃深厚的中性沙质土壤，黏重、积水、排水不良易烂根死亡；宜栽植在地势较高、排水良好处；生长慢。秋季9～11月上旬是栽种的最佳时期，应该注意南流域在秋冬至来寒露同栽露植最为适宜。应该注意理地修枝、抹芽、摘蕾，春除根部紫红色土芽、萌蘖；冬剪死弱病枝、低矮倭花枝；还要更新修剪。与松属植物近距离栽植易发生牡丹锈病	2回3出复叶互生，小叶卵形，长4～8cm，3～5裂，背面常有白粉。花单生枝端，中国牡丹品种460个以上，按花型分为3类12型，单瓣类单瓣型，花瓣10～15，1～3轮；重瓣类单层组荷花型、菊花型和蔷薇型，皇冠型和绣球型，台阁类由2朵或以上的单花上下重叠成1朵花，分千层台阁组菊花型台阁型和蔷薇台阁型，楼子台阁组呈阁型和绣球型
255	紫斑牡丹	花大，白或粉红色，还红、蓝、绿色，内侧基部有深紫色斑块，花大色艳，花期5月。与中原牡丹比，植株高大，品种多	原种分布干高海拔地区，喜凉爽，畏炎热，抗严寒，抗干旱，耐盐碱，土壤高需排水良好	2至3回羽状复叶，小叶17～33，卵形至卵状披针形，不裂，稀2～4浅裂，花瓣约10片，花盘，花丝黄白色
	风丹	花白色或下部带粉色，花瓣9～11，花药黄色，花丝紫红色，花期4-5月	同牡丹	二回羽状复叶，小叶多至15枚，长5～15cm，顶生小叶常2～3裂
256	大叶醉鱼草	顶生狭长圆锥花序长20～30cm，花冠筒直，长0.7～1cm，玫瑰紫至淡紫蓝色，喉部橙黄色，芳香，花期6～10月。醉鱼草类有小毒，捣碎投入河中能麻醉活鱼	阳性，喜温暖，较耐寒，耐旱，耐贫瘠，宜排水良好；性强健，耐修剪，小苗冬季易抽条。春天新枝生长快，一年生枝条1.5m以上，于新枝上重剪，促新枝萌发，夏季能开花，冬季叶茂	叶对生，4棱形。叶膜质薄纸质，长10～25cm，顶端渐尖，缘有细齿，叶背密生灰白色革毛。窄卵形或长状披针形，长状披针形，有暗红、紫红及斑斑叶等品种
257	紫花醉鱼草	花紫色	同原种	
258	粉花醉鱼草	花粉红色	同原种	
259	白花醉鱼草	花白色	同原种	

五、落叶灌木

序号	名称	观赏及应用	生态习性、栽培管护	辨识
260	金叶醉鱼草	叶黄色或大部黄色，仅中部有不规则浅绿斑块	同原种	小枝略有翅。叶卵形至长状长椭圆形，长5～10cm，全缘或疏生波状小牙齿
261	醉鱼草	顶生穗状花序长达20cm，花冠紫色，筒长1.5～2cm，稍弯曲，芳香，花期6～8月	喜光照充足、较耐寒，耐旱，对土壤要求不严，宜排水良好。耐粗放管理	枝细长拱形，开展。叶互生，狭长披针形，长2～8cm，下面密被灰白色茸毛
262	互叶醉鱼草	花鲜紫红或紫蓝色，芳香，密集簇生，花期5～7月	耐寒，耐干旱	枝细长拱形，叶卵形，常有刺。叶互生，卵状椭圆形至卵状披针形，裂片长于花冠
263	枸杞	花紫色，花期5～9月。浆果卵形或椭球形，深红或橘红色，果期8～11月，入秋挂满枝子红果	阳性，稍耐阴，耐寒，耐旱，性强健。耐盐碱，为内陆重盐碱地优良绿化材料	枝细长拱形，有棱角。叶卵形，针形，长2～5cm。花单生或簇生叶腋，花萼3～5裂
264	菱叶枸杞		同原种	枝短，常簇生呈束状开展。叶卵形。菱形或椭圆形，宽2.5～5cm
265	宁夏枸杞	花紫色，花期5～8月。果较大，长8～20mm，红或橙红色，果期8～11月	喜光，耐寒，耐盐碱，沙荒和干旱，喜水肥，萌蘖力强	叶披针形至狭披针形，长2～3cm。花1～6朵簇生叶腋，花萼常2裂，裂片明显短于花冠筒，花冠筒
266	黑果枸杞	花浅紫色，花期5～6月。果较小，径4～9mm，成熟后紫黑色	耐干旱，常生盐碱土的荒地或沙地上	枝条先端及小枝上多棘刺。叶条形、披针形或圆柱形，长0.5～3cm。花2～6片簇生于短枝，花萼2～4裂，花冠筒比冠筒裂片长2～3倍
267	卫矛	小花浅绿色。假种皮橙红色，果期7～10月，宿存久。嫩叶及霜叶精叶紫红色	喜光，耐阴，耐寒，也耐湿，耐干旱瘠薄，石灰质土上均能生长；耐修剪，生长较慢	小枝常有扁条木栓翅。叶椭圆形或倒卵形，长3～10cm，缘有细锐齿，叶柄极短
268	火焰卫矛	叶春为深绿色，初秋开始变血红或火红色。花黄色，花期5～6月。红果	喜光，稍耐阴，耐寒，对土壤要求不严。强的入侵性，应注意预防	分枝多，长势整齐，树冠紧凑，老枝上生有木栓质的翅。单叶对生，椭圆形至卵圆形，有锯齿
269	栓翅卫矛	花小，紫色，4棱，花期5～6月。蒴果熟后红粉色，果期9～10月。嫩叶红色，秋叶红色	喜光，较耐阴，耐寒，耐高温，耐瘠薄，对土壤要求不严；抗污染；根系发达	小枝绿色，4棱，常具4条状木栓。叶长椭圆形，长6～12cm，缘具细尖齿，叶柄长1～1.5cm
270	花椒	果实辛香，是芳香防腐剂。多刺，可作刺篱。古时还以椒房比喻房女，喻多子多孙，结果多	喜光，不耐严寒，耐旱，喜肥沃、湿润的钙质土，酸性土也能生长	枝具基部扁平的粗大皮刺，老干有木栓质瘤状突起。奇数羽状复叶互生，小叶5～11，卵状椭圆形，长2～5cm，上面光绿色，下面灰绿色，中脉微凹陷，缘有细钝齿，蓇葖果红紫或紫红色，果期7～10月
271	野花椒	果棕红色，基部有明显伸长的子房柄。作调味品质量不如花椒	喜光，喜温暖，耐旱，在壤土、沙壤土及石灰性肥沃土壤上生长良好	枝具粗壮皮刺，木栓质瘤状疣状刺常不明显。小叶5～9，卵圆形至披针形，两面绿色，叶面常有刺毛状细刺，中脉凹陷，缘有疏而浅的钝裂齿
272	枸橘	花白色，5～6月叶前开。柑果球形，黄绿色，有香气，南方常绿。多刺，可作刺篱	喜光，耐半阴，有一定耐寒性，能耐-20℃低温，喜温暖湿润气候及排水良好的深厚肥沃土壤；耐修剪	枝绿色，略扭扁，有锐尖枝刺。三出复叶，总叶柄有翅，长2～5cm，缘有波状细齿，花径3.5～5cm，果径1cm
273	木本香薷	高约1m，叶味碎具薄荷香气。花淡紫色，雄蕊伸出，花期8～10月，花穗粗壮美丽，有野趣	野生植物，长势快；阳性，怕涝，耐寒，耐旱，耐瘠薄，喜温暖湿润气候，宜高植；为防空腔应夏季进行修剪	叶披针形至椭圆状披针形，长8～12cm，先端渐尖，圆齿。花小而密，顶生总状花序穗状，长10～15cm

五、落叶灌木

序号	名称	观赏及应用	生态习性、栽培管护	同原种	辨识
274	白花木本香薷	花白色			
275	薄皮木	花淡紫红色，漏斗状，筒部细，花期6~8月	耐湿润，多生于阴坡灌丛中		高约1m。小枝具柔毛，表皮薄，常片状剥落。叶对生，椭圆状卵形至长圆形，长1~2cm。花冠长1.5~1.8cm，数朵簇生于枝端叶腋
276	迎红杜鹃	花淡紫色，3~4月叶前开，花期早而美丽。有杜鹃啼血的典故，喻多愁多思，哀痛之极	喜凉爽，湿润和半阴环境，耐寒性强，喜微酸性土壤		多分枝，小枝具鳞片。叶厚纸质，互生，长椭圆状披针形，长3~7cm，疏生鳞片。花冠宽漏斗形，径3~4cm，5裂，3~6朵簇生枝端
277	兴安杜鹃	花淡紫红，粉红或淡白色，微香，5~6月叶前开花，美丽	喜光，也耐阴，极耐寒，耐旱，喜酸性土壤		小枝有鳞片和柔毛。叶近革质，椭圆形，长1.5~3.5cm。花1~2，宽漏斗形，径2~3cm
278	杜鹃	花冠阔漏斗形，鲜红或暗红色，有紫斑，径约4cm，裂片5，花期4~5月。是酸性土指示植物	喜半阴，喜温暖，湿润气候及酸性土壤，不耐寒，不宜积水		枝、叶及花梗密被黄褐色粗伏毛。叶长椭圆形，长3~5cm，先端生枝端。雄蕊7~10，花2~6朵簇生枝端
279	大字杜鹃	花淡粉红色，少有白色，内有紫红色斑点，花形华丽，花瓣娇美，5~6月叶前开花，秋叶橘黄色	喜光，耐寒，耐旱		叶倒卵形，长5~6（9）cm，质较薄，常第5片集生枝端呈"大"字状。伞形花序具花3~6朵，花宽钟形，径约5cm
280	驾斯蒙橘	花粉红色，长约6mm，壶形，下垂，花期6月。浆果近球形，成熟时蓝紫色，有白粉，果期7~8月	喜光，耐寒，喜空气湿润，喜酸性土壤		高0.5~1m。叶倒卵形或椭圆形，长1~2.5cm，顶端圆或微凹。花1~4朵着生于去年枝顶叶腋。果径约1cm
281	蓝莓	花绿白色，壶形，花期6月。浆果近球形，被白粉，果熟时黑紫色，果肉具香气	喜光，耐寒，喜空气湿润，喜酸性土壤		高常1.5m以内。叶互生，倒卵状椭圆形，长1~2.5cm
282	秋胡颓子	花黄白色，芳香，5~6月开花。果椭圆形，长5~7mm，生伞形花序，2~7朵成腋，果橙红色，9~10月熟			常有刺，小枝黄褐色或带银白色。叶长椭圆形，长3~8cm，表面幼时有银白色或散生褐色鳞片，背面银白色鳞片，果卵圆形或近球形
283	酸枣	蜜源植物	多生于向阳或干燥山坡、山谷、丘陵、平原或路旁；习性同枣树；寿命长，北京有800年的乔木，干径1.3m，高达15m		小枝具托叶刺。叶较小，卵形至长椭圆形，长1.5~3.5cm。果近球形，味酸
284	鼠李	可庭园观赏	喜光，耐阴，耐寒，耐瘠薄		枝端具顶芽。叶对生，侧脉4~5对，缘具细圆齿，0.6~3cm。果球形，紫黑色
285	东北鼠李		生沟谷林缘，水边		枝端具刺。叶互生或短枝上簇生，倒卵形，长2.5~6cm，侧脉常3~4对
286	圆叶鼠李	果黑色。可作水土保持及林带下木树种	多生于山坡杂木林或灌丛中		小枝有短柔毛。叶倒卵形或近圆形，长2~6cm，先端突尖而钝，侧脉3~4对，上面下陷，叶柄长3~6mm
287	小叶鼠李	果黑色。可作水土保持及防沙树种	多生于向阳山坡或多岩石处		叶椭圆形或倒卵形至椭圆形，长1.5~3.5cm，缘具细齿，叶柄长5~10mm
288	冻绿	叶黄绿色。可庭园观赏	喜光，较耐阴，稍耐寒，耐干旱瘠薄		枝端刺状，小枝红褐色。叶长椭圆形，长5~12cm，侧脉5~8对，缘具细齿，叶柄长5~12mm。果紫黑色

五、落叶灌木

序号	名称	观赏及应用	生态习性、栽培管护	辨识
289	榛子	秋叶黄色。坚果常3枚聚生，具钟状总苞片，密被柔毛；常密生刺状腺体，较果长不超过1倍。可作北方山山区绿化和水土保持树种	喜光，耐寒力强，耐干旱，也耐低湿；抗火性强；根系浅而广；少病虫害	叶互生，卵圆形至倒广卵形，长4～13cm，先端骤尖，近平截，缘有不规则重锯齿
290	毛榛子	坚果常3枚聚生，总苞片长管状，密生刺毛	喜光，稍耐阴，耐寒性强，喜湿润，肥沃而排水良好的土壤	小枝黄褐色，有长柔毛。叶互生，卵状椭圆形至倒卵状椭圆形，长6～12cm，先端短尾尖或突尖，中上部有缘不规则重锯齿浅裂
291	虎榛子	黄土高原的主要灌木树种之一，又为山坡或黄土沟岸的水土保持树种	喜光，耐旱	枝灰褐色，密生皮孔。叶卵形或椭圆状卵形，长2～6cm，缘有重锯齿及不规则裂片。果4至多个聚为穗状，下垂
292	蚂蚱腿子	雌花花冠舌状，淡紫红色，两性花冠管状2层形；雌雄异株，4月上旬花叶同放，芳香	多生于低海拔的山地阴坡及林缘，北京山地常见	单叶互生，长圆形至广披针形，长2～6cm，3主脉；幼小揉搓后具芳香气味。头状花序腋生。瘦果近圆柱形，冠毛辐射状，白色
293	省沽油	顶生圆锥花序，花白色，芳香，花期5～6月，果膀胱状，扁形，2裂，种子含油量高，果期9～10月。花、叶、果可赏	喜光，稍耐阴，耐寒，耐旱，喜土层深厚肥沃排水良好的土壤，干瘠阳坡也能生长	树皮暗紫红色，一年生枝浅绿色，细长开展，似草本。三出复叶对生，小叶卵状椭圆形，长5～8cm，具长尖尾，缘有细尖齿，背面青白色。花辐射对称
294	刺五加	小花绿白色。浆果黑色，长约8mm，果期8～10月。根皮为补药	喜光，较耐阴，耐寒，喜冷凉、湿润气候和肥沃土壤	枝上常密生细针刺；掌状复叶，小叶常5，有时3，椭圆状倒卵形至长椭圆形，长6～12cm，缘有尖锐重锯齿。伞形花序，花梗长1～2cm
295	无梗五加	花淡紫色，下部合生，近无花梗，由头状花序组成圆锥状，花期8～9月。浆果熟时黑色，长1～1.5cm，果期9～10月	喜光，稍耐阴，耐寒，喜湿润气候和肥沃土壤	枝刺疏生，粗壮。掌状复叶，小叶3～5，卵形、椭圆形、长圆状披针形，长8～15cm，缘有不整齐锯齿，叶柄有时具刺
296	银芽柳	冬芽红紫色，有光泽。雄花序盛开前密被银白色绢毛，洁白美雅，早春观芽。有专供观赏用的下垂枝品种	喜光，喜温暖，湿润，较耐寒，耐潮湿，不耐干旱。雨季注意防涝，夏季注意日灼	分枝稀疏，小枝绿褐色，具红晕。叶长椭圆形，长6～10（15）cm，先端尖，基部近圆形，缘有细浅齿，背面密被白毛
297	杞柳	枝条黄绿或红褐色，有光泽，细长柔软，韧性强。适宜编织柳篮、工艺品	喜光，耐水湿，常生于河边及低湿地	叶多对生，倒披针形至长椭圆形，长2～7cm，先端短渐尖，叶背苍白色，叶柄近无叶基抱茎
298	花叶杞柳	新叶先端粉白色带粉红，基部黄绿色，密布白色斑点，之后叶色变为黄绿色带粉绿色斑，6月中后期叶多数变绿	喜光，耐半明，耐寒性强，喜水湿，也耐干旱；生长势强，春宜疏枝，冬强剪；对土壤要求不严，病虫害少	缘有细腺齿，叶青绿色，表面绿色，长8～10cm，宽8～12mm
299	筐柳	枝条细柔，是很好的编织材料	适应性强，多生于河湖岸边低湿地，作固沙和护堤固岸树种	小枝细长，浅黄色。叶互生，披针形或条状披针形，长8～15cm，背面苍白色，长约1.2cm
300	蒿柳	枝条可编筐，叶可饲蚕。可为护岸树种	多生于河岸及林缘湿地	叶条形至条状披针形，长15～20cm，宽5～15mm，最宽处在中部以下，顶端渐尖，基部楔形，全缘或微波状，托叶狭披针形，托叶早基叶脱落

五、常绿叶灌木

序号	名称	观赏及应用	生态习性、栽培管护	辨识
301	叶底珠	花小, 无花瓣, 萼片 5, 单性, 黄绿色。有毒	耐寒、耐旱, 喜沙质土壤; 常生于山坡路旁	单叶互生, 椭圆形, 长 1.5～4cm, 基部楔形, 全缘或细波状齿; 叶柄短。蒴果 3 棱状球形, 径约 5mm, 3 瓣裂, 单个或数个生于叶腋, 下垂
302	雀儿舌头	小花白色, 萼片浅绿色, 花期 2～8 月, 单生或 2～4 朵簇生于叶腋。嫩枝叶有毒, 羊类多吃会致死。为水土保持林优良的林下植物	喜光, 耐干旱及土层瘠薄环境, 在水分少的石灰岩山地亦能生长	多分枝。单叶互生, 卵形至披针形, 长 1.5～5cm, 基部多圆形。蒴果球形或扁球形, 径 6～8mm
303	木贼麻黄	球花腋生, 成熟时红色, 美丽, 花期 6～7 月。小枝被白粉呈蓝绿色或灰绿色	喜光, 抗寒, 耐干旱; 深根性; 萌芽力强	高达 1m。小枝有节, 径约 1mm, 小枝中部节间长 1.5～2.5cm。节间有多条细纵槽, 叶鳞片状, 2 裂, 长 1.5～2mm, 褐色, 包于茎节, 下部 3/4 合生, 先端钝
304	北美冬青	落叶后, 密集、亮丽的红色果子宿存到冬季, 十分耀眼喜庆, 10 月至次年 4 月观果。花白色, 花期 5 月	喜光、耐半阴, 耐 -30℃低温, 喜温暖气候及肥沃湿润的微酸至中性土壤; 浅根性; 萌蘖强	高 1.2～4m。单叶互生, 长卵形, 边缘硬齿状; 嫩叶古铜色。果实光泽
305	夏蜡梅	花单生枝顶, 径 4.5～7cm, 大而美丽, 边淡紫红色, 无香气, 花期 5 月中旬	喜阴, 耐 -15℃的低温, 不耐积水, 喜温暖湿润气候及排水良好的湿润沙壤土	芽藏于叶柄基部内。单叶对生, 宽卵状椭圆形至倒卵圆形, 长 13～27cm。近全缘或具不显细齿, 叶面有光泽, 略粗糙
306	山胡椒	秋叶红色, 美丽, 枯叶经冬不落	喜光, 耐干旱瘠薄; 深根性	小枝灰白色。叶近革质, 卵形、椭圆形或倒卵状椭圆形, 长 4～9cm, 羽状脉, 背面苍白色, 径约 7mm。果球形, 熟时黑色
307	结香	3～4 月叶前开花, 芳香, 促癌, 被称作中国的爱情树。恋爱的人们觉得想获得长久的甜蜜爱情和幸福, 只要在结香枝上打一个同心结, 愿望就能实现	喜半阴, 也耐日晒, 喜温暖气候, 耐寒性不强; 喜湿润环境, 较耐水湿	枝条粗壮柔软, 可以自然打结, 叶常集生枝端, 椭圆状倒披针形, 长 8～20cm, 小枝褐色。头状花序下垂, 花黄色或橙黄色, 花被筒状, 端 4 裂, 外密被白色丝状毛
308	木芙蓉	花清晨初开时白色或淡红色, 傍晚变深红色, 有单、重、半重瓣, 花期 8～10 月。成都又名芙蓉城, "落尽群花独自芳, 红英浑欲拒严霜"赞美其严霜中盛开的傲霜精神, 晚秋开放不争春	喜温暖湿润、阳光充足, 稍耐半阴, 对土壤要求不严, 在沙质土壤上生长好, 宜花后修剪; 长江以北地上部分常被冻死, 春由根部抽条丛生	小枝、叶柄、花梗和花萼均被密柔毛。叶卵圆形, 掌状 3～7 裂, 缘具钝圆齿, 两面有毛。花径约 8cm
309	重瓣芙蓉	花重瓣	同原种	
310	醉芙蓉	花在一日中, 初开纯白色, 渐变为淡黄, 后变成红色, 粉红, 最	同原种	
311	海滨木槿	花钟形, 金黄色, 中心暗紫色, 5 瓣, 径约 6cm, 花期 7～10 月。秋叶红色。似木槿, 用于海岸防风林或庭院绿化	喜光、耐高温, 耐 -10℃低温; 对土壤适应能力强, 耐短时水涝, 很耐干旱瘠薄, 极耐盐碱, 土壤含盐量 1.5% 左右正常生长, 耐海水淹浸; 抗污染力强; 耐修剪	单叶互生, 椭圆形至卵圆形, 长达 7.5cm, 具短突头, 叶缘中上部具细圆齿, 叶背灰白或灰绿色, 两面有灰色毛

六、藤本植物

藤本植物　表一

序号	名称	拉丁名	别名	科属	产地及分布	彩图页
1	紫藤	Wisteria sinensis		豆科紫藤属	产河北以南黄河、长江流域及陕西、河南、广西、贵州、云南。宁夏银川有栽培	513
2	白花紫藤	W. sinensis 'Alba'	银藤	豆科紫藤属	主产华北地区。各地庭院有栽培	513
3	藤萝	Wisteria villosa		豆科紫藤属	产华北地区。北京、青岛、郑州等地有栽培	514
4	白花藤萝	Wisteria venusta		豆科紫藤属	原产日本。华北地区南部、长江以南各地有栽培	514
5	多花紫藤	Wisteria floribunda	日本紫藤	豆科紫藤属	原产日本。华北地区、东北地区有栽培	514
6	藤本月季	Climbing Roses		蔷薇科蔷薇属	各地常见栽培	514
7	野蔷薇	Rosa multiflora	多花蔷薇、蔷薇、买笑花	蔷薇科蔷薇属	主产日本、朝鲜。我国黄河流域以南有分布	515
8	粉团蔷薇	R. multiflora var. cathayensis	红刺玫、粉花蔷薇	蔷薇科蔷薇属	产河南、陕西、甘肃及长江流域各地，南至两广地区、西南至云南、贵州	515
9	白玉棠	R. multiflora 'Albo-plena'		蔷薇科蔷薇属	北京常见栽培	515
10	七姊妹	R. multiflora 'Platyphylla'	七姊妹、十姐妹	蔷薇科蔷薇属	各地常见栽培	515
11	荷花蔷薇	R. multiflora 'Carnea'	粉红七姊妹	蔷薇科蔷薇属	华北地区常见栽培	516
12	凌霄	Campsis grandiflora	中国凌霄、紫葳、大花凌霄、堕胎花、五爪龙	紫葳科凌霄属	主产我国中部；河北、山东、河南、福建、广东、广西、陕西有栽培，但不常见	516
13	美国凌霄	Campsis radicans	厚萼凌霄、杜凌霄	紫葳科凌霄属	原产美国西南部。华北地区各地常见栽培	516
14	杂交凌霄	Campsis × tagliabuama	红黄萼凌霄	紫葳科凌霄属	我国南北方多栽培，常见	516
15	地锦	Parthenocissus tricuspidata	爬山虎、爬墙虎、飞天蜈蚣、假葡萄藤、枫藤、红丝草、中国地锦	葡萄科地锦属	产东北地区南部至华南、西南地区	517
16	美国地锦	Parthenocissus quinquefolia	五叶地锦、五叶爬山虎	葡萄科地锦属	原产美国。华北、东北、西北地区有栽培	517
17	葡萄	Vitis vinifera	草龙珠、赐紫樱桃、菩提子	葡萄科葡萄属	原产亚洲西部至欧洲东南部。我国黄河流域栽培集中	517
18	扶芳藤	Euonymus fortunei	扶房藤、换骨筋、小藤仲、爬藤卫矛	卫矛科卫矛属	华北地区以南均有分布。北京常见栽培	518
19	小叶扶芳藤	E. fortunei var. radicans	爬行卫矛	卫矛科卫矛属		518
20	金边扶芳藤	E. fortunei var. radicans 'Aureomarginata'		卫矛科卫矛属	北京、大连等地有栽培	518

六、藤本植物

六、藤本植物

序号	名称	拉丁名	别名	科属	产地及分布	彩图页
21	银边扶芳藤	E. fortunei var. radicans 'Albomarginata'		卫矛科卫矛属	北京、大连等地有栽培	518
22	洋常春藤	Hedera helix	英国常春藤。北京多用京8号常春藤	五加科常春藤属	原产欧洲高加索地区。我国南方多栽培，北京少量应用，小气候好处可露地越冬，表现优良	519
	鸟脚叶常春藤	Hedera helix 'Pedata'	鸟足洋常春藤	五加科常春藤属	北京偶见应用，小气候好处可露地越冬	—
	中华常春藤	Hedera nepalensis var. sinensis	常春藤、爬墙虎	五加科常春藤属	产我国中部至南部、西南部	—
23	络石	Trachelospermum jasminoides	万字茉莉、白花藤、耐冬、扒墙虎、风车藤	夹竹桃科络石属	分布广，主产长江流域及东南各省，山东、河南、河北及西北地区有分布。北京偶见栽培，小气候好处可露地越冬	519
24	花叶络石	T. jasminoides 'Variegatum'	变色络石	夹竹桃科络石属	原产欧洲中南部。我国江苏、浙江、台湾有栽培	519
25	蔓长春花	Vinca major	长春蔓、卵叶常春藤、攀缠长春花	夹竹桃科蔓长春花属	原产欧洲中南部。我国江苏、浙江、台湾有栽培，山东可露地越冬	520
26	花叶蔓长春花	V. major 'Variegata'	斑叶长春蔓、爬藤黄杨	夹竹桃科蔓长春花属		520
27	花叶小蔓长春	V. minor 'Variegata'		夹竹桃科蔓长春花属	原产欧洲。我国有栽培	520
28	金银花	Lonicera japonica	忍冬、金银藤、鸳鸯藤、二色花藤	忍冬科忍冬属	产辽宁及华北、华东、华中、西南地区。山东平邑、河北巨鹿是"金银花之乡"	520
29	红花忍冬	L. japonica var. chinensis	红白忍冬、红金银花	忍冬科忍冬属	产安徽、江苏、浙江、江西、云南。我国北方有栽培	520
30	紫脉金银花	L. japonica var. repens		忍冬科忍冬属		521
31	布朗忍冬	Lonicera × brownii		忍冬科忍冬属	国家植物园1982年从美国引入。我国北方一些城市有栽培	521
32	金红久忍冬	Lonicera × heckrottii		忍冬科忍冬属	国外引入。北京、沈阳等地有栽培	521
33	贯月忍冬	Lonicera sempervirens	贯叶忍冬、穿叶忍冬	忍冬科忍冬属	原产北美洲东南部。上海、杭州、北京等地有栽培	521
34	木香	Rosa banksiae	木香花、木香藤、七里香、锦棚花	蔷薇科蔷薇属	原产我国中南部及西南部。长江流域普遍栽培，北京需背风向阳	521
35	重瓣白木香	R. banksiae 'Albo-plena'		蔷薇科蔷薇属		522
	单瓣黄木香	R. banksiae 'Lutescens'		蔷薇科蔷薇属		—
	重瓣黄木香	R. banksiae 'Lutea'		蔷薇科蔷薇属		522
36	山荞麦	Polygonum aubertii	木藤蓼、花蓼	蓼科蓼属	产内蒙古（贺兰山）、山西、河南及秦岭至川藏地区。北京、沈阳以南有栽培	522
37	南蛇藤	Celastrus orbiculatus	蔓性落霜红	卫矛科南蛇藤属	产我国东北、华北、西北地区至长江流域	522

续表

序号	名称	拉丁名	别名	科属	产地及分布		彩图页
38	东北雷公藤	*Tripterygium regelii*	雷公藤	卫矛科雷公藤属	产辽宁、吉林		523
39	山铁线莲	*Clematis montana*	绣球藤、山木通	毛茛科铁线莲属	产我国河南及西南、西北、长江流域地区		523
40	大花铁线莲	*Clematis hybrida*	杂交铁线莲	毛茛科铁线莲属	欧洲引进。北京、大连、沈阳、上海等地有栽培		523
—	杂种铁线莲	*Clematis × jackmanii*	杰克曼铁线莲	毛茛科铁线莲属	19世纪中期英国育成，欧美国家庭院普遍栽培。我国引种栽培		—
—	转子莲	*Clematis patens*	大花铁线莲	毛茛科铁线莲属	产东北及华北地区		—
41	中华猕猴桃	*Actinidia chinensis*	阳桃、羊桃藤、藤梨、猕猴桃	猕猴桃科猕猴桃属	产长江流域及以南地区、北至陕西、河南		523
42	软枣猕猴桃	*Actinidia arguta*	猕猴梨、软枣子、羊枣、藤枣	猕猴桃科猕猴桃属	产东北、西北及长江流域地区		524
43	葛藤	*Pueraria lobata*	葛、野葛	豆科葛属	我国除新疆、西藏外，分布几乎遍及全国		524
44	杠柳	*Periploca sepium*	羊奶子、北五加皮、羊角桃、羊奶条	夹竹桃科杠柳属	产东北地区南部、华北、西北、华东地区及河南、贵州、四川		524
45	三叶木通	*Akebia trifoliate*	八月瓜、三叶拿藤、八月炸、活血藤	木通科木通属	产华北至长江流域地区		524
46	山葡萄	*Vitis amurensis*	蛇葡萄、阿穆尔葡萄	葡萄科葡萄属	产东北、华北地区及内蒙古、山东		525
47	葎叶蛇葡萄	*Ampelopsis humulifolia*	七角白蔹、葎叶白蔹、小接骨丹	葡萄科蛇葡萄属	产东北地区南部、华北地区至华东、华南地区。哈尔滨有栽培		525
48	乌头叶蛇葡萄	*Ampelopsis aconitifolia*	马葡萄、草白蔹、乌头叶白蔹、附子蛇葡萄	葡萄科蛇葡萄属	产华北地区及河南、甘肃、陕西		525
49	掌裂蛇葡萄	*A. aconitifolia var. palmiloba*	掌裂草葡萄	葡萄科蛇葡萄属	产东北、华北、西北地区及山东、四川等地		525
50	五味子	*Schisandra chinensis*	北五味子	五味子科五味子属	产东北、华北地区及山东、宁夏、甘肃		525
51	蝙蝠葛	*Menispermum dauricum*	北豆根、山豆根	防己科蝙蝠葛属	产东北、华北至华东地区		525
52	鸡矢藤	*Paederia scandens*	鸡屎藤、牛皮冻、女青、解暑藤	茜草科鸡矢藤属	产陕西及华东、华中、华南、西南等地区		526
53	木通马兜铃	*Aristolochia manshuriensis*	东北木通、万年藤、木通	马兜铃科马兜铃属	产东北地区及山西、陕西、甘肃、四川、湖北等地		526
多年生草本							
54	金叶薯	*Ipomoea batatas* 'Golden Summer'	金叶番薯	旋花科虎掌藤属	原产美洲。我国大多数地区都有栽培		526
55	紫叶薯	*I. batatas* 'Black Heart'	紫叶番薯	旋花科虎掌藤属			526
56	花叶薯	*I. batatas* 'Rainbow'	彩虹番薯	旋花科虎掌藤属			527
57	啤酒花	*Humulus lupulus*	忽布、蛇麻花、酒花	大麻科律草属	东北、华北地区及新疆北部，甘肃等地均有栽培		527
58	山药	*Dioscorea opposita*	薯蓣、怀山药、淮山、面山药	薯蓣科薯蓣属	产河南、山东、河北、甘肃、陕西及东北、长江流域及以南地区		527
59	何首乌	*Fallopia multiflora*	多花蓼、紫乌藤、夜交藤	蓼科何首乌属	产陕西南部、甘肃南部及华东、华中、华南、西南等地区		527

六、藤本植物

序号	名称	拉丁名	别名	科属	产地及分布	彩图页
60	瓜蒌	Trichosanthes kirilowii	栝楼、瓜楼、药瓜	葫芦科栝楼属	产华北、华东、中南、西南地区及辽宁、陕西、甘肃	527
一年生草本						
61	茑萝	Quamoclit pennata	茑萝松、羽叶茑萝、五角星花、锦屏封、绕龙花	旋花科茑萝属	原产美洲热带。我国各地有栽培	527
62	圆叶牵牛	Ipomoea purpurea	牵牛花、打碗花、紫花牵牛	旋花科虎掌藤属	原产美洲热带。我国除西北和东北地区的一些省外，大部分地区都有分布	528
63	牵牛	Ipomoea nil	裂叶牵牛、勤娘子、大牵牛花、筋角拉子、喇叭花、牵牛花、朝颜、二牛子、二丑	旋花科虎掌藤属	原产美洲热带。我国除西北和东北地区的一些省外，大部分地区都有分布	528
64	观赏葫芦	Lagenaria siceraria var. microcarpa	小葫芦	葫芦科葫芦属	原产我国热带、亚热带地区	528
65	瓠瓜	Lagenaria siceraria var. hispida	瓠子、扁蒲、夜开花	葫芦科葫芦属	可能原产印度。我国各地有栽培	528
66	观赏南瓜	Cucurbita moschata	倭瓜、番瓜、饭瓜、番南瓜、北瓜	葫芦科南瓜属	原产墨西哥到中美洲一带。明代传入我国，现南北方广泛种植	528
67	冬瓜	Benincasa hispida	白瓜、枕瓜	葫芦科冬瓜属	主要分布于亚洲及其他热带、亚热带地区。我国各地均有栽培	528
68	蛇瓜	Trichosanthes anguina	豆苦瓜、豆角黄瓜	葫芦科栝楼属	原产印度。我国南北方均有栽培	528
69	丝瓜	Luffa aegyptiaca	八角瓜、菜瓜、水瓜、天罗瓜	葫芦科丝瓜属	广泛栽培于世界温带、热带地区。我国普遍栽培	529
70	苦瓜	Momordica charantia	凉瓜、癞瓜	葫芦科苦瓜属	广泛栽培于世界温带、热带地区。我国南北普遍栽培	529
71	扁豆	Lablab purpureus	紫豆、篱笆豆	豆科扁豆属	可能原产印度。我国各地常见栽培	529
72	豇豆	Vigna unguiculata	角豆、豆角、饭豆、带豆、红豆	豆科豇豆属	主产地为热带非洲及热带亚洲。我国各地有栽培	529
73	菜豆	Phaseolus vulgaris	四季豆、芸豆、扁豆、架豆	豆科菜豆属	原产美洲。我国各地有栽培	529
74	香豌豆	Lathyrus odoratus	麝香豌豆、花豌豆、香豆花	豆科山黧豆属	原产意大利。我国各地有栽培	529
75	大花野豌豆	Vicia bungei	野豌豆、山豌豆、三齿野豌豆、三齿草藤、毛苕子、老豆蔓、山黧豆	豆科野豌豆属	产东北、华北、西北、西南地区及山东、江苏、安徽等地	529
76	鸭跖草	Commelina communis	淡竹叶、竹叶菜、鸭趾草、挂梁青、竹芹菜	鸭跖草科鸭跖草属	产云南、四川、甘肃以东各地区	529

藤本植物　表二

序号	名称	观赏及应用	生态习性、栽培管护	辨识
1	紫藤	花蝶形，紫色，芳香，花期4~5月，叶前或与叶同放。花语为醉人的恋情，依依的思念。紫云垂地，紫气东来，文人爱藤，标准四合院大都植有紫藤，位置多在里院西南角。茎皮、种子有毒	对气候、土壤适应性强，喜光，略耐阴，耐寒，耐干旱，也耐水湿；不耐移植	茎左旋，嫩枝被白色柔毛。奇数羽状复叶，小叶7~13，卵状椭圆形至卵状披针形，长5~8cm，先端渐尖，成熟时叶无毛或近无毛；密生黄色茸毛。荚果倒披针形，长15~30cm。总状花序下垂
2	白花紫藤	花白色	同原种	与紫藤区别：叶成熟时背面仍保被白色长柔毛；花序长约30cm；荚果密被灰白色茸毛
3	藤萝	花淡紫色，花期4~5月，叶前或与叶同放	同紫藤	茎左旋，嫩枝密被黄柔毛。小叶9~13，长4~10cm，椭圆状披针形，先端渐尖，两面有柔毛。花序长10~15cm。荚果密被黄茸毛
4	白花藤萝	总状花序短粗，花白色，开放前略带粉晕，微香，4月下旬至5月中旬，盛开时绿中吐艳	同紫藤	小叶13~19，卵状披针形，长4~8cm。总状花序长30~90cm
5	多花紫藤	花白、紫、紫蓝或玫瑰色，芳香，花期4月下旬至5月中旬，盛开时绿中吐艳。园艺品种很多	性强健，喜光，略耐阴，耐寒。耐寒性在木属中最强。喜排水良好、湿润肥沃的土壤，有一定耐盐碱、水湿能力，耐轻度微盐碱土。寿命可达千年	茎右旋，枝条密，较细软。小叶13~19，幼叶两面密被褐色柔毛，后几无毛，卵状披针形，长4~8cm。总状花序长30cm
6	藤本月季	花形、花色繁多，美丽。红果冬季宿存	阳性	枝条长，蔓性或攀缘，多刺
7	野蔷薇	圆锥状伞房花序，花单瓣，径1.5~2.5cm，白色，芳香，花期5~6月。果球形至卵形，红褐色	性强健，喜光，耐寒，耐旱，也耐水湿。对土壤要求不严	枝细长，有皮刺。羽状复叶，小叶5~9，倒卵状椭圆形，长1.5~3cm，缘具尖齿。托叶篦齿状，附着于叶柄上。果径约6mm
8	粉团蔷薇	花粉红至玫瑰红色，单瓣。蔷薇花语为爱情，在欧美各国常把它与爱情联系在一起。不同颜色寓意不同：红，热恋；粉，爱的誓言；白，纯洁的爱情；冷黄，优雅；粉红，我爱与你修过一辈子，天真	喜光，耐寒，对土壤要求不严，耐修剪	小叶较大，常5~7。花较大，径3~4cm。数朵至20朵呈平顶伞房花序，果红色
9	白玉棠	花白色，重瓣	同原种	枝上刺较少。小叶倒广卵形
10	七姐妹	花较大，重瓣，深粉红色，美丽	喜光，耐寒，耐旱，耐水湿	叶较大，花6~9朵呈扁圆伞花序
11	荷花蔷薇	花重瓣2~3层，淡粉红色，多朵聚生	同原种	
12	凌霄	花大，橘红或红色，花期6~8月。花语为名誉、荣耀。宏图大展，志向高远。慈母之爱，常与冬青、樱草结成花束送给母亲，表示对母亲的爱。花粉有轻毒，伤眼睛	喜光，喜温暖、湿润、耐寒、宜排水良好土壤，萌蘖力强。北京幼苗需越冬保护	小叶7~9，长卵形至长卵状披针形，长3~6cm，端尾尖，缘有粗齿。顶生疏散短圆锥圆锥花序，花径约6cm，花冠唇状漏斗形，花冠筒较短，花萼绿色，5裂至中部，有5条纵棱，萼筒长如荚，顶端钝
13	美国凌霄	花橘黄或深红色，花冠筒外面常橘红色，内面鲜红色，花期7~8月。蒴果长筒状长圆形，先端渐尖。花粉有轻毒	喜光，较耐阴，喜温暖，湿润，耐寒性较凌霄强，忌积水，耐弱碱，瘠薄。宜背风向阳处栽植	小叶9~13，缘具齿。数朵集生呈短圆锥花序，花径3~4cm，质地厚，无纵棱，裂较浅，约为1/3。花萼棕红色，约1/3
14	杂交凌霄	凌霄与美国凌霄杂交种。花橙红至红色，较大，似凌霄，花期8月。花粉有轻毒	对土壤适应性强，耐盐碱，耐旱，也耐湿。吸盘攀附性强	疏散圆锥花序，花冠筒较凌霄长，花冠黄带红色，花萼绿带红色
15	地锦	秋叶黄、橙黄或红色。美丽	喜阴湿，耐旱，耐寒，对土壤、气候适应性强；生长快；吸盘攀附性强，覆盖面积大，种植于建筑物北侧、东侧生长较好	叶常倒卵圆形，长5~17cm，常3裂，缘有粗齿的叶，或常全裂成3小叶；叶柄长4~12cm；浆果球形，蓝黑色；幼苗或营养芽枝上的叶，缘有粗锯齿，裂果绿带红色

六、藤本植物

序号	名称	观赏及应用	生态习性、栽培管护	辨识
16	美国地锦	秋叶红艳或橙黄色，充足的阳光能促使秋叶变红。攀缘能力不如地锦	较耐阴，耐寒，耐热，略耐盐碱，喜温凉，湿润，土壤；抗污染；卷须攀缘能力弱	掌状复叶具长柄，叶柄长5～15cm，小叶5，卵状椭圆形，长达15cm，缘有粗齿。浆果球形，蓝黑色
17	葡萄	秋叶红艳美丽。花语寓意多子多福（人丁兴旺）；种一颗种子，结上万个果实（寓意一本万利）。葡萄藤缠藤，象征茶密，古有葡萄架下七夕相会的习俗。夏季在葡萄荫下纳凉消暑，亦是人生一大快事	阳性，耐干，怕劳，喜肥，适应温带或大陆性气候	单叶卵圆形，长7～18cm，3～5掌状裂，缘有深粗齿。圆锥花序大而长，熟时紫红或黄白色，被白粉。浆果球形或椭圆形
18	扶芳藤	叶色油绿，入秋叶常变红。花期6～7月。萌果球形，淡粉红色，径约1cm，具橙红色假种皮，果期10～11月，美丽	耐阴，喜温暖，耐轻盐碱，耐湿，耐旱，干旱瘠薄，耐寒性不强，早春风吹干旱，易造成生理性缺水影响成活；根系浅，生长快；耐践踏；抗风，抗病虫及有毒气体；攀缘能力极强	能随处生细根。叶薄革质，长卵形至椭圆状倒卵形，长3～8cm，缘有锯齿。依叶位（大、小，金边，金心，宽瓣）和叶色（金叶，银边，红脉）分很多品种，宽瓣耐寒表现较好
19	小叶扶芳藤	有金叶、花叶、白叶等品种	耐寒性较强	叶较小，长1.5～3cm，长椭圆形，先端纯，叶缘锯齿尖而明显
20	金边扶芳藤	叶缘金黄或浅黄色	同原种	
21	银边扶芳藤	叶缘有白斑	同原种	叶近宽卵形，薄革质
22	洋常春藤	叶面亮绿色。伞形花序，花期9～10月。球果黑色。品种多，叶形，叶色有多种	喜光，很耐阴，喜温暖、湿润，耐寒，不耐旱；对土壤要求不严，抗污染能力强	以气生根攀缘。单叶互生，营养枝上的叶2-5浅裂，花果枝上的叶常无裂，卵状菱形。植株幼嫩部分和花序具星状毛而非鳞片
	鸟脚叶常春藤	北京冬叶深绿		叶裂较深，多3或5裂，裂片多狭而尖如鸟足，侧叶近直角展开，叶脉微白色
23	中华常春藤	常绿。花淡黄白或藏白色，花期8～9月，花语为春天长驻，友谊或爱情永远保鲜，永不褪色，忠实	极耐阴，喜阴湿，喜温暖，稍耐寒，耐盐碱，对土壤要求不严；吸收甲醛的能力强，吸收苯。北京建筑阴面冬季温差小，适宜生长	一年生枝疏生锈色鳞片。叶革质，不育枝上的叶全缘或3浅裂枝上的叶椭圆状卵形或卵状披针形，常全缘，叶长5～16cm。伞形花序。果黄或红色
24	络石	常绿。花白色，高脚碟状，3或5朵呈星伞花序，5～7月开花。全株有毒。有金叶品种	喜光，也耐阴，喜温暖，湿润气候，耐干旱，对土壤要求不严	茎赤褐色，幼枝有黄柔毛。叶对生，革质，椭圆形至披针形，长2～8cm。花约5cm
25	花叶络石	叶有奶油白色的边缘及斑，后白色变浅绿色，叶色会随光照强度变化而变化	长势较弱，发枝少，冬季观赏效果差	茎单叶对生，椭圆形，长2～6cm，先端急尖，叶柄长约2.5cm，5裂片平展，向右扭旋。形如风车
26	蔓长春花	常绿。花紫蓝色，径3～5cm，裂片5，花期5～7月	喜光，耐半阴，不耐寒，喜肥沃，湿润，排水良好的土壤	单叶对生，椭圆形，长2～6cm，叶柄长3～5cm。花梗长4～5cm
27	花叶蔓长春花	叶面及叶缘有黄白色斑	同原种	花单生叶腋
	花叶小蔓长春	花紫蓝色，径2～2.5cm，早春开花。叶边缘有不规则黄白色斑		茎细弱。叶长圆形至椭圆形，长达5cm，叶柄长1～1.5cm。花梗约1.5cm
28	金银花	半常绿。花由白变黄色，芳香，花期5～7月，有红，橙，黄，粉色等品种，花语为奉献，花色黑色，果期10～11月。球形浆果黑色	喜光，也耐阴，对土壤和气候要求不严格，耐寒，耐旱，耐水湿，耐瘠薄，耐轻盐碱；萌蘖力强；抗污染	叶卵形或椭圆圆形，长3～9cm，两面具短毛。花成对腋生。叶状苞片（本种特征），长达3cm；花冠唇形，长3～5cm，上唇具4裂片，下唇狭长而反曲，略短于花冠筒

六、藤本植物

序号	名称	观赏及应用	生态习性、栽培管护	辨识
29	红花忍冬	茎及嫩叶带紫红色。花冠外面淡紫红色，里面白色	同原种	叶近光滑。花冠上唇的分裂大于1/2
30	紫脉金银花	叶脉常带紫色。花冠白色带淡紫色	同原种	叶近光滑。基部有时有裂。花冠上唇的分裂约为1/3
31	布朗忍冬	半常绿。花橙至橙红色，花序下有2组叶合生，花期6～9月	较耐寒	花冠较短，多少二唇形，长3～5cm。花冠筒基部稍呈浅囊状
32	金红久忍冬	贯月忍冬与北美忍冬的杂交种。半常绿。花冠二唇形，紫红至玫瑰红色，内部黄色，上唇4裂，下唇反卷，花期5～7月	喜光、耐半阴、耐寒、喜疏松、肥沃土壤	叶长圆形至卵形，表面暗绿色，背面淡蓝色；花下的叶合生成浅杯状。花冠长4～5cm，10余朵花轮生于枝端
33	贯月忍冬	常绿或半常绿。花外部橘红至深红色，内部黄色，长筒状，长5～7.5cm，端生花短而近整齐，晚春至秋陆续开花	喜光，不耐寒，宜土壤偏干	叶对生，卵形至宽椭圆形，长3～7cm，小枝顶端的1～2对叶部合生。花每6朵为一轮，几轮组成顶生穗状花序
34	木香	著名观赏花木，半常绿。花白色或淡黄色，单或重瓣，芳香，花期5～7月	喜光，也耐阴；喜温暖、湿润。耐寒能力，怕涝。对土壤要求不严，在疏松、肥沃，排水良好的土壤上生长良好；生长快，管理简单。在北京栽培需高背风向阳	枝绿色，细长而刺少。小叶3～5，稀7，长椭圆形状披针形，长2～5cm，缘有细齿。花径2～2.5cm
35	重瓣白木香	花白色，重瓣，香气浓	同原种	小叶通常5片
	单瓣黄木香	花淡黄色，单瓣，近无香	同原种	
	重瓣黄木香	花黄至淡黄色，重瓣，淡香	同原种	
36	山荞麦	枝叶繁茂。开花繁盛，小花白或绿白色，花期8～10月，花期长	喜光、耐半阴、耐旱、喜湿润土壤；生长迅速；病虫害很少；花易吸引绿豆蝇	叶卵形至长卵形，长2～5cm，基部近心形。稀疏圆锥花序，少分枝
37	南蛇藤	秋叶红或黄色，蒴果球形，开裂后红色更美，果期9～10月。攀援或地面覆盖用	喜光、耐阴、性强健、耐寒、耐旱、耐瘠薄，肥厚、通透性好的土壤上生长良好	叶卵圆形或倒卵形，长5～13cm，缘有疏齿。大。果熟时3瓣裂，果径约1cm
38	东北雷公藤	顶生圆锥花序，小花黄白色，花期6～7月，翘果红可爱，果期8～9月	喜光、耐寒、喜冷湿环境及肥沃土壤	叶纸质，卵形或长椭圆形，长6～12cm，缘有细齿。果翅边缘常皱缩状，红色
39	山铁线莲	花白色，花期5～6月，品种较多	耐寒、性强健	三出复叶，小叶卵形，宽卵形至椭圆圆形，长2～7cm，缘有刻状粗齿。花1～6朵簇生，花径5～7cm
40	大花铁线莲	有"藤本皇后"的美称。花白、红、粉、蓝或紫色，心灵之美。用于墙面、栅栏、棚架、露台、门廊	较耐寒、喜黏质壤土、过酸土壤生长不良，宜通风及光照良好，高温、多湿易患病。多数品种北京可露地栽植	叶常为三出复叶，花单生，花瓣状萼片6～8，花径10～15cm。有300多个品种及重瓣品种
	杂种铁线莲	花重紫色，径10～15cm，花瓣状萼片4(～8)，花期7～10月，开花丰富且花期长	有一定耐寒能力	羽状复叶或仅3小叶，在枝顶稍者常为单叶。花常3朵顶生
	转子莲	花白色或淡黄色，花期5～6月，花大而美丽，花瓣状萼片6～9，卵形，长4～7cm，先端渐尖，品种较多	喜光，喜肥沃而排水良好的土壤	茎有6纵棱。羽状复叶，小叶3(5)，卵形，长4～7cm，先端渐尖。基出3～5主脉

六、藤本植物

序号	名称	观赏及应用	生态习性、栽培管护	辨识
41	中华猕猴桃	花数朵簇生，由白变橙黄，还有粉红、深红色花，大而美丽，有香气，花期4~5月。果期8~10月	喜光，稍耐阴；喜温暖，有一定耐寒力。北京小气候好处可露地栽培	幼枝密被灰褐色毛。叶近圆形或倒宽卵形，长6~17cm，缘有纤毛，状细齿。果密生黄棕色毛，果径4~6cm，猕猴桃属中果实最大
42	软枣猕猴桃	花乳白色，径约2cm，芳香，花药紫色，花期5~6月。浆果近圆球形，熟时暗绿色，果期9月	喜光，较耐阴，喜温厚，湿润且排水良好的土壤	叶椭圆形或近圆形，长6~12cm，顶端急短尖，缘具繁密锐齿。果无毛，径2~3cm
43	葛藤	腋生总状花序长15~30cm，花紫红色，花期8~10月。是良好的水土保持及地面覆盖材料	喜光，耐干旱瘠薄，多生于山坡或疏林中。常伏地生长，绿地中宜作少用	全株被黄色长硬毛。三出复叶互生，小叶宽卵形或斜卵形，长7~15cm，常3裂。荚果密被黄色长硬毛，扎手。块根粗厚
44	杠柳	花暗蓝紫色，径约2cm，花期5~6月。攀缘或贴地面覆盖，可观花观叶，固沙、水土保持，可用于边坡绿化	喜光；抗逆性极强，耐寒、耐旱、耐盐碱；繁殖力强	枝叶含白乳汁。叶对生，披针形，长4~10cm，叶面光亮
45	三叶木通	无花瓣，花萼3，淡紫色，花期4月。果长圆筒状，熟时灰白略带淡紫色，花果别致	稍耐阴，耐寒性比木通强，喜湿，适宜中性至微酸性土壤。在北京可露地栽培	3出复叶，小叶卵圆形，长4~7.5cm，缘具波状齿或浅裂。果长6~8cm，径2~4cm
46	山葡萄	秋叶红艳或紫色。浆果黑色，径约8mm，果期7~9月	喜光，稍耐阴，耐寒。多生于山地林缘	幼枝红色。叶广卵形，长5~24cm，3~5裂或不裂，缘具粗齿，叶面较皱
47	葎叶蛇葡萄	浆果熟时淡黄或淡蓝色，径6~8mm，果期5~9月。蛇葡萄属果实有毒	多生于山沟、山坡林缘	枝红褐色，卷须与叶对生。叶广卵形，宽7~15cm，叶面比山葡萄近深裂，有时3浅裂，具粗齿，叶面平
48	乌头叶蛇葡萄	浆果熟时红或橙黄色，径约6mm，果期8~9月。植株优美轻巧	喜光，耐寒，耐干旱瘠薄。生沟边、山坡灌丛或草地	枝细弱弱光滑。叶掌状5全裂，裂片菱状披针形，长3~8cm，先端尖，常再羽状深裂
49	掌裂蛇葡萄		同原种	小叶大多不分裂，边缘锯齿通常较深而粗，或混生有浅裂叶者
50	五味子	花乳白或粉红色，花期5~6月。浆果红色，球形，果期8~9月。庭院攀缘，花果皆美	喜光，喜荫蔽和潮湿环境，耐寒性强；喜疏松、肥沃、湿润、排水良好的土壤，不耐干旱和低湿地；浅根性	单叶互生，椭圆形至倒卵形，长5~10cm，先端尖，上部疏生浅齿。雌雄异株
51	蝙蝠葛	核果熟时紫黑色，径约1cm，果期7~8月。攀缘或地面覆盖用	喜光，耐寒	单叶互生，盾状三角形多角形，5~7浅裂
52	鸡矢藤	优良藤本地被植物，聚伞花序，花紫色，花期8月。折枝有恶臭	喜光也耐阴，抗寒，耐旱。北京应地越冬	叶对生，纸质，宽卵形至卵状披针形，长5~15cm。核果近球形，径约7mm
53	木通马兜铃	花被筒马蹄形弯曲，花径2~5cm，淡黄色，具紫色条纹，花期7~8月	耐阴，耐寒，喜阴湿	茎内导管孔大，由茎一端吹气可达另一端。单叶互生，革质，卵圆形至宽卵状心形，长11~29cm。蒴果柱形，具6棱，长9~11cm

多年生草本

序号	名称	观赏及应用	生态习性、栽培管护	辨识
54	金叶薯	叶终年呈鹅黄色，漂亮	喜光，耐热，耐旱，耐贫瘠土壤；生长很快，耐修剪；病虫害少。北京不能露地过冬	茎长0.8~1.5m。叶片宽卵形或心状卵形，长6~12cm，全缘或分裂
55	紫叶薯	叶紫绿色	同金叶薯	
56	花叶薯	叶灰绿色，有粉色斑纹	同金叶薯	

六、藤本植物

序号	名称	观赏及应用	生态习性、栽培管护	辨识
57	啤酒花	苞片呈覆瓦状排列，穗状花序近球形，花期7~9月。雌花果穗呈球果状，径3~4cm，供制啤酒用，还有防腐作用	喜光，喜冷凉，耐寒，畏热，不择土壤	茎枝绿色，密被茸毛和倒钩刺。单叶对生，长4~11cm，卵形或宽卵形，先端急尖，不裂或3~5裂，缘具粗齿
58	山药	蒴果三棱状扁圆形或三棱状球形，长1.2~2cm。块茎供食用	喜光，耐寒；喜地势高燥，排水良好，土层深厚，松软的沙壤土或壤土，怕涝	茎蔓生，常带紫红色。叶片变异极大，卵状三角形至宽卵形或戟形，长3~9cm，常3浅裂至3深裂。雌雄异株
59	何首乌	花序圆锥状，长10~20cm，花白色或淡绿色，花期8~9月	喜湿润，喜肥	块根肥厚，黑褐色。叶卵形或长卵形，长3~7cm，全缘
60	瓜蒌	雌雄异株，花白色，花瓣边缘流苏状，花期5~8月	耐阴，喜阳光充足，温暖湿润，耐寒，耐瘠薄	茎可达10m。单叶互生，纸质，近圆形，长7~10.5cm，成熟时黄褐色或橙黄色。果梗圆形或近圆形，长5~20cm，3~7浅裂至中裂
一年生草本				
61	茑萝	花色有红、粉或白色，花语为相互关怀、互相依靠	喜温暖和阳光充足，耐干旱耐瘠薄，不耐寒；不择土壤；宜排水良好；抗逆性强；粗放	叶卵形或长圆形，长2~10cm，羽状深裂至中脉，裂片细长如丝。聚伞花序腋生，花冠高脚碟状，径约2cm，裂片五角星状
62	圆叶牵牛	花色有红、白、紫、粉、蓝及带各种斑点、条纹等，花期6~10月，花语为无望的爱。七夕可用，关于牵牛花的文艺作品多与七夕故事有关	耐半阴，光照充足，不怕高温酷暑，喜气候温和，通风适度。对土壤适应性强，耐贫瘠，盐碱，较耐干旱；忌积水；性强健	全株几被毛。叶圆心形或宽卵状心形，长4~18cm，顶端5浅裂，径4~6cm，漏斗状，朝开午谢
63	牵牛	花漏斗状，径5~10cm，蓝紫或紫红色，花期6~10月	同圆叶牵牛	全株有粗毛。叶宽卵形或近圆形，深或浅3裂，偶5裂，长4~15cm
64	观赏葫芦	花白或黄色，漏斗状，花期夏季。可观花观果。茎"蔓"与"万"谐音，人们联想到"子孙万代，繁茂昌盛"，用以祈求幸福，人丁兴旺。民家有屋梁下悬挂葫芦称为顶梁，用红绳绑五个有五福临门的寓意	不耐寒，喜温暖、湿润、阳光充足的环境，要求肥沃、疏松、排水良好的土壤栽培	茎密被茸毛，卷须2歧。叶心状卵形或肾状卵形，长10~35cm，不分裂或3~5裂，缘具不规则齿。单株结实较多，果形变异大，果实变小，长仅约10cm
65	瓠瓜	白花夕开晨闭，花期7~8月。嫩瓜可食	喜光，喜温暖，湿润；不耐瘠薄，不耐寒，不耐涝	子房圆柱状，果实粗细均匀而呈圆柱状，直或稍弓曲，长可达60~80cm，绿白色，果肉白色
66	观赏南瓜	花黄色，径约6cm，钟状，品种多样，颜色多样，花期多在夏季。另有观赏西葫芦 Cucurbita pepo var. ovifera，也称观赏南瓜，供观赏	喜温暖，忌炎热，要求肥沃，湿润，排水良好的土壤	茎长约3m。叶宽卵形或卵圆形，质稍柔软，有5角或5浅裂，稀钝，长12~25cm
67	冬瓜	花黄色，花期多在夏季。果实长圆柱状或近球状，长25~60cm，大型	喜光照充足，耐温暖，对土壤要求不严，需较多水分	茎被黄褐色硬毛及长柔毛，有棱沟，有的曲中裂。叶肾状，近圆形，宽15~30cm，5~7浅裂或有时中裂
68	蛇瓜	花冠白色，裂片边缘流苏状，具白色条纹，熟时橙黄色，花果期在夏，花果期夏末及秋初	喜温暖，耐湿热，对土壤要求不严，根系发达	果实幼时绿色，具白色。茎纤细，多分枝，被短柔毛及少量长硬毛。叶膜质，圆形或肾状近圆形，长8~16cm，3~7浅裂或至中裂，缘具疏离细齿
69	丝瓜	花黄色，径5~9cm，辐状，长15~30cm，花果期在夏，花果期夏	喜温暖，喜强光及短日照，耐湿热，怕干旱	茎、枝粗糙，有棱沟，被微柔毛。叶三角形或近圆形，长、宽10~20cm，常掌状3~7裂，顶端急尖或渐尖，缘有齿
70	苦瓜	花黄色。果实纺锤形或圆柱形，多瘤皱，成熟后橙黄色，长10~20cm，花果期5~10月	喜光，喜温暖，较耐热，喜湿润而耐涝，水肥要求不及丝瓜严格	叶卵状肾形或近圆形，膜质，长、宽均为4~12cm，5~7深裂，缘具粗齿或有不规则小裂片

六、藤本植物

序号	名称	观赏及应用	生态习性、栽培管护	辨识
71	扁豆	花白或紫色，花期多在夏、秋季。荚果长圆状镰形，有绿白、浅绿、粉红或紫红色等，长5～7cm，宽1.4～1.8cm	喜温暖、湿润、耐热，适于冷凉气候，耐瘠薄	茎达6m，常呈淡紫色。羽状复叶具3小叶，小叶宽三角状卵形，长6～10cm。总状花序直立，长15～25cm，蝶形花
72	豇豆	花淡紫或红色。荚果线形，长7.5～70cm，宽6～10mm，花果期5～9月	喜光，生长要求高温，耐热性强	羽状复叶具3小叶，小叶卵形状，长5～15cm，有时浓紫色
73	菜豆	花冠白、黄、紫堇或红色，花期在春、夏季。荚果带形，稍弯曲，长10～15cm，宽1～1.5cm，略肿胀	喜温暖，不耐热，不耐霜冻	羽状复叶具3小叶，小叶宽卵形或卵状菱形，侧生的偏斜，长4～16cm
74	香豌豆	花紫、红、蓝、粉或白色等，花大，长2～3cm，蝶形，极香，有春、夏、冬等花期品种，花语为温馨的回忆。植株及种子有毒	生长要求阳光充足、通风、喜温暖、凉爽气候，忌酷热，稍耐寒，土层宜深厚，不耐积水。长江中下游以南地区能露地过冬。忌连作	全株被白毛。茎棱状，有翼。小叶2，卵状椭圆形，长2～6cm；叶轴具翅，末端具分枝的卷须。腋生总状花序具花1～3朵，长子叶，花下垂
75	大花野豌豆	总状花序长于叶或与叶轴近等长，具花2～4(5)朵，着生于花序轴顶端，花红紫或蓝紫色，花期4～6月	生于海拔280～3800m山坡、谷地、草丛、田边及路旁	茎有棱，多分枝，偶数羽状复叶椭圆形，长3～5对，长卵形或狭倒卵长圆形，长1～2.5cm，花较大，顶端卷须有分枝。小叶
76	鸭跖草	聚伞花序有数花，花深蓝色，内面2枚长爪，花期6～9月。可作地被	喜温暖、半阴、湿润的环境，不耐寒。多生于湿地	茎匍匐生根，多分枝，长达1m。叶披针形至卵状披针形，长3～8cm，无柄

七、沙生植物

沙生植物　表一

序号	名称	拉丁名	别名	科属	产地及分布	彩图页
1	沙地云杉	*Picea mongolica*		松科云杉属	产内蒙古浑善达克沙地东北部、赤峰。内蒙古、辽宁有栽培	530
2	沙冬青	*Ammopiptanthus mongolicus*	蒙古沙冬青	豆科沙冬青属	产内蒙古西部、甘肃及宁夏	530
	霸王	*Zygophyllum xanthoxylon*		蒺藜科霸王属	分布于内蒙古西部、甘肃西部、宁夏西部、新疆及青海	一
3	胡杨	*Populus euphratica*	异叶杨、胡桐、眼泪树、幼发拉底杨	杨柳科杨属	产内蒙古西部、甘肃、青海、新疆，以新疆种植最为普遍	530
	沙枣	（见落叶乔木部分编号366）				426
4	沙棘	*Hippophae rhamnoides*	中国沙棘、醋柳、酸刺、酸刺柳	胡颓子科沙棘属	产华北、西北地区至四川	531
5	沙柳	*Salix psammophila*	北沙柳	杨柳科柳属	产陕西、内蒙古、宁夏、山西等地区。甘肃、新疆等地有栽培	531
6	乌柳	*Salix cheilophila*	沙柳、筐柳	杨柳科柳属	产山西雁北地区及内蒙古南部、河北、河南及西北、西南地区	531
	怪柳	（见落叶乔木部分编号346～348）				419
7	甘肃怪柳	*Tamarix gansuensis*		怪柳科怪柳属	产新疆、青海、甘肃（河西）、内蒙古（西部至磴口）	532
8	柠条	*Caragana korshinskii*	柠条锦鸡儿、毛条、白柠条	豆科锦鸡儿属	产我国西北地区沙地	532
9	花棒	*Hedysarum scoparium*	细枝岩黄耆、细枝山竹子	豆科岩黄耆属	产我国西北地区	532
10	杨柴	*Hedysarum fruticosum* var. *laeve*	塔落山竹子、踏郎、塔郎、塔郎岩黄耆	豆科岩黄耆属	产内蒙古东南部和东北地区西部、山西最北部的草原地区、陕西榆林和宁夏东部沙地等	532
11	红花岩黄耆	*Hedysarum multijugum*	红花山竹子	豆科岩黄耆属	产山西、甘肃、青海、内蒙古、西藏、新疆、四川、河南和湖北	533
12	铃铛刺	*Halimodendron halodendron*	食盐树、盐豆木、耐碱树	豆科铃铛刺属	产内蒙古西北部和新疆、甘肃（河西走廊沙地）	533
13	骆驼刺	*Alhagi sparsifolia*		豆科骆驼刺属	产我国西北地区	533
14	沙拐枣	*Calligonum mongolicum*		蓼科沙拐枣属	产新疆东部、青海、甘肃及内蒙古中西部	533
15	沙木蓼	*Atraphaxis bracteata*		蓼科木蓼属	产新疆及西北地区	533
16	梭梭	*Haloxylon ammodendron*	盐木、琐琐树、梭梭柴	藜科梭梭属	我国新疆、内蒙古、青海、甘肃及宁夏均有分布	533
17	白刺	*Nitraria tangutorum*	酸胖、唐古特白刺	蒺藜科白刺属	分布于陕西北部、内蒙古西部、宁夏、甘肃河西、青海、新疆及西藏东北部	534
18	蒙古扁桃	*Prunus mongolica*	蒙古杏	蔷薇科李属	产内蒙古、甘肃、宁夏	534
19	长柄扁桃	*Prunus pedunculata*	长梗扁桃、柄扁桃	蔷薇科李属	产内蒙古、宁夏	534

续表

序号	名称	拉丁名	别名	科属	产地及分布	彩图页
20	西部沙樱	*Prunus besseyi*		蔷薇科李属	原产美国。内蒙古、宁夏、青海等地有栽培	534
21	草麻黄	*Ephedra sinica*	麻黄、华麻黄	麻黄科麻黄属	产辽宁、吉林、内蒙古、河北、山西、河南西北部及陕西等地区	534
22	中麻黄	*Ephedra intermedia*		麻黄科麻黄属	产辽宁、河北、山东、山西、内蒙古、陕西、甘肃、青海及新疆等地区，以西北地区最为常见	534
	木贼麻黄	（见落叶灌木部分编号 303）				511
23	花花柴	*Karelinia caspia*	胖姑娘娘、卵叶花花柴	菊科花花柴属	分布于内蒙古、宁夏、甘肃、青海及新疆	534
24	甘草	*Glycyrrhiza uralensis*	甜草根、红甘草、粉甘草、乌拉尔甘草	豆科甘草属	产东北、华北、西北地区及山东	534
25	沙葱	*Allium mongolicum*	蒙古韭	百合科葱属	产新疆东北部、甘肃、青海北部、宁夏北部、陕西北部、内蒙古和辽宁西部	534

沙生植物 表二

序号	名称	观赏及应用	生态习性、栽培管护	辨识
1	沙地云杉	树冠塔形，叶灰蓝绿色。世界森林草原带珍稀树种，可供沙地造林	幼树耐阴性强，耐寒，耐干旱及贫瘠沙地；浅根性，侧根发达，固沙能力强。对恶劣环境有很强的适应能力	枝轮生，大枝斜伸平展。当年生枝淡黄色，被密生条形，灰绿色，长1.3～3cm。叶四棱状
2	沙冬青	常绿灌木。顶生总状花序，花金黄色，美丽，花期4～5月。有毒，羊食其花过多可致死	耐高温，抗寒；常生于沙质和砾质荒漠，贫瘠，耐盐碱，抗风蚀，耐沙埋	树皮黄绿色。幼枝密被白色茸毛，长2～4cm，两面密被银白色茸毛。叶卵状椭圆形，常三出复叶。花蝶形
3	霸王	常绿，高0.5～1m。花淡黄色，花期4～5月	分布于干旱缺水、土壤贫瘠和盐渍较重的环境。耐旱性强；不耐黏重的淤泥性或强烈的盐渍化土壤	枝弯曲，开展，先端具刺尖，坚硬。肉质叶在老枝上簇生，幼枝上对生，条形，长8～24mm。蒴果近球形
3	胡杨	树冠球形，秋叶黄色。是西北地区碱地、沙荒地绿化树种，是最耐盐碱的乔木之一。坚韧、坚毅，被誉为沙漠守护神。有"千年不死，千年不倒，千年不朽"之说	喜光。抗干旱及寒冷，干热气候；根萌蘖力强，长慢。抗盐碱和风沙，能在含盐量1%的盐渍地生长，在湿热气候条件和黏重土壤上生长不良，富根瘤菌；喜湿润的沙质土壤。常生于荒漠地区水源附近形成沙漠绿洲	树皮厚，纵裂。小枝细圆。叶形多变，叶两面均为灰蓝色，叶形细。幼树之叶披针形，全缘或具疏齿；幼枝和中年树之卵形、扁卵形或肾形，具缺刻或近全缘
4	沙棘	花淡黄色，4～5月叶前开放。核果球形，橙黄或橘红色，果期9～10月，经冬不落，是良好的防风固沙及保土树种	喜光。耐寒，耐高温；干旱，瘠薄，抗风沙；干，水湿及盐碱地均可生，可在pH为9的重盐碱土及含盐量1.1%的盐碱地上生长；根系发达，速生，耐修剪；耐沙埋	枝刺多，单叶近对生，狭披针形或矩圆状披针形，长3～8cm。上面绿色，下面具银白或淡白色鳞片。雌雄异株，果径4～6(8)mm
5	沙柳	防风固沙树种	喜光，耐寒。不择土壤，耐轻度盐碱，耐水湿，干旱，生于湿润沙丘及丘间低地；根系发达，半固定沙地及丘间低地。生长迅速	二年生枝淡黄色。叶线形，上下几等宽，长3～8cm，宽2～4mm，先端渐尖。缘具疏齿，幼叶微有茸毛
6	乌柳	固堤护沙树种	多生于河谷、溪边湿地、沙丘边低地	枝灰黑色或黑红色。叶条形或条状披针形，长1.5～5cm，宽2～6mm，具不明显细齿，叶背灰白色
7	甘肃柽柳	花粉红至紫红色，宿存，繁密美丽，花期5～9月。是西北荒漠地区良好的固沙造林树种	耐盐碱，耐干旱，抗风沙，沙区常形成'红柳包'	多分枝，小枝纤细，红棕或紫红色。总状花序生于当年枝上，长3～8cm，宽2～5mm，先端稍内倾。总状花序生于当年枝上再组成圆锥花序
8	柠条	花淡黄色，单生叶腋，可作绿篱。是荒漠及干旱草原地带防风固沙，水土保持的重要树种	喜光，耐旱，抗旱；根系发达，萌蘖力强，发芽早，落叶迟	幼枝密被银白色绢毛，长枝托叶呈刺状，12～16。披针形或披针形呈披长圆形，长1～1.3cm，两面密生白色绢毛。小叶金黄色，老枝金黄色。荚果长3～4cm，红褐色
9	花棒	花紫红色，花期5～10月，花美丽繁多。蜜源植物	多生于干旱流动或固定沙丘，极耐干旱，根系发达，是优良固沙植物	高1～5m。小枝绿色，羽状复叶互生，下部小叶互生7～11，披针形。上部小叶常退化，仅存绿色叶柄，腋生总状花序，花少数，疏生。荚果膨胀突出，果期8～10月
10	杨柴	花淡紫或粉红色，花期7～9月。饲用价值高	喜光，耐高温，抗风沙，耐干旱贫瘠；根萌蘖力极强，生长快，防风固沙效果显著	高0.6～1.2m。小叶9～17，条形或条状矩圆形。总状花序，花上萼齿2，下萼齿3，锐尖。子房具9～25。花梗短，荚果膨胀突出。荚果无毛
11	红花岩黄耆	腋生总状花序，花冠紫红或玫瑰红色，花期6～8月	生于荒漠地区的砾石性洪积扇、河滩、草原地区的砾石质山坡	半灌木或基部木质草本状，高0.4～0.8m。茎密被灰色短柔毛。小叶卵圆形，通常15～29。花序具9～25。荚果常2～3节，两侧稍凸起，具刺
12	铃铛刺	花长约2cm，蝶形，美丽，浓红紫色，2～4朵簇生或总状，花期5～7月。果似荚笋。作固沙及改良盐碱土树种	喜光；生于干燥沙地及盐碱土	小枝有白粉。偶数羽状复叶互生，小叶2～4，长2～3cm，顶端圆或微凹，有凸尖，两面有灰绿色茸毛，倒卵形至长椭圆形，具刺。荚果草质，膨胀，倒卵状披针形，叶轴刺化宿存；叶轴刺长1.5～2.5cm

序号	名称	观赏及应用	生态习性、栽培管护	辨识
13	骆驼刺	半灌木。花小，紫红色，是固沙、护堤、绿篱树种，骆驼的优质饲料	极耐干旱，根系发达，萌蘖力强	高40～50cm。茎绿色，多分枝，具枝刺，刺长1～1.5cm，先端具刺尖，两面贴生柔毛。单叶互生，卵形至倒卵形，不开裂
14	沙拐枣	花玫5深裂，淡红色，花期5～7月。果粉红色，果期6～8月。花果美丽，是优良的固沙树种	抗高温，耐干旱，耐盐碱，生于沙丘、沙地	高达1.5m。多分枝，小枝绿色，老枝灰白色，拐曲。叶对生，叶不明显4肋，线形，长2～4mm。瘦果宽椭球形，连刺毛径约1cm，具刺分枝，粉红色
15	沙木蓼	花果红色，果红褐色，花果期5～8月。花果美丽。是优良的固沙树种	生于流动半固定沙丘，极耐干旱	高1～2m，树皮剥落。叶革质，网脉明显。瘦果卵形，卵圆形至椭圆形，长1～3cm，具3棱
16	梭梭	沙漠造林植物，可固定流沙，被称为沙漠卫士	喜光性很强，不耐蔽荫；抗旱力极强，年降水量50mm可存活；根系发达，可扎到3～5m深；在气温高达43℃而地表温度60～80℃时，仍能正常生长，具夏季休眠特性；抗盐性很强，耐沙埋，寄生在梭梭的根部	小乔木，有时灌木状。树皮灰白色，干形扭曲。枝对生，有关节；当年生枝纤细，蓝绿色，直伸，节间长4～12mm，二年生枝灰褐色；叶退化成鳞片状，宽三角形，对生
17	白刺	核果卵形，有时椭圆形，熟时深红色	耐旱，耐盐碱；具很强固沙阻沙能力，生于荒漠和半荒漠的湖盆沙地、河流阶地，山前平原积沙地，风积沙的黏土地	多分枝，枝弯，平卧或开展；不孕枝先端刺针状；嫩枝白色。叶在嫩枝上2～3（4）片簇生，宽倒披针形，长1.8～3cm，先端圆钝，稀三端齿裂
18	蒙古扁桃	花粉红色，花期5月	旱生灌木，生于荒漠区和荒漠草原区；耐寒，耐旱，耐贫瘠	高1～2m。枝暗紫色，小枝顶端呈有光泽的长刺状。单叶宽椭圆形，长5～15mm，宽4～9mm，近革质，缘有浅齿
19	长柄扁桃	花粉红色，花期5月。与榆叶梅近缘	旱生灌木，生于向阳石质山坡、丘陵阳坡，干燥荒草原；耐寒	高1～2m。树皮灰褐色，嫩枝浅褐色。叶椭圆形至倒卵形，长2～4cm，宽1～2cm，缘具不整齐锯齿
20	西部沙樱	高20～40cm，单生于短枝。花期5～6月。花瓣5，近球形，径6～7mm。可观花观果	喜光，耐寒，抗风沙，耐干旱瘠薄及轻碱土；生长快	多分枝，枝开展，棕红色。叶倒卵形或椭圆形，长4～7.2cm，叶背有锯齿状缺刻。核果球形，熟时暗紫红色
21	草麻黄	花白色，单生于短枝。花期4～5月。雌球花8～9月成熟时肉质红色，近球形，径6～7mm	耐干旱，盐碱，多见于山坡、平原、干燥荒地、河床及草原等处	木质茎短或呈匍匐状，小枝直伸或微曲，表面细纵槽纹常不明显，节间多为3～4cm。叶2裂，雄球花多呈复穗状，雌球花单生
22	中麻黄	高0.2～1m。花期5～6月。雌球花7～8月成熟时肉质红色，卵圆形，径5～8mm	极耐干旱，常生于沙漠、沙滩及干旱山坡	茎直立或匍匐，节间通常3～6cm。叶2～3裂，下部裂片常呈三角形或三角状披针形。绿色小枝多，呈灰绿色，基部分枝多，径1～2mm，上部裂片钝三角形或三角状披针形；雄球花数个密集于节上呈团状，雌球花2～3成簇
23	花花柴	多年生草本，高0.5～1m	抗旱，耐盐性极强；生于戈壁滩地、沙丘、草甸盐碱地和苇地水田旁，常大片群生，极常见	茎直立，叶肥厚，肉质化，卵形至长圆形，长1.5～6cm，宽0.5～2.5cm。金色头状花序，常排列成聚伞状，小花紫红或黄色
24	甘草	多年生草本，高0.3～1.2m。花淡紫红、白或黄色，花期6～8月	喜光，耐热，耐寒，耐旱、耐盐碱；多长于干旱的荒漠草原，沙漠边缘和黄土丘陵地带	根与根状茎粗壮，奇数羽状复叶，小叶5～17，椭圆形卵形状，具多数花
25	沙葱	多年生草本，高达30cm。伞形花序，花淡红、淡紫至紫红色，花期6～8月	耐寒，耐旱，不耐积水，在肥沃、湿润的沙壤土上生长良好；多生于海拔800～2800m的荒漠、沙地或干旱山坡	叶半圆柱状至圆柱状，径0.5～1.5mm，花可食

八、观赏草

观赏草是一类以茎秆、叶丛和花序为主要观赏部位的单子叶植物的统称。

观赏草　表一

序号	名称	拉丁名	别名	科属	产地及分布	彩图页
1	东方狼尾草	*Pennisetum orientale*		禾本科狼尾草属	原产北半球温带。北京等地常见栽培	535
2	大布尼狼尾草	*P. orientale* 'Tall'		禾本科狼尾草属	华北地区以南有栽培	536
3	小布尼狼尾草	*P. orientale* 'Small'		禾本科狼尾草属	华北地区以南有栽培	536
4	小兔子狼尾草	*Pennisetum alopecuroides* 'Little Bunny'		禾本科狼尾草属	狼尾草自东北、华北经华东、中南及西南各地均有分布	536
5	紫叶狼尾草	*Pennisetum setaceum* 'Rubrum'		禾本科狼尾草属	北京不能露地越冬	536
6	火焰狼尾草	*Pennisetum setaceum* 'Fire Works'		禾本科狼尾草属	北京不能露地越冬	537
7	羽绒狼尾草	*Pennisetum villosum*	品种白美人狼尾草 'Longistylum'	禾本科狼尾草属	北京不能露地越冬	537
8	金边狼尾草	*Pennisetum* sp.		禾本科狼尾草属		537
9	花叶芒	*Miscanthus sinensis* 'Variegatus'	银边芒	禾本科芒属	原分布于欧洲地中海地区。适宜在我国华北地区以南种植	537
10	斑叶芒	*Miscanthus sinensis* 'Zebrinus'	横斑芒、虎尾芒	禾本科芒属	华北、华东、中南及东北地区有栽培	538
11	细叶芒	*Miscanthus sinensis* 'Gracillimus'	纤弱芒、纤细芒	禾本科芒属		538
12	纤序芒	*Miscanthus sinensis* 'Xianxu'		禾本科芒属		539
13	晨光芒	*Miscanthus sinensis* 'Morning Light'		禾本科芒属		539
14	矢羽芒	*Miscanthus sinensis* var. *purpurea*		禾本科芒属	华北地区以南有栽培	539
15	大油芒	*Spodiopogon sibiricus*	大获、山黄管	禾本科大油芒属	分布于东北、华北、西北、华东、华中地区	540
16	芦竹	*Arundo donax*	芦荻竹、大芦苇	禾本科芦竹属	产我国长江流域以南地区。北京地区为其越冬的北界	540
17	花叶芦竹	*A. donax* 'Variegata'	斑叶芦竹、彩叶芦竹	禾本科芦竹属	原产地中海一带。北京地区越冬困难	540
18	变叶芦竹	*A. donax* var. *versiocolor*		禾本科芦竹属	产我国台湾。北京有栽培	540
19	蓝羊茅	*Festuca glauca*		禾本科羊茅属	原产澳大利亚。我国北方常见栽培	541
20	草芦	*Phalaris arundinacea*	蔄草	禾本科蔄草属	产东北、华北、西北地区及山东、江苏、浙江、江西、湖南、四川	541
21	玉带草	*P. arundinacea* var. *picta*	丝带草、花叶蔄草	禾本科蔄草属	引自美洲。华北地区及辽宁等地有栽培	541
22	先知草芦	*P. arundinacea* 'Feesey'		禾本科蔄草属		541
23	涝峪薹草	*Carex giraldiana*	涝峪苔草	莎草科薹草属	分布于东北、西北、华北等地区	542
	银妃涝峪薹草	*C. giraldiana* 'Yinfei'		莎草科薹草属	华北等地区	—
24	青绿薹草	*Carex breviculmis*		莎草科薹草属	分布于东北、华北、华东、华中、西北、西南地区	542
25	披针叶薹草	*Carex lanceolata*	大披针薹草	莎草科薹草属	产东北、华北、华东、西北、华中、西南等地区	542

序号	名称	拉丁名	别名	科属	产地及分布	彩图页
26	细叶薹草	*Carex rigescens*	羊胡子草、白颖薹草、硬薹草	莎草科薹草属	产东北、华北、西北地区及河南、山东	542
27	宽叶薹草	*Carex siderosticta*	宽叶苔草、崖棕	莎草科薹草属	产东北地区及河北、山西、陕西、华东、安徽、浙江及江西	542
28	棕色薹草	*Carex comans* 'Bronze'	褐红薹草	莎草科薹草属	适宜华北、东北、华东、华中、华南等地区栽培	542
29	金叶薹草	*Carex* 'Evergold'		莎草科薹草属	黄河以南可露地越冬	543
30	拂子茅	*Calamagrostis epigeios*	密花拂子茅	禾本科拂子茅属	分布遍及全国	543
31	卡尔拂子茅	*C. × acutiflora* 'Kari Foerster'		禾本科拂子茅属	本属分布于欧亚大陆温带地区	543
32	花叶拂子茅	*C. × acutiflora* 'Overdam'		禾本科拂子茅属		543
33	柳枝稷	*Panicum virgatum*	潘神草	禾本科黍属	原产北美洲。我国引种栽培作牧草，北方有栽培	543
34	针茅	*Stipa bungeana*	长芒草	禾本科针茅属	主产我国西部，从东北到西南大部地区有分布	544
35	细茎针茅	*Stipa tenuissima*	墨西哥羽毛草、利坚草、细茎针芒	禾本科针茅属	原产美国德克萨斯州、新墨西哥州及墨西哥中部	544
36	蒲苇	*Cortaderia selloana*	白银芦、彭巴斯蒲苇	禾本科蒲苇属	原产巴西南部及阿根廷。北京地区不能露地越冬	544
37	矮蒲苇	*C. selloana* 'Pumila'	银芦	禾本科蒲苇属	北京地区不能露地越冬	545
38	花叶蒲苇	*C. selloana* 'Silver Comet'		禾本科蒲苇属	北京地区不能露地越冬	545
39	画眉草	*Eragrostis ferruginea*	知风草	禾本科画眉草属	产我国南北各地	545
40	画眉草风舞者	*Eragrostis elliotii* 'Wind Dancer'		禾本科画眉草属	产美国。我国北方有栽培	545
41	丽色画眉草	*Eragrostis spectabilis*		禾本科画眉草属	北京有栽培	545
42	旱芦苇	*Phragmites australis*	芦苇变异种	禾本科芦苇属	产全国各地	546
43	蓝冰麦	*Leymus arenarius* 'Blue Dune'	蓝滨麦、沙滨草	禾本科赖草属	原产大西洋和北欧海岸。我国大部分地区都适宜生长	546
44	须芒草	*Andropogon scoparius*	帚状须芒草	禾本科须芒草属	原产北美。我国北方有栽培	546
45	野古草	*Arundinella hirta*	毛杆野古草、野枯草、硬骨草、乌青草	禾本科野古草属	除新疆、西藏、青海外，全国各地区均有分布	546
46	野青茅	*Deyeuxia arundinacea*	宽叶拂子茅	禾本科野青茅属	产我国东北、华中、西南地区及陕西、甘肃	546
47	灯芯草	*Juncus effusus*	水灯草	灯芯草科灯芯草属	产我国湿润半湿润区及全世界温暖地区	547
48	螺旋灯芯草	*J. effusus* 'Spiralis'	旋叶灯芯草	灯芯草科灯芯草属	北京等地有栽培	547
49	金色箱根草	*Hakonechloa macra* 'Aureola'	光环箱根草、金知风草	禾本科箱根草属	产东北、华北、西北地区	547
50	芨芨草	*Achnatherum splendens*		禾本科芨芨草属	产东北、华北、西北地区	547
51	远东芨芨草	*Achnatherum pekinense*	京芒草、京羽茅	禾本科芨芨草属	产东北、华北地区及江苏、安徽（黄山）、浙江	547

八、观赏草

序号	名称	拉丁名	别名	科属	产地及分布	彩图页
52	银边草	Arrhenatherum elatius var. bulbosum f. variegatum	花叶燕麦草、条纹燕麦草	禾本科燕麦草属	原产英国。我国东北、华北、西北地区引种栽培	547
53	悍芒	Miscanthus sinensis 'Malepartus'		禾本科芒属	北京等地有栽培	548
54	荻	Miscanthus sacchariflorus	荻草、霸土剑	禾本科芒属	东北、西北、华北及华东地区均有分布	548
55	发草	Deschampsia cespitosa	深山米芒	禾本科发草属	分布于东北、华北、西北、西南等地区	548
56	金色狗尾草	Setaria pumila	莠草、谷莠子	禾本科狗尾草属	产全国大部分地区。北京常见	548
57	粉黛乱子草	Muhlenbergia capillaris	毛芒乱子草	禾本科乱子草属	原产北美大草原。北京以南可生长	548
58	小盼草	Chasmanthium latifolium	北美穗草、大凌风草、大银铃草、亮片草	禾本科小盼草属	原产美国东部、墨西哥西部。华北、华中、华南、华东及东北地区可生长	549
59	蜜糖草	Melinis nerviglumis 'Savannah'	毛叶蜜糖草、大草原蜜糖草、坡地毛冠草	禾本科蜜糖草属	原产非洲和巴西等热带地区。我国北方不能露地越冬	549
60	木贼	Equisetum hyemale	千峰草、锉草、笔头草、笔筒草	木贼科木贼属	主产我国东北、华北、西北地区及河南和长江流域各省	549
61	节节草	Equisetum ramosissimum	节节木贼	木贼科木贼属	产东北、华北、西北地区及河南、山东和华南方大部分地区	550
62	白茅	Imperata cylindrica	毛启莲	禾本科白茅属	产辽宁、河北、山西、山东、陕西、新疆等北方地区	550
63	血草	I. cylindrica 'Red Baron'	红色男爵白茅、日本血茅、红叶白茅	禾本科白茅属	由日本引入。上海可露地越冬，北方有栽培，北京不能露地越冬	550
64	紫田根	Saccharum arundinaceum	斑茅、大密	禾本科甘蔗属	产河南、陕西及黄河以南地区	550
	柠檬草	Cymbopogon citratus	香茅、柠檬香茅	禾本科香茅属	原产印度南部与斯里兰卡，广泛种植于热带地区。北京有栽培	550
	棕叶狗尾草	Setaria palmifolia	棕叶草、棕茅	禾本科狗尾草属	原产非洲，现广布于世界热带、亚热带地区	—
	石菖蒲	Acorus gramineus	金钱蒲、菖蒲、随手香	菖蒲科菖蒲属	产陕西、甘肃、浙江、江西、湖北、湖南、广东、广西及西南地区。我国各地常栽培	—
	金叶石菖蒲	A. gramineus 'Ogan'		菖蒲科菖蒲属		550

观赏草　表二

序号	名称	观赏及应用	生态习性	栽培管护	辨识
1	东方狼尾草	高40～80cm。有白穗、粉穗、紫穗等品种，穗期6～10月	喜光，不耐荫蔽；耐高温、耐水湿；耐寒性也强；不择土壤		秆直立，丛生，叶线形，长10～80cm。穗状圆锥花序直立，粉白色。是狼尾草类中比较小巧的种类
2	大布尼狼尾草	高可达1.5m。花穗浅白色，达20cm，穗期5～10月	喜光，耐半阴，耐旱，耐水湿，对土壤要求不严		
3	小布尼狼尾草	高60cm左右。花穗淡粉红色，穗期6～9月	喜光，耐半阴，对土壤要求不严		
4	小兔子狼尾草	狼尾草栽培变种。高40～60cm。花序白色，毛茸状，盛夏开花时植株如喷泉，穗期6～9月	喜光，不耐荫蔽；耐高温，也耐寒；耐盐碱，不择土壤		
5	紫叶狼尾草	绒毛狼尾草栽培变种。高0.8～1.2m。叶和花穗深紫红色，花穗细长，后期呈棕色，穗期5～10月	喜光照充足，不耐寒；对土壤要求不严，耐贫瘠，耐旱。华东地区越冬需保护		叶狭长条状，幼苗期光照充足时呈紫黑色。花穗软且长
6	火焰狼尾草	高0.9～1.2m。叶红色似火焰。花穗短而粗纯白色，穗期5～11月	喜温暖，湿润和阳光充足的环境，耐半阴，耐寒性强于紫叶狼尾草；冬季需采取保护措施。抽穗后会呈一定的倒伏状态，花穗期后应及时修剪，可再次抽穗		
7	羽绒狼尾草	高0.3～0.7m。叶纤细，柔软弯曲，细腻，穗期7～10月	喜光，耐半阴，耐旱，耐水湿，对土壤要求不严		
8	金光狼尾草	叶缘金黄色	同东方狼尾草		
9	花叶芒	芒栽培变种。高1～1.5m。叶浅绿色，缘有乳白色色条纹。花穗深粉色，穗期9～10月	喜光，又耐阴；耐热；也耐寒；耐旱；不择土壤		丛生，叶线形，长20～50cm，下面疏生柔毛并被白粉，呈拱形向下弯曲。圆锥花序扇形，最后呈喷泉状。芒属小穗有芒
10	斑叶芒	高1～2m。叶具黄白色横斑，花期9月	喜光，耐寒，耐旱也耐涝，湿润、排水良好的土壤，性强健；早春低温时斑纹常无斑纹，温度太高时斑纹减弱至枯黄		叶宽6～10mm。圆锥花序扇形，长15～40cm，初紫红，后变为红色呈银白色
11	细叶芒	高1～1.5m。花期9～10月。夏季观叶	喜光，耐寒，耐旱也耐涝		叶绿色，顶端呈弓形。圆锥花序，花穗初为粉红，后渐变为红色，终为银白色
12	纤序芒	高1.6～2m。花序纤细，花果期8～10月	喜光，也较耐阴，耐寒，耐热，耐旱，耐贫瘠能力较强，对土壤要求不严，病虫害少，适应夏季高温、高湿气候。北京地区可安全越冬		叶翠绿
13	晨光芒	高0.5～0.8m，地栽3年株高1.2m。花期10～11月	喜光，耐寒（可耐-30℃左右低温），耐旱也耐涝，不择土壤，对气候的适应能力强		较一般芒草矮，叶直立，纤细，宽约5mm，圆锥花序，顶端呈弓形。初粉红后变为红色，秋季变为银白色
14	矢羽芒	高1.5～2.5m。整株银白色，花期9～10月	喜光，耐寒，耐旱也耐涝，不择土壤		叶较宽，深绿色，深秋变红色
15	大油芒	高0.7～2m。花期7～10月。夏季叶片青翠，秋季全株紫红	喜生于向阳的石质山坡或干燥的沟谷底部		叶宽线形，长15～30cm，宽6～15mm。圆锥花序大，呈长圆形，长15～20cm
16	芦竹	高2～6m。花序庞大，花期9～10月	阴性，喜温暖，喜水湿，耐寒性不强；抗旱，耐盐碱；生于河堤两旁咳道及池塘边		秆粗大直立，径1.5～2.5cm，常生分枝。叶条状披针形，长30～50cm，宽3～5cm。圆锥花序极大，长0.3～0.9m

八、观赏草

序号	名称	观赏及应用	生态习性、栽培管护	辨识
17	花叶芦竹	高1.5～2.5m。早春叶呈黄白色纵条纹相间，后增加绿色条纹，夏季新叶绿色。花期9月	喜光，喜温暖，也较耐寒；耐旱，耐湿，耐盐碱力强。北方需越冬保护。水陆两用植物	茎部粗壮近木质化，丛生。披针形叶生，宽线形排成两列，弯垂。顶生羽毛状大型圆锥花序，初开带红色，后转白色
18	变叶芦竹	叶伸长，具白色纵长条纹，甚美观	同花叶芦竹。多次修剪可促发新叶	
19	蓝羊茅	常绿，高15～40cm。叶蓝绿色，具银白霜	喜光，耐-35℃左右低温，耐旱，耐贫瘠，稍耐盐碱，在中性或微酸性肥沃、疏松土壤上长势最好；不耐水湿，湿热环境生长不良，持续干旱应适当浇水。2～3年宜分株	叶片强内卷几成针状或毛发状，春，秋季为蓝色。圆锥花序长10cm
20	草芦	高0.6～1.4m。圆锥花序紧密狭窄，长8～15cm，直立向上，可供观赏	再生力很强，对土壤要求不严，多生于林下、潮湿草地或水湿处	有根状茎，秆通常单生或少数丛生。叶扁平条状，长6～30cm
21	玉带草	高30～80cm。叶绿色间有白色或黄色条纹，柔软似丝带。花期6～7月	喜光，耐半阴，耐寒，耐旱，耐瘠薄，喜湿润、肥沃土壤，对土壤要求不严；生长迅速，湿处或浅水区，夏季忌雨涝	叶扁平，线形，宽1～2cm。圆锥花序紧密狭窄，长8～15cm
22	先知草	高50～60cm。叶中部有白色条纹，叶色独特	喜光，喜湿润。北京可露地越冬	
23	涝峪苔草	常绿，高达35cm。叶淡绿色，花果期3～5月。苔草类我国约有500种	喜向阳，耐浓阴，耐寒，喜潮湿，耐干旱瘠薄，对土壤要求不严；阻燃。耐粗放管理，不宜在全光照下栽植，苔草因可以长期不浇水、不施肥，也被称为"三不草"	根状茎丛生。叶修长下垂，宽2～5mm，边缘粗糙，反卷
	银妃涝峪苔草	叶边缘银白色，其他同原种	同原种	
24	青绿苔草	高8～40cm。叶细腻柔软，青绿色。花果期3～6月	耐阴，强光下也能生长，耐寒，喜温润环境，耐水渍，对土壤要求不严。耐粗放管理	秆丛生。叶细长，宽2～3mm，三棱柱形，平张，边缘粗糙，质硬。小花穗2～5个
25	披针叶苔草	高10～35cm。叶紧凑丛生，翠绿色。花期4～5月	喜光，耐阴喜湿，适生于雨量充足、气候凉爽地区，部分荫蔽下长势好	叶狭长，宽1～2.5mm，平展质软，边缘稍粗糙，裂呈纤维状的宿存叶鞘。苞片似佛焰苞状，小花穗3～6个
26	细叶苔草	高25cm，株体矮小，叶光滑无毛，柔软，叶色草绿，观赏价值高，可作草坪	喜光，耐半阴，不能忍受过分炎热，不耐旱涝，耐盐碱。与杂草竞争力弱	叶基生，绿色，挺细，平张。雌花鳞片具宽的白色膜质边缘
27	宽叶苔草	高25cm。叶宽大，花茎与叶丛同隔一定距离	生于高海拔沟谷林下	叶长圆状披针形，长10～20cm，宽1～3cm，中脉及2条侧脉较明显
28	棕色苔草	高15～30cm。叶棕色，丛生	喜光，耐半阴，耐盐碱，耐瘠薄，耐旱，注意越冬保护。北京忌炎热，低洼积水	叶丝状，下垂，叶尖卷曲
29	金叶苔草	高20cm。叶细条形，黄绿色	喜温暖湿润和阳光充足的环境，耐半阴，怕积水，对土壤要求不严	叶两边浅绿色，中央有黄色纵条纹
30	拂子茅	高0.8～1.2m。圆锥花序紧密，圆筒形，直立，初淡粉后变淡紫色，是观赏草中花期最华丽的种类之一，花果期5～9月，秋季可观其华丽的花序	喜光，耐长时间炎热，耐旱，也耐强湿，抗盐碱，不择土壤，在湿润、排水良好的土壤上生长旺盛	秆丛生。叶旱草绿色或淡青铜色，扁平或边缘内卷，上面及边缘粗糙，宽4～8mm。花序长15～30cm

序号	名称	观赏及应用	生态习性、栽培管护	辨识
31	卡尔拂子茅	高0.9～1.5m。早夏开花，9～10月观赏佳。植株直立紧凑，花穗宿存至冬季	喜光，耐半阴，耐寒，耐旱，不择土壤。不易受病虫害侵袭，管理粗放	
32	花叶拂子茅	高约1.2m。叶有绿白相间的条纹。花期5～6月	同原种	圆锥花序紧缩
33	柳枝稷	株高1～2m。圆锥花开展，绿色或带紫红色，夏季观花，花果期6～10月。能源草，能从中提炼出酒精	喜光，耐高温，也耐寒，有很强的抗旱能力，短期耐涝，不择土壤，耐瘠薄；夏季少病虫害	叶绿至绿色，秋季变为金黄至红褐色
34	针茅	高40～90cm。花序灰绿色或紫色，先端纤细，在光下流光溢彩，北京五一前后盛花，花果期5～8月	喜光，耐半阴，耐寒，耐旱，对土壤适应性强	叶纵卷似针状，长3～17cm。顶生圆锥花序长约20cm
35	细茎针茅	高30～60cm。穗状花序银白色，柔软下垂，微风吹拂，分外妖娆，夏季变成黄色仍具观赏性，花果期5～8月	喜光，耐半阴，喜冷凉气候；夏季高温休眠；耐寒，耐湿，宜排水良好的土壤；抗风，可生于海滨	常绿冷季型草，密集丛生，茎秆细弱柔软。叶细长如丝状，亮绿色
36	蒲苇	高2～3m。圆锥花序大，羽毛状，花穗银白色，具光泽，有红色品种，花期8～10月	耐-15℃低温，喜温暖、阳光充足及湿润气候，性强健，耐旱、耐盐碱、适应各类土壤，湿、旱地均可生长，可短期淹水30～40cm。常年易发钻心虫，注意防治	常绿，基部茎紫色。叶多聚生于基部，长1～3m，宽约2cm，下垂，缘具细齿，呈灰绿色。雌雄异株，花序长0.5～1m
37	矮蒲苇	高约1.2m。花序大，羽毛状，银白色，花期9～10月	耐-15℃低温，适应性强，湿、旱地均可生长。易栽培，注意防治钻心虫	常绿。叶细长，宽约1cm，有硬化毛
38	花叶蒲苇	高1～1.5m。叶有白边。花穗银白色，花期8～10月	耐-15℃低温，对土壤要求不严，耐盐碱、湿、旱地均可生长，可短期淹水30～40cm	茎基部紫色。叶下垂至丝状，花穗可宿存至次年1月
39	画眉草	高0.3～1.1m。圆锥花序大而开展，紫灰色，花果期8～12月	喜光，抗干旱，对气候和土壤要求不严，根系发达，固土力强。病虫害少	秆丛生，直立或基部弯曲。叶平展或折叠，长20～40cm，宽3～6mm，上部叶超出花序之上
40	画眉草风舞者	高0.9～1.2m。叶蓝绿色，姿态飘逸。7月开花，花穗羽状，8月花呈棕褐色，秋黄色，保持至冬季	非常耐旱，耐-23℃低温	叶纤细
41	丽色画眉草	高约50cm。秋叶棕红色。花序亮紫色，花期8～10月	喜光，耐半阴，耐寒，耐旱，喜疏松、肥沃的土壤	秆密簇丛生。圆锥花序长占整个植株长度的2/3
42	旱苇草	秆低矮细小，密具花序。是固沙植物	旱生，匍匐茎发达，覆盖地表速度快	叶披针状线形。圆锥花序较大
43	蓝冰麦	高0.6～1.5m。叶披针形，银蓝色。总状花序	喜全光，20～40℃范围内，温度越高，光照越强，叶蓝色越深；不择土壤，耐旱也耐湿，耐贫瘠，分蘖力强，病虫害少	具根状茎，须根系发达，茎基生长不定根，茎直立，茎节具白色或灰白色短毛，叶鞘紧包茎秆，较节间长
44	须芒草	高约1.2m。夏末秋初开花，秋冬季植株紫红色	喜光，耐贫瘠，耐干旱，肥水过大易倒伏	秆丛生。总状花序直立向上呈束状，常染以紫色

续表

序号	名称	观赏及应用	生态习性、栽培管护	辨识
45	野古草	高0.6~1.2m。夏季观花，秋季观红叶	喜光，不耐荫蔽，耐寒，耐热，耐旱	叶长15~40cm，宽5~15mm。圆锥花序长15~40cm
46	野青茅	高0.6~1.2m。花序带紫色，颜色较拂子茅子深	生于山地林缘，灌丛草甸，河谷溪边，沙滩草地	叶扁平或边缘内卷，长5~25cm，宽2~7mm。圆锥花序紧缩似穗状，长6~10cm
47	灯芯草	高40~80cm。花期5~8月。可作沼泽植物	喜光，耐半阴。喜温暖，湿润，耐寒，不怕积水，不耐干旱。栽培时光照要充足，保持足够湿度。受冻后丧失观赏性	茎丛生，直立，圆柱形，径1.2~3mm，具纵条纹，茎内充满白色髓芯，可供点灯和作烛心用。花序假侧生，呈紧密圆锥状
48	螺旋灯芯草	高30~45cm。叶螺旋生长，四季常绿	喜温暖，阳光充足的环境，耐高温，宜肥沃而富含有机质的壤泥治浅水	深绿色叶似长长针状，柔软扭曲呈螺旋状
49	金色箱根草	高30~45cm。叶黄绿相间，质地柔软飘逸，观赏期5~10月	耐半阴。北京可露地越冬	植株丛生，匍匐。有绿叶品种
50	芨芨草	高0.5~2.5m。花果期6~9月。是纤维植物，可改造碱地	喜光，耐寒，耐旱，耐盐碱。可在砾石中生长，比较耐践踏。多生于微碱性的草滩沙土山坡	秆直立，坚硬，内具白色髓。叶纵卷，质坚韧，长30~60cm。圆锥花序长(15)30~60cm，开花时呈金字塔形开展
51	远东芨芨草	高0.6~1m。圆锥花序开展，深绿色，花期5~6月	生于低矮山坡草地，林下，河滩草路旁	秆直立，光滑，疏丛。叶扁平或叶缘稍内卷，长20~35cm
52	银边草	高20~40cm。叶较长，具黄白色边缘	喜光，耐寒，耐旱	秆基部膨大呈念珠状。叶长20~30cm
53	悍芒	高1.5~2m。植株高大，秋季观花，花果期8~11月	喜光，耐寒，耐湿	
54	荻	株高1.5~2m。圆锥花序疏展成伞房状，长10~20cm，秋季银白色，花果期8~10月	喜光，耐寒，抗逆性极强，耐旱也耐湿；丛生植物。水陆两生植物。多生于河边湿地和山坡	叶扁平，宽线形，宽5~18mm，中脉白色，粗壮。花序具10~20枚较细弱的分枝，小穗无芒
55	发草	高0.2~1m。喷泉状密簇丛生，深绿色，花期5~6月	喜全光或轻度遮阴，耐霜冻，不耐涝，稍耐盐碱	叶纤细
56	金色狗尾草	高20~90cm。圆锥花序柱状，分枝上着生一个小穗，刚毛金色，花期7~9月	生水边，山坡路旁，草丛中	叶条状披针形。有的狗尾草，花序分枝着生数个小穗，刚毛绿色
57	粉黛乱子草	高达90cm。花期9~11月。秋天粉紫色花穗如发丝般从基部抽出，远看像一片红色云雾，浪漫美丽	喜光，耐半阴，喜温暖，湿润；不择土壤，耐旱也耐湿，耐贫瘠，耐盐碱，宜排水良好。北京每平方米栽植9~12株，播后生长速度迅速。北京用外地出穗的盆栽效果好	叶纤细，长条形
58	小盼草	高0.5~1m。花穗风铃状，初淡绿后转棕红色，经久不落，奇特美观，花期8~11月	喜光，耐半阴，耐寒性好，耐-30℃低温；略耐干旱瘠薄，以肥沃湿润、排水良好的土壤为宜	茎秆直立，紧密丛生，至秋季变为黄色的绿色，扁平，叶色从春季的青黄色变为夏季的绿色，小花宽卵形，成串悬垂
59	蜜糖草	高30~50cm。圆锥花序稠密，紧缩成穗状，粉红色，观赏期7~10月	喜光，不耐寒，耐旱，耐酸性及贫瘠土壤。北京需保护越冬	植株呈疏松羽毛状。叶簇条形
60	木贼	多年生常绿草本。高0.3~1m。茎表面灰绿或黄绿色，线条整齐直立，有竹子的"风骨"	喜全光，耐半阴，喜潮湿；多生于山坡，河岸湿地	茎直径6~8mm，基本不分枝，中空，有节，节间长5~8cm。顶端浅棕色，膜质，芒状，早落

序号	名称	观赏及应用	生态习性、栽培管护	辨识
60	节节草	高 0.2～0.6m。绿色	生于田边、水边、河滩、沙地	地上茎 2～5 分枝，细弱，中部直径 1～3mm，节间长 2～6cm
61	白茅	高 30～80cm。圆锥花序稠密，银白色，长达 20cm，宽达 3cm，花果期 4～6 月	生于低山带平原河岸草地、沙质草甸、荒漠与海滨。再生能力极强，是顽固型杂草	秆直立。分蘖叶长约 20cm；秆生叶长 1～3cm，通常内卷，质硬，被白粉。渐尖头呈刺状，顶端
62	血草	高 0.3～0.6m。新叶亮绿色，叶端酒红色，秋叶血红色，冬初铜色。花期 5～6 月	喜全光，稍耐阴、耐热，宜湿润、肥沃土壤，可浅水中生长。性强健，易养护	叶丛生，剑形。圆锥花序，小穗银白色
63	紫田根	株高可达 4m。花穗初期紫红色，后转为白至枯黄色，花果期 8～12 月	分蘖力强，对土壤要求不严，抗旱性强。春夏易发钻心虫，致植株死亡	秆直立丛生，茎节紫色，不具甜味。叶宽大，线状披针形，长 1～2m，宽 2～5cm，宽 5～10cm，缘锯齿状粗糙。圆锥花序稠密，长 30～80cm
64	柠檬草	高 1～2m。整株植物散发柠檬香味。茎叶可提取柠檬香精油，并可食用，可口含、代茶。花语为开不了口的爱	喜光照充足、温暖湿润的环境，耐半阴，不耐寒；对土壤要求不严，宜排水良好。北京不能露地越冬	叶长 30～90cm，宽 5～15mm
	棕叶狗尾草		宜生于阴湿处或林下，有一定耐寒性	叶宽大似棕竹。圆锥花序大而广展
	石菖蒲	多年生常绿草本。叶芳香，可在较密的林下作地被植物及盆栽观赏	喜阴湿环境，不耐暴晒，较耐寒，不耐旱；生于水旁湿地或石上	叶厚，较窄小，线形，绿色，长 20~30cm，宽不足 6mm，平行脉
	金叶石菖蒲	叶金黄色，观赏价值高		

九、水生植物

水生植物 表一

序号	名称	拉丁名	别名	科属	产地及分布	彩图页
1	荷花	Nelumbo nucifera	莲、莲花、芙蓉、六月花神、藕花、芙蕖、菡萏	莲科莲属	产我国南北各地	551
2	睡莲	Nymphaea tetragona	子午莲、水浮莲、瑞莲、水洋花、小莲花	睡莲科睡莲属	原产我国，分布广泛	552
3	白睡莲	Nymphaea alba	睡莲、欧洲白睡莲	睡莲科睡莲属	产河北、山东、陕西、浙江。我国南北方有栽培	552
4	红睡莲	N. alba var. rubra	娃娃粉、瑞典红睡莲	睡莲科睡莲属	各地栽培。基本为培育的栽培品种	552
5	雪白睡莲	Nymphaea candida		睡莲科睡莲属	产新疆。我国南北庭园有栽植，基本为栽培品种	552
6	黄睡莲	Nymphaea mexicana	墨西哥睡莲	睡莲科睡莲属	引自英国邱园。我国南北方有栽培	552
7	阳光粉睡莲	Nymphaea 'Sunny Pink'		睡莲科睡莲属		552
8	万维莎睡莲	Nymphaea 'Wanvisa'		睡莲科睡莲属	由泰国和日本育种专家育成，2010年获世界睡莲冠军	552
9	热带睡莲	Nymphaea spp.		睡莲科睡莲属	原产热带地区。我国南北方均有栽培	552
10	千屈菜	Lythrum salicaria	水枝柳、水柳、对叶莲、水枝锦、鞭草、败毒草	千屈菜科千屈菜属	产全国各地	553
11	芦苇	Phragmites australis	苇子、芦、芦苇、毛苇、泡芦	禾本科芦苇属	分布遍及全国	553
12	花叶芦苇	Phragmites communis 'Variegatus'		禾本科芦苇属		553
13	香蒲	Typha orientalis	东方香蒲、毛蜡烛	香蒲科香蒲属	产东北、华北地区及河南、陕西、江苏、安徽、浙江、江西、广东、云南	554
14	狭叶香蒲	Typha angustifolia	水烛、水蜡烛、蒲棒、蒲草、蒲菜	香蒲科香蒲属	产东北、西北地区及山东、河南、江苏、湖北、云南、台湾	554
15	宽叶香蒲	Typha latifolia	香蒲	香蒲科香蒲属	产东北、华北、西北地区及河南、浙江、四川、贵州、西藏	554
16	短序香蒲	Typha lugdunensis		香蒲科香蒲属	产内蒙古、河北、山东、新疆等地区	554
17	小香蒲	Typha minima		香蒲科香蒲属	产东北地区及河南、山东、湖北、四川	554
18	水葱	Schoenoplectus tabernaemontani	水丈葱、冲天草、翠管草	莎草科水葱属	产东北、华北、西北、西南等地区	555
19	花叶水葱	S. tabernaemontani 'Variegata'		莎草科水葱属		555
20	黄菖蒲	Iris pseudacorus	黄花鸢尾、水生鸢尾	鸢尾科鸢尾属	原产欧洲。我国各地常见栽培	555
21	玉蝉花	Iris ensata	花菖蒲、紫花鸢尾、东北鸢尾、日本鸢尾	鸢尾科鸢尾属	产东北地区及山东、浙江等地	555
22	花菖蒲	I. ensata var. hortensis		鸢尾科鸢尾属		555

九、水生植物

序号	名称	拉丁名	别名	科属	产地及分布	彩图页
23	花叶花菖蒲	I. ensata 'Variegata'	花叶玉蝉	鸢尾科鸢尾属		555
24	菖蒲	Acorus calamus	水菖蒲、白菖蒲、大叶菖蒲、野菖蒲、臭草、剑叶菖蒲	菖蒲科菖蒲属	分布于我国南北各地区	556
25	伞草	Cyperus alternifolius	野生风车草、凤车草、水竹、旱伞草、水棕竹、伞莎草	莎草科莎草属	原产非洲。我国南北各地有栽培	556
26	水生美人蕉	Canna × generalis	大花美人蕉、弗罗里达美人蕉	美人蕉科美人蕉属	原产南美洲。我国南北方有栽培	556
27	凤眼莲	Eichhornia crassipes	凤眼蓝、水葫芦、布袋莲、水浮莲	雨久花科凤眼莲属	原产巴西。现广布于我国长江、黄河流域及华南各地区	556
28	梭鱼草	Pontederia cordata	海寿花	雨久花科梭鱼草属	原产北美洲。我国广泛栽培	557
29	剑叶梭鱼草	Pontederia lanceolata		雨久花科梭鱼草属	原产北美洲	557
30	再力花	Thalia dealbata	水竹芋、水莲蕉、塔利亚	竹芋科水竹芋属	原产美国南部和墨西哥。我国南北方多有栽培	557
31	垂花再力花	Thalia geniculata	水竹芋、红竹芋、红鞘水竹芋	竹芋科水竹芋属	原产非洲热带及南美洲地区。我国南北方有少量栽培	557
32	野慈姑	Sagittaria trifolia	燕尾草、狭叶慈姑、白地栗、剪刀草、箭搭草、茨菰	泽泻科慈姑属	分布于除西藏等少数地区的我国各地	558
	华夏慈姑	S. trifolia ssp. leucopetala	慈姑、驴耳朵草	泽泻科慈姑属	我国南北各地均有栽培	—
33	爆米花慈姑	Sagittaria montevidensis	蒙特登慈姑	泽泻科慈姑属	原产南美洲。我国中南部有栽培	558
34	皇冠草	Echinodorus grisebachii		泽泻科肋果慈姑属	原产中南美洲。我国南北方有栽培	558
35	泽泻	Alisma plantago-aquatica	水泽、如意花、车苦菜	泽泻科泽泻属	产东北、华北地区及陕西、新疆、云南等地	558
	东方泽泻	Alisma orientale			我国从东北到西北、华南、西南大部分地区有分布	—
36	水罂粟	Hydrocleys nymphoides	水金英	泽泻科水罂粟属	原产中南美洲。华南、华北、华东地区有栽培	558
37	荇菜	Nymphoides peltata	苓菜、莲叶荇菜、水荷叶、金莲子、大紫背浮萍	睡莲科荇菜属	产全国绝大多数地区	558
38	金银莲花	Nymphoides indica	白花荇菜、水荷叶、印度荇菜	睡莲科荇菜属	产东北、华北及河北、云南	558
39	水鳖草	Hydrocharis dubia	马尿花、芣菜、白萍	水鳖科水鳖属	产东北、华北地区及河北、河南、新疆、陕西至华东、华南、西南等地区	559
40	欧亚萍蓬草	Nuphar lutea	黄金莲、萍蓬莲、水栗	睡莲科萍蓬草属	我国南北方有栽培	559
41	亚马逊王莲	Victoria amazonica	王莲	睡莲科王莲属	原产南美热带水域。我国 20 世纪 50 年代引种，南北方有栽培	559
42	克鲁兹王莲	Victoria cruziana		睡莲科王莲属	原产南美热带水域。我国南北方有栽培	559
43	水浮莲	Pistia stratiotes	大薸、水荷莲、大萍、水莲、肥猪草、大叶莲	天南星科大薸属	我国长江以南各地区均有分布，北方有栽培	559

序号	名称	别名	拉丁名	科属	产地及分布	彩图页
44	铜钱草	野天胡荽、圆币草、金钱莲、香菇草、绿钱草、镜面草	*Hydrocotyle vulgaris*	五加科天胡荽属	原产美洲热带地区。我国南北方有栽培	559
45	粉绿狐尾藻	聚草、大聚藻、绿凤尾、青狐尾、绿羽毛、水松	*Myriophyllum aquaticum*	小二仙草科狐尾藻属	原产南美洲。我国南北方有栽培	559
46	花蔺		*Butomus umbellatus*	花蔺科花蔺属	产东北、华北地区及山东、新疆、陕西、江苏、河南及湖北	560
47	玫红木槿	红秋葵、湿地木槿、槭葵、咖啡黄葵	*Hibiscus coccineus*	锦葵科木槿属	原产美国东南部。我国东北、上海、江苏、浙江等地有栽培	560
48	菱白	菰、菱瓜、菰笋、菱草	*Zizania latifolia*	禾本科菰属	分布于我国南北各地	560
49	荸荠	马蹄、乌芋、马荠、通天草	*Eleocharis dulcis*	莎草科荸荠属	全国各地都有栽培	560
50	扁秆藨草	扁秆荆三棱	*Bolboschoenus planiculmis*	莎草科三棱草属	产东北、华北地区及山东、河南、青海、甘肃、江苏、浙江及云南	560
51	纸莎草	埃及纸莎草、纸草、大伞莎草	*Cyperus papyrus*	莎草科莎草属	原产亚洲西部及欧洲。我国南北方有栽培	560
52	水芹	水芹菜、野芹菜	*Oenanthe javanica*	伞形科水芹属	产我国各地	561
53	泽芹		*Sium suave*	伞形科泽芹属	产东北、华北、华东地区	561
	毒芹		*Cicuta virosa*	伞形科毒芹属	产东北、华北地区及陕西、甘肃、四川及新疆	—
54	黑三棱		*Sparganium stoloniferum*	香蒲科黑三棱属	产东北、华北、西北及中南地区	561
55	浮萍	青萍、水浮萍	*Lemna minor*	天南星科浮萍属	产我国南北各地	561
56	紫萍	水萍、紫背浮萍、水萍草	*Spirodela polyrhiza*	天南星科紫萍属	产我国南北各地	561
57	槐叶苹	蜈蚣漂、水百脚、槐叶蘋	*Salvinia natans*	槐叶蘋科槐叶蘋属	广布长江流域和华北、东北地区至新疆等地	561
58	满江红	红苹	*Azolla pinnata ssp. asiatica*	槐叶蘋科满江红属	广布长江流域和华南北各地区	561
59	苹	田字萍、田字草、四叶草、蘋	*Marsilea quadrifolia*	苹科苹属	广布长江以南各地区、北达华北地区和辽宁，西到新疆	561
60	金鱼藻	细草、鱼草、软草、松藻	*Ceratophyllum demersum*	金鱼藻科金鱼藻属	全国广泛分布	561
61	眼子菜	鸭子草	*Potamogeton distinctus*	眼子菜科眼子菜属	广布我国南北大多数地区	562
62	菹草	虾藻、虾草、麦黄草	*Potamogeton crispus*	眼子菜科眼子菜属	广布我国南北各地区	562
63	苦草	蓼萍草、扁草	*Vallisneria natans*	水鳖科苦草属	产吉林、河北、陕西、山东及长江流域至华南、西南地区	562
64	黑藻	水王孙、温丝草、灯笼薇、转转薇	*Hydrilla verticillata*	水鳖科黑藻属	产黑龙江、河北、山东、陕西、河南及南方大部分地区	562
65	狐尾藻	轮叶狐尾藻	*Myriophyllum verticillatum*	小二仙草科狐尾藻属	中国南北各地池塘、河沟、沼泽中常有生长	562

续表

序号	名称	拉丁名	别名	科属	产地及分布	彩图页
66	杉叶藻	*Hippuris vulgaris*	螺旋杉叶藻	车前科杉叶藻属	产东北、内蒙古、华北北部、西北、台湾、西南等地	562
67	水毛茛	*Batrachium bungei*		毛茛科水毛茛属	产辽宁、河北、山西、甘肃、青海、江西、江苏及西南地区	562
一年生						
68	芡实	*Euryale ferox*	鸡头米、鸡头苞、鸡头莲、刺莲藕	睡莲科芡属	广布全国南北各地	562
69	雨久花	*Monochoria korsakowii*	蓝鸟花、水白菜	雨久花科雨久花属	产东北、华北、华中、华东和华南。北京不能露地越冬	563
70	欧菱	*Trapa natans*	东北菱、菱、菱角、丘角菱、四角矮菱、乌菱	菱科菱属	我国南北有栽培	563
71	盐地碱蓬	*Suaeda salsa*	翅碱蓬、黄须菜、碱葱	苋科碱蓬属	产东北、华北、西北地区及山东、江苏、浙江的沿海地区	563
	碱蓬	*Suaeda glauca*	盐蒿菜、荒碱菜、碱蒿、盐蒿	苋科碱蓬属	产东北、西北、华北地区及河南、山东、江苏、浙江等地	—
72	水稻	*Oryza sativa*	稻、稻子、稻谷	禾本科稻属	我国南方为主要产稻区，北方各地均有栽种	563

水生植物　表二

序号	名称	观赏及应用	生态习性、栽培管护	辨识
1	荷花	花粉红、红、紫、白、黄等色，单生于花梗顶端。花瓣多数，花朵硕大，径10～20cm。中国荷花有品种300个以上。荷花色洁净，坚贞纯洁。花粉莲洁，坚贞纯洁。花中君子，品性高洁，洁身自好，又称"荷""莲"，出淤泥而不染，清水芙蓉。莲音"廉"，谐音"廉""伶"，民俗有一品清廉。莲生贵子，连生有余等谐音取意。中华传统文化中，经常以荷花作为和平、和谐、合力、团结、联合、富贵等的象征。也常用来象征爱情，并蒂莲尤其如此	非常喜光，喜温暖，生育期需全光照环境。极不耐阴，在半阴处生长会表现出强烈的趋光性。喜磷、钾肥，宜富含腐殖质黏性微酸性黏质壤土。抗二氧化硫、氟，可净化水体。对失水十分敏感，夏季停水一日，则荷叶焦边。喜相对稳定的平静浅水、湖沼、泽地、池塘是其适生地，水深不宜超过1m。深水冰层以下可以过冬	叶盾圆形，径25～90cm，全缘，稍呈波状，上面光滑，具白粉。据《中国荷花品种图志》，荷花分3大莲系：中国莲种系、中美杂种莲系和中小株形莲种群。中国莲种系按种莲分大株形群和中小株形群：前者分少瓣、重瓣、重台合、千瓣莲类4类，少瓣、半重瓣、复色莲类4型，后者分少瓣、半重瓣、复色2型。中国莲亚种系分4类，每类各分红、粉、白、复合4个莲型。中美杂种莲系分杂种大株形群和杂种中小株形群：前者分少瓣、重瓣、少瓣类分黄莲和复色莲2型，后者分少瓣、重瓣、重台莲，少瓣类分黄莲2类，复台合红、粉、白、黄，复色3～5个莲型
2	睡莲	花白色，花瓣通常10枚，花径3～5cm，昼开夜合、追逐阳光，花期6～9月。花语是洁净、纯真、信仰、清纯的心。水中的女神。是难得的水体净化植物，根可吸收铅、汞、苯酚等毒物。常见栽培品种，记录的有400种以上	睡莲类喜阳光充足，通风良好，水质清洁、温暖的静水环境，生长季节池水适宜深度25～30cm，不宜超过80cm；越冬温度0～5℃，深水冰层下可过冬；要求腐殖质丰富的黏质土壤	叶薄革质或纸质，心状卵形或卵状椭圆形，长5～12cm，宽3～9cm，基部深弯缺约占叶全长的1/3，上面深绿色，裂片急尖，下面带红或紫色，光亮。睡莲属耐寒类分布于温带和亚热带，有品种300个以上；不耐寒类分布在热带
3	白睡莲	花白色，芳香，径10～20cm，花托圆柱形，花瓣20～25，花期6～8月。变种较多	同睡莲	叶纸质，浮于水面，近乎圆形，径10～25cm，基部具深弯缺，裂片披针形，长3～5cm，近平行或开展，全缘或波状，萼片披针形尖锐，裂片尖锐
4	红睡莲	花粉红或玫瑰红色，花期6～8月	同睡莲	
5	雪白睡莲	花白色，花托略四角形，内轮花丝披针形，花期6月	喜阳光，宜通风良好	外形与睡莲相近。根状茎直立或斜升。叶的基部裂片邻接或重叠
6	黄睡莲	花黄色，径约10cm，花期6～8月	同睡莲	与白睡莲的区别：黄睡莲根状茎直立，块状，叶上面具褐色小斑点。黑色小斑点
7	阳光粉粉睡莲	花粉色，花期6～8月。是一种耐寒睡莲	同睡莲	
8	万维莎睡莲	花色橘红或紫红掺杂黄、白色斑纹或部分呈黄色，是耐寒睡莲中唯一的洒金型品种，花期6～8月	北京市场有售	嫩叶紫红色带绿斑，老叶绿色，褐色相同
9	热带睡莲	花红、白、黄、橙、蓝、紫色，有白天或晚上开花的不同类型，如蓝叶睡莲、非洲睡莲、柔毛齿叶睡莲、齿叶睡莲等	不耐寒，夏季水温不应于21℃，冬季水温应保持在10℃以上	块茎直立生长。叶边缘呈锯齿状或波浪状。花梗挺出水面。温带睡莲花贴近水面，只在白天开花
10	千屈菜	高0.4～1.2m，花紫红或淡紫色，花期6～9月。花语是相思、动摇	喜强光，喜水湿及通风良好的环境，耐寒，耐盐碱，在肥沃、疏松的土壤中生长更好；可陆地生长，适浅水	叶无柄，对生或3叶轮生，披针形，长4～6cm。聚伞花序簇生，花枝似一大型穗状花序
11	芦苇	叶包棕色或深紫色，如冬包卷绿丝，花期6～9月。花语是相思、顽强，还象征柔软、脆弱、动摇	耐寒、耐高温、耐盐碱；抗倒伏、适应多水地区、成活率高。生长于池沼、河岸、河溪边或多水地区，适冷水	秆直立，高1～3m，径1～4cm。叶披针状线形，长约30cm，宽约2cm。圆锥花序大型，长20～40cm，宽约10cm
12	花叶芦竹	叶淡灰绿色或黄色条纹，有乳黄色条纹，秋季金黄色	喜光，耐寒，耐旱，耐盐碱，喜湿润、肥沃土壤	株形一般比芦苇小

九、水生植物

序号	名称	观赏及应用	生态习性、栽培管护	辨识
13	香蒲	高 1.3～2m。棒状花序暗红色，花果期 5～8月。端午常悬挂门首	耐寒、喜温暖、湿润气候及潮湿环境。选择向阳、肥沃的池塘浅水边或潮湿处水处栽培为宜	叶条形，长 40～70cm、宽 4～9mm。雌雄花序紧密相接，暗红色雌花序长 4.5～15cm，雄花序长 2.7～9.2cm
14	狭叶香蒲	高 1.5～3m。雌花序粗大，花果期 6～9月	生于湖泊、河流、池塘浅水处，深达 1m 或更深，可生于湿地	叶条形，长 0.5～1.2m。雌雄花序相距 2.5～6.9cm，雌花序 15～30cm
15	宽叶香蒲	高 1～2.5m。植株粗壮。花果期 5～8月	生于湖泊、池塘、沟渠、河流的缓流浅水带，亦见于湿地和沼泽	叶比香蒲宽近一倍，宽 5～15mm，雄花序长 45～95cm。暗红色雌花序长 5～23cm，雌花序长 3.5～12cm
16	短序香蒲	高 45～70cm。花果期 5～8月	生于沟渠、沼泽、低洼湿地等处	地上茎直立，具多数基生叶，2～4枚，条形、高于花莲。雌雄花序远离，雌花序长 1.5～3cm，径 1～1.5cm
17	小香蒲	高 16～65cm。花果期 5～8月	生于池塘、水沟边、水沟边水处及湿地等处	地上茎直立，矮小。叶多数为基生鞘状叶，窄条形，雌花序远离，雌花序长 1.6～4.5cm，雄花序 3～8cm
18	水葱	高 1～2m，植株高大	喜光、耐阴、喜温暖、湿润气候；喜冷凉；耐酷热；耐低温，北方大部分地区可露地越冬；宜浅水生长	秆高大，圆柱形，无叶；苞片 1枚，为秆的延长。小花穗单生或 2～3个簇生于聚合花序的辐射枝顶端，卵形，长 5～10mm
19	花叶水葱	秆具白绿相间排列的环纹。有具黄白色纵条纹品种	喜光，无环斑纹不清或消失，较耐寒，怕干旱	
20	黄菖蒲	高 60～70cm。花黄色，径 8～12cm，外花被裂片中部卵圆形，有黑褐色条纹，花期 5月	喜光、极耐寒、温度 10℃以下停止生长。耐旱也耐湿，在沙壤土及黏土上都能生长，水边栽植生长更好。北京地区冬季地上部分枯死，根茎地下越冬	基部有少量老叶残留的纤维，基生叶剑形，灰绿色，长 0.4～0.6m，中脉明显，并有横向网状脉。内花被裂片较小，倒披针形，直立
21	玉蝉花	高 0.5～1m。花深紫色、紫红、白、蓝或粉色等，单瓣或重瓣，花纹变化甚大，花期 6～7月	喜阳光充足，喜湿润、富含腐殖质的微酸性土壤，耐寒，喜生潮湿地或沼泽草地	叶条形，长 30～80cm，宽 5～12mm，两面中脉明显，长 7～8.5cm，宽 3～3.5cm，爪部细长，中央下陷呈沟状；内花被片小，狭披针形或宽条形，长约 5cm，宽 5～6mm
22	花菖蒲	高 30～80cm。叶黄绿相间，边缘黄色	喜潮湿。多栽于干河、湖、池塘边	叶宽条形，长 50～80cm，宽 1～1.8cm，中脉明显而突出。叶状佛焰苞剑状线形，花序长 4.5～6.5cm，花形及颜色因品种而异，品种很多
23	花叶花菖蒲		同原种	同原种
24	菖蒲	高 0.9～1.5m。花期 5～8月。叶含挥发芳香油，有香气，有毒。江南端午时节，有悬菖蒲，可灭菌。饮菖蒲酒的习俗。艾草于门窗，菖蒲在传统文化中还被视为用于防疫等的"灵草"	生于山谷湿地或河滩湿地等浅水中，喜阴湿环境，对光照要求不严，管理粗放	根茎粗大。叶基生，剑状线形，长 1m 左右，宽 1～2cm，中肋突出明显，每侧有 3～5 条平行脉，花葶短于叶片
25	伞草	高 0.3～1.5m。总状花序，花期 8～11月	耐阴，忌阳日暴晒，喜温暖湿润和通风透光。北京不能露地过冬	叶状苞片约 20 片，近等长，呈螺旋状排列在茎秆顶端，扩散呈伞状。聚伞花序有多数辐射枝，较花序长约 2倍
26	水生美人蕉	总状花序，大花，红、黄、粉或白色等，花期夏秋	喜光，怕强风，宜潮湿及浅水处生长；生性强健，忌烈日暴晒。原产地周年生长开花，北方寒冷地区冬季休眠，根茎需温室保护越冬。北京不能露地过冬	叶卵状长圆形，长 15～40cm，宽 8～20cm，中脉明显，侧脉平行

序号	名称	观赏及应用	生态习性、栽培管护	辨识
27	凤眼莲	高30～60cm，浮水，穗状花序具紫蓝色花9～12，花径4～6cm，6瓣，花期7～10月。外来入侵物种，在亚洲热带、亚热带入侵严重，并向温带扩散。是完美的水质净化者，可监测水中是否有砷存在，还可净化水中汞、镉、铅等有害物质	喜高温、湿润，喜向阳、平静的水面，或潮湿、肥沃的边坡生长，耐碱性强。北方冬天要收集防冻	叶圆形，宽卵形或宽菱形，长4.5～14.5cm，基部浅心形或宽楔形，叶柄长短不等，中部膨大呈纺锤形。花冠上方1枚裂片较大，三色：淡紫红色，在蓝色中央有1黄色圆斑，叶柄四周
28	梭鱼草	高20～50cm，挺水，穗状花序长10～20cm，花蓝紫色带黄斑点，花期5～10月。有白色花品种	喜温暖湿润，光照充足的环境，常栽于浅水池或塘边。北京露地过冬须进行越冬处理，北方冬季过冬	基生叶柄长，绿色圆筒形，地上茎之叶丛生，叶形多变，有箭头状、披针形，长卵状披针形，顶端锐尖。花序小花密集，200朵以上
29	剑叶梭鱼草	高0.8～1.5m。花蓝紫色，花期5～10月	同梭鱼草	叶筒状，圆筒状，披针形，顶端钝。
30	再力花	高1～2.5m，挺水，复总状花序，花小、紫堇色，花梗细长，有物种入侵威胁	喜温暖湿润，阳光充足的环境，不耐寒，不耐旱，在微碱性土壤中生长良好。以根茎在泥中越冬，北京不能露地过冬	全株有白粉。叶大型，2～5基生，叶橄榄色，卵状披针形，先端渐尖或急尖。穗状花序长5～20cm
31	垂花再力花	高1～2m。花冠粉紫红色，夏秋开花	同再力花	叶鞘颜色有粉红色，绿色。花柄长达3m，细长，弯曲下垂
32	野慈姑	高0.2～0.7m。小花白色，花柄直立，挺水，花果期5～10月	要求光照充足，气候温和且较背风的环境，宜土壤肥沃，土层不太深的黏土；各种能生长的浅水区均能生长。风，雨易造成叶茎折断，球茎生长受阻	挺水叶箭形，长短宽管变异很大，通常顶裂片短于侧裂片。花径约2cm
33	华夏慈姑	小花白色，花果期5～10月。（因难于区分，据有关论述，与野慈姑合并。）	同野慈姑	植株高大粗壮。叶柄粗而有棱，叶箭形，挺水叶箭形，通常顶裂片与侧裂片近等长，长20～60cm。卵形至宽卵形，圆锥花序高大，顶端多钝圆
34	爆米花慈姑	高0.4～0.7m。花白色，基部黄色斑块，花期3～11月	喜光，生于湿地或浅水中	挺水叶箭形，顶裂片与侧裂片近等长，长20～30cm，先端尖，花径2～3cm
35	皇冠草	高40～60cm。总状花序，径2～3cm。花果期6～9月	喜温暖，不耐寒	叶基生，椭圆形或带状，长20～30cm，先端尖。花葶而弯曲，花轮生于节上
36	泽泻	高0.5～1m，挺水。大型圆锥花序长15～50cm，分枝多轮，小花白色，瘦果椭圆形，长约2.5mm，背部具1～2条不明显浅沟，花果期5～10月	喜温暖湿润气候，幼苗喜荫蔽，成株喜阳光，宜腐殖质丰富，稍带黏性的土壤	叶基生，柄长，挺水叶披针形，椭圆形或浅心形，长2～11cm，宽1.3～7cm，顶端尖，基部楔形或浅心形，内轮花被片近圆形，叶脉常5条，缘具不规则粗齿
37	东方泽泻	小花白色，径约6mm，密集，花果期5～9月	喜温暖，阳光充足的环境	挺水叶叶脉5～7条。与泽泻很相似，但花果期中部呈凹形；瘦果在果期背托上排列不整齐等。片边缘波状，花托在果期近圆形，内轮花被片很小，花柱很短，基部心形，全缘
36	水罂粟	浮水。花金黄色，每朵开半天，花期6～9月	喜高温及阳光充足的环境，耐热，不喜荫蔽。冬季栽培不宜低于5℃	叶圆形或卵圆形，近革质，径1.5～8cm，具不明显掌状脉，下面紫褐色，密生腺体，粗糙
37	荇菜	浮水。小花黄色，花期6～10月。黄意清澈高洁之物，污秽之地，荇菜绝续，清莎无痕	耐寒，对环境适应性强；适生多腐殖质的微酸性至中性的底泥和富营养水域中，土壤pH宜5.5～7	叶圆形或近圆形，近革质，径2.5～3cm，花冠裂片具不整齐细条裂齿

续表

序号	名称	观赏及应用	生态习性、栽培管护	辨识
38	金银莲花	花冠白色, 基部黄色, 5 裂, 裂片卵状椭圆形, 腹面密生流苏状长柔毛, 花期 8～10月	喜温暖、湿润气候, 对酸、碱土适应范围较广	叶飘浮, 近革质, 宽卵圆形或近圆形, 长 3～18cm, 下面密生腺体, 基部心形, 具不明显掌状脉
39	水鳖草	高 15～25cm。浮水。花径约3cm, 花瓣3, 白色, 基部黄色, 花期 8～9月	生于静水池沼中	叶圆形或肾形, 长约5cm, 基部心形; 叶脉多5条, 中脉明显; 叶背略带紫红色, 中部呈囊状
40	欧亚萍蓬草	浮水。花外部金黄色, 花芯红色, 径 4～5cm, 花期 7～8月	喜温暖、湿润, 阳光充足的环境, 耐寒; 北方冬季需保护越冬, 温度宜保持在 0～5℃	叶近革质, 椭圆形, 长 15～20cm, 基部弯缺占叶片 1/3～1/4; 叶柄三棱形。花柱头盘 5～25 裂, 未达柱头边缘
41	亚马逊王莲	花大型, 白色, 花期 8～9月	影响生长的首要条件是气温, 要求高温、高湿, 阳光充足。水体清洁, 喜肥。北京宜7月上旬出温室露地养护, 宜浅水位养殖, 以防水温太低, 小暑后喷雾降温遮阴, 夏至适当通风, 不畅。栽前水池消毒, 防鱼类危害	11 片叶后叶缘上翘呈盘状
42	克鲁兹王莲	花大而美, 白、淡红至深红色, 花期 8～9月	同亚马逊王莲	叶缘上翘直立, 高于亚马逊王莲 1～2 倍, 叶面绿色, 背面微带红色, 叶柄绿色
43	水浮莲	浮水。可作青绿饲料, 有物种入侵威胁, 是南方水田中常见杂草, 海南酒店水池常遍布	喜高温、多湿, 不耐严寒; 宜在平静的淡水池塘、沟渠中生长	叶簇生呈莲座状, 常因发育阶段不而而形异, 长 1.3～10cm, 先端截头状或圆形, 两面极生毛, 叶脉扇状伸展
44	铜钱薭	高 5～15cm, 挺水或湿生。叶面油绿有光泽。属沉水或挺水植物, 富有生机。花语为财源滚滚。有物种入侵威胁, 净化水体, 对氨的去除率达 90%	耐阴, 宜半日照或遮阴, 忌阳光直射, 喜温暖、潮湿、耐湿、耐旱, 适应性强, 水陆皆可生长	地下横走茎生长速度惊人。叶圆伞形, 叶常 5 枚轮生, 圆肾形, 1 回羽状排列, 小叶针状
45	粉绿狐尾藻	高 20～80cm。叶形规则, 叶色粉绿, 叶有生机。适宜栽植水深 0.2～1m。有物种入侵威胁, 净化水体, 对氮的去除率达 90%	喜光、耐热, 不耐寒, 性强健, 生长快, 性喜温暖。江南常绿过冬	叶常呈丛生状, 长 0.3～1.2m, 上部伸出水面, 伞形花序顶生, 花瓣 6
46	花蔺	高 0.7～1.5m。挺水。花 粉红色, 径 1.5～2.5cm, 花果期 7～9月	喜光, 耐热, 耐寒, 对土壤要求不严, 生于池塘、湖沼、河边浅水中	常呈丛生状, 叶基生, 直立, 线形, 三棱状, 叶鞘圆柱形, 长 6～14cm, 伞形花序顶生, 花葶约2cm, 端具短鞘
47	玫红木槿	多年生直立草本, 高 1～3m, 可盆栽。花玫瑰红至洋红色, 花瓣 5, 长 7～8cm, 花期 7～10月	喜温暖, 有一定耐寒性, 耐水湿, 耐盐碱, 喜肥沃土壤, 也可在潮湿地生长	叶掌状 3 深裂, 裂片狭披针形, 先端锐尖, 蒴果近球形, 径约2cm, 单生枝端叶腋, 缘具疏齿。花
48	茭白	高 1～2m, 径约1cm。杆基嫩茎真菌寄生后, 粗大肥嫩, 可食	生于池塘及沼泽地中	叶由叶片和叶鞘两部分构成, 叶鞘长于节间, 肥厚, 有小横脉; 叶片扁平宽大, 长 0.5～0.9m, 宽 1.5～3cm, 有主脉。圆锥花序长 30～50cm
49	荸荠	高 15～60cm。匍匐根状茎的顶端块茎可食	要求光照充足、喜温暖、湿润, 怕冻; 宜生于底层坚实的壤土中	茎秆多数, 直立丛生, 圆柱形, 径 1.5～3mm, 内有多数横隔膜
50	扁秆藨草	高 0.6～1m。小花穗褐色, 卵形, 顶具短芒, 花果期 6～9月	生湖、河边近水处	秆三棱形, 具长叶鞘, 叶扁平, 长侧枝聚伞花序顶生, 长子花序 1～3, 叶状苞片 1～6 小穗

序号	名称	观赏及应用	生态习性、栽培管护	辨识
51	纸莎草	秆高 0.6～1.5m。叶纤细优美，在茎顶近放射状排列。是我国南方常用的水体景观植物之一	喜温暖及阴光充足的环境，耐热，耐瘠薄，不择土壤；常生活在浅水中	秆丛生，粗壮。每秆具一大型伞形花序；小穗黄色，密集
52	水芹	高 15～80cm。复伞形花序，花梗列近平面，无总苞，小花白色，花期 6～7月。注意与毒芹区别	耐寒性强，生于低湿地及水沟浅水中	叶轮廓三角形，1～2回羽状分裂，裂片卵形至菱状披针形，长 2～5cm，宽 1～2cm。缘具牙齿或圆齿状锯齿
53	泽芹	高 0.6～1.2m。复伞形花序，总苞片 3～10，披针形或条形，外折，小花白色，花期 8～9月	生于沼泽，水边较潮湿处	叶轮廓长圆形至卵形，长 6～25cm，1回羽状分裂，有羽片 3～9对，羽片无柄，披针形至线形，长 1～4cm，宽 3～15mm，缘具细锯齿
	毒芹	高 0.7～1m。复伞形花序，花排列近球面，花期 7～9月。常无总苞片，小花白色，全株根部剧毒植物，毒性最大	生于中低海拔的杂木林下，湿地或水沟边	叶三角形或三角状披针形，长 10～20cm，2至3回羽状复叶；小裂片窄披针形，长 1.5～6cm。缘具粗齿至缺刻
54	黑三棱	高 0.7～1.2m。直立，粗壮。大型圆锥花序开展，雄花序球形，径约 1cm，花果期 5～10月	喜光，耐寒，多生于浅水处	叶长 40～90cm，具中脉，上部扁平，下部背面呈龙骨状凸起，或呈三棱形
55	浮萍	飘浮植物。叶状体对称，表面绿色，背面浅黄、浅绿或呈紫色。可作饲料	喜温暖和潮湿环境，忌严寒；生于静水水域；繁殖快	近圆形、倒卵形或倒卵状椭圆形，长 1.5～5mm，宽 2～3mm，脉 3条，下面垂生丝状根 1条，长 3～4cm
56	紫萍	漂浮植物	常与浮萍混生	叶状体扁平，阔倒卵形，长 5～8mm，宽 4～6mm，先端钝圆，表面绿色，背面紫色，具掌状脉 5～11条，背面生 5～11条根，根长 3～5cm
57	槐叶苹	漂浮植物	生于水田、沟塘、静水沟河边	叶在横走茎节上 3叶轮生，2片为浮水叶，形如槐叶，长圆形或卵形，长 8～14mm，在茎两侧紧密排列；1片沉水，细裂成丝状呈根状
58	满江红	漂浮植物。春季绿色，秋后变紫红色，形成大片水面被染红的景观，是良好的绿肥，又是很好的饲料	耐寒，也耐热；繁殖速度快，产量高；生于水田和静水沟塘中	植物体呈卵形或三角状，叶小如芝麻，互生，无柄，覆瓦状排列成两行
59	苹	高 5～20cm，浮水或挺水。是水田中的有害杂草，可作饲料	生于水田或沟塘中	根状茎细长，横走，叶由 4片倒三角形的小叶组成，呈十字形，长各 1～2.5cm，外缘半圆形，基部楔形
60	金鱼藻	高 0.4～1.5m，沉水草本。净化氮能力强，可用于水质净化	宜 5%～10%的光强，强光下死亡；多生于静水环境，对水温要求较宽，但对结冰较为敏感；在冰中几天内冻死。适宜栽植水深 0.5～3m；影响水稻生长	叶 4～12轮生，1至 2次二叉状分歧，裂片丝状，长 1.5～2cm
61	眼子菜	草食性鱼类饲料，常见稻田杂草，可用于水质净化	分布水体多呈微酸性至中性。适宜栽植水深 0.5～1.5m	浮水叶革质，披针形至卵状披针形，长 2～10cm，宽 1～4cm。穗状花序，绿色小花，无观赏价值
62	菹草	沉水草本。可用于水质净化，草食性鱼类的良好饵料	分布水体多呈微酸性至中性。会成为难除杂草	叶条形，无柄，长 3～8cm，叶缘多少呈浅波状，具疏或稍密的细齿

九、水生植物

序号	名称	观赏及应用	生态习性、栽培管护	辨识
63	苦草	高0.2～1.8m，沉水草本。叶长，翠绿，是水族箱、水景中常用植物，可用于水质净化，也可药用	多生于溪沟、河流、池塘、湖泊中。适宜栽植水深0.5～2m	具匍匐茎。叶基生，长0.2～2m，宽0.5～2cm，绿色或略带紫红色，常具棕色条纹和斑点，先端圆钝
64	黑藻	高40～80cm，沉水草本。可用于水质净化，会合成为难降解营养物质是实现从浮油体态到清水态转变的关键物种，常用的还有大、小茨藻	喜阳光充足的环境。适宜栽植水深1～2m	叶3～8枚轮生，线形或长条形，长7～17mm，常具紫红色或黑色小斑点，边缘锯齿明显
65	狐尾藻	高20～80cm，四季常绿，沉水草本。常与穗状狐尾藻（顶端穗状花序）混生一起，对氮的去除率超过90%。是生态修复工程中净水工具和植被修复的先锋物种	耐低温，根状茎发达；生于阳光强烈的沟渠或池塘中；夏季生长旺盛；冬季生长慢	叶常4片轮生，水中叶长4～5cm，丝状全裂，水上叶互生，披针形，长约1.5cm。花生于叶腋
66	杉叶藻	高8～150cm	多生于池沼、湖泊、溪流、江河两岸等浅水处，稻田等水湿处也有生长	茎直立，多节，常带紫红色。叶条形，无柄，6～12片轮生，长1～2.5cm
67	水毛茛	高0.4m以上。花白色，花期5～8月。可用于净化水质	生于山谷溪流、河滩积水地、平原湖中或水塘中。适宜栽植水深0.5～3m	叶轮廓近半圆形或扇状半圆形，径2.5～4cm，3至5回2～3裂，小裂片近丝状
一年生				
68	芡实	花紫红色，径约5cm，花瓣多数，花托多刺，状如鸡头，花期7～8月	喜温暖，阳光充足，不耐寒。水深宜0.6～1.2m，在水位比较稳定、有一定疏松污泥的池塘、水库或沟渠种植；土壤酸性不宜过大	浮水叶革质，椭圆状肾形至圆形，径0.1～1.3m，盾状，上面深绿色有皱褶，下面带紫色，两面在叶脉分枝处有锐刺，叶柄及花梗有硬刺
69	雨久花	高30～70cm。总状花序具10余朵花，花梗长5～10mm，花蓝色或稍带白色，美丽。花期7～9月	喜温暖湿润、阳光充足。夏季高温、闷热不利于生长，有霜冻不能安全越冬。炎热夏季宜遮光约50%	茎直立挺拔，基部紫红色。基生叶广卵状心形，长4～10cm，有长柄，下部膨胀成囊状；茎生叶叶柄渐短，基部增大成鞘，抱茎
70	欧菱	浮水草本，小花白色，4瓣。花期7～8月。叶表面亮绿色，背面绿色带紫，是优良的水生观赏植物	喜充足的光照，耐寒，耐热；喜相对平静的水面，生于湖泊、池塘及溪流静水处	沉水叶小，早落；浮水叶集生茎端，叶近三角形或菱形，基部楔形，长2.5～5cm，缘具齿
71	盐地碱蓬	高20～80cm，高耐盐碱植被植物，植株绿色或紫红色，秋季叶紫红色，极具观赏价值	喜光，耐寒，耐盐碱，耐贫瘠；少病虫害；喜盐湿，喜温；适于沿海地区沙土或土壤土种植，壤土较好的水分条件	叶条形，半圆柱状，花3～5朵生叶腋，在分枝上排列成同断的穗状花序，花被片果期背面增厚
72	碱蓬	高20～60cm，有时可达1m。秋季叶多红色	生于河滩，盐碱地	茎上部多分枝。叶丝状条形，半圆柱状，灰绿色，长1.5～5cm。花单生或花簇生叶腋，花被片果期增厚呈五角形状
	水稻	高0.5～1.5m。圆锥花序大型疏展，长约30cm，分枝多，成熟期稻穗下弯。有紫叶品种	喜光，喜高温多湿，对土壤要求不严	叶舌披针形，两侧基部下延成抱茎的叶耳；叶线状披针形，长约40cm，宽约1cm。具2枚镰形增厚抱茎的

十、草坪、地被植物

草坪、地被植物 表一

序号	名称	拉丁名	别名	科属	产地及分布	彩图页
1	丹麦草		包括山麦冬、阔叶及禾叶山麦冬、麦冬、沿阶草。北方地区主要应用山麦冬	天门冬科山麦冬属	辽宁、河北、北京、甘肃、山西、陕西、新疆等地有引种	564
	禾叶山麦冬	Liriope graminifolia	寸冬、禾叶土麦冬、麦冬草	天门冬科山麦冬属	华北、西北、华东、华中、华南、西南等地区有分布。北京怀柔是最北分布	564
	山麦冬	Liriope spicata	土麦冬、麦门冬、鱼子兰	天门冬科山麦冬属	除东北地区及内蒙古、青海、新疆、西藏各地外，其他地区广泛分布和栽培	一
2	沿阶草	Ophiopogon japonicus	麦冬、书带草、细叶麦冬、紫德麦冬、绣墩草	天门冬科沿阶草属	产北京以南、河南、陕西西南部至长江流域以南地区。北京应用少，长势差	564
3	金叶过路黄	Lysimachia nummularia 'Aurea'	金钱草	报春花科珍珠菜属	从荷兰引种。华东、华北地区及辽宁有栽培	564
4	常夏石竹	Dianthus plumarius	羽瓣石竹、地被石竹、羽裂石竹	石竹科石竹属	原产奥地利及西伯利亚。我国长江流域及以北地区有栽培	564
5	顶花板凳果	Pachysandra terminalis	富贵草、粉蕊黄杨、顶蕊三角咪	黄杨科板凳果属	产甘肃、陕西、湖北、浙江、四川等省。北京偶见栽培	564
6	高羊茅	Festuca elata		禾本科羊茅属	产广西、四川、贵州。草坪种子多为进口	565
7	草地早熟禾	Poa pratensis	六月禾、肯塔基	禾本科早熟禾属	产北温带冷凉湿润地区。产我国东北、华北、华中、西北及西南地区	565
8	多年生黑麦草	Lolium perenne	黑麦草	禾本科黑麦草属	原产南欧、北非及西南亚，是各地普遍引种栽培的优良牧草	565
9	匍匐剪股颖	Agrostis stolonifera	西伯利亚剪股颖、匍茎剪股颖、四季青、本特草	禾本科剪股颖属	产我国东北地区	565
10	野牛草	Buchloe dactyloides	水牛草	禾本科野牛草属	原产北美洲。我国西北、华北及东北地区广泛种植	565
11	结缕草	Zoysia japonica	日本结缕草、锥子草、延地青、大爬根	禾本科结缕草属	产我国东北地区及河北、山东、江苏、安徽、浙江、福建及台湾	566
12	中华结缕草	Zoysia sinica	老虎皮草	禾本科结缕草属	产我国辽宁、河北、山东、江苏、安徽、浙江、福建、广东及台湾	566
13	马尼拉草	Zoysia matrella	沟叶结缕草、马尼拉结缕草、半细叶结缕草	禾本科结缕草属	1981年由日本引入青岛。黄河流域以南广泛种植	566
14	狗牙根	Cynodon dactylon	绊根草、爬根草、铁线草	禾本科狗牙根属	广布于我国黄河以南各地，近年北京附近已有栽培	566
15	紫羊茅	Festuca rubra	红狐茅	禾本科羊茅属	产东北、华北、西北及西南大部分地区	566

十、草坪地被植物

序号	名称	拉丁名	别名	科属	产地及分布	彩图页
16	羊茅	*Festuca ovina*	酥油草	禾本科羊茅属	广布于欧亚大陆温带地区。产我国西南、西北、东北地区及山东、内蒙古等地	566
17	佛甲草	*Sedum lineare*	万年草、佛指甲、狗牙菜	景天科景天属	产河南、陕西、甘肃及西南地区、长江流域及以南地区	566
18	金叶佛甲草	*Sedum lineare* 'Aurea'		景天科景天属	北京及以南地区有栽培	566
19	垂盆草	*Sedum sarmentosum*	卧茎景天、佛甲草、野马齿苋、爬景天	景天科景天属	产辽宁、吉林、甘肃、陕西及华北、华东、华中、西南地区	567
20	反曲景天	*Sedum rupestre*	松塔景天	景天科景天属	产欧洲。我国辽宁、北京、上海等地有栽培	567
21	金叶反曲景天	*S. rupestre* 'Angelica'		景天科景天属		567
22	福德格鲁富特景天	*Sedum spurium* 'Fuldaglut'		景天科景天属	原产热带干旱地区。我国多地栽培	567
23	胭脂红景天	*Sedum spurium* 'Coccineum'	红花拟景天	景天科景天属	产国北京、辽宁等地有栽培	567
24	精灵灰毛费菜	*Sedum selskianum* 'Spirit'		景天科景天属	北京等地有栽培	567
25	六棱景天	*Sedum sexangulare*	六角景天	景天科景天属	原产欧洲及亚洲西南部。北京、河南、陕西、浙江、江西、安徽。	567
26	中华景天	*Sedum polytrichoides*	藓状景天	景天科景天属	产东北地区及山东有栽培	567
27	蛇莓	*Duchesnea indica*	鸡冠果、地杨梅、地莓、蛇果草、龙吐珠、三爪风、宝珠草	蔷薇科蛇莓属	产辽宁以南各地区	568
	蛇莓委陵菜	*Potentilla centigrana*	蛇莓委陵菜	蔷薇科委陵菜属	产东北地区及内蒙古、陕西、甘肃、四川、云南	—
28	委陵菜	*Potentilla chinensis*	一白草、生血丹、扑地虎	蔷薇科委陵菜属	产我国东北、华北、西北、西南、华东、华中、华南等地区	568
29	鹅绒委陵菜	*Potentilla anserina*	蕨麻、人参果、延寿草、莲花菜	蔷薇科委陵菜属	产东北、华北、西北地区及四川、云南、西藏	568
30	翻白草	*Potentilla discolor*	翻白萎陵菜、叶下白、鸡爪参、天藕、鸡腿根	蔷薇科委陵菜属	产东北、华北地区及陕西、山东、河南至长江中下游以南地区	568
31	莓叶委陵菜	*Potentilla fragarioides*		蔷薇科委陵菜属	我国东北、华北、西北至华南、西南地区广泛分布	568
32	蛇含委陵菜	*Potentilla kleiniana*	五爪龙、蛇含、五皮草	蔷薇科委陵菜属	产我国辽宁、陕西、河南、山东、长江流域及以南、西南各地区	568
33	葡枝委陵菜	*Potentilla flagellaris*	鸡儿头苗、蔓萎陵菜	蔷薇科委陵菜属	产东北地区及河北、山西、甘肃、山东	568
34	朝天委陵菜	*Potentilla supina*	鸡毛菜、铺地委陵菜、仰卧委陵菜、伏萎陵菜	蔷薇科委陵菜属	产东北、华北、西北地区及山东、河南、南方大部分地区	569

十、草坪地被植物

序号	名称	拉丁名	别名	科属	产地及分布	彩图页
35	二裂委陵菜	Potentilla bifurca	鸡冠茶、痔疮草、又叶委陵菜、地红花	蔷薇科委陵菜属	产东北、华北、西北等地区	569
36	紫花地丁	Viola philippica	辽堇菜、野堇菜、光瓣堇菜、地丁	堇菜科堇菜属	产我国东北、西北、华北、华中、西南等地区	569
37	早开堇菜	Viola prionantha		堇菜科堇菜属	产我国东北、西北、华北至华中等地区	569
38	蒲公英	Taraxacum mongolicum	碱地蒲公英、黄花地丁、蒲公草、婆婆丁	菊科蒲公英属	产我国东北、华北、华东、西北、西南等地区	569
39	连钱草	Glechoma longituba	活血丹、连线草、金钱草	唇形科活血丹属	除青海、甘肃、新疆及西藏外,全国各地均产	570
40	二月兰	Orychophragmus violaceus	诸葛菜、菜籽花、二月蓝	十字花科诸葛菜属	产东北、华北、西北及华东、华中等地区	570
41	白三叶	Trifolium repens	白车轴草、白花苜蓿、荷兰翘摇	豆科车轴草属	原产欧洲和北非。我国东北、华北至长江流域、西南等地区有栽培	570
42	红三叶	Trifolium pratense	红车轴草	豆科车轴草属	原产欧洲中部。我国南北各地均有种植	570
43	米口袋	Gueldenstaedtia verna	少花米口袋	豆科米口袋属	产东北、华北、华东及陕西中南部、甘肃东部等地区	570
44	求米草	Oplismenus undulatifolius	缩箬	禾本科求米草属	全国广布	571
45	酢浆草	Oxalis corniculata	酸咪草、酸溜溜	酢浆草科酢浆草属	全国广布	571
46	平车前	Plantago depressa	车前草、车轱辘菜、车串串、小车前	车前科车前属	产我国东北、华北、西北及中南部地区	571
47	大车前	Plantago major	钱贯草、大猪耳朵草	车前科车前属	产我国东北、华北、西北至华南、西南地区	571
48	点地梅	Androsace umbellata	喉咙草、佛顶珠、白花草、清明花、天星花	报春花科点地梅属	产东北、华北和秦岭以南各地区	571
49	无芒雀麦	Bromus inermis	光雀麦	禾本科雀麦属	我国东北、华北、西北、西南地区及山东、江苏都有分布	571
50	扁穗冰草	Agropyron cristatum	冰草、扁穗鹅冠草、麦穗草	禾本科冰草属	产东北、华北地区及甘肃、青海、新疆等地区	571
51	北京延胡索	Corydalis gamosepala		罂粟科紫堇属	产华北地区及辽宁、山东、陕西、甘肃东部、宁夏	571
	小药八旦子	Corydalis caudata	小药八蛋子、土元胡、北京元朝	罂粟科紫堇属	产华北地区及山东、陕西和甘肃东部、江苏、安徽、湖北	571
52	玉龙草	Ophiopogon japonicus 'Nanus'	矮生沿阶草、短叶沿阶草、短叶书带草、龙须草	天门冬科沿阶草属	原产东南亚。我国南方及台湾大量栽植。北京罕见,小气候好处可大量栽植	572
53	黑龙草	Ophiopogon planiscapus 'Nigrescens'	黑龙沿阶草	天门冬科沿阶草属	我国南方有栽培	572
	阔叶山麦冬	Liriope muscari	阔叶麦冬、阔叶土麦冬	天门冬科山麦冬属	产河南、山东及长江流域以南地区。北京罕见,小气候好处可露地越冬	—

续表

序号	名称	拉丁名	别名	科属	产地及分布	彩图页
54	金边阔叶山麦冬	Liriope muscari 'Variegata'		天门冬科山麦冬属	长江流域及以北有栽培。北京偶见，冬季叶浅绿有焦边	572
55	兰花三七	Liriope zhejiangensis	浙江山麦冬	天门冬科山麦冬属	我国长江三角洲区域常见，山东青岛、潍坊等地有栽植	572
56	吉祥草	Reineckea carnea	观音草、松寿兰、小叶万年青、竹根七、蛇尾七	天门冬科吉祥草属	产河南、陕西及西南、长江流域和两广地区	572
57	苔藓			（苔藓植物门）	分布范围极广，热带、温带和寒冷地区均有，日本、北欧应用成熟	572

草坪、地被植物　表二

序号	名称	观赏及应用	生态习性、栽培管护	辨识
1	丹麦草	高20～40cm，常绿。小花淡紫或白色，10余朵，花期6～8月	极耐阴，光照充足及半阴处均能正常生长，忌强光直射；可耐-35℃极端低温，喜湿润、耐旱力强，肥和修剪管理，即可保持正常生长。不需要特殊的水	有肉质小块根。基部常常包以褐色的叶鞘，具4～6条脉，中脉比较明显。总状花序花茎20～48cm。浆果蓝黑色，蓝黑色核果状种子是冬山麦冬属的特征。叶条形，长10～50cm，宽1.3～3.5mm。先端边缘有齿
2	禾叶山麦冬	花白或淡紫色，花莛稍稍高于叶，花期6～8月。是北京野生草本中唯一的常绿植物	喜阴湿，全光或树荫下均生长良好；抗寒，抗旱，抗病，宜湿润、肥沃的沙质壤土	叶丛生，长20～50cm，宽2～3mm，5脉，柔软，披垂。总状花序长6～15cm
	山麦冬	花多密集，淡紫或淡蓝色，花莛通常长于叶或几等长于叶，花期5～7月	忌阳光直射，喜阴湿、耐寒	叶丛生，剑状条形，宽4～6mm，具5脉、中脉比较明显，缘具细齿。总状花序长6～15cm
	沿阶草	总状花序花小花10余朵，淡紫或白色，花期5～8月。有细叶、宽叶、阔叶、银纹、矮麦冬等	喜阴湿、温暖及通风良好，稍耐寒，耐旱，不择土壤，不耐涝。病虫害少，宜稍遮阴，强烈阳光下叶发黄；冬季-10℃低温植株不会受冻害，但生长发育受抑制	叶深绿色，丛生，长10～50cm，宽1.5～3.5mm，具3～7条脉，缘具细齿。花柱基部宽阔，一般稍租而短，花被片花盛开时仅稍张开，略呈圆锥形等是本种的主要区别特征
3	金叶过路黄	高10cm，常绿，冬季常绿，早春至秋季叶金黄色，霜后略带暗红色	喜光，耐高温高湿，耐寒性稍强，生长迅速；冬季耐-15℃低温，长势强强健；病虫害少	蔓性草本，枝条匍匐可达50～60cm。单叶对生，圆形，长约1.5cm
4	常夏石竹	高10～40cm。花有紫、粉红、红或白色等，花期5～7月。花叶并茂，香气浓，四季常青	喜光，耐半阴、耐践踏，-25℃可露地越冬；耐干旱瘠薄；宜通风及排水，以防积水。高温多雨、土壤缺氧时，雨后一定要及时好，极易腐烂	丛生，匍匐蔓生，叶厚，灰绿色，长6～10cm。花瓣5，径约4.5cm
5	顶花板凳果	高15～30cm。植株全年翠绿，花白色，顶生，冬季也有观赏价值。花白色，顶生，花期4～5月	耐阴、耐寒性极强。北京可露地越冬	叶薄革质，簇状倒卵形，长2.5～5cm，宽1.5～3cm，上部边缘有齿牙
6	高羊茅	最耐热和耐践踏的冷季型草坪草，大量用于运动场和防护草坪。北京应用的优良品种如凌志、金标、双赢、爱瑞3号、新哥来德、猎狗5号等	喜光，稍耐阴，喜寒冷、潮湿，温暖的气候，对高温有一定抗性；在肥沃、潮湿、富含有机质，pH值为4.7～8.5的细壤土中生长良好，耐旱、耐酸、耐瘠薄；耐践踏，抗病性强。北方冷季型草管理粗放。加上夏季高温、高湿、干旱，要注意防治病害；炭疽病、透气差，叶最初现红斑病，继而现变黄色，褐色至枯死，出现大小不等的枯草坪，菌丝灰白色，侵染草根部。镰刀菌枯萎病，腐霉菌枯萎病，褐斑病，环形斑，锈病，菌落铁锈状	直立生长，无匍匐茎。草坪控制高度一般10～20cm。叶稍宽，线状披针形，叶宽3～7mm，具平行脉
7	草地早熟禾	冷季型草坪草，绿期长达7个月，观赏效果好，管理要求较高。北京应用的优良品种如橄榄球2号、新哥特、巴斯特、百斯特、蓝莓等	喜光，稍耐阴，适宜冷凉，湿润气候；耐-27℃低温，耐寒，耐热性稍差；根茎繁殖迅速，再生力强，较耐盐碱土；宜中性到微酸性土壤，但能耐pH7.0～8.7的盐碱地；耐践踏，耐修剪；夏季炎热时生长停滞，春秋生长繁茂	具发达的匍匐根状茎。草坪控制高度5～15cm。叶细、条形，柔软，光滑，扁平或内卷，叶宽3～5mm，有主脉
8	多年生黑麦草	冷季型草坪草用，短寿牧草，一般可利用4～6年。常作绿化先锋草种，也可用在狗牙根等暖季型草坪冬季补播草种，使草坪冬季保持绿色。也作观赏草坪用。北京应用的优良品种如卡特、美达丽等	喜光，不耐阴，喜温暖、湿润气候，不耐严寒，不耐高温；遇35℃以上高温生长受阻，甚至枯死，低于-15℃会产生冻害；可在微酸性土壤至碱性土壤生长，耐践踏力强，分蘖力好，再生性好，繁殖侵占能力强	草坪控制高度5～20cm。叶深绿色，有光泽，柔软，有主脉3～6mm，叶宽

十、草坪、地被植物

序号	名称	观赏及应用	生态习性、栽培管护	辨识
9	匍匐剪股颖	冷季型草坪草,运动场、高尔夫球场果岭、发球区、球道区草坪建植草种。绿期长,匍枝细腻、软,覆盖地面能力强	耐阴性强于草地早熟禾,不如羊茅,喜冷凉、湿润气候,耐寒冷、潮湿,耐热,稍耐践踏,耐低修剪,剪后再生力强。盐碱性强于草地早熟禾,不如多年生黑麦草,最适pH值在5.6～7.0之间,需高水平的养护管理	草坪控制高度一般3～10cm。叶线形,宽3～4mm,两面具小刺毛
10	野牛草	暖季型草坪草,高5～25cm。叶灰绿色,卷曲,绿期180天。用于低养护重建植用的优良品种如中坪如1号野牛草	喜光、耐半阴;耐寒性强,积雪覆盖下在-34℃能安全越冬;耐瘠薄;夏季耐热,耐干旱,在2～3个月严重干旱情况下,仍可存活;与杂草竞争力强,耐践踏,抗青黄,在北京表现返青晚早;耐碱性强,生长迅速;抗病虫,抗风力强;只需适当修剪,养护费用较少	叶线形,粗糙,长3～10cm,宽1～2mm,两面疏生白柔毛。匍匐茎广泛延伸,结成厚密的草皮,花期明显呈黄色
11	结缕草	高15～20cm,绿期210天,4月返青是优良的运动型草坪草	耐阴,耐寒,抗旱性强,耐践踏,易于繁殖	具横走根茎,须根细弱。秆直立。叶扁平或稍内卷,长2.5～5cm,宽2～5mm
12	中华结缕草	暖季型草坪草,一般15cm。是我国东南沿海地区主要草坪草	喜光,耐热,耐湿,耐盐碱,再生力强,根系发达,践踏,耐低修剪,抗病虫能力较差	具匍匐茎。叶较坚硬,叶片或边缘内卷,长可达10cm,宽1～3mm
13	马尼拉草	暖季型草坪草,高12～20cm。草色翠绿,观赏价值高,质地细腻柔软,可作运动场坪、绿地、护坡用	喜温暖、湿润,较细叶结缕草(天鹅绒草)略耐寒;抗旱能力强;草层茂密,喜深厚肥沃、排水良好的土壤,分蘖能力强,成坪较快;与杂草竞争力强,耐践踏,修剪少,生长较缓慢;病虫害少,养护管理粗放	叶质硬,内卷,长3～4cm,宽1～2mm。上面具纵沟
14	狗牙根	直立部分高10～30cm,绿期180天,可铺建草坪球或场,护坡固堤	不耐阴,耐旱,不耐寒,轻霜即枯死;耐热,对土壤要求不严,耐践踏,生长力强	秆细而坚韧,下部匍匐地面蔓延甚长,节上常生不定根。叶线形,长1～12cm,宽1～3mm
15	紫羊茅	冷季型坪草,适于北方寒温带高山、土高原及南方高海拔山地种植	耐阴,喜凉爽、湿润,对土壤要求不较强,耐践踏能力较强,耐寒性强,强于多年生黑麦草,无芒雀麦;不耐炎热,夏季休眠,北京越夏死亡率达30%左右	须根系纤细,有短根茎。叶对折或内卷,长5～20cm,宽1～2mm
16	羊茅	冷季型坪草,适用于温带地区	喜光,耐热,抗旱,抗寒,不耐盐碱,耐践踏能力力差,耐低修剪	叶内卷成针状,质地软,长4～10cm,宽0.3～0.6mm,稍粗糙
17	佛甲草	高10～20cm,植株低矮整齐,多用于屋顶绿化。花黄色,花期5～6月	喜光,抗风,耐寒,耐旱,忌积水,耐盐碱,耐瘠薄;抗病虫害;覆盖地面能力强,在荫蔽度70%以上的树丛下仍生长良好,在仅3cm厚的基质上,种植成活后,无需浇水、施肥、管理。北京可露地越冬	3叶轮生,叶线形,长2～2.5cm,宽约2mm。花序聚伞状,顶生
18	金叶佛甲草	叶金黄色,花黄色	喜光、耐半阴;喜高温、抗寒性能;耐旱、耐湿;冬季效果比佛甲草好;草坪夏季效果不如佛甲草	
19	垂盆草	高10～20cm。聚伞花序,小花黄色,花期6～8月。北方屋顶绿化可用;肉质叶顶端质厚肥厚泌水,防火;绿期长,观赏价值高	喜光,总低注积水;耐高温、高湿;抗病虫害能力强;耐旱、耐湿,耐盐碱,耐贫瘠;不耐修剪,易繁殖;生长快,耐践踏。一个月不浇水,-32℃能安全越冬;在45℃左右能征盛生长,不会枯死	茎平卧或上部直立,匍匐而节上生根。叶3片轮生,倒披针形至长圆形,长15～25mm,宽3～7mm,顶端尖,基部渐狭
20	反曲景天	高15～25cm。全株灰绿色。花亮黄色,花期6～7月	喜光,耐寒、耐旱,较耐湿热;不耐修剪;栽培忌水涝。密度大时遇云杉,易脱叶	叶带有白色蜡粉,密集互生,圆柱形,叶尖端弯曲,叶较长呈坚硬,在小枝上的排列似云杉

十、草坪、地被植物

序号	名称	观赏及应用	生态习性、栽培管护	辨识
21	金叶反曲景天	叶金黄色	耐寒、耐旱性好	叶对生、卵形至楔形、叶缘上部锯齿状
22	福德格鲁特景天	叶红色，花粉红色。屋顶绿化可代替草坪	喜温暖、干燥气候、半阴、湿润环境下也能生长、耐寒、怕积水。生命力极强，养护费用低	叶对生、卵形至楔形、长1.3～2.5cm、叶缘上部锯齿状
23	胭脂红景天	高5cm左右。叶深绿色后变胭脂红色。花深粉色，花期6～9月	喜光、耐寒、耐旱；对土壤要求不严、疏松、富含腐殖质的沙土为佳；病虫害少	茎匍匐。叶对生，上部锯齿状
24	精灵灰毛费菜	高10～20cm，花黄色	喜光、耐寒、耐旱	
25	六棱景天	高5～15cm。茎叶四季常绿，小花鲜黄色，花期6～7月	喜光、也较耐阴；耐寒力强，耐-20℃低温；耐旱；匍匐生长势强	茎匍匐。叶螺旋状互生、圆柱状、有6棱、先端钝、弯曲
26	中华景天	高5～10cm、常绿，花期7～8月。是我国南方地区良好的地被植物，也是屋顶绿化的理想材料	喜光、耐半阴；稍耐寒；耐旱；生长迅速	叶细密紧凑，灰绿色，线形至线状披针形，长5～15mm，宽1～2mm
27	蛇莓	黄花，红果。花单生叶腋，径1.5～2.5cm，花梗长3～6cm，果期6～8月，花期4～11月。适合大面积栽植	喜生半阴湿润环境，耐寒，耐旱，不耐涝；对土壤要求不严，以肥沃、疏松、湿润的沙质土壤土为佳；常生于沟边沟边潮湿草地，不耐践踏	茎匍匐，长可达1m，有柔毛。三出复叶，小叶倒卵形至菱状长圆形，长2～3.5(5)cm，先端圆钝，缘具钝齿，两面皆有柔毛。花托扁平，果期膨大，红色。似果，径1～2cm
	蛇莓委陵菜	单花，淡黄色，径4～8mm，下部与叶对生，上部生于叶腋，长0.5～2cm，花期4～8月	生荒地，河岸，林缘及林下湿地	一或二年生草本。3小叶，基生叶开花时常枯死，茎生叶叶柄细长，小叶具短柄或几无柄，椭圆形或倒卵形，长5～15mm，缘有缺刻状圆钝或急尖锯齿，两面绿色，无毛或被稀疏柔毛
28	委陵菜	高30～60cm。聚伞花序，花多数，黄色，径约1cm，花果期4～10月	喜光，耐寒，耐旱，耐热，病虫害少。管理粗放	奇数羽状复叶，基生叶有长柄，小叶8～11对，顶端小叶最大，小叶长圆形，长2～5cm，生中下部叶较小，小叶5～7对
29	鹅绒委陵菜	花黄色，径约1cm，花果期5～9月	生长速度快	与委陵菜的区别是叶缘有多数锐尖锯齿或呈全裂片片状
30	翻白草	聚伞花序密集，黄色，径约1cm，花期5～9月	喜光，耐寒，耐旱	叶柄、叶背、花茎、花梗密被白色绵毛。基生叶小叶长圆形或长圆披针形，长1～5cm，缘具钝齿；茎生叶3出复叶
31	莓叶委陵菜	伞房状聚伞花序松散，花黄色，径1～1.7cm，花期4～6月	喜光，稍耐阴，耐旱，耐寒，耐瘠薄，宜湿润环境和疏松土壤	基生叶奇数羽状复叶，小叶2～3对，倒卵形长椭圆形，长1～7cm，缘具急尖或圆钝锯齿，近基部全缘，另有三叶委陵菜等，易混同
32	蛇含委陵菜	聚伞花序密集枝顶，花黄色，径0.8～1cm，花果期4～9月。具匍匐性	生田边，水旁，草甸及山坡草地	基生叶为近鸟足状5小叶，小叶几无柄，长0.5～4cm，顶端圆钝，缘急尖或钝齿；茎生叶有相似的3小叶

序号	名称	观赏及应用	生态习性、栽培管护	辨识
33	匍枝委陵菜	黄花，径1～1.5cm，单花与叶对生，花梗长1.5～4cm，花果期5～9月	耐旱；生阴湿草地，水泉边及疏林下。作道路隔离带时生长良好，低养护	匍匐枝长8～60cm。掌状5出复叶，小叶无柄，披针形。卵状披针形或长椭圆形，长1.5～3cm，顶端急尖或渐尖，缘具3～6缺刻状不等急尖锯齿。有绢毛匍匐委陵菜之相近，叶缘具圆钝或钝锯齿
34	朝天委陵菜	小花黄色，径6～8mm，花果期3～5月。茎平展，上升或直立	耐半阴，耐寒，耐旱，耐瘠薄。一或二年生草本	羽状复叶，小叶2～5对，长1～2.5cm，缘具圆钝或缺刻状锯齿，顶端圆钝或急尖
35	二裂委陵菜	顶生聚伞花序疏散，花黄色，径0.7～1cm，花果期5～9月。幼芽或集簇生、红紫色	耐寒，耐旱	高5～20cm。羽状复叶，小叶5～8对，无柄，椭圆形或倒卵状椭圆形，长0.5～1.5cm。顶端常2裂
36	紫花地丁	高4～15cm。花紫色，淡紫色，稀白色，有紫色条纹，花期4～6月。花语为诚实	喜半阴环境和湿润土壤，在阳光下和较干燥处也能生长，对土壤要求不严；耐寒，耐旱，性强健。养护管理简单，华北地区能自播繁衍	叶基生、莲座状、长圆形，狭卵状披针形或长圆状卵形，长1.5～4cm，先端圆钝，缘具圆齿，叶柄常带紫色。叶辐射状铺地，稀疏散开放。与早春区别是叶较狭尖，基部截形；花较小
37	早开董菜	高3～10cm。花紫色或淡紫色，有集色条纹，径1.2～1.6cm，花期一般比紫花地丁早7～10天	生长旺盛，抗旱节水	叶基、近卵形或狭卵形，顶端尖或钝齿，基部常宽心形，叶柄绿色。株形饱满紫密，叶片紫密，丛生性强
38	蒲公英	高10～30cm。花鲜黄色，花期3～7月。呈圆球状，充果期上部散被白色绒丝状毛，可作缓释草坪草，满野趣。花语是幸福的音讯	喜光，耐寒，耐旱，耐瘠薄；抗涝，抗病虫能力很强，生命力很强。缓花草坪不易得病，与冷季型草混播效果好；管护成本低。提高草坪透气性，减少病害发生。草坪中有些杂草，与以混播效果类似	含白色乳汁。叶基生呈莲座状，倒披针形或倒卵形或倒披针形，长4～20cm，常羽状深裂，裂片羽状深裂，头状花序径3～4cm，比叶短或等长，主脉常带红紫色，结果时伸长
39	连钱草	高10～20cm。花冠淡蓝、蓝至紫蓝色，下唇具深点斑点，花期4～5月。可作耐阴地被	喜光，极耐阴；耐寒，喜湿，对土壤要求不严。管理粗放，极易繁殖成活；多生于林缘、草地中、疏林下、溪边等阴湿处。北京冬季需略加覆盖	具匍匐茎，逐节生根。叶肾形至心形，长0.8～3.2cm，缘有圆齿，叶柄长为叶片的1～2倍
40	二月兰	一二年生，株高20～70cm，径2～4cm，花期4～5月。浅红或紫褪成白色，花语是捷逊质朴，无私奉献，智慧的源泉	耐阴性强，宜半阴；耐寒、耐旱，喜湿润，对土壤要求不严；不耐践踏；少病虫害；绿期长；返青开花早，自播每平方米1～2g或4～6g；多籽杂；抑制杂草；草需年播种	基生和下部茎生叶羽状深裂，叶基心形，缘有钝齿；上部叶长圆形或窄卵形，基部耳状抱茎，缘有不整齐牙齿。长角果线形
41	白三叶	高10～30cm。花白色，乳黄色或淡红色，花期5～7月。有彩叶品种。具庭气，智草是优良牧草	喜光，耐半阴，湿润，抗热，耐寒，不耐盐碱，宜排水良好，pH5.5～7的土壤。耐践踏性一般，不需修剪，再生能力强，耐践踏性一般，自播每平方米2～5g	茎匍蔓生，掌状3出复叶，小叶倒卵形至近圆形，长0.8～2cm，缘有细齿，叶面常有V形白斑。头状花序球形，径1.5～4cm
42	红三叶	小花紫红至淡红色，花果期5～9月。有红叶品种	喜温暖、湿润气候，较耐寒，耐旱性性差，宜中性和酸性土壤，分枝能力极强；寿命较白三叶短。多籽播	茎不匍，直立或平卧上升。小叶比白三叶大
43	米口袋	伞形花序具2～6花，紫色，花期4～5月	一般生于海拔1300m以下的山坡、路旁、田边等	无地上茎。奇数羽状复叶，小叶7～21，椭圆形，长6～22mm。荚果圆筒状
44	求米草	高20～50cm。叶有横脉，通常皱而不平。圆锥花序长2～10cm，小花玲珑秀丽，可成致密草坪	极耐阴，有很强的适应能力，对土壤要求不严；多生于疏林下阴湿处	秆纤细，基部平卧地面，节处生根。叶扁平，披针形至卵状披针形，长2～8cm，先端尖，基部略圆形而稍不对称，通常具细毛

十、草坪、地被植物

序号	名称	观赏及应用	生态习性、栽培管护	辨识
45	酢浆草	高 10～20cm, 小花黄色, 5瓣, 花期3～9月。牛羊食其豆根中毒致死	喜光, 耐半阴, 耐旱, 耐阴湿, 对土壤适应性较强	茎直立或匍匐, 匍匐茎节上生根。小叶3, 无柄, 倒心形, 长4～16mm, 先端凹入
46	平车前	一二年生, 高 10～30cm, 可作地被	耐寒, 耐旱, 不宜炎热, 对土壤要求不严	直根系。叶基生, 卵状披针形或椭圆形, 长3～12cm, 缘具不整齐锯齿, 长6～12cm, 常数个。穗状花序细圆柱状
47	大车前	二年或多年生。穗状花序细长, 长5～18cm	生于草地、河滩、沟边、沼泽地、田边或荒地	须根系。叶大型, 宽卵形, 长5～30cm, 近全缘或波状
48	点地梅	一二年生, 高 5～20cm。花冠白色, 喉部黄色, 径4～6mm, 花期2～4月	喜向阳、湿润、温暖环境和肥沃土壤, 耐瘠薄, 可自播	叶基生, 近圆形或卵圆形, 径5～20mm, 缘具三角状钝牙齿。伞形花序具4～15花
49	无芒雀麦	高 0.5～1.2m。圆锥花序长 10～20cm。是优良牧草, 可作坡地绿化保土植物	喜冷凉、干燥气候, 抗旱、抗寒, 耐-30℃低温, 抗变温能力强; 耐践踏。养护管理粗放	具横走根状茎, 秆直立, 叶披针形, 长20～30cm。外稃长圆状披针形, 顶端无芒
50	扁穗冰草	高 20～70cm。是我国东北、西北高寒地区护坡专用草种之一, 优良牧草	具高度抗寒能力, 不耐夏季高温, 宜在干燥寒冷地区种植。对土壤要求不严, 耐瘠薄、耐盐碱; 寿命长	叶披针形, 长5～15cm, 常内卷。穗状花序, 小穗紧密行排列成两列呈篦齿状
51	北京延胡索	高 10～22cm。总状花序具7～13花, 花桃红或紫色, 稀蓝紫色, 花期3～4月	耐阴, 多生于山坡、灌丛或阴湿地	块茎球形或长圆形。2回3出复叶。距常稍上弯, 末端稍下弯; 下花瓣略向前伸出
	小药八旦子	高 10～20cm。总状花序具3～8花, 花淡蓝或蓝紫色, 花期3～4月, 花叶美丽	生于山坡或疏林下	有球茎形或圆形叶。叶互生, 2回3出复叶, 有时浅裂。上花瓣状倒卵形, 长9～25mm, 弧形上弯; 小叶披针状倒卵形, 小叶变异极大, 末端稍下弯; 距常略向前伸出, 圆筒形
52	玉龙草	植株低矮, 高 10cm	喜光, 耐阴性强, 冬季-3～0℃能安全过冬, 喜湿润环境; 较一般草皮耐践踏	单叶, 丛生, 叶长 10～20cm, 宽 2～3mm, 狭线形
53	黑龙草	叶黑绿色, 颜色独特	生长慢, 耐旱。北方需越冬保护	叶长 10～30cm
54	阔叶山麦冬	总状花序长 25～40cm, 具多花, 紫或紫红色, 花期7～8月。果熟时由绿变紫黑色	生于海拔 100～1400m山地、山谷的疏、密林下或潮湿处	叶革质, 长25～65cm, 宽1～3.5cm, 先端急尖或钝, 基部渐狭, 具9～11条脉
55	金边阔叶山麦冬	叶边缘金黄色。花紫或紫红色	喜半阴, 耐旱, 耐阴湿, 不择土壤	叶长 40～50cm, 宽1～2cm
	兰花三七	常绿。总状花序, 花淡紫色, 花期7～8月	耐阴, 耐热, 耐涝, 可生长于微碱性土壤; 对光照适应性强	叶线形, 丛生, 长10～40cm, 叶像兰。根部像三七花而得名
56	吉祥草	高约20cm, 株形优美, 叶色常绿。花淡紫色, 芳香, 寓意吉祥。果熟时鲜红色, 花果期9～11月	喜温暖、湿润的环境, 较耐寒, 喜湿润肥沃、排水良好的酸性至中性土壤	叶丛生, 宽线形, 长 10～45cm, 宽1～2cm, 中脉下凹, 尾端渐尖。穗状花序长2～8cm。浆果球形
57	苔藓	最低等的高等植物, 可营造细腻低调的自然情趣。是植物界仅次于被子植物的第二大家族, 全世界约有1.8万种, 我国有3000种以上	喜潮湿环境, 大多宜微弱散射光或半阴, 多宜偏酸土壤; 不易受病虫害侵袭, 易栽培, 叶吸收水和养分, 根部起固定作用; 湿度不够会休眠, 以孢子繁殖	分苔纲(片状, 多卧在地上)、藓纲(多直立、挺立)和角苔纲(片状体生出细角)。我国北方常用大灰藓、叶凤尾藓、大泅藓、东亚砂藓等; 其他市场常见如白发藓、卷柏藓等

十一、多年生花卉

多年生花卉　表一

序号	名称	拉丁名	别名	科属	产地及分布	彩图页
1	芍药	*Paeonia lactiflora*	殿春花、将离、离草、婪尾春、余容、犁食、没骨花、红药、黑牵夷、忘忧草	芍药科芍药属	分布于东北、华北地区及陕西、甘肃南部	573
2	萱草	*Hemerocallis fulva*	忘萱草、鹿葱、川草花、忘郁、忘忧草	百合科萱草属	全国各地常见栽培	573
3	重瓣萱草	*H. fulva* var. *kwanso*		百合科萱草属	北京等地常栽培	573
4	金娃娃萱草	*H. fulva* 'Golden Doll'		百合科萱草属	我国南北方广为栽培	573
5	大花萱草	*Hemerocallis hybridus*		百合科萱草属	我国南北方广为栽培	573
6	黄花菜	*Hemerocallis citrina*	金针菜、柠檬萱草、黄花	百合科萱草属	产秦岭以南各地区（不含云南）及河北、山西和山东	573
7	北黄花菜	*Hemerocallis lilioasphodelus*		百合科萱草属	产黑龙江、辽宁、河北、山东、江苏、山西、陕西和甘肃南部	573
8	小黄花菜	*Hemerocallis minor*	野黄花	百合科萱草属	产东北、华北地区及山东、陕西和甘肃东部	574
9	玉簪	*Hosta plantaginea*	白玉簪、玉春棒、白鹤花、玉泡花	天门冬科玉簪属	产我国西南、华东地区。全国各地有栽培	574
10	小黄金叶玉簪	*H. plantaginea* 'Golden Cadet'		天门冬科玉簪属		574
11	金边玉簪	*H. plantaginea* 'Golden Tiara'	金冠玉簪	天门冬科玉簪属		575
12	东北玉簪	*Hosta ensata*		天门冬科玉簪属	产吉林南部和辽宁南部	575
13	紫萼玉簪	*Hosta ventricosa*	紫萼、紫玉簪	天门冬科玉簪属	产陕西及华东、华南、西南各地区。各地常见栽培	575
14	花叶玉簪	*Hosta undulata*	波叶玉簪、褶皱玉簪	天门冬科玉簪属	原产日本。我国辽宁以南有栽培	575
15	鸢尾	*Iris tectorum*	紫蝴蝶、蓝蝴蝶、乌鸢、扁竹花、屋顶鸢尾	鸢尾科鸢尾属	产山西、陕西、甘肃及我国中部、南部地区	575
16	德国鸢尾	*Iris germanica*	多季花鸢尾	鸢尾科鸢尾属	原产欧洲中部。我国各地常见栽培	575
17	西伯利亚鸢尾	*Iris sibirica*		鸢尾科鸢尾属	原产欧洲。我国常见栽培	576
18	溪荪	*Iris sanguinea*	赤红鸢尾、东方鸢尾、西伯利亚鸢尾东方变种	鸢尾科鸢尾属	产东北地区及内蒙古	576
19	喜盐鸢尾	*Iris halophila*	厚叶马蔺	鸢尾科鸢尾属	产甘肃、新疆。我国北方有栽培	576
20	蓝花喜盐鸢尾	*I. halophila* var. *sogdiana*		鸢尾科鸢尾属	产甘肃、新疆。我国北方有栽培	576
21	矮紫苞鸢尾	*Iris ruthenica* var. *nana*	俄罗斯鸢尾、紫石蒲、细茎鸢尾	鸢尾科鸢尾属	产东北、西北、西南地区及山东、河南、江苏、浙江	576
22	马蔺	*Iris lactea* var. *chinensis*	马莲、马兰花、旱蒲、旱蒲草、马兰草、马韭	鸢尾科鸢尾属	产东北、华北、西北、华东、华中地区及四川、西藏等地，草原区分布普遍	576

十一、多年生花卉

续表

序号	名称	拉丁名	别名	科属	产地及分布	彩图页
23	射干	*Belamcanda chinensis*	扁竹兰、乌扇、乌蒲、黄远、夜干、野萱花、凤翼	鸢尾科射干属	产吉林以南及华北、西北至华南、西南广大地区	577
24	八宝景天	*Hylotelephium erythrostictum*	八宝、蝎子草、景天、对叶景天、大叶景天、活血三七	景天科八宝属	产东北、华北、华东、华中、西南地区及陕西等地	577
25	长药八宝	*Hylotelephium spectabile*	长药景天、石头菜、蝎子掌	景天科八宝属	产东北地区及河北、河南、山东、陕西、安徽	577
26	紫宝	*Hylotelephium telephium*	欧紫八宝、紫景天	景天科八宝属	产东北地区及新疆阿勒泰。我国北方有栽培	577
27	三七景天	*Phedimus aizoon*	费菜、土三七、景天三七、长生景天、还阳草	景天科费菜属	分布于中国东北、华北、西北、西南至长江流域各地区	577
28	德国景天	*Sedum hybridum* 'Immergrunchell'	德国景天、杂种费菜	景天科景天属	东北、华北等地区有栽培	578
29	粗壮景天	*Sedum cauticola* 'Robustum'	费菜	景天科景天属	产日本北部。我国北方有栽培	578
30	大花金鸡菊	*Coreopsis grandiflora*	金鸡菊、剑叶波斯菊、狭叶金鸡菊	菊科金鸡菊属	原产美洲。我国各地有栽培	578
31	宿根福禄考	*Phlox paniculata*	天蓝绣球、锥花福禄考	花荵科福禄考属	原产北美洲东部。我国北方各地广为栽培	578
32	荷兰菊	*Aster novi-belgii*	荷兰紫菀、柳叶菊、原产北美的新比利时紫菀与新英格兰紫菀杂交品种群紫菀在我国的统称	菊科紫菀属	我国从欧洲引进而得名。东北地区可露地越冬，北方普遍栽培	579
33	紫菀	*Aster tataricus*	山白菜、青菀、还魂草	菊科紫菀属	产东北、华北、西北地区	579
34	高山紫菀	*Aster alpinus*		菊科紫菀属	产河北、山西、新疆北部及东北地区	579
35	柳叶白菀	*Aster ericoides*		菊科紫菀属	原产北美洲。我国北方有栽培	579
36	木茼蒿	*Argyranthemum frutescens*	木春菊、情人菊、蓬蒿菊、少女花、玛格丽特、法兰西菊	菊科木茼蒿属	原产地中海。我国各地有栽培	579
37	黄金菊	*Euryops pectinatus* 'Viridid'	梳黄菊	菊科梳黄菊属	原种产南非。我国南北方有栽培	579
38	大滨菊	*Leucanthemum maximum*	大佛滨菊、大白菊、西洋滨菊、高加索菊	菊科滨菊属	产欧洲。我国各地广为栽培	580
	滨菊	*Leucanthemum vulgare*	春白菊、白花茼蒿菊	菊科滨菊属	产日本及欧美。我国南北有栽培	580
	款冬	*Tussilago farfara*	冬花、虎须、款冻、颗冻	菊科款冬属	产东北、华北、西北地区及湖北、湖南、江西、贵州、云南、西藏	—
39	石竹	*Dianthus chinensis*	中国石竹、五彩石竹、山石竹、山瞿麦、洛阳花、石菊、绣竹、美人草、十样锦、康乃馨	石竹科石竹属	原产我国北方，分布很广。南北方广泛栽培	580
40	浅裂剪秋罗	*Lychnis cognata*	剪秋罗、毛缘剪秋罗	石竹科剪秋罗属	产东北、华北地区及山东	580
41	针叶福禄考	*Phlox subulata*	针叶天蓝绣球、丛生福禄考、芝樱	花荵科福禄考属	原产北美洲东部。北京、沈阳及华东等地区有栽培	580

十一、多年生花卉

序号	名称	拉丁名	别名	科属	产地及分布	彩图页
42	厚叶福禄考	*Phlox carolina*		花葱科福禄考属	原产北美洲。华北等地区有栽培	581
43	紫露草	*Tradescantia ohiensis*	毛萼紫露草、美洲鸭趾草	鸭跖草科紫露草属	原产北美洲。北京、成都、沈阳等地有栽培	581
44	金叶紫露草	*Tradescantia* 'Sweet Kate'		鸭跖草科紫露草属		—
	紫花楼斗菜	*A. viridiflora* var. *atropurpurea*	石头花、紫花菜	毛茛科楼斗菜属	分布于青海东部、山西、山东部、河北、内蒙古及辽宁南部	—
45	河北楼斗菜	*Aquilegia hebeica*		毛茛科楼斗菜属	广泛分布于山西、河北、北京、天津、河南、山东、低山区常见	581
46	华北楼斗菜	*Aquilegia yabeana*	紫霞楼斗、五铃花	毛茛科楼斗菜属	产辽宁西部、河北、山西、山东、陕西南部、河南西部和四川东北部	581
47	杂种楼斗菜	*Aquilegia hybrida*	杂交楼斗菜	毛茛科楼斗菜属	各国主要栽培类、园艺品种较多	581
48	铃兰	*Convallaria majalis*	君影草、草玉玲、山谷百合、风铃草、香水花	天门冬科铃兰属	产东北、华北、西北地区及山东、河南等地	582
49	鹿药	*Maianthemum japonicum*		天门冬科舞鹤草属	产河北、山西、河南、山东、陕西、甘肃及东北、长江流域和西南等地区	582
	舞鹤草	*Maianthemum bifolium*		天门冬科舞鹤草属	产东北、华北地区及青海、甘肃、陕西和四川	—
50	玉竹	*Polygonatum odoratum*	地管子、尾参、铃铛菜	天门冬科黄精属	产东北、华北、西北地区及山东、河南和我国中部等地区	582
51	小玉竹	*Polygonatum humile*		天门冬科黄精属	产东北地区及河北、山西	582
	黄精	*Polygonatum sibiricum*	笔管菜、黄鸡菜、鸡头黄精、鸡爪参	天门冬科黄精属	产东北、华北、西北地区及河南、山东、安徽、浙江	—
	热河黄精	*Polygonatum macropodum*	多花黄精	天门冬科黄精属	产华北地区及辽宁、山东等地	—
	藜芦	*Veratrum nigrum*	黑藜芦、山葱	百合科藜芦属	产东北、华北地区及山东、河南、陕西、甘肃、湖北、四川和贵州	—
	黄花油点草	*Tricyrtis pilosa*		百合科油点草属	产河北、河南、陕西、甘肃、湖南、湖北及西南地区	582
	宝铎草	*Disporum uniflorum*	少花万寿竹	百合科万寿竹属	产河北、山东、河南、陕西、长江流域及以南地区	—
52	蓝亚麻	*Linum perenne*	宿根亚麻、豆麻、亚麻花	亚麻科亚麻属	分布于河北、山西、内蒙古及西北和西南等地区	582
53	多花筋骨草	*Ajuga multiflora*		唇形科筋骨草属	产内蒙古、黑龙江、辽宁、河北、河南、山东、江苏及安徽	582
	筋骨草	*Ajuga ciliata*	四枝春	唇形科筋骨草属	产河北、山西、河南、甘肃、陕西、四川及浙江	—
54	黄芩	*Scutellaria baicalensis*	黄文、经芩、元芩、土金茶根	唇形科黄芩属	产东北、华北地区河南、山东、陕西、甘肃、四川等地区	583
55	甘肃黄芩	*Scutellaria rehderiana*		唇形科黄芩属	分布于甘肃、陕西、山西	583
56	井头黄芩	*Scutellaria scordifolia*		唇形科黄芩属	产内蒙古、黑龙江、河北、山西、青海等地	583

十一、多年生花卉

序号	名称	拉丁名	别名	科属	产地及分布	彩图图页
57	狭叶黄芩	Scutellaria regeliana		唇形科黄芩属	产黑龙江、吉林、内蒙古及河北。北京有栽培	583
58	沙滩黄芩	Scutellaria strigillosa	瓜子兰	唇形科黄芩属	产辽宁大连、山东青岛、烟台、崂山、河北北戴河、山海关、秦皇岛及江苏北部。北京有栽培	583
59	半枝莲	Scutellaria barbata	并头草、牙刷草、赶山鞭、瘦黄黄芩、狭叶韩信草	唇形科黄芩属	产河北、山东、河南及我国中部、南部、西南部等地区	583
60	沙参	Adenophora stricta	直立沙参、杏叶沙参	桔梗科沙参属	产我国河南、陕西、甘肃及华东、中南部等地区	583
61	丹参	Salvia miltiorrhiza	赤参、紫丹参、红根、血参	唇形科鼠尾草属	产河北、山西、陕西、山东、河南及长江中下游地区	583
62	林荫鼠尾草	Salvia nemorosa	宿根鼠尾草	唇形科鼠尾草属	原产欧洲中部及亚洲西部。我国北方有栽培	584
63	草原鼠尾草	Salvia pratensis	草甸鼠尾草	唇形科鼠尾草属	分布于欧洲、西亚、北美洲。我国北方有栽培	584
64	轮叶鼠尾草	Salvia verticillata		唇形科鼠尾草属	北京有栽培	584
65	荷包牡丹	Dicentra spectabilis	荷包花、活血草、铃儿草、鱼儿牡丹、璎珞牡丹	罂粟科荷包牡丹属	原产我国北部。辽宁、河北、甘肃及西南地区有分布	584
66	白花荷包牡丹	D. spectabilis f. alba		罂粟科荷包牡丹属		584
67	白屈菜	Chelidonium majus	土黄连、牛金花、八步紧、断肠草	罂粟科白屈菜属	我国大部分地区均有分布	584
68	蓝盆花	Scabiosa comosa	窄叶蓝盆花、小蓝盆花、轮锋菊、松虫草、山萝卜	忍冬科蓝盆花属	产东北、华北地区及陕西、甘肃东部、宁夏南部	584
69	大花蓝盆花	S. comosa var. superba		忍冬科蓝盆花属	产河北北部、北京百花山和东灵山、山西北部。生于高山草甸	584
70	鸽子蓝盆花	Scabiosa columbaria 'Butterfly Blue'	蓝蝶	忍冬科蓝盆花属	华北等地区有栽培	584
71	柳叶马鞭草	Verbena bonariensis	南美马鞭草、长茎马鞭草	马鞭草科马鞭草属	原产南美洲巴西、阿根廷等地。我国南北方栽培	585
72	山桃草	Gaura lindheimeri	千鸟花、白蝶花、玉蝶花、白桃花	柳叶菜科山桃草属	原产北美洲。北京、山东及华东、华中地区有栽培	585
73	紫叶山桃草	G. lindheimeri 'Crimson Butterflies'	紫叶千鸟花	柳叶菜科山桃草属		585
74	花叶山桃草	G. lindheimeri 'Variegata'		柳叶菜科山桃草属		585
75	肥皂花	Saponaria officinalis	肥皂草、石碱花	石竹科肥皂草属	原产欧洲及西亚。我国南北方有栽培	585
76	重瓣红肥皂花	S. officinalis 'Rosea Plena'		石竹科肥皂草属		585
77	金光菊	Rudbeckia laciniata	黑眼菊、金光菊	菊科金光菊属	原产北美洲。我国各地庭园常见栽培	585
78	全缘金光菊	Rudbeckia fulgida	臭菊、黑眼菊	菊科金光菊属	原产北美洲。北京、山东及华东等地有栽培	586
79	松果菊	Echinacea purpurea	紫松果菊、紫锥花	菊科松果菊属	原产加拿大及美洲。我国华北等地有栽培	586
80	赛菊芋	Heliopsis helianthoides	日光菊、骄阳（Summer Sun）	菊科赛菊芋属	原产北美洲。北京可露地越冬	586
81	菊芋	Helianthus tuberosus	鬼子姜、五星草、洋羌、洋姜、番羌、洋姜	菊科向日葵属	原产北美洲。我国南北各地广泛栽培	586

序号	名称	拉丁名	别名	科科属	产地及分布	彩图页
82	轮叶金鸡菊	*Coreopsis verticillata*		菊科金鸡菊属	原产北美洲。北京有栽培	586
83	玫红金鸡菊	*Coreopsis rosea*		菊科金鸡菊属	产美洲等地。北京有栽培	586
84	加拿大一枝黄花	*Solidago canadensis*	高一枝黄花、金棒草	菊科一枝黄花属	原产北美洲东部。我国北方有栽培	587
85	一枝黄花	*Solidago decurrens*	黄花草、满山黄、一支箭、蛇头黄	菊科一枝黄花属	产我国长江流域以南及陕西南部	587
86	杂种一枝黄花	*Solidago* 'Hybrida'		菊科一枝黄花属	多为国外引进，我国华北地区有栽培	587
87	欧亚旋覆花	*Inula britannica*	大花旋覆花、旋覆花	菊科旋覆花属	分布于新疆、黑龙江、内蒙古、华北、东北部分地区可见	587
88	旋覆花	*Inula japonica*	日本旋覆花、六月菊、金佛草	菊科旋覆花属	广布我国北部、东北部、中部、东部各地区，西南地区及福建、广东也可见到	587
89	落新妇	*Astilbe chinensis*	红升麻、虎麻、金毛狗、小升麻、马尾参、金毛三七	虎耳草科落新妇属	产东北、华北、西北地区及山东、河南、长江流域和西南地区	587
90	厚叶岩白菜	*Bergenia crassifolia*		虎耳草科岩白菜属	主要分布于新疆阿尔泰山。我国北方有栽培	588
91	芙蓉葵	*Hibiscus moscheutos*	大花秋葵、美芙蓉、草芙蓉、紫芙蓉	锦葵科木槿属	原产美国东部。华北、华东、西南等地区有栽培	588
92	穗花婆婆纳	*Veronica spicata*	穗状水苦荬	玄参科婆婆纳属	产新疆西北部。我国北方有栽培	588
93	东北婆婆纳	*Veronica rotundum* ssp. *subintegrum*	东北穗花	玄参科婆婆纳属	产东北地区	588
94	桔梗	*Platycodon grandiflorus*	包袱花、铃铛花、僧帽花、白药	桔梗科桔梗属	产东北、华北、华东、华中、西南各地区及陕西、广东，广西。内蒙古有栽培	588
95	假龙头	*Physostegia virginiana*	随意草、芝麻花	唇形科假龙头花属	原产北美洲。我国各地常见栽培	589
96	花叶假龙头	*P. virginiana* 'Variegata'		唇形科假龙头花属		589
97	大叶铁线莲	*Clematis heracleifolia*	卷萼铁线莲、木通花、草牡丹、草本女萎	毛茛科铁线莲属	产辽宁、吉林、河北、山西、山东、河南、陕西及长江中下游地区	589
98	薰衣草	*Lavandula angustifolia*	狭叶薰衣草、英国薰衣草	唇形科薰衣草属	原产地中海地区。我国北方有栽培	589
99	齿叶薰衣草	*Lavandula dentata*	灵香草、香草、黄香草	唇形科薰衣草属	产西班牙、法国。我国有引种栽培	589
100	羽叶薰衣草	*Lavandula pinnata*	薰衣草、香草、爱情草	唇形科薰衣草属	产西班牙加那利群岛。我国南北方有栽培	590
101	荆芥	*Nepeta cataria*	小荆芥、假苏、小薄荷、樟脑草、香薷、冷水草、猫薄荷	唇形科荆芥属	产西北、西南地区及河南、山西、山东、湖北等地	590
102	薄荷	*Mentha canadensis*	野薄荷、薄荷脑、夜息香、鱼香草、仁丹草、接骨草	唇形科薄荷属	产我国南北各地	590
103	留兰香	*Mentha spicata*	绿薄荷、香花菜、香薄荷、土薄荷	唇形科薄荷属	原产南欧。我国南北方有栽培	590

十一、多年生花卉

十一、多年生花卉

序号	名称	拉丁名	别名	科属	产地及分布	彩图页
104	皱叶留兰香	*Mentha crispata*		唇形科薄荷属	原产欧洲。我国南北方常见栽培	590
105	藿香	*Agastache rugosa*	大叶薄荷、猫尾巴香、山固香、水麻叶、香薷	唇形科藿香属	我国各地广泛分布	590
106	百里香	*Thymus mongolicus*	千里香、匍匐百里香、铺地香、地椒叶、地角花	唇形科百里香属	产华北地区及甘肃、陕西、青海。北至黑龙江五大连池有种植	591
107	牛至	*Origanum vulgare*	土香薷、小叶薄荷、白花茵陈、披萨草、五香草	唇形科牛至属	产河南及西北、西南、长江流域大部分地区。北京有栽培	591
108	毛建草	*Dracocephalum rupestre*	岩青兰、毛尖、毛尖茶	唇形科青兰属	产辽宁、内蒙古、山西、河北、西至青海西宁。北京有栽培	591
109	块根糙苏	*Phlomoides tuberosa*	野山药	唇形科糙苏属	产黑龙江、内蒙古及新疆。北京有栽培	591
	橙花糙苏	*Phlomis fruticosa*	木糙苏	唇形科橙花糙苏属	原产地中海经巴尔干半岛、西亚至俄罗斯。我国南北方有栽培	—
110	蓝刺头	*Echinops sphaerocephalus*	禹州漏芦	菊科蓝刺头属	产华北高山、新疆天山等地区	591
111	高山刺芹	*Eryngium alpinum*	节节花、假香姿	伞形科刺芹属	原产阿尔卑斯山脉和巴尔干山脉的西北部。华北等地区有栽培	592
112	抱茎苦荬菜	*Crepidiastrum sonchifolium*	尖裂假还阳参、抱茎小苦荬、苦荬子、苦荬菜	菊科假还阳参属	产东北、华北、西北、西南地区及山东、河南等地	592
113	苣荬菜	*Sonchus wightianus*	野苣荬、野苦荬、苦葛麻、苦荬菜、取麻菜、曲麻菜	菊科苦苣菜属	我国大部分地区有分布	592
114	中华小苦荬	*Ixeris chinensis*	中华苦荬菜、小苦苣、黄鼠草、山苦荬、小苦麦菜、败酱草、苦丁菜、活血草	菊科苦荬菜属	我国大部分地区有分布	592
115	串叶松香草	*Silphium perfoliatum*	松香草	菊科松香草属	原产北美洲。北京、沈阳等地有栽培	592
116	泽兰	*Eupatorium japonicum*	白头婆、六月霜、圆梗泽兰	菊科泽兰属	产东北、东南沿海、黄河中下游及长江中下游地区	592
117	菊苣	*Cichorium intybus*	蓝花菊苣、苦菜、蓝菊、欧洲菊苣	菊科菊苣属	分布于东北、华北地区及陕西、新疆、江西等地	593
118	蜂斗菜	*Petasites japonicus*	蛇头草、水钟流头、蜂斗叶、八角亭	菊科蜂斗菜属	产山东、陕西及长江流域。我国南北方有栽培	593
	橐吾	*Ligularia sibirica*	独脚莲、荷叶、西伯利亚橐吾、北橐吾	菊科橐吾属	产东北、华北、西南地区及甘肃等地	—
119	蹄叶橐吾	*Ligularia fischeri*	土紫菀、山紫菀、马蹄橐吾	菊科橐吾属	东北、华北、华中、西南地区及河南、陕西等地有分布	593
120	齿叶橐吾	*Ligularia dentata*		菊科橐吾属	产西南地区及河南、甘肃、陕西、山西、湖北、广西、湖南、江西、安徽	593
	大吴风草	*Farfugium japonicum*	活血莲、独脚莲、一叶莲、大马蹄香	菊科大吴风草属	产我国湖北、湖南、广西、广东、福建、台湾。我国南北方有栽培	—

序号	名称	拉丁名	别名	科属	产地及分布	彩图页
121	小冠花	Coronilla varia	绣球小冠花、多变小冠花	豆科小冠花属	原产欧洲地中海地区。我国东北地区南部、华北地区有栽培	593
122	野火球	Trifolium lupinaster	红五叶	豆科车轴草属	产东北、华北地区及新疆	593
123	紫花苜蓿	Medicago sativa	紫苜蓿、苜蓿	豆科苜蓿属	全国各地都有栽培或呈半野生状态，是当今世界分布最广的栽培牧草	593
124	花苜蓿	Medicago ruthenica	野苜蓿	豆科苜蓿属	产东北、华北各地区及甘肃、山东、四川	593
125	野苜蓿	Medicago falcata	野苜蓿	豆科苜蓿属	产东北、华北、西北各地区	594
126	沙打旺	Astragalus adsurgens	斜茎黄耆、麻豆秧、直立黄芪	豆科黄芪属	产东北、西北、华北和西南地区	594
127	百脉根	Lotus corniculatus	五叶草、鸟足豆、牛角花、鸟距草、黄花草	豆科百脉根属	产西北、西南和长江中上游各地区	594
128	蓝花棘豆	Oxytropis caerulea	紫花棘豆	豆科棘豆属	产黑龙江、内蒙古、河北、山西等地	594
129	狼尾花	Lysimachia barystachys	虎尾草、野鸡脸、珍珠菜、重穗排草	报春花科珍珠菜属	产我国东北、西北、华中、华东及西南地区	594
130	老鹳草	Geranium wilfordii		牻牛儿苗科老鹳草属	分布于东北、华北、华东、华中地区及陕西、甘肃和四川	594
131	黄海棠	Hypericum ascyron	红旱莲、水黄花、金丝蝴蝶、长柱金丝桃、八宝茶	金丝桃科金丝桃属	除新疆及青海外、全国各地均产	594
132	朝鲜白头翁	Pulsatilla cernua	老翁花、将军草、毛姑朵花、羊胡子花、老公花	毛茛科白头翁属	分布于辽宁南部、吉林东部。我国北方多栽培	594
133	毛茛	Ranunculus japonicus	老虎脚爪草、五虎草	毛茛科毛茛属	除西藏外，在我国各地区广布	594
134	金莲花	Trollius chinensis	金梅草、金疙瘩	毛茛科金莲花属	产山西、河南北部、河北、内蒙古东部及辽宁和吉林西部亚高山草甸	595
135	瓣蕊唐松草	Thalictrum petaloideum	马尾黄连	毛茛科唐松草属	产东北、华北、西北地区及河南、安徽、四川西部等地	595
	东亚唐松草	Thalictrum minus var. hypoleucum	穷汉子腿、佛爷指甲、烟铃草	毛茛科唐松草属	产东北、华北、长江流域以南等地区及河南、山东	—
136	红缬草	Centranthus ruber	距药草、红排草	忍冬科距缬草属	原产欧洲地中海地区。我国中北部有栽培	595
137	柳兰	Chamerion angustifolium	铁筷子、火烧兰、糯芋	柳叶菜科柳兰属	产我国华北、东北、西南及西北地区	595
138	补血草	Limonium sinense	匙叶草、匙叶矶松、中华补血草、海菠菜、勿忘我、海蔓荆	白花丹科补血草属	分布于我国滨海各地区	595
139	黄花矶松	Limonium aureum	黄花补血草、金色补血草、金匙叶草、金佛花	白花丹科补血草属	产东北西部、华北北部和西北各地区	595
140	二色补血草	Limonium bicolor	干枝梅、苍蝇架、苍蝇花、蝇子架、二色矶松、二色匙叶草	白花丹科补血草属	产东北、华北、黄河流域各地区和江苏北部	595

十一、多年生花卉	序号	名称	拉丁名	别名	科属	产地及分布	彩图页
	141	酸浆	Alkekengi officinarum	挂金灯、姑娘儿、酸浆、锦灯笼、泡泡草、洛神珠、灯笼草	茄科酸浆属	产甘肃、陕西、河南、湖北、四川、贵州和云南	—
		红姑娘	A. officinarum var.franchetii		茄科酸浆属	除在西藏尚未见到外，其他各地区均有分布	595
	142	罗布麻	Apocynum venetum	野麻、红麻、茶叶花、红花草、红柳子、盐柳	夹竹桃科罗布麻属	分布于西北、华北地区及河南、山东、辽宁、江苏等地	596
	143	柳叶水甘草	Amsonia tabernaemontana		夹竹桃科水甘草属	原产美国中部。我国引种栽培	596
	144	铁筷子	Helleborus thibetanus	黑毛七、九百棒、见春花、九龙丹、九朵云、小桃儿七	毛茛科铁筷子属	分布于四川西北部、甘肃南部，陕西南部和湖北西北部。我国南北方有栽培	596
	145	地榆	Sanguisorba officinalis	一串红、玉札、山枣子、黄爪香	蔷薇科地榆属	产我国南北各地	596
	146	龙芽草	Agrimonia pilosa	仙鹤草、路边黄、地仙草	蔷薇科龙芽草属	产我国南北各地	596
	147	红花水杨梅	Geum coccineum	红花路边青、水杨柳	蔷薇科路边青属	北京等地有栽培	596
	148	紫斑风铃草	Campanula punctata	灯笼花、吊钟花	桔梗科风铃草属	产东北、华北地区及河南、陕西、甘肃、四川、湖北	596
	149	花荵	Polemonium caeruleum	鱼翅菜、手参、穴菜、电灯花	花荵科花荵属	产我国东北、华北地区及新疆、云南西北部	596
	150	地黄	Rehmannia glutinosa	生地、怀庆地黄	玄参科地黄属	产华北地区及辽宁、河南、山东、陕西、甘肃、江苏、湖北	596
	151	白鲜	Dictamnus dasycarpus	八股牛、山牡丹、白膻、羊蹄草、臭哎哎、大田香	芸香科白鲜属	产华北、东北、西北地区及山东、河南、安徽、江苏、江西、四川等地	597
	152	掌叶大黄	Rheum palmatum	葵叶大黄	蓼科大黄属	产甘肃、青海、四川、云南西北部及西藏东部等地。陕甘宁地区栽培多	597
	153	辽藁本	Ligusticum jeholense	藁本、香藁本、热河藁本	伞形科藁本属	产吉林、辽宁、河北、山西、山东	597
		白花碎米荠	Cardamine leucantha	山芥菜	十字花科碎米荠属	产东北、长江流域等地区及河北、山西、河南、陕西、甘肃	597
		夏至草	Lagopsis supina	白花益母草、白花夏枯草	唇形科夏枯草属	产东北、华北、西北、西南、长江流域等地区及河南、山东	—
	154	瞿麦	Dianthus superbus		石竹科石竹属	产东北、西北、华东、华中、西南等地区	597
	155	蔓茎蝇子草	Silene repens	蔓麦瓶草、毛萼麦瓶草、匍生蝇子草、匍生鹤草	石竹科蝇子草属	产东北、华北、西北地区及四川、西藏	597
	156	石生蝇子草	Silene tatarinowii	石生麦瓶草、麦瓶草、蝇子草、山女娄菜、太子参、连参	石竹科蝇子草属	产西北地区及河南、湖北、四川（东部）和贵州	597
	157	知母	Anemarrhena asphodeloides	兔子油草、穿地龙	天门冬科知母属	产河北、山西、山东、陕西、甘肃、内蒙古及东北地区	597

序号	名称	拉丁名	别名	科属	产地及分布	彩图页
158	石刁柏	*Asparagus officinalis*	芦笋、龙须菜	天门冬科天门冬属	新疆西北部有野生，其他地区多为栽培	597
159	败酱	*Patrinia scabiosifolia*	黄花龙芽、苦苣菜、野黄花、将军草、山芝麻、黄花苦菜	忍冬科败酱属	除宁夏、青海、新疆、西藏和海南外，中国各地均有分布	598
160	勿忘草	*Myosotis alpestris*	勿忘我、星辰花、补血草、不凋花、匙叶花、匙叶草、三角花、斯太菊、矾松	紫草科勿忘草属	产华北、西北、东北地区及江苏、云南、四川	598
161	聚合草	*Symphytum officinale*	友谊草、爱国草	紫草科聚合草属	原产俄罗斯欧洲部分及高加索地区。我国现广泛栽植	598
162	珠光香青	*Anaphalis margaritacea*	山荻	菊科香青属	广泛分布于我国西南部、西部、中部地区	598
163	高山蓍	*Achillea alpina*	羽衣草、蚰蜒草、锯齿草	菊科蓍属	产东北、华北地区及宁夏、甘肃东部等地	598
164	刺儿菜	*Cirsium arvense var. integrifolium*	小蓟、曲曲菜、青青菜	菊科蓟属	除西藏、云南、广东、广西外，几遍全国各地	598
	蓟	*Cirsium japonicum*	大蓟	菊科蓟属	产河北、山东及南方大部分地区	—
	飞廉	*Carduus crispus*	丝毛飞廉	菊科飞廉属	几遍全国各地	—
	漏芦	*Rhaponticum uniflorum*	祁州漏芦、和尚头、狼头花、老虎爪、打锣锤	菊科漏芦属	产东北、华北地区及河南、山东等地	—
165	兔儿伞	*Syneilesis aconitifolia*		菊科兔儿伞属	产东北、华北、华中地区及甘肃、贵州	598
166	裂叶马兰	*Aster incisus*	三褶脉马兰、野白菊花、山雪花、三脉叶马兰、鸡儿肠	菊科紫菀属	产我国东北地区及内蒙古东部	598
167	全叶马兰	*Aster pekinensis*	全叶鸡儿肠	菊科紫菀属	广泛分布于我国西部、中部、东部、北部及东北部地区	598
	山马兰	*Aster lautureanus*	山鸡儿肠	菊科紫菀属	产东北、华北地区及陕西、山东、河南、江苏	—
168	三脉紫菀	*Aster trinervius ssp. ageratoides*	三褶脉马兰、野麻马兰、脉叶马兰、鸡儿肠	菊科紫菀属	广泛分布于我国东北地区、北部、东部、南部至西部，西南部及西藏南部	599
169	阿尔泰狗娃花	*Aster altaicus*	阿尔泰紫菀	菊科紫菀属	产西北、华北地区及四川西北部	599
170	珠果黄堇	*Corydalis speciosa*	狭裂珠果黄堇	罂粟科紫堇属	产东北地区及河北、山东、河南、江苏、江西、浙江、湖南	599
171	博落回	*Macleaya cordata*	大叶莲、野麻杆、黄杨杆、菠萝筒、喇叭筒、喇叭竹、空洞草、号筒草、号筒杆	罂粟科博落回属	我国长江以南，南岭以北的大部分地区均有分布，南至广东、西至贵州，西北达甘肃南部。北方有栽植	599
	虎杖	*Reynoutria japonica*	酸筒杆、酸桶芦、大接骨、斑庄根	蓼科虎杖属	产陕西南部、甘肃南部及华东、华中、华南、西南地区	599
172	北乌头	*Aconitum kusnezoffii*	草乌、鸡头草、蓝附子、五毒根、鸦头、小叶鸦儿芦、穴种、小叶芦	毛茛科乌头属	产东北、华北地区	599

十一、多年生花卉

序号	名称	拉丁名	别名	科属	产地及分布	彩图页
173	大火草	*Anemone tomentosa*	野棉花、大头翁	毛茛科银莲花属	分布于山西、河北、河南西部、陕西、甘肃、青海、湖北、四川等地。北京有栽培。英国园林中常见	599
174	野棉花	*Anemone vitifolia*	小白头翁、铁蒿、水棉花、接骨莲	毛茛科银莲花属	分布于云南、四川西南部、西藏东南部和南部。北京有栽培	600
	打破碗花花	*Anemone hupehensis*	野棉花、大头翁、火草花、遍地爬、盖头花	毛茛科银莲花属	分布于西南地区及陕西西南部、湖北西部、广西、广东北部、江西、浙江	一
175	秋菊	*Chrysanthemum × morifolium*	菊花、寿客、金英、黄华、鞠、陶菊、傲霜、帝女花	菊科菊属	起源于我国，原产地以我国为中心。我国各地有栽培	600
176	甘菊	*Chrysanthemum lavandulifolium*	甘野菊、岩香菊、野菊花	菊科菊属	分布于我国东北、西北、华北、西南地区及山东、江苏、浙江、江西、湖北	600
	野菊	*Chrysanthemum indicum*	菊花脑、路边黄	菊科菊属	广布东北、华北、华中、华南及西南各地区	一
177	小红菊	*Chrysanthemum chanetii*	菊花脑、山菊花	菊科菊属	产东北、华北地区及山东、陕西、甘肃、青海	600
178	艾	*Artemisia argyi*	艾蒿、白蒿、冰台、医草、甜艾、灸草、海艾、白艾、家艾、艾叶、陈艾、大叶艾、祁艾	菊科蒿属	分布广，除极干旱与高寒地区外，几遍及全国	601
179	银蒿	*Artemisia austriaca*	银叶蒿	菊科蒿属	产内蒙古及新疆。我国多栽培	601
180	朝雾草	*Artemisia schmidtiana*	细叶银蒿、银叶草、银叶艾蒿、矮蒿叶蒿	菊科蒿属	原产日本本州中部以北及俄罗斯东部。我国北方有栽培	601
	密毛白莲蒿	*Artemisia gmelinii* var. *messerschmidiana*	白万年蒿、黄蒿	菊科蒿属	产东北地区及内蒙古、河北、西北、山东、江苏、河南等地	601
181	荚果蕨	*Matteuccia struthiopteris*	野鸡膀子	球子蕨科荚果蕨属	分布于东北、华北地区及河南、湖北、西藏、陕西、甘肃、新疆、四川等地	601
	球子蕨	*Onoclea sensibilis*		球子蕨科球子蕨属	产东北地区及河北、内蒙古、河南	601
	日本蹄盖蕨	*Anisocampium niponicum*	日本安蕨、华东蹄盖蕨、华北蹄盖蕨	蹄盖蕨科安蕨属	产我国辽宁、华北、西北、华中、华东、西南地区	一
182	银瀑日本蹄盖蕨	*A. niponicum* 'Silver Falls'		蹄盖蕨科安蕨属	产东北、华北地区及陕西、宁夏、甘肃、河南、湖北和四川北部	601
183	麦秆日本蹄盖蕨	*Athyrium fallaciosum*	小叶蹄盖蕨	蹄盖蕨科蹄盖蕨属	产东北、华北地区	602
184	粗茎鳞毛蕨	*Dryopteris crassirhizoma*	野鸡膀子	鳞毛蕨科鳞毛蕨属	产东北、华北	602
185	矾根	*Heuchera sanguinea*	红花矾根、珊瑚钟	虎耳草科矾根属	原产墨西哥。我国长江流域及以北地区栽培较多	602
186	棕色茸毛矾根	*Heuchera villosa* 'Brownies'		虎耳草科矾根属	北京可露地越冬	602
187	黄水枝	*Tiarella polyphylla*		虎耳草科黄水枝属	原产北美及亚洲东部。1个原生种在我国陕西、甘肃、南方大部有分布	602

十一、多年生花卉

序号	名称	拉丁名	别名	科属	产地及分布	彩图页
188	花叶羊角芹	*Aegopodium podagraria* 'Variegatum'		伞形科羊角芹属	分布于欧洲和亚洲。北京等地有栽培	603
189	分药花	*Perovskia abrotanoides*		唇形科分药花属	产西藏西部。我国南北方有栽培	603
190	滨藜叶分药花	*Perovskia atriplicifolia*		唇形科分药花属	原产西藏西部。北京、天津等地有栽培	603
191	花叶野芝麻	*Lamiastrum galeobdolon*	花野芝麻、斑叶野芝麻	唇形科黄芩野芝麻属	原产欧洲。我国北京、华东、西南地区有栽培	603

球根类

序号	名称	拉丁名	别名	科属	产地及分布	彩图页
192	郁金香	*Tulipa gesneriana*	洋荷花、草麝香、郁香	百合科郁金香属	原产土耳其或小亚细亚。我国南北方引种栽培	603
193	风信子	*Hyacinthus orientalis*	洋水仙、西洋水仙、五色水仙、时样锦	百合科风信子属	原产南欧地中海东部及小亚细亚半岛一带。我国北方有栽培	603
194	葡萄风信子	*Muscari botryoides*	蓝壶花、葡萄百合、蓝瓶花、串铃花、葡萄水仙	百合科蓝壶花属	原产欧洲南部。华北等地有栽培	604
195	亚洲百合	*Lilium* 'Asiatica Hybrida'		百合科百合属		604
196	东方百合	*Lilium* ssp. 'Star Gazer'	葵百合	百合科百合属		604
197	卷丹	*Lilium tigrinum*	卷丹百合、斑百合、红百合、山丹丹花	百合科百合属	产吉林、河南、山东、广西、四川、西藏及华北、西北、长江中下游地区	604
198	山丹	*Lilium pumilum*	细叶百合	百合科百合属	产东北、华北、山东、河南等地	605
	渥丹	*Lilium concolor*	山丹	百合科百合属	产河南、河北、山西、陕西和吉林	—
199	有斑百合	*L. concolor* var. *pulchellum*		百合科百合属	产东北、华北地区及山东	605
200	大花百合	*L. concolor* var. *megalanthum*		百合科百合属	产吉林。我国南北方多有栽培	605
201	火炬花	*Kniphofia uvaria*	火把莲、剑叶兰	百合科火把莲属	原产南非高山及沿海地区。我国长江中下游地区能露地越冬，南北方有栽培	605
202	大花葱	*Allium giganteum*	巨葱、高葱、硕葱	百合科葱属	产亚洲中部和喜马拉雅地区。适合我国北方栽培	605
203	花贝母	*Fritillaria imperialis*	皇冠贝母、王贝母、璎珞百合、荷兰贝母	百合科贝母属	原产喜马拉雅山区至伊朗等地。我国北方有栽培	606
204	北葱	*Allium schoenoprasum*	虾夷葱	百合科葱属	产新疆阿尔泰山及泰山区。北方地区有栽培	606
205	山韭	*Allium senescens*	山葱、岩葱、野韭	百合科葱属	产东北、华北地区及河南、甘肃、新疆等地	606
206	洋水仙	*Narcissus pseudonarcissus*	黄水仙、欧洲水仙、西洋水仙、喇叭水仙、漏斗水仙	石蒜科水仙属	原产欧洲西部。我国北方有栽培	606
207	中国水仙	*Narcissus tazetta* var. *chinensis*	凌波仙子、金盏银台、落神香妃、玉玲珑	石蒜科水仙属	大约在唐代由欧洲传入中国，野生分布在东南沿海地区，以上海崇明区和福建漳州水仙最为有名。我国南北方有栽培	606

十一、多年生花卉

序号	名称	拉丁名	别名	科属	产地及分布	彩图页
208	玉玲珑水仙	*Narcissus tazetta* var. *chinensis* 'Yulinglong'	百叶水仙	石蒜科水仙属		607
209	早花百子莲	*Agapanthus praecox*	东方百子莲、百子莲、非洲百合、蓝花君子兰、紫百合	石蒜科百子莲属	原产南非。我国各地有栽培	607
210	紫娇花	*Tulbaghia violacea*	洋韭、洋韭菜、野蒜、非洲小百合	石蒜科紫娇花属	原产南非。我国江苏大面积栽植，北方有栽培	607
	花叶紫娇花	*Tulbaghia violacea* 'Variegata'		石蒜科紫娇花属		一
211	石蒜	*Lycoris radiata*	红花石蒜、彼岸花、龙爪花、幽灵花、两生花	石蒜科石蒜属	产我国山东、河南及中南部地区	607
212	忽地笑	*Lycoris aurea*	黄花石蒜、铁色箭	石蒜科石蒜属	分布于我国福建、台湾、湖南、湖北、广东、广西、四川及云南	608
213	朱顶红	*Hippeastrum rutilum*	红花莲、对对红、华胄兰、朱顶兰、孤挺花	石蒜科朱顶红属	原产秘鲁、巴西。我国南北方有栽培	608
	晚香玉	*Polianthes tuberosa*	夜来香、月下香	石蒜科晚香玉属	原产墨西哥。我国南北方有栽培	一
214	葱兰	*Zephyranthes candida*	葱莲、玉簾、白花葱蒲莲、玉筒	石蒜科葱莲属	产南美洲。我国南方栽培较多	608
215	韭兰	*Zephyranthes carinata*	韭莲、红花葱兰、风雨花、菖蒲莲、红玉帘	石蒜科葱莲属	产南美洲。我国有栽培	608
216	美人蕉	*Canna indica*	小花美人蕉、小芭蕉、蕉芋	美人蕉科美人蕉属	原产印度。我国南北各地有栽培	608
217	大花美人蕉	*Canna generalis*	莲蕉、红蕉、红艳蕉、凤尾花	美人蕉科美人蕉属	园艺杂交品种，我国南北各地有栽培	608
218	线叶美人蕉	*C. generalis* 'Striata'	金脉美人蕉、花叶美人蕉	美人蕉科美人蕉属	原产哥斯达黎加、巴西。我国南北有栽培	609
219	紫叶美人蕉	*Canna warscewiezii*	红叶美人蕉	美人蕉科美人蕉属	原产西印度群岛和南美洲。我国南美洲。我国南北方有栽培	609
220	蕉藕	*Canna edulis*	蕉芋、食用美人蕉、食用莲蕉、旱芋、藕芋、姜芋	美人蕉科美人蕉属	我国南北方有栽培	609
221	大丽花	*Dahlia pinnata*	大丽菊、大理花、西番莲、天竺牡丹、地瓜花	菊科大丽花属	原产墨西哥。我国甘肃临洮、河北张家口、吉林栽培较著名	609
222	蛇鞭菊	*Liatris spicata*	麒麟菊、猫尾花、舌根菊、马尾花	菊科蛇鞭菊属	原产美国东南部。我国各地有栽培	610
223	花毛茛	*Ranunculus asiaticus*	芹菜花、波斯毛茛、洋牡丹、芹叶牡丹、陆莲花	毛茛科毛茛属	原产地中海地区。我国北方有栽培	610
224	欧洲银莲花	*Anemone coronaria*	冠状银莲花、罂粟秋牡丹	毛茛科银莲花属	原产地中海沿岸。我国北方有栽培	610
225	番红花	*Crocus sativus*	西红花、藏红花	鸢尾科番红花属	原产欧洲南部。我国南北方有栽培	610
226	唐菖蒲	*Gladiolus gandavensis*	菖兰、剑兰、十样锦、扁竹莲	鸢尾科唐菖蒲属	原产非洲南部。我国各地有栽培	610
	雄黄兰	*Crocosmia* × *crocosmiiflora*	火星花、观音兰、倒挂金钩、标竿花	鸢尾科雄黄兰属	原产南非。我国南北方有栽培	一

十一、多年生花卉

序号	名称	拉丁名	别名	科属	产地及分布	彩图页
227	绵枣儿	Barnardia japonica		天门冬科绵枣儿属	产东北、华北、华中地区以及四川、云南、广东、江西、江苏、浙江和中国台湾	610
冬季需保护						
228	五色草	Alternanthera bettzickiana	锦绣苋、绿草、五色苋、五色草子草、虾钳菜、模样苋	苋科莲子草属	原产巴西。我国各大城市有栽培	611
229	红草五色苋	Alternanthera amoena	小叶红、可爱斯钳菜。五色草之一	苋科莲子草属		611
230	大红叶草	Alternanthera dentata	大叶红、红龙草、莲子草、红宽草。五色草之一	苋科莲子草属		611
231	天冬草	Asparagus cochinchinensis	天门冬、武竹、郁金山草	天门冬科天门冬属	从河北、山西、陕西、甘肃等省南部至华东、中南、西南各地区都有分布	611
232	狐尾天门冬	Asparagus densiflorus 'Myers'	迈氏非洲天门冬、万年青	天门冬科天门冬属	原产非洲南部。我国南北方有栽培	611
233	蓬莱松	Asparagus retrofractus	绣球松、水松、松叶文竹、松叶天门冬、松钱草	天门冬科天门冬属	原产南非纳塔尔。我国南北方有栽培	612
234	紫叶酢浆草	Oxalis triangularis 'Urpurea'	三角紫叶酢浆草、红叶酢浆草	酢浆草科酢浆草属	原产南美洲巴西。我国南北方有栽培	612
235	红花酢浆草	Oxalis corymbosa	三叶草、夜合梅、多花酢浆草、三夹莲、铜锤草	酢浆草科酢浆草属	原产南美洲热带地区。陕西、四川和云南及华东、华中、华南等地区有分布	612
236	白花酢浆草	Oxalis acetosella		酢浆草科酢浆草属	分布于东北、华北、西北和西南等地区	612
237	马蹄金	Dichondra argentea	银马蹄金、银瀑（银灰色）、翡翠瀑布（翠绿色）	旋花科马蹄金属	栽培品种，长江以南有自然分布。华北地区有栽培	612
238	花叶欧亚活血丹	Glechoma hederacea 'Variegata'	斑叶欧活血丹、金钱草	唇形科活血丹属	产新疆北部。西欧、中欧地区及俄罗斯。北京有栽培	612
239	绵毛水苏	Stachys byzantina	毛叶水苏	唇形科水苏属	原产巴尔干半岛、黑海沿岸至西亚。我国南北方有栽培	613
240	蓝雪花	Ceratostigma plumbaginoides	蓝茉莉、灯盏花、蓝花丹、秋英、大丁草	白花丹科蓝雪花属	我国特产，主要分布于河南境内，北沿太行山至北京，东至江苏、上海	613
241	非洲菊	Gerbera jamesonii	扶郎花、灯盏花、大丁草	菊科非洲菊属	原产非洲。我国各地有栽培	613
242	蓝星花	Pentas lanceolata	五星花、埃及星花	茜草科五星花属	原产非洲热带和阿拉伯地区。我国南北方有栽培	613
243	长寿花	Kalanchoe blossfeldiana	圣诞伽蓝菜、寿星花	景天科伽蓝菜属	原产非洲南部。我国南北方有栽培	614
244	滇雪万年草	Sedum hispanicum	矶小松	景天科景天属	分布于南欧至中亚。我国多地栽培	614
245	吊竹梅	Tradescantia zebrina	斑叶鸭跖草、水竹草	鸭跖草科紫露草属	原产墨西哥。我国南北方有栽培	614
246	紫竹梅	Tradescantia pallida	紫鸭跖草、紫竹兰、紫锦草	鸭跖草科紫露草属	原产墨西哥。我国南北方有栽培	614

十一、多年生花卉

序号	名称	拉丁名	别名	科属	产地及分布	彩图页
247	桂竹香	Cheiranthus × cheiri	香紫罗兰、黄紫罗兰	十字花科糖芥属	原产欧洲南部。我国各地有栽培	614
248	美丽日中花	Lampranthus spectabilis	松叶菊、龙须海棠、美丽花	番杏科松叶菊属	原产非洲南部。我国南北方有栽培	614
249	禾叶大戟	Euphorbia graminea		大戟科大戟属	原产古巴、墨西哥及美国南部等。我国南北方有栽培	614
250	迷迭香	Rosmarinus officinalis	海洋之露、圣母玛利亚的玫瑰、万年老	唇形科迷迭香属	原产欧洲及北非地中海沿岸。我国南北方有栽培	615
251	水果蓝	Teucrium fruitcans	灌丛石蚕、银石蚕	唇形科石蚕属	原产地中海地区及西班牙。广泛应用于欧美各地，我国南方应用较广	615
	碰碰香	Plectranthus hadiensis var. tomentosus	茸毛香茶菜、到手香、楚留香	唇形科马刺花属	原产非洲。我国南北方有栽培	—
252	斑叶香妃草	Plectranthus coleoides	花(斑)叶香妃草、烛光草、白边延命草	唇形科香茶菜属	分布于地中海沿岸、亚洲西南部。我国北方有栽培	615
253	香蜂花	Melissa officinalis	香蜂草、薄荷香脂、蜂香脂、柠檬香蜂草	唇形科蜜蜂花属	原产俄罗斯、伊朗至地中海及大西洋沿岸。我国南北方有栽培	615
254	芸香	Ruta graveolens	七里香、香草、百应草、小叶香、臭草	芸香科芸香属	原产地中海沿岸地区。我国南北有栽培	615
255	驱蚊草	Pelargonium graveolens	香叶天竺葵	牻牛儿苗科天竺葵属	原产非洲南部。我国各地有栽培	615
256	红花除虫菊	Tanacetum coccineum		菊科菊蒿属	原产高加索地区。我国引种栽培	616
257	银香菊	Santolina chamaecyparissus	薰衣草棉、绵杉菊、绵山菊	菊科银香菊属	原产法国南部与北非地中海沿岸。我国南北方有栽培	616
258	芳香万寿菊	Tagetes lemmonii	香叶万寿菊、莱蒙万寿菊、防蚊草	菊科万寿菊属	原产中美洲。我国南北方有栽培	616
259	墨西哥鼠尾草	Salvia leucantba	紫绒鼠尾草	唇形科鼠尾草属	原产中美洲及墨西哥。我国南北方有栽培	616
260	天蓝鼠尾草	Salvia uliginosa		唇形科鼠尾草属	原产中美洲及墨西哥。我国长江流域以南栽培较多	616
261	深蓝鼠尾草	Salvia guaranitica	瓜拉尼尼鼠尾草、洋苏叶、尼加拉瓜鼠尾草	唇形科鼠尾草属	原产南美洲巴西等地。我国有栽培	616
262	蚊子草	Filipendula palmata	合叶子	蔷薇科蚊子草属	产东北、华北地区	617

常作一二年栽培

序号	名称	拉丁名	别名	科属	产地及分布	彩图页
263	四季海棠	Begonia semperflorens	四季秋海棠、瓜子海棠	秋海棠科秋海棠属	原产南美洲巴西。我国南北方有栽培	617
264	垂吊秋海棠	Begonia boliviensis	玻利维亚海棠、球根秋海棠、茶花海棠	秋海棠科秋海棠属	原产秘鲁和玻利维亚。我国南北方有栽培	617
265	观叶秋海棠	Begonia purpureofolia	紫叶秋海棠、彩叶秋海棠	秋海棠科秋海棠属	原产巴西和印度东部一带。我国也有分布，南北方有栽培	617
	蟆叶秋海棠	Begonia rex	大王秋海棠、长纤秋海棠、毛叶秋海棠	秋海棠科秋海棠属	产云南、贵州、广西。我国南北方有栽培	—
266	丽格海棠	Begonia × hiemalis	玫瑰海棠、丽格秋海棠	秋海棠科秋海棠属	分布于热带及亚热带地区。我国南北方有栽培	618
267	多叶羽扇豆	Lupinus polyphyllus	鲁冰花、羽扇豆	豆科羽扇豆属	原产美国西部。我国北方有栽培	618

十一、多年生花卉

序号	名称	拉丁名	别名	科属	产地及分布	彩图页
268	毛地黄	*Digitalis purpurea*	洋地黄、自由钟、德国金钟	车前科毛地黄属	原产欧洲西部。我国北方有栽培	618
269	飞燕草	*Consolida ajacis*	彩雀	毛茛科飞燕草属	原产欧洲南部和亚洲西南部。我国各地有栽培	618
270	翠雀	*Delphinium grandiflorum*	千鸟草、百部草、鸽子花、大花飞燕草、猫眼花	毛茛科翠雀属	原产欧洲。我国东北、华北、西南地区多栽培	618
271	高翠雀花	*Delphinium elatum*	大花飞燕草、穗花翠雀、南欧翠雀、高飞燕草	毛茛科翠雀属	分布于西伯利亚至欧洲。我国北方有栽培	619
272	东方罂粟	*Papaver orientale*	鬼罂粟、丽春花、近东罂粟	罂粟科罂粟属	原产地中海地区。我国南方有栽培	619
273	冰岛虞美人	*Papaver nudicaule*	野罂粟、山罂粟、山米壳、小罂粟、宿根虞美人	罂粟科罂粟属	产东北、华北、西北等地区	619
274	千叶蓍	*Achillea millefolium*	蓍草、欧蓍、西洋蓍草、蚰蜒草、一支箭、锯草	菊科蓍属	广泛分布于欧洲等地。新疆、内蒙古及东北地区少见野生	619
275	蕨叶蓍	*Achillea filipendulina*	凤尾蓍、黄花蓍	菊科蓍属	产欧洲高加索地及土耳其、伊朗、阿富汗。我国北方有栽培	619
276	齿叶蓍	*Achillea acuminata*	单叶蓍	菊科蓍属	产东北、西北地区及内蒙古等地	620
277	宿根天人菊	*Gaillardia aristata*	车轮菊、大天人菊、虎皮菊	菊科天人菊属	原产美国、加拿大。我国北方有栽培	620
278	天竺葵	*Pelargonium hortorum*	洋绣球、大花天竺葵、石腊红、洋葵、蚊草、臭海棠、驱蚊草	牻牛儿苗科天竺葵属	原产非洲南部，原产地有250多种，品种近2000个。我国南北方有栽培	620
279	花叶天竺葵	*P. hortorum* var. *marginatum*		牻牛儿苗科天竺葵属	我国南北方有栽培	621
280	蔓生天竺葵	*Pelargonium peltatum*	盾叶天竺葵、常春藤叶天竺葵、藤本天竺葵	牻牛儿苗科天竺葵属	原产非洲南部。我国南北方有栽培	621
281	蹄纹天竺葵	*Pelargonium zonale*	马蹄纹天竺葵、蹄叶天竺葵	牻牛儿苗科天竺葵属	原产非洲南部。我国南北方有栽培	621
282	皱叶天竺葵	*Pelargonium domesticum*	家天竺葵、大花天竺葵、洋蝴蝶、毛叶天竺葵、入腊红	牻牛儿苗科天竺葵属	原产非洲南部。我国南北方有栽培	621
283	宿根六倍利	*Lobelia speciosa*	红花半边莲、宿根半边莲、半边花	桔梗科半边莲属	原产加拿大、美国。北京等地有栽培	621
284	火尾拖茎桃叶蓼	*Polygonum amplexicaule* 'Firetail'		蓼科萹蓄属	国外引进	621
285	海石竹	*Armeria maritima*	荷兰草	白花丹科海石竹属	原产欧洲、美洲山地与沿海，原是生长在海边的花。我国南北方有栽培	622
286	须苞石竹	*Dianthus barbatus*	美国石竹、玉彩石竹、什样锦、锦团石竹	石竹科石竹属	产欧亚温带地区。我国长江流域及以北地区有栽培	622
287	香石竹	*Dianthus caryophyllus*	康乃馨、大花石竹、麝香石竹、狮头石竹	石竹科石竹属	欧亚温带地区有分布。我国广泛栽培供观赏	622

十一、多年生花卉

序号	名称	拉丁名	别名	科属	产地及分布	彩图页
288	大花夏枯草	Prunella grandiflora	麦穗夏枯草、灯笼草、牛低头、铁色草、四层楼	唇形科夏枯草属	原产欧洲经巴尔干半岛及西亚至亚洲中部。我国北方有栽培	622
289	锦葵	Malva cathayensis	大花葵、荆葵、钱葵、金钱紫花葵、淑气花、棋盘花	锦葵科锦葵属	南自广东、广西，北至内蒙古、辽宁，东起台湾、西至新疆和西南各地区，均有分布	622
290	钓钟柳	Penstemon campanulatus	吊钟柳、象牙红	车前科钓钟柳属	原产墨西哥及危地马拉	622
291	红花钓钟柳	Penstemon barbatus	草本象牙红	车前科钓钟柳属	产美国及墨西哥。北京、沈阳、大连等地有栽培	622
292	毛地钓钟柳	Penstemon digitalis	草本象牙红、铃铛花	车前科钓钟柳属	原产北美洲。我国南北方有栽培	622
293	紫叶毛地黄钓钟柳	P. digitalis 'Pocahontas'	铃铛花	车前科钓钟柳属	原产北美洲。我国南北方有栽培	623
294	冬珊瑚	Solanum pseudocapsicum var. diflorum	珊瑚豆、珊瑚樱、圣诞樱桃、玉珊瑚	茄科茄属	原产巴西。我国南北方有栽培	623
295	翼叶山牵牛	Thunbergia alata	黑眼苏珊、黑眼睛、翼叶老鸦嘴、黑眼花	爵床科山牵牛属	原产非洲带热带地区。我国广东、福建栽培较多，北京有栽培	623

盆栽花木

序号	名称	拉丁名	别名	科属	产地及分布	彩图页
296	双腺藤	Mandevilla sanderi	飘香藤、红皱藤、双喜藤、文藤、红蝉花	夹竹桃科双腺藤属	原产中南美洲热带地区。我国南方有栽培	623
297	西番莲	Passiflora caerulea	转心莲、转枝莲、洋酸茄花	西番莲科西番莲属	原产南美洲。热带、亚热带地区常栽培	623
298	金叶假连翘	Duranta erecta 'Golden Leaves'	黄金叶	马鞭草科假连翘属	原产美洲热带地区。我国南方广为栽培，华中华北地区多盆栽	623
299	马缨丹	Lantana camara	五色梅、七变花、如意草、臭草、五彩花	马鞭草科马缨丹属	原产美洲热带地区。我国南北方有栽培	623
300	马利筋	Asclepias curassavica	莲生桂子花、金凤花、羊角丽花、芳草花、金盆银台	夹竹桃科马利筋属	原产拉丁美洲的西印度群岛。我国南方栽培较多	624
301	金苞花	Pachystachys lutea	黄虾衣花、金苞爵床、金包银、虾衣花、黄虾花	爵床科金苞花属	原产秘鲁。我国南北方有栽培	624
302	虾衣花	Justicia brandegeeana	麒麟吐珠、红虾花、狐尾木	爵床科爵床属	原产墨西哥。我国南北方有栽培	624
	翠芦莉	Ruellia simplex	蓝花草	爵床科芦莉草属	原产墨西哥。我国南北方有栽培	—
303	鸳鸯茉莉	Brunfelsia brasiliensis	双色茉莉、番茉莉	茄科鸳鸯茉莉属	原产美洲热带。我国南北方有栽培	624
304	新几内亚凤仙	Impatiens linearifolia	五彩凤仙花、四季凤仙	凤仙花科凤仙花属	原产非洲热带山地。我国南北方有栽培	624
305	萼距花	Cuphea hookeriana	满天星	千屈菜科萼距花属	原产墨西哥。我国南北方各地有栽培	625
306	细叶萼距花	Cuphea hyssopifolia	满天星、紫花满天星	千屈菜科萼距花属	原产墨西哥和危地马拉。我国华南、西南地区可作绿篱或地被	625

十一、多年生花卉

序号	名称	拉丁名	别名	科属	产地及分布	彩图页
307	一品红	Euphorbia pulcherrima	象牙红、老来娇、圣诞花、圣诞红、猩猩木	大戟科大戟属	原产中美洲。我国两广和云南地区有露地栽培，北方盆栽	625
308	比利时杜鹃	Rhododendron hybrida	杂种杜鹃、西洋杜鹃	杜鹃花科杜鹃花属	园艺杂交品种，从比利时引种到我国，南北方有栽培	625
309	肾蕨	Nephrolepis cordifolia	蜈蚣草、圆羊齿、篦子草、石黄皮	肾蕨科肾蕨属	产我国浙江、福建、台湾、湖南、广东、海南、广西、贵州、云南和西藏	625
	波士顿蕨	Nephrolepis exaltata 'Bostoniensis'	高肾蕨	肾蕨科肾蕨属	原种产热带地区	一
310	叶子花	Bougainvillea spectabilis	三角梅、毛宝巾、勒杜鹃、三角花、叶子梅、南美紫茉莉、小叶九重葛	紫茉莉科叶子花属	原产南美洲巴西。我国各地均有栽培，长江流域以南部分地区可露地越冬	626
311	鹤望兰	Strelitzia reginae	天堂鸟、极乐鸟花	鹤望兰科鹤望兰属	原产非洲南部。我国南北方有栽培	626
312	黄蝎尾蕉	Heliconia subulata	黄鹂鸟蕉、金鸟鹤蕉、黄鸟蕉	蝎尾蕉科蝎尾蕉属	原产南美和西印度群岛。我国南北方有栽培	626
313	地涌金莲	Musella lasiocarpa	地金莲、地涌莲、地母莲、千瓣莲花	芭蕉科地涌金莲属	产云南中部至西南部，我国特产	627
314	散尾葵	Chrysalidocarpus lutescens	黄椰子、凤凰尾	棕榈科散尾葵属	原产非洲马达加斯加。我国南北方普遍栽培	627
315	棕竹	Rhapis excelsa	观音竹、观音竹、筋头竹	棕榈科棕竹属	产我国南部至西南部。北方有栽培	627
316	细叶棕竹	Rhapis humilis	矮棕竹、竹棕、棕榈竹、樱桐竹、欧洲扇形棕	棕榈科棕竹属	产我国西南及华南地区。各地常见栽培	627
317	蒲葵	Livistona chinensis		棕榈科蒲葵属	产我国华南地区。北方有栽培	628
318	袖珍椰子	Chamaedorea elegans	矮生椰子、袖珍棕、袖珍葵	棕榈科竹节椰属	原产墨西哥、危地马拉。我国南北方有栽培	628
319	狭叶龙血树	Dracaena angustifolia	长花龙血树、不才树、槟榔青	百合科龙血树属	原产我国海南、云南河口至台湾。南北方有栽培	628
320	龟背竹	Monstera deliciosa	蓬莱蕉、铁丝兰、穿孔喜林芋、电线莲	天南星科龟背竹属	原产墨西哥热带雨林。我国南北方有栽培	628
321	春羽	Philodendron selloum	羽裂喜林芋、羽裂蔓绿绒	天南星科喜林芋属	原产巴西、巴拉圭等地。我国南北方有栽培	628
322	金钻蔓绿绒	Philodendron tatei 'Congo'	金钻、胖那王	天南星科喜林芋属	原产美洲。我国南北方有栽培	629
323	海芋	Alocasia odora	狼毒、野芋、天芋、观音芋、山芋、滴水观音	天南星科海芋属	产我国江西、福建、台湾、湖南、广东、广西及西南地区。北方有栽培	629
324	尖尾芋	Alocasia cucullata	千手观音、老虎掌芋、观音莲	天南星科海芋属	在浙江、福建、广西、广东、四川、贵州、云南等地星散分布	629
325	白鹤芋	Spathiphyllum kochii	苞叶芋、白掌	天南星科白鹤芋属	原产美洲哥伦比亚。我国各地有栽培	629
326	鹅掌藤	Schefflera arboricola	鹅掌柴、鸭脚木、七加皮、招财树	五加科鹅掌柴属	产我国台湾、广西及广东。北方有栽培	629
327	花叶鹅掌藤	S. arboricola 'Variegata'	斑叶鹅掌藤	五加科鹅掌柴属	北方有栽培	630
328	大叶伞	Schefflera actinophylla	吕宋鹅掌柴、昆士兰伞木、澳洲鹅掌柴、大叶鹅掌柴、伞树	五加科鹅掌柴属	原产大洋洲昆士兰、新几内亚及印尼爪哇。我国南北方有栽培	630

十一、多年生花卉

序号	名称	拉丁名	别名	科属	产地及分布	彩图页
329	非洲茉莉	Fagraea ceilanica	灰莉、华灰莉、灰刺木、小黄果	马钱科灰莉属	产我国台湾、海南、广东、广西和云南南部。北方有栽培	630
330	龙船花	Ixora chinensis	英丹、仙丹花、山丹、水绣球、百日红	茜草科龙船花属	产福建、广东、香港、广西。我国南北方有栽培	630
331	苏铁	Cycas revoluta	铁树、凤尾铁、凤尾蕉、凤尾松、辟火蕉	苏铁科苏铁属	产福建、台湾、广东。我国各地常有栽培	630
332	小木槿	Anisodontea capensis	迷你木槿、南非葵、玲珑木槿	锦葵科南非葵属	原产非洲南部。我国多盆栽	631
333	金雀花	Genista 'Yellow Lmp'	黄顶童染料木、金丝雀花	豆科染料木属	原产欧洲。我国南北方有栽培	631
334	双荚决明	Cassia bicapsularis	双荚黄槐、金边黄槐	豆科决明属	原产美洲热带地区。我国台湾及华南地区有栽培，北方盆栽	631
335	黑金刚橡皮树	Ficus elastica 'Decora Burgundy'	黑紫胶榕、印度胶榕、印度橡皮树、印度橡皮树	桑科榕属	原产印度及缅甸。我国各地多有栽培	631
336	褐锦紫叶槿	Hibiscus acetosella 'Mahogany Splendor'	褐锦红叶槿、观叶芙蓉葵	锦葵科木槿属	原产非洲热带地区。是国外培育的新品种，我国南北方有栽培	631
337	变叶木	Codiaeum variegatum	洒金榕	大戟科变叶木属	原产亚洲马来半岛至大洋洲。我国南北方有栽培	632
338	亮红朱蕉	Cordyline fruticosa 'Aichiaka'	亮叶朱蕉、爱知赤、千年木、红竹、红叶铁树、铁树	百合科朱蕉属	1953年产于日本爱知县。中国台湾等地常见栽培	632
339	红边朱蕉	Cordyline fruticosa 'Red Edge'		百合科朱蕉属	我国南北方有栽培	632
340	紫剑叶朱蕉	Cordyline australis 'Atropurpurea'	新西兰朱蕉、澳洲朱蕉	百合科朱蕉属	原产新西兰。我国南北方有栽培	632
341	三色千年木	Dracaena marginata 'Tricolor'	三色马尾铁	百合科龙血树属	原产马达加斯加岛。我国南北方有栽培	632
342	彩虹千年木	Dracaena marginata 'Tricolor Rainbow'		百合科龙血树属	原产马达加斯加岛。我国南北方有栽培	633
343	金边竹蕉	Dracaena deremensis 'Roehrs Gold'		百合科龙血树属	原产非洲热带地区。我国南北方有栽培	633
344	金边银纹竹蕉	Dracaena fragrans 'Lemon Lime'		百合科龙血树属	我国南北方有栽培	633
345	金心巴西木	Dracaena fragrans 'Massangeana'	香龙血树、巴西铁、巴西木	百合科龙血树属	原产非洲几内亚和阿尔及利亚。我国南北方有栽培	633
346	金边百合竹	Dracaena reflexa 'Song of India'	黄边百合竹、红果龙血树	百合科龙血树属	原产非洲马达加斯加及毛里求斯。我国南北方有栽培	633
347	新西兰麻	Phormium colensoi		阿福花科麻兰属	产新西兰和澳大利亚。我国南北方有栽培	634
348	花叶艳山姜	Alpinia zerumbet 'Variegata'	花叶良姜、彩叶姜	姜科山姜属	产我国东南部各地。各城市均有栽培	634
349	银叶桉	Eucalyptus cinerea	圆叶桉、银园桉、圆叶尤加利	桃金娘科桉属	原产大洋洲。我国华南、西南地区有栽培，北方常盆栽	634

多年生花卉　表二

序号	名称	观赏及应用	生态习性、栽培管护	辨识
1	芍药	高0.4～0.7m。花粉、白、黄、红或紫色等，有时基部具深紫色斑块。径8～18cm。品种多。有单瓣或重瓣瓣，芍药迟开，端午前后，是殿春的主景。位列草本之首，被人们誉为花仙和花相，又被称为五月花神。自古就是中国的传统名花之一。现为中国栽培最早的传统名花。花语为美丽动人、依依不舍。古代男女交往，以芍药相赠，表达结情之约或惜别之情，故又称将离草。	喜光照充足，耐半阴；极耐寒，黑龙江北部都可生长，深根性，肉质根粗壮，适宜土层深厚、疏松，排水良好的中性或微酸性沙质壤土。盐碱地不宜种植，在黏土和沙土中生长较差；土壤含水量高，排水不畅，容易引起烂根。不宜春季移植，花前应摘除侧蕾。	2回3出羽状复叶，小叶常3深裂，狭卵形、椭圆形或披针形，缘具白色骨质细齿。花数朵，生茎顶和叶腋。按花形分类与牡丹相似。
2	萱草	高40～60cm。花橘红或橘黄色，花期6～8月。我国有悠久的栽培历史，两千多年前《诗经》就有记载。古称母亲花居室为萱堂，又以母亲萱草来比喻母亲。游子远行，会先在家里种上萱草，希望母亲减轻对孩子的思念。是中国的母亲花，又名忘忧草，居室、书房可配置，寓意消除愤怒，忘却忧愁。	喜光，耐半阴，耐寒也耐高温，耐旱也喜湿，对土壤要求不严。花后宜近地面剪除花枝，及时清除枯叶。	根近肉质，叶基生，狭长条形，长30～60cm，宽约2.5cm。圆锥花序具6～12花，单或重瓣，花被裂片中部有褐红色粉斑，边缘波状皱褶
3	重瓣萱草	花橘黄色，较小。花被裂片多数，雌蕊发育不全	同原种	
4	金娃娃萱草	高30～40cm。花大，黄色，花冠漏斗形，径7～8cm，开花早，是萱草中花期最长的品种。花期5～10月	喜光、耐半阴，耐热，耐旱，耐湿，对土壤适应性强，在中性、偏碱性土壤中均生长良好；病虫害少	
5	大花萱草	杂种萱草，有玫红、橘红、白、黄色等，花量大，花色多。花大，花多，品种很多。是萱草杂交多倍体品种，品种很多。	同原种	很多品种植株变矮，株丛更加美观
6	黄花菜	植株一般较高大。花可达百朵以上，淡黄色，具芳香，特别是花药，因各含多种生物碱，会引起腹泻等中毒现象。鲜花不宜多食，需高温加热后食用	喜光，耐半阴，耐旱，耐高温，不择土壤，花在强光下不能完全开放，一般下午2～8时开放，次日上午11时前凋谢	叶带状，长0.5～1.3m，宽6～25mm。花梗较短，花被管3～5cm，裂片宽2～3cm
7	北黄花菜	顶生二歧状的总状或圆锥花序，具4～10花，漏斗状，淡黄色，一般傍晚开放。花期6～9月，仅具1～2花，稀具3花。	生于海拔500～2300m的草甸、湿草地，山坡或林下	叶基生，二列，带状，长20～70cm，宽3～12mm。花被裂管长1.5～2.5cm，裂片长5～7cm，宽约1.5cm
8	小黄花菜	花序不分枝，仅具1～2花，稀具3花。花期6～9月，一般傍晚开放。花色淡黄色	生于海拔2300m以下的草地，山坡	花被裂片宽1.5～2.3cm。其他品种似北黄花菜
9	玉簪	高30～50cm。对生总状花序。花白色，浓香，阴生植物，用于树下地被，或栽植于岩石间及建筑物北侧。人们喜欢它浓荫形的脱俗，称其江南第一花。花语为镇定、脱俗，冰清玉洁。	喜阴湿，忌强光直射；性强健，耐寒，抗旱；不择土壤，喜土层深厚、排水良好且肥沃的沙壤土；抗病虫害等有害气体；抗氟化氢、二氧化碳等有害气体，净化空气能力强	根状茎粗大，具基生成丛，叶基生心状卵形，弧状侧脉6～10对。花大，花莛高可达0.8m，雄蕊与花被近等长或略短，基部约2cm贴生于花被管上
10	小黄金叶玉簪	叶金黄色，花淡紫色	同原种	
11	金边玉簪	国外引进品种，叶心形，缘有黄色宽条纹；花淡紫色，漏斗状，花期6～9月。玉簪在国外宿根植物中销量最大，栽培品种4000多个。叶色绿、黄、彩相；植株高大、中、小、微；株形直立、圆拱、圆垂等	不同品种对光线要求不同，彩叶光照宜强，蓝叶耐阴极强，大多品种75%遮光率表现较好。叶边多由于强光照射及引发日灼病，宜整叶摘除	其他品种有法兰西，金标，金叶紫等。大富豪，杂色边，白边。耐强光中央白边，浅绿色边较好。爱国者、鳄梨，巨无霸、法兰西，称阳光白边
12	东北玉簪	高50～60cm，花序具几至十几朵花，完全离生，花莛高可达0.6m，花紫色，雄蕊伸出花被外。花期7～8月	耐阴湿，忌强光，耐寒	根状茎粗短。叶长圆状披针形，狭椭圆形至卵状椭圆形，长10～15cm，先端渐尖，侧脉5～8对；叶柄因叶片下延至少上部具狭翅

十一、多年生花卉

序号	名称	观赏及应用	生态习性、栽培管护	辨识
13	紫萼玉簪	高30~50cm，总状花序顶生，花葶高可达1m，具10~30花，淡紫色花，雄蕊伸出花被外，完全离生。花期6~8月	喜阴湿，耐寒，忌强光直射，宜疏松肥沃的沙壤土	叶卵状心形，卵形至卵圆形，先端急尖，基部心形或近截形，极少基部下延略呈楔形，7~11对，具弧形脉，边缘波状
14	花叶玉簪	叶面有乳黄或银白色纵斑纹。花暗紫色，花期6~8月	喜阴湿，忌强光	叶较小，卵形，叶缘微波伏
15	鸢尾	高30~70cm，花茎与叶等长，着1~3花，耐半阴，红紫、黄、蓝紫。叶，花还有紫，黄色友谊与吉祥，径约10cm，花期4~5月。花语：白色代表纯真，紫色代表方素雅大方或暗中仰慕；紫色的使者；在我国常象征爱情和友谊，鹏程万里，前途无量。赞赏对方素雅大方或暗中仰慕，爱的使者，明察秋毫。法国国花	喜阳光充足，气候凉爽，耐半阴，不耐炎热和太阳直射，耐寒力强。喜排水良好，略耐水湿，耐旱酸性土壤，耐盐碱和石灰质土壤。适应能力极强，忌雨水过涝。耐粗放管理。注意预防叶枯病，8月高发，叶尖枯黄卷曲，叶色淡，影响观效果	叶基生，黄绿色，剑形，长15~50cm，有数条不明显的纵脉
16	德国鸢尾	有髯鸢尾的一个种群。高60~90cm，花茎高于叶面，着3~8花，白、黄、淡蓝、淡紫等紫色，花大艳丽，径达12cm，花期5~6月，品种很多	喜光，耐寒耐旱，不耐水湿，宜温暖、肥沃湿润、排水良好，含石灰质的微碱性环境	基生叶2列状排列，剑形，长20~50cm，绿色略带白粉。6花花被裂片分内外两轮排列，外花被中脉密生黄色须状髯毛，是本品种的重要标志
17	西伯利亚鸢尾	高30~50cm，花蓝色，外花被片有褐色网纹及黄斑，爪部有褐色网纹及黄斑，径7.5~9cm，花期4~5月	既耐寒又耐热，抗病性强	叶灰绿色，线形，长20~40cm，宽0.5~1cm。外花被裂片倒卵形，长5.5~7cm，宽3.3~5cm，中央下陷呈沟状，爪部宽楔形，上部反折下垂
18	溪荪	高0.5~1m，花茎与叶同高，有2~3花，蓝色，外花被片的上部蓝紫色，爪部黄色，径6~7cm，花期5~6月	喜光，耐半阴，耐旱耐寒，对环境要求不严	叶线状剑形，长20~60cm，宽0.5~1.3cm，中脉不明显。外花被片倒卵形，长4.5~5cm，宽约1.8cm，内花被片直立，倒披针形，长约4.5cm
19	喜盐鸢尾	高30~50cm，花茎短于叶，花淡黄或稍带白色，径5~6cm，花期5~6月	生于草甸、草原、山坡荒地、砾质坡地及潮湿的盐碱地	基生叶剑形，灰绿色，中脉不明显，纵脉10余条。花被裂片比花被管长2倍以上；外花被裂片提琴形，长约4cm，内花被裂片倒披针形
20	蓝花喜盐鸢尾	花蓝紫色，或内、外花被裂片的上部蓝紫色，爪部黄色	同原种	
21	矮紫苞鸢尾	高15cm左右，花淡蓝或蓝紫，径3.5~4.5cm，中部白色，有蓝紫色条纹及斑点，外裂片长约2.5cm，花期4~5月	生于向阳沙地或山坡草地	植株矮小。叶条形，长8~15cm，宽1.5~3mm，灰绿色。花茎高5~5.5cm，苞片2枚，有花1朵
22	马蔺	高30~60cm，径5~6cm。花茎与叶等高，着1~3花，蓝色，花淡蓝、蓝或蓝紫色，花期5~6月。非常适合我国北方气候干燥、土壤盐碱化地区水土保持和盐碱地绿地改造。花语为信任的爱人、爱的使者	喜光，耐阴，耐热，抗旱，抗寒，略耐水湿，不耐水涝；抗杂草，耐践踏；有极强的抗病虫害能力；耐重盐碱；华北地区绿期280天以上	叶基生，灰绿色，狭线形，长约50cm，坚硬，原种为白花
23	射干	高0.4~1.2m。二歧伞房花序，着15~20花，花橙色，带暗紫色斑点，径4~5cm。叶，花根有毒。花语为诚实、诚意	喜光照充足及干燥气候，稍耐阴，耐高温，耐寒，耐旱；忌积水及盐碱地，对土壤要求不严，宜排水良好的沙壤土。耐粗放管理	叶剑形，长20~60cm，扁平如扇，无中脉
24	八宝景天	高30~70cm。顶生伞房花序密集，小花白或粉红色，花瓣5，长5~6mm，雄蕊与花瓣等长或稍短，花期8~10月。花语为吉祥	喜光，耐半阴，耐低温，耐干燥，宜通风良好，耐贫瘠和干旱，忌雨涝积水	全株略被白粉，呈灰绿色。叶多对生，长圆形至卵状长圆形，长4.5~7cm，肉质，扁平，缘有疏齿

十一、多年生花卉

序号	名称	观赏及应用	生态习性、栽培管护	辨识
25	长药八宝	高 30～70cm。顶生伞房花序密集，径 7～11cm，小花白、淡粉、淡紫红或紫红色，雄蕊长于花瓣一半以上，花期 8～9月	喜光及干燥，通风环境，耐寒、耐旱，忌积水，对土壤要求不严。管理粗放	叶对生或 3 叶轮生，卵形至宽卵形，长圆状卵形，长 4～10cm，全缘或多少有波状牙齿
26	紫八宝	高 16～70cm。伞房状花序，花密生，紫红色，花期 7～8月	生于山坡草原或林下阴湿山沟边	叶互生，卵状长圆形至长圆形，长 2～7cm，缘有不整齐牙齿
27	三七景天	高 20～50cm。聚伞花序，花黄色，花期 6～7月	喜光，稍耐阴、耐寒、耐热、喜凉爽、耐旱，耐盐碱，不择土壤；耐修剪。生命力很强	单叶互生，近革质，狭披针形至披针形，长 3.5～8cm，缘有不整齐锯齿
28	德景天	杂交景天的栽培变种。高 30～40cm。叶早春黄或红色，花期 7～8月。叶淡粉色，晚秋呈锯色	喜光，耐轻度庇荫，耐寒，耐旱	叶对生或 3～4 轮生，椭圆形或匙形，缘有钝齿
29	粗壮景天	高 30～40cm。松散花序，花淡粉色，花期初秋	喜光，较耐寒，耐旱	茎粗，紫色。叶柄短，略带紫色
30	大花金鸡菊	高 30～60cm。花金黄色，单或重瓣，径 4～6cm，花期 5～9月。有金叶品种。花语为上进心、竞争心、夏天的记忆	喜光，耐寒，忌炎热，耐旱、耐瘠薄，对土壤要求不严，宜排水良好；抗二氧化硫，容易栽培，可自播，应及时清除残花，剪后可二次开花	基部叶匙形或披针形，中上部叶 3～5 深裂，裂片线形或披针形
31	宿根福禄考	高 25～60cm。圆锥花序球形，花冠高脚碟状，红、蓝、紫、粉、玫红或白色，花期 6～10月。花语为欢迎。玫红或白色，大方	喜酷暑；忌酷暑；耐旱，忌水涝，喜冷凉气候，耐寒，喜湿润，排水良好的沙质灰质壤土，耐盐碱，pH 值 8 以上或 4 以下土壤生长不良	叶长椭圆状披针形，长 7.5～12cm
32	荷兰菊	高 20～60cm。头状花序伞房状，花蓝紫、玫红、粉或白色，径 2～3cm，花期 6～10月，有些品种春秋两次开花。花语为不畏艰苦，爱的象征，优美	喜温暖湿润和阳光充足的环境，不耐炎热，耐寒性强，喜肥沃、排水良好的土壤	茎丛生。叶线状披针形，长 1.5～2cm，全缘或有浅齿。叶基略抱茎
33	紫菀	高 40～70cm。头状花径 2.5～4.5cm，排列成复伞房状，舌状花淡紫至蓝紫色，花期 7～9月	喜光，也耐阴，耐寒、耐旱，管理粗放	茎粗壮直立。茎生叶多长圆形或长圆状披针形，全缘或有浅齿，较兰亚菊大。本属约 500 种
34	高山紫菀	高 10～30cm。头状花序径 3～3.5cm，舌状花紫色，蓝或淡红色，管状花黄色，花期 6～8月	同紫菀	有丛生的茎和莲座状叶丛，下部叶匙形或长圆状匙形，长 1～10cm，上部叶狭小
35	柳叶白菀	高 1.3～1.5m。每茎着数十花，花白或黄色，径约 1cm，花量大。株形优雅。花期 10～11月，飘逸	喜光，喜温暖、湿润，土壤宜排水良好	叶互生。狭披针形，缘有浅齿，形似柳叶
36	木茼蒿	亚灌木，高 0.3～1m。花形、花色多，花浅粉、深粉、紫、白或淡黄色，花期 3～7月。16 世纪的挪威公主玛格丽特十分喜这种清新脱俗的小白花，就以自己的名字玛格丽特替花命名。西方有少女的别称，被许多年轻女孩喜爱，诚实	喜全光，喜冷凉、湿润，稍耐寒，不耐炎热、雨淋；忌积水，耐瘠薄，宜疏松肥沃、腐殖质丰富的沙质壤土	枝条大部木质化。叶宽卵形或长椭圆形，长 3～6cm，2 回羽状分裂，1 回为浅裂或几全裂，裂片线形或披针形
	黄金菊	高 0.4～1m。花金黄色，花色亮丽；花期早春至秋季，花期长	喜阳光充足，耐寒力较强，抗高温能力较强，宜中等湿润，排水良好的土壤；病虫害少	叶长椭圆形，羽状分裂，裂片披针形
37	大滨菊	高达 1m 左右。舌状花白色，花色黄色，径达 7cm，有香气，花期 5～7月	喜光，耐寒、耐旱，耐瘠薄，排水良好的土壤	基生叶倒披针形，茎生叶线形，缘有细尖齿

十一、多年生花卉

序号	名称	观赏及应用	生态习性、栽培管护	辨识
38	滨菊	高30～60cm。花白色，花期5～10月	喜光、耐寒、耐旱、喜湿厚、宜深厚、肥沃的土壤；耐修剪	基生叶倒披针形至卵形，长3～8cm，缘具粗齿；茎生叶少，长椭圆形，缘具波状疏齿，有羽裂
	款冬	早春抽出数个花莛，密被白色茸毛。头状花序单生顶端，径约3cm，花黄色，花期2～3月。寓意不畏冰雪的高洁品性	生沟谷水边、小溪缓流或林下	花后生出基生叶，阔心形，长3～12cm，具长柄，状疏齿。果实似蒲公英
39	石竹	高10～30cm。花形、花色丰富，有紫红、粉红、鲜红或白色，边缘不整齐齿裂，喉部有斑纹，疏生髯毛，较耐寒，女性美，石竹是母亲节的象征。中国传统名花之一，花语为纯洁的爱、才能、大胆、	喜阳光充足、干燥通风及凉爽的气候，耐阴、耐寒、不耐酷暑，夏季多生长不良或枯萎，耐干旱，耐瘠薄。栽培时应注意遮阴降温，忌水涝	叶线状披针形，长3～5cm
40	浅裂剪秋罗	高30～60cm。花深红或砖红色，径3.5～5cm，花瓣浅2裂或深凹缺，花期6～7月。花语为孤独	喜光、耐半阴、耐寒、喜凉爽、湿润、忌湿涝，耐石灰岩及石砾土壤	叶长圆状披针形或长圆形，长5-11cm。花瓣裂片倒卵形。另有剪秋罗瓣深裂达1/2
41	针叶福禄考	高10～20cm。花冠高脚碟状，花色玫红、粉红、淡紫、青、紫、白等，花期4～5月。花期及绿期长，有开花的草坪之称。最好用在排水好的坡地，平地应铺设排水设施。花语为一致	喜阳光充足及冷凉气候，耐半阴、耐寒、耐旱性强，喜肥沃深厚、排水良好的土壤；耐修剪。非常怕积水，忌夏季炎热多雨	茎丛生，铺散，多分枝。叶多而密，钻状线形或线状披针形，长1～1.5cm，锐尖
42	厚叶福禄考	高50～80cm。花深粉色，花重极大，花期5～6月	喜光、耐湿热、喜湿润土壤、耐半阴。雨季前修剪，以透风防病	花后植株匍匐生长。叶长披针形
43	紫露草	高30～70cm。花深蓝、浅蓝、白或红色，径1.2～2cm。花语为尊严，尊贵。清晨开花午前闭合，花期6～10月	喜光、耐半阴、耐寒，喜凉爽湿润环境，怕强光直射，夏天修剪，不择土壤；性强健；生长过高可春季剪防倒状，花后及时剪花茎延长花期；华北地区可露地越冬	叶线状披针形，稍弯曲
44	金叶紫露草	叶金黄色。花淡紫红色，花期5～10月	同原种	花后植株匍匐生长
	紫花楼斗菜	高30～50cm。萼片、花瓣暗紫或紫色，花序着3～7花，萼片通常比花瓣短，距比较长，花期5～7月	本属喜半阴、耐寒、性强健，喜湿润、排水良好的沙质土	1至2回三出复叶，小叶上部3裂，裂片常有2～3圆齿。花药长椭圆形，黄色。原种花黄绿色
45	河北楼斗菜	2017年发表的新种，以前误定为紫花楼斗菜。花紫色，类紫花楼斗菜	同紫花楼斗菜	与紫花楼斗菜区别：萼片通常比花瓣长，花瓣的喇叭管状结构（距）比较短
46	华北楼斗菜	高40～60cm。花序少花，花较大，下垂，萼片、花瓣紫，雄蕊不伸出花冠，距末端钩状，花期5～6月，花叶美丽	宜半阴、耐寒、喜冷凉，忌酷暑和干旱，喜肥沃、湿润、排水良好的土壤	1或2回三出复叶，3裂，2.5～5cm，缘有圆齿
47	杂种楼斗菜	高40～60cm。花色丰富，紫红、深红、黄色等，花期4～6月。花语为必胜	喜全光、耐寒、不耐高温、高湿	1或2回三出复叶。花顶生，下垂
48	铃兰	高15～30cm。总状花序具10小花左右，小花广钟状，小花白色，花期5～6月。浆果红色。法国的婚礼上常可以看到，纯洁、幸福的象征	喜凉爽，湿润和半阴的环境，有无足够散射光即可，温度较低条件下，阳光直射也可繁育开花；极耐寒，喜湿润，忌炎热干燥，夏季休眠，喜富含腐殖质、疏松、排水良好的肥沃壤土	叶通常2枚，卵状披针形，长6～20cm，弧形脉
49	鹿药	高30～60cm。顶生圆锥形，熟时红色，花期5～6月。浆果球形，小花白色，果期7～8月	生林下阴湿处或岩缝中	叶多枚，互生，卵形椭圆形或狭矩圆形，长6～13cm。果径5～6mm

序号	名称	观赏及应用	生态习性、栽培管护	辨识
50	舞鹤草	高8~25cm。总状花序顶生，长3~5cm，约有20花，小花白色。花期5~6月。浆果球形，熟时红色	生高山阴坡下	茎生叶常2枚，三角状卵形，基部心形，长3~10cm，缘有锯齿状乳突或具柔毛
	玉竹	高20~50cm。花序具1~4花，花淡黄绿或白色，下垂，具香味。花期5~6月	喜半阴，潮湿环境，耐寒，忌积水，宜肥沃、疏松土壤	7~12叶生于茎上部，微革质，卵形至椭圆形，长5~12cm，叶脉隆起。浆果蓝黑色
51	小玉竹	花序常仅具1花	同玉竹	和玉竹的区别：根状茎较细，长5.5~8.5cm，下面具短糙毛
	黄精	高0.5~0.9m。花序腋生，具2~4花，下垂，先端6裂。花期5~6月。浆果球形，熟时黑色	生林下，灌丛或山坡阴处	叶4~6枚轮生，条状披针形，长8~15cm，先端卷卷或弯曲成钩
	热河黄精	高约1m。花序具5~12花，花白色，顶端6裂，花期5~8月。浆果熟时蓝色	生于山坡林缘、林下、山脊灌丛中	根状茎较粗壮。叶7~15枚，卵形至卵状椭圆形，长4~9cm，具
	藜芦	高可达1m。顶生圆锥花序长30~50cm，花被片长5~14cm，花黑紫色至暗紫红色，具暗褐色斑点。蒴果三棱状。全株有毒	生于山坡林下或草丛中	叶4~5枚，椭圆形至圆状披针形，长12~25cm，具平行脉，明显褶敏状
	黄花油点草	高可达1m。聚伞花序疏生花少，花被片6，不向下反折，黄绿色，具紫褐色斑点，雄蕊和柱头向外反折，花期6~7月	生于沟谷林下，水边	叶矩圆形或椭圆状倒卵形，长5~14cm，基部心形抱茎，面散布着水滴状般的暗绿色斑点
	宝铎草	高30~80cm。花钟状，黄或淡黄色，1~3朵生于枝端，下垂，花被片6，花期5~6月。浆果三棱状，熟时黑色	生林下或灌木丛中	叶卵形或椭圆形，长4~15cm，脉上和边缘有乳头状突起
52	蓝亚麻	高30~80cm。多数花组成聚伞花序，径约2cm，阳光下开放一天即谢，花期6~8月。花语为优美、朴实	喜阳光充足，干燥凉爽，耐寒，耐旱，喜排水良好的土壤；性强健，病虫害少；不耐移植。经修剪可延长花期	茎细而柔软。叶细而多，条形至披针形，灰绿色，长8~25mm，内卷，具1~3主脉
53	多花筋骨草	高6~20cm。轮伞花序至紧密的穗状，花蓝紫或蓝色，筒状，花期4~6月	生于开阔的山坡疏草丛，河边湿草地或路旁	茎4棱形。叶、茎、花萼密被长柔毛。基生叶椭圆形至椭圆形，长4~7.5cm，缘具不整齐牙齿
	筋骨草	高25~40cm。轮伞花序多花排成假穗状，花紫色，具蓝色条纹，花期4~6月	喜稍耐阴，较耐寒；阴湿草地，林下湿润处及灌丛中草丛中	茎和花萼无毛或被疏毛，叶卵状椭圆形至狭椭圆形，长4~7.5cm，缘具多牙齿
54	黄芩	高0.3~1m。总状花序偏向一侧，长7~15cm，花冠紫，花期6~9月	喜光，喜温暖，耐严寒，耐旱怕涝，宜中性和微碱性沙壤土。忌连作	叶坚纸质，披针形至线状披针形，长1.5~4.5cm，长2mm
55	甘肃黄芩	高20~40cm。花粉红、淡紫至紫紫色，二唇形，长2.3~3cm，花期5~8月	喜光，稍耐阴，耐寒	叶明显具柄，腹凹背凸，草质，卵圆状披针形，长1.4~4cm
56	并头黄芩	高15~30cm。花单生于茎上部叶腋，偏向一侧，蓝紫色，长2~2.2cm，花期6~7月	喜光，稍耐阴，耐寒；生于草地或湿草甸	叶近无柄，三角状卵形至披针形，长1.5~4cm，缘大多具浅锐牙齿
57	狭叶黄芩	高6~30cm。单花腋生，蓝紫色，长2~2.3cm，花期6~7月	生于河岸或沼泽地	叶狭披针形，长1.7~3.3cm，宽3~6mm，全缘但稍内卷
58	沙滩黄芩	高8~24cm。花单生叶腋，紫色，长1.6~1.8cm，花果期5~10月	生于海边沙地上，抗风沙，耐瘠薄，耐盐碱	叶多具短柄，常椭圆形，长1~2cm，薄纸质，圆形，先端钝或圆，缘有钝尖浅牙齿

十一、多年生花卉

序号	名称	观赏及应用	生态习性、栽培管护	辨识
59	半枝莲	高15～50cm。花单生于腋，长9～13mm，花期4～7月。花语为阴光，朝气	生于水田边、溪边或湿润草地上	叶三角状卵圆形或卵圆状披针形，长1.3～3.2cm，缘具疏而钝的浅牙齿
60	沙参	高40～80cm。花序假总状或狭圆锥状，花梗极短，花冠宽钟状，长1.5～2.3cm，花期5～6月	耐寒，喜肥沃、疏松、稍湿润的土壤；不耐移植	茎生无柄，椭圆形或披卵形，缘有不整齐锯齿
61	丹参	高40～80cm。长总状花序，花冠紫蓝色，长2～2.7cm，花期4～8月。鼠尾草属有近于种植物	生于山坡、林下草丛或溪谷旁	叶常奇数羽状复叶，小叶3～5，卵圆形或披针形，1.5～8cm，先端锐尖或渐尖，缘具圆齿，被柔毛
62	林荫鼠尾草	高30～60cm。花序长30～50cm。花期5～11月。花语：热爱家庭智慧；红色，心在燃烧。玫红或白色，	喜光照充足，通风良好，耐-18℃低温；不择土壤，耐旱，忌积水。夏季花后效果差；宜适当修剪，促进秋季二次开花	叶对生，长椭圆状近披针形，先端尖，叶面皱，缘具粗齿
63	草原鼠尾草	高60～80cm。花期夏季，花蓝或蓝紫色	喜光，耐半阴，耐寒	叶长卵形或宽卵形，缘具粗齿
64	轮叶鼠尾草	高60～80cm。花期夏秋季，轮伞花序穗状，花蓝紫色	喜光，耐半阴，耐寒	叶轮生
65	荷包牡丹	高30～60cm。叶似牡丹，花似荷包。总状花序长约15cm，花紫红至粉红色，花期4～6月。花语为答应求婚，顺从你	喜光、耐寒、喜凉爽，不耐高温暴晒，高温和干旱，宜排水良好、富含有机质的沙壤土。对移栽要求高，每年春天芽体刚刚萌发时是最佳移栽时间	三出羽状复叶
66	白花荷包牡丹	花白色	同原种	与原种的主要区别在于，花白色
67	白屈菜	高0.3～1m。伞形花序多花，黄色，4瓣，花期4～9月。有毒，可入药	喜光，耐半阴，耐热，喜湿润，耐旱，宜疏松、肥沃、排水良好的土壤	叶奇数羽状全裂，裂片5～9，卵形，叶背被粉白
68	蓝盆花	高30～80cm。头状花序单生或3出，径3～3.5cm，半球形，花期7～8月，果期9月，蓝紫色，除残花可延长花期	生于干燥沙地、沙丘、干山坡及草原上，喜光、耐寒、喜通风良好，忌水湿和炎热。及阴清	基生叶成丛，叶轮廓椭圆形，长6～10cm，羽状全裂，裂片线形；茎生叶对生，叶轮廓长圆形，长8～15cm，回羽状羽状全裂，裂片线形，1～2
69	大花蓝盆花	高10～20cm。头状花序大，直径5～7cm	同原种	与原种的主要区别在于，植株低矮，茎生叶少
70	鸽子蓝盆花	高15～20cm。花蓝色，花期5～11月，几乎整年开花	喜光	植株呈坐垫状，紧凑丛生。花朵平展
71	柳叶马鞭草	高0.5～1.5m。冠幅0.6m，有高0.3m品种。聚伞花序，小花粉红或粉紫色，花期6～10月。在南方生命力顽强，有侵入性，注意生态风险。花语为正义、期待	宜全日照，日照不足时生长不良；喜温暖、湿润气候、耐热，不耐寒；对土壤要求不严，宜疏松肥沃、排水良好的壤土。播种3个月以上才能开花。北京可露地防寒越冬，低温0℃以上可安全越冬；长江以北地区越冬较难，一般作一年生栽培，每平方米4～6株	茎4棱。叶线状披针形，缘有牙缺刻
72	山桃草	高0.6～1.5m。花序长穗状，花白色，后期变粉红色，花序长20～60cm，花期5～9月，野趣浓。花语为不服输	喜光，耐半阴，耐寒，宜凉爽、湿润环境和疏松、排水良好的土壤。北京冬季背风向阳覆盖保护越冬	叶无柄，椭圆状披针形或倒披针形，长3～9cm，向上渐变小，缘具疏离的齿或波状齿

序号	名称	观赏及应用	生态习性、栽培管护	辨识
73	紫叶山桃草	高0.3~0.6m。花小而多，叶紫色，粉红色，花期7~8月	喜光，耐寒，对肥水要求不严，宜湿润环境和疏松土壤	叶披针形，缘具波状齿
74	花叶山桃草	叶缘具白斑，花白色	同原种	
75	肥皂花	高30~90cm。聚伞圆锥花序具3~7花，花白色或淡粉色，花期6~9月。花语为净化	喜光，耐寒，较耐贫瘠，耐旱，不择干湿；性强健，地下茎发达；有自播性	叶椭圆形或椭圆状披针形，长5~10cm，半抱茎，顶端急尖，具3或5基出脉
76	重瓣红肥皂花	花重瓣，初开白色，后变浅红色	同原种	
77	金光菊	高0.5~2m。头状花序单生枝端，花金黄色，径7~12cm，花期7~10月	喜光，喜温暖及通风良好，耐寒，对土壤要求不严。花期应及时补充水分、养分	上部叶不分裂，卵形，全缘或有少数粗齿；中下部叶3~7羽状裂或不等疏齿状浅裂，裂片长圆状披针形，缘具不等疏齿或缘具浅裂
78	全缘金光菊	高0.7~2m，矮化品种0.2~0.8m。头状花序，管状花近球形，淡绿、淡黄至黑褐色，花期7~10月。有矮生品种。花语为公平，正义	喜光，耐半阴，耐寒，忌水湿，宜疏松、排水良好的沙质土；易栽培；抗病虫	叶阔披针形，不分裂，缘具齿
79	松果菊	高0.4~1m。头状花序，径达10cm。舌状花紫红、粉、红或白色，管状花橙黄色，花期5~10月。有矮生品种。花语为坚强	喜光，耐半阴，耐寒，不择土壤，富含腐殖质、排水良好的土壤。花后及时摘除残花可延长花期	叶卵形至卵状披针形，缘具浅齿
80	赛菊芋	高0.5~1m。头状花序呈伞房状，径4~6cm，黄色，花期6~9月	喜光，耐半阴，极耐寒；不择土壤，耐瘠薄。管理粗放	叶对生，长卵圆形，先端尖，缘具齿
81	菊芋	高1~3m。头状花序，径2~5cm，黄色舌状花常12~20，管状花黄色，花期8~9月。块状地下茎可食	喜光，稍耐阴，耐寒，抗旱，抗风沙，无病虫害；再生性极强，可在荒漠生长，保持水土	下部叶卵圆形或卵状椭圆形，长10~16cm，缘有粗齿，离基3出脉；上部叶长椭圆形至卵阔披针形
82	轮叶金鸡菊	高30~70cm。花明黄色，花期6~9月	喜光，耐寒，耐旱，喜湿润。北京可露地越冬	叶线形，轮生
83	玫红金鸡菊	高20~50cm。花粉、红、橙黄或复色，品种多	喜光，耐旱，喜湿润，耐寒性一般	叶线形
84	加拿大一枝黄花	高1~1.5m。最高2.5m。顶生圆锥花序黄色，花期6~8月。我国南方泛滥成灾，侵害严重，需清除	喜光，喜凉爽，耐寒，耐瘠薄，不择土壤。宜土壤肥力较差，否则极易徒长，引起倒伏。北方地区不结实	叶披针形，长5~12cm，缘有齿
85	一枝黄花	高0.3~1m。花序长6~25cm，花黄色，花期4~10月	喜光，喜温暖气候及湿润土壤，不耐寒，宜排水良好	叶较厚，椭圆形至宽披针形，长2~5cm，向上叶渐小，全缘或仅中部以上具细齿，叶柄具翅
86	杂种一枝黄花	花黄色，多下垂，花期4~10月	同一支黄花	
87	欧亚旋覆花	高20~70cm。头状花序径2.5~5cm，花黄色，花期6~9月	喜光，喜冷凉，耐寒，宜湿润、肥沃土壤；生于河流沿岸、湿润坡地，田埂和路旁；管理粗放	叶长椭圆形或披针形，长3~12cm，叶基部心形或有耳，明显抱茎
88	旋覆花	高20~70cm。头状花序径3~4cm，花黄色，花期6~9月	喜光，耐半阴，耐寒，喜湿润；生于山坡路旁、湿润草地、河岸和田埂上	叶长4~13cm，基部抱茎不明显
89	落新妇	高50~80cm。顶生圆锥花序长达30cm，花红、紫、粉或白色，花期6~8月。杂交种较多。花语为欣喜	喜半阴，忌暴晒，耐寒，耐热，喜湿润；对土壤适应性较强，宜疏松、肥沃土壤，忌积水；性强健	基生叶3出复叶，小小卵圆形，长2~8cm，缘具重锯齿；茎生叶2~3，较小

序号	名称	观赏及应用	生态习性、栽培管护	辨识
90	厚叶岩白菜	高15～30cm。聚伞花序圆锥状，长3.5～13cm，具多花，花粉红色。花期5～7月。冬季叶变红	喜光，喜凉爽，湿润及半阴环境，耐寒，宜凉爽，不耐旱	基生叶革质，倒卵形至椭圆圆形，长5～12.5cm，缘具波状齿
91	美女樱	高0.4～1.5m。花单生，径10～20cm，深红、粉红、紫或白色，花期6～10月，每朵花寿命一天，但花期长。花语为纯洁、平凡	喜光，喜温暖，湿润，耐高温和暴晒，耐寒，较耐水湿，宜排水良好	叶卵形至卵状披针形，有时具2小侧裂片，长10～18cm，缘具钝齿
92	穗花婆婆纳	高30～50cm。花序长穗状，长10～15cm，花蓝紫色为主，还有白、桃红、雪青或淡蓝色等，花期6～9月。花语为健康、驱除厄运	喜光，耐半阴，耐寒，宜肥沃湿润，对土壤要求不严；宜肥沃湿润，排水良好的土壤；耐修剪	茎常灰或浅绿色，下部常生白长毛，上部至花序密生黏质腺毛。叶披针形至椭圆形，长2～8cm，缘具圆或圆状尖齿
93	东北婆婆纳	高0.6～1m。花序长穗状，花冠蓝或蓝紫色，少白色，花期6～8月	喜光，耐半阴，耐寒，宜土壤湿润，排水良好。雨季注意排涝，花后修剪促进二次开花	中下部叶半抱茎，上部叶无柄或有短柄，长椭圆形至披针形，长6～13cm，缘具三角状齿
94	桔梗	高20～80cm。花蓝紫、粉或白色，径1.5～4cm，花期6～10月。花语为永恒不变的爱、高贵	喜温暖，凉爽，湿润的环境，耐寒，耐旱，怕风害，积水，宜肥沃疏松，排水良好的土壤	叶卵形至披针形，长2～7cm，缘具细齿
95	假龙头	高30～80cm。穗状花序长20～30cm，花淡粉，浓紫或白色，花期8～9月。花语为成就感	喜光，耐热，耐轻霜冻，对土壤要求不严，耐旱，忌涝，宜湿润及排水良好，湿润及排水不良致生长不良，叶易脱落	茎4棱。叶披针形，缘具齿
96	花叶假龙头	叶缘具白斑	同原种	
97	大叶铁线莲	高0.3～1m。花径2～3cm，萼片4，蓝紫色，基部呈管状，顶端常反卷，花期8～9月	耐阴，喜光，忌强直射，耐寒力强，喜有机质丰富，排水良好的微酸性至中性土壤及低洼注地	3出复叶，小叶卵圆形，宽卵圆形至近圆形，长6～10cm，顶端短尖，缘具不整齐粗齿
98	薰衣草	半灌木，高30～50cm。轮伞花序常具6～10花，聚成穗状花序长约3cm，花浅蓝紫色，具香气，花语为等待爱情，心心相印，是纯洁、清净、浪漫、感恩与和平的象征，可助安心凝神，能驱蚊虫。花期夏季	喜光，耐寒，宜疏松土壤	叶线形或披针状线形，在花枝上的叶较大，疏离，长3～5cm，密被灰色茸毛，叶缘反卷。全属植物28种以上
99	齿叶薰衣草	小灌木，高20～60cm。花蓝紫红，蓝或白色，花期夏季		全株被白色茸毛。叶披针形，灰绿色，缘有钝齿
100	羽叶薰衣草	穗状花序，花茎细高，深蓝紫色管状小花，无香味。叶有香味	喜温暖，阳光充足的环境，耐热性较好，南方栽培性较好，耐水湿，喜疏松，肥沃的壤土，夏季休眠，需遮阴	2回羽状深裂对生叶，小叶线形，灰绿色
101	荆芥	高0.3～0.8m。花冠白，浅蓝或蓝紫色，下唇有紫点，花期5～9月。叶芳香，灰绿色，花叶俱佳	喜温暖，较耐寒，喜干燥，忌积水，病虫害少。忌连作；夏季休眠花量少，景观效果差，宜适当修剪	茎4棱。叶卵状至三角状心形，长2.5～7cm，缘具粗齿
102	薄荷	高30～60cm。轮伞花序生于上部叶腋，球形，花淡紫或白色，花期7～9月。全株有香味，可提神醒脑，驱蚊虫。花语为你我再次相逢，再度我愿与你相逢、美德	喜光及强湿润环境，耐半阴，耐寒，耐热，宜多浇水，对土壤要求不严。生于水旁潮湿地	茎锐4棱形，具四槽。叶长圆状披针形，长3～5cm，缘具粗齿

十一、多年生花卉

序号	名称	观赏及应用	生态习性、栽培管护	辨识
103	留兰香	高0.4～1.3m。轮伞花序长4～10cm，间断但向上密集的圆柱形穗状花序，花淡紫色，花期7～9月。嫩叶可食	喜光，适温范围大，喜湿润，宜弱酸性土壤	茎4棱。叶卵状长圆形或长圆状长披针形，长3～7cm，草质，缘具不规则锐齿，叶脉在上面多少凹陷
104	皱叶留兰香	高30～60cm。轮伞花序密集呈穗状花序，长2.5～3cm，花淡紫色，花期7～9月。嫩叶可食	较耐阴，喜温暖、湿润气候，耐热，较耐寒，不耐涝，对土壤要求不严	茎4棱。叶卵形或卵状披针形，长2～3cm，坚纸质，缘具锐裂齿，叶面皱波状，脉纹明显凹陷
105	藿香	高0.4～1.2m。有香味。花穗状，长2.5～12cm，花白色或浅蓝蓝色，花期6～9月	喜阳光充足，温暖湿润的环境，耐寒；对土壤要求不严，忌干旱，宜疏松肥沃，排水良好的沙质土壤。北京能露地越冬	茎4棱。叶心状卵形，长4～11cm，缘具钝齿
106	百里香	半灌木，高18～25cm。头状花序，花冠紫红、紫、粉红色，径6.5～8mm，花期7～8月。适合屋顶绿化。其叶发成分芳香浓郁，可驱蚊；具杀菌作用，可强化免疫系统；还有助于振奋精神，驱散忧郁精神，提高注意力和记忆力	喜光，稍耐阴，耐寒，耐旱，要求不严，耐精瘠，不耐水涝，高温高湿易烂根；性健壮，病虫少，适适当遮阴，宜干旱。夏季花后景观效果不佳，宜6月中下旬大幅修剪	叶卵圆形，长4～10mm，全缘或稀有1～2对小齿
107	牛至	高25～60cm。芳香。伞房状圆锥花序，开张，多花密集，花紫、白或粉红色，花期7～9月。是蜜源植物	喜凉爽，耐精瘠，宜干燥，排水良好的土壤；生于路旁、山坡、林下及草地	茎多少带紫色，4棱形。叶卵圆形或长圆状卵圆形，长1～4cm，叶面亮绿色，常带紫晕
108	毛建草	高15～40cm。具香气。花序呈头状，长达9cm，花冠紫蓝色，长达4cm，花期6～9月。是有潜力的野生花	喜光，喜湿润，耐旱	三角状卵形，长1.4～5.5cm，基部深心形，缘具圆齿
109	块根糖芥	高0.4～1.2m。约3～10个生于主茎及分枝上，彼此分离，多花密集，花冠红色，长1.8～2cm，花期6～7月	喜光，耐寒，耐旱，耐精瘠	茎4棱。具球形块根。叶三角状三角状披针形，长5～20cm，缘具粗牙齿
109	橙花糖芥	高0.6～1m。轮伞花序具10～15花，花橙色，外面被橙色星状毛，花期5～10月		
110	蓝刺头	高0.5～1.5cm。小头状花序密集，组成蓝紫色球形花序，花序直径可达5cm，外层总苞片呈刚毛状，小花蓝或白色，花期7～9月。是蜜源植物	喜光，稍耐半阴，耐-15℃低温，耐旱，耐精瘠，喜疏松肥沃，排水良好的土壤	茎叶密被白色柔毛，植株呈灰绿色。叶卵形，长12～30cm，2回羽状分裂，背面白色，缘具短刺
111	高山刺芹	高0.5～1m。花淡蓝至白色，基部苞片白色，紫罗兰或紫蓝色，花语为静静守候，花期6～8月，径约2cm	强阳性，喜凉爽气候，耐寒，喜排水良好的沙质土，耐干旱，忌炎热，忌湿涝。管理粗放	叶互生，宽披针形，长12～30cm，2回羽状分裂，白色，缘具短刺；刺叶长8～15cm。伞状花序密集
112	抱茎苦荬菜	高15～60cm。具白色乳汁。小花全部舌状，黄色，先端5齿裂，花期4～8月	喜温耐热，喜湿，在阴坡潮湿环境生长茂盛	基生叶莲座状，矩圆形，长3.5～8cm，缘具齿或不整齐羽状深裂，卵状矩圆形，全缘或羽状浅裂，茎生叶较小，基部耳状或茎形抱茎
113	苣荬菜	高0.3～1.5m。有乳汁。头状花序在茎枝顶端排成伞房状花序，小花舌状，花鲜黄色，花期7～10月。可食	喜光，耐寒，耐旱，不择土壤	茎有细条纹。基生叶多数，与中下部茎生叶倒披针形或长椭圆形，羽状深裂或浅裂，长6～24cm，缘具小齿或尖头；上部叶叶小，披针形
114	中华小苦荬	高10～50cm。具白色乳汁。头状花序常在顶端排成伞状花序，小花全舌状，黄或白色，花期4～10月	生山坡草地、林间草地、潮湿地或近水旁、村边河边路旁、田边；喜光，耐寒，耐旱，耐精瘠；生山坡路旁、田边，草丛中	基生叶莲座状，条状披针形倒披针形，长7～15cm，缘具齿尖，不规则羽裂，稀全缘或具疏齿；茎生叶小，披针形；基生叶莲座状，顶端圆钝或急尖，不规则羽裂，长7～15cm，顶生叶极少

十一、多年生花卉

序号	名称	观赏及应用	生态习性、栽培管护	辨识
115	串叶松香草	高1～2.5m。头状花序呈伞房状，花黄色，花期6～9月	喜光，喜温暖，较耐热，耐寒，耐瘠薄，又喜肥，对土壤要求不严	植株有树脂状汁液。茎4棱。叶薄，卵形或三角状卵形，长15～30cm，缘具粗齿
116	泽兰	高0.5～1.2m。头状花序密集伞房花序，径3～6cm，小花白或淡带红紫色，花期6～10月。茎叶可作香料	对气候和土壤适应性强；生山坡地，林下，灌丛中，水湿地及河岸水旁，易栽培	茎下至中部叶椭圆形、中部至中部茎叶椭圆形或卵状长椭圆形，长6～20cm，缘有粗或重粗齿。茎上部叶披针形
117	菊苣	高0.4～1.5m。花蓝色，花期5～10月。具野趣	喜疏松、肥沃的沙壤，对土壤酸碱性适应性强；生于滨海荒地，水沟边或山坡	茎有棱。基生叶倒披针状长椭圆形，有稀疏尖齿
118	蜂斗菜	高可达1m以上，花矮小，多观叶，雌雄异株，花后生叶。日本广泛栽培作蔬菜	喜半阴及凉爽湿润环境，耐寒，忌炎热	叶圆形或肾状圆形，径可达0.8m。缘有细齿，基部深心形
119	橐吾	高0.5～1.1m。总状花序长4.5～42cm，舌状花6～10，黄色，花期7～10月	生于沼地，湿草地，河边，山坡及林缘	叶多卵状心形或肾状心形，长3.5～20cm，宽达29cm，先端圆钝，基部心形，弯缺稍小，缘具整齐细齿；丛生叶和茎下部叶具长柄
	蹄叶橐吾	高0.8～2m。花序长，舌状花5～9，黄色，舌片长圆形，花期7～8月。宽1.5～2.5cm，先端钝圆	喜阴，耐半阴，耐寒，宜湿润环境和疏松、肥沃土壤	丛生叶与茎下部叶具长柄，叶肾形，长10～30cm，先端圆形，缘具整齐锯齿。总状花序长25～75cm
	齿叶橐吾	高0.3～1.2cm。花序开展，舌状花黄色，舌片狭长圆形，花期7～8月。长达5cm，宽4～7mm，先端急尖	耐阴，耐湿。生山坡，水边，林缘和林中。可作林下地被	叶肾形，长7～30cm，宽达38cm，先端圆形，下部叶长柄，齿间具睫毛，齿端有小齿
121	大吴风草	高可达0.7m。2～7辐射状头状花序排成伞房状，花黄色，花期8～10月	喜半阴和湿润环境，忌干旱和夏季阳光直射，对土壤适应性较强，耐盐碱	基生叶肾形，近革质，宽11～22cm，有花叶斑点品种
121	小冠花	高0.3～1m。伞形花序，小花密集呈绣球状，花色由粉红、白渐变为紫红色，有明显紫色条纹，花期5～7月，盛花期后零星开花可到秋末。花语为顽固者	稍耐阴，极耐寒，耐热，对土壤要求不严，耐旱，不耐涝；病虫害少，是抗性和固土能力极强的地被植物	茎有棱。奇数羽状复叶，小叶11～17，椭圆形或长圆形，长15～25mm
122	野火球	高30～60cm。花序呈头状，长近2cm，花冠淡红至紫红色。花果期6～10月	喜温暖，湿润，耐寒，耐阴湿	茎略4棱形。掌状复叶，通常5小叶，披针形至线状长圆形，长2.5～5cm，缘具细齿
123	紫花苜蓿	高0.3～1m。总状花序长1～2.5cm，小花淡黄，深蓝至暗紫色，花期5～7月。花语为希望与幸福	喜光，也耐阴，喜温暖及半干旱气候，耐寒，抗旱，不耐湿，耐弱酸盐碱，喜沙质土壤，管理粗放	茎4棱形。3出复叶，小叶长倒卵形，倒长卵形至线形，长10～25mm，缘有齿
124	花苜蓿	高20～70cm。伞形花序径达2cm，小花黄褐色，中央有深红至紫色色条纹，花期7～8月。野趣浓，可作地被或优良牧草	喜光，喜凉爽，耐寒，耐旱，耐轻盐碱	3出复叶，小叶形状变化很大，长圆状倒披针形，楔形或线形，长6～15mm，缘有尖齿
125	野苜蓿	高0.2～1m。花序短总状，花1～2cm，小花黄色，花期6～8月。是营养价值很高的野生牧草	耐寒，抗旱，耐盐碱，抗病虫害	茎平卧或上升，圆柱形，多分枝，3出复叶，至线状倒披针形，长8～15mm，先端具锐齿
126	沙打旺	高0.2～1m。总状花序多穗状，花蓝、红紫或蓝紫色，密集，花期6～8月。是改良荒山和固沙的优良牧草，也可作绿肥	喜光也耐阴，抗寒也耐热，对土壤要求不严，具很强的耐盐碱能力，抗旱，不耐涝，环境适应性，抗逆性强；抗风沙，根系发达，生长快；养护能力强	根深数米。羽状复叶，小叶9～25，长圆形
127	百脉根	高15～50cm。伞形花序径9～15mm，小花黄或金黄色，花期5～10月。可作牧草；作地被，保持水土绿肥	喜温暖，湿润气候，耐瘠，耐盐湿；对土壤要求不严；耐寒；绿期长；生长快；根系发达；分枝数多，固氮能力强；养护粗放	茎丛生。羽状复叶，小叶5，斜卵形至倒披针状卵形，长5～15mm

续表

序号	名称	观赏及应用	生态习性、栽培管护	辨识
128	蓝花棘豆	高10～30cm。12～20花组成稀疏状花序，花天蓝或蓝紫色，龙骨瓣有约3mm的喙，花期6～8月。可作地被及牧草，野趣花卉	耐寒、耐旱、耐践踏、再生力强	茎缩短，基部分枝呈丛生状。羽状复叶长5～18cm，小叶17～41，长圆状披针形，长3～25mm。花葶常比叶长1倍
129	狼尾花	高0.3～1m。顶生总状花序，小白花密集，偏向一侧，花径7～10mm，花期6～7月。花穗又长大且洁白美观	喜光照充足、较湿润的环境，耐寒	具横走的根茎。叶互生或近对生，窄披针形，长4～10cm
130	老鹳草	高30～50cm。花腋生，紫色，径约13mm，花期6～8月。花语为不变的信赖	喜半阴、耐寒、忌高温、多湿；不择土壤，宜排水良好；生沟谷、林缘、水边	叶肾状三角形，长3～5cm，掌状3～5深裂，裂片上部不规则齿裂
131	黄海棠	高0.5～1m。花序1～3花，黄色，瓣萼弯曲，花期6～8月	喜光，稍耐阴、耐寒，喜肥沃土壤。生于山坡、林下、河岸湿地	叶对生，披针形或狭矩圆形，长4～10cm，先端渐尖或钝
132	朝鲜白头翁	高15～35cm。花下垂，有白、紫、蓝、暗红等色，花期4～5月。聚合果径6～8cm，有白色长柔毛，有趣	喜凉爽、干燥气候、耐寒、不耐高温，以土层深厚、排水良好的沙质土壤生长最好，忌低洼	全株被毛。叶卵形，长3～7.8cm，掌状2回3全裂，回裂片披针形披针形或狭卵形
133	毛茛	高30～70cm。聚伞花序疏散，花黄色，5瓣，径1.5～2.2cm，花期4～7月。有毒，触皮肤发泡	喜凉爽、湿润及半阴环境，忌炎热，耐寒、对土壤要求不严	基生叶和茎下部叶有长柄，长3～10cm，掌状3深裂，中央裂片3浅裂，侧生裂片2裂
134	金莲花	高30～70cm。花径约4.5cm，花黄或橙黄色，花瓣与萼片近等长，花期6～7月	喜温暖湿润、阳光充足的环境，耐半阴、耐寒，宜疏松肥沃、排水良好的沙质壤土	叶五角形，长4～7cm，3全裂，中央裂片菱形，3裂至中部，缘具锐齿
135	瓣蕊唐松草	高0.2～0.8m。花序伞房状，雄蕊花瓣状，白色，繁密，花期6～8月。野趣浓	耐寒、耐旱；生山坡草地	3至4回3出或羽状复叶，小叶倒卵形至菱形，长3～12mm，3裂
136	东亚唐松草	高达1m以上。花序圆锥状，非二歧分枝，白绿色，花期7～8月。瘦果2～5，形宽短	生山坡草地、林缘、沟谷林下	3至4回3出或羽状复叶，长达35cm，小叶近圆形或宽倒卵形，长1.6～4cm，先端3浅裂，下面被白粉，脉隆起
137	红缬草	高0.8～1m。小花红色，繁密，花径大，花期晚春至秋季	喜光，稍耐寒，宜肥沃、疏松土壤	叶对生，披针形或长圆状披针形，长5～8cm，下部叶有柄，上部叶无柄
138	柳兰	高0.2～1.3m。顶生总状花序长可达40cm，花粉红至紫红色，花瓣4，花期6～8月。是蜜源植物	喜光，耐寒、喜疏松、湿润的土壤、耐旱	叶螺旋状互生，披针形或线状披针形，长7～14cm，缘具细齿
139	补血草	高15～60cm。萼檐较窄，开张偏径小于等的长度，花呈粉、淡紫或紫紫色，花期7～11月。可做干花	生于沿海潮湿盐土或沙地	叶基生，倒卵状长圆形，长圆状披针形，长4～12cm
140	黄花矶松	高10～35cm。花序呈之字形弯曲，在枝顶端呈聚伞状，花橙黄色，花期6～8月，宿存不落，可做干花	喜光，耐严寒、耐盐碱、耐贫瘠、耐干旱，不耐水湿；可防风固沙，在年降雨量300mm以上地区无需浇水；土壤pH9以下、含盐量4‰以内可正常生长开花	叶基生，灰绿色，长圆状匙形、长圆状匙形至披针形，长1.5～3cm
141	二色补血草	高20～50cm。花序圆锥状，花冠黄色，花萼膜质，初开淡紫红或粉红，后变白色，花期6～7月。是盐碱土指示植物；可诱捕并杀死蚊蝇	喜光，耐干旱瘠薄、耐低温；抗风暴能力强，喜生于含盐的钙质土或沙地，土壤盐碱度越高，花色越深，花萼持续紫色时间越长	叶基生，匙形至长圆状匙形，长3～15cm，先端圆钝

一、多年生花卉

序号	名称	观赏及应用	生态习性、栽培管护	辨识
	酸浆	高 0.4～0.8m。花白色，花期 7～8 月。果萼卵状、纸质、薄革质、网脉显著，橙或火红色，包宿萼内，果期 8～11 月	常生于田野、沟边、山坡草地、林下或路旁水边；亦普遍栽培	叶长 5～15cm，长卵形至阔卵形或菱状卵形，基部偏斜、全缘、波状或有粗齿，两面被或疏生柔毛。花萼密生柔毛，果萼被柔毛宿存的柔毛
141	红姑娘		同原种	与酸浆区别：茎较粗壮，茎节膨大；叶仅叶缘有短毛，叶缘中下筒部毛稀疏，光滑无毛
142	罗布麻	高 1～2m。顶生聚伞花序，花小，花冠筒状钟形，粉红或紫红色，芳香，花期 6～8 月。是经济、纤维及蜜源植物	喜阳光充足，耐寒，抗暑热，耐水湿，耐旱、抗风沙。主要生长于沙漠盐碱地、河岸、山沟、山坡的沙质地	全株具乳汁。叶长圆状披针形，长 1～5cm，缘具细牙毛
143	柳叶水甘草	高 0.6～1m。花冠高脚碟状，裂片 5，蓝、淡蓝或近白色，小花清秀宜人，花期晚春至夏季。可观叶观花	喜光，耐寒，宜湿润，排水良好的土壤。低维护	具乳汁。叶互生，披披针形，先端渐尖，全缘
144	铁筷子	多年生常绿草本，高 30～50cm。花色，椭圆形或狭椭圆形，长 1.6～2.3cm，萼片初粉红色，果期变绿色，圆筒状漏斗形，花叶形态奇特，作观赏观赏。花期 4 月。为观叶观花	喜半阴、潮湿，凉爽环境，不耐强光、酷暑，耐 -5℃低温，忌干冷；较耐干燥、耐寒，宜深厚、肥沃土壤	基生叶 1～2，有长柄，肾形或五角形，鸡足状 3 全裂，长 7.5～16cm，中裂片倒披针形，侧裂片较基生叶小，中裂生狭椭圆形，侧裂片不等 2 或叶近无柄，较基生叶柄短 3 深裂
145	地榆	高 0.3～1.2m。圆柱形穗状花序，长 1～3cm，紫红色，花果期 7～10 月。植株有黄瓜味。花语为变化	喜光、耐半阴，耐寒，对土壤要求不严，喜沙性土壤	基生叶为奇数羽状复叶，小叶 2～7 对，矩圆状卵形至长椭圆形，长 2～6cm，缘具整齐圆齿
146	龙芽草	高 0.3～1.2m。花序穗状顶生，先端向一侧偏斜，小花黄色，5 瓣，花期 6～8 月	喜光，耐半阴，耐寒，耐旱、喜湿润。常生于溪边、路旁、草地、林缘及疏林下	全株密被柔毛。奇数羽状复叶互生，小叶 5～7，卵形或倒卵形，长 3～6.5cm，缘有齿
147	红花水杨梅	高 60～80cm。花红色，花期 5～7 月。可布置花坛、花境或水边，低洼地栽植	喜温暖湿润，阳光充足的环境，不耐高温，干燥，宜肥沃的沙壤土	全株被刚毛，具乳汁。基生叶具长柄，6～7cm；茎生叶渐小
148	紫斑风铃草	高 0.2～1m。花冠筒状钟形，白色，下垂，内部散生紫色斑点，长 3～6.5cm，花期 6～8 月。花语为正义	喜温凉爽及光照充足的环境，耐半阴，忌水湿	全株被长糙毛，卵状心形，卵状心形、长卵形至披针形，倒卵状披针形，长卵形至披针形，小叶 19～25，长卵形至披针形，长 1.5～4cm
149	花荵	高 0.5～1m。圆锥花序顶生，具 10～30 花，长 1～1.8cm，花冠宽钟状，花色艳丽，花期 6～7 月。花蓝或浅蓝色，气味清香，为野趣花卉	耐寒，喜湿，生山坡草丛、山谷疏林下、路边灌丛或溪流附近湿土	奇数羽状复叶互生，小叶 19～25，长卵形至披针形，长 1.5～4cm
150	地黄	高 10～30cm。顶生总状花序下垂，花管有甜味，花冠二唇形，5 裂，花冠三唇形，红、棕红或黄紫色，花期 4～6 月	喜光，耐寒，耐旱，性强健	全株生白色长柔毛。叶多基生，莲座状，倒卵状披针形、倒卵形，长 3～10cm，叶面起皱，缘有钝齿
151	白鲜	高 0.4～1m。有特殊气味。总状花序长达 30cm，花径达 5cm，花瓣 5，粉红色带紫红色脉纹，美丽，花期 6～7 月	喜光，喜温暖、湿润，耐寒，怕涝；生山坡林缘或草丛中	嫩茎密被长柔毛及水泡状凸起的油点。奇数羽状复叶，小叶 9～13，椭圆至长椭圆形，长 3～12cm，缘有细齿
152	掌叶大黄	高 1.5～2m。大型圆锥花序，分枝较聚拢，花小，常为紫红色，有时黄白色，花期 5～6 月	生于山坡或山谷湿地	茎直立中空。叶长宽近相等，长 40～60cm，常呈掌状半 5 裂，每一大裂片又分为近三角形的窄裂片小，基出脉 3～5 条，叶面粗糙
153	辽藁本	高 30～80cm。复伞形花序顶生或侧生，径 3～7cm，小花白色，花瓣 5，花期 7～9 月	生于山坡，沟谷林下或林缘	茎直立中空，具纵条纹，常带紫色。叶轮廓宽卵形，长 10～20cm，2 至 3 回 3 出式羽状全裂，羽片 4～5 对，末回裂片卵形，长 2～3cm，缘常 3～5 浅裂，裂片具齿

序号	名称	观赏及应用	生态习性、栽培管护	辨识
	白花碎米荠	高30～80cm。总状花序顶生，花白色，花期4～5月。长角果条形。植株整齐，花繁密美丽	生于路边、山坡湿草地、杂木林下及山谷沟边阴湿处	奇数羽状复叶，小叶2～3对，宽披针形，长3.5～5cm。缘具细齿
	夏至草	高20～40cm。轮伞花序疏花，稀白色，二唇形，有香味，花期4～5月	成片生于田边、路旁、草丛中	基生叶轮廓圆形，长1.5～2cm，3深裂，裂片有圆齿
154	瞿麦	高50～60cm。花淡红至紫色，花瓣边缘裂至中部以上，呈细条状，花期6～8月	喜凉爽、湿润、不耐积水、宜排水良好。生于丘陵及山地疏林下、林缘、草甸、沟谷溪边	叶条状披针形，长5～10cm，顶端锐尖，中脉明显
155	蔓茎蝇子草	高15～50cm。花序圆锥状，花萼筒状棒形，常常紫色，被柔毛，花瓣5，白色，花期6～8月	生于林下、湿润草地、溪岸或石质草坡	全株被短柔毛。叶条状披针形，长2～7cm，中脉明显
156	石生蝇子草	高30～80cm。大型二歧聚伞花序疏松，花萼筒状棒形，疏被短柔毛，花瓣5，白色，花期7～9月，有粉色花	生于山坡林下、草地	全株被短柔毛。叶对生，卵状披针形，长2～5cm。花先端具2裂，两侧中部各具1条形小裂片或细齿
157	知母	高0.8～1.5m。总状花序细长达50cm，白色，小花粉红、淡紫至白色，花期6～7月	适生于干燥向阳处，耐寒	根状茎粗0.5～1.5cm。叶基生，条形，长15～60cm
158	石刁柏	高0.3～1m。分枝较柔弱，枝叶线色。浆果熟时红色，径7～8mm	喜光、耐半阴、喜温凉、湿润的环境，极耐寒、耐旱	叶状枝每3～6枚成簇，近扁圆柱形，略有钝棱，纤细，常稍弧曲，长0.5～3cm。鳞片状叶基部有刺状短距或近无距
159	败酱	高0.3～1m。根部有特殊气味。聚伞圆锥花序生于枝端，小花黄色，花冠钟状，5裂，花期6～8月。果实无翅状果苞。花语为深深的爱恋	耐阴、耐寒、不宜暴晒、喜湿且耐旱。生于山坡或沟谷草缘、林下、亚高山草甸	基生叶卵形，有长柄，花时枯萎；茎生叶对生，长5～15cm，羽状深裂或全裂，裂片2～3对，缘具粗齿
160	勿忘草	高20～45cm。花长达10cm，花冠蓝色，5裂，喉部黄色，花期5～7月。花语为不要忘记我，永不变的心，永远的回忆。被看作真爱之花	喜光照充足、耐寒、不耐热、喜排水良好的土壤	叶条状倒披针形，长3～8cm，花萼5裂超过中部，裂片窄，狭披针形，基本用的是补血草
161	聚合草	高0.3～0.9m。花淡紫、紫红至黄白色，丰富多变，裂片三角形，先端外卷，花期5～10月。可作优质饲料	典型中生植物，喜阴又耐阴，耐寒又抗高温，不受地域限制，对土壤要求不严；生命力极强	基生叶最多达200片，具长柄，带状披针形至卵形，长30～60cm，稍具细齿，花序含多数花
162	珠光香青	高0.3～0.5m。头状花序多数，花白色，花期5～9月	喜光、耐寒、耐旱	叶线状披针形，长5～9cm，缘具细齿，半抱茎、边缘稍反卷
163	高山薯	高0.3～0.8m。头状花序多数，集成伞房状，舌状花6～8，白色，顶端有3小齿，管状花淡黄色，花期7～8月	生于中高海拔山坡林缘、亚高山草甸	中部叶条状披针形，长6～10cm，篦齿状羽状浅裂至深裂，裂片条形，缘有不等的齿或疏浅裂，狭披针形
164	刺儿菜	高0.3～0.8m。头状花序生于枝端，总苞卵形，总苞片先端针刺状，花全为管状花，紫色，花期4～6月	生于房前屋后、田间、路旁、草丛中	有地下根状茎，叶倒披针形，长5～8cm，全缘或具缺刻状齿，缘具细刺
	蓟	高0.3～1m。头状花序多直立，总苞钟状，径约3cm，总苞片先端刺1～2mm，小花红或紫色，花期4～6月	生于山坡草地、林缘、灌丛中、荒地、田间、路旁或溪旁	叶卵形至长椭圆形，羽状深裂或几全裂，等锯齿，有针刺
	飞廉	高0.4～1.5m。头状花序较长，数个生枝端状，总苞片先端刺较长，总苞钟状，花紫色，花期5～6月	生于山坡草地、田间、荒地河旁及林下	茎有翅，翅有刺齿。叶椭圆状披针形，羽裂，缘具齿，背面白色蛛丝状毛

序号	名称	观赏及应用	生态习性、栽培管护	辨识
	漏芦	高 0.3～1m。头状花序单生，总苞宽钟状，总苞片外具干膜质附片，花紫色，较长，花期 4～5 月	生于山坡丘陵地，松林下或桦木林下	叶长椭圆形或倒披针形，羽状深裂至浅裂，裂片具不规则齿，两面被软毛
165	兔儿伞	高 0.7～1.2m。头状花序密集成复伞房状，小花淡红色，花期 6～7 月	生于向阳山坡林缘，山脊灌草丛中	茎生叶圆盾形，径 20～30cm，掌状深裂，裂片 7～9，再作 2 至 3 回叉状分裂，缘有不规则锐齿，幼叶裂片下垂，伞
166	裂叶马兰	高 0.6～1.2m。可以很自然地生长。头状花序径 2.5～3.5cm，单生枝枝端，排成伞房状，舌状花淡蓝紫色，花期 6～8 月	生于山坡草地，灌丛，林间空地及湿草地	中部叶长椭圆状披针形或披针形，长 6～10cm，缘疏生缺刻状齿或间有羽状浅裂片头翌裂片；上部叶小，条状披针形，全缘
167	全叶马兰	高 0.3～0.7m。头状花序，舌状花单层 20 余个，淡紫色，管状花黄色，花期 6～10 月	生于山坡，林缘，灌丛或路旁	茎单生或数个丛生，中部以上有近直立的帚状分枝。叶条形或矩圆形，长 2.5～4cm，两面密被粉状短茸毛，全缘
	山马兰	高 0.5～1m。头状花序径 2～3.5cm，淡粉色，花期 7～9 月	生于山坡，草原，灌丛中	叶矩圆形，长 3～6cm，全缘或有疏齿
168	三脉紫菀	高 0.4～1m。头状花 10 余个，粉紫或白色，排成伞房状，舌状花 1.5～2cm，花期 8～10 月	生于林下，林缘，灌丛及山谷湿地	叶互生，叶形变化极大，宽卵形，椭圆形或矩圆状披针形，长 5～15cm，离基 3 出脉，缘具 3～7 对粗齿
169	阿尔泰狗娃花	高 20～60cm。花径 2～3.5cm。舌状花灰绿色或浅褐色，管状花黄色，花期 5～9 月	生于草原，荒漠地，沙地及干旱山地	叶条状披针形或匙形，长 3～7cm，全缘或有疏浅齿，头状花序单生枝顶端
170	珠果黄堇	高 40～60cm。植株灰绿色，总状花序生枝端，密集多花，金黄色，花期 4～6 月	生于沟谷林下，水边	叶狭矩圆形，长 12～17cm，2 回羽状全裂，末回裂片条形至披针形，较窄。蒴果条形，长约 3cm，念珠状
171	博落回	高 1～4m。大型圆锥花序多花，长 15～40cm，萼片黄白色，花果期 6～11 月。叶形美观，开花美观，有毒性强，可作农药和药材	喜光，耐寒，在肥沃，排水好的土壤生长良好	叶宽卵形或近圆形，长 5～27cm，通常 7 或 9 深裂或浅裂，裂片半圆形，方形等，边缘波状，缺刻状，粗齿或多细齿
	虎杖	高 1～2m。茎粗壮直立，空心，具明显的纵棱红或散红色或紫红斑点	生于山坡灌丛，山谷，路旁，田边湿地	叶宽卵形或卵状椭圆形，长 5～12cm，近革质
172	北乌头	高 0.8～1.5m。顶生总状花序具 9～22 花，花期 7～9 月，萼片蓝紫色，上萼盔状，花瓣有距，向后弯曲或近拳卷，乌头属多有剧毒，根毒性最大	生于山坡草地，沟谷林下，水边	有块根。茎下部叶有长柄，中部叶短柄，长 9～16cm，3 全裂，裂片再次羽状全裂，末回裂片粗
173	大火草	高 0.4～1.5m。聚伞花序长 26～38cm，花瓣 5，淡粉红或白色，花期 7～10 月	喜光，较耐阴，喜凉爽，湿润气候和肥沃的沙质土壤，边向阳处	基生叶 3～4，有长柄，常为三出复叶，小叶卵形至三角状卵形，长 9～16cm，3 浅至深裂，缘有不规则小裂片和齿，背面密被白色茸毛
174	野棉花	高 0.6～1m。聚伞花序长 20～60cm，花萼 5，白或带粉红色，花期 7～10 月。根状茎可作土农药，灭蝇蛆	生山地草坡，沟边或疏林中	基生叶全为单叶，心状卵形或心状宽卵形，长 5.2～22cm，背面密被白色茸毛，顶端急尖，3～5 浅裂，缘有小牙齿，花丝状
	打破碗花花	高 0.2～1.2m。聚伞花序 2 至 3 回分枝，花萼 5，紫红或粉红色，花期 7～10 月。全草用作土农药，可灭蝇蛆	生于低山，丘陵的草坡或沟边	与前两种极相似，仅本种背面有稀疏茸毛，多为三出复叶，基生叶 3～5，分裂程度变异很大，有时三出复叶，有时 1～2 个单叶，全部为单叶的。三种植物瘦果均密被绵毛

序号	名称	观赏及应用	生态习性、栽培管护	辨识
175	秋菊	高0.3～1.5m。头状花序2.5～20cm, 花形、花色丰富, 舌状花颜色多, 有白、黄、棕、粉红、红、紫、绿、复色等8种。管状花黄色。花期8～11月, 有夏菊、寒菊品种。有花中君子、竹之称, 与梅、兰、竹合称四君子, 花语为吉祥、长寿。重阳节有登高、喝菊花酒、赏菊等习俗。有不畏名利、志存隐逸的象征, 天姿高洁, 傲雪凌霜, 有君子之德, 隐土之风、志士之杰	短日照植物, 喜全光, 喜凉爽, 较耐寒。耐旱, 不耐积水, 喜地势高, 土层深厚, 疏松肥沃, 排水良好的壤土, 在微酸性至微碱性土壤上皆能生长。忌连作	茎被柔毛。叶卵形至披针形, 长5～15cm, 羽状浅裂或半裂, 有短柄, 叶背被白色短柔毛。按瓣型分类有平瓣类、匙瓣类、管瓣类、桂瓣类、畸瓣类5类, 世界菊花品种数万个以上, 我国有两万个品种多年栽培史
176	甘菊	高0.3～1m。头状花序半球形, 径10～15mm, 舌状花、管状花均为黄色。花期9～10月	喜光, 耐阴, 耐寒, 极耐干旱, 耐瘠薄, 不耐水湿, 对土壤要求不严	有地下匍匐茎。叶薄、互生、卵形, 长2～5cm, 2回羽状分裂, 1回全裂或几全裂, 2回半裂或浅裂, 缘有粗大牙齿, 裂片疏而尖细
	野菊	花期10月中下旬至11月上旬	生于山坡草地、河边水湿地、滨海盐渍地、田边及路旁	茎秆较甘菊粗硬且直立性弱。叶裂片较甘菊粗且紧密, 质较厚
	小红菊	高15～60cm。头状花序数个在枝端排成伞房状, 舌状花粉红、淡紫或近白色, 管状花黄色。花期8～10月	生于草原、山坡林缘、灌丛、河滩及沟边	叶宽卵形或圆形, 长3～6cm, 掌状或羽状浅裂至中裂, 基部心形
177	艾	高0.8～1.5m。有浓烈香气。全草可用作杀虫的农药或熏烟给房间消毒杀虫, 有黄金艾蒿, 叶具黄色斑块。端午节有插、挂、佩戴艾草的习俗	喜阳光充足的湿润环境, 耐寒, 对土壤要求不严	茎、枝均被灰色蛛丝毛。叶厚纸质, 下部叶宽卵形, 羽状深裂, 裂片较宽, 侧裂片2～3对, 不裂或有少数牙齿, 背面密被灰白色柔毛。中上部叶羽状浅裂至全不裂
178	银蒿	高15～50cm。茎、枝, 叶两面及总苞片背面密被银白色或淡灰黄色略带绢质的柔毛, 叶灰绿色, 有香气	喜光, 耐寒, 耐旱, 对土壤要求不严; 生长强健	叶2至3回羽状全裂, 每侧有裂片2～6枚, 再次3全裂或羽状全裂, 小裂片狭线形, 长2～12mm, 宽0.5～1mm, 先端钝尖
179	朝雾草	叶两面密被银白色茸毛而呈银色, 姿态纤细柔软	喜全日照, 耐旱, 忌高温, 高湿, 土壤宜排水良好	叶互生, 羽状细裂
180	密毛白莲蒿	高达1m。有浓香味。花序圆锥状。花期9～10月。美观独特	生于干旱山坡林缘、灌草丛、亚高山草甸	叶2至3回羽状深裂, 两面密被灰白色或淡灰黄色短柔毛
181	荚果蕨	大中型陆生蕨, 高0.5～1.1m。叶簇生, 典型二型叶, 不育叶矩圆状倒披针形, 长45～90cm, 2回深羽裂; 可育孢子叶10月成熟, 此时为最佳观赏期	喜半阴, 湿润的环境, 耐寒, 怕强光, 宜强光照, 生于林下, 林缘或湿草地。北方地区能露地栽培	根状茎直立, 连同叶柄基部密被披针形鳞片。孢子叶从叶丛中间长出, 有粗硬而较长的柄挺立, 长度为不育叶一半, 1回羽状, 羽片向下反卷成有节的荚果状, 包被孢子囊群
	球子蕨	高30～70cm。叶色淡绿; 能育叶子叶线形, 紧缩成小球形, 被圆形孢子囊群	生于潮湿草甸或林区河谷湿地上, 栽植较容易	不育叶1回羽状, 羽片5～8对, 长可达12cm, 披针形, 缘波状浅裂或近全缘
182	日本蹄盖蕨	高30～80cm。叶淡绿色、淡绿色	生于低山丘陵区林下或林缘湿地	叶柄长10～25cm, 叶矩圆状卵形, 长23～40cm, 2至3回羽状分裂, 羽片12～15对, 互生, 基部有短柄, 马蹄形群生于小羽片背面, 长而弯曲, 孢子囊群
	银薇日本蹄盖蕨	叶淡灰绿色, 美观		
183	麦秆蹄盖蕨	高30～50cm。叶簇生	生于山谷林下或阴湿岩石缝中	叶倒披针形, 较窄, 长25～40cm, 2回羽状深裂; 羽片镰刀形, 无柄。孢子囊群半圆形

十一、多年生花卉

序号	名称	观赏及应用	生态习性、栽培管护	辨识
184	粗茎鳞毛蕨	高可达1m。叶簇生，常绿观叶地被，株形优美似苏铁	生于山地林下	根状茎粗大。叶柄、根状茎密生鳞片，淡褐至栗棕色，具光泽。叶长圆形至倒披针形，长0.5～1.2m，2回羽状深裂；羽片常30对以上，无柄。孢子囊群圆形
185	矾根	高15～50cm。花期6～7月。夏季高温易引起矾根叶色变化，泡沫花叶色变淡，天凉恢复。泡沫花是卵根与黄水枝杂交品种，叶心形或掌状深裂，缺刻较矾根深，叶脉条纹与黄水枝相似，习性随母本不同有异，是继承二者特点的品种	喜半阴及湿润，喜温暖，耐寒，夏季喜通风阴凉。喜高温多湿，排水良好。在肥沃、中性或微酸性沙壤上生长良好；耐瘠薄，怕涝，耐旱能力比黄水强；浅根性，浅根种一般耐湿热，耐寒力强，浅色品种稍差	叶基生，阔心形或掌状，波状缘，浅裂或有锯齿，叶无条纹或条纹较细。圆锥花序顶生，高出叶面，小花红色，小花多，美洲、栽培品种约37种，栽培品种都很常见。雄蕊5。矾根花矾根等品种种很常见。红花及粉粉状根状革毛
186	棕色革毛矾根	株形圆整	耐半阴或全阴，喜湿	叶面巧克力色夹带绿色，叶背紫红色
187	黄水枝	高20～45cm。花白或粉色，雄蕊10，观赏期6～10月。叶多绿色，叶脉多有较粗的棕色条纹，叶色美丽	比矾根更耐荫庇和潮湿环境，喜排水良好的土壤；生于林下	叶心形，长2～8cm，掌状3～5深裂，原生种有5个
188	花叶羊角芹	高可达1.2m。花白或淡红色。叶缘具不规则黄白色，美观	喜半阴，耐全光	叶1出或3出或3至3回羽状分裂，末回裂片卵形至卵状披针形，缘有齿
189	分药花	高可达1.2m。枝叶蓝灰色，观赏期5～10月，富野趣	喜光，耐热，极耐寒；对土壤要求不严，耐旱，耐盐碱，宜排水良好。管理粗放	基部木质化。全株被多数金黄色腺点，芬芳。叶披针形至卵状线形，长4～7cm，二回羽状分裂，裂片长圆形或长圆状线形，先端钝
190	滨藜叶分药花	枝叶蓝灰色，观赏期5～10月，植株芳香	生态习性同分药花。早春剪至0.6m以下，促开花生长	叶卵圆形或披针形，缘具缺刻状牙齿，长与茎密被粉状革毛，叶萼密被长硬毛
191	花叶野芝麻	高30～50cm。叶面中部白绿相间，可观赏。花黄色，花期7月。蔓延性强，覆盖性好，入侵性强，注意防控	喜温暖，潮湿环境及充足的散射光，较耐热，耐寒，耐旱	叶对生，纸质，卵圆形，缘具粗齿，叶基近截形

球根类

序号	名称	观赏及应用	生态习性、栽培管护	辨识
192	郁金香	高20～50cm。花冠钟形，长5～7cm。花形、花色、花瓣多，有黄、有红、白、粉、橙、紫或褐色等多，花期4～5月。花有毒。与玫瑰意相同，都代表爱的誓言，不同颜色、花语不同意义。花语为爱、美善、名誉、慈善，象征神圣、幸福与胜利。是荷兰国花	长日照下开花，喜向阳避风，冬季温暖湿润，夏季凉爽干燥，也喜半阴，怕酷暑，喜腐殖质丰富、疏松肥沃、排水良好的沙壤土。忌连作；北方10月底11月初种植，经冬季冷冻低温，来年开花；8℃以上即可正常生长	叶3～5，条状披针形至卵状披针形。花单朵顶生，花葶高15～45cm。郁金香栽培品种达八千以上
193	风信子	高10～40cm。总状花序。花有蓝、白、粉红、绯红、红、桃红、黄、绛红、紫、鹅黄、红色等八个品系，单或重瓣，多数品种有香气，花期3～5月。花语为爱情永恒，永远怀念	喜光，耐半阴，喜凉爽、温暖、湿润、耐低寒，怕炎热，宜肥沃、排水良好的沙壤土。水培在全阴暗条件下促生根。开花无法导致夹箭：一是冷处理时间不够，植株和花芽伸长的低温不够，花序开始生长，此时温度过低，植株生长温度不够；二是生长期温度不够，导致开花量不够，导致夹箭；三是低温条件下催花，有利于花葶生长，但放在低温条件下催花无法改变	叶基生，4～9枚，肥厚，带状披针形。园艺品种有2000种以上

续表

序号	名称	观赏及应用	生态习性、栽培管护	辨识
194	葡萄风信子	高10～30cm。总状花序，花蓝紫、白、粉或淡蓝色，串铃状下垂，有清香，花期3～5月。花语为梦想	喜光、耐半阴、喜温暖、凉爽、耐寒、宜疏松、深厚、肥沃、排水良好的沙质土壤。华北地区可露地越冬	叶基生，半圆柱状线形，边缘常内卷
195	亚洲百合	杂种或栽培着品种，Tiny系列。由卷丹、宾夕法尼亚百合、川百合、垂花百合和杂种群中选育而来。高0.6～1m。花黄、白、粉红、深红或橙红色，种类繁多，花形比东方百合小巧，无香味，花期6～7月。有百年好合、百事合意之意，国人自古视为婚礼必不可少的吉祥花卉，也是七夕用花，象征圣洁的爱神	喜半阴、干燥通风的环境，喜冷凉、忌酷暑；宜富含腐殖质、排水良好的沙质土壤，较耐寒；多数品种宜在微酸性至中性土壤中生长，忌干旱。忌连作；沈阳可露地越冬	叶细小，色深，披针形
196	东方百合	杂种，Sunny系列。包括所有天香百合、鹿子百合、日本百合、红花百合，以及它们与湖北百合的杂交种。高约1m。花白或粉红色为主，花较大，花瓣中心桃红或桃红色，有深紫红色斑点，边缘淡粉白色，气味芳香	同亚洲百合	植株低矮紧凑，叶宽大
197	卷丹	高0.5～1.5m。花3～6朵或更多，橙红色，下垂，花被片披针形，反卷，有紫黑色斑点，花期7～8月	喜光、稍耐阴、耐寒，可适应微碱性土壤，宜肥沃。庭院栽植应以适当粗沙填入鳞茎旁，以利通气排水	叶在茎上散生，线状披针形，上部叶腋有珠芽
198	山丹	高15～60cm。花单生或数朵排成总状花序，下垂，花被片6，长4～4.5cm，鲜红色，向后反卷，无斑点，花柱比子房长，花期7～8月	喜光、抗寒性强、耐寒、耐旱，宜土层深厚、疏松肥沃、排水良好的微酸性土壤	叶在茎上螺旋状密集着生，条形，长3.5～9cm，宽1.5～3mm，常呈镰刀状弯曲，中脉下面突出，缘有乳头状突起
	渥丹	花深红色，花葶红色，花期6～7月	同山丹	与山丹的区别：花被片不反卷，花柱比子房短或稍短，叶疏散，宽3～6mm，花小，花
199	有斑百合	与渥丹的区别：花被片散有紫褐色斑点	同山丹	叶在茎上散生，宽条形，长6～9cm
200	大花百合	花被片较长，长5～5.2cm，宽8～14mm，有紫色斑点	同山丹	与渥丹的区别：叶较宽，宽5～10mm
201	火炬花	高0.6～1.2m。总状花序着生数百朵筒状小花，长达30cm，花呈火炬形、橘红、橙至淡黄绿色，花期5～7月。花语为热情、光明、爱的苦衷	喜光、耐半阴、湿润、喜温暖、耐寒、极耐旱，忌积水	叶丛生，剑形，长60～90cm，稍带灰粉
202	大花葱	高0.3～1m。伞形花序球状，径达20cm，小花紫、粉、白或黄色，花期6～7月。气味避密臊。花语为聪明可爱、正确的主张	喜凉爽、耐寒、忌湿热、忌积水、不耐酸性土壤，不宜过于干燥	叶狭披针形
203	花贝母	高可达1m。株顶着生，数朵集生，花冠钟形，下垂，叶状苞片群下，花紫红、橙黄或橙黄红色，花期4～5月。花语为才能、取悦他人	喜温暖、夏季宜半阴、耐寒、喜凉爽、怕炎热，宜腐殖质丰富、深厚肥沃、湿润的沙质土壤、湿润气候，排水良好	叶3～4枚轮状丛生，卵状披针形至披针形。有种类近百种
204	北葱	高30～40cm。伞形花序近球状，花梗常不等长，花期6～9月，小花紫红至淡紫色，密集	喜光、耐寒、耐旱	叶光滑，管状，中空，略比花葶短，径2～6mm
205	山韭	高30～60cm。伞形花序近球状，小花紫红至淡紫色，花丝比花被片略长，花期7～9月	喜光、耐寒、耐旱、不择土壤	叶基生，条形，半圆柱状，上部扁平，基部近半圆柱状，上部扁平，宽4～10mm，叶缘有时具细齿

十一、多年生花卉

序号	名称	观赏及应用	生态习性、栽培管护	辨识
206	洋水仙	高30~50cm。有复色和重瓣品种。花单生，径约5cm、黄、淡黄或白色，副花冠钟形至喇叭形，稍近等长，缘具不规则齿牙和皱褶，花期3~4月。花语为纯洁、天真无邪	喜温暖湿润，阳光充足，夏无严寒，夏无酷暑、春秋多雨的环境；不耐积水，宜深厚肥沃、排水良好的微酸性至中性黏质壤土。耐寒，华北地区可露地越冬	叶4~6枚，直立向上，宽线形，长25~40cm，灰绿色。栽培品种很多
207	中国水仙	高20cm或以上。伞形花序具4~8花，芳香，花白色，副花冠黄色，花期1~2月，春节前后。我国名花，被古人称为凌波仙子，清高，优雅，纯洁，是胜过岁寒三友的动节之花。鳞茎汁液有毒。花语为敬意、多情、思念、团圆	喜阳光及冷凉、湿润环境。冬季0℃以上栽植，鳞茎观花，可以水培	鳞茎肥大。叶狭长，扁平带状。花葶几与叶等长，花被裂片6，副花冠浅杯状，不皱缩，长不及花被裂的一半
	玉玲珑水仙	花复瓣，白色，花芯黄色，无明显副花冠，香气较淡	同原种	
208	早花百子莲	常绿，高50~70cm。伞形花序，有花50朵以上，花漏斗状，花瓣狭窄，务花，深蓝或白色，花期7~8月。是充满着神秘和浪漫色彩的爱情之花	喜温暖湿润和阳光充足环境，宜夏季凉爽，避免光生长时间直射，冬季温暖，需光照充足；土壤宜疏松、肥沃的微酸性沙壤土，忌积水	叶2列状基生、带状、下垂，宽3cm以上
209	紫娇花	高30~50cm。顶生聚伞花序着花10余朵，花茎细长，小花淡紫红或淡紫色，芳香，花期5~7月为盛花期。花语为铭记在心、愿望实现	喜光，喜温热环境，不择土壤，耐贫瘠，肥沃而排水良好的沙质壤土开花旺盛。花后剪切时修剪花茎	外形除花外，与中国韭菜相似，叶狭长线形，茎叶均合韭味、色鲜嫩
	花叶紫娇花	叶灰白色，边缘银白色	同原种	
210	石蒜	花茎高约30cm，伞形花序具4~7花，花鲜红、粉或有白边，花被裂片狭倒披针形，长约3cm，强烈皱缩和反卷，雄蕊显著伸出花被外，花期8~9月。冬季观叶，有中国郁金香之称	喜光，耐半阴，不耐寒，华北地区需保护越冬；不耐积水，宜排水良好、疏松肥沃的沙质壤土；几无病虫害。栽培深度以刚埋过鳞茎顶部最好，过深来年不能开花	秋季出叶，叶狭带状，长约15cm，中间有粉绿色条纹，7月地上部分枯萎，10月花后生叶，冬季深绿，是花叶不相见植物
211	忽地笑	花茎高约60cm，伞形花序具4~8花，黄或黄橙色，花被裂片背面具淡绿色中肋，强烈反卷和皱缩，雄蕊略伸出花被外，花期8~9月	同石蒜	秋季出叶，叶剑形，长约60cm，中间淡色条纹明显
212	朱顶红	高20~40cm。花茎着花2~4朵，花红、橙、粉色，单瓣或重瓣，花期5~7月。花语为健谈	喜光，喜温暖、湿润，稍耐寒，不耐酷暑暴晒；不耐积水，宜富含腐殖质、疏松肥沃、排水良好的沙质壤土	条形叶6~8枚，花后抽出，长约30cm
213	晚香玉	高可达1m。穗状花序顶生，每穗着花12~32朵，花乳白色，漏斗状，花期7~9月。花语为魅惑	喜温暖湿润，阳光充足的环境；要求肥沃的黏质土壤，沙土不宜生长。忌积水，温暖干燥处贮藏。秋末挖出种球，预防灰霉病	基生叶6~9枚簇生，线形，长40~60cm，宽约1cm
214	葱兰	高15~40cm。花单生，漏斗状，花被片6，白色，无筒部，外侧常带淡红色，花期8~11月	喜光，耐半阴及低湿环境，稍耐寒，喜肥沃、排水良好略带黏质的壤土	叶基生，狭线形，长20~30cm，肥厚，具纵沟
215	韭兰	高15~30cm。花单生，粉红或玫瑰红色，花被裂片6，花期夏秋。花语为期待、洁白的爱	喜光，耐半阴及阳光充足，排水良好的深厚黏质土壤。同葱兰	叶扁平线形，具明显筒部，瓣较狭，花瓣比葱兰宽
216	美人蕉	高1~1.5m。总状花序疏生，花较小，红色。花语为子孙绵延、多福多寿、热情	喜温暖炎热，阳光充足，不择土壤，宜湿润肥沃的深厚土壤。华北、东北地区根茎不能露地越冬	叶卵状长圆形，长10~30cm，宽达10cm

续表

序号	名称	观赏及应用	生态习性、栽培养护	辨识
217	大花美人蕉	高0.5～1.5m。顶生总状花序，花密集，花色复色、红、橘红、淡黄、白色或复色等，大而美，北京花期6～10月。有矮生品种。花语：美好的未来	喜阳光充足，耐高温炎热，不耐寒，怕强风，宜深厚、肥沃、湿润、排水良好的土壤。及时修剪残花可延长花期；北方霜冻前将地下块茎挖起，贮藏温度5℃左右，一般4月下旬种植；连作3年有衰退现象	茎、叶和花序均被白粉。叶阔椭圆形，长约40cm，叶缘、叶鞘紫色
218	线叶美人蕉	叶面有黄或白色平行脉纹。花橙黄色	同原种	
219	紫叶美人蕉	高1～1.2m。茎叶紫褐色并具白粉。花深红色	同大花美人蕉	
220	蕉藕	高1.5～3m。花鲜红色。叶肥大，北方观叶	喜温暖向阳环境，稍耐寒、宜湿润、肥沃土壤；性强健。华北、东北等地冬季休眠，秋后需挖出根茎保存越冬	叶长圆形或卵状长圆形，长30～60cm，叶面绿色或背面紫色，叶柄短；叶鞘边缘紫色
221	大丽花	高0.4～1.5m。花大，粉、黄、紫、深红或白色等，花期6～12月。是全世界栽培最广的观赏植物。墨西哥人把它视为大方、富丽的象征，并尊为国花。花语为大吉大利、优雅	喜阳光充足，通风良好，喜凉爽，怕积水，喜肥沃，怕过度施肥；病虫害少，易管理。华北地区冬季块根需挖出保护越冬；新疆伊宁有栽培	叶1至3回羽状全裂，小叶卵形，具粗钝齿。栽培品种数千
222	蛇鞭菊	高0.4～1.2m。头状花序排列成穗状，长40～60cm，花淡紫、紫红或白色，花期7～9月。有矮化品种。花语为燃烧的爱	喜光，耐寒严，喜温暖，较耐寒，对土壤要求不严，耐旱，忌积劳，喜疏松、排水良好的土壤；性强健	叶球带形或线形，无柄
223	花毛茛	高20～40cm。花白、黄、红、水红、大红、橙、紫或褐色等，有重瓣、半重瓣等品种。花语为极具魅力、美丽的人格	喜凉爽及半阴环境，忌炎热阳光直射，既怕湿又怕旱，宜排水良好、肥沃疏松的中性或微碱性土壤	基生叶阔卵形，茎生叶羽状细裂，缘具齿
224	欧洲银莲花	高25～40cm。花单生茎顶，花径4～10cm，花期3～5月。花色蓝、红、粉、紫、橙或复色等，青春的喜悦、信赖。花语为虚幻的爱、真实	喜阳光充足及高空气湿度，夏季和冬季休眠，喜富含腐殖质的稍黏性壤土。需覆盖越冬	单叶或3出复叶，掌状深裂，掌状脉。园艺品种200余个
225	番红花	高约10cm。花淡蓝、红紫、黄或白色，径2.5～3cm，花被裂片6，芳香，是北京地区开放最早的花卉，茎外3月开花。花语为快乐、信赖	喜温和凉爽，喜光，较耐寒，宜排水良好、腐殖质丰富的沙壤土。宜多施肥，否则球茎易腐烂；北京11月初地温5～10℃种植生根	球茎夏季休眠，秋季发根，萌叶，9～15枚、条形、灰绿色，边缘反卷
226	唐菖蒲	高0.6～1.5m。穗状花序直立，长25～35cm，花径6～8cm，花被裂片6，红、黄、白、紫、蓝、粉或复色等，花期7～9月。花语为步步高升	长日照植物，喜光，较耐寒，喜高温闷热，冬季温暖、夏季凉爽、宜地势高，通风及排水良好，疏松肥沃的沙壤土。忌连作	球茎扁圆。叶剑形，2列，7～8片
227	雄黄兰	高0.5～1m。总状花序具多数花，长2～20cm，小花紫红，径约4cm，花色艳丽，花期7～9月，持续时间长	喜光，宜排水良好，喜温暖，耐寒，宜水分充足，生长期可露地越冬，南方肥沃的沙壤土	叶多基生，剑形，长40～60cm
228	绵枣儿	高30～50cm。花被裂片6，红、黄、白、紫、蓝、粉或复色等	耐寒，耐旱；病虫害较少；生于山坡、草地、路旁或林缘；管理粗放	鳞茎卵圆形。叶狭条形，长4～14cm，柔软

十一、多年生花卉

冬季需保护

序号	名称	观赏及应用	生态习性、栽培管护	辨识
228	五色草	高10～50cm。叶绿或红色，或部分绿色，杂以红或黄色斑纹。有小叶红（绿草）、小叶黑等品种。可作花坛图案或地被	喜光，喜温暖，畏寒；不耐旱，不耐湿，宜排水良好的沙壤土；耐修剪；盛夏生长速度快，秋凉叶色艳丽；生长季喜湿润	叶矩圆形，矩圆倒卵形或匙形，长1～6cm，宽0.5～2cm。五色草另一种为景天属白草，叶面白绿色，叶绿白绿色，极耐旱，适应性强，温，应为佛甲草的一种
229	红草五色苋	叶暗紫红至鲜红色，高10～50cm	喜光，略耐阴，不耐水涝，较耐旱，喜温润	叶狭，基部下延，叶柄短
230	大红叶草	茎叶紫红色，植株精高	耐热，耐旱性精差；生长快	叶比红草五色苋大
231	天冬草	高20～40cm。盆栽时分枝下垂可覆盖盆口。小花淡红至白色。浆果球形，径6～7mm，鲜红色，果期8～10月，有毒。花语为飘逸，充满朝气，生机勃逸	喜光，也耐阴，忌烈日暴晒，冬季不能低于5℃；耐旱，喜湿润	茎攀缘，常弯曲或扭曲，长可达1～2m，具有坚硬的硬刺。叶状枝常3枚簇生，扁平或稍呈锐三棱形
232	狐尾天门冬	高30～60cm。株形圆柱状塔形，似列狐狸尾巴。小花白色，具清香。浆果球形，熟时红色	喜温暖，湿润和阳光充足处都能正常生长	分枝短而密，假叶3～4片呈辐射状密生在小枝上，线状披针形，长约1cm
233	蓬莱松	高0.3～1.5m。叶呈短松针状，簇生成团，极似五针松叶。花淡红至白色，花期7～8月。浆果黑色，花语为长寿	喜温暖，湿润和荫蔽环境，稍耐寒，不耐干旱和积水，忌暴晒和高温	多分枝，茎灰白色，基部木质化，新叶嫩绿色，小枝纤细，老叶深绿色
234	紫叶酢浆草	高10～20cm。叶紫红色。花淡红或淡紫色，花期4～11月。花对光敏感，晴天开放，夜间及阴天时闭合	喜温暖，半阴且通风良好的环境，较耐寒，盛夏生长缓慢或休眠；地栽冬；喜水；不会发生严重病虫害；管理粗放。北京以南可露地越冬	掌状复叶，小叶3
235	红花酢浆草	高10～30cm。花瓣5，淡紫至紫红色，花期长，花多叶繁，花色艳。花期4～11月。植株低矮整齐	喜光，也耐半阴，喜温暖、湿润、耐旱，忌积水；覆盖地面迅速，又能抑制杂草生长	叶基生，柄长，小叶3，扁圆状倒心形，长1～4cm，端圆凹入
236	白花酢浆草	高10～20cm。单花，白或稀粉红色，花期7～8月	生于针阔混交林和灌丛中，可不保护护路就越冬	叶基生，小叶3，倒心形，长5～20mm，先端凹陷
237	马蹄金	蔓长0.9～1.8m。叶银色圆形，似马蹄	喜光，也耐阴，耐热，对土壤要求不严，耐旱，忌积水，直排水良好的土壤	有绿色叶品种
238	花叶欧亚活血丹	蔓生草本，做垂吊植物或地被。叶缘具白色或淡黄色斑块。花冠高脚碟状，观赏期长，花期5～6月。冬季变微红，花冠淡紫色	喜阴，耐湿，也喜光，耐寒，耐旱，耐瘠薄；忌积水	茎4棱形，叶浅绿色，圆形至肾形，缘具圆齿，长0.8～1.3cm
239	绵毛水苏	高30～60cm。全株被白色绵毛，银白色叶柔软而富有质感。轮伞花序穗状，长10～22cm，小花紫红色，花期7月	喜阳光充足，耐热，耐-20℃低温；喜排水良好的土壤，北京可露地越冬，冬季忌潮湿；从而上浇水易腐烂	茎4棱形，叶厚，长圆状椭圆形，长约10cm，缘具小圆齿
240	蓝雪花	高0.2～0.6m。花冠高脚碟状，花色淡雅，观赏期长。花色为翠绿，花色淡雅，观赏期长。花色为翠绿，蓝色等。炎夏给人以清凉的感觉。花语为冷淡、忧郁	喜光，亦喜阴，较耐阴，喜高湿、高温，不耐寒，要求湿润环境，长势强健，病虫害少。下暴晒，不宜在烈日管理简单	叶宽卵形或倒卵形，长4～6cm，花冠裂片倒三角形
241	非洲菊	高30～45cm。花单生，径6～10cm。花色有白、橙、粉、红、紫红或黄色等，观赏期长，花期11月至翌年4月。花语给人以神秘、极致的美	喜冬暖夏凉，空气流通干燥，阳光充足的环境，喜肥沃疏松、排水良好的沙质微酸性壤土，忌黏重土壤，忌连作	叶基生，莲座状，长椭圆形至长圆形，长10～14cm，缘具不规则羽状浅裂或深裂

序号	名称	观赏及应用	生态习性、栽培管护	辨识
242	繁星花	高30~70cm。顶生聚伞花序密集，花五星状，粉红、绯红、桃红、紫红或白色，花期夏秋。花语为团结	喜强光、耐高温、耐旱，不耐水湿。生长期不宜过度浇水，否则植株会黄化，以免诱发根腐病；水温不宜过低	叶卵形至卵状披针形，长3~15cm
243	长寿花	高10~30cm。聚伞状圆锥花序，小花红、橙、黄、粉、绿或白色，单或重瓣，花期12月至次年4月。花语为长命百岁、福寿吉庆	喜温暖、稍湿润的环境，耐寒，耐旱，宜排水良好的沙质土；抗病力强	叶交互对生，椭圆状长圆形，肉质肥大，红色，具粗齿
244	薄雪万年草	有绿色叶和黄色叶品种	喜全光，半日照也能生长，但叶片排列会较松散，怕热，耐寒，耐旱性强；生长迅速	叶棒状，被白色蜡粉
245	吊竹梅	高20~30cm。叶面银白色，中部及边缘紫色，叶色多变，或绿色带白条纹或紫红色，叶背紫色，花紫红色。春夏开花，花语为朴实、纯洁	喜温暖及阳光充足、通风良好的环境，也耐阴蔽，耐热，不耐寒，喜排水良好的沙质土壤	蔓长30~50cm。叶互生，卵状长圆形，长4~8cm
246	紫竹梅	高30~50cm。聚伞花序顶生或腋生，花桃红色，花期5~11月。叶紫色，是著名观叶植物	喜温暖、湿润及阳光充足的环境，耐半阴，不耐寒，较耐旱，不择土壤；性强健，生长快	单叶互生，披针形或长圆形，长6~13cm，基部抱茎
247	桂竹香	高20~60cm。总状花序，4瓣，径2~2.5cm，芳香，花橘黄或金黄色，花期4~5月。有红色品种。花语为在逆境中忠贞不渝	喜光，喜冷凉、干燥气候，耐寒，忌热，水良好、疏松肥沃的土壤，忌水涝，雨水过多会生长不良，稍耐盐碱；不耐移植	茎具贴生长柔毛。基生叶莲座状，披针形至线形，长1.5~7cm
248	美丽日中花	高约30cm。花瓣多数，紫红至白色，花期春或夏秋季	喜温暖干燥和阳光充足的环境，不耐寒，耐旱，忌水涝，宜肥沃疏松、排水良好的沙质壤土	茎丛生，斜升。叶对生，肉质，三棱线形
249	禾叶大戟	高30~80cm。聚伞花序，小花白色，线形，花期春夏，最长可达8~10个月	长日照植物，喜光，耐半阴，耐旱，宜排水良好的肥沃土壤	茎具乳白色汁液。叶互生，长卵形、狭椭圆形至狭披针形
250	迷迭香	常绿灌木，高达2m。叶灰绿色，有茶香，用于烹饪或泡茶，在室内可净化空气。花蓝紫色，招蜂，花期10~11月。香味有安神醒脑的功效。是忠贞爱情和友谊的象征。花语为回忆	喜光，耐半阴，耐热，宜通风良好，较耐寒；耐干旱瘠薄，怕积水，宜排水良好的沙质土壤，生长缓慢，宜定期整形修剪	叶线形，长1~2.5cm，向背面卷曲，革质，上面具光泽
251	水果蓝	常绿灌木，高1~2m。全株被白色茸毛。叶全年呈靓丽的浅蓝灰色，小花淡紫色，花期春夏季	喜光，稍耐阴，耐-7℃低温；极耐干旱瘠薄，萌蘖力强，耐修剪，对水分养分要求低	小枝4棱形，叶对生，卵圆形，长1~2cm
	碰碰香	全株被细密白茸毛。枝条拱形下垂。触碰后可散发出令人舒适的似苹果的香气，提神醒脑，驱避蚊虫	喜光，也较耐阴，喜温暖、怕寒冷，不耐水湿，过湿易烂根致死	叶卵圆形，肉质，缘有钝圆圆齿
252	斑叶香妃草	全株有白色窄斑。叶散发柠檬香味，清新草香，芳香植物。花语为思念、期盼。花期6~8月。花语为关怀	喜光，也较耐阴，喜温暖，耐热，不耐寒，不耐劳，对土壤要求不严	叶无柄，宽三角状卵形，光滑，厚革质，缘具粗齿
253	香蜂花	蜜源植物，叶散发柠檬香味，轮伞花序腋生，会吸引蜂群。花语为关怀	喜光，耐半阴，耐寒，耐热，喜湿润土壤，水湿，对土壤适应性广	茎三棱形，4棱形，具4浅槽，叶细柄，卵圆形，长1~6cm，缘具钝齿
254	芸香	高可达1m。有浓烈特殊气味。叶灰绿或带蓝绿色，花金黄色，径约2cm，4瓣，花期3~6月及冬末。古时作书签，是"书香"的由来，与中国文化和书有很深的渊源	宜日照充足，通风良好，喜排水良好的沙质壤土	茎3回羽状复叶，长6~12cm，末回小羽裂片短匙形或狭长圆形

十一、多年生花卉

序号	名称	观赏及应用	生态习性、栽培管护	辨识
255	驱蚊草	高0.3～1m。叶释放的香味驱蚊虫，每棵可驱蚊8～10m²。花枚红或粉红色，花期5～7月，可作杀虫剂	喜光，宜通风良好；生命力强。浇水见干见湿，夏季高温宜少浇水，不施肥；避强光，提高抗病性	叶近圆形，长2～10cm，掌状5～7深裂，小裂片矩圆形或披针形，缘具不规则齿或齿裂
256	红花除虫菊	高20～50cm。舌状花红色，径4～7cm，花期6～7月，可作杀虫剂	喜光照充足，喜排水良好的土壤	叶卵形或长椭圆形，长4～8cm，2回羽状分裂，片椭圆形或披斜三角形，缘有齿
257	银香菊	高0.3～0.6m。常绿银白色观叶灌木。黄色圆形头状花序，花期夏季，香气浓郁，可驱逐蟆类及其他昆虫防虫；也可用作银色圣诞树	喜充足日照、耐热，忌高温、潮湿、水涝，宜排水良好，不耐肥；耐修剪，夏季应减少浇水，潮湿叶色会变为加强通风浓绿	植株致密，全株被银白色绵毛，夏季给人凉爽的感觉。羽状复叶互生，裂片圆形
258	芳香万寿菊	高1.5～2m。全株有类似糖果气味的香气，可驱蚊虫。小花单瓣，密集，金黄色，秋冬开放。花叶可食	喜全日照，耐热，也耐湿，对土壤适应性强；性强健	株形高大似灌木
259	墨西哥鼠尾草	高0.5～1.2m。花序长，蓝紫色，花期6～10月。叶有香气。花语为家族的爱	喜光，稍耐阴，宜温暖、湿润的环境，对土壤要求不严，耐旱、耐水湿；病虫害少。浙江冬季地上部分枯萎，遇严寒可适当覆盖	茎直立多分枝，基部稍木质化。对生叶长披针形，具茸毛
260	天蓝鼠尾草	高0.6～1.5m。轮伞花序，花天蓝色，有香味，花期6～10月	喜温暖及光照充足，不耐寒，不耐湿劳，喜排水良好的沙质土壤；蔽荫环境生长不良	叶对生，长椭圆形，叶面皱，全缘或具钝齿
261	深蓝鼠尾草	高0.6～1.5m。花呈穗状，花深蓝色，花期6～10月。花叶有浓郁香味，能吸引蜂蝶	喜温暖及阳光充足的环境，耐热，不耐寒，耐旱，忌积水，不择土壤。长江以南可露地越冬	叶对生，卵圆形，缘具细齿
262	蚊子草	高0.6～1.5m。顶生圆锥花序，花小而多，白色，花期7～9月。有特殊香味，可以驱蚊	生山麓、沟谷、河岸、草地。林缘及林下	羽状复叶，小叶2对，顶生小叶大，5～9掌状深裂，裂片披针形至菱状披针形，缘有小裂片和尖锐重锯齿，被白色茸毛；侧生小叶较小，3～5裂。下面密
作二年栽培				
263	四季海棠	高10～30cm。花色多种，花红、红、橙或紫白色或绿色等。花期4～10月。花语为相思、单恋、苦恋，爱的告白	喜半阴，耐热，怕寒冷，低于4℃易受冻害；喜湿润、排水良好，富含腐殖质的沙壤土，怕干燥和水涝；夏天注意遮阴，耐修剪	茎肉质，横切面含草酸，有酸味。叶卵圆形，有光泽，缘具齿。秋海棠科是全球野生资源种类最多、多样性最丰富的观赏植物类群，研究和开发十分重要和活跃
264	垂吊秋海棠	花红、橙、粉色等。夏秋开花	喜温暖湿润、光照充足的环境，宜疏松肥沃、排水良好的微酸性沙壤土；对水分和温度敏感	叶长卵状披针形，茎下垂。杂交种，栽培品种很多
265	观叶秋海棠	叶大，多呈深或浅的紫红色，叶红，叶色丰富，品种多。叶面具灰白色或淡浅紫色斑纹，色彩丰富，美观，叶形，叶色丰富，品种多	喜光线温和、明亮通风，忌积水；宜肥沃的沙壤土	叶两侧浅不等，长卵形，长6～12cm，缘具不等浅三角形齿，齿尖带长芒，叶常散生长硬毛
266	丽格海棠	花多为重瓣，有红、橙、黄或黄白色等，花朵硕大，色彩艳丽，花期12月至翌春4月。花语为相思可亲	生于山沟岩石上和密林中。喜温暖，湿润、通风良好的半阴环境，忌干旱与闷热潮湿，不耐寒	单叶互生，不对称心形，缘具重锯齿或硬刻

序号	名称	观赏及应用	生态习性、栽培管护	辨识
267	多叶羽扇豆	高0.5～1m。尖塔形总状花序顶生，长15～40cm，远长于复叶，花多而稠密，花色红、黄、橙、紫、蓝、粉或白等，花期4～7月，单个花序花期15天。根系具固肥能力，我国台湾地区茶园中广泛种植，被称为"母亲花"，象征母爱和幸福	喜光照充足，不耐阴，较耐寒（需保持在-5℃以上），喜气候凉爽，忌炎热，宜深厚肥沃、排水良好的沙壤土，忌干旱，但夏季炎热多雨，常不能越夏而死亡；不耐移植；主根发达，是酸性土指示植物，中性、微碱性土上生长不良	掌状复叶多基生，小叶9～15，椭圆状倒披针形，长4～10cm，具观赏性。园艺品种较多
268	毛地黄	高0.6～1.2m。顶生总状花序长50～80cm，花冠钟状，下垂，玫红、粉、浅黄或黄紫红色，内有深色小斑点，花期5～6月。花语为热爱	喜光，耐半阴，耐寒，耐贫瘠，宜中等肥沃、湿润而排水良好的壤土	全株密被灰白色短毛。叶卵形或长椭圆形，长5～15cm，缘具带短尖的齿
269	飞燕草	高30～60cm，径2.5～4cm，花期5～7月。花语为正义、自由、清静、轻盈。白或淡粉色，蓝	喜光照充足，通风良好且干燥，较耐寒，喜凉爽、忌高温、耐旱，忌积水；须根性，宜直播	叶长达3cm，掌状细裂，裂片狭线形
270	翠雀	高30～60cm。总状花序具3～15花，蓝或蓝紫色，花期5～10月。全株及种子有毒	喜光照充足，通风良好的凉爽环境，耐寒，怕暑热，喜干燥，忌高温，忌涝；不耐移植，病虫害少	叶圆五角形，长2～6cm，3全裂，裂片再次细裂成窄条形
271	高翠雀花	高0.7～1.3m。总状花序长达30cm以上，花密集，蓝、紫蓝，浅粉或浅白色，花期6～8月。全株及种子有毒	喜阳光充足的凉爽干燥环境，怕暑热，耐寒，忌水涝，在肥沃、富含腐殖质的黏质土壤上生长较好	叶五角状肾形，长约7cm，3深裂，裂片再分裂或具粗齿，园艺品种四回以上
272	东方罂粟	高60～90cm。花单生，深红、粉红或橙色，径达15cm，花期6～7月	喜光，耐寒，忌炎热和湿涝，喜排水良好的沙壤土；不耐移植，性强健	植株被刚毛，具乳汁。基生叶具长柄，披针形或长圆形，具疏齿或缺刻状齿，2回羽状深裂
273	冰岛虞美人	高30～50cm。花单生，4瓣，白、淡黄、黄、橙黄或橙红色，具褐色刚毛，花蕾倒垂，花期5～6月	喜冷凉，喜温暖、高燥通风环境，耐寒性强，耐旱，不择土壤，宜排水良好；不耐移植	叶全基生，卵形至披针形，长3～8cm，羽状浅裂或全裂，被刚毛
274	千叶蓍	高30～60cm。头状花序密集，径可达10cm，花浅粉、淡紫红或白色，花期6～8月。上海冬季常绿，被认为是"恶魔"最爱的植物之一，又称恶魔萼刺	喜全光，喜温暖、湿润环境，耐寒、耐热，对土壤要求不严，耐旱、耐瘠薄，宜排水良好，修剪后可二次开花	叶披针形，长5～7cm，2至3回羽状深裂，未裂片披针状线形
275	蕨叶蓍	高30～60cm。头状花序，花金黄色，花期6～8月	喜光，喜温暖、耐寒，忌高温、多湿，肥沃的沙壤土，喜排水良好，夏季宜阴凉通风	叶羽状细裂
276	齿叶蓍	高0.3～1m。花序疏伞房状，花白色，花期6～8月	喜光，也耐阴，不择寒、不择土壤，较耐旱，林缘。生于山坡下湿地、草甸、林间	中部叶披针形或条状披针形，长3～8cm，缘具整齐上弯的重小锯齿
277	宿根天人菊	高20～70cm。头状花序径5～7cm，花橙红、红或黄色，花期6～10月。花语为团结、同心协力，是良好的防风固沙植物	喜光、耐热、耐旱，宜排水良好的疏松沙壤，耐寒，耐盐碱性；性强健，抗风	叶披针形、长椭圆形或匙形，长3～8cm，全缘或羽状缺裂。有一二年生种
278	天竺葵	高30～60cm，花期5～7月。叶具浓裂鱼腥味。天竺类适宜地中海式气候，因气候、成本等问题，我国应用较少。花语为偶然的相遇、幸福就在你身边。爱情；单或重瓣	喜凉爽，稍耐寒，不耐酷暑和暴晒，盛夏休眠；忌涝，怕涝，宜疏松肥沃土壤，病由害少。花后或秋后修剪有利于生长，环境适宜可不断开花；宜牛夫打蕾时应注意浇水	全株被细毛。叶圆形或肾形，径3～7cm，具圆齿，叶缘内具暗红色马蹄形环纹

十一、多年生花卉

序号	名称	观赏及应用	生态习性、栽培管护	辨识
279	花叶天竺葵	叶形，叶色多变	同原种	多有红褐色图斑
280	蔓生天竺葵	高30～50cm。伞形花序，花红、紫、粉或白色，上面2瓣有深色条纹，花期5～9月。特别适合窗台和悬挂花篮	喜光，也耐阴，怕寒，不耐水湿	多分枝，茎长0.4～1m。叶互生，近圆形，径5～7cm，常五角状浅裂，稍有光泽
281	蹄纹天竺葵	高20～80cm。花较小，红、紫、粉或白色	同天竺葵	叶倒卵形或卵状盾形，面有浓褐色马蹄形环纹，缘具钝齿。茎通常单生，仅幼时略被茸毛
282	皱叶天竺葵	高30～40cm。花粉红、淡红、深红、紫或白色，花期4～6月	同天竺葵	全株具软毛。叶圆肾形，长3～7cm，无蹄纹，具不规则锐齿，有时3～5浅裂
283	宿根六倍利	高0.5～1m。花猩红、紫红或蓝色，花期7～9月；花穗长，浓密，整齐性好，单瓣花期达一个月。花语为自由自在	喜半阴，湿润环境，耐高温，较耐寒，忌干燥，耐贫瘠。管理简单	叶长椭圆状卵形，缘具不规则齿
284	火尾苞茎桃叶蓼	高达1m。穗状总状花序高出叶片，花期6～10月	喜阴，稍耐阴，喜湿润，不择土壤	基生叶卵形，茎生叶长卵形，上部叶抱茎
285	海石竹	高12～30cm。顶生头状花序，径达3cm，花玫红、粉红或白色，花期5～6月，可做干花。花语为用心、体贴	喜光，喜凉爽、通风、高温、高湿；忌高温，耐寒，耐旱，耐盐碱，宜排水良好的沙质土壤。病虫害少	叶密集基生，线形，长10cm
286	须苞石竹	高30～60cm。头状花序，花量大，花小而多，花墨紫、绯红、白、粉或红色，瓣端具鬚毛，花期5～7月	喜光，耐半阴，喜冷凉、高燥、高爽，忌涝，耐瘠薄也喜肥，宜疏松肥沃、排水良好的石灰质土壤	茎直立，有棱。叶披针形，长4～8cm
287	香石竹	高15～70cm。花单朵或2～3朵生于枝端，有香气，粉红、紫红或白色，瓣端具不整齐齿，花期5～8月，温室可四季开花。多作母亲节花，代表了对母亲的爱，尊敬之情	喜光，喜凉爽，不耐炎热，喜保肥，通气，排水良好的微酸性土壤	叶线状披针形，长4～14cm，中脉明显。园艺品种多，有矮生种
288	大花夏枯草	高15～60cm。轮伞花序呈穗状顶生，长约4.5cm，花淡紫、紫红或蓝白色，花期6～9月。花语为负负尽职，是非分明	喜光，稍耐阴，喜温和、湿润气候，耐寒、耐旱，宜肥沃、排水良好的沙质壤土，排水性好	根茎匍匐，茎直立，钝4棱形。叶卵状长圆形，长3.5～4.5cm
289	锦葵	高50～90cm。花3～11朵簇生，花白、紫、粉或白色，径3.5～4cm，花瓣5，先端微缺，具浓色纵条纹，花期6～9月。花语为恩惠	喜光，喜冷凉、耐寒，耐干旱瘠薄，忌湿，宜沙质土壤，生长势强	叶圆心形或肾形，长5～12cm，具5～7圆齿状钝裂片，掌状脉，缘具圆齿。果实被疏毛
290	钓钟柳	高0.4～0.7m。不规则总状花序顶生，花白、淡紫、紫红或玫红，花期6～10月。花语为勇气、诗人般的气质	喜光照充足，空气湿润及通风良好，稍耐半阴，喜温暖，忌炎热，忌干旱及酸性土，忌冬雨及越冬困难，长江以北需保护越冬；剪后可二次开花	叶卵形至披针形
291	红花钓钟柳	高60～90cm。花红色，花期6～7月	喜光，耐半阴，较耐寒，喜凉爽、忌夏季炎热干燥，宜排水良好的石灰质土壤	茎生叶对生，线形或披针形
292	毛地黄钓钟柳	高0.6～1m。总状花序，花淡粉或白色，花期5～7月。植株紫褐，花姿优美，花姿优雅。秋后，基生叶转红	喜背风向阳和凉爽环境，忌炎热干旱，耐寒性强，对土壤要求不严。生长期宜湿润及排水良好土壤；少施氮肥防倒伏	全株被柔毛。基生叶卵圆形，茎生叶交互对生，长椭圆形或近宽披针形，无叶柄
293	紫叶毛地黄钓钟柳	叶紫红色，花浅紫罗兰色	同原种	

序号	名称	观赏及应用	生态习性、栽培管护	辨识
294	冬珊瑚	高30~60cm。花白色。浆果单生，球状，浆果黄橘黄色、珊瑚红或橘黄色，径1~2cm，入冬不落。花期4~7月，果熟期8~12月。花语为神秘	喜光照充足，耐高温，不耐寒，对土壤要求不严。冬季需保持在0℃以上	叶互生，大小不相等，椭圆状披针形，长2~5cm
295	翼叶山牵牛	缠绕草本。花单生叶腋，径约4cm，深或浅黄色，花冠管口蓝紫色，定植后观赏期3~4个月	喜光，喜温暖，喜稍潮湿偏干，喜精潮湿良好的环境，忌积水	茎具2槽。叶柄具翼，叶卵状箭头形或卵状稍戟形，长2~7.5cm，缘具2~3短齿或全缘，掌状5出脉

盆栽花木

序号	名称	观赏及应用	生态习性、栽培管护	辨识
296	双腺藤	花红、白、桃红、粉红或黄色等，径6~8cm，花期夏秋。有热带藤本植物呈现的美称。枝条柔软，宜做各种造型。花语为热情	喜温暖湿润，阳光充足的环境，稍耐阴，光照不足时开花减少，不耐寒；对土壤适应性较强，宜富含腐殖质，排水良好的沙壤土	叶椭圆形，硕大，叶面软，革质
297	西番莲	花大，径6~10cm。淡绿色。丝状副花冠紫红色，花期5~7月	喜光照充足，温暖的环境，忌积水，不耐旱	叶长5~7cm，宽6~8cm，基部心形，掌状5深裂，果卵圆球形，长约6cm，熟时橙黄色。浆
298	金叶假连翘	高20~60cm。叶金黄至黄绿色，可观叶。总状花序圆锥状，端5裂，花期5~10月	喜强光，耐半阴，喜高温，生长快；要求排水良好的土壤	叶对生，纸质，椭圆形或倒卵形，中部以上有粗齿
299	马缨丹	高0.5~2m。花序径1.5~2.5cm，花初开黄或粉红色，渐变橙黄或橘红色，最后呈深红色，花期全年。花叶有毒。花语为严格	喜光，喜高温、高湿，也耐干热，抗寒力差；宜排水良好。热带地区有物种入侵威胁	常绿半藤状灌木，全株具粗毛，并有臭味，单叶对生，卵形至卵状椭圆形，长3~9cm，缘有钝齿，叶面略皱
300	马利筋	高30~80cm。聚伞花序具10~20花，花冠紫红色，反折，副花冠黄色，花期全年。全株有毒，尤以乳汁毒性较强	喜向阳，通风，温暖，干燥的环境，耐热，耐旱，耐高温，高湿，不择土壤	亚灌木状草本，全株具乳汁。叶披针形，长6~14cm
301	金苞花	盆栽高15~30cm，可达1m。顶生穗状花序长约10cm；苞片心形，金黄色斑，长约2.5cm，常年开花。花语为女性美的极致	喜阳光充足，高温，高湿的环境，较耐阴，宜肥沃，排水良好的轻壤土	常绿灌木。叶对生，长圆形至广披针形，长达12.5cm，有光泽
302	虾衣花	常绿灌木，高20~50cm。穗状花序紧密，下垂，长达7.5cm；心形苞片覆瓦状，棕红至黄绿色，常年开花。花语为女性美丽	喜阳光充足及温暖热气候，稍耐阴，不耐寒；宜排水良好	茎较细弱。叶对生，卵形至长椭圆形，长3~7mm
303	翠芦莉	高0.6~1m。花漏斗状，径3~5cm，5裂，径约3.5cm，蓝、蓝紫、粉或粉白色，具放射状条纹，花期4~10月	喜光，略耐半阴，喜高温，耐酷暑，不耐寒；不择土壤，耐贫瘠，耐轻盐碱	叶线状披针形，全缘或具疏齿。总状花序由数个组成圆锥花序
304	鸳鸯茉莉	常绿灌木，高0.5~1m。花高脚碟状，5裂，初开蓝紫色，后渐变成淡蓝色，最后变成白色，有茉莉香味，花期4~9月	喜光，耐半阴，宜排水良好的酸性土，长期烈日下生长不良；不宜黏重，干旱精薄及碱性土	单叶互生，矩圆形或椭圆状矩形，长4~12cm
305	新几内亚凤仙	高25~40cm。花洋红、红、粉、紫、紫罗兰、白、紫或紫橙红色，花期6~8月。花语为别碰我	喜炎热，宜阳光充足，温暖湿润，夏季需凉爽，忌烈日暴晒，宜稍遮阴；对土壤要求不严，不耐旱，怕水渍，对盐害敏感，宜疏松肥沃，排水良好的沙壤土	茎肉质，多叶轮生，缘具锐齿
305	萼距花	常绿灌木，高30~70cm。花淡紫、花深色、花瓣6，几乎全年开花。花语为自由、任性	喜光，耐半阴，喜温暖，喜温暖、湿润气候，喜排水良好的沙壤土；耐修剪，易栽培管理	叶对生，薄革质，披针形或卵状披针形，长2~4cm，宽5~15mm
306	细叶萼距花	高20~50cm。花淡紫，花瓣6，花期自春至秋	喜光，稍耐阴，喜温暖，喜温暖、湿润、喜温暖、湿润的土壤	叶对生，有光泽，线状披针形，长2~2.5cm，宽3~5mm

十一、多年生花卉

序号	名称	观赏及应用	生态习性、栽培管护	辨识
307	一品红	盆栽高 30～60cm。苞叶 5～7 枚，狭椭圆形，长 3～7cm，似花，火红、红、粉、绿、落叶黄或白色等，还可喷色上彩。花期元旦前后，可至 4 月，短日照 9～10 月开花。全株有微毒，促癌。花语为圣洁的愿望、博爱、祝福	喜暖热，阳光充足、湿润，耐旱；冬季室温不能低于 5℃，低于 10℃落叶；宜微酸性土壤，对水分要求甚严格，土壤过湿易致根腐烂，过湿或光照不强，太弱都会引起落叶	叶互生，卵状椭圆形至椭圆状披针形，长 7～15cm、全缘或浅裂。品种有 100 个以上
308	比利时杜鹃	常绿灌木，高 20～60cm。花冠阔斗形，径 5～10cm，红、粉、白、玫瑰红或复色等，四季开花。白色花有毒	喜凉爽、湿润和充足阳光，不耐寒，越冬需 5℃以上，忌炎热强光暴晒；宜富含腐殖质、疏松、通风良好的环境，忌积水	叶集生枝端，椭圆形至椭圆状披针形
309	肾蕨	高 30～60cm。常绿，观叶	喜温暖、潮湿、半阴、高温，忌阳光直射，喜高温、高湿，保持土不干，但浇水不宜太多，否则叶片易枯黄脱落。春、秋季需浇足水，根系浅，须根纤细，既怕干又怕涝，忌积水	叶丛生，1 回羽状复叶，小羽片披针形，长约 2cm，缘具钝齿，常密集呈覆瓦状排列
	波士顿蕨	高大肾蕨的园艺品种。高 30～80cm。具超强吸收甲醛的能力，可净化空气，被认为是最有效的生物净化器	同肾蕨	羽状复叶弯曲下垂，小叶较短，密生，叶缘波状扭曲
310	叶子花	藤状灌木，盆栽常高 0.5～2m。似花的苞片椭圆状卵形，长 2.5～6.5cm，鲜红、橙黄、紫红、紫等，有重瓣、粉或乳白色等。一般 10 月至翌年 4 月，北方催花叶品种：花期因品种而异，毛叶种耐寒性最强，冬季落叶；巴特鲁 8～10 月。分 4 个种，毛叶种周期性开花，全年开花，光叶种最怕冷，温和秘鲁种周期性开花。花语为热情、顽强奋进的精神。温度需 16℃以上	喜高温湿润，光照充足及空气流通；对土壤要求不严，耐贫瘠，耐碱，耐修剪；抗病虫。抗风雨。毛叶种 4℃可越冬，15℃以上方可开花。生长期需水量大，宜保持湿润，水分不足易落叶，但须注意对水分的控制，不停施肥浇水及修剪不够，会导致生长徒盛，不开花或花量少	有枝刺，叶互生，椭圆形或卵形，长 5～10cm。枝叶密生柔毛，厦门植物园有百余品种，全世界三百余品种
311	鹤望兰	高 1～2m。花序外有绿色舟状佛焰苞，长达 20cm，边紫红，花萼橙或黄色，箭头状花瓣暗蓝色，花期冬季，单花开放近月，花期达 3～4 个月。花形奇特，色彩夺目，宛如仙鹤翘翅。花语为相爱的人比翼双飞、自由、幸福	喜光，夏季强光宜遮阳；冬需阳光充足；喜温暖、湿润，越冬不低于 5℃；不耐水湿	叶革质，长圆状披针形，长 25～45cm，具长柄
312	黄蝎尾蕉	高 1.5～2.5m。穗状花序直立，长 20～25cm，鲜黄色，醒目。苞片 5～9 枚，长 15～23cm	喜半阴耐遮阴；喜温暖、湿润气候，不耐寒，越冬不低于 10℃；宜排水良好、肥沃疏松的壤土	叶长椭圆状披针形
313	地涌金莲	高 0.4～1.2cm。花序直立，直接生于粗大约 15cm 的假茎上，扰如涌出地面的金色莲花。被寺院定为"五树六花"之一，也是傣族文学作品中善良化身和憎恶的象征。花语为高贵、神圣	多生于山间坡地	叶长椭圆形，长达 0.5m，先端锐尖
314	散尾葵	高 2～5m。羽状复叶，平展而稍下弯，形态潇洒优美。花语为柔美、优美动人	喜暖热、湿度大、半阴且通风良好的环境；越冬最低 5℃，气温 20℃以下叶发黄；宜疏松肥沃、排水良好的土壤	复叶长约 1.5m，小叶条状披针形，长 35～50cm，2 列，黄绿色，表面有蜡质白粉

序号	名称	观赏及应用	生态习性、栽培管护	辨识
315	棕竹	高0.5～3m。叶掌状深裂，裂片4～10，叶形美观。干似棕榈，叶如竹，寓意坚强。叶可吸收多种有害气体	喜温暖湿润，通风良好的半阴环境，不耐寒，极耐阴，夏季光照宜适当遮阴；肥沃的酸性土壤，宜疏松、不耐积水，不耐瘠薄和盐碱，要求较高的土壤和空气湿度	干细而有节，上部包有网状叶鞘。叶裂片长不均等，具2～5条肋脉，长20～32cm，宽1.5～5cm
316	细叶棕竹	高1m以上。叶7～20掌状深裂	喜阴，喜湿润的酸性土壤，不耐寒	
317	蒲葵	盆栽高1～3m。花两性，春夏开花。叶阔肾状扇形。树形优美	喜光，喜温暖，多湿；生长慢，寿命长	叶裂片宽0.8～2cm。雌雄异株
318	袖珍椰子	常高1m以下，可达1.8m以上，形态小巧玲珑，美观别致，可增添热带风情的气氛和韵味	喜温暖，湿润，耐阴性强，高温季节忌阳光直射，越冬不低于10℃；喜排水良好、湿润、肥沃的壤土，稍耐碱	羽状复叶，裂片披针形，长达20cm，有光泽，顶端两片羽叶的基部常合生呈鱼尾状。雌雄异株
319	狭叶龙血树	高1～3m。单干，稍分枝，株形健美。花语为长寿富贵	喜光，也耐阴，喜高温，不耐寒，温度过低时，叶尖及叶缘会出现黄褐色斑块，不耐旱，喜疏松，排水良好	叶集生茎上部，带形，长20～30cm，弯垂，中脉明显
320	龟背竹	攀缘灌木。叶心状卵形，厚革质，宽40～60cm，叶形秀美，深绿色，淡绿色，边缘羽状分裂，侧脉间有1～2个较大空洞。汁液有轻微毒性	喜光也耐阴，忌夏天中午阳光直射，喜温暖，湿润环境，低于5℃易发生冻害；喜微酸性土壤	叶卵状心形，长达60cm，羽状深裂，裂片宽披针形
321	春羽	高0.5～1m。叶革质，有光泽，株形优美，株形秀丽。叶姿优美，株形优美为轻松快乐	喜温暖及阳光充足的环境，耐半阴，耐热，不耐寒；喜肥沃疏松，排水良好的微酸性沙质土壤	
322	金钻蔓绿绒	阴生植物。叶革质，深绿有光泽，大方清雅。多用于室内气体，多用于室内	喜温暖，湿润，半阴的环境，忌强光直射，宜疏松肥沃，排水良好的微酸性土壤，不耐寒；生命力强	叶基生，长圆形，厚革质，长20～40cm
323	海芋	生长旺盛，壮观。有热带风光的气氛。茎和叶汁液有毒，多用于道合，真诚。花语为忠诚	耐阴，宜高温，高湿，不宜强风吹	茎粗壮。叶多数，长圆形，草绿色，箭状卵形，边缘波状
324	尖尾芋	叶膜质至亚革质，深绿色。多用于室内观叶。全株有毒，比海芋毒性略低	喜温暖，潮湿和半阴的环境，耐寒性差，宜较高的空气湿度；生命力强	地上茎圆柱状，宽卵状心形，叶长10～16cm，粗3～6cm，黑褐色，阔披针形或长椭圆形，先端略隆具凸尖
325	白鹤芋	高30～50cm。肉穗花序，白色，高于叶面，如采白帆，花期5～10月。花语为一帆风顺，事业有成	喜温暖，湿润，半阴的环境，耐热，不耐寒；忌强光暴晒，忌干旱	叶基生，革质，阔披针形或长椭圆形，有光泽
326	鹅掌藤	株形丰满优美，有热带风情。花语为自然，和谐	喜半阴，喜暖热，湿润气候，不耐寒，忌积水	掌状复叶，小叶7～9，革质，倒卵状长椭圆形，长8～12cm
327	花叶鹅掌藤	叶面有不规则黄或白斑	同原种	
328	大叶伞	株形潇洒大方，又具异国情调	喜光，耐半阴，喜暖热多湿气候，不耐寒，耐旱，宜疏松肥沃的沙质土壤	掌状复叶，小叶7～16，长椭圆形，长10～30cm，有光泽，小叶在总叶柄端呈辐状伸展

序号	名称	观赏及应用	生态习性、栽培管护	辨识
329	非洲茉莉	花白色，芳香，花期4～8月。株形丰满，有光泽。叶革质，枝形美丽。花语为朴素自然、清净纯洁	喜光，耐半阴，喜暖热气候，不耐寒，越冬需0℃以上；喜肥沃、排水良好的土壤，萌发力强，耐反复修剪	叶对生，椭圆形或长倒卵形，长7～15cm，先端突尖
330	龙船花	高0.5～2m。伞房花序顶生，形似绣球，花色丰富，有红、橙、黄、白或双色等，5～9月最盛，全年开花。古代端午节划龙船为胜为了平安顺利，将花插在船上而得名	喜温暖湿润，阳光充足的环境，不耐寒，较耐旱，喜排水良好、肥沃疏松的沙壤土	叶对生，常倒卵状长椭圆形，长6～13cm，中脉略回入。花冠高脚碟状，筒细长，裂片4
331	苏铁	高2～5m，优美的观赏树种。花语为长寿富贵，坚贞不屈，坚定不移	喜光，喜暖热，湿润气候，不耐寒，喜酸性沙壤土，生长甚慢，寿命长	羽状复叶从茎顶部生出，长0.5～2m，小叶约100对，15～20cm，线形，硬革质，边缘显著反卷
332	小木槿	高1～1.8m。花粉或粉红色，花径达3cm，花期夏至秋，繁花满枝	喜光，不耐寒，较喜湿润，土壤宜排水良好	半灌木，枝条密集。互生叶较小，三角状卵形，3裂片三角形，缘具不规则齿
333	金雀花	高50～60cm。花黄色，密集，春季花后修剪。花语为幽雅整洁	喜全光，忌积水；抗风；耐修剪	小枝有棱，分枝多而细，被灰白色革毛。3出复叶，倒卵形、椭圆状披针形
334	双荚决明	多分枝灌木，径约2cm，灿烂金黄色。伞房总状花序，花金黄色，又很快开花，花期9月至翌年1月。叶灰绿色，花密，3枚雄蕊特大。花语为幽雅整洁	喜光，喜暖热气候，耐干旱瘠薄和轻盐碱土，生长快	羽状复叶，小叶3～5对，倒卵形至长圆形，长2.5～3.5cm，第1～2对小叶间有1突起的腺体。荚果细长，长达15cm，柱形
335	黑金刚橡皮树	叶黑紫色，厚重。性强健。是消除有害气体的"多面手"。花语为信任，长青，稳重	喜高温湿润，阳光充足的环境，忌强光直射，能耐阴，不耐寒；喜疏松肥沃、排水良好的微酸性土壤，移栽易活	叶厚革质，长椭圆形，长10～30cm，羽状侧脉多而细，平行且直伸
336	褐锦紫叶槿	常绿灌木，高0.9～1.5m，多分枝，冠幅0.6～0.8m。株形整齐。茎叶酒红色，叶形似枫叶，美观	稍耐阴，耐酷热，耐寒冷，耐旱；性强健	叶互生，近宽卵形，常掌状3～5深裂，裂片边缘有波状疏齿。花单生于叶腋，绯红色，有深色脉纹，中心暗紫色
337	变叶木	盆栽高0.4～1m。叶绿色亮丽，叶形、叶色多变，斑点等及杂色。叶绿、黄、白、橙、粉红、红、大红、紫等品种多。有毒，促癌	喜高温、多湿和阳光充足的环境，耐半阴，不耐寒	叶薄革质，披针形、椭圆形或匙形，不分裂或中部断开，由叶脉相连
338	亮红朱蕉	株形美观，叶红色鲜丽，老叶紫绿色或紫褐色，后渐变绿色或紫褐色，有艳红色叶边，品种很多。花语为青春永驻，清新悦目	喜高温、多湿，不耐寒，喜肥沃、排水良好的微酸性土壤，忌涝，对水分反应敏感，积水易落叶和黄化	叶矩圆形至矩圆状披针形，长25～50cm
339	红边朱蕉	叶暗绿或紫褐色，边缘桃红色	同亮红朱蕉	
340	紫剑叶朱蕉	叶紫色，新叶硬直，老叶拱垂。宽大圆锥花序，花乳白色，星形，具甜香	稍耐寒，生长慢	叶集生茎端，狭剑形，长0.6～1m，先端急尖，中脉明显
341	三色千年木	叶边红色，中间绿色并有两条乳黄色条纹纵织。花语为长寿	较耐阴，喜温暖、湿润，易栽培	具明显主干和多数分枝。叶狭带状剑形，长40～60cm，宽1.5～2cm
342	彩虹千年木	叶红、灰绿、紫红三色，以红为主	同三色千年木	
343	金边竹蕉	叶绿色，具黄白色镶边，色彩明艳	喜高温，多湿气候，不耐寒	叶集生茎端，剑形，长60～70cm，宽约5cm

十一、多年生花卉

续表

序号	名称	观赏及应用	生态习性、栽培管护	辨识
344	金边银纹竹蕉	叶有宽黄边，中央绿色宽带外有白色细纹	同金心巴西木	
345	金心巴西木	叶有宽绿边，中央为黄色宽带间细绿纹，新叶更明显。花淡黄色，芳香	喜光、喜高温、高湿、耐阴，防烈日暴晒，宜通风良好	叶集生茎端，狭长椭圆形，长40～90cm，宽5～10cm，革质
346	金边百合竹	盆栽可达2m。叶缘有黄色宽带、中间有细黄线，近革质，有光泽。浆果亮红色。株形优美	耐半阴，喜高温、多湿气候，不耐寒、耐旱也耐湿	茎较细长，长高后易斜弯。叶常较松散，螺旋状着生于枝端，狭披针形，长15～20cm，略反曲
347	新西兰麻	高1m左右。有紫叶品种，观叶。圆锥花花序叶丛抽出，花暗红色	喜光，喜温暖、湿润，不耐寒；不择土壤；耐空气污染	基生叶剑形，绿色，长50～70cm，革质，先端下垂，叶背具白霜
348	花叶艳山姜	高可达3m。叶有金黄色纵斑纹。花白色，顶端粉红色，有香气，花期4～6月。花叶艳丽	喜光，稍耐阴，喜湿；不耐寒，温度低于0℃时，植株会受冻害致死	叶长椭圆形，长30～60cm
349	银叶桉	常绿灌木或小乔木，高可达3m。叶两面被白粉，银绿色。叶略带樟脑味，可安神，使头脑清醒，集中注意力，也是树袋熊最爱的食物	喜温暖，忌高温、潮湿，宜排水良好	幼叶对生，无柄，阔卵形或阔盾形；老叶互生，披针形

十二、一二年生花卉

一二年生花卉　表一

序号	名称	拉丁名	别名	科属	产地及分布	彩图页
1	白晶菊	Mauranthemum paludosum	晶晶菊、小白菊	菊科白晶菊属	原产非洲。我国北方有栽培	635
2	黄晶菊	Chrysanthemum multicaule	春俏菊	菊科菊属	原产非洲。我国北方有栽培	635
3	南非万寿菊	Osteospermum ecklonis	蓝目菊、硬果菊、海角雏菊、蓝心菊	菊科骨子菊属	原产南非。我国北方有栽培	635
4	金盏	Calendula officinalis	金盏菊、黄金盏、常春菊、长生菊	菊科金盏花属	原产欧洲南部及地中海沿岸。我国广泛栽培	635
5	雏菊	Bellis perennis	春菊、长命菊、延命菊、五月菊	菊科雏菊属	原产欧洲。我国北方有栽培	635
6	蓝雏菊	Felicia amelloides	蓝菊、蓝费利菊	菊科蓝菊属	原产南非。北京有栽培	636
7	瓜叶菊	Pericallis hybrida	千日莲	菊科瓜叶菊属	原产大西洋加那利群岛。我国北方有栽培	636
8	三色堇	Viola tricolor	大花三色堇、蝴蝶花、人面花、猫脸花、鬼脸花	堇菜科堇菜属	原产南欧。我国各地公园栽培供观赏	636
9	角堇	Viola cornuta	小三色堇、香堇菜	堇菜科堇菜属	原产欧洲。我国北方有栽培	636
10	紫堇	Corydalis edulis	蝎子花、麦黄草、断肠草、闷头花	罂粟科紫堇属	产辽宁、河南、陕西、甘肃及华北、西南、长江中下游等地区	637
11	金鱼草	Antirrhinum majus	龙头花、狮子花、龙口花、洋彩雀	玄参科金鱼草属	原产南欧地中海沿岸及北非。我国北方有栽培	637
12	柳穿鱼	Linaria maroccana	摩洛哥柳穿鱼、小金鱼草	玄参科柳穿鱼属	原产葡萄牙、北非。我国北方有栽培	637
13	杂交石竹	Dianthus hybridus		石竹科石竹属	人工培育的园艺栽培品种，应用广泛	638
14	矮雪轮	Silene pendula	大蔓樱花、小町草、小红花	石竹科蝇子草属	原产欧洲南部，现广泛栽培	638
15	高雪轮	Silene armeria	钟石竹	石竹科蝇子草属	原产欧洲南部，现广泛栽培	638
16	满天星	Gypsophila muralis	细小石头花	石竹科石头花属	产我国黑龙江及西伯利亚等地。我国北方有栽培	638
17	美女樱	Glandularia hybrida	大花美女樱、草五色梅、铺地马鞭草、铺地锦、四季绣球、美人樱	马鞭草科美女樱属	原产巴西、秘鲁、乌拉圭等地。现世界各地广泛栽培	638
18	裂叶美女樱	Glandularia tenera	细叶美女樱、羽叶马鞭草、羽裂美女樱	马鞭草科美女樱属	原产美洲热带地区。我国北方有栽培	639
19	矮牵牛	Petunia × hybrida	碧冬茄、灵芝牡丹、矮喇叭、番薯花	茄科碧冬茄属	原产南美洲。现为杂交种	640
20	蔓生矮牵牛	Petunia × hybrida sp.		茄科碧冬茄属	园艺品种，世界各地广泛栽培	640
21	舞春花	Calibrachoa hybrids	小花矮牵牛、百万小铃、万铃花	茄科舞春花属	园艺品种。我国北方有栽培	640
22	蛾蝶花	Schizanthus pinnatus	蛾蝶草、蝴蝶草、平民兰、荠菜花、蝴蝶花	茄科蛾蝶花属	原产智利。我国北方有栽培	640

序号	名称	拉丁名	别名	科属	产地及分布	彩图页
23	欧洲报春	*Primula acaulis*	欧报春、欧洲樱草	报春花科报春花属	原产西欧和南欧。我国北方有栽培	640
24	报春花	*Primula malacoides*		报春花科报春花属	产贵州和广西南部。各地广泛栽培，园艺品种很多	641
	四季报春	*Primula obconica*	鄂报春、仙鹤莲、四季樱草	报春花科报春花属	原产我国中南部及西南部。北方有栽培	—
25	矢车菊	*Centaurea cyanus*	蓝花矢车菊、蓝芙蓉、车轮花、翠兰、茄枝菊	菊科矢车菊属	原产欧洲东南部。我国河北、山东及西北、中部地区有栽培	641
26	蛇目菊	*Coreopsis tinctoria*	两色金鸡菊、小波斯菊、金钱菊、孔雀菊	菊科金鸡菊属	原产北美洲。我国常见栽培	641
27	花环菊	*Chrysanthemum carinatum*	蒿子秆、三色菊、小蒿菊	菊科蒿属	原产北非摩洛哥及欧洲南部。我国普遍栽培，作蔬菜	641
28	波叶异果菊	*Dimorphotheca sinuata*	非洲金盏	菊科异果菊属	原产南非。我国北方有栽培	641
29	虞美人	*Papaver rhoeas*	丽春花、舞草、小种罂粟花、赛牡丹、法兰德斯罂粟、百般娇、蝴蝶满园春、锦被花	罂粟科罂粟属	原产欧洲。我国各地常栽培	641
30	花菱草	*Eschscholzia californica*	人参花、金英花、花菱草、加州罂粟	罂粟科花菱草属	原产美国西南部。我国南北方有栽培	642
31	风铃草	*Campanula medium*	钟花、瓦筒花	桔梗科风铃草属	原产南欧。我国北方有栽培	642
32	彩星花	*Laurentia axillaris*	长星花、同瓣花、流星花、长冠花	桔梗科流星花属	分布于大洋洲和美洲。我国北方有栽培	642
33	半边莲	*Lobelia erinus*	六倍利、山梗菜、花半边莲	桔梗科半边莲属	原产南非。北京、大连、沈阳等地有栽培	642
34	紫罗兰	*Mathiola incana*	非洲紫罗兰、草紫罗兰、富贵花、非洲堇、草桂花、四桃克	十字花科紫罗兰属	原产欧洲地中海沿岸。我国大城市中常有引种	643
35	香雪球	*Lobularia maritima*	小白花、庭芥	十字花科香雪球属	原产地中海沿岸。我国南北方有栽培	643
36	糖芥	*Erysimum amurense*		十字花科糖芥属	分布于东北、华北地区及江苏、陕西、四川	643
37	板蓝根	*Isatis indigotica*	菘蓝	十字花科菘蓝属	原产我国。全国各地均有栽培	643
38	福禄考	*Phlox drummondii*	小天蓝绣球、金山海棠、洋梅花、草夹竹桃、雁来红	花葱科福禄考属	原产墨西哥。我国各地庭园有栽培	643
39	花葵	*Lavatera arborea*		锦葵科花葵属	原产南欧。北京等地有栽培	644
40	古代稀	*Clarkia amoena*	送春花、送别花、晚春锦、绣衣花	柳叶菜科仙女扇属	原产美国西部。北京等地有栽培	644
41	红亚麻	*Linum grandiflorum*	红花亚麻、花亚麻	亚麻科亚麻属	原产热带地区。北京有栽培	644
42	龙面花	*Nemesia strumosa*	耐美西亚、囊距花、爱蜜西	玄参科龙面花属	原产南非。北京等地有栽培	644
43	蓝花鼠尾草	*Salvia farinacea*	一串蓝、蓝丝线、粉萼鼠尾草	唇形科鼠尾草属	原产地中海沿岸及南欧。我国南北方常栽培	644
44	大萼鼠尾草	*Salvia horminum*	蓝萼鼠尾草、粉萼鼠尾草	唇形科鼠尾草属	北京有栽培	645
45	一串红	*Salvia splendens*	象牙红、西洋红	唇形科鼠尾草属	原产巴西。我国各地广泛栽培	645
46	朱唇	*Salvia coccinea*	红花鼠尾草、小红花	唇形科鼠尾草属	原产美洲。我国南北方有栽培	645

十二、一二年生花卉

序号	名称	拉丁名	别名	产地及分布	科属	彩图页
47	非洲凤仙	*Impatiens walleriana*	苏丹凤仙花、玻璃翠	原产非洲东部热带地区。我国北方有栽培	凤仙花科凤仙花属	645
48	凤仙花	*Impatiens balsamina*	指甲花、凤仙透骨草、小桃红、金凤花	原产中国、印度。我国各地有栽培	凤仙花科凤仙花属	646
49	夏堇	*Torenia fournieri*	蓝猪耳、蝴蝶草、花瓜草	原产越南。我国南北方多栽培	玄参科蝴蝶草属	646
50	香彩雀	*Angelonia salicariifolia*	柳叶香彩雀、夏季金鱼草、天使花	原产南美洲。我国南北方栽培	玄参科香彩雀属	646
51	双距花	*Diascia barberae*		原产南非。我国北方有栽培	玄参科双距花属	646
52	猴面花	*Mimulus luteus*	锦花沟酸浆、黄花猴面花、狮面花	原产南美洲智利。现分布于世界各地	玄参科猴面花属	646
53	醉蝶花	*Cleome spinosa*	凤蝶草、西洋白花菜、紫龙须、蜘蛛花	原产南美洲热带地区。现世界各地广泛栽培	白花菜科醉蝶花属	647
54	长春花	*Catharanthus roseus*	日日草、日日春、日日新、四季梅、五瓣梅、山矾花	原产非洲东部热带地区。我国南北方常栽培	夹竹桃科长春花属	647
55	蜀葵	*Alcea rosea*	一丈红、熟季花、戎葵、胡葵、斗蓬花、秫秸花、端午花	原产我国西南地区。分布很广，黑龙江至海南，上海到新疆都有。四川发现最早而得名	锦葵科蜀葵属	647
56	黄帝菊	*Melampodium paludosum*	美兰菊、黄金菊	我国南北方有栽培	菊科美兰菊属	647
57	百日草	*Zinnia elegans*	百日菊、对叶梅、步步高、鱼尾菊、节节高	原产南美洲墨西哥高原。我国南北方常栽培	菊科百日菊属	648
58	小百日草	*Zinnia angustifolia*	小百日菊	原产南美洲墨西哥高原。我国南北方常栽培	菊科百日菊属	648
59	丰花百日草	*Zinnia peruviana*	多花百日菊、细叶百日草、五色梅、山菊花	原产南美洲墨西哥高原。我国南北方常栽培	菊科百日菊属	648
60	波斯菊	*Cosmos bipinnatus*	秋英、大波斯菊、扫帚梅、秋樱、格桑花	原产墨西哥至巴西。我国南北方常栽培	菊科秋英属	648
61	硫华菊	*Cosmos sulphureus*	黄秋英、黄波斯菊、硫黄菊	原产墨西哥至巴西。我国南北方栽培	菊科秋英属	649
62	大花藿香蓟	*Ageratum houstonianum*	熊耳草、心叶藿香蓟、何氏胜红蓟	原产墨西哥及毗邻地区。我国南北方多栽培	菊科藿香蓟属	649
63	麦秆菊	*Xerochrysum bracteatum*	蜡菊、脆菊	原产澳大利亚。我国南北方栽培	菊科蜡菊属	649
64	小向日葵	*Helianthus annuus* ssp.	葵花、向阳花、朝阳花、转日莲、望日莲	原产北美洲，秘鲁国花。我国北方多栽培	菊科向日葵属	649
65	翠菊	*Callistephus chinensis*	江西腊、五月菊、蓝菊	产我国吉林、辽宁、河北、山西、山东、云南及四川等地	菊科翠菊属	650
66	勋章菊	*Gazania rigens*	勋章花、非洲太阳花	原产南非、澳大利亚等地。我国北方常栽培	菊科勋章菊属	650
67	孔雀草	*Tagetes patula*	臭菊、孔雀菊、小万寿菊、红黄草、杨梅菊	原产墨西哥。我国北方常栽培	菊科万寿菊属	650
68	万寿菊	*Tagetes erecta*	臭芙蓉、大芙蓉、蜂窝菊、臭菊花、芙蓉花	原产墨西哥。我国各地常栽培	菊科万寿菊属	650
69	桂圆菊	*Acmella oleracea*	千里眼、金纽扣	产我国云南、广东、广西及台湾。北方有栽培	菊科金纽扣属	650
70	堆心菊	*Helenium autumnale*	翼锦鸡菊	原产北美洲。我国南北方栽培	菊科堆心菊属	651

续表

序号	名称	拉丁名	别名	科属	产地及分布	彩图页
71	黑心菊	*Rudbeckia hirta*	黑心金光菊、金光菊、黑眼菊、毛叶金光菊	菊科金光菊属	原产北美洲。我国各地庭园常见栽培	651
72	大头金光菊	*Rudbeckia maxima*	帽子花、大黑心菊、蒲棒菊	菊科金光菊属	原产北美洲。北京等地有栽培	651
73	花烟草	*Nicotiana alata*	美花烟草、烟仔花、烟草花	茄科烟草属	原产阿根廷和巴西。我国南北方有栽培	651
74	大花马齿苋	*Portulaca grandiflora*	半支莲、松叶牡丹、龙须牡丹、金丝杜鹃、洋马齿苋、太阳花、午时花、死不了	马齿苋科马齿苋属	原产巴西。我国各地有栽培	651
75	环翅马齿苋	*Portulaca umbraticola*	马齿牡丹、阔叶马齿苋、阔叶半枝莲	马齿苋科马齿苋属	原产美洲。我国各地有栽培	652
76	旱金莲	*Tropaeolum majus*	旱荷、寒荷、金莲花、旱莲花、金钱莲、寒金莲、大红雀、金芙蓉、金丝荷叶	旱金莲科旱金莲属	原产南美洲秘鲁、巴西等地。我国南北方常栽培	652
77	紫茉莉	*Mirabilis jalapa*	草茉莉、夜娇娇、胭脂花、地雷花、夜晚花、状元红	紫茉莉科紫茉莉属	原产美洲热带。我国各地有栽培	652
78	喜林草	*Nemophila menziesii*	粉蝶花、婴儿蓝眼	紫草科粉蝶花属	原产美国西部。我国北方有栽培	652
79	黑种草	*Nigella damascena*		毛茛科黑种草属	原产欧洲南部。我国一些城市有栽培	653
80	飞蓬	*Erigeron grandiflora*	大花飞蓬	菊科飞蓬属	原产北美洲西海岸。我国有栽培	653
81	五色菊	*Brachycome iberidifolia*	雁河菊、短毛菊	菊科雁河菊属	原产澳大利亚。北京有栽培	653
82	鬼针草	*Bidens pilosa*		菊科鬼针草属	产华东、华中、华南、西南各地区	653
83	母菊	*Matricaria chamomilla*	幼母菊、洋甘菊	菊科母菊属	产我国新疆北部和西部，欧洲等地也有分布。北京和上海庭园有栽培	653
84	月见草	*Oenothera biennis*	夜来香、山芝麻、野芝麻、待霄草	柳叶菜科月见草属	原产北美洲。我国东北、华北地区常成片野化	653
85	大果月见草	*Oenothera macrocarpa*	长果月见草	柳叶菜科月见草属	原产北美洲。我国北方有引种	653
86	美丽月见草	*Oenothera speciosa*	粉晚樱草、粉花月见草、待霄草	柳叶菜科月见草属	原产美国南部。我国南北方有栽培	653
87	千日红	*Gomphrena globosa*	圆仔花、百日红、火球花、千日草	苋科千日红属	原产美洲热带。我国南北各地有栽培	654
88	鸡冠花	*Celosia cristata*	头状鸡冠花、鸡公头、红鸡冠	苋科青葙属	原产印度。我国南北各地均有栽培	654
89	凤尾鸡冠花	*Celosia cristata* var. *plumosa*	穗冠花、羽状鸡冠花、火炬鸡冠、子母鸡冠花	苋科青葙属	原产印度。我国南北各地均有栽培	654
90	青葙	*Celosia argentea*	野鸡冠花、百日红	苋科青葙属	分布几遍全国	654
91	澳洲狐尾	*Ptilotus exaltatus*	澳洲狐尾苋、幼兽（品种名）	苋科猫尾苋属	原产澳洲。栽培品种由德国种子公司培育	654
92	毛蕊花	*Verbascum thapsus*	牛耳草、大毛叶、楼台草	玄参科毛蕊花属	广布于北半球，我国新疆、西藏、云南、四川有分布。北京有栽培	654
93	屈曲花	*Iberis amara*	珍珠球、蜂室花	十字花科屈曲花属	原产西欧。我国北方有栽培	654

续表

序号	名称	别名	拉丁名	科属	产地及分布	彩图页
94	小菊	日本小菊、北京小菊（品种名）	Chrysanthemum × morifolium cv.	菊科菊属	原产我国。南北多栽培	654
95	小丽花	小丽菊、小理花	Dahlia pinnata cv.	菊科大丽花属	原产墨西哥。我国南北方多栽培	655
96	银叶菊	雪叶菊	Senecio cineraria	菊科千里光属	原产南欧地中海地区。河北南部、长江流域能露地越冬	655
97	细裂银叶菊		S. cineraria 'Silver Dust'	菊科千里光属		655
98	彩叶草	五彩苏、老来少、五色草、锦紫苏	Coleus hybridus	唇形科鞘蕊花属	原产亚洲热带地区。园艺品种各国广泛栽培	655
99	雁来红	三色苋、老来少、雁来菜黄、叶鸡冠、锦西凤	Amaranthus tricolor 'Splendens'	苋科苋属	原产亚洲热带。我国南北方有栽培	656
100	扫帚菜	地肤、地麦、落帚、扫帚苗、绿帚、细叶地肤、红叶地肤	Bassia scoparia f. trichophylla	苋科沙冰藜属	原产亚洲、欧洲。我国北方野生	656
101	银边翠	高山积雪、象牙白、叶上花	Euphorbia marginata	大戟科大戟属	原产北美洲。我国大多数地区均有栽培	656
102	银雾伞花蜡菊	银叶麦秆菊、具柄蜡菊	Helichrysum microphyllum 'Silver Mist'	菊科蜡菊属	原产南非的干燥坡地和林缘地带。北京有栽培	656
103	蓖麻		Ricinus communis	大戟科蓖麻属	原产非洲东北部。我国南北方有栽培	656
104	红叶蓖麻		R. communis 'Sanguineus'	大戟科蓖麻属		657
105	观赏谷子	紫御谷、御谷	Pennisetum glaucum 'Purple Majesty'	禾本科狼尾草属	原产非洲、亚洲和美洲。早年曾作为粮食引种栽培	657
106	翡翠公主观赏谷子		Pennisetum glaucum 'Jade Princess'	禾本科狼尾草属		657
107	兔尾草	美丽兔尾草、狐尾草	Lagurus ovatus	禾本科兔尾草属	原产地中海沿岸。北京等地有栽培	657
108	美国薄荷	马薄荷、洋薄荷、蜂香薄荷、大红香蜂草	Monarda didyma	唇形科美国薄荷属	原产美国、加拿大。我国南北方有栽培	658
109	拟美国薄荷	管香蜂草	Monarda fistulosa	唇形科美国薄荷属	原产北美洲。我国南北方有栽培	658
110	罗勒	香草、九层塔、兰香、兰香草、金不换、圣约瑟夫草、佩兰	Ocimum basilicum	唇形科罗勒属	产新疆、吉林、河北及我国中南部、西南各地区	658
111	疏柔毛罗勒		O. basilicum var. pilosum	唇形科罗勒属	产河北、河南、江苏、浙江、安徽、江西、福建、台湾及西南两广地区	658
112	紫罗勒		O. basilicum 'Purple Ruffles'	唇形科罗勒属		658
113	香青兰	山薄荷、蓝秋花、青蓝、青兰、野青兰、香花子	Dracocephalum moldavica	唇形科青兰属	产东北、华北、西北地区及河南	658
114	红蓼	狗尾巴花、东方蓼、水红花、大红蓼、游龙	Persicaria orientale	蓼科蓼属	除西藏外，广布于全国各地	658
115	蓝蓟		Echium vulgare	紫草科蓝蓟属	产新疆北部。我国南北方有栽培	659

序号	名称	拉丁名	别名	科属	产地及分布	彩图页
116	野蓝蓟	Echium wildpretii	宝石塔	紫草科蓝蓟属	西班牙特内里费岛上特有。北京有栽培	659
117	瓦松	Orostachys fimbriatus	流苏瓦松、瓦花、瓦塔、狗指甲、向天草、天王铁塔草	景天科瓦松属	产东北、华北、西北地区及山东、河南、湖北、安徽、江苏、浙江	659
118	益母草	Leonurus japonicus	益母蒿、坤草、玉米草、野麻、九重楼、野芝麻	唇形科益母草属	产全国各地	659
119	细叶益母草	Leonurus sibiricus	风葫芦草、龙串彩、红龙串彩、石麻、益母草、风车草	唇形科益母草属	产内蒙古、河北北部、山西及陕西北部	659
120	牛蒡	Arctium lappa	大力子、恶实	菊科牛蒡属	全国各地普遍分布	659
121	泥胡菜	Hemisteptia lyrata	艾草、猪兜菜	菊科泥胡菜属	除新疆、西藏外，我国各地均有分布	659
122	草木樨	Melilotus officinalis	黄香草木樨、辟汗草	豆科草木樨属	产东北、华北、西南各地区	659
123	水金凤	Impatiens noli-tangere	辉菜花、金水凤	凤仙花科凤仙花属	产山东、河南、陕西、甘肃及东北、华北、长江中下游等地区	659
124	紫花重瓣曼陀罗	Datura metel 'Fastuosa'	醉心花、洋金花	茄科曼陀罗属	我国南方热带地区常见，北方有栽培	660

观赏蔬菜

序号	名称	拉丁名	别名	科属	产地及分布	彩图页
125	甘蓝	Brassica oleracea var. capitata	结球甘蓝、洋白菜、莲花白、卷心菜、高丽菜、大头菜、圆白菜、包菜	十字花科芸薹属	原产地中海至北海沿岸。我国各地栽培	660
126	羽衣甘蓝	Brassica oleracea var. acephala	叶牡丹、牡丹菜	十字花科芸薹属	原产地中海沿岸至小亚细亚一带。现广泛栽培，主要分布于温带地区	660
127	皱叶羽衣甘蓝	B. oleracea var. acephala 'Crispa'		十字花科芸薹属		660
128	油菜花	Brassica napus	欧洲油菜、油菜、芸苔、芸薹、甘蓝型油菜	十字花科芸薹属	原产欧洲与中亚一带。我国各地栽培	660
129	紫钻油菜	Brassica rapa var. chinensis	紫钻油菜、油菜、小油菜、小白菜	十字花科芸薹属	原产亚洲。我国南北各地栽培	660
130	黑芥	Brassica nigra	水晶菜、京都水菜、紫晶菜	十字花科芸薹属	国外引进，北京等地有栽培	661
131	红叶甜菜	Beta vulgaris var. cicla 'Vulkan'	厚皮菜、紫叶甜菜、红慕菜、莙荙菜、红菾菜、紫菠菜	藜科甜菜属	原产地中海沿岸。我国北方有栽培	661
132	红柄甜菜	Beta vulgaris 'Dracaenifolia'		藜科甜菜属	.	661
133	黄叶甜菜	Beta vulgaris var. cicla 'Bright Yellow'	橙柄甜菜、黄叶甜菜	藜科甜菜属		661
134	红叶生菜	Lactuca sativa var. ramosa	红叶莴苣	菊科莴苣属	全国各地有栽培	661
135	紫叶油麦菜	Lactuca sativa var. asparagina		菊科莴苣属	北京等地有栽培	661
136	苦苣	Cichorium endivia	栽培菊苣、苦菊	菊科菊苣属	原产南欧。我国各地多栽培	662

十二、一二年生花卉

序号	名称	拉丁名	别名	科属	产地及分布	彩图页
137	茼蒿	*Chrysanthemum coronarium*	蒿菜菊、蒿子秆、菊花菜、蓬蒿、蒿子、杜甫菜、艾菜	菊科茼蒿属	原产地中海。我国南北方有栽培	662
138	紫苏	*Perilla frutescens*	夏薄荷、野芝麻、苏叶、苏子、香苏	唇形科紫苏属	我国各地栽培	662
139	回回苏	*P. frutescens* var. *crispa*	鸡冠紫苏、皱叶紫苏	唇形科紫苏属	我国各地栽培	662
140	朝天椒	*Capsicum annuum* var. *conoides*	观赏椒、五色椒、樱桃椒、看辣椒、圣诞辣椒、佛手椒	茄科辣椒属	我国各地栽培	662
141	樱桃椒	*Capsicum annuum* ssp. *cerasiforme*		茄科辣椒属	国外引进，我国南北方有栽培	662
142	风铃椒	*Capsicum baccatum*	灯笼椒、加拿大椒	茄科辣椒属	国外引进，北京等地有栽培	663
143	樱桃番茄	*Lycopersicon esculentum* 'Cerasiforme'	小西红柿、洋柿子	茄科番茄属	原产南美洲。我国南北方广泛栽培	663
144	胡萝卜	*Daucus carota* var. *sativa*	红萝卜、赛人参	伞形科胡萝卜属	原产亚洲西南部。我国各地广泛栽培	663
145	茴香	*Foeniculum vulgare*	小茴香、怀香、香丝菜	伞形科茴香属	原产地中海地区。我国各地区都有栽培	663
146	黄蜀葵	*Abelmoschus manihot*	秋葵、棉花葵、假阳桃、野芙蓉、黄芙蓉、黄花莲	锦葵科秋葵属	产河北、山东、河南、陕西及我国中南、西南地区	663
147	心叶日中花	*Mesembryanthemum cordifolium*	穿心莲、露草、心叶冰花、口红吊兰、花蔓草、露草、露花	番杏科日中花属	原产非洲南部。我国南北方有栽培	663
148	芋	*Colocasia esculenta*	芋头、水芋、接青草、毛芋头	天南星科芋属	原产我国和印度、马来半岛等地。我国广东、台湾种植较多，南北方有栽培	663
149	紫芋	*Colocasia antiquorum*	野芋、芋头花、广菜、东南菜、老虎广菜、红芋	天南星科芋属	产江南各地区。我国北方有栽培	663
150	空心菜	*Ipomoea aquatica*	雍菜、通菜、竹叶菜、蕹菜	旋花科番薯属	原产我国。中部及南部各地常见栽培，北方偶见栽培	663

一二年生花卉 表二

序号	名称	观赏及应用	生态习性、栽培管护	辨识
1	白晶菊	高15~40cm。多花，花色2~3cm，中心管状花金黄色，外围舌状花银白色。花期3~6月，花期早而长。花语为坚强	喜阳光充足的温凉环境，耐半阴，耐寒、忌高温、多湿，宜肥沃湿润、排水良好的壤土；性强健	叶互生，宽线形至匙形，1至2回羽状深裂
2	黄晶菊	高15~30cm。花黄色，比白晶菊略小，花期3~6月	耐半阴，喜温暖湿润，阴光充足的壤土，耐寒；不择土壤	叶羽状浅裂或深裂
3	南非万寿菊	高20~40cm。花大，舌状花有白、粉、黄、紫红、蓝或紫色等，管状花为蓝褐色，花期4~7月。花语为神秘的美	喜光，喜凉爽及通风良好、肥沃的沙质壤土，耐旱，喜疏松，忌酷暑多湿与精冻；气候温和地区可全年生长	叶倒卵形或近披针形，缘有疏齿。本属有50余种
4	金盏	高10~30cm。花淡黄至深橙红色，径4~10cm，花期4~6月。花语为慈爱、初恋	喜光，耐寒怕热，耐瘠薄，在肥沃土壤上生长好；夏季气温升高，茎叶生长旺盛，花朵变小，花瓣显著减少	叶长圆形至长圆状倒卵形，长5~15cm，全缘或具疏细齿
5	雏菊	高10~20cm。花红、粉红、白或紫色，径2.5~3.5cm，花期4~6月。花语为幸福快乐、和平、天真、纯洁、希望、坚强	喜阳光充足，不耐阴，耐寒；宜冷凉气候，性强健；在炎热条件下花开不良，易枯死	叶基生，长匙形或倒卵形，缘有钝齿
6	蓝雏菊	高15~20cm。花蓝色，花期4~6月。花语为幸福恩惠	喜阳光充足；性喜凉爽，抗寒性弱；长势旺	叶互生，倒披针形，有明显主脉
7	瓜叶菊	高30~70cm。头状花径3~5cm，舌状花蓝、紫、红、白或复色，管状花黄色，花期12月至次年5月。花语为喜悦，繁荣昌盛、喜悦，快乐	喜光照充足，通风良好，喜凉爽，不耐高温和精冻，耐0℃左右低温，喜疏松、排水良好的沙质土。作一年生栽培	叶肾形至宽心形，宽10~20cm，缘不规则三角状浅裂或具钝齿
8	三色堇	高10~25cm。花形、花色丰富，白、黄、紫、蓝、古铜或复色等，径5~10cm。可用来表达爱意、思慕，是波士菊花	略耐半阴，较耐寒，喜冷凉或温暖，忌高温，多湿；忌积水，宜肥沃湿润、排水良好的沙壤土；日照长短比光照强度对花影响大，开花不良	基生叶长卵形，茎生叶较狭，缘具圆钝齿，托叶羽状深裂。通常上方花瓣深紫堇堇色，有紫色条纹。有垂吊品种
9	角堇	高10~20cm。花红或复色，径3~5cm，花瓣5，花期4~7月。花语为思慕、想念	同三色堇，另有生育期短，耐热性好的优点	单叶长卵形，缘具缺刻。有垂吊品种
10	紫堇	高20~50cm。总状花序具3~10花，粉红至紫红色，花期4~5月	生于丘陵、沟边或多石地	叶近三角形，长5~9cm，上面绿色，下面苍白色，1至2回羽状全裂
11	金鱼草	高20~90cm。有矮、中、高品种。总状花序顶生，花白、红、深红、粉、橙、黄、橙黄、淡红或复色，花期5~7月。花语为金银满堂；黄：吉祥如意；粉：龙飞凤舞，龙凤呈祥	喜光，耐半阴，耐寒，喜凉爽，高温、高湿对生长不利，喜温暖，排水良好的沙质土。对水分较敏感，须保持湿润，不能积水，否则根系腐烂，茎叶枯黄凋萎	叶披针形至阔披针形，长3~7cm。有垂吊品种
12	柳穿鱼	高20~40cm。总状花序顶生，花黄、白、紫或鲜黄色等，唇瓣中心鲜黄色，花期6~8月。花语为顽强	喜光，喜温暖，较耐寒，不耐酷热，喜干燥的环境，怕雨淋，土壤宜适温湿润、排水良好，中等肥沃	枝叶柔细，分枝多，叶条形
13	杂交石竹	高20~60cm。花红、紫红、粉红、白或复色，径3~5cm，花瓣5，先端有锯齿，稍有香气，花期4~6月	喜阳光充足，干燥、通风的环境，耐旱，稍耐瘠薄，喜肥沃、富含石灰质的壤土，忌积水	叶对生，线状披针形

续表

一二年生花卉

序号	名称	观赏及应用	生态习性、栽培管护	辨识
14	矮雪轮	高10~30cm。花白、淡紫、浅粉红或玫瑰色，花期5~6月。花语为青春	喜光、耐寒，喜肥，在富含腐殖质、排水良好、湿润的壤土上生长良好	叶卵状披针形，长3~5cm
15	高雪轮	高30~60cm。复伞房花序较紧密，花白，粉红或紫红色，花期5~6月	喜阳光充足、温暖的环境，耐寒、耐旱，喜疏松、排水良好的壤土，忌高温、多湿	茎生叶卵状心形至披针形，长2.5~7cm
16	满天星	高20~30cm。花小而密集，粉红或白色，花期5~10月	耐旱、不耐热。温度30℃以内生长正常，37℃左右高温很快烂掉	叶线形，长5~25mm
17	美女樱	高20~40cm。花小而密，花色丰富，白、红、蓝、雪青、粉红或紫色等，花期5~10月，略芳香。花语为相守、家庭和睦	喜光、不耐寒，较耐旱，忌涝、性强健，对土壤要求不严。北方作一年生栽培，在炎热夏季能正常开花	叶长圆形或披针状三角形，缘具缺刻状粗齿。有垂吊品种
18	裂叶美女樱	高20~40cm。花多而密集，蓝、紫、红、粉或白色等，花期4~11月	喜光、耐半阴，喜温暖、湿润，耐高温、较耐寒，不耐旱，忌积水，对土壤要求不严	茎顷卧状。叶对生，羽状细裂成丝状，裂片线形
19	矮牵牛	高10~30cm。花形、花色丰富，粉、白、紫、桃红、紫红、橘、复色、近黑色或各种斑纹，花冠漏斗形，花期4~7月及9~11月。花语为安心、喜悦、安全感，与你同心	喜温暖，阳光充足的环境，宜疏松肥沃、排水良好的微酸性沙壤土。干热的夏季开花繁茂；低于4℃植株停止生长，能经受-2℃低温，盆土过湿湿茎叶易徒长，花期雨水多，花易褪色或腐烂，长期积水会烂根死亡	叶卵形，先端急尖。花径可达10cm以上，缘5浅裂
	蔓生矮牵牛	花期春秋，花期长，连续开花	喜光，适应性强	茎可达50cm以上
20	舞春花	小花矮牵牛属和矮牵牛属属间杂交而成。高10~15cm。花紫、粉、白、黄、红、紫或橙黄色等，花期4~10月末，花叶比矮牵牛稍小，但花更多、更密，花期更长久。是花色最丰富的垂吊蔓性花材	喜全光及湿润土壤，不耐热，30℃以上生长缓慢；病虫害很少，对土壤中铁元素的需求量较大；蔓性好，分枝强。我国大部分地区夏季可露天种植，相对矮牵牛，其所需肥水要多一些，比一般茄科植物耐雨淋	叶羽状全裂
21	蛾蝶花	高20~40cm。总状圆锥花序，花色、红、黄或白色，并带有金色的脉纹，花色、纹样变化丰富。花语为自由恋爱	喜凉爽温暖，通风良好的环境，忌高温、多湿，耐寒、喜肥沃，排水良好的土壤	茎细弱，呈蔓菁状
22	欧洲报春	高10~30cm。伞状花序，花红、粉、白、蓝、重瓣及皱边品种，花芯一般明显黄色，芳香，含羞，花期2~5月。是向人报知春天的初恋，不悔，是青春的快乐和悲伤	喜温凉、湿润，夏季凉爽通风的环境，不耐炎热，不耐严寒	叶基生，椭圆形，有皱褶，有深凹的叶脉。花梗较短
23	报春花	高20~40cm。伞形花序2~6轮，花冠粉红、淡蓝紫或近白色，径5~30mm，花期2~5月。花语为希望，被称为春天的信使	宜半阴，通风良好的环境，喜温凉、不耐高温、多湿，耐寒，喜湿润，喜肥沃的土壤	叶多数簇生，卵形至椭圆形，长3~10cm，缘具圆齿状浅裂，裂片具不整齐小牙齿
24	四季报春	高约30cm。伞形花序具2~13花，白、紫红、紫红、蓝、淡白至紫红色或复色，径1.5~2.5cm，花芯黄色较小或不明显，有单朵或重瓣，花期3~6月	喜温暖、湿润气候、耐寒，喜冷凉。春季宜凉爽、夏季怕高温，需遮阴	叶面稍皱，长圆形至卵圆形，长3~14cm，缘有浅波状裂或缺刻，叶面较光滑
25	矢车菊	高20~70cm。花紫、蓝、浅红或白色，花期4~7月。花语为热爱、忠诚、幸福、优雅，是德国国花。可诱杀地下线虫	喜阳光充足，耐寒，喜肥沃疏松、排水良好的沙质土壤。不耐移栽	茎生叶线形，长4~9cm，灰绿色

— 222 —

十二、一二年生花卉

序号	名称	观赏及应用	生态习性、栽培管护	辨识
26	蛇目菊	高0.5～0.8m。花径2～4cm，舌状花常暗红色，边缘黄色，管状花红褐色，花期5～9月。花语为隐约的喜悦	喜阳光充足，耐寒、耐旱，肥沃土壤上易徒长花红褐状，凉爽季节生长较佳	叶对生，中下部叶2回羽状深裂，裂片披针形，上部叶线形
27	花环菊	高30～70cm。花冠有红、粉、黄、白、紫或褐色等，常2～3色呈复色环状，花期4～6月	喜光，稍耐阴，喜冷凉气候，不耐寒，忌炎热，不择土壤	中下部茎叶倒卵形至长椭圆形，长8～10cm，2回羽状分裂
28	波叶异果菊	高20～40cm。花黄色，花期4～6月。花语为高洁、清净、成功	喜阳光充足，喜温暖，不耐寒，忌炎热，排水良好的土壤	叶互生，长圆形至披针形，缘有深波状齿
29	虞美人	高30～60cm。花着未开时下垂，花瓣4，以深红色为主，还有白或粉色，花期4～7月。植株纤细，花枝有绢纱质感，具光泽。全株有毒。古代寓意生离死别、悲歌	喜光，喜凉爽，耐寒，忌湿热酷暑及土壤过肥浇水太多。通风，不耐移栽，能自播	茎多分枝，被伸展的糙毛。叶互生，轮廓披针形或卵形，长3～15cm，羽状分裂，裂片披针形。有重瓣半重瓣品种
30	花菱草	高20～40cm。花橙黄、白、橘红、粉或紫褐色，径5～7cm，花期4～7月，晴天开放，夜晚、阴天闭合。花语为倾听我的愿望	喜光，喜凉爽、干燥气候，半休眠状态，常枯死，秋后再萌发；耐旱、耐瘠薄，不耐移植。可自播繁衍	叶嫩灰绿色，多回3出羽状深裂，裂片线形至长圆形
31	风铃草	高30～60cm。花冠钟状，形似铃铛，花白、粉、蓝、紫或桃红色，径2～3cm，花期4～6月。花语为感恩、温柔的爱，创造力，来自远方的祝福	喜夏季温和的气候，冬季喜冷凉和的气候，忌干热，喜疏松、肥沃、排水良好的中性或偏碱土壤，干旱处生长差	叶卵形至倒卵形，叶缘齿状波形，粗糙，花冠5浅裂
32	彩星花	高20～40cm。花淡蓝或白色，花期5～6月及9～10月。花语为温柔的讯息	较耐阴，耐热，耐旱，喜温暖湿润，通风环境及排水良好的土壤。积水致叶片发黄	叶羽裂状较细，具不规则深或浅裂
33	半边莲	高20～30cm。花蓝紫、白、淡粉或蓝色，多而小，花期3～5月。花语为贞洁、谦逊、同情	喜光，喜温暖、湿润环境，忌酷热，干燥，喜疏松、肥沃的壤土	半蔓性，茎生细，茎生叶披针形
34	紫罗兰	高20～60cm。花紫红、白、淡黄、白或复色，花期4～6月。有高、中、矮型品种。是春天的象征，爱情的美与永恒的眷恋	喜光照充足，通风良好及冷凉的气候，不耐阴，忌燥热，忌渍水，宜排水良好的中性或偏碱土壤	全株密被灰白色柔毛。叶互生，长圆形至倒披针形，总状花序
35	香雪球	高20～30cm。小花密集成球状、白、淡紫、深紫或紫红色等，花期4～6月及8～9月，有淡香。花语为甜蜜的回忆、超越美的价值	宜阳光充足，通风，稍耐阴，喜冷凉，忌高温，湿；忌劳，较耐干瘠薄的土壤，宜疏松、排水良好的土壤，无霜冻能安全越冬	叶披针形至线形，长1.5～5cm，有大花、白边和斑叶品种
36	糖芥	高30～60cm。总状花序顶生，花橘黄色，4瓣，有细脉纹，径约1cm，花期4～6月。有紫色品种	喜向阳沙地，喜温暖，湿润环境，对土壤要求不严	叶披针形或长圆状线形，长5～15cm
37	板蓝根	高0.4～1m。小花4瓣，黄色，花期4～5月。叶蓝绿色	适应性很强，喜温暖，耐严寒，怕水渍	叶长椭圆形或长圆状披针形，长5～15cm，全缘或稍具波状齿
38	福禄考	高15～40cm。顶生圆锥状聚伞花序，花冠高脚碟状，花红、淡红、紫、白或淡黄色等，花期4～6月	喜光照充足，忌渍水，忌劳，耐寒力较弱	叶宽卵形，长圆形或披针形，长2～7.5cm，顶端锐尖，基部渐狭或半抱茎
39	花葵	高达1m以上。花紫红、粉或深红色，基部具深色脉，径约10cm，花期5～6月	喜阳光充足，喜冷凉，凉爽湿润环境及排水良好的土壤，稍耐寒	茎秆粗壮，多分枝。叶肾形，5～9裂，长7～20cm，缘具钝齿
40	古代稀	高20～60cm。花粉、白、紫、洋红或复色等，4瓣或重瓣，径可达12cm，花期5～6月	喜光，喜冷凉，忌酷热和严寒，适于夏季凉爽的地区种植，喜排水良好且肥沃的沙质壤土	叶互生，条形至披针形

十二、一二年生花卉

序号	名称	观赏及应用	生态习性、栽培管护	辨识
41	红亚麻	高40~70cm。花单生，花红色，每朵只开一天，花期5~9月	喜光，稍耐阴，耐寒，不耐酷暑，喜疏松、排水良好的沙壤土。管理粗放	
42	龙面花	高10~30cm。花白、黄、玫红、红或紫色，喉部黄色，有深色斑点和须毛，花期4~6月。花形优美，花色色彩鲜艳多变。花语为包容力	喜光照充足，通风良好，喜冷凉，宜肥沃沙壤	叶对生，基生叶长圆状匙形，茎生叶披针形，缘具齿
43	蓝花鼠尾草	高20~60cm。长穗状花序，花色白色，具芳香，花蓝紫、青色或蓝紫。花期5~10月。可连续开花2~3个月。花语为理性、智慧	喜阳光充足的温暖环境，耐半阴，稍耐寒，耐旱，喜肥沃疏松、排水良好的土壤，宜通风良好；耐修剪。北京冬季培土20cm以上，浇一次冻水可越冬	叶长卵形
44	大堇鼠尾草	高60~70cm。萼片较大，呈蓝或粉色，极具观赏性，片植能达到类似薰衣草的效果，花期5~9月	喜全日照，能耐半阴，阳光充足的环境，喜温暖，一定耐寒性和耐热性；性强健	叶卵圆形或三角状卵圆形，长2.5~7cm，缘具齿
45	一串红	高15~40cm。顶生总状花序长达20cm以上，红、白、粉或紫色等，花期4~7月，9~10月。叶片多毛，可诱杀温室白粉虱，燃烧的思念。花语为喜气洋洋、满堂吉庆	喜温暖，枝条易弯曲；植株徒长，不择土壤；喜和高温，忌积水和碱性土壤，喜湿润，疏松肥沃土壤，具短日照习性	叶卵圆形或三角状卵形，长2~5cm，缘具齿
46	朱唇	高30~60cm。花冠深红、粉或绯红色，长2~2.3cm，花期4~8月	喜温暖向阳，耐半阴，耐热，抗病性强于一串红；耐旱，宜肥沃的沙壤土	卵形或三角状卵形，长2~5cm，缘具齿
47	非洲凤仙	高10~30cm。花形，花色丰富，花红、粉、玫瑰紫或橙色等，花期4~10月。有垂吊品种。耐酸性，但表面矮秆	喜阴，不耐暴晒，夏季宜凉爽，湿润环境，不耐高温和烈日暴晒，并稍加遮阴；5℃以下植株受冻害；不耐干旱水涝，喜疏松肥沃、排水良好的沙壤土。注意防徒长	茎半透明肉质。叶卵形或宽椭圆形，缘具圆齿状小齿
48	凤仙花	高0.3~1m。花形，花红、白、粉或紫青色等，单或重瓣，花期7~10月。花语为触摸不到。旧时女子七夕用于染指	喜炎热，阳光充足，不耐寒，生长迅速；性强健；耐瘠薄，忌水湿	茎肉质。叶披针形，长4~12cm，缘有锐齿
49	夏堇	高15~50cm。花冠长2.5~4cm，常具浅蓝、蓝紫或紫色等品种，花期6~10月。花语为花样年华、温柔、可爱思念	喜光，耐半阴，耐高温，怕积水，较耐寒，排水良好的土壤开花好；耐粗放管理，生长强健，抗病	叶长卵形，长3~5cm，缘具粗齿
50	香彩雀	高25~70cm。花冠唇形，花有紫、粉或白色等，花期7~9月	喜全光，喜温暖，耐高湿，耐旱，宜湿润环境和疏松、排水良好的土壤	叶披针形或条状披针形，缘具刺状疏齿。另有叶卵形的香彩雀
51	双距花	高25~40cm。花序总状，小花有两个距，花红、粉或白色等，花期5~6月	喜光，夏季需遮强光、高温，多湿生长不良，盛花后宜全株进行一次强剪，以延续开花	茎细长，单叶对生，叶三角状卵形
52	猴面花	花漏斗状，花瓣黄色，具红或紫色斑点、浓艳绚丽，花期7~8月或随秋播春开。园艺品种很多。花语为现实笑容	要求半阴环境，喜肥沃，喜潮湿、湿润土壤	茎匍匐。叶广卵形，缘具锐牙齿
53	醉蝶花	高0.4~1m。花淡紫、玫红、粉或白色，花瓣轻盈飘逸，有特殊气味。花语为神秘现笑容，花期6~10月	喜全光，耐暑热，耐寒，喜干燥、温暖；忌积水，对土壤要求不严。水肥充足时植株高大	掌状复叶，小叶5~7，矩圆状披针形，长2~8cm

序号	名称	观赏及应用	生态习性、栽培管护	辨识
54	长春花	高20~50cm。花高脚碟状，红、紫、粉、白或黄色等，花期6~10月。全株有毒。花语为青春常在、友谊长存、温柔的思念	喜光，不耐寒，忌干热，喜湿润的沙质壤土，耐瘠薄，忌偏碱性土。夏季宜水分充足，略阴处开花较好；可多年生	全株有乳液。叶倒卵状长圆形，长3~4cm
55	蜀葵	高1~2m。花粉红、红、紫、墨紫、白、水红或乳黄色，径6~13cm，单或重瓣，花期6~10月。花语为温和的个性	喜光，耐寒，耐旱，忌涝，喜肥也耐瘠薄，有一定耐盐碱力，不择土壤。管理粗放，可多年生	心形叶互生，径6~16cm，掌状5~7浅裂或状波角，叶面粗糙，两面被柔毛。有低矮品种
56	黄帝菊	高15~50cm。小花黄色，繁密，径约2cm，花期4~11月。花语为精神、相蓬的喜悦	喜光，耐高温、高湿，忌干旱。宜疏松肥沃，排水良好的沙壤土，土壤过湿会使下层叶片片发黄。生长表弱	叶卵圆形，缘具齿
57	百日草	高0.3~1m。花大色艳，重瓣，有白、绿、黄、粉、橙色等，橙或紫色等，花期6~10月。花语为想念远方朋友、天长地久	喜光，耐热，不耐寒，耐干旱瘠薄，怕涝，忌连作。忌连作，矮生种在炎热地区宜植于疏荫下	叶宽卵圆形或长圆状椭圆形，基出三脉
58	小百日草	高20~40cm。花色丰富，有白、黄、粉、橙或紫色等，单或重瓣，径1.5~2cm，花期6~9月	喜光，耐热，对高温、高湿，强光照条件有很强的适应性，不耐严寒，较耐干旱；抗病	叶长椭圆形
59	丰花百日草	高15~30cm。舌状花红、黄、粉、白或紫色等，管状花红黄色，花径2.5~4cm，花期6~10月	喜光，耐旱。耐粗放管理	叶披针形或卵状披针形，长2.5~6cm
60	波斯菊	高0.2~1m。舌状花紫红、粉红或白色，管状花黄色，花径3~6cm，花期6~10月。不宜在高原大范围应用。花语为少女的纯情，白色：纯洁；红色：多情。对生物多样性造成威胁	喜光，不耐阴，耐寒，忌高温，性强健，耐干旱瘠薄，忌积水；肥沃土壤易致枝叶徒长，影响开花质量，易倒伏。生长期减少浇水并多次摘心使植株矮生；能自播	叶2回羽状深裂，裂片狭线形，稀疏
61	硫华菊	高0.2~1.2m。全为舌状花，径3~5cm，黄、金黄、橙红色、单或重瓣，春播花期6~8月，夏播9~10月。花语为野性之美	习性同波斯菊，不耐寒，花期较长，耐粗放管理。应防徒长、倒伏	2回羽状复叶，深裂，裂片宽、披针形
62	大花藿香蓟	高15~25cm。花径2~4cm，蓝、浅蓝、雪青、粉红或白色等，花期4月至霜降。花语为甜甜的梦想、爱的胜利	喜温暖及阳光充足，不耐寒，不耐修剪。酷热生长不良，对土壤要求不严。过分潮湿或氮肥过多开花不良	叶宽卵形或三角状卵形，长2~6cm，基部心形，表面皱，缘具圆齿
63	麦秆菊	高20~80cm。苞片似花瓣，有光泽，白、粉、橙、红、紫或黄色等，径3~6cm，花期7~9月。花语为光辉、永恒的记忆	喜暑热，忌暑热，夏季生长停止，多不能开花。贫瘠沙壤土与向阳处长势最好，施肥过多花色不艳，低湿地不宜栽植	叶长椭圆状披针形至线形，长达12cm
64	小向日葵	高0.5~1.5m。花序径10~30cm，下弯，种类较多，花色多，花色以黄为主。苞片叶状，还有红、浅绿、黑褐或复色、花期7~9月。有宿根品种，是俄罗斯国花。给人带来美好希望。永远向阳比喻忠贞，也常象征太阳	喜温暖和阳光充足，不择土壤，耐盐碱，宜富含腐殖质的黏质土。性强健，日照充足，易栽培。气温大于10℃即可播种，地温大于15℃。花期不宜，可在阴地块分批播种延长花期；种植株行距一般为50cm；忌连作	叶互生，心状卵圆形或长卵圆形，三基出脉，缘有粗齿
65	翠菊	高15~60cm。花径6~8cm，紫红、粉红、白或蓝色等，花期春播7~10月，秋播5~6月。花语为信心、信赖	喜光，不耐寒，忌酷暑，水涝、高温、高湿易患病，喜肥沃、排水良好的沙质壤土。不宜连作	叶卵形至长椭圆形，长2.5~6cm，缘具粗齿

序号	名称	观赏及应用	生态习性 栽培管护	辨识
66	勋章菊	高15～25cm。花径7～10cm，粉红或白色，舌状花黄、浅黄、紫红、橙红或紫黑，基部常有紫黑、紫色等彩斑，或中间有深色条纹，状似勋章，花期5～7月，阳光下开放，晚上闭合。花语为荣耀，光彩，以你为荣	喜温暖、干燥、光照充足的环境，较耐寒；忌积水，喜疏松、肥沃的沙质壤土，少病虫害，耐粗放管理	叶披针形，全缘或羽状浅裂，叶背银白色
67	孔雀草	高20～40cm。有异味。花柠檬黄、橘黄、橙黄复色，花序较万寿菊小，花期4～10月，品种很多。花语为活泼，阳光。被人们视为敬老之花	喜光，喜温暖，耐旱，对土壤要求不严，忌水湿，耐酷暑。对土壤要求不严，忌pH值小于6的酸性土。耐粗放管理	叶羽状全裂，裂片线状披针形，缘有锯齿
68	万寿菊	高20～40cm。舌状花序径5～8cm，金黄或橙黄色，管状花黄色，花期4～10月。有除虫菊之意，可抑制土壤线虫	喜光，喜温暖，湿润，耐旱，耐酷暑，忌霜，对土壤要求不严，喜肥沃疏松、排水良好的沙壤	叶长5～10cm，羽状全裂，裂片长椭圆形或披针形，缘具锐齿
69	桂圆菊	高30～40cm。花序卵球形，黄褐色，花期7～10月。花语为团团圆圆的爱，真情，甜蜜的爱	喜温暖，湿润，耐热，耐旱，不耐寒，宜疏松、肥沃的土壤	叶广卵形，暗绿色
70	堆心菊	高30～90cm。头状花序径3～5cm，花金黄、红或橙色，花期7～10月。花语为好心情	喜光，耐热，抗寒，耐旱，喜肥沃，排水良好的土壤。栽培容易	叶披针形至卵状披针形，缘具齿
71	黑心菊	高20～80cm。舌状花黄色、红或暗褐色，花期5～9月，隆起。花语为公平，正义	喜光，耐寒性强，耐热，不择土壤，耐旱，忌劳，宜通风良好及疏松肥沃、排水良好的沙壤土。易栽培	全株被粗刚毛。叶长圆形的长披针形，缘具齿
72	大头金光菊	高1～1.5m。花黄色，花芯呈锥形隆起达5cm，花期7～10月	喜通风良好，阳光充足的环境，耐旱，忌水湿。二或多年生。对土壤要求不严，耐寒	叶大型，长椭圆形，灰绿色
73	花烟草	高0.2～0.6m。有高、中、低品种。花色丰富，红、大红、粉红、白或淡黄色等，盛花期5～8月。花语为有你在身劳不寂寞	喜温暖，向阳环境及肥沃疏松、排水良好的沙壤土，耐旱，耐炎热，不耐寒。排水不良根部易腐烂；日照不足植株易徒长，开花稀疏。花后修剪，可二次开花	全株被黏毛。茎生叶矩圆形至卵形
74	大花马齿苋	高10～30cm。花白、黄、橙、粉、红或紫色等，花瓣5或重瓣，径2.5～4cm。花期6～9月，开花量大，阳光充足的晴天开放，阴雨天及早晚光照不足闭合。花语为可爱，天真，光明，热烈，阳光	喜温暖，阳光充足，干燥的环境，不耐阴，不耐寒。阳光充足，开花量大，温暖地全年开花，一般土壤均能适应，喜排水良好的沙质土壤	茎平卧或斜升。叶肉质，叶细圆柱形，长1～2.5cm
75	环翅马齿苋	高10～25cm。花白、黄、橙、红，单、重或半重瓣，径2.5～3cm，5浅裂，紫红、粉红、黄或杂色，花期6～9月。开花量大，阳光充足的上午开放，午后凋谢。花语为喜庆吉祥	喜光，耐阴，耐热，不耐寒；耐瘠薄，不耐寒，管理粗放；可自播	茎匍匐状。茎生叶楔形状，倒卵形，长1～3cm。果实有环
76	旱金莲	高20～60cm。花黄、紫、橘红或杂色，径2.5～6cm，花期6～10月。叶似荷花叶。花语为孤寂淑之美，清高	喜阳光充足、温暖湿润的环境，喜凉爽，畏寒，耐0℃低温，夏季高温不易开花，宜排水良好的沙质壤土，忌水涝	半蔓性。叶互生。叶圆形，径3～10cm，缘为波浪形浅缺刻
77	紫茉莉	高0.5～1m。花常见蓝色白芯，花期5～6月，开花繁密，傍晚至清晨开放，芳香。花语为喜庆吉祥	喜向阳，温暖的环境，喜肥沃、排水良好的土壤，忌积水，忌肥沃，生长快。	叶卵形或卵状三角形，长3～15cm
78	喜林草	高20～30cm。花常见白色白芯，花期5～6月，开花繁密。日本有大面积观赏栽植。花语为到任何地方都会成功	喜光及通风良好，不宜烈日直射，喜冷凉，耐寒性强，不耐旱及短涝。一般9月下旬至10月上旬播种	具匍匐性。叶羽状细裂

序号	名称	观赏及应用	生态习性、栽培管护	辨识
79	黑种草	高25～60cm。花萼淡蓝色如花瓣，径约2.8cm，花期6～7月。蒴果椭圆球形，长约2cm。是蜜源植物。花语为梦幻爱情	喜温暖、阳光充足、忌高温、高湿，宜排水良好的土壤	叶为2至3回羽状复叶，末回裂片狭线形或丝状
80	飞蓬	高40～60cm。头状花放射状，舌状花淡紫、紫红、粉或白色，管状花黄色，花期5～8月	喜光、耐寒、喜疏松、肥沃、湿润、排水良好的土壤。自播力强，华北地区可露地越冬	叶互生，匙形或披针形
81	五色菊	高20～40cm。花小而密集，白或粉色，有清香味，花期6月。花语为优美	耐寒性弱，不耐酷暑高温，宜夏季高温、向阳环境；抗旱性较差，要求排水良好的土壤，对水肥要求不高；易栽培	叶线状披针形
82	鬼针草	舌状花5～7枚，黄、橙、白或复色，花期5～9月。花语为调和	喜光、喜温暖、湿润气候，以疏松肥沃、富含腐殖质的沙质或黏质壤土为宜	多为3出小叶。栽培品种多
83	母菊	高30～40cm。头状花序异型，径1～1.5cm，在茎枝顶端排成伞房状，舌状花白色反折，管状花黄色，半球状，花期5～7月。全草芳香，具杀菌、驱虫特性	喜光，较耐寒、宜干燥、排水良好的沙质土壤。管理粗放	下部叶矩圆形或倒披针形，长3～4cm，2回羽状全裂，裂片条形，上部叶短尖头；顶生披针卵形或长卵形
84	月见草	高0.6～1m。花序穗状，花黄或淡黄色，雌、雄蕊等长，径4～5cm，清香，傍晚至夜间开放，花期6～9月。种子含油量高。花语为纯洁的心。极大的魅力	喜光，不耐热，耐旱、耐瘠薄，忌积水，对土壤要求不严。开花需要一定的低温刺激。自播性强	叶倒披针形至长卵圆形，长7～25cm，缘有不整齐齿
85	大果月见草	植株低矮。花黄色，花期6～7月	同月见草	叶条状披针形，果椭球形，有4条宽大的翅
86	美丽月见草	高20～50cm。花瓣4，白至水红色，径达8cm，具暗色脉纹。傍晚开放至次日上午，花期6～10月。部分地区应用注意侵入。泛滥	喜温暖及光照充足的环境，不耐严寒，江南可露地避风越冬；耐旱，忌水湿、土壤太湿根部易得病，宜疏松、肥沃的沙质。自播性强	叶互生，线形至线状披针形，具疏齿
87	千日红	高20～60cm。花序球形或矩圆形，花紫红、淡红、白或淡橙色，径1.5～3cm，花期6～9月。花语为永恒的爱、不朽的恋情	喜光，不耐寒，耐旱，宜疏松、肥沃的土壤	叶纸质，长椭圆形或矩圆状倒卵形，长3.5～13cm，缘波状
88	鸡冠花	高20～50cm。花序扁平肉质鸡冠状，卷冠状，红、玫红、橙、黄、紫、橙黄色或红黄相间，花期7～10月。花为时尚、我引领等待	喜阳光充足，炎热的环境，不耐霜冻，喜疏松肥沃、排水良好的沙质壤土。生长快，易栽培，可自播	叶卵形，卵状披针形或披针形
89	凤尾鸡冠花	高20～60cm。花序卵圆形，花红、黄、玫红、粉红、橙、白或复色等，花期8～10月。花语为快乐的回忆、青梅竹马之友	同鸡冠花。生长期需水量大，炎夏宜充分浇水	叶互生，矩圆状披针形或披针状条形，长5～8cm，绿色常带红色。有红叶品种
90	青葙	高0.3～1m。穗状花序长3～10cm，小花多数密生，花被片初为白色仅顶端带红色，或初为粉红后呈白色，花期5～9月	生于平原、丘陵、田边、路旁和低山山坡	叶银绿色
91	澳洲狐尾	高30～40cm。圆锥花序长7～10cm，深霓红色，边缘带耀眼的银色茸毛，花期夏季	喜阳光充足的冷凉环境，耐寒、耐旱、耐碱，耐水劳，喜排水良好的石灰质土壤，忌炎热多雨气候和黏重土壤；生长健壮	叶银绿色
92	毛蕊花	高0.5～1m。穗状花序圆柱形，长达30cm，花径1～2cm，黄、紫或白色	喜阳光充足，炎热，耐旱、耐寒、耐碱，耐水湿，不耐潮湿	全株被黄色茸毛。叶长圆形，长达15cm，缘具浅圆齿

序号	名称	观赏及应用	生态习性、栽培管护	辨识
93	屈曲花	高20～60cm。顶生总状花序，花粉红、浅紫或白色，芳香，花期5～8月。花语为初恋的回忆	喜光，耐寒，忌炎热，要求富含腐殖质、疏松、排水良好的壤土。管理粗放	茎下部叶匙形，上部叶披针形或长圆状楔形，长1.5～2.5cm，上部每边有2～4疏生牙齿
94	小菊	秋菊的小花品种。高0.2～1m。花黄、红、白、紫、粉红、橙或复色，花期5～7月及9～11月。清爽、高洁	喜凉爽，阳光充足的环境，耐寒、耐热，对土壤要求不严，耐旱、耐盐碱，宜深厚肥沃、排水良好的沙质土壤，忌水涝；摘心、剥芽、疏蕾要及时	
95	小丽花	大丽花的矮生、小花品种。高20～60cm。花深红、紫红、粉红、黄或白色等，花形多变，花期5～10月。是世界上色彩最丰富的花种之一，有单、重瓣，复或渐变色。花语为憧憬、希望、未来	喜光，宜凉爽，通风环境，忌炎热、高湿。不耐寒，0℃时块根受冻，夏季高温多雨时植株生长停滞，处半休眠状态；夏季又怕水涝，忌重黏土，忌渍后块根腐烂；要求疏松肥沃、排水良好的沙质壤土	叶1至3回羽状全裂，小叶卵形，具粗钝齿
96	银叶菊	高20～60cm。叶银白色。头状花序集成伞房花序，舌状花小、金黄色，管状花褐黄色，花期6～9月。可多年生。花语为收获	喜温暖及阳光充足的环境，较耐寒、耐热，长江流域能露地越冬；耐旱、耐瘠薄，宜含有机质、疏松肥沃、排水良好的土壤，忌雨涝、高温、高湿易死亡；耐修剪	叶匙形，两面密被银白色柔毛
97	细裂银叶菊		同原种	叶1至2回羽状深裂，裂片条形
98	彩叶草	高15～50cm。叶大小、形状变异很大，色泽多样，有淡黄、桃红、朱红、紫、绿等色。绿叶镶嵌斑纹，复色，花期8～9月。花语为绝望的恋情	喜光照充足，温暖湿润，通风良好的环境，耐热，忌烈日暴晒，5℃时易发生冻害；忌积水，宜疏松肥沃、排水良好的沙壤土，在盐碱土壤上生长不良；耐修剪，观叶宜去掉花序	叶通常卵圆形，缘具圆齿
99	雁来红	高0.3～1m。叶暗红，初秋时上部叶变色，色相同或较鲜黄或鲜红色。花语为骄傲、长生花	喜光照充足，耐旱、耐寒，对土壤要求不严，及积水，喜高燥且排水良好，忌湿热	叶卵圆至卵状披针形
100	扫帚菜	地肤的园艺栽培变型。高0.3～1m。嫩绿色，植株密集呈卵圆形至圆球形，晚秋枝叶变暗红。花语为当有的生活	喜光，耐热，极耐炎热，耐盐碱，耐旱，耐瘠薄，对土壤要求不严；耐修剪，欲除不净；幼苗期不耐低温。华南地区为小乔木，极易自播繁衍	分枝多而细，叶狭，线状披针形，长2～5cm
101	银边翠	高50～80cm。夏季顶部叶片边缘或大部变银白色，宛如层层积雪。有一定毒性。花语为奇心	喜温暖干燥，阳光充足，忌水湿，宜疏松肥沃、排水良好的沙壤土。不耐寒；直根性	具乳汁。叶互生，叶狭，椭圆形，长5～7cm
102	银雾伞花蜡菊	茎秆、叶银白色。常被白色的绵毛或革毛。伞房花序	喜光，耐热，耐旱，宜排水良好的土壤；耐修剪	枝条柔软，直立或匍匐
103	蓖麻	高1.5～4m。枝、花、果红色，叶红中带绿、叶暗绿带紫。总状花序，长15～30cm，花期7～9月。种子毒性大	喜高温，不耐霜，不耐寒，耐盐碱，耐旱，耐酸；根系发达；对土壤要求低。华南地区为小乔木	茎多液汁。叶轮廓近圆形，径达40cm以上，掌状7～11深裂，裂片卵状披针形，长2～5cm
104	红叶蓖麻	高1.2～2m。叶及果穗红、暗紫，黄铜或暗红色，花期6～9月。果圆形，皮具软刺，红色。花语为红火	耐干旱瘠薄，耐一定盐碱和风沙；病虫害少。管理粗放	叶大，盾状圆形，掌状5～11裂，缘具粗齿。杂交变种有几十种
105	观赏谷子	高1～1.5m。叶暗绿并带紫色，花序深紫色。圆锥花序密似香蒲花序，长35～50cm。可作背景植物	喜光，耐热，耐高温、高湿，不耐寒，喜湿润，疏松肥沃、排水良好的土壤。耐粗放管理	叶条状披针形
106	翡翠公主观赏谷子	高约60cm。叶淡绿色。穗状圆锥花序，淡紫或粉红色，较粗短，常弯曲	耐寒，耐高温、高湿，耐瘠薄，不耐湿。适弱碱性土壤，病虫害少；根系发达，可快速自播繁殖	叶较观赏谷子宽，短

续表

序号	名称	观赏及应用	生态习性、栽培管护	辨识
107	兔尾草	高 30～60cm。圆锥花序卵形，白色花穗长 5～10cm，有柔软细毛，状似小白兔尾巴。初夏至秋季开放	耐寒，耐热，耐贫瘠，忌积水	叶长而窄，扁平
108	美国薄荷	高 0.5～0.9m。轮伞花序密集成头状，径达 6cm，花粉白、橙红、紫红或淡紫色，花期 6～8 月。有香味。花语为野性的	喜光，耐寒，耐热，喜湿润，忌劳，不择土壤；病虫害少，剪后可二次开花；北京可露地越冬	茎四棱。叶薄，卵状披针形，长达 10cm，缘具齿
109	拟美国薄荷	高 0.6～1.2m。花萼外被短柔毛及棕色腺点，内喉部密生白色须毛，花冠外密被柔毛，花白、深紫、粉红或淡红色，花期 7～8 月	同美国薄荷	全株被白色柔毛。叶披针状卵圆形或卵形，长 8cm 或以上，缘具齿
110	罗勒	高 20～80cm。总状轮伞花序长 10～20cm，由多数具 6 花交互对生的轮伞花序组成，花冠淡紫色，或上唇白色下唇紫红色，花期 7～9 月。是药食两用的芳香植物，被称为香料之王，香味可驱蚊虫	喜光，对寒冷半非常敏感，在热和干燥环境生长最好；耐干旱，不耐劳，对土壤要求不严	茎 4 棱。叶卵圆形，长 2.5～5cm，缘具不规则牙齿或近全缘
111	疏柔毛罗勒		同原种	与原种不同：茎多分枝上升；叶小，长圆形，叶柄及轮伞花序极多疏柔毛；总状花序延长
112	紫罗勒	叶紫色。卷曲皱褶。茎红色	同原种	
113	香青兰	高 20～40cm。具香味。轮伞花序疏松，每轮常具 4 花，花冠淡蓝紫色，具深紫色斑点，长 1.5～3cm，花期 7～8 月。全株含芳香油	宜日照，通风良好及沙质壤土，耐寒，耐旱，耐热，耐盐碱，耐贫瘠	基生叶卵圆状三角形，具疏齿及长柄；茎生叶对生，披针形，长 1.4～4cm，具齿，基部常具长刺
114	红蓼	高 1～2m。穗状花序长 3～7cm，微下垂，小花密集，紫红或浅白色，富有野趣，花期 6～9 月。果实是传统黄酒酿酒的原料之一。花语为任性	喜光及温暖、湿润环境，不择土壤，喜湿润，疏松的土壤	叶宽卵形或宽椭圆形，长 10～20cm，两面密被毛，托叶鞘顶端具草质、绿色的翅
115	蓝蓟	高 30～60cm。花冠斜钟状，长约 1.2cm，蓝、粉或紫色，花期 6～9 月。可作野趣花卉	喜光，不耐湿热，耐瘠薄，宜排水良好	叶线状披针形，长达 12cm，两面有长糙伏毛
116	野蓝蓟	高可达 3m。花塔状，长达 1m 以上，小花粉色，花期春末夏初	喜全光，耐 -15℃ 的低温，耐旱	叶长条状，灰绿色
117	瓦松	高 10～20cm。总状花序密，呈塔形，长 10～35cm，花瓣 5，紫红色，花期 8～9 月。是颇具开发价值的野生花卉，可用于岩石园、山坡。传统文化中是寄居高居的象征，令喻甘于平凡，顽强抗争，特立独行的精神	喜光怕阴，耐旱，耐寒，耐热，宜疏松透气的沙质土壤，土壤长期过湿或积水易造成烂根；生于石质山坡和岩石上以及瓦房或草房顶上	第一年生莲座状叶，第二年生花，茎生叶条形、长 5cm，棒状，顶端有一长刺
118	益母草	高 0.3～1.2m。轮伞花序具 8～15 圆球形花，呈长穗状，下唇稍长于上唇，边缘反卷，花期 7～9 月。是妇科病良药，也是野趣花卉。花语为母爱	喜光，耐寒，耐热，喜湿，怕涝，对土壤要求不严	茎钝 4 棱形，微具槽。叶变化很大，多掌状 3 裂，裂片再分裂成条状披针形，全缘、浅裂或具稀少牙齿
119	细叶益母草	高 0.2～0.8m。轮伞花序多花，花冠粉紫色，二唇形，上唇密被黄柔毛，下唇短于上唇，花期 7～9 月	同益母草	叶对生，掌状 3 全裂，裂片再分裂成条状小裂片，花序上叶 3 全裂

序号	名称	观赏及应用	生态习性、栽培管护	辨识
120	牛蒡	高可达2m。头状花序丛生或排成伞房状，径3～4cm，花全为管状花，淡紫色，顶端5齿裂，花期6～8月	生于村旁、沟谷水边	叶宽卵形或心形，长40～50cm，下面密被灰白色茸毛，全缘，波状或有细齿，顶端钩状内弯，总苞球形，总苞片披针形，借此附于动物身上
121	泥胡菜	高0.3～1m。头状花序多数，在枝端排列成伞房状，总苞球形，总苞片5～8层，卵形，背面具紫红色鸡冠状附片，小花全为管状，紫色，花期4～5月	生于村旁、田边、山坡路旁、草丛中	秋生基生叶莲座状，倒披针形，提琴状大头羽裂，顶裂片三角形，较大；茎生叶互生，翌年春季生出，椭圆形，渐小
122	草木樨	高0.4～1m。总状花序腋生，小花黄色，花期6～8月	生于田边、路旁、草丛中，耐碱性土壤	羽状3出复叶，小叶椭圆形，长1.5～2.5cm，先端圆，具短尖头，缘具齿
123	水金凤	高40～70cm。总状花序具2～3花，黄色，近基部散生橙红色斑点，上面1花瓣背面有龙骨突起，下面1萼片花瓣状，基部延长成内弯的长距，花期6～8月	喜阴湿的生长环境和腐殖质丰富、排水良好的土壤	叶互生，卵形或卵状椭圆形，长5～10cm，先端钝，缘具圆齿，齿端具小尖，蒴果线状圆柱形
124	紫花重瓣曼陀罗	高0.5～1.5m。花2至3重瓣，硕大而带深色，观赏价值较高，花期6～10月。全株有毒。是佛教的象征符号之一，代表积聚福德与智慧	喜光，喜温暖及排水良好的沙壤土	茎带紫红色，叶广卵形，顶端渐尖，基部不对称楔形，缘有不规则波状浅裂

观赏蔬菜

序号	名称	观赏及应用	生态习性、栽培管护	辨识
125	甘蓝	叶蓝灰色，具白粉霜	喜光，喜温暖、湿润，较耐寒	基生叶多数，质厚，层层包裹成球状体
126	羽衣甘蓝	高20～30cm。叶有光叶、皱叶、裂叶或波状叶，叶色有紫红、黄绿、白黄等。观赏期长，经秋冬春三季，可水培应用	喜阳光充足的冷凉、温和气候，耐寒性很强，不耐涝，耐盐碱，忌高温、多湿。我国北方冬季露地栽培能经受短时的多次露冻而不枯萎，但不能长期经受连续严寒	下部叶大头羽裂，长5～25cm，缘具钝齿或裂片，中及上部茎生叶由长椭圆形渐变成披针形，抱茎
127	皱叶羽衣甘蓝	叶边缘皱软缩	同羽衣甘蓝	
128	油菜花	高0.5～0.7m。总状花序伞房状，花鲜黄色，径1～1.5cm，4瓣。花期3～4月。长角果线形。花语为吉祥如意。野趣之花，宜春耕应用	喜光，不择土壤，喜排水良好的土壤；性强健	叶基生，宽卵形，中脉白色，有多纵脉，叶柄长3～5cm
129	紫叶油菜	高15～20cm。叶暗紫色	喜冷凉气候，不耐高温，不耐劳	
130	黑芥	叶暗紫色，羽状全裂，裂片线形	喜冷凉气候，不耐高温，不耐劳	
131	红叶甜菜	高0.3～0.4m。叶矩圆形或宽卵形，深红或红褐色，肥厚，叶面皱缩不平，有绿叶品种	喜光，耐寒性较强，宜凉爽，忌霜，温暖环境和疏松土壤	叶多基生，长20～30cm，具长叶柄，全缘或略呈波状
132	红柄甜菜	有红叶，绿叶品种，叶柄鲜红色，叶脉红色	同红叶甜菜	
133	黄柄甜菜	叶柄橙黄色，叶绿黄色	同红叶甜菜	
134	红叶生菜	高15～20cm。叶紫红，遇低温霜冻，红紫色更为明显，鲜艳，叶丛似花朵一般	喜光，喜冷凉，耐寒，不耐热	叶长倒卵形，密集成甘蓝状球球或不成球，叶面平展或皱缩，叶缘波状，浅裂或有齿，有绿叶品种
135	紫叶油麦菜	叶浅紫色	喜光，喜冷凉，耐寒，不耐热	叶披针形，茎较粗壮

续表

序号	名称	观赏及应用	生态习性、栽培管护	辨识
136	苦苣	叶绿色，细腻，有苦味	喜光，喜冷凉气候，耐寒，不耐旱，喜潮湿，肥沃而疏松的土壤	基生叶及下部茎叶有短翼柄，羽状全裂至不裂，缘常有齿，中上部茎叶长椭圆形至宽卵形，基部无柄，或尖耳状抱茎
137	茼蒿	花黄或白色，花期6～8月。有大叶和小叶品种，可作观赏花卉	喜光，对光照要求不严，喜凉爽，湿润环境，不耐炎热，耐寒力不强，怕积水。属半耐寒性蔬菜	中下部茎叶长椭圆形或长椭圆状倒卵形，长8～10cm，2回羽状深裂
138	紫苏	高0.3～1m。叶绿或紫红色，茎叶有香气。可作香料食用，入药	喜光，喜温暖，耐高温，高湿，对土壤要求不严；耐修剪	茎4棱，叶宽卵形或圆卵形，长7～13cm，叶面较皱，缘具粗齿
139	回回苏	叶多紫色，常皱缩	同原种	与原种区别：叶具狭而深的锯齿
140	朝天椒	高15～30cm。小花白色或紫色。果实红、黄、紫、橙、黑白、绿或蓝色等，形状多变，观赏期7～11月。花语为疆梦初醒，旧友	喜阳光充足，温暖干燥，不耐寒，耐干热天气，宜肥沃的沙质土壤。缺钾会导致植株矮小瘦弱，叶片卷曲，易倒伏	叶卵形至长圆形，长4～7cm。果梗及果均直立，果圆锥状，长约1.5（～3）cm
141	樱桃椒	高15～50cm。果近球形，径1～2cm，成熟期不同，有绿、紫、黄、鲜红等色同时存在，熟时鲜红似樱桃，美观	耐热，耐旱，抗低温，不择土壤。病虫害少	
142	风铃椒	高约1.5m。果四周有不规则凹凸，如风铃或灯笼状，幼果绿色，成熟后深红色，果形奇特，可食	喜温暖，不耐高温，35℃以上或15℃以下不能坐果；喜钾肥	叶卵形。小花白色。果长3～4cm，顶宽4～5cm
143	樱桃番茄	有强烈气味。浆果扁球状或近球形，橘黄或鲜红色，有黑色品种。花语为敢于尝试，爱情果	喜光，喜温暖，喜湿。本种是栽培番茄的原始种	植株被黏质腺毛。茎易倒伏。羽状复叶或羽状深裂，长10～40cm
144	胡萝卜	高0.3～1.2m。复伞形花序，花白或淡红色，花期5～7月。有红花品种	喜光，喜温暖，喜湿润	基生叶薄膜质，长圆形，2至3回羽状全裂，末回裂片线形或披针形
145	茴香	高0.4～2m。叶果具香气。复伞形花序，小花黄色，花期5～6月	喜凉爽，喜湿，湿润，喜疏松肥沃、排水良好的沙质壤土	叶轮廓阔三角形，长4～30cm，4至5回羽状全裂，末回裂片线形，长1～6cm
146	黄蜀葵	高1～1.3m。花大，径约12cm，淡黄色，内面基部紫色，花期8～10月	喜光，喜温暖，不耐寒，喜深厚，肥沃土壤	叶掌状5～9深裂，裂片长圆状披针形，径15～30cm，具粗钝齿
147	心叶日中花	多年生常绿草本，茎长30～60cm。花红紫色，花期7～8月。有花叶小品种，可观赏，也食用嫩叶	喜温暖干燥，柔和无充足的光照，耐半阴，忌强光，耐旱，不耐劳	对生叶心状卵形，肉质，长1～2cm，顶端急尖或圆钝，具凸头
148	芋	叶盾形，绿色，长20～50cm，柄长于叶，肥大，美观，用于水观叶，块茎可食	喜高温，多湿的环境，不耐旱，较耐阴，具有生植物的特性。水田或旱地均可栽培，以肥沃深厚，保水力强的黏质为宜	块茎
149	紫芋	叶柄紫褐色，叶与芋相似。可用于水边观叶。块茎有毒	喜光，耐阴，耐湿，性强健，基部浸水地也能生长	肉穗花序长约10cm，短于佛焰苞
150	空心菜	蔓生或漂浮于水面。花白、淡红或紫红色，漏斗状，花期7～8月。作为蔬菜广泛栽培	喜光，喜高温，多湿环境及充足光照，忌霜冻，不耐寒，有水旱之分。喜肥，对密植的适应性较强	茎中空。叶形状，大小多变，卵形、长卵形、长卵状披针形或披针形，长3.5～17cm，全缘或波状，基部截形或戟形，稀基部有少数粗齿

附录

附录 1　景观园林植物应用分类

编号	分类	植物名称
1	彩叶植物（蓝色系常绿植物）	蓝粉云杉、白杆、日本五针松、蓝剑柏、蓝冰柏、蓝阿尔卑斯刺柏、蓝色天堂落基山圆柏、矮生铺地柏、蓝地柏、巴港平铺圆柏、蓝色筹码平铺圆柏
2	黄色系常绿植物	金塔柏、金蜀桧、火云刺柏、金球桧、金球北美香柏、洒金柏、金叶鹿角桧、萨伯克黄金桧柏、金羽毛桧柏、黄黄柏、金叶疏枝欧洲刺柏、小丑火棘、金边大叶黄杨、花叶长春蔓、金心大叶黄杨、洒金桃叶珊瑚、新西兰扁柏、金边丝兰、警戒色丝兰、菲白竹、菲黄竹、金边瑞香、三色刺桐、变色女贞、金森女贞、金边冬青、黄金榕、金边栀子、金边扶芳藤、花叶艳山姜、金叶假连翘、金边假连翘
3	红色系常绿植物	南天竹、火焰南天竹、红叶石楠、红花檵木、亮红朱蕉、红边朱蕉、彩虹千年木、黑龙沿阶草、三色千年木、彩虹千年木、黑龙沿阶草、紫竹梅、紫剑梅、紫剑朱蕉、新西兰麻、褐锦紫叶槿、黑金刚橡皮树
4	红色系落叶植物	红枫、中华红叶杨、红叶羽毛枫、红国王挪威槭、紫叶稠李、红叶加拿大紫荆、红叶合欢、钻石海棠、王族海棠、红叶寿桃、火烈鸟复叶槭、红叶椿、红叶李、肉叶苹果、俄罗斯红叶李、太阳李、红叶臭椿、美人梅、美国红栌、紫叶红栌、紫叶矮樱、紫叶风箱果、金叶小果、紫叶锦带、金焰绣线菊、花叶络石、紫叶紫薇、天鹅绒紫薇、紫叶弗吉尼亚樱桃、芭蕾苹果、矾根类、紫苏、血草、紫叶美人蕉、红叶甜菜、五色草、雁来红、紫叶薯、紫叶酢浆草、老来少、观赏谷子、红蓖麻、胭脂红景天、福德鲁鲁特景天、花叶天竺葵、紫叶狼尾草、火焰狼尾草、彩叶草、棕榈盆草、紫罗兰类、紫罗勒、槲栎、辽东栎、蒙古栎、美国红枫、三角槭、五角枫、血皮槭、五角枫、落羽杉、大果栎、白枪栎、花楸、柿树、水杉、黄山栾、漆树、梣树、丝绵木、盐肤木、枫香、马褂木、重阳木、落羽杉、中山杉、大山樱、七叶树、山楂、黄连木、枫杨、青麸杨、山胡椒、红榧椒、连香树、美国地锦、地锦、红瑞木、偃伏株株木、郁李、豆梨、卫矛、平枝栒子、卫矛、火焰卫矛、栓翅卫矛、海滨木槿、迎红杜鹃、小檗、丁香、满江红、碱蓬、地肤
5	黄色系落叶植物	金叶合欢、金叶榆、金叶垂榆、金叶（叶）槐、金叶龙爪槐、金枝槐、金叶刺槐、金叶白蜡、金叶美国梓树、金边银杏、美国鹅掌楸、金叶栾树、金叶山绣线菊、金叶女贞、金叶黄栌、金叶皂荚、金叶接骨木、金叶锦带、金叶红瑞木、金叶过路黄、金叶佛甲草、金叶景天、金叶连翘、金叶连翘、金脉连翘、金叶反曲景天、彩叶草类、金叶薯、彩叶草类、金叶箱根草、金色箱根草、玉带草、金叶曲景天、金叶蔓草、金叶玉簪类、金边玉簪类、金叶过路黄、斑叶芒、金叶芦苇、矾根类、小黄杨、金叶紫露草、金叶羊角芹、线叶美人蕉、花叶反曲景天、金边阔叶麦冬、金叶紫露草、金叶藿香
6	白灰色系植物	银杏、白蜡、花雪柳、水曲柳、马褂柳、悬铃木、桑、复叶槭、柳树、石榴、国槐、白桦、落叶松类、朴树、小叶朴、椰榆、南蛇藤、榛子、丁香、榆、刺槐、山梨、山楂、钻天杨、银中杨、银叶杞柳、花叶红端柳、花叶杞柳、银姬小蜡、花叶野芝麻、水榆花楸、玉兰、珍珠绣线菊、天目琼花、风箱果、山葡萄、核桃楸、光叶榉、东北扁核木、胡枝子、花木蓝、银边冬青、银边翠、沙青、羽毛蓝盖蕨、日本蹄盖蕨、花叶野芝麻、沙枣、沙棘、秋胡颓子、银边大叶黄杨、银姬小蜡、花叶杞柳、银叶菊、变叶芦竹、五色草类、银边芦竹、银镶日本蹄盖蕨、绵杉菊、绵毛水苏、花叶蜡菊、银马蹄金、芝麻、花叶欧亚活血丹、银边沿阶草、花叶假龙头、柠条、沙青、银桦、花叶扶芳藤、银线柏、油橄榄、花叶山桃草、花叶鹅掌藤、花叶假龙头、朝雾草、吊竹梅、迷迭香、晨光芒、花叶芒、银叶蒿、花叶拂子芒、花叶紫娇花
7	蓝色系植物	蓝羊茅、蓝冰麦、银叶桉、水果蓝、滨藜叶分药花、酸性土壤的无尽夏绣球、蓝叶忍冬、红雪果、雪果

续表

编号	分类	植物名称
8	庭院吉祥植物	棕榈、橘树、枇杷、日本五针松、罗汉松、棕竹、细叶棕竹、三色千年木、竹类、香椿、槐树、榕树、石榴、枣、葡萄、牡丹、橘树、西府海棠、枇杷、芭蕉、桃花、玉兰类、丁香类、梅花、蜡梅、桂类、槐树、樱花、元宝枫、紫薇、木槿、紫荆、榉树、梧桐、鹅掌楸、栾木、七叶树、李、苹果、木瓜、无花果、山茶、黄连木、梓树、楸树、木香、中华常春藤、木香、大花铁线莲、观赏葫芦、荷花、睡莲、荷花、菖蒲、香蒲、迷迭香、郁金香、木菊高、薰衣草、百合、百子莲、石竹、报春花、小向日葵、万寿菊、千日红、月季、鲁冰花、苏铁、八角金盘
9	北京四合院植物	国槐、枣、柿、玉兰、海棠、丁香类、牡丹、月季、紫藤、太平花、菊花、盆栽桂花和夹竹桃、竹、梨；小户外家草茉莉、凤仙花、牵牛、扁豆花
10	吸引儿童的植物（安全、无刺、无毒，不会引起过敏；容易生长且有趣）	蔬菜：迷你萝卜、鲜绿色镶边生菜、颜色艳丽的西红柿。易长快熟的瓜果类、色彩丰富的菜类。香草花园等主题花园。易开花植物：快速发芽生长并大量开花、香雪球、波斯菊、金盏、牵牛、百日草、野花花境、风信子、郁金香、水仙。具特殊纹理及质感的植物：绵毛水苏、艾草、毛蕊花属带有薄荷味天竺葵、银叶菊、蓝羊茅、海石竹、墨西哥羽毛草、狐尾草。吸引蝶、蛾的植物如丁香、茉莉、玫瑰。有益昆虫及其他传授粉动物的植物。向日葵矮大、茎杆粗壮、可食、易长是最适合儿童的植物之一：草莓
10（续）		油松、樟子松、侧柏、美国香柏、罗汉松、华山松、白皮松、雪松、乔松、北美乔松、东北红豆杉、红豆杉、臭冷杉、冷杉、云杉、青海云杉、青杆、杜松、祁连圆柏、罗汉松、阔叶十大功劳、十大功劳、构骨、海桐、苦竹、阔叶箬竹、紫竹、锦熟黄杨、孝顺竹、银白杨、早柳、垂柳、小叶杨、钻天杨、银杏、白桦、杜仲、榔榆、柿、桑
		香椿、华北落叶松、落叶松、落羽杉、水杉、香榧、银白杨、金银花、金银木、白桦、杜仲、榔榆、白桦
		玉兰、梅花、丁香类、暴马丁香、北京丁香、太平花、山梅花、桂花、蜡梅、糯米条、络石、结香、百合、水仙、刺玫蔷薇、月季、香水月季、玫瑰、晚香玉、郁金香、风信子、玉簪类、干屈菜、茉莉、含笑、海桐、樟树、郁香忍冬、大叶醉鱼草、互叶醉鱼草、芳香万寿菊、柑橘类
		樟树、花椒、枇杷、刺槐、香花槐、槐、枣、樱桃、黑枣、白花泡桐、毛泡桐、兰考泡桐、心叶椴、糠椴、蒙椴、黄桲、黄檗、黄连木、雪柳、欧洲七叶树、七叶树、合欢、胡椒、枫香、枫杨、女贞、流苏、楝树、枫香、桃、木瓜海棠、李、稠李、山丁子、车梁木
	芳香植物	迷迭香、疏来毛罗勒、疏来毛罗勒、茴香、米兰、香豆竹、蒔萝、香豆蔻、紫罗兰、紫叶留兰香、春兰、柠檬香茅、春兰天竺葵、岩青兰、香青兰、牛至、香茅、晚香玉、黄荟类、并头黄芩、紫苏、回回苏、罗勒、美国薄荷、拟美国薄荷、薄荷、留兰香、岩青兰、春兰、固香
11		紫穗槐、山茱萸、牛奶子、五味子、胡颓子、多花胡枝子、杜鹃、照山白、迎红杜鹃、兴安杜鹃、枸杞、木天蓼、接骨木、西洋接骨木、木槿、枸橘、石榴、越橘、软枣猕猴桃、西番莲、黄秦蒿、三叶木通、无花果、东北扁核木
		石竹、甘草、野韭、菖蒲、铃兰、泽兰、玉竹、羽扇豆、肥皂草、桔梗、罂粟、萱草、毛地黄、金莲花、欧活血丹、美人蕉、蒲公英、柳叶马鞭草、蓝亚麻、泽泻、宽叶香蒲、水芹、睡菜、芦苇、睡莲、墨西哥鼠尾草、双色茉莉、玉竹、甘草、毛地黄、菊花、泽兰、沙参、山丹、芍药、射干、紫菀、蜀葵、美人蕉、升麻、老鹳草、刺芹、大滨菊、甘菊、菊花、旋覆花、月见草、啤酒花、鸢尾、白屈菜、半边莲、牡丹、木芙蓉、西番莲、黄蜀葵、紫松果菊、长春花、车前、常春藤、长寿花、莲、白睡莲、睡莲、地黄、野罂粟、一品红、灯芯草、紫菀
		飞蓬、孔雀草、万寿菊、向日葵、花菱草、波斯菊、瓜叶菊、瓜叶葵、阜角莲、柳叶菊、金盏、虞美人、马蹄金、龙牙草、美女樱、葵、黄蜀葵、花菱草、油菜、苦菜、丝瓜、胡萝卜、草莓、酸浆、四季海棠、矢车菊、番红花、姜

编号	分类	植物名称
12	蜜源植物	枇杷、侧柏、荆条、糠椴、蒙椴、刺槐、丝绵木、毛梾、月季、玫瑰、非修剪金叶女贞、丁香类、北京丁香、暴马丁香、旱柳、水蜡、大花溲疏、小花溲疏、山桃、山楂、紫穗槐、红花锦鸡儿、胡枝子、多花胡枝子、杭子梢、臭椿、黄栌、酸枣、栾树、槲栎、榆树、大果榆、榆树、柿树、乌桕、山枣、枣、白刺花、一叶荻、毛樱桃、二月兰、白三叶、龙芽草、五叶地锦、抱茎苦荬菜、苦荬菜、向日葵、油菜花、紫苜蓿、葎草、蓝刺头、夏枯草、柳兰、罗布麻、银白槭、紫花苜蓿、桔梗、大叶铁线莲、醉蝶花、毛水苏、紫菀、香薷、珍珠梅、糯米条、金钟花、文冠果、天苑、桔梗、藿香、野蔷薇、郁李、凌霄、野蔷薇、锦带花、香茶菜、连翘、毛泡桐、目琼花、山茱萸、接骨木、大叶黄杨、扶芳藤、金银花、糯米条、金银木、鞑靼忍冬、柽柳、合欢、小叶朴、柿子、栓翘卫矛、三桠绣线菊、锦熟黄杨、胶东卫矛、郁香忍冬、鞑靼忍冬、紫叶李、蜡梅、小叶鼠李、金露梅、银露梅、灯台树、千头椿、麻栎、元宝枫、五角枫、鸡爪槭、香蜂花、茶条槭、复叶槭、黑种草、三裂绣线菊、紫叶李、蜡梅
13	药用植物	油松、侧柏、毛白杨、山杨、榆树、小叶白蜡、山杏、小叶白蜡、欧李、郁李、李子仁、酸枣、一叶荻、毛樱桃、细叶小檗、大叶小檗、大叶小檗、桑、蒙桑、山楂、皂荚、黄檗、枣、皂荚、黄檗、枣、花椒、槐、苦木、招财、盐肤木、花椒、山杏、杏仁、玫瑰、丁香、接骨木、紫红鹃、迎红杜鹃、紫叶山葡萄、乌头叶山葡萄、山葡萄、枸杞、葛、葛藤、南蛇藤、天目琼花、五味子、刺五加、无梗五加、玫瑰、木香、栀子、越橘、木本香薷、桂柳、沙棘、丁香、接骨木、枸杞、百里香
14	具有园艺疗养保健功能的植物	地肤、马齿苋、莲、石竹、瞿麦、芍药、水芹、点地梅、金莲花、石莲花、翠雀、白头翁、白屈菜、毛茛、三七景天、八宝景天、垂盆草、甘草、委陵菜、地榆、龙芽草、老鹳草、红旱莲、紫花地丁、筋骨草、丹参、罗布麻、黄芩、苦麻菜、苦苣菜、黄瓜菜、车前、缬草、地黄、沙参、薄荷、铃兰、菖蒲、野慈姑、苦苣菜、泽泻、芡实、野芝麻、藿香、泽兰、洛新妇、升麻、鬼针草、甘菊、蒲公英、荠菜、紫斑风铃草、紫苏、木贼、小黄花菜、沿阶草、玉竹、山韭、瓦松、酸浆、艾蒿、紫菀、马兰、百合、旋覆花、柳穿鱼、紫斑风铃草、紫苏、木贼、泽兰、芡实、荠菜、葡萄、猕猴桃、无花果、柿子、沙棘、酸枣
		苹果、梨、山楂、桃、李、梅、杏、樱桃、枣、枇杷、柿、核桃、银杏、石榴、葡萄、猕猴桃、无花果、柿子、沙棘、酸枣
		莲藕、胡萝卜、萝卜、甘薯、山药、根用芥菜、姜、荸荠、竹笋、马铃薯、芋头、大白菜、洋白菜、菠菜、芹菜、番茄、辣椒、黄瓜、冬瓜、中国南瓜、西瓜、甜瓜、花椰菜、黄花菜、蚕豆、甜玉米
		枸杞、蒲公英、苦瓜、牛蒡、大蒜、荠菜、益母草
15	驱蚊虫植物	楝树、连香树、香樟、核桃、香冠柏、香叶天竺葵、除虫菊、薄荷、薰衣草、迷迭香、芸香、罗勒类、薄荷、留兰香、皱叶留兰香、香茅、荆芥、天竺葵、万寿菊、芳香万寿菊、艾蒿、宝塔香、百里香、九里香、碰碰香、波斯菊、芹菜、番茄、辣椒、银香菊、母菊
16	招鸟植物	红色浆果类如火棘、枸杞、忍冬类等、栎树类、果树类如石榴、葡萄、梨、桃、山楂、海棠、女贞、苦楝、栎树、女贞、苦楝、棕榈、茶、梅、荚蒾、麻栎、桃树珊瑚、十大功劳、四照花、黄杨、海桐、八角金盘、侧柏、油松、白皮松、五角枫、黄连木、辽东栎、麻栎、板栗树类、山杏、小檗、枣、核桃、刺楸、灯台树、桑、蒙桑、小叶朴、茶翅槭、鸡爪槭、水枸子、山桃、白花山碧桃、八棱海棠、柿子、海棠、接骨木、文冠果、山茱萸、天目琼花、接骨木、多花胡枝子、香荚蒾、银红槭、白檀、雪果、栓翅卫矛、扶芳藤、山葡萄、银葡萄、金银花
17	招蜂引蝶植物	大叶醉鱼草、向日葵、八宝景天、忍冬、山楂、合欢、女贞、香蜂花、迎春花、万寿菊；蜜蜂喜浅色花、黄或紫、红、粉、紫色花植物引蝶如菊花、向日葵、深蓝鼠尾草。

编号	分类	植物名称
18	观果植物	红豆杉、石楠、枇杷、北美海棠、柿类、花楸类、卫矛类、栾树类、丝绵木、银杏、苦楝、枫杨、臭椿、梧桐、盐肤木、火炬树、果树类、车梁木、臭檀吴萸（柿子、山楂类、黄山栾、黄连木、桃、李、海棠、梨、苹果、杏、枣、黑枣、无花果、樱桃、蓝莓）、木瓜、石榴、稠李、车梁木、秤锤树、法国冬青、海桐、火棘、南天竹、十大功劳、南蛇藤、扶芳藤、大叶黄杨、北海道黄杨、胶东卫矛、水蜡、小檗类、蔷薇类、北美冬青、猬实、接骨木类、荚蒾类、紫珠类、忍冬、玉玲花、红瑞木、构橘、海州常山、秋冬、观赏苹果、珊瑚豆、麦冬、沙棘、荼蘼子类、高山刺芹、风箱果、贴梗海棠、水栒子、花椒、水蜡、雪果、红雪果、平枝栒子、西北栒子、水栒子
19	鸟类等动物食源筑巢场所植物	油松、桂皮栎、元宝枫、黄檗、栾树、白杆、银杏、白蜡、雄性毛白杨、丝绵木、枫杨、水杉、国槐、海棠类、山楂、黄杆、山杏、君迁子、雄性柳树、接骨木、沙棘、天目琼花、三裂绣线菊、珍珠梅、海州常山、紫穗槐、桂柳、迎春、披针叶薹草、石榴、胡枝子、毛樱桃、黄刺玫、二月兰、大叶铁线莲、马兰、委陵菜、黄芩、野菊、地被菊、景天三七、楼斗菜、鸢尾类、麦冬类、千屈菜、黄菖蒲、香蒲、荷花、芦苇、睡莲、红蓼、八宝景天、玉簪、萱草、金鸡菊
20	鸟类食源植物	油松、白皮松、华山松、侧柏、青杆、白杆、楸树、毛梾、槲栎、楝树、枫杨、胡桃楸、栓皮栎、板栗、榆、大果榆、小叶朴、桑、蒙古栎、构树、水枸子、东北茶藨子、珍珠梅、土庄绣线菊、三裂绣线菊、山梅花、山楂、白梨、杜梨、海棠花、西府海棠、楸子、山荆子、花红、山楂海棠、山楂、碧桃、山桃、一叶萩、榆叶梅、毛樱桃、樱桃、欧李、稠李、皂荚、紫荆、红枝叉钩子、杭子梢、紫藤、臭椿、香椿、雀儿舌头、一叶萩、黄栌、北枳椇、黄栌、南蛇藤、丝绵木、栾树、皂荚、大叶黄杨、五角枫、元宝枫、爬山虎、葡萄、山葡萄、桑绿、女贞、冻绿、接骨木、天目琼花、卫矛、蒙椴、糠椴、扁担杆、梧桐、黑枣、柿、酸枣、黑枣、花生、律叶蛇葡萄、荆条、刺苏、流苏、锦鸡儿、构杞、太平花、漫疏、卫矛、金银木、金道木、六道木、土豆、大豆、玉米、花生、向日葵、山野豌豆、锦北绣线菊、龙芽草、紫花地丁、早开堇菜、黄芩、锦带腊子、小麦、忍冬、依芝、异穗薹草、白头翁、败酱草、华北绣线菊、龙芽草、紫花地丁、早开堇菜、黄芩、鹅蛱蝶、杠柳、狗尾草、狗尾草、芦苇、荻、津续草、野牛草、柳枝稷、百里香、薄皮木、草地早熟禾、苇、鹅蛱蝶、杠柳、狗尾草、狗牙根、涝峪薹草、牛扁、中麻、白头翁、败酱草、华北楼斗菜、龙芽草、紫花地丁、早开堇菜、黄芩
21	观枝干植物	龙爪槐、金枝龙爪槐、龙爪枣、龙爪柳、绿柳、垂柳、金叶垂榆、金叶垂榆、金枝垂柳、芽黄红瑞木、山楂、金甲竹、枝梾木、梧桐、白桦、红桦、欧洲白桦、血皮槭、青楷槭、葛萝槭、早园竹、金镶玉竹、黄秆京竹、黄秆乌哺鸡竹、龟甲竹、紫竹、斑竹、筠竹、对花竹、木瓜、木瓜海棠、法桐、白皮松、青檀、柘树、榔榆、脱皮榆、榔榆、龙游梅
22	丛生类植物	女贞、石楠、桂花、小叶朴、蒙古栎、五角枫、元宝枫、榆树、辽东栎、桑树、加拿大紫荆、构树、暴马丁香、山楂、山梨、暴马丁香、北京丁香、山楂、山槐、山丁子、皂荚、文冠果、山楂、山桃、流苏、紫荆、白蜡、紫薇、鹅掌楸、灯台树、大叶白蜡、山丁子、乌桕、球桐、北京白蜡、山丁、山桃
23	开花大乔木	早樱、山楂、楸树类、杏、文冠果、杏梅、花楸类、山丁子、杜梨、白梨、玉兰类、山里红、洋槐、红花洋槐、巨紫荆、暴马丁香（黄、白）、北京丁香、鹅掌楸、车辆木、桑椹树、桃、海棠类、针叶福禄考、牡丹、杏花、桃花、梅花、紫藤、椴、月季、玫瑰、樱、紫薇、梨、海棠类、李、紫叶李、栾树类、梓树、黄金树、合欢、合欢、紫叶李、梨
24	花海类植物	樱花、海棠类、针叶福禄考、牡丹、杏花、桃花、梅花、紫藤、椴、月季、玫瑰、樱、紫薇、梨、木槿、金银花、薰衣草类、角蒿类、虞美人、金鱼草、大花飞燕草、向日葵、千屈菜、水生美人蕉、菖蒲、黄菖蒲、花菖蒲、金鸡菊、景天类、玉簪、穗花婆婆纳、郁金香、风信子、百合、（小）丽花、唐菖蒲、波斯菊、硫华菊、夏堇、孔雀草、万寿菊、一串红、蓝花鼠尾草、黄菖蒲、贡菊、金莲花、桂竹香、秋葵、油菜花、萱草、蜀葵类、彩叶草、醉蝶花、小菊、鸡冠花、大花美人蕉、四季海棠、观赏谷子、天竺葵、矮牵牛、繁星花、观赏彩椒、香彩雀、水嵩草、楼斗菜类、舞春花、新几内亚凤仙、非洲凤仙、毛地黄、石竹类、彩叶草、三色堇、角堇、百日草类、金鱼草、大花飞燕草、大花美人蕉、小菊、鸡冠花、粉黛乱子草、狼尾草类、香雪球

编号	分类	植物名称
25	立体及模纹花坛植物	五色草、四季秋海棠、芙蓉菊、非洲凤仙、彩叶草、银叶菊类、银香菊类、孔雀草、丰花百日草、银灰马蹄金、常春藤、蜡菊类、金叶薯、美女樱类、百里香、紫叶酢浆草、长寿花、矾根类、花叶欧亚活血丹、小菊、地被石竹、多花筋骨草、景天类
26	冬花植物	蜡梅、梅花、杜鹃红山茶、茶梅、结香、枇杷、四季桂、新含笑、金边瑞香、八角金盘、小叶蚊母、冬阳十大功劳、地中海荚蒾、通脱木
27	植物墙推荐植物	绿萝、柚珍椰子、橡皮树、吊兰、金边吊兰、龟背竹、鹅掌柴、鸟巢蕨、铁线蕨、万年青类、竹芋类、波士顿蕨、肾蕨类、冷水花、豆瓣绿、吊竹梅、紫竹梅、风尾蕨、狼尾蕨、常春藤类、白鹤芋、彩叶草、虎耳草、秋海棠类、蝴蝶兰、紫金牛、朱砂根、春羽、黄金葛、蔓绿绒类、合果芋、麦冬类、石菖蒲、长寿花、苔藓类
28	耐寒花卉品种	羽衣甘蓝、矾根、三色堇、角堇、白晶菊、瓜叶菊、雏菊、金盏、杜鹃、番红花
29	圣诞节花木	云杉类（圣诞树）、一品红、苹果、观赏椒、蟹爪兰、宫灯百合、冬珊瑚、槲寄生、常春藤、月桂树、圣诞仙人掌、银香菊
30	林下花卉	肺草、落新妇、荷包牡丹、蕨类、铁筷子、玉竹、小玉竹、银莲花、岩生黄、小药牛舌草、大叶铁线莲、铃兰、鹿药、蛇莓、连钱草、二月兰、求米草、酢浆草、紫花地丁、丹平麦冬、紫露草、心叶牛舌草、紫斑风铃草、山麦冬类、沿阶草、沿阶草、延胡索、兰花三七、苔藓、大吴风草、黄精、黄水枝、蕓吾类、石菖蒲、滂哈臺草、北京
31	具浅环性根系植物	竹子类、芦苇、火炬树、夹竹桃、榕树、榕树、黄槿
32	容易引起花粉过敏的植物（多为非观赏的风媒植物，花粉颗粒微小且量很大）	柏、杨、桦、白蜡、律草、松、悬铃木、泡桐、构桐、栎属、桑、枫杨、银杏、栗、榉类、柳、胡桃、榆、蒿、藜、苋菜、豚草、蓖麻、大叶黄杨类、构树、高草类、玉米、水稻、蒲公英
33	绿篱、色带植物	桧柏、侧柏、北海道黄杨类、大叶黄杨、小叶黄杨、千头柏、小叶女贞、法国冬青、云杉、龙柏、石楠、海桐、山茶、茶梅、千头柏、竹、金森女贞、茶条槭、金叶榆、红叶小檗、紫叶小檗、木槿、紫叶矮樱、黄刺玫、探春、密枝红叶李、金山绣线菊、金焰绣线菊、珍珠绣线菊、绣球、锦带花类、水蜡、小蜡、金叶莸、偃伏莱木、棣棠、珍珠梅、月季、玫瑰、火棘、榆叶梅、花椒、构骨、鹿角桧、金丝桃、星桃、木贼蓝、木槿、金叶女贞、金叶蒎、小紫珠、雪柳、贴梗海棠、沙地柏、寿
34	屋顶绿化常用植物	葡萄、百里香、桔梗、迎春、扶芳藤、八宝景天、六月雪、三七景天、佛甲草、反曲景天、垂盆草、矾根类、花葱、宿根亚麻、洛新妇、华北楼、玫瑰、牡丹、洒金柏、葛藤、地锦、金鸡菊、月见草、美国薄荷、荆芥、松果菊、一支黄花、千屈菜、萱草类、蓍草类、马蔺、肥皂草、华北楼（阴蔽处）、落新妇、鸢尾类、地被石竹、湾哈臺草、蛇鞭菊、蓝刺头、蛇莓、风铃草类、黄芩、穗花委陵菜、宿根福禄考、山韭、玉簪类、蓝羊茅、狼尾草、拂子茅、柳叶菜类、紫露草、金叶过路黄、金叶委陵菜、宿根福禄考、丹叶薯类、蓝羊、斗菜、小叶扶芳藤、京八号常春藤、美国地锦、美国凌霄、金银花、台尔曼忍冬、麦冬类、墨西哥羽尾草、芍药
35	岩石园常用植物	景天属、鸢尾属、葱属、蔓委陵菜类、委陵菜属、菊属、石竹属、观赏草类、矮紫杉、粗榧、黄杨、铺地柏、野豌豆属、蕨类、沙地柏、荆条、紫珠、木本香薷、胡枝子类、雀儿舌头、薄皮木、铁线莲、蚂蚱腊子、卫矛类、鼠李类、扁担杆、百里香、平枝栒子、小叶栒子、太平花、大花溲疏、小花溲疏、山植叶悬钩子、小檗类、黄蔷薇、杭子梢、锦鸡儿类、花木蓝、金露梅、银露梅、美蔷薇、绣线菊类、太平花、茶藨子类、山

续表

编号	分类	植物名称
35	岩石园常用植物	荷包牡丹、玉竹、铃兰、大叶铁线莲、鼠尾草类、黄芩类、山丹、黄精、紫菀草类、白头翁、蓝刺头、牛蒡、桔梗、沙参、蓝盆花类、婆婆纳类、糖芥、岩青兰、花忍、地榆、堇菜类、黄芩草类、酸浆、唐松草类、白屈菜、落新妇、野罂粟、柳兰、糖芥、大花剪秋罗、楼斗菜类、翠雀、银莲花
36	北京常用湿地植物	青绿薹草、灯芯草、红蓼、鸢尾、旱柳、蒿柳、杞柳、芦苇、香蒲、黄花鸢尾、水葱、菖蒲、莲、水鳖草、萍蓬草、萍、荇菜、睡莲、芡实、菱、苦草、黑藻、穗状狐尾藻、竹叶眼子菜、扁秆藨草、针蔺、千屈菜、慈姑、水芹
37	北京雨水设施配套植物	钻天杨、金叶芒、龙爪柳、馒头柳、龙爪槐、粗榧、毛泡桐、旱柳、构树、红端木、海棠果、蛇莓、子芒、晨光芒、芦竹、花叶芦竹、千屈菜、绦柳、鸢尾、枣、萱草、麦冬、高羊茅、结缕草
38	北京医院常用植物（首选、抑菌植物）	油松、洒金柏、白皮松、核桃、国槐、臭椿、栾树、黄栌、碧桃、金银木、紫丁香
	北京医院常用植物（可选）	桧柏、雪松、华山松、粗榧、毛泡桐、银杏、侧柏、麦冬、早园竹、珍珠梅、郁李、紫穗槐、枝椒子、金叶女贞、鸢尾、早熟禾、萱草、早熟禾、大叶黄杨、矮紫杉、木槿、紫薇、美人蕉、绦毛白蜡、悬铃木、五叶地锦、紫藤
39	北京停车场绿化推荐植物	国槐、绦毛白蜡、栾树、千头椿、银杏雄株、柳树雄株、臭椿、毛白杨雄株、楸树、杜仲
40	北京森林城市建设植物	油松、白皮松、华山松、桧柏、侧柏、龙柏、矮紫杉、辽东冷杉、槭树类（元宝枫、色木枫、五角枫）、栎类（蒙古栎、辽东栎、麻栎、栓皮栎、槲树、槲栎）、栲树、刺槐、刺槐、国槐、复叶槭、茶条槭、鸡爪槭、小叶白蜡、洋白蜡、大叶白蜡、椴树、臭椿、香椿、千头椿、白蜡类（绒毛白蜡、绒毛白蜡）、紫叶稠李、杜仲、皂荚、栾树、杨树雄株（新疆杨、银中杨、毛白杨雄株）、梓树、流苏树、灯台树、七叶树、枫杨、柿树类、柿树、核桃、合欢、绦柳、杜仲、银红槭、银叶豆梨、彩叶豆梨、车梁木、小叶朴、小叶榆、大果榆、紫薇、金叶接骨木、法桐、京丁香、京绿白蜡、京园北京丁香、丽红元宝枫、'雷舞'、'窄叶白蜡'、'京黄'、洋白蜡 忍冬类（金银木）、郁香忍冬、鞑靼忍冬、雪果类（栓翅卫矛）、卫矛类（桃叶卫矛、胶东卫矛）、绣线菊（三裂绣线菊、裂叶绣线菊）、华北绣线菊、粉花绣线菊、喷雪花、栒子类（平枝栒子、水栒子）、丁香类（巧玲花、小叶丁香、蓝丁香、波斯丁香、白丁香、裂叶丁香、红丁香）、山梅花、紫叶稠李、山楂、山桃、白花山碧桃、毛樱桃、八棱海棠、山荆子、欧洲琼花、华北珍珠梅、花椒、叶白鹃梅、凤箱果、东陵八仙花、大花溲疏、小花溲疏、鹅掌楸、毛樱、齿叶白鹃梅、杠柳、胡枝子、多花胡枝子、杭子梢、郁李、平榛、糯米条、蚂蚱腿子、小花扁担杆、荆条、活血丹、蛇莓、牛蒡、锦带花、蚂蚱腿子、六道木、密枝卫矛、京园北京丁香、丽红元宝枫、大叶铁线莲、南蛇藤、金银花、扶芳藤、野蔷薇、凌霄、地榆 委陵菜、桔梗、凌霄、紫菀类、劳酱草、青绿薹草、野罂粟、百里香、大叶铁线莲、地黄、甘野菊、蓝花棘豆、藿香、毛良、荆条、山樱、山葡萄、夏枯草、二月兰、板蓝根、白三叶、车前草、大叶铁线莲、筋骨草、金银花、扶芳藤、野蔷薇、凌霄、地榆、黄芩、黄
41	北京高速公路边坡绿化植物	油松、白皮松、侧柏、臭椿、榆、构树、桑、山杏、黄栌、山桃、沙棘、酸枣、紫穗槐、荆条、胡枝子、柠条、华北绣线菊、连翘、扶芳藤、金银花、紫穗槐地锦、美国地锦、马棘（河北蓝）、小叶锦鸡儿、草木樨、披碱草、狗尾草 紫花苜蓿、沙打旺、凌霄、山葡萄、地锦、野菊花、小冠花、金鸡菊、三七景天、高羊茅、无芒雀麦、波斯菊、披碱草、草木樨、狗尾草
42	北京主要常规造林树种	油松、白皮松、侧柏、桧柏、华北落叶松、栓皮栎、麻栎类、辽东栎、栾树、白蜡、蒙古栎、暴马丁香、核桃楸、北京丁香、臭椿、糠椴、紫椴、花椒、小叶朴、黄檗、新疆杨、早柳、馒头柳、榆树、国槐、银杏、龙爪槐、红花洋槐、金枝国槐、槐、合欢、杜仲、河南光皮桦、楸树、梓树、法桐、玉兰、山杏、枫杨、山桃、海棠、黄栌、黄连木、紫叶李、樱花、黄刺玫、木槿、江南金银木

编号	分类	植物名称
43	北京推荐地被植物	紫叶小檗、小叶黄杨、大叶黄杨、金叶女贞、沙地柏、小叶扶芳藤、五叶地锦、蛇莓、连钱草、小叶铁线莲、匍枝毛茛、垂盆草、菝葜草、荷兰菊、射干、崂峪薹草、拔针叶薹草、大叶铁线莲、青绿薹草、羊绿委陵菜、匍匐委陵菜、美丽月见草、小冠花、甘野菊、甘野鸢尾、玉簪、萱草、毛蔺、黄花鸢尾、山麦冬、百脉根、千屈菜、麦果麻、玉带草、月季、三七景天、八宝景天、三色堇、白三叶、白叶、芍药复花、旋复花、马兰、虞美人、柳叶马鞭草、百日草、黑心菊、求米草、波斯菊、二月兰、紫花地丁*、波斯菊、二
44	北京单一型地被植物	山麦冬、萱草属、蛇莓、二月兰、紫花地丁*、青绿薹草、连钱草*、蛇莓*、玉簪、玉簪类、波斯菊、抱茎苦荬菜、小菊类、脚薹草（劳峪薹草*）、马蔺、玉簪、五叶地锦、沙地柏、羊竹、羊竹类、玉竹*
45	北京缀花草坪型地被植物	抱茎苦荬菜、紫花地丁、蒲公英、点地梅、抱茎苦荬菜、紫花地丁、蒲公英*、薹草属、二月兰
46	北京野花组合型地被植物	蒲公英、二月兰、地榆、商陆、党参、漏芦*、瓣蕊唐松草、华北楼斗菜、夏枯草、桔梗、黄芩、蓝花棘豆、藿香、紫菀、百日草、硫华菊、矢车菊、白三叶、金鸡菊、滨菊、花首苜、皱叶剪秋罗、假龙头、蛇鞭菊、柳叶马鞭草、美丽月见草、瞿麦、龙牙草、山韭、天人菊（*表示较耐阴）、钩钟柳、长尾婆婆纳
47	北京原生地被组合型植物	紫花地丁*、蒲公英、车前草、二月兰、抱茎苦荬菜、旋复花、点地梅、地黄、龙牙草、甘野菊、小红菊、蛇莓、委陵菜*、米口袋、委陵菜*、附地菜、首蓿、欧蓍、柴胡、泥胡菜、青葙子、益母草（老鹳草）、飞廉、千根草、猫儿眼、小药八旦子、茅菜、野豌豆、附地菜、丛枝蓼、酢浆草、筋骨草、蟪牛儿苗（老鹳草）、蓟、益母草、青葙子、打碗花、小红菊、鸭跖草（*表示较耐阴）
48	耐盐及植物碱植物（根据土壤盐、碱含量及植物耐受情况选择）	黑松、油松、白皮松、桧柏、蜀桧、龙柏、侧柏、雪松、龙柏、河南桧、云杉、粗榧、红叶石楠、洛羽杉、早园竹、石楠、海滨木槿 杜梨、苦楝、白榆、臭椿、沙枣、山皂角、美国白蜡、白蜡、金枝（叶）国槐、国槐、刺槐、小叶朴、金叶榆、大果榆、朴树、栾树、合欢、千头椿、红叶椿、皂角、杜仲、二球悬铃木、新疆杨、水杉、北美枫香、枫杨、旱柳、馒头柳、垂柳、金丝垂柳、金叶垂柳、复叶槭、三角枫、五角枫、山梨、构树、弗吉尼亚栎、中山杉、墨西哥洛羽杉、青桐、君迁子、桑、柽柳、香椿、银杏、圆冠榆、榆、胡杨、七叶树、紫叶稠李、郁李、乌桕、弗吉尼亚栎、平枝枸子、太平花、重阳木、黄连木、无患子 柽柳、白刺、枸杞、沙棘、玫瑰、榆叶梅、毛樱桃、红瑞木、红王子锦带、风箱果、俄罗斯斯大果蔷薇、金森女贞、日本女贞、法国冬青、银芽柳、山桃、北美海棠、西府海棠、垂丝海棠、花红、山里红、山楂、丁香、小叶黄杨球、金叶女贞球、金叶锦带、紫薇、黄刺玫、连翘、花木蓝、紫丁香、胶东卫矛、李、小叶黄杨球、平枝枸子、太平花、红叶李、红王子锦带、云南黄馨、胡枝子、金叶莸、沙柳、酸枣、迎春、红雪果、海州常山、银姬小蜡、银叶郁李、红干层、紫花稠李、郁李、互生白鹃梅、火棘、木芙蓉、胡颓子、太平花 月季、碱蓬、芦竹、千屈菜、凤眼莲、凤眼莲、棱鱼草、花叶蒲苇、蒲苇、茫草、黄菖蒲、慈姑、黄花蔺、荷兰菊、大花秋葵、大花萱草、落新妇、罗布麻、福禄考、荆芥、五色椒、鸢尾、萱草、百合、天人菊、黑心菊、孔雀草、大丽花、葡萄、中国地锦、美国地锦、（垂）牵牛、美女樱、雏菊、马蔺、凤仙、虞美人（大穗）、羽衣甘蓝、百日草、串红、红花酢浆草、常夏石竹、二月兰、早熟禾、五色草、互生白鹃梅、金鸡菊、金娃娃萱草、高羊茅（雅典娜）、薄荷、黄花矶松、观赏葱、沙打旺、苦菜（绿宝石）、中华结缕草 适于低洼盐碱地：柽柳、丁香、泡桐、白榆、杂交杨、毛白杨、泡桐、桑树、枣树、白蜡槐、白蜡树 适于滨海盐碱地：黑松、龙柏、垂柳、北美圆柏、胡杨、刺槐、立柳、沙枣、槭树、碱柳、构树、海滨木槿、枸杞、石榴、木槿、火炬树、乌桕、小叶女贞、白蜡、弗吉尼亚栎、单叶蔓荆、紫穗槐、沙棘、砂钻薹草、白茅、野艾蒿、凤尾兰、珠美海棠、朴柳、海滨山黧豆、沙枣、弗吉尼亚栎、苦楝 强耐盐植物（土壤含盐量0.4%～0.6%可正常生长）：白刺、紫穗槐、龙柏、凤尾兰、单叶蔓荆、沙枣、枸杞、中亚滨藜

编号	分类	植物名称
48	耐盐碱植物（根据土壤盐、碱含量及植物耐受情况选择）	中度耐盐植物（土壤含盐量0.2%～0.4%可正常生长）：石榴、枣、杜梨、桑、五叶地锦、美国凌霄、合欢、金银花、绒毛白蜡、苦楝、构树、无花果、中山杉 轻度耐盐植物（土壤含盐量0.1%～0.2%可正常生长）：棣棠、女贞、黄栌、青桐、圆柏、国槐、淡竹、垂丝海棠、大叶黄杨、火炬树、紫藤、蔷薇、紫叶李、紫荆、碧桃、月季、碧桃、樱桃 不耐盐植物（土壤含盐量不超过0.1%时可正常生长）：雪松、君迁子、红瑞木、连翘、日本樱花、五角枫、黄山栾、法桐、贴梗海棠、紫丁香、银杏、珍珠梅、紫薇、紫荆、红叶小檗
49	耐阴植物	从强到弱：冷杉属、云杉属、槭属、红松、裂叶榆、圆柏、槐、水曲柳、胡桃楸、赤杨、春榆、华山松、黄檗、白榆、板栗、油松、白皮松、辽东栎、蒙古栎、白蜡树、槲栎、栓皮栎、臭椿、刺槐、黑桦、白桦、杨属、柳属、落叶松属 东北红豆杉、矮紫杉、罗汉松、辽东冷杉、日本冷杉、红皮云杉、青杆、白杆、北美乔松、桧柏、龙柏、北美香柏、粗榧、广玉兰、桂花、女贞、南天竹、海桐、枸骨、夹竹桃、杏、大叶黄杨、黄杨、十大功劳、胶东卫矛、扶芳藤、小叶黄杨、朝鲜黄杨、小叶女贞、络石、朝鲜黄杨、锦熟黄杨、龟甲冬青、山茶、茶梅、胡颓子、夏鹃、毛鹃、葡枝壳斗菜、菲白竹、箬竹、凤尾竹 橡橙、紫椴、花楸、稠李、茶藨槭、元宝槭、鸡爪槭、栾树、北五味子、珍珠梅、东北珍珠梅、蜡梅、金银木、天目琼花、金银花、鼠李、海州常山、黄栌、小花溲疏、八仙花、文冠果、李、花木蓝、连翘、六道木、紫荆、辽东丁香、欧洲荚蒾、小檗、棣棠、木槿、南蛇藤、结香、紫藤、木香、红花檵木、紫花苜蓿、水蜡、紫叶丁香、香荚蒾、糯米条、 玉竹、铃兰、白玉簪、蛇莓、甘野菊、鹅绒委陵菜、荚果蕨、二月兰、夏堇、大花剪秋萝、美丽月见草、毛莨、荷包牡丹、芍药、海州常山、落新妇、地榆、小冠花、白三叶、红花酢浆草、老鹳草、紫花地丁、四季海棠、金叶过路黄、连钱草、蓝花鼠尾草、地黄、婆婆纳、大滨菊、桔梗、紫叶酢浆草、泽兰、香蒲、鸢尾、美国地锦、地锦、石蒜、葱兰、韭兰、中华常春藤、沿阶草、劳峨蜚草、宿根天人菊、萎菊芋、宿根福禄考、松果菊、玉带草、萱草
50	耐旱植物（加粗部分为适宜北京地区节水耐旱植物名录<2019版>）	耐旱性最强：雪松、黑松、油松、赤松、广玉兰、五角枫、白皮松、樟子松、杜松、云杉、沙地柏、锦熟黄杨、红叶檵木、小叶朴、核桃、大果榆、黑枣、裂叶榆、大花飞燕草、合欢、胡枝子类、紫穗槐、紫穗槐、紫藤类、臭椿、侧柏、豆梨、柽柳、连翘、柿子、榆、朴树、小叶朴、板栗、山楂、山槐、火棘、枇杷、石楠、枫香、柘树、重阳木、香椿、凌霄、金银木、蒙桑、桑 耐旱性较弱：油松、赤松、广玉兰、龙柏、杜梨、漫疏、豆梨、香椿、柽柳、夹竹桃、丝棉木、黄栌、枸杞、冬青、红皮忍冬、木本绣球、白蜡 沙地云杉、白皮松、樟子松、杜松、沙地柏、云杉、沙地柏、锦熟黄杨、红叶檵木、青檀、黑枣、裂叶榆、大果榆、核桃、山梨、二球悬铃木、绒毛白蜡、黄栌、卫矛、柽柳、柞树、辽东栎、五角枫、火炬树、暴马丁香、北京丁香、山里红、山荆子、花木蓝、糯米条、鼠李、红瑞木、平枝枸子、华北落叶松、大叶落叶松、榔榆、翅果油树、金露梅、毛樱桃、树锦鸡儿、红花锦鸡儿、脱皮榆、铺地柏、大叶黄杨、小叶黄杨、贴梗海棠、木本香薷、白刺花、流苏、八棱海棠、楸、梓树、银杏、茶藨槭、齿叶白绢梅、北美萩蒾、美人梅、榆叶梅、秋胡颓子、野皂角、太平花、小花溲疏、珍珠梅、毛黄栌、杠柳、南蛇藤、扶芳藤、凤尾兰、五叶地锦、爬山虎 德国景天、八宝景天、三七景天、甘野菊、狼尾草、花烟草、石竹、矮牵牛、黄菖蒲、大花金鸡菊、黄菖蒲、委陵菜、红花酢浆草、红花飞燕草、丛生福禄考、马蔺荷、马薄荷、块根鸢尾、荷兰菊、毛地黄、紫苑、大花金鸡菊、大花金鸡菊、宿根天人菊、赛菊芋、黑心菊、生福禄考、萱草、射干、野牛草、结缕草、须苞石竹、细叶针茅、蓝羊茅、玉带草、野古草、金叶过路黄、一枝黄花、串叶松香草、紫花地丁、崂峪薹草、石刁柏、青绿薹草、匍枝委陵菜、绢毛委陵菜、蛇莓、荻、芒、蜀葵、垂盆草、野古草、地被菊、二月兰、披针叶苔草、脱皮榆、齿叶白绢梅、扶芳藤、南蛇藤、凤尾兰、五叶地锦、阿拉伯婆婆纳、蓝刺头、桔梗、荆芥、麦冬

编号	分类	植物名称
51	耐水湿植物（由上到下，耐水湿性从强到弱）	黑松、垂柳、栀子、麻栎、龙爪柳、彩叶杞柳、榔榆、桑、柘、紫藤、枣、杜梨、豆梨、楝树、重阳木、悬铃木、白蜡、紫穗槐、落羽杉、沼生栎、海滨木槿；棕榈、栀子、立柳、麻栎、枫杨、榉树、枫杨、悬铃香、重阳木、乌桕、雪阳柳、凌霄；落叶松、水杉、中山杉、红瑞木、水杨、白杨、杞柳、河柳、沼柳、蒿柳、辽宁杨、赤杨、山杨、加杨、娜塔栎；三角枫、香樟、黄金树、二球悬铃木、山桃稠李、中国白蜡、洋白蜡、绦毛白蜡、复羽叶栾树、金叶皂荚、家榆、茶条槭；云南黄馨、蓝靛果忍冬、柳叶绣线菊、构骨、夹竹桃、棣棠、金钟花、迎春、金丝桃、落新妇、千屈菜、罗布麻、东北婆婆纳、泽兰、金银花、旋覆花、蚊母草、龟甲冬青、紫薇、紫薇、垂丝海棠
52	抗风植物（适度增大根冠比，增强抗风力）	抗风力强：黑松、棕榈、圆柏、榉树、核桃、杉、乌桕、榆、栗、槐树、枣、朴、香樟、麻栎、河柳、竹类、沼生栎、彩叶杞柳、金叶皂荚；抗风力较强：侧柏、龙柏、柳杉、苦楝、枫香、桑、梨、广玉兰、重阳木、桃、杏、花红、北美红栎、花叶马褂木、河北杨、小叶杨、山杨、大叶紫薇、木绣球、旱柳、红叶石楠、红枫、白蜡、金叶接骨木、黄连木、地中海荚迷、湖北紫荆、黄栌火棘、中山杉、水杉、丝绵柳、桂皮栎；抗风力差：朴、墨西哥落羽杉、金钱松、水曲柳、元宝枫、枇杷、刺槐、泡桐、苹果、雪柳、樱桃、樱花、玉兰、梓树、大冠玉兰、钻天杨、高干化小乔木
53	滞尘能力强的植物	桧柏、侧柏、酒金柏、女贞、香樟、石楠、元宝枫、国槐、银杏、绦毛白蜡、小叶朴、毛白杨、臭椿、刺槐、流苏、栾树、合欢、旱柳、柿树、玉兰、杜仲、油松、广玉兰、苦楝、枫杨、楸树、黄栌、七叶树、梧桐、梧桐、重阳木、核桃、无花果、紫叶李；榆叶梅、丁香、锦带花、天目琼花、胡枝子、紫叶矮樱、黄刺玫、牡丹、紫薇、珍珠梅、太平花、海州常山、太平花、棣棠、鸡麻、卫矛、小叶黄杨、迎春、大叶黄杨、金银金盘、八角金盘、紫叶小檗、棕榈、棕榈、野牛草、早熟禾、野牛草
54	抗污、吸污能力强的植物（首选）	侧柏、白杆、蜀桧、桧柏、毛泡桐、栾树、臭椿、小叶黄杨、金叶女贞、榆、丰花月季、海洲常山、珍珠梅、金银木、紫薇、平枝栒子、鸡麻、猬实；丰花月季、紫藤槐
	抗污、吸污能力强的植物（可选）	白皮松、龙柏、馒头柳、槐树、杜仲、大叶黄杨、小叶黄杨、矮紫杉、连翘、紫藤、铺地柏、沙地柏、油松、紫叶小檗、榆叶梅、锦带花、天目琼花、雪柳、柳树、悬铃木、椴树、紫丁香、碧桃、铺地柏、千头椿
55	抗二氧化硫植物（由上到下，抗性从强到中等）	山皂荚、刺槐、美国白蜡、臭椿、丝棉木、丝棉木、梓树、枫杨、枫杨、大叶朴、榆、馒头柳、垂柳、杜梨、小叶白蜡、柔树、小叶白蜡、杜梨、山桃、北京丁香、太平花、野蔷薇、茶条槭、紫穗槐、黄檗、黄栌、丁香、毛泡桐、火炬树、紫薇、胡颓子、海州常山、地中海荚迷、广玉兰、桑、构树、女贞、广玉兰、兰、香樟、皮栎、枸骨、山茶、五叶地锦、冬青卫矛、合欢、苦楝、接骨木、小叶女贞、构树。月季、海棠、海棠、仙人掌、金钟花、楸、龙柏、白杆、罗汉松、忍冬、水蜡、花曲柳、铺地柏、粗榧、铺地柏、棣棠、海桐、枸杞、杜松；珍珠梅、西安桧、杂交马褂木、紫叶李、元宝枫、早园竹、矮紫杉、紫叶小檗、樱桃、金银木、桧柏、鸡麻栒子、金叶女贞、猬实、枇杷、海桐、毛竹、皂荚、鹅掌楸、海棠、卫矛、木芙蓉、桂柳、紫藤、紫薇、美人蕉；金鱼草、醉蝶花
56	抗氟化物植物	白皮松、桧柏、臭椿、泡桐、侧柏、女贞、桂花、枇杷、广玉兰、梓树、小叶黄杨、大叶黄杨、海桐、小檗、樱桃、银杏、金银花、蜡梅、紫藤、桂树、美人蕉；国槐、臭椿、泡桐、苦楝、悬铃木、龙爪槐、山茶、榆、皂荚、无花果、苹果、石榴、丁香、刺槐、二球悬铃木、乌桕、乌桕、梧桐、紫穗槐、连翘、金银花、小檗、地锦、五叶地锦、向日葵、月季、美人蕉、金鱼草、菊花、萱草、灯台树

编号	分类	植物名称
57	抗氯及氯化氢的植物	女贞、桂花、龙柏、桧柏、白皮松、金叶桧、白杆、华山松、罗汉松、广玉兰、小叶女贞、夹竹桃、海桐、矮紫杉、铺地柏、蜀桧、大叶黄杨、小叶黄杨、子、棕榈、山茶、小叶女贞、旱园竹、黄檗、构树、榆、皂荚、加杨、旱柳、臭椿、复叶槭、杜仲、元宝枫、毛白杨、花曲柳、雪柳、石榴、蜡梅、金叶梅、紫穗槐、丁香、连翘、卫矛、水蜡、忍冬、枣、接骨木、无花果、紫荆、木芙蓉、紫薇、扶芳藤、美人蕉
58	抗硫化氢植物	女贞、龙柏、大叶黄杨、小叶黄杨、海桐、大叶黄杨、女贞、冬青、夹竹桃、银杏、苹果、樱花、桑、无花果、桃、二球悬铃木、泡桐
59	抗汽车尾气植物	银杏、柳杉、香樟、龙柏、女贞、香榧、黄杨、日本女贞、海桐、日本鹅掌楸、梧桐、臭椿、构树、杨树、白蜡、紫薇、木槿、海州常山、连翘
60	吸附土壤重金属植物	铅富集性植物：侧柏、千头椿、连翘、蔷薇、紫穗槐、香椿、高羊茅、夏至草 镉富集性植物：雪松、国槐、构树、桑树、狼尾草、地榆、紫花苜蓿、蒲公英 铜富集性植物：侧柏、雪松、雪松、国槐、桑树、白皮松、华山松、向日葵 对铅、镉等都具吸附能力的植物：侧柏、圆柏、白皮松、油松、臭椿
61	可食用植物（以嫩叶、幼苗、花为主）	荚果蕨、榆树、山杨、小叶杨、旱柳、黑榆、大果榆、大叶朴、黄连木、核桃楸（雄花）、桑、构树、水蓼、地肤、盐地碱蓬、荷花、萍蓬草、蝙蝠葛、五味子、二月兰、三七景天、龙牙草、地榆、洋槐、水杨梅、西北利亚剌柳、红花锦鸡儿、苜蓿、胡枝子、香椿、酢浆草、花木蓝（花）、葛藤、南蛇藤、紫菀、鼠李、紫花地丁、柳兰、刺五加、狼尾草、药菜、水芹、野菜、薄荷、留兰香、皱叶留兰香、皱叶酸模、车前、沙参、桔梗、紫苜、苦苣菜、蒲公英、甘菊、黄花菜、山韭、山丹、活血丹、荠菜、马齿苋、升麻、糖芥、洛新妇、香蒲、野慈姑、麦白、小黄花菜、旋北黄花菜、蕨、百合、桂花、茉莉、玫瑰、木槿、旱金莲、鸡冠花、青葙、青葙、朝天委陵菜、扶芳藤、益母草、连翘、啤酒草、红蓼、接骨木、旋覆花、月见草
62	可食果实植物	核桃楸、核桃、榛子、毛榛子、榆、大果榆、黑桑、蒙桑、构树、柘树、五味子、细叶小檗、朝鲜小檗、大叶小檗、刺玫蔷薇、蛇莓、花楸、北京花楸、山荆子、水枸子、秋子梨、西北利亚剌柳、鸡树条荚蒾、杜梨、山楂、山里红、毛樱桃、樱桃、杏、李、毛樱桃、欧李、酸枣、拐枣、山葡萄、葡萄、软枣猕猴桃、沙棘、枸杞、胡枝子、蓝果忍冬、枸杞、梨、苹果、板栗、银杏、沙枣、无花果
63	花叶可饮用植物	金莲花、齿叶白鹃梅、金鸡菊、金鸡菊、蔷薇、鼠李、酸枣、留兰香、皱叶留兰香、刺五加、流苏、罗布麻、岩青兰、黄芩、迷迭香、蒲公英、菊花、金银花、玫瑰花、百合花、连子芯、百里香、薰衣草、鼠尾草、薄荷、留兰香、皱叶留兰香、合欢花、金盏、夏枯草、香、牡丹、芍药、芳香万寿菊、红、桂花、康乃馨、甘草、紫罗兰、柠檬草、枇杷叶、木槿花、荷叶、藿香、芍药、牡丹、黄连木、黄芩、桑叶、紫苏、淡竹叶、千日
64	有毒植物	木贼、蕨、侧柏、油松、乌头、水蓼、翠雀、毛茛、升麻、落新妇、毛茛（大）、蝙蝠葛、白屈菜、野蔷薇、瓦松、龙芽草、地榆、蛇莓、野皂荚、锦鸡儿、直立黄芪、黄连、漆树、盐肤木、南蛇藤、无梗五加、毒芹、照山白、杠柳、薄荷、百里香、地黄、鬼针草、菖蒲、泽泻、玉竹、黄花菜、艾蒿、小黄花菜、曼陀罗、苍耳（大）、北乌头（剧毒）、银边翠、荨麻、郁金香、萝卜、水仙、天全草、飞燕草、马缨丹、一品红、杜鹃、蓖麻（大）、马利筋、络石、苦楝、醉蝶花、雷公藤、漆树、女贞、绿萝汁液、常春藤叶、石蒜、葱兰根、麝香草、蔓兰仙花、八仙花、凤仙花、紫藤、十大功劳果、珊瑚果、马蹄莲花、虎刺梅、含羞草、雀儿舌头、雀舌黄杨、蛇葡萄、商陆葡萄属、翠雀属、博落回

编号	分类	植物名称
65	油脂植物	华北落叶松、油松、侧柏、核桃楸、白桦、榛子、毛榛子、虎榛子、鹅耳枥、榆、黑榆、春榆、大果榆、裂叶榆、小叶朴、大叶朴、青檀、桑、蒙桑、构树、柘树、地肤、盐地碱蓬、大叶铁线莲、华北耧斗菜、野蔷薇、石竹、五味子、东北茶藨子、风箱果、水杨梅、山荆子、山桃、毛樱桃、榆叶梅、欧李、山杏、黄檗、臭椿、盐肤木、黄连木、南蛇藤、卫矛、省沽油、元宝枫、冻绿、山葡萄、酸枣、刺五加、无梗五加、刺楸、黄连木、小叶白蜡、黑枣、毛梾木、糠椴、蒙古栎、软枣猕猴桃、薄荷、鬼针草、甘菊、大叶白蜡、暴马丁香、流苏、杠柳、牵牛、车前、荆条、香青兰、接骨木、藿香、木香薷、桔梗、糖苏、枸杞、马蔺
66	淀粉糖类植物	栓皮栎、槲树、蒙古栎、槲栎、板栗、毛榛子、榛子、榆、黑榆、裂叶榆、桑、蒙桑、柘树、构树、水蓼、芡实、华北耧斗菜、刺玫蔷薇、地榆、山楂、山里红、杜梨、山荆子、花楸、水榆花楸、葛、拐枣、酸枣、山葡萄、黑枣、桔梗、野慈姑、花蔺、芦苇、菖蒲、玉竹、马蔺
67	纤维植物	毛白杨、山杨、青杨、小叶杨、旱柳、沙柳、筐柳、蒿柳、核桃楸、鹅耳枥、虎榛子、榆、裂叶榆、春榆、大果榆、榆、青檀、小叶朴、大叶朴、柘树、桑、蒙桑、构树、蝙蝠葛、南蛇藤、葛、胡枝子、杭子梢、花木蓝、一叶荻、乌头叶蛇葡萄、罗布麻、杠柳、水榆花楸、花蔺、律叶蟹甲草、糠椴、紫椴、蒙椴、荆条、蒙古荚蒾、香蒲、宽叶香蒲、菖蒲、大油芒、芒、芦苇、薰草、远东芨芨草、荻、天目琼花、披针叶薹草、黄花菜、黄花菜、马蔺、野古草
68	鞣料植物	青杆、华北落叶松、小叶杨、旱柳、蒿柳、核桃楸、核桃、黑桦、白桦、榛子、毛榛子、虎榛子、鹅耳枥、槲栎、槲树、蒙古栎、辽东栎、柘树、构树、三七景天、红升麻、三裂绣线菊、土庄绣线菊、龙芽草、水栒子、金露梅、银露梅、刺玫蔷薇、地榆、水榆花楸、花楸、栓皮栎、山杏、花木蓝、黄连木、盐肤木、卫矛、元宝枫、青檀槭、青榨槭、栾树、鼠李、酸枣、柽柳、柳兰、沙棘、刺楸、毛梾木、迎红杜鹃、暴马丁香

附录 2 种植设计常用标准、规范、图集等

国家标准

编号	名称
1	园林绿化工程项目规范（GB 55014—2021）
2	风景名胜区总体规划标准（GB/T 50298—2018）
3	城市居住区规划设计标准（GB 50180—2018）
4	公园设计规范（GB 51192—2016）
5	无障碍设计规范（GB 50763—2012）
6	城市用地分类与规划建设用地标准（GB 50137—2011）（修订中）
7	城市园林绿化评价标准（GB/T 50563—2010）
8	城市绿地设计规范（GB 50420—2007）（2016局部修订稿）
9	镇规划标准（GB 50188—2007）
10	园林绿化养护标准（CJJT 287—2018）
11	边坡植播绿化工程技术标准（CJJ/T 292—2018）
12	园林绿化工程盐碱地改良技术标准（CJJ/T 283—2018）
13	风景园林基本术语标准（CJJ/T 91—2017）
14	城乡绿地分类标准（CJJ/T 85—2017）
15	园林植物病虫害防治通用技术要求（CJJ/T 512—2017）
16	绿化种植土壤（CJ/T 340—2016）
17	风景园林制图标准（CJJ/T 67—2015）
18	垂直绿化工程技术规程（CJJ/T 236—2015）
19	风景名胜区游览解说系统技术规范（CJJ/T 171—2012）
20	园林绿化工程施工及质量验收规范（CJJ 82—2012）
21	镇（乡）村绿地分类标准（CJJ/T 168—2011）
22	风景名胜区分类标准（CJJ/T 121—2008）
23	城市道路绿化规划与设计规范（CJJ 75—1997）
24	通道绿化技术规程（LY/T 2647—2016）

国标图集

编号	名称
1	环境景观·绿化种植设计（03J012-2）
2	建筑场地园林景观设计深度及图样（06SJ805）
3	种植屋面建筑构造（14J206）

北京市有关规范、标准

编号	名称
1	园林绿化种植土技术要求（DB11/T 864—2020）
2	美丽乡村绿化美化技术规程（DB11/T 1778—2020）
3	草花组合景观营建及管护技术规程（DB11/T 1758—2020）
4	海绵城市建设设计标准（DB11/T 1743—2020）
5	矿山植被生态修复技术规范（DB11/T 1690—2019）
6	城市树木健康诊断技术规程（DB11/T 1692—2019）
7	城市森林营建技术导则（DB11/T 1637—2019）
8	露地花卉布置技术规范（DB11/T 726—2019）
9	园林绿化用地土壤质量提升技术规程（DB11/T 1604—2018）
10	鸟类多样性及栖息地质量评价技术规程（DB11/T 1605—2018）
11	城市绿地鸟类栖息地营造及恢复技术规范（DB11/T 1513—2018）
12	节水型绿地、绿地建设规范（DB11/T 1502—2017）
13	园林地被植物管理技术规程（DB11/T 1434—2017）
14	集雨型绿地工程设计规范（DB11/T 1436—2017）
15	行道树栽植与养护管理技术规范（DB11/T 839—2017）
16	园林绿化工程施工及验收规范（DB11/T 212—2017）
17	园林绿化用植物材料 木苗（DB11/T 211—2017）
18	湿地恢复与建设技术规范（DB11/T 1300—2015）
19	绿地节水技术规范（DB11/T 1297—2015）
20	园林地工程建设规范（DB11/T 1175—2015）
21	屋顶绿化规范（DB11/T 281—2015）

续表

编号	名称	编号	名称
北京市有关规范、标准		北京市有关规范、标准	
22	城市绿地土壤施肥技术规程（DB11/T 1184—2015）	31	居住区绿地设计规范（DB11/T 214—2003）
23	城市附属绿地设计规范（DB11/T 1100—2014）	32	园林绿化工程监理规程（DB11/T 245—2004）
24	高速公路边坡绿化设计、施工及养护技术规范（DB11/T 1112—2014）	33	园林设计文件内容及深度（DB11/T 335—2006）
25	城镇绿地养护管理规范（DB11/T 213—2014）	34	木本观赏植物栽植与管理（DB11/T 559—2008）
26	观赏灌木修剪规范（DB11/T 1090—2014）	35	大规格苗木移植技术规程（DB11/T 748—2010）
27	绿化种植分项工程施工工艺规程（DB11/T 1013—2014）	36	北京市级湿地公园建设规范（DB11/T 768—2010）
28	园林绿化工程竣工图编制规范（DB11/T 989—2014）	37	北京市绿地林地地被植物选择与养护技术指导书（试行）
29	节水耐旱型绿化树种选择技术规程（DB11/T 863—2012）	38	北京市城市森林建设指导书（试行）
30	城市园林绿化养护管理标准（DB11/T 213—2003）	39	适宜北京地区节水耐旱植物名录（2019版）

第二部分

图片部分

一、常绿乔木

1. 雪松

高 4m 冠幅 2.5m，
北京冬风帐防寒

北京天坛公园雪后

北京怀柔某别墅区与古建配置

高 5 ~ 6m 冠幅
5m，花、叶

高 11m 冠幅 7m，北京园林学校

与现代建筑配置（李健宏摄）

郑州人民公园作背景

2. 青杆

高 4m 冠幅 2.5m

石高 1.5m 冠幅 1.5m，北京延庆

高 6m 冠幅 4m，国家植物园冬

河北农业大学，窗前种植易遮光

江苏徐州植物园春初

3. 红皮云杉

北京某售楼处（李健宏摄）　　哈尔滨某售楼处，园点景观
设计资料

高 6m 冠幅 3.5m，
沈阳植物园　　　　分割空间，遮挡，北京望京公园　　　高 3m 冠幅 2m，北京别墅区（李健宏摄）

高 5.5m 冠幅 3m
干径 15cm　　　　长春市伪满建筑入口处云杉类　　　若路面窄，郁闭度高，长春动植物公园

4. 云杉

高 8m，国家植物园

5. 油松

高 3m 冠幅 2m，天津蓟州区苗圃　　平顶品种高 5m 冠幅 5m，国家植物园

高 5～6m 冠幅 4m
干径 17cm

北京某豪宅售楼处　　哈尔滨售楼处造型，园点景观设计资料

长春市伪满交通部旧址　　高 8～10m 冠幅 5m，北京望京公园

6. 黑皮油松

长春动植物公园

7. 扫帚油松

高 2m 地
径 15cm，
北京教学
植物园

高 2.5～
3m 冠幅
6m，冬

高 13m 冠幅 8m
干径 35cm

北京某别墅区多头品种（李健宏摄）

高 3.5m 冠幅 2.5m

主干明显，北京天坛公园冬

北京天坛公园斋宫

北京某高尔夫球场

高 6 ～ 7m 冠幅 4m，北京国际雕塑公园

苏州拙政园庭院对植

苏州网师园与右侧桧柏

9. 华山松

北京昌平冬末

高 3m 冠幅 2.5m
地径 7cm

高 8m 冠幅 4m，北京春

高 6m 冠幅 6m 地径 20cm，北京大学

10. 樟子松

黑龙江漠河北极村入口及屋侧

高 5m，内蒙古阿尔
丁植物园

高 7m 冠幅 4m 地径
18cm，国家植物园冬

黑龙江省森林植物园

山东潍坊市植物园

11. 长白松

高 9m 冠幅 5m，
国家植物园初春

吉林长白山下原生树

高 5 ～ 6m 冠幅 4.5m，
江苏连云港冬末

北京松美术馆

苏州网师园临水造型

12. 黑松

高 2m 干径 20cm，
西安华清池

高 4m 冠幅 4m，
广东中山名树园

2019 北京世园会江苏园造型

北京松美术馆

高 8m，北京松美术馆

南昌人民公园（焦燕菁摄）

河北北戴河

日本大阪住吉大社　　　　　　　日本大阪住吉大社桥边　　　　　　日本京都天龙寺与右侧红枫

13 桧柏

高 1.8m 冠幅 0.5m，可做规整修剪

高 4m 冠幅 0.8m，北京某居住区入口

高 6m 冠幅 1.5m 地径 15cm

北京龙潭公园烈士纪念广场

高 8 ~ 10m 冠幅 1.2m，冬末

2007 北京售楼处营造欧美景观体验（李健宏摄）

北京天坛公园行道树

山西汾城镇文庙初春

浙江南浔嘉业藏书楼

北京北海静心斋与侧柏作背景，遮挡、分割与后侧长廊的空间

英国丘吉尔庄园小岛上的常绿配置

14. 龙柏

丛生，高 8m 冠幅 6m，北京天坛公园冬末

独干，高 6m 冠幅 3m

济南泉城公园造型

北京紫竹院公园

高 4m 冠幅 1.5m，郑州植物园

大连某居住区

西安大唐芙蓉园绿篱

15. 塔柏

高 12m 冠幅 3m，国家植物园冬

高 6m，杭州植物园

16. 望都塔桧

高 3m 冠幅 0.6m

高 4.5m 冠幅 0.9m，北京冬

高 6～7m 冠幅 1.2～1.5m

17. 西安桧

高 3.5m 冠幅 1.5m，太原冬

高 9m 冠幅 3.5m，沈阳植物园

甘肃敦煌民俗博物馆入口

高 4.5m 冠幅 2m，北京国际雕塑公园

18. 沈阳桧

高 7m 冠幅 1.2m，沈阳市园林植物标本公园

高 4.5m 冠幅 0.8m

19. 丹东桧

高 3m 冠幅 8m 分枝径 10cm，沈阳世博园

高 7～8m 冠幅 1.5～2m，长春动植物公园

20. 蜀桧

高 8m 冠幅 1.5m，山东青州范公亭公园

高 3m 冠幅 0.8m，2019 北京世园会

高 4m，山东滨州
新滨公园

造型，山东菏泽百花园冬

21. 侧柏

左高 3m 冠幅
1.2m

高 9m 冠幅 2.5m
干径 10cm

高 20 余米，河南嵩阳书院将军柏，
树龄 4500 年以上

高 1.8m 冠幅 0.5m，北京某别墅区绿篱

北京天坛公园

高 10m 冠幅 4m，合肥包公祠 　　　北京陶然亭公园 　　　高 9 ～ 10m，北京天坛公园春初

22. 北海道黄杨

干径 10cm，北京长安街高接应用 　　　高 2m 冠幅 0.3m，北京通惠河墙篱冬

左高 3m 冠幅 0.8m，河北农业大学

高 4m 冠幅 2m，河北涿州

23. 女贞

干径 14cm 高 7m，
淮南龙湖公园冬

北京春初黑果宿存，
部分叶缘干枯

干径 22cm 高 10m 冠幅 5m，
河南社旗

干径 22cm
高 6m，西安大唐
芙蓉园

干径 28cm 高 6 ～ 9m 冠幅
6 ～ 8m，安阳人民公园冬末

丛生，济南趵突泉公园

球高 1.5m 冠幅 1.5m，天津塘沽

花、叶、果

干径 10cm 高 4.5m 冠幅 3m，海关总署 6 月中花期

高 7m 冠幅 4m 地径 8～10cm，济南冬

24. 三色女贞

山石后头双金晴黄杨，冬

25. 白杆

沈阳世博园云杉类应用

高 5m 冠幅 4m，内蒙古海拉尔绿地

高 2.5m 冠幅 2m，北京冬

高 8m 冠幅 5m，国家植物园

26. 蓝粉云杉

高 2.5m 冠幅 1m

2019 北京世园会

高 7m 冠幅 4m，国家植物园冬

27. 日本五针松

高 1.5m，右红枫叶宿存，北京紫竹院春初

上海豫园与右侧油松

高、冠幅 4m 地径 18cm，北京雁栖湖

北京顺义某豪宅售楼处造型

贵州省植物园造型

28. 金塔柏

高 3.5m 冠幅 2m，北京
天坛公园冬末

高 5m 冠幅 2m，国家植物园

高 6.5m 冠幅 3m，国家植物园 4 月初

29. 金蜀桧

高 1.5m 冠幅 0.5m，北京某苗圃

2016 北京某品种展示会

花坛应用　　　　　　　　　　　　　　组合盆栽

30. 蓝色天堂落基山圆柏

高 2m，与新西兰扁柏、金蜀桧　　　高 2.5m 冠幅 0.8m，国家植物园蓝柏　　　　高 2.5m 冠幅 0.5m

31. 蓝阿尔卑斯刺柏

高 1m 冠幅 0.5m

32. 火云刺柏

高 0.5m 冠幅 0.5m　　　　　　　　　　北京 4 月末

33. 蓝剑柏

高 2m 冠幅 0.3m，
北京某苗圃

高 3m 冠幅 0.4m，
国家植物园

日本四国高松道路

34. 蓝冰柏

高 5 ～ 6m 冠幅 3m，天津
塘沽第八大街

高 2m，北京品种展示会与金蜀桧

高 4m 冠幅 2.5m，
西安植物园

35. 金冠柏

高 1m

36. 金丝线柏

37. 金球北美香柏

高 0.4m 冠幅 0.4m

高 1.2m，2019 北京世园会

38. 黄金枸骨

高 2.5m，2019 北京世园会

39. 油橄榄

日本四国小豆岛左大右小

高 3m 冠幅 2m，2019 北京世园会

40. 杉松

冬叶深绿，北京某居住区

高 3m 冠幅 2.5m，山东烟台市烟台山

高 12m 冠幅 6m，
国家植物园

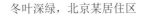

大连植物园鲁迅纪念碑

高 5m 冠幅 3m，
山东昌邑

干径 14cm 高 8m，沈阳世博园 10 月初

41. 臭冷杉

干径 15cm 高 5m
冠幅 4m

高 5m，冬

沈阳市园林植物标本公园冬

42. 日本冷杉

干径 15cm 高 7m，
上海辰山植物园

高 13m 冠幅 5m，国家植物园

43. 杜松

高 8m 冠幅 1.5m，
国家植物园

干径 12cm 高 5m
冠幅 1m

高 3m 冠幅 0.8m，
齐齐哈尔龙沙公园

44. 垂枝杜松

呼和浩特树木园

45. 乔松

高 4m 冠幅 3.5m，
国家植物园冬

干径 15cm 高 5.5m 冠幅 5m

高 5m 冠幅 4m，中国林业科学研究院

46. 北美乔松

高 3m 冠幅 2.5m

高 3.5 ～ 4m 冠幅 3m，北京某苗圃

47. 北美短叶松

高 3.5m 地径 18cm，山东日照植物园

高 8m 干径 14cm，
沈阳世博园

48. 红松

沈阳世博园冬态

干径 12cm 高 5m

干径 18cm 高 9m 冠
幅 4m，国家植物园

49.赤松

干径 19cm 高 6m，
济南泉城公园

日本京都天龙寺

黑龙江省森林植物园

50.青海云杉

高 2.5m 冠幅 1.5m，银川苏峪口森林公园

西宁植物园

51.长白鱼鳞云杉

高 3.5m 冠幅 2m，清华大学冬末

52. 雪岭云杉

高 2.8m 冠幅 2m，乌鲁木齐植物园

高 6m 冠幅 3.5m

新疆天山天池

新疆天山天池

53. 天山云杉

高 3m 冠幅 2m，
2019 北京世园会

54. 铅笔柏

高 3m 冠幅 0.5m，上
海辰山植物园

高 11m 冠幅 3m，
国家植物园

55. 祁连圆柏

高 3m 冠幅 1m，
银川植物园

高 4m，北京高寒植物园甘肃引进

56. 北美香柏

高 4m 冠幅 2m，国家植物园冬

高 5m 冠幅 2m 地径 12cm

57. 线柏

高 10m 冠幅 5m，
北京教学植物园

青岛植物园

干径 22cm 高 10m，
驻马店南海公园冬末

58. 紫杉

高 3m 冠幅 3m，沈阳市园林植物标本公园

北京某苗市造型

59. 红豆杉

高 4m 冠幅 3m，
国家植物园

西安世博园

60. 蚊母树

花、叶、果

高 3m 冠幅 3m 地径 8cm，郑州人民公园

高 2m 冠幅 2m，西安植物园造型

高 7m 分枝径 10cm，
上海辰山植物园

青岛中山公园

61. 广玉兰

干径 15cm 高 8m 冠幅 3m，
国家植物园冬叶偏黄

高 11m 冠幅 6m，西安大雁塔

高 6m 干径 14cm，兰考
焦裕禄纪念园

上海西岸美术馆（李健宏摄）

山东烟台（李健宏摄）

干径 9cm
高 3～4m

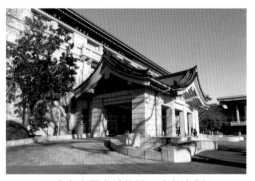

62. 石楠

日本东京国立博物馆（李健宏摄）

北京冬叶部分变红

高 4m 地径 14cm，后为广玉兰，
郑州紫荆山公园

干径 19cm 高 5m，安徽蚌埠冬季

高 5m 冠幅 5m 地径 20cm，河南鄢陵

地径 15～25cm，南
京白鹭洲公园花期

高 3m，北京左安门花期

高 6m 分枝径 4～6cm，西安植物园

无锡寄畅园球形，可作绿篱（李健宏摄）

63. 枇杷

花、叶，果期黄色醒目

杭州某酒店

干径 9cm 高 6m，
河南鄢陵

干径 17cm 高 8m 冠幅 6m

苏州拙政园内枇杷园

高 5m 冠幅 5m
地 径 20cm，
西安植物园

河南开封
铁塔公园

丹桂

金桂

银桂及果

房前桂花与上面女贞、左侧茶花，
无锡寄畅园（李健宏摄）

球高 5m 冠幅 5m，青岛植物园

干径 10cm 高 4m 冠幅 3m，河
南南阳梅城公园冬末

高 4m 地径 15cm，河南鄢
陵花博园春

高 2.5m 冠幅 1.5m，西安华清池

右大树与门边紫荆等，杭州（王汝楠摄）

无锡寄畅园天井
（李健宏摄）

右高 4m 冠幅 4m，2019 北京世园会

日本京都伏见稻荷
大社丹桂篱

69. 刺桂

高 1.7m 冠幅 2m 地径 8cm

冠幅 6m 地径 10 ～ 15cm，青岛中山公园

高 2.5m 冠幅 3m，青岛植物园

70. 银斑刺桂

高 1.5m 冠幅 1.5m，西安植物园

71. 三色刺桂

高 1m，2019 北京世园会

72. 棕榈

高 1 ～ 2m

高 2 ～ 8m 冠幅 2m，江苏徐州植物园春初

干径 20cm 高 6m，在北京机械工业自动化研究所生长 30 年，右为桂花冬末

高 3 ～ 4m 冠幅 3m，郑州碧沙岗公园

73. 罗汉松

叶、果

高 4m 冠幅 5m 地径
25cm，济南趵突泉

北京园博园造型

高 3.5m 冠幅 1.5m

高 8m 冠幅 5m

苏州虎丘冬季（李健宏摄）

南昌八大山人纪念馆

贵州省植物园造型

日本伊豆修禅寺左（李健宏摄）

74. 短叶罗汉松

75. 冬青

雌株叶、果

干径 12cm 高 5m，
安徽淮北春初果

干径 15cm 高 5m，
上海辰山植物园

76. 香樟

干径 11cm 高 7m 冠幅 4m，
许昌文峰塔

干径 14cm 高 8m 冠幅 4m，连云港苍
梧绿园 2016 年初冻害，淮安轻微

干径 23cm 高 9m 冠幅 6m，山东临沂

干径 17cm 高 10m 冠幅 6m
分枝点 3m，蚌埠 2016 年
初未受冻。叶、果

无锡惠山古镇（李健宏摄）

安徽淮北、河南南阳等地春初叶偏黄

干径 20cm 高 5m，郑州
紫荆山公园

无锡寄畅园入口（李健宏摄）

77. 月桂

青岛中山公园

78. 柳杉

干径 10 ～ 13cm 高
13m 冠幅 3m，江苏淮
安楚秀园冬

杭州西溪湿地，
叶、果

79. 日本柳杉

日本京都龙安寺

干径 15cm 高 7m 冠幅 3m，
国家植物园

日本庭院中

80. 杉木

南京绿博园冬态

高 10m 冠幅 3m，
国家植物园背风处

81. 弗吉尼亚栎

干径 25cm 高 8m 冠幅 7m，上海辰山植物园

82. 椤木石楠

嫩叶、刺

高 7m 地径 12cm，
安徽淮南龙湖公园

山东日照植物园大树

高 2m 冠幅 1m，球形，郑州植物园

二、常绿灌木

1. 千头柏

高 1.5m 冠幅 1.5m，内蒙古成吉思汗陵　　高 4m 冠幅 2m，北京冬　　高可达 7m 以上，杭州植物园

2. 万峰桧

高 3 ～ 4m 冠幅 3m，天津某苗圃　　内蒙古乌兰浩特　　沈阳市园林植物标本公园

3. 沙地柏

辽宁大连　　蓝色叶品种

北京大望京公园

北京永定门冬

宁夏银川
金梢品种

北京海淀公园（李健宏摄）

4. 铺地柏

高接刺地龙，干径 6cm 高 1.5m 冠幅 2m

北京天坛公园冬

北京颐和园造型

青岛小青岛公园

西安大雁塔

5. 球桧

桧柏球高 1.5m 冠幅 2m，北京
永定门公园冬

桧柏球高 1m 冠幅 2m，天津塘沽

龙柏球高 1.2m 冠幅 2m，开封铁塔公园

西安桧球高 1.5m 冠幅 1.5m

丹东桧高 1m 冠幅 0.8m，
辽宁开原苗圃

龙柏球右高 1.5m 冠幅 1.5m
干高 0.7m，山东烟台山

桧柏球、八宝
景天应用

龙柏球高 0.7m 冠幅
1m，北京某居住区，园
点景观设计资料

6. 迷你球桧

高 0.4m 冠幅 1m，国家植物园

7. 胶东卫矛

果。绿篱苗高 0.7～1m 冠幅 0.3m，稀疏

球高 1～1.5m 冠幅 1～1.5m

高接球高 1.8m 冠幅 1.5m

北京紫竹院公园冬

北京林业大学

高 2m 地径 15cm，北京某苗圃造型

山东烟台应用

8. 大叶黄杨

花期植株淡黄色

球高 1m 或 2m。凤尾兰路边扎人

高 1.5m 冠幅 2.2m，北京龙潭西湖公园冬

高 1.8m 冠幅 2m，河北正定造型　　　　青岛中山公园孤植

北京某居住区，园点景观设计资料

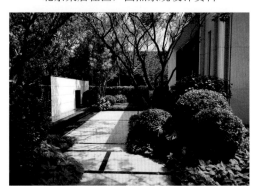

北京某居住区，园点景观设计资料　　　　天津某售楼处，园点景观设计资料

9. 金边大叶黄杨

高 1.2m 冠幅 1m，北京
西长安街 3 月中　　　　　高 1.5m 冠幅 1.5m

某法式风格售楼处规则栽植（李健宏摄）

10. 金心大叶黄杨

11. 银边大叶黄杨

中高 30 ～ 40cm，南京道路

12. 黄杨

高 4m 冠幅 6m，北京陶然亭公园

北京某庭院球形造型（李健宏摄）

高 0.7m 冠幅 0.3m，
用作绿篱

黄杨古道，菏泽曹州
牡丹园冬季

13. 小叶黄杨

高 1.7m 冠幅 2.5m，国家植物园　　江苏徐州植物园春初叶色偏红　　高 1.2m 冠幅 1.5m，
北京冬。花、叶

14. 朝鲜黄杨

高 0.8m 冠幅 1m　　　　　　高 1m 冠幅 1m，国家植　　高 1m 冠幅 2m，内蒙古赤峰植物园
物园冬。叶、果

15. 锦熟黄杨

国家植物园初春

16. 雀舌黄杨

高 1m 冠幅 1m

高 1m 冠幅 1.5m，
北京教学植物园冬

高 1.5m 冠幅 2m，西安大雁塔

17. 凤尾兰

高 0.8m 冠幅 0.8m

高 1.5m，北京中山公园

高 1.5m，后红枫叶宿存，北京 1 月中

水边。叶尖硬易伤人，不应路边栽植

18. 金边凤尾兰

高 0.8m 冠幅 0.8m，西安植物园

高 1m，上海辰山植物园

19. 丝兰

西安植物园

高 0.6 ～ 0.8m，国家植物园

20. 金边丝兰

高 0.6m

21. 警戒色丝兰

高 1m 冠幅 1m，天津泰达园林植物资源库

22. 兴安桧

高 0.3 ～ 0.4m，国家植物园

23. 鹿角桧

厦门园林植物园

高 4m 冠幅 2.5m，青海西宁植物园

24. 匍地龙柏

高 0.5m 冠幅 1.5m，西安植物园

江西庐山植物园

25. 矮紫杉

高 1.2m 冠幅 2m

叶、果

右中下，辽宁丹东

高 2.5m 冠幅 3m，沈阳绿地

国家植物园冬季

北京某别墅住宅入口（李健宏摄）

北京某居住区左，园点景观设计资料

26. 粗榧

叶、果

高 1.5m 冠幅 1.5m，北京北二环绿地

高 3m 冠幅 3m

国家植物园五月初

国家植物园冬

27. 洒金柏

高 1.2m 冠幅 1m，北京教学植物园冬

左高 1m 冠幅 0.8m

28. 金球侧柏

西安华清池

29. 金球桧

冠幅 1.5m，北京某售楼处（李健宏摄）

高 1.5m 冠幅 2m

高 4m 冠幅 2m

高 3.5m 冠幅 2m，北京
教学植物园冬

西安秦始皇兵马俑

高接造型

30. 偃柏

高 0.35m 冠幅 0.8m

杭州植物园

31. 蓝翠柏

高 1.5m，西安植物园

高 2.5m 冠幅 3m，
北京冬

高 3m 冠幅 3m

国家植物园

32. 金叶鹿角桧

枝长 0.8m

北京复兴门绿地

33. 新西兰扁柏

高 0.8m
冠幅
0.7m

花坛
应用

34. 萨伯克黄金桧柏

高 0.4m 冠幅 0.8m

北京春季应用

北京某品种展会，后为蓝冰柏

35. 金羽毛桧柏

高 0.3m 冠幅 0.2m

36. 真柏

高 0.4m 冠幅 0.4m

37. 黄真柏

高 0.7m 冠幅 0.7m

38. 矮生铺地柏

高 0.2m 冠幅 0.7m

39. 金叶疏枝欧洲刺柏

条长 0.5m

右金叶鹿角桧黄色较浅，北京某苗圃

40. 蓝色筹码平铺圆柏

高 15cm 冠幅 40cm

北京石
边应用

41. 巴港平铺圆柏

高 0.3m 冠幅 1m

42. 蓝地柏

高 15cm 冠幅 50cm

43. 小叶女贞

干径 30cm 冠幅 8m，洛阳西苑公园花期

高 4m 分枝径 10cm，北京教学植物园冬

干径 7cm 高 4m，
山东昌邑

高 1.5m 冠幅 1.8m，南京某居住区

高 3m 地径 4～10cm，严寒叶墨绿色，
北京虎坊桥冬末

上海辰山植物园初春。可作绿篱

44. 变色女贞

高 1.5m 冠幅 1.5m，山东日照植物园

高 1m 冠幅 1m

45. 日本女贞

46 云南黄馨

高 1.5m 冠幅 1.5m，
青岛植物园花期

南京瞻园应用

高 2.5m 冠幅 4m，郑州
碧沙岗公园

47. 探春花

高 1 ～ 1.5m，北京教学植物园

高 1.5m，济南趵突泉

48. 黄素馨

洛阳王城公园

49. 皱叶荚蒾

高 4m 冠幅 4m，国家植物园花期

高 4 ～ 5m 冠幅 4m，国家植物园冬末

高 3m 冠幅 3m，沈阳市园林植物标本公园

50. 照白杜鹃

高 1m 冠幅 1m，黑龙江森林植物园

高 2m 冠幅 2m，花期

高 1.5m 冠幅 2m，国家植物园冬

51. 越橘

黑龙江大兴安岭

52. 杜香

黑龙江漠河九曲十八弯湿地公园

53. 山茶

单瓣型耐冬花叶

托桂型花

武瓣型花。耐冬果，青岛植物园

半文瓣复色花

全文瓣型花

高 3m 冠幅 3m，
青岛植物园

高 3.5m 冠幅 2.5m
地径 11cm，上海
豫园

青岛原德国总督官邸

无锡寄畅园左与右侧桂花（李健宏摄）

上海豫园

54. 茶梅

高 1.5m 冠幅 1m，2016 唐山世园会

高 3m 地径 8cm，连云港苍梧绿园

杭州植物园

55. 红叶石楠

高 1m，北京建国门球与篱。冬未防寒

高 1.5m 冠幅 2m

高 2.5m 冠幅 3m，青岛中山公园夏初

干径 13cm 高 4.5m，鄢陵
国家花木博览园

高 4m，江苏徐州植物园春初老叶

干径 8cm 高 3m，河南安
阳天宁寺冬末

高 1m 冠幅 1.5m，2016 唐山世园会

56. 火棘

高 1.5m，洛阳隋唐城遗址植物园

冠幅 2m，连云港苍梧绿园冬季

高 2m，西安秦始皇兵马俑果期

冠幅 2m，合肥徽园 2 月初。可作绿篱

高 2.5m 冠幅 3m，
昆明植物园 4 月中花期

高 2m，冬叶墨绿未防寒，
北京团结湖公园

57. 橙红火棘

58. 小丑火棘

高 3m 地径 9cm，济南泉城公园果。
冬叶几全落

2019 北京世园会

高 0.8m 冠幅 1.5m，上海
辰山植物园冬

59. 海桐

可作绿篱，高 0.4m 以上不等

高 1.6m 冠幅 2m，郑州紫荆山公园

高 1.8m 冠幅 2m，西安植物园

高 5m 冠幅 7m 地径 20cm，青岛植物园

苏州耦园 独干

60. 阔叶十大功劳

叶、花、果

高 1.5m，河南安阳人民公园冬末

高 1m，南京绿博园冬

高 2.5m 冠幅 3m，河南洛阳西苑公园

北京大兴某苗圃 背风越冬

日本十大功劳，日本六本木 4 月中暗红（王汝楠摄）

江苏徐州植物园春初红叶

61. 十大功劳

无锡寄畅园右临水，上为桂花（李健宏摄）

高 0.7m，西安绿地　　　　　湖南岳阳楼景区　　　　　江苏徐州植物园春初

62. 南天竹

高 1～1.5m，鄢陵国
家花木博览园春

高 1.5m，北京中山公园冬。
新植需防寒

高 2m 冠幅 1m，安徽查济古镇红果

2019 北京世园会　　　　　济南某居住区冬末

苏州留园（李健宏摄）

江苏同里退思园　　　　　　苏州网师园应用

63. 火焰南天竹

北京初秋叶部分变红

与黄金枸骨等，2022 冬奥会北京西单花坛

64. 枸骨

叶、花、冬果。可作绿篱

高 1.5m 冠幅 2m，山东潍坊某居住区

高 1.2m 冠幅 1.5m，南京绿博园冬果

高 2.5m 冠幅 2.5m，青岛植物园春末

高 5m 地径 15cm，上海辰山植物园初春

江西南昌独干

高 2.5m，北京外国语大学 4 月。冬叶发黄

65. 金边枸骨

高 2m 冠幅 1m，2019 北京世园会

66. 无刺枸骨

高 3m 冠幅 3m 地径 10cm，苏州角直古镇

高 1m 冠幅 1m，淮安楚秀园春初果

高 1.2m 冠幅 1.5m，2016 唐山世园会

67. 齿叶冬青

高 1m，可剪成柱状，2019 北京世园会

68. 金叶齿叶冬青

2019 北京世园会

69. 龟甲冬青

球高 0.8m 冠幅 1.5m，衡阳雁峰公园与左八角金盘

高 2m。可作高 0.4m 以上绿篱

高 5m 地径 6 ~ 10cm，青岛植物园

造型与球，2019 北京世园会

70. 直立冬青

高 1.5m，2019 北京世园会

71. 八角金盘

花、叶　　　　　高 1.5m，江苏淮安淮河老街冬

高 1m，西安植物园

高 2m，上海思南公馆附近　　洛阳龙门石窟荫庇处应用　　江苏同里古镇

山东烟台某售楼处与散尾葵　　　　　苏州耦园（李健宏摄）

72. 通脱木

2019 北京世园会

高 1～2m，北京景山公园冬季落叶　　高 4～5m，郑州植物园 4 月初新生叶

73. 金丝桃

苏州留园与右蔷薇应用

高 1m，北京教学植物园

高 1.2m，江苏连云港苍梧绿园冬

74. 金丝梅

2019 北京世园会彩叶品种

高 1m，日本四国直岛地中美术馆

75. 法国冬青

叶、果

高 3m 冠幅 2m

干径 8cm 高 4m，南昌

高 2.5m，山东青岛　　　　高 4m，郑州人民公园　　　　南昌人民公园造型

76. 匍枝亮叶忍冬

高 0.5m 冠幅 1m，山东日照植物园　　　　高 0.5m，西安植物园

77. 大花六道木

江苏徐州植物园
2 月初

78. 金叶大花六道木

79. 金森女贞

2016 唐山世园会与左下美女樱　　　　高 1.5m，花期　　　　高 0.4m，陕西汉中天汉生态
文化公园 4 月中

花、叶　　　　　高 0.4m，江苏徐州植物园 2 月初　　　　　高 1.2m 冠幅 1.2m，山东日照植物园

高 1m 冠幅 1m，2019 北京世园会秋

80. 石岩杜鹃

高 1m，2019 北京世园会

高 1.7m 冠幅 1m，青岛植物园　　　　　山东日照植物园

81. 毛鹃

高 0.3m，山东临沂　　　　　苏州沧浪亭右球状（李健宏摄）

高 1.2m，合肥逍遥津公园冬　　　日本杜鹃盛开（王汝楠摄）

无锡寄畅园左与右山茶（李健宏摄）

82. 紫鹃

高 0.5m，青岛中山公园

83. 夹竹桃

高 1.5m 冠幅 1.5m，西安
世博园。可作花篱

南京秦淮河左侧水边应用

高 5m 冠幅 6m 地径 20cm，淮安钵池山公园
2016 年初冻害，八角金盘良好

日本庭院中后与左前南天竹

84. 粉花重瓣夹竹桃

洛阳丽景门老街应用

85. 白花夹竹桃

高 3.5m 分枝径 2～5cm，洛阳西苑公园

86. 红花檵木

高 1m 冠幅 1m，山东日照植物园与后红叶石楠

高 1.2m 冠幅 1.5m，南京某居住区

高 2m 冠幅 3m，郑州植物园花期

高 1.5m 冠幅 2m，江苏徐州植物园春初

建筑入口应用（王汝楠摄）

87. 桃叶珊瑚

高 1.5m

南昌人民公园秋木丹花

高 2m 冠幅 1m，青岛中山公园

88. 洒金桃叶珊瑚

高 0.6 ～ 0.8m，河南安阳
人民公园冬末

林下应用

高 1 ～ 1.5m，上海豫园

日本大阪住宅

89. 胡颓子

青岛植物园

高 2 ～ 2.5m，清华大学冬末

90. 金边胡颓子

高 1m 冠幅 1m，2016 唐山世园会

2019 北京世园会

上海辰山植物园冬季水边

91. 大叶胡颓子

北京教学植物园

92. 栀子花

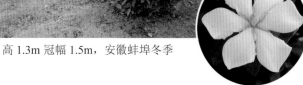

高 1.3m 冠幅 1.5m，安徽蚌埠冬季

高 1m 冠幅 1.5m，南京某居住区

高 2.5m 冠幅 3m，青岛植物园

93. 重瓣栀子花

苏州耦园天井
（李健宏摄）

94. 水栀子

高 0.4m，上海某别墅
区（王汝楠摄）

95. 金边栀子

合肥植物园冬末

96. 六月雪

江苏徐州
植物园
2 月初

97. 金边六月雪

98. 芭蕉

高 2m 冠幅
2m，河北正定
荣国府

高 5 ～ 6m，济南趵突泉

北京园博园

南京总统府

浙江绍兴沈园入口

英国邱园配置应用

三、观赏竹

1. 早园竹

高 5 ～ 6m，浙江安吉中国竹子博览园

高 2 ～ 3m，北京教学植物园冬季

北京大观园潇湘馆，竹象征黛玉的气节，用湘妃竹的故事暗示其悲凉命运

北京某居住区，园点景观设计资料

北京紫竹院公园

北京望京某酒店室内观赏竹，隈研吾建筑事务所设计

北京怀柔某别墅区入口

山东潍坊十笏园

苏州耦园观赏竹疏植（李健宏摄）

苏州留园竹类分割空间、遮掩入口（李健宏摄）

河北廊坊某售楼处

2. 黄槽竹

高 8m 秆径 3cm，
国家植物园

纵槽黄色

3. 金镶玉竹

高 3m，北京某苗圃

秆金黄色，纵槽绿

4. 京竹

浙江安吉中国竹子博览园

北京紫竹院公园冬

5. 黄杆京竹

秆、纵槽黄色，节间时有绿条纹

北京清华大学

高 7m 秆径 3cm，北京紫竹院公园冬

6. 紫竹

北京某售楼处

韩国庭院

北京紫竹院公园冬

7. 毛金竹

浙江安吉中国竹博园

新秆绿，老秆紫黑色

8. 刚竹

竹径应用（王汝楠摄）

9. 斑竹

紫褐色斑内深外浅

北京紫竹院公园

高 10m 秆径 5cm，
北京某苗市与紫竹

10. 黄槽斑竹

11. 对花竹

沟槽内紫黑斑，
北京紫竹院公园

12. 淡竹

河南博爱太行博竹苑

13. 筠竹

紫褐色斑内浅外深　　北京紫竹院公园

14. 罗汉竹

北京紫竹院公园

15. 乌哺鸡竹

秆环常一侧显著突起

16. 黄秆乌哺鸡竹

秆金黄色相间不规则绿条纹　　安吉中国竹博园　　北京紫竹院公园
数年后高大

17. 黄纹竹

纵槽金黄色　　　　北京紫竹院公园

18. 巴山木竹

秆春季灰绿色　　　　高 10m 秆径 4cm，
　　　　　　　　　　　北京紫竹院公园冬

夏季

19. 狭叶青苦竹

北京紫竹院公园

20. 箭竹

高 2m，北京紫竹院公园

21. 毛竹

高 15m 以上，单株生长 5～10 年，
中国银行总行大厅贝聿铭设计

湖南岳麓书院

竹林

22. 龟甲竹

2019 北京世园会，北京苗市有售

苏州耦园应用

23. 孝顺竹

徐州植物园 2 月初

南京绿博园 12 月下旬

河南南阳南寨墙 1 月底

24. 凤尾竹

浙江乌镇竹径

秆细小空心，比观音竹高，
北京园博园

球状。西双版纳热带植物园作竹篱

25. 观音竹

秆实心，浙江安吉中国竹博园

26. 大佛肚竹

北京园博园

27. 箬竹

高 0.5 ~ 0.8m，北京紫竹院公园

高 4m 秆径 5 ~ 10mm，西安植物园

28. 善变箬竹

北京北海公园春末。不背风叶缘冬枯黄

墙边及台阶处应用

29. 阔叶箬竹

厦门植物园

国家植物园

30. 鹅毛竹

高 1m，北京紫竹院公园

日本居室入口（李健宏摄）

31. 铺地竹

北京紫竹院公园

江苏徐州植物园 2 月初

32. 菲白竹

北京紫竹院公园

33. 菲黄竹

高 0.4m，2019 北京世园会

34. 黄条金刚竹

35. 白纹阴阳竹

高 2m，北京紫竹院公园

四、落叶乔木

1. 银杏

干径 10cm 高 7m 冠幅 4m　　干径 13cm 高 7m 冠幅 5m　　干径 17cm 高 10m 冠幅 4m　　干径 28cm 高 12m 冠幅 6m，河北燕郊

嫁接干径 10cm 高 4m，北京昌平某别墅区　　嫁接干径 15cm 高 8m 冠幅 6m，石家庄植物园　　北京红螺寺冬初

北京大学冬中

北京某高尔夫球场（李健宏摄）

国家植物园冬初

北京中山公园初冬

成都太古里秋末（李健宏摄）

重庆磁器口龙隐禅院

日本京都河合神社
（王汝楠摄）

2. 金叶银杏

干径 5cm 高 3.5m 冠幅 1.5m

3. 华北落叶松

高 4m 冠幅 3m 地径 8cm，河北沽源冰山梁

四川黄龙景区 10 月初
落叶松类秋态

干径 20cm 高 9m 冠幅
5m，国家植物园　　　冬态

4. 兴安落叶松

叶、果

干径 10cm 高 6m 冠幅 4m，内蒙古加格达奇

黑龙江黑河大黑河岛
植物园

5. 长白落叶松

干径 38cm 高 16m，
长春动植物公园秋

吉林市江南公园

干径 21cm 高 9m 冠幅
5m，国家植物园

6. 日本落叶松

地径 28cm
高 10m，国
家植物园

7. 金钱松

干径 8cm
高 6m，河
北唐山植
物园

干径 14cm 高 9m 冠幅 5m，青岛植物园

杭州植物园

8. 水杉

左干径 11cm
高 9m 冠幅 3m

左干径 15cm 高 12m，国家植物
园初冬

干径 19cm 高 12m 冠幅
5.5m，北京紫竹院公园

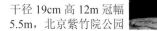

青岛植物园　　　　　武汉东湖风景区 10 月中（刘薇摄）

北京某售楼处　　　　　烟台某售楼处（李健宏摄）

9. 金叶水杉

干径 6cm 高 6m，西安　　地径 13cm 高 7m 冠幅 4m，
植物园　　　　　　　　　国家植物园

10. 墨西哥落羽杉

高 9m 冠幅 3m 地径　　干径 29cm 高 12m，上海
20cm，潍坊植物园　　　辰山植物园冬

11. 中山杉

春末叶

干径 24cm 高 11m，上海辰山
植物园冬

干径 22cm 高 9m
冠幅 3.5m

青岛中山公园春末

12. 银白杨

干径 15cm 高 12m 冠幅 3m，河北小
五台山

干径 25cm 高 16m，河
北蔚县

国家植物园

13. 新疆杨

北京顺义某售楼处（李健宏摄）

干径 10cm 高 11m
冠幅 2m

北京某居住区对景

干径 18cm 高 13m
冠幅 3m

远近坡地抬高地
势，防护遮挡
（李健宏摄）

丛生，新疆克拉玛
依城市广场

14. 银中杨

干径 11cm 高 11m 冠幅 2.5m，大连住宅

干径 17cm 高 10m，
沈阳科普公园

干径 28cm 高 12m
冠幅 7m

15. 毛白杨

干径 13cm 高 9m 冠
幅 4m

干径 17cm 高 12m 冠
幅 4m

雌株花期

丛生，西安植物园

壮观的林荫道（李健宏摄）

北京某别墅区作背景树围
合空间（由杨摄）

山东烟台山公园与建筑配植

16. 抱头毛白杨

干径 30cm 高 20m，北京紫竹院公园

17. 毛新杨

干径 9cm 高 9m 冠幅 1.5m，北京园博园

干径 20cm 高 14m 冠幅 3.5m，北京顺义

18. 河北杨

干径 15cm 高 8m 冠幅 5m

干径 20cm 高 8m 冠幅 5m

干径 29cm 高 11m，内蒙古包头

国家植物园 10 月中叶偏黄

19. 山杨

干径 17cm 高 8m，银川苏峪口森林公园

干径 17cm 高 9m，沈阳植物园

20. 钻天杨

干径 50cm，北京景山公园寿皇殿

国家植物园初冬

干径 6cm 高 6m 冠幅 1.5m

21. 箭杆杨

干径 17cm 高 14m，乌鲁木齐植物园

干径 9cm 高 9m 冠幅 2.5m

22. 加杨

干径 21cm 高 15m 冠幅 5m

23. 沙兰杨

干径 65cm 高 25m

国家植物园

24. 小叶杨

高 8m
冠幅 4m
地径 12cm

干径 23cm 高 11m，
沈阳世博园

干径 35cm 高 13m 冠幅
9m

25. 小青杨

干径 15cm 高
13m 冠幅 5m，
内蒙古海拉尔
国家森林公园

四、
落叶
乔木

26. 青杨

内蒙古扎兰屯吊桥公园

干径 22cm 高 12m，
长春动植物公园

满洲里西山植物园

27. 香杨

黑龙江五大连池

干径 15cm 高 8m，花期有白色絮状物

干径 20cm 高 10m 冠幅 6m

28. 中华红叶杨

天津泰达园林植物资源库

干径 11cm 高 7m
冠幅 3m

29. 垂柳

干径 8cm、15cm 高 8m 冠幅 4cm、5m

北京陶然亭公园背景

北京紫竹院公园湖堤秋末与立柳，矮为芦苇

作框景（李健宏摄）

北京颐和园谐趣园

湖南兰溪勾蓝瑶寨

江苏周庄与水杉应用

30. 金丝垂柳

金丝立柳

干径 15cm 高 9m 冠幅 5m

干径 40cm 高 15m
冠幅 8m，春

31. 旱柳

干径 10cm
高 5.5m
冠幅 3m

国家植物园冬态

干径 15cm
高 9m 冠幅
5m，春

北京龙潭公园万柳堂建筑前后

干径 17cm 高 10m
冠幅 5m

干径 24cm 高 8m
冠幅 4m

高 4m 冠幅 3m，丛生

北京顺义某花园餐厅，作背景、防护、遮挡

山东青州
范公亭公园

32. 绦柳

干径 10cm 高 8m，北京大兴生态文明教育公园　　干径 20cm 高 7m 冠幅 5m

33. 馒头柳

干径 10cm 高 4m，2019 北京世园会

干径 12cm 高 5m 冠幅 5m　　干径 18cm 高 8m 冠幅 5m，潍坊植物园　　干径 31cm 高 10m 冠幅 9m，赤峰兴安南籭植物园

高 4m 冠幅 3m，
吐鲁番沙漠植物园

北京奥林匹克
森林公园

北京国贸中心（李健宏摄）　　甘肃敦煌
莫高窟

34. 龙爪柳

枝干

干径 18cm 高 9m 冠幅 5m

北京园博园

沈阳世博园

35. 金枝龙爪柳

36. 腺柳

干径 32cm 高 10m
冠幅 8m

37. 核桃

高 7m 冠幅 4.5m
地径 15cm

干径 27cm 高 12m
冠幅 6m

北京天坛公园。
枝脆，大树运输
易折断

干径 30cm 高
13m 冠幅 10m，
北京龙潭公园

38. 核桃楸

干径 6cm
高 5.5m
冠幅 3m

干径 23cm 高 10m 冠幅 6m，国家植物园

沈阳市园林植物标本公园冬

39. 枫杨

叶、果

干径 15cm 高 12m 冠幅 6m，北京动物园

干径 11cm 高 7m 冠幅 4m，
沈阳市园林植物标本公园

无锡寄畅园临水（李健宏摄）

中干径 30cm 高 13m 冠幅 8m，北京紫竹院公园秋末

40. 化香树

叶、果

干径 7cm 高 3m
冠幅 3m

干径 10cm 高 10m 冠幅 3m，北京紫竹院公园 秋末

花、叶　　　干径 9cm 高 7m 冠幅 4m

干径 14cm 高 10m 冠幅 5m

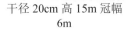

干径 20cm 高 15m 冠幅 6m

丛生，高 7m 冠幅 4m 地径 8~10cm，北京 顺义某售楼处（李健宏摄）

漠河九曲十八弯湿地公园

丛生，高 12m 冠幅 8m 地径 10~20cm，2019 北京世园会

西藏林芝市河边（邓蕾摄）　　　加拿大住宅入口

42. 黑桦

叶、果

干径 10cm 高 8m，沈阳植物园

干径 17cm 高 13m 冠幅 5m

高 12m 冠幅 7m 地径 20~25cm

43. 欧洲白桦

枝干及秋叶（刘志摄）

干径 16cm 高 13m，乌鲁木齐植物园

新疆可可托海

英国伦敦应用

新疆阿勒泰白哈巴村

44. 紫叶桦

高 3m 冠幅 1m，北京顺义某苗圃

45. 红桦

叶干

高 3m 冠幅 2m，北京教学植物园

46. 赤杨

青岛植物园

四、落叶乔木

47. 水冬瓜赤杨

叶、果

干径 25cm 高 10m 冠幅 6m，
长春动植物公园

黑龙江漠河九曲
十八弯湿地公园

48. 鹅耳枥

丛生，高 8m 冠幅 6m 地径 15cm，
国家植物园

干径 20cm 高 12m，南京林
大秋末

49. 千金榆

50. 蒙古栎

干径 20cm，北京教学植物园

丛生，高 12m 冠幅 7m，2019 北京世园会

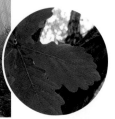

高 5m 地径 10~20cm，北京初冬

北京某居住区

北京昌平某售楼处

北京某别墅区 10 月中叶色（李健宏摄）

北京某售楼处（由杨摄）

北京中央别墅区某售楼处左

丛生，高 6m 冠幅 5m 地径 12~15cm

干径 22cm 高 9m 冠幅 5m；北京别墅

北京某售楼处

四、落叶乔木

51. 辽东栎

与假色槭等秋景，辽宁本溪大石湖 10 月初

干径 10cm 高 7m，太原森林公园

干径 25cm 高 11m 冠幅 5m

沈阳世博树

52. 槲树

国家植物园初冬

地径 47cm

53. 槲栎

干径 30cm 高 12m 冠幅 7m

国家植物园冬初

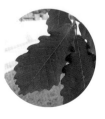

54. 锐齿槲栎

地径 40cm 高 12m 冠幅 8m，国家植物园

55. 红栎

干径 9cm 高 6~7m 冠幅 4m，北京苗圃

北京秋

干径 5cm 高 5m，沈阳市园林植物标本公园

干径 10cm 高 6m 冠幅 4m，山东威海公园

56. 栓皮栎

大连某居住区

干径 18cm 高 6m，上海辰山植物园

干径 23cm 高 15m，国家植物园冬初

57. 麻栎

干径 14cm 高 12m 冠幅 4m

干径 19cm 高 7m，上海辰山植物园

干径 26cm 高 13m，国家植物园冬初

58. 夏栎

干径 10cm 高 7m，
乌鲁木齐植物园

干径 19cm 高 12m 冠
幅 6m

干径 50cm，北京天坛公园年
末叶

四、落叶乔木

59. 沼生栎

干径 10cm 高 8m，北京
通州秋末

干径 6cm 高
6m，沈阳市
园林植物标本
公园

60. 板栗

地径 16cm 高 5m 冠幅 4m

北京望京公园花期

北京怀柔交界河村

61. 榆树

干径 15cm 高 7m 冠幅 5m

丛生，山西太原

干径 14cm，黑龙江黑河大黑河植物园

干径 26cm 高 12m 冠幅 7m

北京大学应用

乌鲁木齐红山公园造型

黑龙江大庆植物园 110 年树王

陕西榆林镇北台榆塞

62. 金叶榆

干径 9cm 高 5m，仲夏

干径 15cm 高 8m 冠幅 5m，天津绿博园

干径 17cm 高 7.5m 冠幅 4m

干径 15cm 高 7~8m，北京长安街

北京某别墅区（李健宏摄）

北京世界葡萄博览园造型

63. 金叶垂榆

干径 12cm 高 3~4m 冠幅 3m

65. 大叶垂榆

干径 10cm 高 3m 冠幅 2.5m，天津蓟州区

64. 垂枝榆

干径 15cm 高 2m 冠幅 2.5m，吉林长春

干径 28cm 高 3m 冠幅 4m，北京玉渊潭公园

郑州碧沙岗公园，兰州有类似应用

66. 黑榆

叶、果

高 15m 地径 28cm，国家植物园

67. 春榆

干径 12cm 高 5m 冠幅 4m，内蒙古根河

68. 大果榆

叶、果

高 9m 地径 15~20cm，国家植物园

干径 16cm 高 7m 冠幅 5m，沈阳公园

青海西宁植物园 10 月初

69. 裂叶榆

干径 13cm 高 5m，沈阳市园林植物标本公园

干径 15cm 高 5m，新疆克拉玛依公园

70. 榔榆

叶、干

干径 18m 高 12m 冠幅 6m

干径 16cm 高 8m 冠幅 6m，郑州植物园

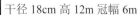

干径 21cm 高 10m，上海辰山植物园

国家植物园冬初

南昌临水应用

湖南岳阳楼造型

71. 脱皮榆

叶、果，干似榔榆

春态

72. 圆冠榆

干径 50cm 高 12m，赤峰兴安南麓植物园

干径 14cm 高 7m 冠幅 3m

干径 12cm 高 6m，兰州水车博览园 10 月中

干径 32cm 高 10m 冠幅 6m

乌鲁木齐植物园

73. 欧洲白榆

新疆库车市应用

中红色与左裂叶榆、右黄山楂，乌鲁木齐红山公园国庆

干径 17cm 高 9m，新疆克拉玛依公园

干径 35cm，北京教学植物园

74. 小叶朴

果柄长为叶柄的 2 倍以上

高 12m 地径 15~25cm，国家植物园

干径 10cm 高 4m 冠幅 4m

干径 14cm 高 7m 冠幅 6m，沈阳世博园 10 月初

干径 25cm 高 9m，大连植物园

75. 大叶朴

干径 14cm 高 7m，郑州植物园

干径 19cm 高 9m，中科院沈阳应用生态研究所标本馆

干径 40cm 高 10m，国家植物园秋末

76. 朴树

果柄与叶柄近等长

干径 12cm 高 6m，连云港苍梧绿园

干径 17cm 高 7m 冠幅 6m，郑州植物园

干径 28cm 高 13m，洛阳西苑公园

高 7m 地径 50cm，青岛小青岛公园

苏州沧浪亭入口（李健宏摄）

丛生，济南泉城公园

77. 珊瑚朴

干径 9cm 高 6m，西安植物园

干径 14cm 高 15m，河南许昌 11 月底

日本大阪榉树类 11 月中（李健宏摄）

干径 30cm 高 12m 冠幅 7m

78. 榉树

干径 18cm 高 8m，山东淄博植物园

丛生，国家植物园初冬

干径 24cm 高 13m，山东潍坊植物园

79. 小叶榉

干径 10cm 高 5.5m 冠幅 3.5m

80. 光叶榉

81. 青檀

果、叶、干

干径 20cm 高 10m 冠幅 8m，北京园
林学校初冬

干径 17cm 高 8m，山
东昌邑

干径 23cm 高 11m，
国家植物园

干径 16cm 高 9m 冠幅 6m

82. 玉兰

地径 15cm 高 7m 冠幅 4m。红脉玉兰

干径 8cm 高 4m，昆
明植物园

高 5m 冠幅 3m
地径 10cm

四、
落叶
乔木

地径 22cm 高 6m 冠幅 5m

国家植物园初冬

北京某售楼处左与右鸡爪槭（朱海摄）

济南百花公园

上海豫园宅前合植

83. 玉灯玉兰

84. 飞黄玉兰

北京中山公园应用

高 4.5m 地径 5cm　　　干径 12cm 高 9m 冠幅 4m

干径 10cm 高 5m 冠幅 3m　　高 5m 冠幅 4m 地径 15cm

85. 二乔玉兰

86. 紫二乔玉兰

87. 常春二乔玉兰

夏季开花

88. 红运玉兰

6月底开花

地径 15cm 高 6m 冠幅 3m

地径 18cm 高 9m，北京国际雕塑公园

89. 紫玉兰

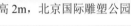

高 2m，北京国际雕塑公园

红花玉兰。国家植物园，有粉红色品种

90. 望春玉兰

果红色耀眼。秋末叶黄色

干径 12cm 高 7m 冠幅 3m

干径 20cm 高 10m，花期

91. 星花木兰

花外部淡粉色

干径 26cm 高 9m，北京教学植物园

高 2m 冠幅 2m，国家植物园

高 6m 冠幅 6m 地径 20cm，有丛生形态

92. 天女木兰

秋叶黄色

高 3m 冠幅 3m，沈阳世博园

高 4m 冠幅 5m

93. 鹅掌楸

四、落叶乔木

干径 10cm 高 5m，北京居住区

干径 16cm 高 10m

冠幅 4.5m，北京教学植物园

干径 25cm 高 12m，国家植物园初冬

西安植物园

北京某售楼处（李健宏摄）

94. 杂种鹅掌楸

叶基常有小裂片。花期远看不明显

干径 25cm 高度 13m，国家植物园

95. 金边北美鹅掌楸

北京某苗圃

96. 厚朴

干径 5cm 高 3m，
山东昌邑

99. 二球悬铃木

97. 凹叶厚朴

98. 三球悬铃木

叶、果

南京东南大学悬铃木类应用

干径 19cm 高 10m，新疆库车市公园

干径 11cm 高 6m 冠
幅 4m

原冠干径 15～
20cm 高 11m

干径 40cm，北京双秀公园原冠树

北京某居住区初冬

河南开封铁塔公园

苏州拙政园入口

武汉大学原冠树 12 月中（刘薇摄）

100. 一球悬铃木

干径 18cm 高 10m
冠幅 6m

北京教学植物园

101. 杜仲

干径 18cm 高 7m，
北京广安门中医医院

干径 16cm 高 6m
冠幅 3.5m

干径 25cm 高 9m
冠幅 6m

干径 18cm 高 8m 冠幅 5m，北京某售楼处

102. 构树

干径 20cm 高 6m，天津蓟州区

构树为主形成的南京著名爱情隧道

丛生，高 5.5m 分枝径 4-6cm

丛生，高 8m 地径 20-30cm，河北保定植物园

干径 30cm，北京圆明园公园水边

— 345 —

103. 桑树

地径 12cm 高 5m,
北京大兴安定镇

高 9m 地径 10~12cm,
太原森林公园

高 7m 冠幅 5m 地径 20cm, 天津塘沽

国家植物园初冬

104. 龙桑

干径 10cm 高 4m 冠幅 3m, 沈阳公园

北京清华大学

干径 20cm 高 6m 冠幅 5m

105. 白果桑树

106. 裂叶桑

107. 黑桑

干径 9cm 高 5m, 吐鲁番沙漠植
物园 10 月初

108. 蒙桑

干径 13cm 高 8m,
北京教学植物园

中高 12m 冠幅 8m 地径
35cm, 赤峰植物园

109. 柘树

干。叶、果

干径 16cm 高 9m，
国家植物园

干径 22cm 高 11m
冠幅 7m

苏州拙政园

110. 无花果

高 2.5m 冠幅 2.5m，青岛植物园

高 3m 冠幅 3m，郑州植物园

高 5m 地径 10~15cm，威海花斑彩石景区

山东荣成烟墩角乔木

111. 增井王妃无花果

地径 10cm 高 3m，中国林业
科学研究院

112. 山杏

干径 8cm
高 4m，
河北唐山植
物园

高 8m 地径 29cm，北京教学植物园花后

左高 3m 冠幅 4m，北京蒙古（李艳萍摄）

高 5m 地径 18cm，北京某居住区

地径 20~30cm，北京紫竹院公园

高 6m
冠幅 6m
地径 20cm，
北京某售楼处

113. 辽梅山杏

高 7m 冠幅 8m 地径 19~22cm，
国家植物园

陕梅杏高 4m 地径 15cm，北京中山公园

114. 杏

高 3m 地径 12cm，北京望京公园

高 7m 地径 30cm，北京天坛公园

高 5m 地径 14~17cm，北京西城区四季

高 5m 冠幅 4.5m 地径 24cm

四、
落叶
乔木

北京香山公园初冬

干径 30cm 高 12m 冠幅 9m

山西芮城广仁王庙

115. 野杏

高 8m 地径 26cm，
国家植物园

116. 山桃

地径 8cm 高 5m 冠幅 4m，北京东南二环

干径 15cm 高 7m 冠幅 5m，北京陶然亭

丛生，粉花，高 6m 冠幅 6m

高 5m 地径 10~15cm，吉林白城健康主题公园

高 6m 冠幅 6m，北京某售楼处

北京明城墙遗址公园

北京龙潭公园

117. 白花山桃

高 10m 冠幅 6m 地径 30cm

118. 红花山桃

花深粉红色

119. 桃

高 2m 冠幅 4m 地径 15cm

高 3m 地径 10cm

120. 单红桃

121. 单粉桃

122. 白花桃

北京中山公园与碧桃应用

123. 紫叶桃

高 2.5m 冠幅 3m 地径 6cm，不修剪高达 4m

高 3m 冠幅 4m 地径 10cm
分枝点 0.7m

冠幅 4.5m 地径 16cm，北京南二环 6 月，
7 月后仅嫩叶红色

124. 重瓣紫叶桃

红花

粉花

高 4m 地径 18cm，桃红柳绿经典配植

高 3m 冠幅 3m

125. 品霞桃

干径 10cm 高 5m 冠幅 4m

高 7~8m 冠幅 7m 地径 20cm

126. 碧桃

花粉红至淡红，重瓣

地径 40cm，北京中山公园

营造桃花依旧笑春风的意境，
西安大唐芙蓉园

127. 绛桃

半重瓣花深红色，盛开紫红耀眼

冠幅 6m 地径 30cm，北京北海公园

128. 绯桃

花亮红色，重瓣

129. 红碧桃

花深粉红色，近重瓣

130. 二色桃

近重瓣

高 3.5m 冠幅 4m 地径 15cm

131. 花碧桃

高 2.5m 冠幅 3m 地径 12cm，国家植物园

132. 人面桃

花浅粉色，近重瓣

133. 垂枝桃

花稍小

干径 18cm 高 3m 冠幅 5m，北京中山公园

134. 白碧桃

高 3.5m 冠幅 4m 地径 15cm

135. 白花山碧桃

高 5m 冠幅 5m
地径 13cm，未
修剪的树形

高 4m 冠幅 5m 地径 10cm，北京玉渊潭　　　高 4m 冠幅 7m 地径 20cm　　　　　高 8m 冠幅 9m 地径 50cm，雪后

136. 粉红山碧桃

高 5m 冠幅 4m 地径 10cm，
北京中山公园

137. 菊花桃

138. 京舞子桃

139. 塔形桃

花比碧桃小

干径 15cm 高 9m 冠幅 6m，北京陶然亭

干径 15cm 高 5m 冠幅 5m

夏季枝叶较密

高 3m 冠幅 1m
地径 7cm

高 3.5m 冠幅 1.5m 地径 7cm

高 4m 地径 10cm，北京陶然亭。不修剪高度、
冠幅可加倍

140. 紫叶塔形桃

高 2.5m 冠幅 1.5m 地径 7cm

141. 寿星桃

重瓣粉花

干径 10cm 高 2.5m，单瓣红花

高 2m 冠幅 3m

高 2m 冠幅 3m 地径 15cm

142. 紫叶寿星桃

2019 北京世园会

红、粉、淡粉花，北京明城墙遗址公园

143. 紫叶李

高 4m 冠幅 4m 地径 10cm 分枝点 0.6m

高 8m 冠幅 5m 地径 15cm，北京玉蜓桥

高 7m 地径 25cm，北京玉蜓公园

北京某居住区

北京北苑某售楼处所会所

北京某售楼处前与后红枫应用

丛生，北京紫竹院公园

苏州网师园临水与银薇应用

与建筑配植应用

144. 太阳李

高 3m 冠幅 2m 地径 6cm，北京秋

145. 密枝红叶李

高 1.5m 冠幅 1.5m，可作绿篱

高 4~5m 地径 10cm，天津绿博园春末

高 4m 冠幅 3m，2019 北京世园会

高 3m 冠幅 3m 地径 10cm，北京某苗圃

146. 俄罗斯红叶李

高 2.5m 地径 6cm，沈阳公园

147. 李

高 5m 冠幅 3m 地径 12cm，北京望京公园

地径 20cm 高 5m，沈阳世博园 10 月初

地径 25cm，北京教学植物园

地径 30cm 高 6m 冠幅 5m

北京某居住区。有高干树形

148. 稠李

干径 15cm 高 8m，
乌兰浩特五一广场

干径 20cm 高 7m 冠幅 6m，
吉林松原市公园

高 4~5m，北京教学植物园 10 月中

高 4m 冠幅 3m，黑龙江加格达奇

黑龙江漠河北极村

149. 山桃稠李

干径 15cm 高 7m，内蒙古乌兰浩特

干径 10cm 高 5.5m，昌邑绿博园

干径 13cm 高 8m，黑河龙滨公园

干径 11cm 高 8m，沈阳公园

150. 紫叶稠李

新叶绿色，后变紫红再到绿紫色

高 6m 地径 9cm，北京南二环春季花期

干径 10cm 高 7m 冠幅 4m

干径 7cm 高 5m，沈阳市园林植物标本公园

丛生，高 3m 冠幅 3m

干径 12~15cm
高 9m 冠幅 5m，
北京世园会

北京某居住区

151. 山樱

干径 25cm，北京玉渊潭公园

日本京都清水寺樱花左

日本四国松山城樱花秋末

苏州狮子林庭院

152. 杭州早樱

干径 8cm 高 4~5m，北京玉渊潭

153. 椿寒樱

初放

盛开与叶

幼叶常带紫色或古铜色

粉为椿寒樱，白为染井吉野。北京玉渊潭

154. 垂枝樱

干径 15cm 高 3.5m 冠幅 6m，北京玉渊潭

日本美秀美术馆（王汝楠摄）

日本京都（王汝楠摄）

155. 八重红枝垂

干径 15cm 高 7m 冠幅 5m，北京玉渊潭

156. 江户彼岸樱

干径 15cm 高 8m，北京玉渊潭

157. 大山樱

幼叶常带紫色或古铜色

四、落叶乔木

国家植物园 10 月中红叶

高 5m 地径 18cm，　　　干径 20cm 高 9m　　　干径 30cm 高 10m
北京玉渊潭　　　　　　　冠幅 5m　　　　　　　冠幅 6m

158. 东京樱花

高 6m 地径 25cm，国家植物园

159. 染井吉野樱

干径 15cm 高 9m
冠幅 4m

干径 22cm 高 10m　　　　　北京玉渊潭公园
冠幅 7m

160. 阳光樱

干径 8cm 高 3.5m 冠幅 2m，北
京玉渊潭

161. 八重红大岛

花稍小

162. 日本晚樱

北京玉渊潭公园

干径 15cm 高 6m 冠幅 4m

苏州耦园临水

建筑旁应用（李健宏摄）

163. 关山樱

干径 10cm 高 5.5m 冠幅 3m

干径 20cm 高 6m 冠幅 5m

干径 15cm 高 5m，北京龙潭公园

164. 一叶樱

嫩叶浅黄绿色

干径 10cm 高 4m，北京玉渊潭公园

165. 松月樱

嫩叶浅黄绿色，变绿较快

干径 6cm 高 3m 冠幅 2m

干径 7cm 高 3m 冠幅 2.5m，北京玉渊潭

166. 普贤象樱

嫩叶茶褐色

干径 11cm 高 4.5m
冠幅 3m

干径 22cm，北京玉渊潭公园

167. 郁金樱

花后期芯部偏红，花色偏粉

干径 12cm 高 6m，北京玉渊潭

168. 樱桃

叶缘锯齿尖锐

干径 12cm 高 5m，2019 北京世园会

四、
落叶
乔木

杭州植物园

高 7m 冠幅 4m 地径 17cm，北京某售楼处

169. 欧洲甜樱桃

叶缘锯齿钝

干径 18cm 高 10m，北京中山公园

170. 山樱桃

干径 15cm 高 9m，
长春动植物公园

干径 17cm 高 10m，
沈阳植物园 10 月初

干径 8cm 高
4.5m 冠幅 2m

171. 弗吉尼亚樱桃

干径 10cm 高
度 4m
冠幅 3m，天
津塘沽

日本园应用

172. 梅

高 3m 冠幅 3m 地径 10cm，北京明城墙

北京大观园栊翠庵

盛开，北京明城墙遗址公园

右边高 6m 冠幅 5m 地径 15cm，国家植物园

北京明城墙遗址公园

浙江乌镇水边

浙江乌镇与前面松、竹应用

173. 宫粉梅

174. 大红梅

175. 朱砂梅

176. 绿萼梅

177. 玉蝶梅

178. 江梅

179. 洒金梅

180. 照水梅

干径 12cm 高 3.5m 冠幅 5m，北京明城墙

181. 龙游梅

北京明城墙遗址公园

高 2m 地径 8~15cm，后为宫粉梅

183. 美人梅

182. 杏梅

叶、花、果

高 5m 地径 15cm，国家植物园

高 5m 冠幅 6m 地径 30cm，北京紫竹院

高3m 冠幅2.5m地径15cm

干径10cm 高4m，昆明植物园 4月中

高4m 冠幅4m 地径15cm，北京紫竹院夏

高3m 冠幅2m

高5m 冠幅4m 地径12cm

184. 山楂

高2.5m 冠幅2m
地径8cm

185. 山里红

高2.5m 冠幅4m 地径20cm，
天津绿博园

秋末观果

高4m 地径10cm，
春叶

高4m 冠幅5m 地径20cm，北京秋

高8m 冠幅6m 地径30cm，北京居住区

干径17cm 高8m 冠幅5m。山楂类秋叶

干径25cm 高10m 冠幅8m

186. 重瓣红欧洲山楂

高 6m 冠幅 5m 地径 12cm，北京国际雕塑公园花期

187. 冬季王山楂

干径 8cm 高 4m，北京某苗圃秋末

188. 白梨

高 5m 冠幅 3m 地径 17cm，北京居住区

干径 20cm 高 9m 冠幅 6m

高 5m 冠幅 3m 地径 10cm

高 5~6m 冠幅 9~10m 地径 35cm

梨园

2019 北京世园会

189. 杜梨

干径 12cm 高 9m 冠幅 5m，北京世园会

干径 20cm 高 9m，北京花期

叶缘有粗尖齿

干径 60cm，北京天坛公园秋末叶暗红

190. 山梨

叶缘有刺芒状尖齿

高 9m 冠幅 7m 地径 15~18cm，北京某居住区

高 5~6m 冠幅 5~6m 地径 25~28cm

地径 60cm，北京大观园潇湘馆 10 月中

191. 豆梨

叶缘有细钝齿

干径 7cm 高 5m

干径 8cm 高 8m 冠幅 2m，北京某苗圃秋末

四、落叶乔木

192. 苹果

高 4m 冠幅 4m 地径 12~15cm

冬态

193. 红肉苹果

高度 4~6m 冠幅 3m 地径 6~9cm，河北农大

高 5m 干径 8cm，沈阳市园林植物标本公园

194. 芭蕾苹果

干径 5cm 高 2.5m 冠幅 1m，北京世园会盛开，花繁

195. 海棠花

高 4m 地径 5~10cm，国家植物园

高 3.5m 冠幅 4m，北京中山公园

196. 西府海棠

高 5m 冠幅 2m 地径 8cm，未整形

高 6m 冠幅 1.5m 地径 10cm，
不修剪冠可达 3m

高 8m 冠幅 5m 地径
16cm

地径 40cm，北京北海公园含苞初放

高 12m 冠幅 6m 地径
29cm

左高 2m，北京顺义别墅入口（李健宏摄）

北京玉渊潭公园

河北正定荣国府

北京元大都公园海棠花溪

197. 海棠果

秋季观果

秋态

高 5m 冠幅 3m 地径 15cm

北京北海团城与后面梨树、丁香

198. 八棱海棠

高 8m 冠幅 8m 地径 30cm，北京某别墅区

高 6m 冠幅 6m 地径 18cm

高 4.5m 冠幅 3.5m 地径 10cm

北京某售楼处作孤赏树

北京某售楼处右（由杨摄）

199. 垂丝海棠

高 3.5m 冠幅 3m 地径 10cm，北京陶然亭整形

浙江乌镇应用

200. 重瓣垂丝海棠

高 2.5m 冠幅 2m 地径 10cm

高 3m 地径 20cm，北京龙潭公园

昆明大观公园

四、落叶乔木

201. 白花垂丝海棠

高 4m 冠幅 4m 地径 15cm，山东日照植物园

'罗宾逊'高 3.5m 冠幅 2m
地径 6cm，粉花

秋果，干径 14cm 高 6m
冠幅 4m

北京紫竹院公园

202. 北美海棠

'春雪'干径 8cm 高 4.5m　'当娜'高 7m 地径
17cm，花白色

'路易莎'高 3m 冠幅 4m 地径 15cm

北京南护城河冬景

203. 王族海棠

高 3.5m 冠幅 2m 地径 6cm，
黑龙江加格达奇

高 4~5m 地径 10~12cm，春。
夏叶色深

204. 绚丽海棠

冠幅 3m 地径 10cm
某别墅区

地径 20cm 高 5~6m 冠幅 6~7m

高 6m 冠幅 3m 地径 12cm

高 9m 冠幅 8m 地径 22cm，北京陶然亭

205. 钻石海棠

花色比绚丽海棠略浅

高 7~8m 冠幅 7~8m 地径 20cm

206. 粉手帕海棠

干径 13cm 高 6~8m 冠幅 4~5m，北京陶然亭

207. 火焰海棠

地径 20cm，北京陶然亭

208. 雪坠海棠

花比火焰海棠显大

地径 20cm，北京陶然亭

四、落叶乔木

209. 宝石海棠

高 3m 冠幅 3.5m 地径 12cm

210. 红玉海棠

高 2.5m 冠幅 3m

211. 高原之火海棠

高 4m 冠幅 5m 地径 12cm

212. 印第安魔力海棠

213. 白兰地海棠

干径 6cm 高 3m 冠幅 3m，大树开花繁美

高 5m 冠幅 5m 地径 15cm

214. 山荆子

叶果、花

干径 10cm 高 5m，
太原森林公园

干径 17cm 高 7m，
黑龙江加格达奇

高 3.5m 地径 10~20cm，
黑龙江五大连池

右高 5m 冠幅 5m，北京某售楼处

黑龙江漠河北极村

216. 花楸树

花、叶。果

高 4m 地径 6cm，内
蒙古扎兰屯

高 10m 地径 50cm，北京莲花池公园

干径 11cm 高 6m，
黑龙江加格达奇

干径 12cm 高 12m，
沈阳世博园秋

干径 8cm 高 5.5m
冠幅 3m

高 6m，长春动植物公园秋

英国爱丁堡欧洲花楸

吉林长白山应用

217. 西伯利亚花楸

干径 8cm 高 5m，
沈阳世博园

秋态

218. 水榆花楸

花、果

干径 11cm 高 9m，沈阳市
园林植物标本公园秋

干径 5cm 高 5m，
国家植物园

219. 木瓜

高 7m 冠幅 5m 地径 13cm，北京地坛公园

高 5m 地径 10cm，
山东泰安苗圃

地径 50cm，郑州碧沙岗公园 11 月底

高 7m 地径 15cm，河南鄢陵花期

地径 25cm，
上海豫园
造型

220. 木瓜海棠

干、花、叶、果。似木瓜树干，幼树偏绿

干径 5cm 高 4m 冠幅 2m

干径 14cm 高 6m 冠幅 5m，上海辰山植物园

干径 9cm 高 8m 冠幅 4m，北京陶然亭

222. 石榴

干径 10cm 高 6m 冠幅 4m，北京大观园秋末

高 2m 冠幅 2m，天津泰达园林植物资源库春

221. 加拿大棠棣

秋叶及果

高 2m 冠幅 1.5m，北京某苗圃秋末

高 4m 冠幅 3m，洛阳隋唐城遗址植物园

高 5m 冠幅 5m，河北农大

花石榴高 4m，长期生北京某厂区楼北，移后防寒

上海某别墅区右与无刺枸骨（王汝楠摄）

绍兴青藤书屋，
右侧

西安华清池因
杨贵妃所爱而
广植

苏州网师园

223. 千瓣红石榴

高 2.5m 冠幅 4.5m，2013 北京园博会

224. 玛瑙石榴

225. 月季石榴

高 0.3~0.4m

左高 2m 与右南天竹，
唐山世园会

226. 白花石榴

四、
落叶
乔木

227. 千瓣白石榴

228. 墨石榴

229. 合欢

干径 13cm 高 7m 冠幅 5m，北京南护城河

干径 17cm 高 7m 冠幅 6m

干径 25m 高 10m 冠幅 9m

干径 40cm 高 10m 冠幅 12m，花期

杭州植物园

山东荣成烟墩角民居

干径 43cm 高 12m 冠幅 10m，右后干径 34cm，北京北海公园

大连某居住区

新疆吐鲁番街头绿地

230. 紫叶合欢

干径 10cm 高 6m 冠幅 6m，郑州植物园

231. 国槐

干径 12cm 高 6m 冠幅 3.5m

干径 18cm 高 7m。原冠树长势好

干径 29cm 高 9m，北京永定门花期

北京天坛北门初冬

抱印槐干径 15cm 高 9m，塘沽

北京怀柔某别墅门前

北京卧佛寺牌楼两侧的古槐

右，与左新疆小叶白蜡，新疆吐鲁番

云南丽江古城百年树

北京南三环附近雪后

河北保定古莲园临湖横生

232. 金叶国槐

干径 17cm 高 6.5m 冠幅 6m，
天津火车站春末

左与右金枝国槐，北京某苗圃夏初

干径 7cm 高 4m
冠幅 3m

干径 10cm
高 5.5m，
沈阳仲夏

北京某售楼处入口

四、落叶乔木

233. 金枝国槐

干径 16cm 高 7m 冠幅 5m，
鄢陵花博园 4 月初

干径 10cm 高 6m 冠
幅 3m

干径 11cm 高 4m，
夏初

北京植物园 10 月中叶色。有
低接球形

干径 17cm 高 7m，
与红枫，北京夏初

234. 龙爪槐

干径 8cm 高 2.5m 冠幅 3m

干径 15cm 高 3m 冠幅 4m，北京龙潭公园

干径 15cm 冠幅 5m，北京大观园入口

绍兴沈园孤鹤轩对植（李健宏摄）

内蒙古呼和浩特昭君墓

235. 金叶龙爪槐

干径 9cm 高 3m 冠幅 3m，天津塘沽

236. 五叶槐

干径 29cm 高 10m，北京紫竹院

干径 35cm 高 9m 冠幅 11m，北京玉蜓公园 12 月初

237. 刺槐

干径 10cm 高 7m，沈阳公园

干径 15cm 高 7m 冠幅 4m，兰州植物园 10 月中

北京人定湖公园台地园对景，右为国槐

春季花期，北京方庄居住区

干径 25cm 高 9m 冠幅 8m

干径 50cm，附近移植，枝脆长途易断，北京售楼处（由杨摄）

238. 金叶刺槐

干径 14cm 高 8m 冠幅 5m

239. 红花刺槐

干径 15cm 高 8~10m 冠幅 6m

干径 13cm 高 9m
冠幅 5m

金叶干径 7cm 高 7m

北京紫竹院公园

丛生，高 4~5m，天津绿博园

240. 香花槐

干径 9cm 高 8m，鄢陵花博园

干径 27cm 高 12cm，
太原森林公园

干径 13cm 高 8m 冠幅 4.5m 分枝点 2m

241. 江南槐

干径 11cm 高 3.5m，呼和浩特居住区

242. 朝鲜槐

干径 16cm 高 8m
冠幅 6m

干径 25cm 高 7m，
长春动植物公园秋

原冠干径 20cm 高 9m，哈尔滨售楼
处简约设计，园点景观设计资料

高 6m 分枝径 5~8cm，
大连居住区

243. 皂荚

干径 23cm 高 9m，
天津蓟州区

干径 7cm 高 5m，
干多针刺

干径 41cm 高 9m 冠幅 7m，
西安华清池

高 7m 分枝径 12cm，
大连别墅区

244. 山皂荚

干径 10cm 高 5m 冠幅 5m，大连植物园

果

干径 13cm 高 8m，
赤峰植物园

245. 野皂荚

叶、果

高 4m 冠幅 2m

246. 金叶皂荚

干径 9cm 高 6m 冠幅 4m，天津塘沽

247. 美国肥皂荚

干径 16~26cm 高 10~13m 冠幅
5~8m，北京顺义

干径 12cm 高 7m 冠幅 5m，北京苗圃

248. 湖北紫荆

干径 12cm 高 7m 冠幅 5m，北京世园会

干径 13cm 高 6m，鄢陵花期

249. 四季春 1 号紫荆

干径 13cm 高 6m 冠幅 5m，郑州植物园

干径 15cm 高 9m 冠幅 7m，
北京外国语大学

干径 10cm 高 7m。
冬果宿存满树

250. 加拿大紫荆

高 7m 地径 8~10cm，河北农大

251. 紫叶加拿大紫荆

干径 11cm 高 6m，
昌邑夏

干径 7cm 高 4m 冠幅 3m，
郑州紫荆山公园

252. 元宝枫

地径 10cm 高 2m，
北京永定门

高 7m 分枝地径 10~15cm，北京某售楼处春

干径 15cm 高 7m，
蓟州区初冬叶

干径 18cm 高 6m
冠幅 5m，花期

干径 20cm 高 7m
冠幅 5.5m

高 9m 冠幅 9m，北京 10 月中
（李健宏摄）

三棵变色期不同，国家植物园 10
月中

高 10m 冠幅 8m 地径 20~25cm，北京某售楼处

国家植物园初冬，银杏已落叶

253. 丽红元宝枫

北京某豪宅售楼处右（朱海摄）

干径 15cm 高 8m，北京陶然亭秋末

北京某售楼处门两侧与左前碧桃（朱海摄）

254. 五角枫

干径 11cm 高 7m，
太原森林公园

高 8m 冠幅 6m，北京某售楼处

左与柿树，北京怀柔某居住区秋末

干径 15cm 高 12m，
乌兰浩特五一广场

哈尔滨某售楼处入口，园点景观设计资料

255. 鸡爪槭

叶果

地径 10~20cm 高 6m，国家植物
园初夏

高 3.5m 地径 6cm，北京紫竹院冬防寒

高 3m 冠幅 2m 地径 8cm，北京某居住区

高 4m 地径 10cm，北京龙潭东路初冬

干径 15~20cm 高 5~7m 冠幅 5m，
北京世园会

苏州怡园临水造型（李健宏摄）

256. 小鸡爪槭

南京瞻园与红枫应用

257. 金陵黄枫

与金蜀桧、蓝粉云杉等，2019北京世园会

四、落叶乔木

258. 红枫

冠幅 4m 地径 13cm，郑州植物园春

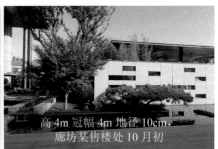

高 4m 冠幅 4m 地径 10cm，廊坊某售楼处 10 月初

2013 北京园博园秋末与南天竹

日本京都大河内山庄 11 月底

日本红枫地径 7cm 高 3m，日照植物园夏初

北京紫竹院公园 4 月中

北京 6 月下至 10 月初叶绿色，秋末冬初鲜红。南方夏秋嫩叶红色，整体绿色

— 389 —

日本槭类（王汝楠摄）

日本槭类（王汝楠摄）

日本京都清水寺 11 月底槭类

日本京都御苑槭类（王汝楠摄）

日本京都岚山常寂光寺
11 月底槭类

259. 羽毛枫

高 1m 冠幅 1.5m

南昌某居住区与龟甲冬青等

高 1.5m 冠幅 2m 地径 8cm，
2016 唐山世园会

260. 红叶羽毛枫

高 1.5m 冠幅 1.5m 地
径 5cm，后为红枫

高 2m 地径 8cm，
青岛植物园夏初

干径 12cm 高 3m，
2019 北京世园会
初夏

2016 唐山世园会

261. 茶条槭

叶、果，花。可用作树篱或
球形

干径 10cm 高 7m，
冠幅 4m

干径 16cm 高 6m，
太原森林植物园

高 10m 地径 10~20cm，
汉中天汉文化公园

高 5m 冠幅 5m 地径 6~8cm，北京东南护城河初冬

中干径 13cm 高 8m 冠幅 5m，沈阳世博园

高 3m 冠幅 3m，黑龙江黑河龙滨公园

262. 复叶槭

叶、果

干径 11cm 高 9m，
黑河龙滨公园

高 8m 冠幅 8m，内蒙古
乌兰浩特五一广场

干径 16cm 高 9m
冠幅 5m，乌鲁木齐
植物园

哈尔滨中央
大街

263. 金叶复叶槭

叶、花

干径 19cm 高 8m 冠幅 6m
分枝点 2m

干径 13cm 高 7m，
沈阳公园仲夏

高 12m 地径 14cm，春

左右两侧栽植

干径 14cm 高 11m，国家植物园秋末

丛生，高 2m
冠幅 2m，大连
某居住区 6 月
下

264. 火烈鸟复叶槭

辽宁大连与金叶复叶槭

265. 银边复叶槭

高 4m 冠幅 3m，
大连某售楼处

干径 14cm 高 7.5m 冠
幅 5m，国家植物园

干径 11cm 高 7m 冠幅 5m，北京国际雕塑公
园夏

四、落叶乔木

266. 拧筋槭

干径 10cm 高 9m
冠幅 3m

干径 11cm 高 8m，
沈阳世博园 10 月初

干径 12cm 高 8m，
辽宁本溪大石湖
10 月初

干径 15cm 高 15m，
本溪老边沟 10 月初

中干径 10cm 高 5m，左未变色，
国家植物园 10 月中

267. 白牛槭

干径 8cm 高 6m，潍坊植物园

干径 10cm 高 6m 冠幅 5m

干径 13cm 高 8m，长春
动植物公园 10 月初

268. 三角枫

花、叶

叶、果

干径 10cm 高 5m，开封铁塔公园

干径 26cm 高 10m, 郑州植物园 11 月底

干径 16cm 高 10m
冠幅 6m

济南泉城公园

干径 10cm 高 8m,
天津塘沽第八大街

干径 26cm 高 13m
冠幅 7m

269. 建始械

干径 13cm 高 9m,
北京园林学校 4 月中

北京初冬

270. 假色械

叶、果。花

高 5m 地径 4~8cm, 沈阳世博园冬态

高 7m 地径 7cm, 吉林梅河口长白山植物园 10 月初

高 5m 冠幅 4m, 沈阳世博园 10 月初

假色槭等，本溪大地森林公园 10 月初

假色槭等，本溪大地森林公园 10 月初

假色槭等，本溪大石湖景区 10 月初

假色槭等，本溪
老边沟 10 月初

本溪老边沟景区
10 月初

271. 血皮槭

叶果

红色 3 株，国家植物园初冬与元宝枫

高 5m 地径
10cm，山东
昌邑

高 5.5m 冠幅 3.5m
地径 15cm

干径 9cm 高 7m 冠幅 3.5m，北京某苗圃
秋末

272. 银槭

幼叶、果

干径 10cm 高
8m

干径 12cm 高
12m 冠幅 6m

干径 24cm 高
14m，北京秋末

北京南护城河
秋末

黑龙江省森林植
物园

273. 糖槭

干径 4cm 高 3m 冠幅 1m

274. 青榨槭

花、叶、干、果

干径 11cm 高 5m

干径 15cm 高 10m 冠幅 6m，北京紫竹院

干径 19cm 高 7m，国家植物园初冬

275. 青楷槭

叶、干

干径 13cm 高 10m 冠幅 8m，沈阳世博园秋

干径 8cm 高 7m，辽宁丹东天桥沟景区秋

276. 葛萝槭

叶果、枝

国家植物园初冬

干径 13cm 高 9m 冠幅 5m

四、落叶乔木

277. 花楷槭

右，辽宁丹东天桥沟景区
10月初

279. 挪威槭

叶、果　　　　　干径7cm 高7m，北
　　　　　　　　京秋末

干径12cm 高10m　　干径15cm 高8m，北
冠幅3.5m　　　　　　京某苗圃

278. 细裂槭

果。叶、干　　　　干径10cm 高8m，
　　　　　　　　　太原森林公园

干径24cm 高11m 冠幅8m　　国家植物园初冬

280. 红国王挪威槭

干径9cm 高9m 冠幅3m，郑州植物园

干径13cm 高7m，北京某苗圃

右与欧洲白桦等，德国慕尼黑

281. 银红槭

新叶

干径 15cm 高 13m，秋

干径 10cm 高 9~10m，
北京顺义 10 月中

干径 12cm 高 13m 冠幅 4m，沈阳世博园秋

中秋与紫叶稠李，北京某苗圃秋

北京顺义某别墅区

282. 美国红枫

干径 7cm 高 5m，北京

径 11cm 高 9m 冠幅 5m

283. 羽扇槭

高 2m 冠幅 1m，天津塘沽

284. 臭椿

叶、果。花。枝较脆，运输易折断

干径10cm 高4.5m
冠幅4m

干径16cm 高9m
冠幅6m

干径26cm 高13m，
呼和浩特

干径48cm 高15m，北京天坛灰白色果

北京南护城河雌株夏末果

四、落叶乔木

285. 千头椿

干径11cm 高8m 冠幅3m，北京园博园

干径24cm 高8m，
北京望京

北京动物园

北京某售楼处

286. 红叶椿

丛生，高 4m 冠幅 3m，沈阳市园林植物标本公园

干径 12cm 高 8m，北京

干径 15cm 高 7m 冠幅 5m，天津绿博园春末

干径 14cm 高 6m，洛阳隋唐城遗址夏

287. 苦树

花叶

高 3.5m 地径 7cm，北京教学植物园

288. 香椿

干径 15cm 高 8m 冠幅 5m。果

河北正定荣国府

干径 50cm，北京明城墙遗址公园

289. 楝树

二至三回奇数羽状复叶，花

干径 6cm 高 7m，国家植物园曹雪芹故居

河南安阳冬末黄果

— 400 —

左干径 14cm 高 7m，开封铁塔公园

干径 17cm 高 7m 冠幅 7m

干径 27cm 高 12m，山东威海公园

干径 25cm 高 8m 冠幅 6m 分枝点 2.5m

与建筑配植应用

290. 黄栌

果序上紫色羽毛状的不孕性花梗。花

干径 9cm 高 4m，山东滨州新滨公园

高 5m 地径 6~10cm，太原森林公园

干径 20cm 高 8m 冠幅 5m

高 2.5m 冠幅 2m，北京售楼处（李健宏摄）

干径 15cm 高 7m 冠幅 5m

高 6m 冠幅 5m，北京香山初冬红叶

高 8m 冠幅 6m，济南植物园

北京香山公园花期的烟树效果

北京售楼处右，花期（李健宏摄）

291. 毛黄栌

叶背，尤其沿脉上和叶柄密被柔毛

高 6m 地径 20cm，北京教学植物园

292. 美国红栌

高 3m 地径 9cm，沈阳公园冬季需防寒

高 3m 冠幅 3m 地径 12cm，天津塘沽

高 4m，洛阳隋唐城遗址植物园与黄栌

293. 紫叶黄栌

高 2.5m 冠幅 3m，北京某苗圃

294. 金叶黄栌

高 0.8m，北京某苗圃

295. 黄连木

干径 27cm 高 13m 冠幅 7m，秋末

干径 15cm 高 8m，昌邑绿博园

青岛中山公园　　　国家植物园初冬

296. 火炬树

干径 10cm 高 4.5m，
太原森林植物园

干径 20cm 高 6m 冠幅 5m，河北三河

高 4m 冠幅 4m，内蒙古阿尔丁植物园　　　高 8m 冠幅 8m，乌兰浩特五一广场　　　西安秦始皇兵马俑博物馆秋

297. 花叶火炬树

秋态（李健宏摄）

英国爱丁堡植物园

298. 盐肤木

干径 12cm 高
9m，西安植
物园

干径 20cm 高 6m 冠幅 8m，国家植物
园 10 月中

299. 青麸杨

叶、果

干径 19cm 高 10m 冠幅 8m，
北京冬初

300. 漆树

干径 30cm 高 12m 冠幅 7m，
国家植物园

301.、302. 栾树、晚花栾树

干径 10cm 高　　干径 13cm 高 7m，
5.5m 冠幅 4m　　赤峰兴安南麓植物园

干径 15cm 高 5.5m　　干径 20cm 高 8m，
冠幅 5m　　　　　　花期

干径 15cm
高 7m，北京
10 月中

国家植物园
10 月中叶色

中，北京某
售楼处，园
点景观设计
资料

高 4m 冠幅 5m，沈阳世博园 10 月初

北京紫竹院公园秋果

303. 金叶栾树

北京某苗圃

304. 复羽叶栾树

干径 20cm 高 10m 冠幅 6m

北京顺义某别墅区

305. 全缘栾树

花、叶。果

干径 10cm 高 5m，香港沙田公园 10 月初果

干径 11cm 高 9m，鄢陵
现代名优花木科技园

干径 18cm
高 8m，北京
园林学校 10
月初

干径 28cm 高 15m，山东威海公园 10
月初

干径 14cm 高 7m
冠幅 4m

河北邢台 9 月底

干径 40cm，
北京大学 9 月
开花

306. 文冠果

果。花、叶

高 3m 地径 3cm

干径 15、30cm 高 9m 冠幅 7m，北京北海大果皮宿存

高 4m 冠幅 5m 地径 17cm

307. 柿树

秋叶、干

干径 10cm 高 8m 冠幅 4m

干径 15cm 高 11m，
清华大学

干径 18cm 高 15m，
北京大学

国家植物园初冬

北京昌平某售楼处茶室

高 12m 冠幅 7m 地径 30cm，
北京某售楼处

果

干径 25~30cm，北京景山公园

308. 君迁子

国家图书馆老馆

干径 9cm 高 7m

干径 14cm 高 7m
冠幅 5m

干径 26cm 高 12m,
清华大学

干径 20cm 高 11m 冠
幅 8m,北京北海抱
素书屋秋末

309. 梧桐

叶、果

干径 10cm
高 4.5m

干径 14cm 高 7m
冠幅 4m

干径 22cm 高 8m
冠幅 6m

北京陶然亭公园 10 月底

济南趵突泉 10 月中

梧桐一叶落,天下尽知
秋。干径 22cm,北京大
观园秋爽斋

干径 31cm 高 12m,
颐和园玉澜堂初秋果

310. 枣树

干径 25~30cm 高 12m 冠幅 8m，国家植物园

北京某豪宅入口

干径 16cm 高 11m

干径 10cm 高 5m 冠幅 3m

苏州网师园

北京大学应用

311. 龙爪枣

枝、叶

干径 10cm 高 6m，北京顺义某餐厅

高 9m 冠幅 6m 地径 30cm

312. 枳椇

313. 北枳椇

叶、果

花、叶

干径 14cm 高 7m，河北农大

314. 七叶树

花　果

干径 11cm 高 7m 冠幅 5m，龙门石窟

干径 16cm 高 8m，北京紫竹院紫竹禅院花期

干径 30cm 高 12m，国家植物园冬初

左，北京陶然亭公园。新叶暗红色

山东昌邑绿博园

315. 欧洲七叶树

干径 19cm 高 10m 冠幅 6m，
国家植物园

花（孙军摄）

316. 日本七叶树

干径 14cm 高 8m 冠幅 4m，
清华大学

四、落叶乔木

干径 15cm 高 6m，新疆伊犁
9 月底变色不同期

干径 11cm 高 9m，
吉林白城

干径 13cm 高 8m

干径 20cm 高 11m
冠幅 6m

干径 22cm 高 8m，
北京初冬

北京某售楼处

丛生，高 10m 地径 6~8cm，天津滨海之眼图书馆

园蜡 2 号干径 15cm 高
7m，山东惠民速生

西安华清池

北京秋末

北京某售楼处 10 月中（康伟摄）

北京某售楼处水边应用

北京 10 月中（李健宏摄）

318. 金叶白蜡

干径 13cm 高 9m 冠幅 5m，北京中秋，
秋末叶金黄

干径 6cm 高 6m，保定植物园初夏

319. 金枝白蜡

北京某苗圃

320. 绒毛白蜡

叶、果

干径 17cm 高 7m
冠幅 4m

干径 29cm 高 16m

323. 秋紫美国白蜡

干径 20~10cm 高 8m 冠幅 6m，国家
植物园 10 月中

321. 洋白蜡

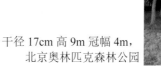

干径 17cm 高 9m 冠幅 4m，
北京奥林匹克森林公园

322. 美国白蜡

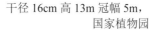

干径 16cm 高 13m 冠幅 5m，
国家植物园

324. 小叶白蜡

干径 18cm 高 8m 冠幅 5m

国家植物园

325. 大叶白蜡

干径 25cm 高 10m，
大连某居住区

四、
落叶
乔木

高 9m 冠幅 9m 分枝径 15cm，沈阳世博园

干径 8cm 高 4m，
北京教学植物园

干径 18cm 高 10m，
沈阳 10 月初

326. 对节白蜡

干径 12cm 高 8m，
郑州植物园

北京某苗圃造型

干径 22cm 高 10m，北京某苗圃

327. 新疆小叶白蜡

干径 10cm 高 5m 冠幅 3m

干径 12cm 高 7m 冠幅 5m，北京世园会

干径 17cm 高 10m 冠幅 5m，新疆克拉玛依

干径 36cm 高 15m 冠幅 10m

新疆吐鲁番街头公园

四、落叶乔木

328. 水曲柳

西宁植物园 10 月初

干径 6cm 高 6m，
黑龙江加格达奇

干径 15cm 高 10m
冠幅 4m

干径 30cm 高 12m 冠幅 8m

国家植物园

329. 暴马丁香

干径 10cm 高 8m，
保定植物园

干径 14cm 高 7m，
果宿存

干径 18cm 高 10m
冠幅 5m

丛生，高 4m 冠幅 4m，长春动植物公园

高 7m 冠幅 5m，国家植物园花期

青海塔尔寺 10 月初

哈尔滨兆麟公园

330. 北京丁香

高 3.5m 地径 8cm，
北京居住区

高 8m 冠幅 6m 地径 23cm

冬态

国家植物园

331. 北京黄丁香

高 4m 冠幅 4m 地径 15cm

高 6m 地径 21cm，国家植物园

332. 流苏树

花。叶、果

干径 16cm 高 8m，北京秋末

干径 10cm 高 7m 冠幅 4m，北京世园会

辽宁大连（李健宏摄）

高 10m 冠幅 7m，丛生

干径 5cm 高 4m 冠幅 2m

333. 雪柳

叶、果。花

高 2~3m，北京
动物园黄果

乌鲁木齐植物园造型

干径 16cm 高 8m
冠幅 4m

北京紫竹院公园
冬态

334. 楸树

干径 9cm 高 7m，
银川植物园

干径 15cm 高 11m
冠幅 4m

干径 26cm 高 9m 冠幅 6m

干径 28cm 高 10m
冠幅 4m

原冠干径 25~30cm 高 12m 冠幅 3m，西安世博园

北京颐和园乐寿堂古楸树花期

335. 灰楸

嫩叶青铜色，常 3 浅裂

干径 18cm 高 9m，北京昌平新
城滨河森林公园

336. 梓树

花、果

干径 10cm 高 5m
冠幅 4m

干径 20cm 高 10m

干径 20cm 高 9m 冠幅 6m，北京龙潭公园

干径 13cm 高 9m，长春动植物公园 10 月初果

吉林延边行道树花期

337.黄金树

有些花紫斑偏深

叶、果

干径 15cm 高 8m 冠幅 5m，沈阳世博园秋

干径 21cm 高 9m
冠幅 6m

干径 50cm，北京明城墙遗址公园花期

338.金叶黄金树

干径 9cm 高 5m 冠幅 3m，沈阳市园林植物标本公园夏

339.美国梓树

幼叶发紫

干径 10cm 高 7m 冠幅 4m，沈阳市园林植物标本公园

340. 金叶美国梓树

干径 6cm 高 3.5m，北京苗圃

341. 紫叶美国梓树

北京初夏

342. 毛泡桐

广圆锥花序宽大

干径 10cm 高 6m，国家植物园

干径 21cm 高 9m 冠幅 6m

343. 兰考泡桐

花序狭圆锥形或圆筒状

干径 16cm 高 7m

干径 35cm 高 18m 冠幅 5m，兰考焦桐广场

干径 25cm 高 12m
冠幅 7m

几种泡桐的道路，北京亦庄荣华北路

344. 楸叶泡桐

叶长约为宽的 2 倍

干径 15cm 高 7m，
日照五莲山

兰州商业街

345. 泡桐

干径 23cm 高 9m
冠幅 6m，郑州

干径 16cm、27cm 高 7m、11m 冠幅 6m、8m，北京玲珑路

346. 柽柳

干径 10cm 高 4m，天津武清低碳园林
创意实践园

中，与金叶莸，北京园博园

河北北戴河海滨

河南开封铁塔公园

347. 乔木柽柳

干径 11cm 高 6m，辽宁凌海

348. 多枝柽柳

花、枝

高 5m 冠幅 4m 分枝径 10cm

内蒙古额济纳柽柳类秋

国家植物园

349. 山茱萸

叶、果。花

高 6m 地径 10cm，
济南泉城公园

高 4m 冠幅 4m 地径 14cm，北京苗圃

高 3.5m，北京大学花期

北京紫竹院秋末叶暗红，橙黄为元宝枫

高 2~3m 冠幅 2~3m，北京玉蜓桥冬果

350. 毛梾木

叶、果。花。秋初果偏红

北京紫竹院公园花期效果

干径 16cm 高 8m，
淄博植物园

干径 20cm 高 9m
冠幅 6m

干径 10cm 高 6m，河北农大寓意栋梁
之才

351. 灯台树

干径 11cm 高 7m，
青岛公园

干径 8cm 高 5m 冠幅 4m，大连某居住区

干径 13cm 高 6m 冠幅 6m，北京望京公园

干径 16cm 高 7m 冠幅 7m，沈阳世
博园夏

干径 18cm 高度 8m，沈阳世博园
10 月初

352. 四照花

花、叶

干径 6cm 高 4m，
西安植物园

高 5m 冠幅 3m
地径 11cm

高 3m 冠幅 2m 地径 15cm

高 4m 冠幅 3m，花期

国家植物园初冬

353. 丝绵木

叶、果

干径 11cm 高 5m
冠幅 3m

干径 17cm 高 7m
冠幅 5m

干径 26cm 高 10m
冠幅 7m

高 3m，北京教学植物园 10 月中

北京某居住区

国家植物园花期

北京北海公园静心斋秋末叶

干径 10cm 高 5~6m，兰州水车博览园果

山东昌邑绿博园

354. 大圆叶丝绵木

高 4m，新疆克拉玛依城市广场中秋

355. 狭长叶丝绵木

356. 陕西卫矛

叶果

高 4m 冠幅 3m
地径 12cm

高 4m，北京教学植物
园秋末

357. 糠椴

花、叶

干径 21cm 高 11m，
济南泉城公园

干径 24cm 高 9m
冠幅 8m，北京教
学植物园

358. 蒙椴

花、叶

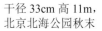

干径 14cm 高 8m，长
春雕塑公园

干径 33cm 高 11m，
北京北海公园秋末

干径 18cm 高 10m

干径 23cm 高 6m 冠
幅 4m

359. 紫椴

花、叶

干径 14cm 高 12m 冠幅 4m

干径 24cm 高 10m，荣成桑干河植物园

干径 27cm 高 15m，长春动植物公园 10 月初

丛生，北京某售楼处

丛生孤植

四、落叶乔木

360. 裂叶紫椴

361. 心叶椴

干径 15cm
高 10m 冠幅
6m，北京通州
秋末

黑龙江省森林植物园

362. 欧洲大叶椴

果有明显 3~5 棱，北京某苗圃

干径 19cm 高 9m 冠幅 6m

叶、果

干径 10cm 高 5m，
北京教学植物园秋末

干径 14cm 高 7m 冠幅 4m，长春雕塑公园

左，北京延庆长城某酒店

干径 20cm 高 9m

干径 15cm 高 9m，
黑龙江黑河龙滨公园

四、落叶乔木

干径 31cm 高 9m 冠幅 8m，国家植物园秋末

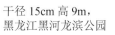

果成熟时红色可观

高 2m，上海辰山植物园

366. 沙枣

花、叶。果

干径 12cm 高 7m，兰州国学馆叶色与建筑不适

干径 14cm 高 9m，北京初夏

干径 22cm 高 11m，乌鲁木齐植物园

高 5m 冠幅 5m，国家植物园

地径 18cm，北京冬态

沈阳世博园

河北保定古莲花池 340 年树

新疆伊宁市公园 9 月底

银川植物园。可修剪成球形

367. 翅果油树

叶、果

高 5m 地径 10~15cm，国家植物园

368. 玉铃花

叶、果。花

干径 8cm 高 3m 冠幅 2.5m，
分枝点 0.8m

干径 8cm 高 4m，北京世园会
花期

369. 秤锤树

花、叶

高 2.5m 冠幅 2m，山东荣成

叶、果

高 3m 冠幅 3m，国家植物园

370. 刺楸

干径 6cm 高 5m，
北京高寒植物园

高 7m 冠幅 4m
地径 28cm

北京教学植物园　　国家植物园初冬

371. 八角枫

干径 12cm 高 8m，上海
辰山植物园 10 月初

干径 12cm 高 8m
冠幅 6m

372. 瓜木

叶。花

高 3.5m 冠幅 6m 地径 10~12cm

373. 连香树

干径 9cm 高 8m，昆明植物园

干径 13cm 高 6m，
北京某苗圃

干径 20cm 高 15m，
国家植物园秋末

374. 珙桐

花、叶

干径 15cm 高 7m 冠幅 5m，
昆明植物园

375. 领春木

初夏叶、果。花

高 4m 冠幅 4m，
国家植物园

高 3.5m 冠幅 3m，国家植物园

376. 毛叶山桐子

国家植物园花叶
（李青秀摄）。
秋果红色

干径 6cm 高度 7m，北京教学植物园

干径 23cm 高 9m，
威海公园 10 月初

干径 40cm 高 16m，
许昌西湖公园 11 月底

干径 10cm 高 5m，日本四国高松码头

中浅绿与紫薇，北京某
售楼处（朱海摄）

377. 乌桕

干径 15cm 高 6m，
开封铁塔公园

苏州某售楼处
（朱海摄）

378. 重阳木

叶、果

干径 17cm 高 7m 冠幅 4m

干径 20cm 高 10m
冠幅 5m

干径 26cm
高 12m，淮安
钵体山公园雌
株果

干径 23cm 高 8m 冠幅 6m，
郑州植物园

左，与右侧香樟应用

叶、果

干径 14cm 高 8m，
鄢陵花博园

干径 17cm 高 9m，
郑州植物园 11 月底

干径 21cm 高 14m，
阜阳文峰公园

青岛植物园

孤植应用

昆明植物园枫香大道

中秋叶、果

干径 18cm 高 10m，
威海公园

干径 8cm 高 7m，
潍坊植物园

高 9m 地径 19cm，上
海辰山植物园

四、
落叶
乔木

叶、果

右，杭州西溪湿地

干径 15cm 高 10m，许昌 11
月底，小苗培育 10 年以上，
2016 年初严寒未受冻

干径 16cm 高 8m，
连云港苍梧绿园果

干径 20cm，武汉东湖风景区
冬果（刘薇摄）

五、落叶灌木

1. 小檗

高 1.5m，沈阳世博园

高 1.5m 冠幅 1.5m，青岛植物园

高 2m 冠幅 3m，国家植物园

2. 紫叶小檗

多用高 1m 内冠幅 0.4m 的苗作绿篱

高 1.5m 冠幅 2m，北京紫竹院公园冬

高 1m，郑州碧沙岗公园

北京怀柔某居住区与连翘石边应用

庭院阴处栽植，叶发暗（李健宏摄）

3. 朝鲜小檗

掌状刺

高 1.5m 冠幅 3m

4. 黄芦木

花、叶

高 1m，北京教学植物园

高 3m 冠幅 2.5m，赤峰兴安南麓植物园

5. 细叶小檗

高 1m，国家植物园花期

6. 蜡梅

叶、果

高 2.5m 冠幅 3m，南京禄口机场新叶

高 5m 分枝径 3~5cm，北京教学植物园

地径 6cm 高 2m，苏州耦园（李健宏摄）

东南大学图书馆

西安小雁塔对植

江苏同里退思园。还可用于天井

浙江西塘古镇寺庙

苏州留园元旦（李健宏摄）

花

7. 素心蜡梅

高 3m，安徽亳州花戏楼
80 年生

8. 馨口蜡梅

9. 虎蹄蜡梅

10. 狗牙蜡梅

花小

11. 太平花

花、叶。果。叶缘疏生乳
头状齿

高 2m 冠幅 2m

高 3m 冠幅 3m

北京怀柔某别墅区

高 3m，北京紫竹院公园

12. 山梅花

高 1m，国家植物园　　　　　　高 2m，中科院沈阳应用生态所标本馆

13. 东北山梅花

叶缘有疏齿或近全缘　　　　　高 2m，国家植物园　　　　　高 2.5m 冠幅 3m，黑龙江大庆植物园

山梅花属花期，长春原伪满国务院

14. 溲疏

花、叶。果

高 2m，山东潍坊植物园

15. 白花重瓣溲疏

重瓣花

高 1.5m，
天津滨海新
区第八大街

粉红花溲疏

高 2m 冠幅 2m，山东潍坊植物园　　　　　　高 4m 冠幅 2m，洛阳隋唐城遗址植物园

16. 大花溲疏

　　　　　　　　　　　　　　　高 1m，天津盘山　　　　　高 1.5m 冠幅 2m

花径 2~3cm。图中部叶背灰白色

高 1.8m 冠幅 2m，北京某居住区

17. 钩齿溲疏

花径 1.5~2.5cm。图中部叶背绿色　　　高 2m 冠幅 3m，北京天坛公园

18. 小花溲疏

高 1.5m，北京延庆长城某酒店

高 1.5m 冠幅 2m

19. 圆锥八仙花

宿存花序有一个不育花

高 0.8m，第 22 届中国国际花卉园艺展

高 1.5~2.5m，北京某苗圃

20. 圆锥绣球

高 1m，清华大学图书馆 8 月底　　　高 1.5m，哈尔滨太阳岛

高 2m，山东潍坊某售楼处　　高 3m 地径 3~6cm，沈阳世博园冬季　　高 3m 冠幅 3m，沈阳世博园 10 月初

吉林梅河口长白山植物园 10 月初

左，北京某苗圃应用展示

21. 绣球

多色多品种

高 0.5m，北京某售楼处（朱海摄）

高 1m，吉林市江南公园

高 1.5m，山东某居住区

北京某售楼处与龟背竹

22. 延绵夏日绣球

北京冬季低修剪，覆土可露地越冬

高 1m，北京顺义某苗圃

23. 银边八仙花

北京某品种展示会

高 1m，西安植物园

英国丘吉尔庄园

---

24. 雪山绣球花

高 0.7m 冠幅 0.8m，北京南馆公园

高 2.5m，内蒙古赤峰兴安南麓植物园花后期

25. 东陵八仙花

边缘不育花白色，后变淡紫色

高 1m，北京教学植物园

26. 东北茶藨子

高 1.5m，北京高寒植物园 8 月下红果

高 2m，中科院沈阳应用生态所标本馆

27. 美丽茶藨子

9~10 月果变红

高 1.5m，北京紫竹院公园

高 1.5m 冠幅 2m

高 2m 冠幅 2m，花期

28. 香茶藨子

叶、果。花

高 2m 冠幅 3m，国家植物园

29. 刺果茶藨子

果。花、叶

高 1.5m 冠幅 2m，
国家植物园

30. 榆叶梅

高 2.5m 冠幅 2m 地径 4cm　　　高 3m 冠幅 3m 地径 9cm 分枝点 0.6m

高 1.7m，内蒙古昭君墓。可作绿篱　　　高 2.5m 冠幅 3m，太原迎泽公园　　　高 3m 冠幅 7m，西宁人民公园
10 月初

31. 重瓣榆叶梅

高 2m 冠幅 2m　　　　　入口两侧，团结湖公园

32. 红花重瓣榆叶梅

高 3m 冠幅 3m 地径 10cm

33. 半重瓣榆叶梅

有颜色偏深及花径小的品种

高 4m 冠幅 4m 地径 15cm，北京天坛公园

34. 鸾枝榆叶梅

花紫红色，多重瓣，稍小，密集成簇　　　高 2.5m，沈阳市园林植物标本公园　　　高 3m 冠幅 5m，北京天坛公园

35. 截叶榆叶梅

内蒙古海拉尔城市广场

36. 红叶榆叶梅

高 3m 冠幅 3m 地径 13cm，花期

37. 紫叶矮樱

花、叶。果

高 4~5m 地径 7cm，
北京东南二环

高 3m 地径 10cm，
北京永定门公园夏

高 2m 冠幅 1.5m，
西宁植物园。地径
3cm 可达此规格

38. 郁李

叶基圆，缘有尖锐重锯齿　　　　　　高 1.5m，杭州植物园　　　　　　高 2m

39. 红花重瓣郁李

高 1.5m 冠幅 2m

国家植物园秋末

北京怀柔某居住区秋末

40. 麦李

叶较狭长，中、下部宽，基广楔形　　　　高 1.5m 冠幅 2m，夏季　　　　　高 1.5m 冠幅 3m

41. 白花重瓣麦李

国家植物园秋末

高 1.5m 冠幅 3m

42. 红花重瓣麦李

高 1.5m，沈阳市园林植物标本公园

高 1.5m 冠幅 2m，国家植物园

43. 粉花麦李

高 1.5m 冠幅 2m

44. 欧李

高 0.7m，北京园林学校

高 1.5m，北京怀柔高寒植物园

45. 钙果

叶皱，中部以上宽，齿细。北京顺义

46. 毛樱桃

花。叶、果

高 2m 冠幅 2m

高 2m 冠幅 4m，乌鲁木齐植物园

高 2.5m 冠幅 2.5m 地径 6cm

高 3m 冠幅 5m，沈阳世博园

北京教学植物园花期

47. 东北扁核木

叶、果

高 3m 冠幅 4m，花期

高 3m

高 3m 冠幅 3m，北京教学植物园 10 月中

黑龙江省森林植物园

48. 贴梗海棠

花叶初放，
盛开时花瓣
开展。果

高 1.7m 冠幅 0.6m，可作花篱

高 1.7m 冠幅 2m

高 2.5m 冠幅 3m，
北京紫竹院公园

高 3m 冠幅 3m

49. 红花重瓣贴梗海棠

满堂红花。叶缘具锐齿

50. 红白二色贴梗海棠

51. 白花贴梗海棠

高 1.5m 冠幅 1.5m

52. 日本贴梗海棠

叶端圆钝，稀微有急尖，缘具钝齿　　　高 1m 冠幅 1.5m

五、落叶灌木

53. 平枝枸子

高 0.5m，北京莱高尔夫球场水上石边

高 1.5m 冠幅 3m，国家植物园初冬红叶
红果。耐荫宜草春赏花、叶

绿篱应用

54. 水枸子

果。花、叶

高 1m 冠幅 2m

高 2m 冠幅 4m，北京中山公园整形

高 3m 冠幅 4m，北京大学 9 月初果

高 3m，沈阳市园林植物标本公园 10 月初果

北京冬态

55. 毛叶水栒子

56. 西北栒子

叶、果。花

高 2m 冠幅 3m，北京教学植物园 10 月中

57. 黑果栒子

花、叶

58. 灰栒子

花、叶。果

高 2m 冠幅 2m

高 1.5m，北京教学植物园

59. 现代月季

北京根部培土防寒。盆栽高 0.7~1.2m 冠幅 0.4m

干径 6cm 高 2m 冠幅 1.5m

2019 北京世园会

北京南二环，太突出易分散驾驶员注意力

国家植物园

北京园博园北京园

北京月季博物馆

小庭院应用（李健宏摄）

小院照壁前应用

60. 杂种香水月季

红双喜

61. 丰花月季

国家植物园绿篱间

62. 壮花月季

63. 微型月季

北京天坛公园

64. 地被月季

65. 棣棠

高 2m 冠幅 1.5m

高 3m，北京中山公园初冬黄叶，
12 月初不落

北京怀柔某别墅区

66. 重瓣棣棠

高 1.5m。可剪成球状或作花篱

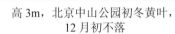

徒长枝绿色更深，观赏佳

高 2m 冠幅 4m，北京中山公园

北京某售楼处（李健宏摄）

67. 鸡麻

花、叶。果。绿叶期长，
11月底仍翠绿

高 1m 冠幅 1m，天津塘沽

高 1.5m

高 1.5m 冠幅 2m

68. 玫瑰

高 2.5m 冠幅 2m

高 1.8m，山东潍坊植物园

高 2m 冠幅 3m，吉林市绿地

69. 重瓣紫玫瑰

花篱，内蒙古鄂尔多斯东胜

高 2m 冠幅 2m

70. 白玫瑰

71. 重瓣白玫瑰

72. 多季玫瑰

高 1.5m，国家植物园

高 1.7m 冠幅 2m，
赤峰兴安南麓植物园

73. 黄刺玫

小枝褐色。叶缘具圆钝齿。果少

高 2m 冠幅 2m，北京天坛公园

高 3.5m 冠幅 4m，国家植物园

高 2.5m

高 2.5m 冠幅 2.5m，北京紫竹院公园

74. 单瓣黄刺玫

果近球形，红黄色。花、叶

高 2.5m 冠幅 3m，国家植物园

75. 黄蔷薇

叶缘有单锐齿

高 2m 冠幅 3m，北京国际雕塑公园夏果

高 2.5m 冠幅 3m，国家植物园

枝细长拱曲，扁球形果深红至黑褐色

76. 报春刺玫

叶揉碎有香气，缘重锯齿

高 1.5m 冠幅 1.5m

高 3m 冠幅 3m

77. 山刺玫

叶中部以上有锐齿。鲜红色果近球形　　　　高 1.5m，国家植物园　　　　高 2m，黑龙江漠河北极村

78. 美蔷薇

子房、花萼有刺　　　　高 2m，北京怀柔高寒植物园

79. 刺蔷薇

小枝密生细直针刺。果有明显颈部

高 2m，黑龙江省森林植物园

80. 单瓣缫丝花

花、叶。果

高 2m，山东烟台植物园 10 月初叶色

高 1.8m，北京教学植物园

五、落叶灌木

81. 弯刺蔷薇

皮刺基部膨大、浅黄色镰刀状

高 1.5m 冠幅 2m，新疆天山

82. 珍珠梅

高 1.8m 冠幅 2m

高 3m 冠幅 5m，赤峰兴安南麓植物园

高 4m，北京教学植物园房北侧　　　山东青州范公亭公园

83. 东北珍珠梅

高 1.2m 冠幅 1.5m，北京某居住区

高 1.5m

高 1m，辽宁开原某苗圃秋果

高 2m，果宿存

黑龙江五大连池

84. 华北绣线菊

嫩叶淡绿色。小枝具明显棱角，有光泽

高 1.5m
冠幅 2m

85. 柳叶绣线菊

花、叶。果

高 1m，山东日照植物园

高 2m，内蒙古赤峰兴安南籧植物园

高 2m 冠幅 1.5m，黑龙江五大连池

86. 粉花绣线菊

品种'小公主'高 0.7m

沈阳世博园

高 0.5m

高 0.8m 冠幅 1m，江苏徐州植物园

高 1m

87. 金山绣线菊

高 0.3m 冠幅 0.3m，北京居住区初夏　　　　坡地应用

冬态　　　　　　　　　　沈阳市园林植物标本公园 6 月下旬

88. 金焰绣线菊

高 0.6m 冠幅 0.8m，天津塘沽　　　高 0.4m 冠幅 0.4m　　　北京某居住区新叶

北京龙潭西湖公园 12 月初叶色　　　　与朝鲜黄杨、水蜡，沈阳市园林植
物标本公园夏

89. 珍珠绣线菊

高 1.5m，北京紫竹院公园初秋叶色

五、
落叶
灌木

高 1.5m，中科院沈阳应用生态所标本馆　　　　　高 2m 冠幅 2m　　　　　上海植物园。可作规整花篱

90. 珍珠绣球

高 1.5m

91. 三裂绣线菊

高 1.5m 冠幅 2m，北京菜市口　　　　　高 2m 冠幅 2m，河北保定植物园

92. 土庄绣线菊

高 2m，黑龙江省森林植物园

93. 中华绣线菊

高 2m，西安秦始皇兵马俑博物馆

94. 麻叶绣球

高 1.5m，昆明植物园　　　　高 1.7m 冠幅 2.5m，山东青岛植物园

95. 菱叶绣线菊

高 1.5m　　　　高 1.5m，郑州碧沙岗公园

96. 欧亚绣线菊

高 1m 冠幅 1m，黑龙江五大连池景区　　　　内蒙古赤峰兴安南簏植物园

97. 石蚕叶绣线菊

98. 李叶绣线菊

高 1.5m　　　　高 2m 冠幅 2m，上海植物园

99. 单瓣李叶绣线菊

高 1.5m，国家植物园 10
月底

100. 风箱果

果

高 1.5m，黑龙江省森林植物园

高 2.5m，北京明城墙冬果

高 2.5m，沈阳市园林植物标本公园

101. 北美风箱果

102. 金叶风箱果

高 1.5m 冠幅 2m，北京园林学校新叶　高 1.5m，沈阳市园林植物标本公园 6 月下

高 2m，花期

103. 紫叶风箱果

花、果、叶。可作绿篱　　　高 1.5m 冠幅 1.5m，天津塘沽春末　　　高 2m，与金叶风箱果，长春动植物公园

高 2m，北京雁栖湖国际会议中心秋

104. 白鹃梅

花盛开似齿叶白绢梅。北京冬果宿存

高 4m 冠幅 3m，昆明植物园 4 月中

高 3m 冠幅 3m，国家植物园

高 4m 冠幅 2.5m 地径 9cm

高 5m 地径 13cm，北京园林学校

105. 齿叶白鹃梅

高 4m 冠幅 3m，国家植物园

106. 红柄白鹃梅

叶、果

107. 金露梅

高 1m，黑龙江齐齐哈尔龙沙公园

高 1m 冠幅 2m，国家植物园

五、落叶灌木

108. 小叶金露梅

高 0.5m 冠幅 0.5m

高 0.5~0.8m，宁夏贺兰山

河北茶山

109. 银露梅

花、叶

高 0.6m，内蒙古赤峰大青山

高 1.5m 冠幅 1.5m，西宁植物园 10 月初

高 1m 冠幅 2m，沈阳世博园

110. 山楂叶悬钩子

花后结果较差　　　　　　高 1.5~2m，北京海淀公园

111. 茅莓

花、叶。果内有红果

112. 山莓

北京教学植物园

高 1m，北京教学植物园结果少

113. 黑果腺肋花楸

叶、果。花

高 2.5m 冠幅 3m，北京中山公园冬初

114. 紫荆

高 2m 冠幅 2m，昆明植物园　　　高 2m 冠幅 3m，河南开封龙亭公园　　　高 3m 冠幅 3m

五、落叶灌木

高 2~4m，北京
双秀公园

高 4~6m，
北京北海
公园

115. 白花紫荆

高 2m 冠幅 1.5m，郑州紫荆山公园

116. 锦鸡儿

高 2m

高 2.5m

五、
落叶
灌木

117. 红花锦鸡儿

花、叶

高 1.5m，北京延庆长城某酒店

高 1.5m 冠幅 1.5m，昆明植物园

高 1.5m 冠幅 2m，河北苗圃
（李青秀摄）

高 2m 冠幅 3m，花期

— 461 —

118. 树锦鸡儿

北京园林学校

高 2m 地径 3cm，
银川植物园

高 4m 地径 6~10cm，
内蒙古海拉尔

高 5m 冠幅 4m，与右山桃，乌鲁木齐
植物园

119. 北京锦鸡儿

单花或 2~3 朵并生。
荚果扁，密被柔毛

高 2m 冠幅 2m，北京百望山

高 2m 冠幅 3m，河北丰宁百花坡

120. 小叶锦鸡儿

花单生。荚果圆筒形，稍扁，无毛

121. 胡枝子

花序每节 2 花，花梗无关节，旗瓣反卷

高 2~3m 冠幅 2~3m，石家庄植物园秋

高 2m，内蒙古
通辽人民公园
花期

高 2m，北京奥林
匹克森林公园冬

与山石配植

日本京都住宅入口

122. 多花胡枝子

高 0.6m，第 22 届中国国际花卉园艺展

123. 美丽胡枝子

花龙骨瓣明显长于旗瓣，清华大学

高 1.5m 冠幅 2m

高 3m 冠幅 3m，上海辰山植物园

日本四国直岛
水边与常春藤

124. 兴安胡枝子

花序不长于叶，银川植物园

125. 牛枝子

花序明显长于叶　　　　高 30~40cm，北京紫竹院公园

126. 杭子梢

花序每节1花，花梗具关节，旗瓣直伸

高2m 冠幅1.5m，山东潍坊植物园

北京园博园秋末

高2m 冠幅3m，北京龙门涧景区花期

高1.5m，北京教学植物园秋末

127. 花木蓝

高1.7m 冠幅2m

高2m 冠幅3m，花期。可作花篱

128. 河北木蓝

高1.5m

高1.7m 冠幅2m，北京教学植物园

129. 多花木蓝

高 2m 冠幅 2m，西安植物园

高 1.5m 冠幅 2m，
国家植物园

高 2m，新疆克拉玛依。伊宁用于分车带

河北唐山植物园花期

130. 紫穗槐

高 1.5m 冠幅 1.5m，北京某居住区

高 2m，北京柳荫公园

131. 白刺花

高 3.5m 冠幅 4m

高 2m 冠幅 2m，西安植物园

高 2.5m，国家植物园花期

高 3m 冠幅 4m

132. 木槿

高 3m 冠幅 2m

高 3.5m 冠幅 4m 分枝径 5~8cm

高 2.5m，与左石榴，北京昌平住宅

高 4m 冠幅 2~3m

花篱高 1.6m，冬季枝干灰白醒目

高 3.5m 地径 6cm，国家植物园

133. 红花重瓣木槿

134. 粉紫重瓣木槿

135. 紫花重瓣木槿

136. 白花重瓣木槿

137. 浅粉红心木槿

138. 白花深红心木槿

五、
落叶
灌木

139. 扁担杆

高 1.5m 冠幅 2m

高 3m 冠幅 4m，北京朝阳门外商厦

花。叶、果

高 4m 冠幅 4m，郑州植物园

140. 紫薇

高度 2.5m 冠幅 2m 地径 5cm，
北京某售楼处

干径 15cm 高 6m 冠幅 4m，北京大学

高 1.7m 冠幅 2m，春季新叶

高 2.5m 冠幅 2.5m

高 2m，国家植物园初冬

北京紫竹院公园

高 2m，北京动物园

高 3~4m，国家植物园

花篱。可编成各式造型

青岛中山公园老树，
可列植形成花道

苏州耦园独干

142. 翠薇

143. 银薇

高 1.5m 冠幅 2m

高 1m 冠幅 1.5m，北京某居住区

144. 矮紫薇

高 0.7m

苏州网师园临水与紫藤应用

145. 天鹅绒紫薇

北京中秋叶色

苏州耦园应用

146. 紫叶紫薇

147. 红瑞木

叶、果

高 1.5m 冠幅 2m，花期

高 1.5m 冠幅 3m，石家庄植物园 10 月初

高 2.5m，黑龙江漠河北极村

148. 金叶红瑞木

沈阳园林植物标本公园

高 1.5m 冠幅 1.5m，北京某苗圃

149. 银边红瑞木

高 1m
冠幅 1m

北京奥林匹克森林公园

150. 金边红瑞木

与左银边红瑞木，国家植物园

151. 芽黄红瑞木

高 1~1.5m，国家植物园

152. 偃伏梾木

高 2m 冠幅 2.5m，内蒙古扎兰屯居住区　　　高 2m，黑龙江省森林植物园

153. 金枝梾木

高 2.5m 冠幅 2m，北京园林学校

高 2m 冠幅 1.5m，北京菜市口绿地

154. 迎春

花、枝　　　　　　高 1m 冠幅 1.5m　　　　　条长 1.5m，可达 2m 以上

北京怀柔某居住区　　苗圃常见长 1~1.5m 地径 1cm，分枝
数个

条长 1m 冠幅 1.5m

155. 连翘

多花品种高 1.5m 冠幅 1.5m

高 2~2.5m 冠幅 3m

高 4m 冠幅 4m

高 4m 冠幅 5m，北京天坛公园

北京紫竹院公园

水边应用

156. 金叶连翘

高 1.5m 冠幅 2m

157. 黄斑叶连翘

高 2m 冠幅 2m，国家植物园夏季

158. 网脉连翘

高 1.5m 冠幅 2m，北京教学植物园

159. 金钟花

花、叶　　　　　　　　高 1m，南京瞻园。可作花篱　　　　　　　高 3.5m，北京教学植物园

160. 朝鲜金钟花

高 2m，黑龙江省森林植物园

161. 金钟连翘

高 2m 冠幅 2m，沈阳世博园

高 2.5m 冠幅 5m

162. 卵叶连翘

叶先端突尖，缘有锯齿或全缘

高 1m 冠幅 1m，黑龙江黑河龙滨公园

大连中山公园造型

163. 东北连翘

叶缘有锯齿、牙齿状锯齿或牙齿

高 2m 冠幅 2m，吉林市江南公园　　　　高 2m，内蒙古赤峰植物园

叶宽常大于长　　　　　　　　高 2m 冠幅 2.5m　　　　　　高 2.5m 冠幅 3m，可修剪成球形

高 6m 地径 8cm，西宁植物园　　高 6m 冠幅 6m，丁香路雪后　　高 8m 冠幅 6m，北京北海公园
10 月初

高 2.5m，北京住宅 10 月中红叶　　干径 20cm 高 8m，北京北海公园抱　　北京某别墅区（李健宏摄）
（李健宏摄）　　　　　　　　　素书屋

北京延庆长城某酒店入口　　　　北京某别墅区　　　　　　　　黑龙江黑河龙滨公园

五、落叶灌木

165. 白丁香

叶较小

高 2m 冠幅 2.5m

高 5m 冠幅 6m，北京天坛公园

高 4m，与右紫丁香，北京北海公园　　　高 6m，与白皮松，北京北海公园　　　北京龙潭公园

166. 佛手丁香

高 5m 冠幅 4m

167. 紫萼丁香

168. 长筒白丁香

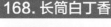

169. 晚花紫丁香

高 2m 冠幅 2m

高 4m 冠幅 3m

五、落叶灌木

170. 欧洲丁香

叶长大于宽。花药居花冠管口部稍下　　　高 2m 冠幅 1.5m，北京陶然亭公园　　　高 3.5m 冠幅 4.5m，北京东南护城河

171. 白花欧洲丁香

高 1.5m 冠幅 1.5m

172. 蓝花重瓣欧丁香

173. 紫叶丁香

新叶紫红色，北京园林学校

174. 什锦丁香

高 2.5m 冠幅 3m，沈阳市园林植物标本公园

高 1.5m，黑龙江省森林植物园　　　　　　　高 2m 冠幅 2m，国家植物园

175. 巧玲花

高 2m 冠幅 3m，国家植物园

176. 小叶丁香

沈阳市园林植物标本公园高 4m 植株之叶

高 1.5m 冠幅 1.5m，长春动植物公园

高 1m 冠幅 1.5m，黑龙江加格达奇路园

177. 关东丁香

高 2m 冠幅 1.5m，北京延庆长城某酒店

178. 红丁香

叶背有白粉，花序紧密

高 1.5m 冠幅 2.5m，长春动植物公园

高 2m 冠幅 2m，北京教学植物园

179. 辽东丁香

花序松散，花药居花冠筒口部 1~2mm 以下　　　　　　金叶白花品种

高 1.5m 冠幅 1.5m，北京某居住区　　　　　　高 3m 冠幅 3m，赤峰兴安南麓植物园

180. 匈牙利丁香

花药居花冠筒口部 3~4mm 以下

高 2.5m 冠幅 2.5m，北京明城墙

181. 花叶丁香

高 2m 冠幅 2m

高 2.5m 冠幅 2m，西宁植物园　　　　　　高 4m，国家植物园

182. 蓝丁香

可修剪成规整球状

高 1.5m，北京教学植物园

高 2m 冠幅 3m，国家植物园

183. 四季蓝丁香

高 2m 冠幅 3m

184. 裂叶丁香

枝、叶（康伟摄）

高 2m 冠幅 3m，河北农大　　　高 3m 冠幅 4m，北京中山公园　　　高 1m，北京居住区

185. 羽叶丁香

高 2.5m，北京教学植物园

186. 金叶女贞

高 1m 冠幅 1.2m，北京冬态

高 1~1.5m 冠幅 1.3~1.5m。常作绿篱

高 1.8m，北京某售楼处（李华雯摄）

高 2.5m 冠幅 2.5m，北京教学植物园

187. 水蜡

花冠筒较裂片长，花药与花冠裂片近等长

高 1.5m 冠幅 2m

高 2.5m 冠幅 3m

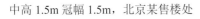

中高 1.5m 冠幅 1.5m，北京某售楼处

北京教学植物园 10 月中

高 5m，枝径 10~15cm，大连某居住区

沈阳世博园树状及动物造型。绿篱苗常高 0.8m 冠幅 25cm

188. 金叶水蜡

高 0.5m 冠幅 1m

189. 紫叶水蜡

高 1.5m 冠幅 1.5m

190. 小蜡

高 4m 地径 8~15cm，青岛植物园

高 8m 分枝径 10cm，济南泉城公园

191. 银姬小蜡

高 0.7m，山东临沂动植物园初夏

高 1.5m，江苏连云港苍梧绿园春初

高 2~2.5m，江苏淮安钵体山公园 2 月中

杭州植物园 9 月下旬

高 1m，南昌某居住区秋季

192. 金姬小蜡

高 1.5m，西安植物园 4 月中

第 22 届中国国际花卉园艺展造型

高 1.5m 冠幅 2m

高 1.8m 冠幅 3m，北京紫竹院公园

193. 小紫珠

花序柄长为叶柄 3~4 倍，花丝长约为花冠 2 倍

日本京都天龙寺溪边秋末

五、
落叶
灌木

194. 白果紫珠

195. 日本紫珠

花淡紫或近白色，花丝与花冠近等长

196. 紫珠

花淡紫色，
花丝长于花
冠近 1 倍

高 2m，上海辰山植物园

花序总柄与
叶柄近等长。
果较小

197. 莸

高 2m 冠幅 2.5m，
国家植物园

高 2m

198. 蒙古莸

高 1m

高 1.5m，银川植物园

北京动物园应用

199. 金叶莸

花、叶

高 1m，陕西榆林珍稀
沙生植物保护基地

高 1.5m，2019 北京世园会

北京某住宅区

200. 邱园蓝莸

高 2m 冠幅 2m，北京顺义某苗圃　　花叶莸，2022 西单路口国庆花坛

201. 海州常山

果。花、叶

高 1.5m 冠幅 2m，花期

高 3m，国家植物园秋末果

高 3m 冠幅 2.5m 地径 6cm，北京海淀温泉

高 4m，北京丰台花园 8 月中花期

高 3m 冠幅 3m，冬果柄宿存

应用

202. 臭牡丹

高 1m

203. 黄荆

洛阳龙门石窟

右百年树，上海复兴公园

204. 荆条

高 4m 冠幅 6m 地径 10~12cm，北京紫竹院

高 2m 冠幅 3m，郑州植物园

济南趵突泉造型

山东青州云门山

高 4m 冠幅 5m，清华大学绿园

205. 牡荆

高 5m 地径 10cm，上海辰山植物园

206. 穗花牡荆

高 3m 冠幅 3m，国家植物园

207. 锦带花

高 3m，郑州碧沙岗公园 11 月底。
锦带类秋末黄叶

高 1.5m，北京紫竹院公园

高 1.5m 冠幅 2m。
可剪成球形

208. 四季锦带花

高 1.5m，沈阳市园林植物标本公园

209. 红王子锦带

高 1.5m 冠幅 2m

北京某别墅区。可作花篱

北京某别墅区（李健宏摄）

高 1.5m 冠幅 3m，北京延庆长城某酒店

210. 粉公主锦带

高 1m 冠幅 1m

211. 亮粉锦带花

锦带花花萼 5 裂至中部，下半部合生

212. 花叶锦带花

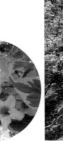

高 1m，沈阳市园林植物标本公园

北京紫竹院公园

高 1m 冠幅 2m

213. 金叶锦带花

高 1.5m 冠幅 1.5m

214. 紫叶锦带花

高 0.8m 冠幅 1m，北京某苗圃

与紫藤水边应用，北京世博园

215. 日本锦带花

花冠初白色，后变红；
柱头伸出花冠外

高 1m

五、
落叶
灌木

216. 早锦带花

高 2m，黑龙江加格达奇居住区

高 3m 冠幅 4m，北京园林学校

217. 海仙花

花萼线形，裂达基部

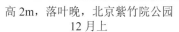

高 2m，落叶晚，北京紫竹院公园
12 月上

高 2m 冠幅 2m

218. 红海仙花

高 2.5m 冠幅 2m，国家植物园

219. 金银木

花。叶、果

高 2.5m 冠幅 2m

高 3m 冠幅 3m，花期

高 7m 地径 6~10cm，国家植物
园墙北

高 4m，北京奥林匹克森林
公园年初

北京某售楼处

高 5m 冠幅 6m 地径 25cm，天津塘沽

高 4m 冠幅 5m，北京某别墅区（李健宏摄）

220. 新疆忍冬

高 1.5m 冠幅 2m，北京某居住区

高 3m，沈阳北树园

高 2.5m 冠幅 2.5m，红果

221. 红花新疆忍冬

高 1.5m 冠幅 1.5m，花期

222. 白花新疆忍冬

224. 橙果新疆忍冬

北京某居住区

223. 繁果忍冬

高 2.5m 冠幅 3m，夏季观果

225. 蓝叶忍冬

高 1m 冠幅 1m，天津塘沽花期　　高 1.5m，河北涿州某苗圃

高 1.5m，沈阳世博园夏季红果

226. 郁香忍冬

花。叶、果

高 1.5m，河北涿州。
12 月中绿叶不落

高 3m 冠幅 3m，
国家植物园花期

高 2.5m 冠幅 3m，
上海辰山植物园

227. 苦糖果

叶、果

高 2m 冠幅 3m，西安植物园

228. 葱皮忍冬

高 1.5m 冠幅 2m，右为老株干皮

229. 长白忍冬

花。叶

高 2.5m 冠幅 2m，北京园林学校

高 3m 冠幅 3m，2019 北京世园会

高 4m 冠幅 4m，沈阳植物园

230. 蓝靛果忍冬

枝叶

高 2.5m，黑龙江森林
植物园

231. 金花忍冬

高 1.5m 冠幅 1.5m，河北丰宁百花坡

232. 天目琼花

秋果变红

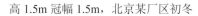

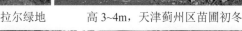

高 1.5m 冠幅 1.5m，北京某厂区初冬　　高 2m 冠幅 2m，内蒙古海拉尔绿地　　高 3~4m，天津蓟州区苗圃初冬

高 3m。常林下应用

河北固安某售楼处形
成框景（朱海摄）

五、落叶灌木

233. 欧洲琼花

高 1.5m，沈阳市园林植物标本公园　　　高 2m 冠幅 2.5m，国家植物园

234. 欧洲雪球

高 0.7m　　　　　高 2m 冠幅 2m，北京紫竹院公园

高 1.5m　　　　高 0.5m，国家植物园

高 3m 冠幅 3m，
青岛植物园初花绿
色

235. 木本绣球

高 5m 冠幅 6m 地径 10cm

高 2m，西安植物园　　高 2.5m，南京白鹭
　　　　　　　　　　洲公园

高 4m 冠幅 4m，济南泉城公园

五、
落叶
灌木

花、叶。果

高 3m 冠幅 2m，山东日照植物园

高 4m 冠幅 4m，西安大雁塔遗址公园

高 5m 冠幅 4m，国家植物园

南京瞻园应用

237. 蝴蝶绣球

高 1m 冠幅 1m，西安植物园

高 2m 冠幅 2m，济南泉城公园

高 3m，山东日照植物园初花淡绿色

238. 蝴蝶戏珠花

高 1.5m 冠幅 1.5m，国家植物园

高 2m，西安植物园

五、落叶灌木

239. 荚蒾

叶、果　　　　　　　　高 2m 冠幅 2m，北京教学植物园

240. 香荚蒾

粉花，高 3m 冠幅 2.5m　　　　高 3m 冠幅 2m，国家植物园

241. 暖木条荚蒾

花序花多，叶长 4~10cm

高 2.5m 冠幅 2.5m

高 3m，国家植物园

242. 蒙古荚蒾

花序花稀少，
叶长 3~6cm

高 3m 冠幅 3m，
国家植物园

243. 猬实

高 2m 冠幅 3m

高 1.5m，花后效果。果似刺猬

高 2.5m 冠幅 3m，干皮片状剥落

高 2~3m 冠幅 3~4m，北京紫竹院公园

244. 追梦人猬实

高 2m 冠幅 2m，西安植物园

高 2.5m，国家植物园

高 3m 冠幅 3m，国家植物园

高 1.5m，北京紫竹院冬末。12月中绿叶不落

高 2m 冠幅 4m，花期

萼片似花，秋季宿存，冬仍不落

245. 糯米条

与右桂花应用，日本大阪住宅

246. 六道木

高 2.5m 冠幅 3m，国家植物园嫩叶

247. 接骨木

顶生圆锥花序较松散

叶、果

高 2m 冠幅 3m，北京龙门涧景区果期

高 2m 冠幅 3m，花期

高 3m 冠幅 4m，黑龙江五大连池

248. 西洋接骨木

5 叉分枝的扁平状聚伞花序

高 2~3m 冠幅 3m，国家植物园

249. 金叶裂叶接骨木

夏季叶、果

高 1.5m 冠幅 2m，4 月中

高 3m 冠幅 3m，北京紫竹院公园果期

250. 加拿大接骨木

高 2.5m 冠幅 3m

251. 金叶接骨木

高 2m 冠幅 2m，北京安德城市森林公园中秋

252. 雪果

花、果，叶蓝绿色

高 1m，天津滨海新区第八大街

253. 红雪果

高 1m

高 1m，郑州碧沙岗公园

高 1m，北京初春果宿存

重瓣类千层组荷花型，瓣 3~5 轮宽大一致　　重瓣类千层组蔷薇型，复色。二乔牡丹　　重瓣类楼子组皇冠型，雄蕊瓣化程度很高

重瓣类楼子组绣球型，雄蕊完全瓣化　　台阁类（芍药）（李青秀摄）　　高 0.5m 冠幅 0.5m，上海辰山植物园

高 0.6m，国家植物园秋末　　　高 0.7~0.8m　　　高 2m 冠幅 2m。百年株仅干、冠增粗

苏州耦园（李健宏摄）

单瓣型

高 1m，国家植物园

五、落叶灌木

256. 大叶醉鱼草

高 1.5m 冠幅 1.5m

右，英国爱丁堡道路

北京某售楼处

257. 紫花醉鱼草

高 1m

258. 粉花醉鱼草

259. 白花醉鱼草

国家植物园

北京某售楼处（李健宏摄）

260. 金叶醉鱼草

北京某苗圃

261. 醉鱼草

262. 互叶醉鱼草

叶互生

高 2.5m 冠幅 4m，国家植物园

高 3m 冠幅 4m 地径 5cm，沈阳世博园

263. 枸杞

高 1.6m，与黄栌、金叶莸，银川植物园

高 2m，内蒙古通辽人民公园

高 1m 冠幅 1.5m，红果

干径 8cm，北京怀柔住宅

264. 菱叶枸杞

高 1m，北京教学植物园

江苏甪直古镇百年树

山东潍坊植物园

265. 宁夏枸杞

高 1.5m 地径 6cm，银川枸杞文化园

高 2~3m，中科院吐鲁番沙漠植物园

266. 黑果枸杞

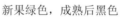

新果绿色，成熟后黑色

高 2m 冠幅 2m，2019 北京世园会

267. 卫矛

叶、果

高 1m

高 1m 冠幅 2m

高 2.5m 冠幅 2.5m，北京北海公园

高 4m 地径 5~10cm，北京教学植物园 10 月中

高 4m 地径 8cm，沈阳植物园 10 月初

268. 火焰卫矛

高 1m，北京通州某苗圃秋末。可作绿篱

高 2m 冠幅 2m，天津塘沽春

269. 栓翅卫矛

叶 果

高 3m 冠幅 2.5m，乌鲁木齐植物园

高 5m 冠幅 5m 地径 20cm，西宁植物园

干径 6~8cm 高 3m，2019 北京世园会

270. 花椒

叶中脉微凹，缘有细钝齿

高 2m 地径 8cm，老干常有木栓质疣状突起

271. 野花椒

叶中脉凹，缘有疏离而浅的钝裂齿

高 3m 冠幅 2m，干木栓质
疣状刺不显，北京园林学校

272. 枸橘

高 3m

青岛中山公园墙篱

黄叶与小叶女贞，郑州人民公园 11 月底

高 3.5m 冠幅 3m，北京陶然亭公园

273.、274. 木本香薷、白花木本香薷

紫花、白花品种

高 1.5m

高 2m 冠幅 2m

高 1.5m

白花、紫花，国家植物园

275. 薄皮木

高 1.3 冠幅 1.5m

高 1.8m 冠幅 2m

北京教学植物园冬态

276. 迎红杜鹃

高 1.2m 冠幅 2m

高 1.5m，国家植物园

高 2.5m 冠幅 2.5m，沈阳世博园

277. 兴安杜鹃

北京紫竹院公园

高 1.5m 冠幅 2.5m，
沈阳世博园

2019 北京世园会

黑龙江省森林植物园

278. 杜鹃

高 3m，山东日
照五莲山

279. 大字杜鹃

高 2.5m 冠幅 4m，沈阳世博园

280. 笃斯越橘

叶、花、果

内蒙古呼伦贝
尔伊克萨玛国
家森林公园

281. 蓝莓

果。花、叶

高 1.5m 冠幅 1m

2019 北京世园会

282. 秋胡颓子

花叶、果

高 2m 冠幅 3m

后高 3m，洛阳隋唐城遗址植物园初夏

高 4m 冠幅 5m 地径 4~7cm，沈
阳世博园

高 4.5m，国家植物园花期

283. 酸枣

地径 20cm 高 4m，北京紫竹院秋末黄叶

地径 5cm 高 4m 冠幅 2m

地径 6~15cm 高 5m 冠幅 5m

284. 鼠李

花、叶

地径 12~15cm 高 3.5m，国家植物园

285. 东北鼠李

286. 圆叶鼠李

287. 小叶鼠李

288. 冻绿

叶果

高 8m 地径 20~30cm，国家植物园秋末

289. 榛子

高 3m，北京初夏　　　　　　　　　高 4m，国家植物园 10 月中

290. 毛榛子

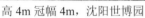

高 4m 冠幅 4m，沈阳世博园

291. 虎榛子

高 1.5m 冠幅 2m，北京高寒植物园

292. 蚂蚱腿子

叶及冠毛、花

高 1.5m 冠幅 2m

高 1.5m 冠幅 3m，
国家植物园花期

293. 省沽油

叶、果　　　　　　　　　　　高 1.5m 冠幅 2m

高 2m 冠幅 2m，北京教学植物园花期　　　　　　　　高 3m，中科院沈阳应用生态所标本园

294. 刺五加

叶、果　　　　　　高 1.5m，沈阳中科院应用生态所标本园　　　　高 1.5m，黑龙江省森林植物园

295. 无梗五加

叶、果　　　　　　高 2.5m 冠幅 3m，北京教学植物园　　　　高 2.5m，黑龙江省森林植物园

五、落叶灌木

296. 银芽柳

叶、花芽

高 1.5m 冠幅 1.5m

高 2m，北京奥林匹克森林公园

高 4m 地径 10~15cm，赤峰兴安南麓植物园

297. 杞柳

高 1.5m 冠幅 2m，北京柳荫公园

五、落叶灌木

298. 花叶杞柳

高 0.6m，2016 唐山世园会初夏

高 1.5m 冠幅 1.5m

高 1.5m 冠幅 2m，上海辰山植物园

秋叶

高 3m 冠幅 3m 干径 10cm，西安植物园

2016 唐山世园会

299. 筐柳

高 1m 冠幅 1m，北京柳荫公园

300. 蒿柳

叶、花

高 1m 冠幅 1m，北京柳荫公园

301. 叶底珠

花叶。叶基楔形

高接干径 22cm 高 7m，北京玉蜓公园

高 1.2m 冠幅 2m，吉林长春净月潭

高 6m 地径 15cm，国家植物园

高 4m 冠幅 4m，北京教学植物园

302. 雀儿舌头

叶、果。叶基圆形

高 0.5m，北京昌平某售楼处

高 0.5m，国家植物园 10 月底

高 0.8m，北京陶然亭公园

五、落叶灌木

303. 木贼麻黄

高 0.7m，2019 北京世园会

高 1.5m，国家植物园

304. 北美冬青

果。花、叶

高 1m，国家植物园 10 月中红果

高 1.5m 冠幅 1.5m，北京某品种展示会

305. 夏蜡梅

高 1.5m 冠幅 1m，国家植物园

306. 山胡椒

叶、果

高 4m，国家植物园 10 月中

307. 结香

高 2m 冠幅 2m，昆明植物园 4 月中

高 1.5m 冠幅 2m，与枇杷，西安植物园

高 1.8m 冠幅 2m，青岛植物园

高 1m，江苏同里古镇春初花期

308. 木芙蓉

高 1.5m，河南安阳人民公园

高 1~1.5m，江苏连云港苍梧绿园

右，苏州狮子林

309. 重瓣芙蓉

310. 醉芙蓉

高 3m 冠幅 4m，上海植物园

311. 海滨木槿

叶、果

高 2m，上海植物园

高 4m 冠幅 5m，贵州小七孔景区入口

六、藤本植物

1. 紫藤

新叶

花期。荚果密生黄色茸毛

地径 3~4cm 条长 5~6m

苏州留园桥上应用

北京某售楼处（李健宏摄）

右，苏州环秀山庄水边（李健宏摄）

苏州留园天井

英国威斯利花园

2. 白花紫藤

与紫藤应用，南京瞻园

3. 藤萝

山东栖霞牟氏庄园。果密生灰白色茸毛

4. 白花藤萝

总状花序短粗

国家植物园

5. 多花紫藤

国家植物园

日本京都天龙寺

6. 藤本月季

国家植物园。市场盆栽高 2~3m 地径 1~3cm

北京某别墅区

北京世界葡萄博览园

北京天坛公园，品种多特蒙德

7. 野蔷薇

北京顺义某花园餐厅

高度1m 冠幅2m，北京怀柔某别墅区

济南趵突泉公园

8. 粉团蔷薇

高1m 冠幅1.5m

9. 白玉棠

高2m 冠幅3m

北京某居住区

10. 七姐妹

花、叶

高1.5m，黑龙江省森林植物园

与龙柏等应用，北京某花园餐厅

高2m，河北保定植物园

11. 荷花蔷薇

12. 凌霄

花萼绿色，5裂至中部，有5条纵棱；花冠筒短

苏州网师园

13. 美国凌霄

花较小，花萼棕红色，无纵棱，开裂约三分之一

北京某居住区。市场盆栽地径2~3cm
条长2m

与鸢尾，北京某餐厅（李健宏摄）

14. 杂交凌霄

花萼黄绿带红色，
花冠筒较凌霄长

英国威斯利花园

北京某居住区

15. 地锦

无锡寄畅园入口墙及屋顶（李健宏摄）

北京北海静心斋秋末，左侧柏后雪松

英国伦敦秋季变红

16. 美国地锦

山东滨州新滨公园

甘肃嘉峪关长城博物馆 10 月初

清华大学。市场苗地径 1cm 长 3m

北京教学植物园

新疆库车街头绿地

17. 葡萄

地径 3cm
条长 2m，
国家植物园

西安大唐芙蓉园

山东烟台某售楼处

新疆吐鲁番葡萄沟

18. 扶芳藤

高 2.5m 地径 3cm，北京教学植物园冬

北京某苗木市场

19. 小叶扶芳藤

郑州植物园。盆栽地径 5mm 长 1m

西安植物园

叶面墨绿至灰绿或淡红色，叶背暗红色，北京东南护城河年初

20. 金边扶芳藤

21. 银边扶芳藤

与阔叶十大功劳，济南趵突泉

22. 洋常春藤

北京某售楼处

北京某苗木市场冬

烟台某售楼处（李健宏摄）

河南兰考焦裕禄纪念园

六、藤本植物

23. 络石

北京教学植物园露地栽植

岸边、石边应用

国家植物园

24. 花叶络石

盆栽

与狐尾天门冬、金叶石菖蒲，上海植物园

与左金边胡颓子（王汝楠摄）

25. 蔓长春花

河北北戴河

27. 花叶小蔓长春

小图为小蔓长春花叶

28. 金银花

高 1m 冠幅 1m，山东昌
邑。可作花篱

市场盆栽地径 1.5cm 长 2.5m
（李健宏摄）

沈阳世博园

26. 花叶蔓长春花

山东潍坊植物园

西安大雁塔。盆栽可作垂吊装饰

国家植物园冬末。不背风处叶卷曲、灰绿色

29. 红花忍冬

国家植物园

30. 紫脉金银花

2016 唐山世园会

31. 布朗忍冬

北京顺义某花园餐厅

32. 金红久忍冬

2019 北京世园会

33. 贯月忍冬

花、叶

34. 木香

北京教学
植物园

苏州网
师园

江苏常州红梅公园　　　　唐山世园会

35. 重瓣白木香

与国家植物园重瓣黄木香

北京颐和园月波楼百年树

36. 山荞麦

花期

国家植物园冬态

37. 南蛇藤

六、
藤本
植物

叶、果

青海西宁市人民公园

地径 3~5cm 长 3~4m，吉林白城   北京园林学校

沈阳世博园地径 10cm

北京初冬果

38. 东北雷公藤

39. 山铁线莲

国家植物园　　　　　　　山东潍坊植物园

40. 大花铁线莲

国家植物园

北京某品种展示会

铁线莲等应用

41. 中华猕猴桃

花

地径 3~5cm
长 3~4m，国家植物园

42. 软枣猕猴桃

花

叶、果

国家植物园

43. 葛藤

北京青年湖公园

北京教学植物园冬

44. 杠柳

花、叶

黑龙江省森林植物园。
可攀花架

山东潍坊十笏
园（付冰摄）

45. 三叶木通

花、叶

国家植物园

六、
藤本
植物

46. 山葡萄

北京园林学校

沈阳世博园

48. 乌头叶蛇葡萄

枝、叶

北京中山公园

49. 掌裂蛇葡萄

叶、果

青岛植物园

47. 葎叶蛇葡萄

叶、果

北京园林学校

50. 五味子

2019 北京世园会

黑龙江省森林植物园

六、藤本植物

51. 蝙蝠葛

北京药用植物园

52. 鸡矢藤

花、叶

国家植物园

53. 木通马兜铃

叶果

沈阳世博园

54. 金叶薯

2019 北京世园会　　　　与大花金鸡菊，烟台某售楼处

与观赏谷子等（李健宏摄）

55. 紫叶薯

与花叶薯、金叶薯，新加坡屋顶花园（李健宏摄）

56. 花叶薯

冬态

国家植物园秋色

2019 北京世园会

57. 啤酒花

叶、果

58. 山药

可攀花架

59. 何首乌

北京教学植物园

60. 瓜蒌

61. 茑萝

62. 圆叶牵牛

63. 牵牛

法国住宅（杨一帆摄）

64. 观赏葫芦

鹤首葫芦

65. 瓠瓜

北京门头沟爨底下村民居

66. 观赏南瓜

北京昌平农业嘉年华

67. 冬瓜

上海辰山植物园

68. 蛇瓜

69. 丝瓜

山东荣成民居攀墙栽植

70. 苦瓜

叶形较美

71. 扁豆

2019北京世园会

72. 豇豆

73. 菜豆

74. 香豌豆

多色

绿色盆栽

75. 大花野豌豆

花、叶

北京紫竹院公园

76. 鸭跖草

北京颐和园

七、沙生植物

七、沙生植物

1. 沙地云杉

高 3m 地径 8cm，赤峰白音敖包苗圃　　　赤峰白音敖包水边生长

高 6m 冠幅 3m 地径 14cm

园路应用

2. 沙冬青

高 1m 冠幅 1m，宁夏银川植物园

高 1.5m，中科院吐鲁番沙漠植物园

3. 胡杨

干径 6cm 高 4.5m 冠幅 3m　　　干径 15cm 高 10m，吐鲁番沙漠植物园　　　干径 20cm 高 10m，新疆库尔勒

内蒙古额济纳怪树林，死树千年不倒　　　新疆塔河胡杨林公园9月底

秋色

4. 沙棘

内蒙古额济纳胡杨林公园10月初

高2m，河北张北草原天路。可作绿篱

高4m 冠幅4m 分枝径10~15cm，北京世园会　　　高3m 冠幅1m 干径2~3cm，北京高寒植物园

5. 沙柳

高2m 冠幅2m，
北京园博园

高3m 冠幅3m，内蒙古响沙湾

6. 乌柳

北京园博园

7. 甘肃柽柳

高 3m 冠幅 3m，宁夏银川植物园　　　　高 1.5~2m，新疆塔河胡杨林公园柽柳　　　　兰州应用

8. 柠条

叶、花、果　　　　高 1.5m，吐鲁番沙漠植物园。可作树篱　　　　高 2m 冠幅 3m，宁夏银川植物园

高 3m 冠幅 3m，
内蒙古赤峰高速
绿化带

内蒙古响沙湾

9. 花棒

花、叶

高 5m，银川
植物园

10. 杨柴

高 1m，陕西榆林珍稀沙生植
物保护基地

11. 红花岩黄耆

2019 北京世园会

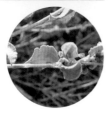

12. 铃铛刺

高 4m，国家植物园

13. 骆驼刺

吐鲁番沙漠植物园

14. 沙拐枣

枝、果

吐鲁番沙漠植物园　　　高 4m 冠幅 3m

15. 沙木蓼

高 2m，吐鲁番沙漠植物园

16. 梭梭

吐鲁番沙漠植物园

与肉苁蓉共生，2019
北京世园会

17. 白刺

18. 蒙古扁桃

高 0.6m 冠幅 2m，北京园博园

19. 长柄扁桃

叶、果

高 2m 冠幅 2.5m，宁夏银川植物园

20. 西部沙樱

高 1m 冠幅 2m，
银川植物园

21. 草麻黄

2019 北京世园会

七、沙生植物

22. 中麻黄

高 0.6m，河北蔚县暖泉西古堡冬初。果

23. 花花柴

吐鲁番沙漠
植物园

24. 甘草

25. 沙葱

2019 北京世园会

北京天坛公园

吐鲁番沙漠植物园

八、观赏草

1. 东方狼尾草

白穗 　　　　　　　　粉穗

紫穗。北京不能露地越冬 　　　　秋色 　　　　北京奥林匹克森林公园入口

北京柳荫公园 　　　　北京庆丰公园 　　　　北京某售楼处（李健宏摄）

北京某售楼处（李健宏摄）

北京某售楼处（李健宏摄）

奥地利米拉贝尔花园

2. 大布尼狼尾草

高 1.5m，上海辰山植物园

印度尼西亚巴厘岛

3. 小布尼狼尾草

高 0.6m，北京中秋

北京某居住区秋末（李健宏摄），

4. 小兔子狼尾草

2019 北京世园会

右，英国威斯利花园

5. 紫叶狼尾草

与金叶薯、彩叶草，国家植物园

2013 锦州世博园

英国威斯利花园

美国高尔夫球场

与小丽花、洒金桃叶珊瑚等，伦敦肯辛顿公园

6. 火焰狼尾草

右，与左紫叶狼尾草，2019 北京世园会

7. 羽绒狼尾草

2019 北京世园会

英国邱园

英国威斯利花园

英国威斯利花园

8. 金边狼尾草

9. 花叶芒

2019 北京世园会与拂子芒、晨光芒

北京某售楼处与后面芦苇

北京某售楼处与红枫等

英国威斯利花园

10. 斑叶芒

北京秋末

冬态

北京昌平某售楼处

11. 细叶芒

盆径 0.3m 高 1.2m 冠幅 0.6m

北京某苗圃

与狗尾草，北京某售楼处

八、观赏草

山东烟台植物园

与针茅，西安世博园

瑞典街头绿地芒草等

12. 纤序芒

13. 晨光芒

花穗红色，后变粉白至银白色，北京 10 月中

14. 矢羽芒

2016 唐山世园会

花序

北京某别墅区（李健宏摄）

芒草和橐吾，日本东京树池中（李健宏摄）

15. 大油芒

花、叶

北京朝阳门某商厦

北京柳荫公园

北京秋末

16. 芦竹

北京某苗圃

香港沙田公园初花期

17. 花叶芦竹

高 1m

北京园博园

18. 变叶芦竹

北京前门三里河水系

与山桃草等，英国伦敦摄政公园

19. 蓝羊茅

北京园博园

2016 唐山世园会

2016 唐山世园会

20. 草芦

国家植物园

北京某苗圃

21. 玉带草

22. 先知草芦

2019 北京世园会

2016 唐山世园会

北京某苗圃与
草原鼠尾草

23. 涝峪薹草

花穗。清华大学冬末

24. 青绿薹草

叶较窄。花穗

沿路应用

北京 秋末

25. 披针叶薹草

26. 细叶薹草

27. 宽叶薹草

28. 棕色薹草

2019 北京世园会

骆驼造型，2017 国庆北京东单花坛

与百子莲、萱草等。英国爱丁堡植物园

29. 金叶薹草

2016 唐山世园会

合肥植物园冬态

30. 拂子茅

北京广阳谷绿地冬态

31. 卡尔拂子芒

北京某售楼处（朱海摄）

32. 花叶拂子芒

北京秋末

33. 柳枝稷

清华大学

品种'重金属'与右'山纳多'

山纳多，后期叶红绿相间

上海浦东某苗圃屋顶花园 10 月中

北京东二环路（李健宏摄）

国家植物园

34. 针茅

与狼尾草、细叶芒等，英国威斯利花园

英国威斯利花园观赏草配置

35. 细茎针茅

北京园博园

与蓝羊茅，2016 唐山世园会

36. 蒲苇

杭州曲院风荷

南昌某居住区

英国摄政王公园

八、观赏草

37. 矮蒲苇

2019 北京世园会

与美人蕉，上海辰山植物园

英国谢菲尔德花园

瑞士河边与花叶芦竹、芒草

38. 花叶蒲苇

2019 北京世园会

2019 北京世园会

39. 画眉草

2019 北京世园会

40. 画眉草风舞者

41. 丽色画眉草

北京 10 月初

国家植物园

42. 旱芦苇

北京望京公园

中科院吐鲁番沙漠植物园

北京某苗圃秋末

43. 蓝冰麦

北京某苗圃

北京通州某苗圃

44. 须芒草

北京某苗圃9月（李青秀摄）

45. 野古草

北京怀柔某苗圃

北京秋末

46. 野青茅

国家植物园10月初

47. 灯芯草

2019 北京世园会水中应用

上海辰山植物园

48. 螺旋灯芯草

49. 金色箱根草

50. 荩荩草

2019 北京世园会

河北蔚县村道边

51. 远东荩荩草

52. 银边草

53. 悍芒

北京秋末

日本芒草应用（王汝楠摄）

54. 荻

右下为发草

高 3m，北京秋末

55. 金色狗尾草

与卡尔拂子芒，北京某售楼处

56. 粉黛乱子草

出穗晚且比南方效果差，北京望京 9 月中

北京某售楼处 11 月底

整体颜色偏淡，北京紫竹院 11 月底

上海浦东某苗圃 10 月初

上海植物园

57. 小盼草

北京某苗圃

南京中山植物园 10 月中

58. 蜜糖草

北京秋末

2017 北京
国庆花坛

北京怀柔
某苗圃

59. 木贼

2019 北京世园会

与苔藓，日本小庭院（李健宏摄）

英国威斯利花园

芒草'歌舞芒'

60. 节节草

茎和矩圆形孢子囊

高 0.8m 以上，北京海淀公园

61. 白茅

62. 血草

西安世博园

英国威斯利花园

63. 紫田根

花穗

南京中山植物园

64. 柠檬草

北京教学植物园

金叶石菖蒲

与紫苏，台湾士林官邸公园

九、水生植物

1. 荷花

中国莲种系大株型群少瓣类粉莲，
瓣 20 枚以内，另红、白莲常见

大洒锦。中国莲种系大株型群重瓣类
复色莲，花瓣 51 枚以上

重台莲。雄蕊大部瓣化，雌蕊全瓣化，保
留花托

大株型千瓣莲。瓣 800 枚以上，以
红、粉莲型为主

半重瓣红莲，瓣 21~50 枚，属中小
株型

重台白莲。属中国莲种系中小株型群

中美杂种莲系大株型群重瓣黄莲型

水生类常用径约 0.4m 塑盆栽植

杭州曲院风荷

清华大学水木清华荷塘

北京某别墅区（李健宏摄）

苏州留园涵碧山房，即荷花厅侧面

2. 睡莲

3. 白睡莲

北京昌平新城滨河森林公园

4. 红睡莲

北京紫竹院公园　　　　　　　　纯色粉红睡莲，北京莲花池公园

5. 雪白睡莲

6. 黄睡莲

7. 阳光粉睡莲

8. 万维莎睡莲

北京某苗圃

9. 热带睡莲

10. 千屈菜

大面积效果

北京某别墅区（李健宏摄）

北京某苗圃两个新品种展示

北京紫竹院公园

11. 芦苇

与画眉草，北京某伯棂处

北京大观园芦雪亭

辽宁盘锦红海滩

苏州拙政园

日本富士山初冬

12. 花叶芦苇

北京某居住区

13. 香蒲

山东潍坊植物园

14. 狭叶香蒲

花序

印尼巴厘岛某宾
馆铁锅栽植

印度尼西亚巴厘岛

15. 宽叶香蒲

花序和叶

16. 短序香蒲

花序。茎生叶长于花莛

17. 小香蒲

叶多基生鞘状叶，茎生叶少，短于花莛

新疆克拉玛依9月底

18. 水葱

庭院应用
（李健宏摄）

19. 花叶水葱

纵向白条纹品种

横向白条纹品种

20. 黄菖蒲

北京世界月季洲际大会主题公园

21. 玉蝉花

下 3 枚瓣大，上 3 枚瓣小；瓣中部有黄斑

22. 花菖蒲

23. 花叶花菖蒲

西安植物园

英国威斯利花园

25. 伞草

香港沙田公园

24. 菖蒲

陆地亦可生长

与左千屈菜，烟台售楼处（李健宏摄）

北京某售楼处

26. 水生美人蕉

北京某苗圃　　　　　　　　南京某苗圃

27. 凤眼莲

2013 锦州世博园　　　　　　　河北廊坊某售楼处

28. 梭鱼草

北京某售楼处

北京某售楼处（朱海摄）

中，与宿根六倍利、狭叶香蒲，英国邱园

29. 剑叶梭鱼草

30. 再力花

北京某售楼处
桥边

北京中央别墅区
某售楼处

31. 垂花再力花

花。小图为
再力花的花

国家植物园

九、
水生
植物

32. 野慈姑

花叶

北京紫竹院公园

33. 爆米花慈姑

陕西汉中公园

34. 皇冠草

国家植物园

35. 泽泻

北京某售楼处

36. 水罂粟

37. 荇菜

38. 金银莲花

北京某花卉市场

39. 水鳖草

40. 欧亚萍蓬草

41. 亚马逊王莲

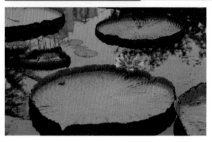 

42. 克鲁兹王莲

43. 水浮莲

44. 铜钱草

北京园博园

45. 粉绿狐尾藻

北京园博园

46. 花蔺

47. 玫红木槿

2019 北京世园会陆地应用　　　　　花、叶、果　　　　　水边应用

48. 茭白

北京汉石桥湿地

49. 荸荠

50. 扁秆藨草

51. 纸莎草

台湾大学应用

吉林松原市公园　　　　　北京怀柔某苗圃

52.水芹

53.泽芹

54.黑三棱

55.浮萍

56.紫萍

57.槐叶苹

58.满江红

59.苹

北京怀柔某苗圃

60.金鱼藻

61. 眼子菜

北京海淀巴沟山水园

62. 菹草

水中大量滋生，影响景观和游船

63. 苦草

北京圆明园与黑藻

北京顺义中央别墅区某售楼处

64. 黑藻

北京圆明园。有时会大量滋生

65. 狐尾藻

66. 杉叶藻

中，内蒙古大兴安岭

67. 水毛茛

北京圆明园

68. 芡实

69. 雨久花

与莕菜，北京某居住区

70. 欧菱

71. 盐地碱蓬

叶、果

盘锦红海滩 10 月初

72. 水稻

紫叶，2019 北京世园会

2020 北京
东单国庆花坛

云南巴泽梯田
水稻将熟

九、
水生
植物

十、草坪、地被植物

1. 丹麦草

北京奥林匹克森林公园花期

北京天坛公园冬末，背风处可保持
深绿

禾叶山麦冬

2. 沿阶草

与左侧石榴，苏州怡园
（李健宏摄）

苏州狮子林

3. 金叶过路黄

北京某售楼处（李健宏摄）

4. 常夏石竹

山东潍坊植物园

洛阳隋唐城遗址植物园

5. 顶花板凳果

6. 高羊茅

叶较宽，具平行脉

不修剪生长

草坪

7. 草地早熟禾

叶片细腻，有主脉

开花效果

8. 多年生黑麦草

叶片细腻，有主脉，深绿，有光泽

9. 匍匐剪股颖

北京某高尔夫球场育草区

10. 野牛草

北京南二环景泰桥护坡

11. 结缕草

12. 中华结缕草

13. 马尼拉草

14. 狗牙根

15. 紫羊茅

黑龙江某地有应用

16. 羊茅

17. 佛甲草

山东潍坊植物园

18. 金叶佛甲草

北京某售楼处

北京某单位

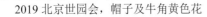

2019 北京世园会，帽子及牛角黄色花

水边应用（张文强摄）

19. 垂盆草

沈阳世博园草坪　　　　北京教学植物园

20. 反曲景天

21. 金叶反曲景天

22. 福德格鲁特景天

右为精灵灰毛费菜

23. 胭脂红景天

24. 精灵灰毛费菜

25. 六棱景天

26. 中华景天

27. 蛇莓

花、叶、果

北京东南护城河

28. 委陵菜

29. 鹅绒委陵菜

30. 翻白草

31. 莓叶委陵菜

2019 北京世园会

32. 蛇含委陵菜

33. 匍枝委陵菜

34. 朝天委陵菜

35. 二裂委陵菜

36. 紫花地丁

叶较狭长，基部截形，花较小

与丹麦草混播，北京望京公园春

河北农业大学

37. 早开堇菜

北京奥林匹克
森林公园

38. 蒲公英

北京药用植物园

39. 连钱草

北京紫竹院公园　　　　　　天津泰达园林植物资源库

（李健宏摄）

北京天坛公园

40. 二月兰

南京绿地应用

41. 白三叶

林下应用　　　　自然生长，内蒙古呼伦贝尔奇乾村　　　　郑州植物园

42. 红三叶

43. 米口袋

44. 求米草

北京颐和园后湖

45. 酢浆草

46. 平车前

河北唐山植物园

47. 大车前

叶大型，花序细长

48. 点地梅

北京园林学校

49. 无芒雀麦

内蒙古根河市满归镇

50. 扁穗冰草

51. 北京延胡索

小药八旦子

52. 玉龙草

北京某豪宅售楼处（朱海摄）

与苔藓、蕨类，日本庭院（李健宏摄）

53. 黑龙草

与韭兰，2019北京世园会

英国邱园

54. 金边阔叶山麦冬

2016唐山世园会夏初呈黄色

55. 兰花三七

林下应用

56. 吉祥草

中后部宽叶为吉祥草

57. 苔藓

内蒙古赤峰白音敖包自然生长

日本京都大河内山庄

十一、多年生花卉

1. 芍药

吉林市江南公园

2016 唐山世园会

室内应用

2. 萱草

北京大观园潇湘馆与石馏

3. 重瓣萱草

4. 金娃娃萱草

河北唐山某钢厂庭院

5. 大花萱草

6. 黄花菜

呼和浩特街头绿地

7. 北黄花菜

8. 小黄花菜

花序不分枝，仅具 1~2 花，稀 3 花

9. 玉簪

花期

与丁香、大叶黄杨，北京昌平某售楼处

北京怀柔某别墅区

'大富豪'大型叶蓝绿色，白花

'甜心'观赏期长，较耐光照

俄罗斯金叶玉簪水边应用（孙军摄）

'法兰西'叶心形，白色边缘规则，紫花

英国威斯利花园岩石园

10. 小黄金叶玉簪

小黄金叶等多品种

11. 金边玉簪

12. 东北玉簪

13. 紫萼玉簪

14. 花叶玉簪

15. 鸢尾

可在竹林下等阴处应用

北京某售楼处（李健宏摄）

燕子花，日本根津美术馆（王汝楠摄）

北京某庭院（李健宏摄）

16. 德国鸢尾

国家植物园

高 0.8m

17. 西伯利亚鸢尾

18. 溪荪

19.、20. 喜盐鸢尾、蓝花喜盐鸢尾

白花与右侧蓝花

蓝花与白花

21. 矮紫苞鸢尾

22. 马蔺

盆栽高 20~30cm 冠幅 10~15cm

北京市园林学校

天津武清低碳园林创意园水边

23. 射干

2013 锦州世博园

英国伦敦

左，英国爱
丁堡植物园

24. 八宝景天

某售楼处（李健宏摄）

北京某售楼处中与左上马袍（朱海较）

英国威斯利花园

25. 长药八宝

白花、粉花与矾根

26. 紫八宝

与八宝景天

景天'耀眼'

27. 三七景天

28. 德景天

吉林市江南公园
北京园博园

29. 粗壮景天

国家植物园

与地榆等，英国威斯利花园

与观赏草等，英国威斯利花园

30. 大花金鸡菊

北京某售楼处。盆栽高 0.3~0.4m 冠幅 0.2m（李健宏摄）

山东烟台某售楼处（李健宏摄）

31. 宿根福禄考

河北北戴河夏

白色和粉色耐热品种与花叶芒，北京某苗圃夏末

与金银木（右），北京怀柔某别墅区

32. 荷兰菊

北京某苗圃

33. 紫菀

34. 高山紫菀

35. 柳叶白菀

与蓝矮牵牛河流，2020 北京东单国庆花坛

36. 木茼蒿

多色

黄金菊应用

北京某售楼处

北京望京公园

37. 大滨菊

2019 北京世园会

2016 唐山世园会

2016 唐山世园会

38. 滨菊

2016 唐山世园会

39. 石竹

40. 浅裂剪秋罗

潍坊植物园

41. 针叶福禄考

粉色，北京世界葡萄博览园

42. 厚叶福禄考

43. 紫露草

国家植物园。盆栽高 0.3m 冠幅 0.3~0.4m

44. 金叶紫露草

45. 河北耧斗菜

雄蕊伸出花外。萼片常比花瓣长，距短

46. 华北耧斗菜

花较大，距（喇叭管状）末端钩状

47. 杂种耧斗菜

单瓣与重瓣花

2019 北京世园会

48. 铃兰

49. 鹿药

50. 玉竹

51. 小玉竹

日本京都天龙寺油点草花期。小图为油点草

52. 蓝亚麻

53. 多花筋骨草

紫叶与花叶品种

2016 唐山世园会岩石花园

54. 黄芩

北京通州某苗圃

55. 甘肃黄芩

银川植物园

56. 并头黄芩

57. 狭叶黄芩

高 6~25cm

58. 沙滩黄芩

59. 半枝莲

60. 沙参

61. 丹参

62. 林荫鼠尾草

多色

2019 北京世园会

北京某品种展示会

唐山世园会与蓝盆花、婆婆纳、荆芥

63. 草原鼠尾草

64. 轮叶鼠尾草

65. 荷包牡丹

北京园林科学研究院。
黄色为糖芥

66. 白花荷包牡丹

67. 白屈菜

黑龙江大兴安岭野生

68. 蓝盆花

2019 北京世园会

69. 大花蓝盆花

70. 鸽子蓝盆花

唐山世园会。盆栽高 0.2m 冠幅 15cm

71. 柳叶马鞭草

北京某乡村休闲庄园

与丝兰、阔叶十大功劳等，英国伦敦

英国邱园观赏草中配植

英国邱园混植

72. 山桃草

北京教学植物园

与千屈菜，2013 锦州世博园

73. 紫叶山桃草

2016 唐山世园会

74. 花叶山桃草

盆栽高 0.6m 冠幅 0.5m

75. 肥皂花

国家植物园

76. 重瓣红肥皂花

77. 金光菊

78. 全缘金光菊

79. 松果菊

多色

英国威斯利花园

北京通州某苗圃

80. 赛菊芋

81. 菊芋

高2m，北京大兴某厂区

82. 轮叶金鸡菊

国家植物园

83. 玫红金鸡菊

多色，2019 北京世园会模拟梵高画作

与蓝冰柏、金蜀桧应用

84. 加拿大一枝黄花

北京地坛公园

与穗花牡荆，英国威斯利花园

85. 一枝黄花

86. 杂种一枝黄花

2017 北京国庆花坛

87. 欧亚旋覆花

叶基心形或有耳，明显抱茎

88. 旋覆花

叶基部抱茎不明显

89. 落新妇

多色

2016 唐山世园会

沈阳世博园

90. 厚叶岩白菜

91. 芙蓉葵

92. 穗花婆婆纳

国家植物园

北京某售楼处（由杨摄）

93. 东北婆婆纳

94. 桔梗

北京某别墅项目
（付冰摄）

沈阳世博园

锦州世博园

十一、多年生花卉

96. 花叶假龙头

95. 假龙头

北京某售楼处白花（由杨摄）

北京某售楼处粉花（朱海摄）

97. 大叶铁线莲

2016 唐山世
园会

98. 薰衣草

高 20~30cm

北京园博园

英国威斯利花园

99. 齿叶薰衣草

法国普罗旺斯塞南克修道院（杨一帆摄）

100. 羽叶薰衣草

厦门鼓浪屿民居

101. 荆芥

盆栽高 20~30cm 冠幅 15cm

2016 唐山世园会

国家植物园

102. 薄荷

103. 留兰香

104. 皱叶留兰香

与红叶甜菜，2019 北京世园会

105. 藿香

花期

夏日覆盆子藿香

金色庆典茴香味藿香

2019 北京世园会

2019 北京世园会

106. 百里香

107. 牛至

2019 北京世园会

108. 毛建草

河北茶山

109. 块根糙苏

小图为块根糙苏花

110. 蓝刺头

河北茶山

英国爱丁堡植物园

英国爱丁堡植物园

十一、多年生花卉

111. 高山刺芹

北京教学植物园

英国爱丁堡植物园

英国威斯利花园

与观赏草等，英国威斯利花园

112. 抱茎苦荬菜

北京药用植物园

113. 苣荬菜

114. 中华小苦荬

河北农业大学

115. 串叶松香草

116. 泽兰

国家植物园

英国爱丁堡植物园

十一、多年生花卉

117. 菊苣

118. 蜂斗菜

沈阳世博园

119. 蹄叶橐吾

120. 齿叶橐吾

国家植物园

121. 小冠花

122. 野火球

北京某苗圃

123. 紫花苜蓿

与无芒雀麦、柽柳，吉林高速公路

124. 花苜蓿

十一、多年生花卉

125. 野苜蓿

满洲里附近道路。海拉尔绿地有生长

126. 沙打旺

与野苜蓿生长，
大兴安岭

中科院吐鲁番沙漠植物园

127. 百脉根

128. 蓝花棘豆

129. 狼尾花

130. 老鹳草

131. 黄海棠

北京某苗圃

132. 朝鲜白头翁

内蒙古根河满归镇
野生

133. 毛茛

2016 唐山世园会

2016 唐山世园会

134. 金莲花

2019 北京世园会北京园

135. 瓣蕊唐松草

花叶

136. 红缬草

2019 北京世园会

137. 柳兰

北京怀柔高寒植物园

英国遗迹花后

138. 补血草

北京教学植物园

139. 黄花矶松

北京教学植物园

140. 二色补血草

北京通州某苗圃

141. 红姑娘

国家植物园

香港中环品种

142. 罗布麻

北京教学植物园

与桧柏，甘肃敦煌鸣沙山 10 月初

143. 柳叶水甘草

北京教学植物园

144. 铁筷子

花单或复瓣

145. 地榆

国家植物园

与蓝刺头等，英国威斯利花园

146. 龙芽草

北京西单路口绿地花期

147. 红花水杨梅

148. 紫斑风铃草

花多呈白色，紫斑在内部

149. 花荵

150. 地黄

北京教学植物园

151. 白鲜

大兴安岭野生

152. 掌叶大黄

2019 北京世园会

153. 辽藁本

花白色　　　　　　白花碎米荠

154. 瞿麦

北京教学植物园

155. 蔓茎蝇子草

2019 北京世园会

156. 石生蝇子草

花白或粉色

157. 知母

158. 石刁柏

高 2m 冠幅 1.5m

十一、多年生花卉

159. 败酱

2019北京世园会。密植黄色悦目

160. 勿忘草

161. 聚合草

162. 珠光香青

163. 高山蓍

164. 刺儿菜

165. 兔儿伞

166. 裂叶马兰

国家植物园

167. 全叶马兰

北京海淀公园

十一 多年生花卉

168. 三脉紫菀

169. 阿尔泰狗娃花

170. 珠果黄堇

国家植物园

171. 博落回

高 1.5m，北京某苗圃

虎杖

中，高 1m，英国伍德斯托克

172. 北乌头

英国建筑基础栽植

173. 大火草

2019 北京世园会

十一、多年生花卉

174. 野棉花

175. 秋菊

平瓣类紫色菊，花瓣开展，冠筒部分短于瓣全长五分之一

匙瓣类复色独本菊，舌状花管部为瓣长的二分之一至三分之二

管瓣类淡绿色菊，舌状花管状，先端如开放，短于瓣长三分之一

畸瓣类黄菊'盘龙金爪'花瓣先端开裂呈爪状或瓣背毛刺

桂瓣类粉菊'雀舌托桂'舌状花少，管状花不规则开裂

大立菊

悬崖菊

2014 年北京秋末花坛（李青秀摄）

176. 甘菊

国家植物园 10 月中林下

177. 小红菊

北京某苗圃

178. 艾

179. 银蒿

与蓝盆花，2019 北京世园会

180. 朝雾草

密毛白莲蒿

181. 荚果蕨

球子蕨

盆栽高 0.3m 冠幅 0.3m；北京东南 二环路

沈阳世博园

182. 银瀑日本蹄盖蕨

与玫红金鸡菊等应用

日本蹄盖蕨

183. 麦秆蹄盖蕨

184. 粗茎鳞毛蕨

185. 矾根

多色，与黄水枝

国家植物园

2016唐山世园会

泡沫花金色瀑布

天安门广场红、黄色（李青秀摄）

186. 棕色绒毛矾根

187. 黄水枝

十一、多年生花卉

188. 花叶羊角芹

2016 唐山世园会

花期

北京某品种展示会

189. 分药花

北京通州某苗圃

190. 滨黎叶分药花

191. 花叶野芝麻

192. 郁金香

2016 唐山世园会

花单或重瓣

国家植物园

日本六本木与三色堇、银叶菊（李健宏摄）

193. 风信子

混色

单色；与洋水仙，国家植物园

194. 葡萄风信子

2016 唐山世园会

国家植物园

195. 亚洲百合

2017 北京世界葡萄博览园

沈阳世博园

196. 东方百合

2013 锦州世博园

197. 卷丹

198. 山丹

北京怀柔高寒植物园

199. 有斑百合

200. 大花百合

201. 火炬花

北京通州某苗圃

英国威斯利花园

与千屈菜，英国威斯利花园

202. 大花葱

多品种

2019 北京世园会

2017 北京世界葡萄博览园

国家植物园

203. 花贝母

2016 唐山世园会

与贝母，国家植物园

204. 北葱

盆栽高、冠幅 20~30cm

北京顺义某花园餐厅

205. 山韭

与堰麦牛……2013 北京园博园

2016 唐山世园会

206. 洋水仙

国家植物园

国家植物园白花

207. 中国水仙

金盏银台，雕刻

与细叶棕竹等

厦门植物园水边

208. 玉玲珑水仙

雕刻

209. 早花百子莲

2016 唐山世园会

与鹤望兰等，杭州某售楼处（王汝楠摄）

英国威斯利花园

与荆芥等，英国威斯利花园

210. 紫娇花

2019 北京世园会

2019 北京世园会

211. 石蒜

国家植物园

国家植物园 10 月底花后

杭州植物园

212. 忽地笑

213. 朱顶红

2016 唐山世园会重瓣

214. 葱兰

2019 北京世园会

印度尼西亚巴厘岛

215. 韭兰

2019 北京世园会

216. 美人蕉

217. 大花美人蕉

2019 北京世园会

与金叶紫露草等

英国威斯利花园

十一、多年生花卉

— 608 —

218. 线叶美人蕉

海南省某宾馆　　　　　　与紫叶美人蕉，上海售楼处初冬（李健宏摄）

219. 紫叶美人蕉

2016 唐山世园会　　　　　　英国威斯利花园

220. 蕉藕

与凤尾鸡冠花等，国家植物园　　　　河北香河售楼处。盆栽高 1.5~2m 冠幅 0.5m

山东潍坊十笏园花期

221. 大丽花

北京园博园　　　　　　呼和浩特昭君墓

222. 蛇鞭菊

2013 辽宁
锦州世博园

河北
北戴河

223. 花毛茛

北京香山公园

224. 欧洲银莲花

多色

日本与三色堇、矾根、郁金香等（王汝楠摄）

225. 番红花

北京教学植物园

226. 唐菖蒲

227. 绵枣儿

十一、多年生花卉

228.~230. 五色草、红草五色苋、大红叶草

小叶黑草等多品种多色

2013 北京园博园

国家植物园白草、小叶黑草

大红叶草

红草

红草、小叶绿草与四季海棠

231. 天冬草

香港。市场盆栽高 0.2m 冠幅 0.4m

台湾日月潭日月行馆

232. 狐尾天门冬

2019 北京
世园会

2019 北京
世园会

233. 蓬莱松

高 0.5m，2019 北京世园会

235.、236. 红花酢浆草、白花酢浆草

南京，盆栽高 15cm 冠幅 0.2~0.3m，紫叶品种冠幅略小

红花及白花酢浆草、地涌金莲，2009 第七届花博会

234. 紫叶酢浆草

与红花酢浆草，2007 北京奥运花卉展

2015 北京农业嘉年华

237. 马蹄金

北京某品种展示会绿色、银色

238. 花叶欧亚活血丹

2014 北京国庆花坛（李青秀摄）

新加坡植物园
（王汝楠摄）

239. 绵毛水苏

国家植物园

240. 蓝雪花

与春羽等，北京某
售楼处

241. 非洲菊

多色

2013 北京园博园

北京园博园与仙客来等

242. 繁星花

上海植物园

右下，北京某居住区

北京园博园

243. 长寿花

北京某品种展示会奔马

244. 薄雪万年草

国家植物园

245. 吊竹梅

246. 紫竹梅

杭州某酒店

247. 桂竹香

2019 北京世园会白、黄及橙色

248. 美丽日中花

249. 禾叶大戟

250. 迷迭香

高 1m，西安植物园

与毛地黄，北京延庆长城某酒店

日本大阪枚方花期

251. 水果蓝

高 1m 冠幅 1m，
2019 北京世园会

左下球形修剪，
上海滨江冬初
（李健宏摄）

252. 斑叶香妃草

国家植物园

253. 香蜂花

2019 北京世园会

254. 芸香

山东日照植物园

255. 驱蚊草

北京有露地片植

北京某售楼处，右淡绿色（朱
海摄）

十一、
多年
生花
卉

256. 红花除虫菊

257. 银香菊

高 20cm，国家植物园

高 50cm，2019 北京世园会

258. 芳香万寿菊

2019 北京世园会

北京西城街头绿地

259. 墨西哥鼠尾草

国家植物园

成都麓湖（李健宏摄）

英国爱丁堡植物园

260. 天蓝鼠尾草

2019 北京世园会

261. 深蓝鼠尾草

2019 北京世园会

262. 蚊子草

2019 北京世园会

263. 四季海棠

北京东单路口红鼓　　　　　北京某品种展示会狗

屋顶，国家植物园

奥地利美泉宫模纹花坛

立面与五色草等，北京某品种展

264. 垂吊秋海棠

2013 北京世博园

265. 观叶秋海棠

多品种　　　　　　　　筐内应用　　　　　　与黄色矾根

266. 丽格海棠

香港中环商场外

267. 多叶羽扇豆

2016 唐山世园会

268. 毛地黄

北京某售楼处

北京某售楼处

2016 唐山世园会

与落新妇应用

269. 飞燕草

270. 翠雀

盆栽高 0.3~0.4m 冠幅 0.2~0.3m

271. 高翠雀花

2016 唐山世园会

北京某售楼处（李健宏摄）

272. 东方罂粟

2017 北京世界
葡萄博览园

273. 冰岛虞美人

日本（王汝楠摄）

274.、275. 千叶蓍、蕨叶蓍

左蕨叶蓍'皇冠'，中右
千叶蓍

千叶蓍'夏日美酒'

右千叶蓍观叶。'夏日美酒'
观花

千叶蓍红辣椒与黄蕨叶蓍

与萱草、白松果菊等，英国爱丁堡植物园

276. 齿叶蓍

277. 宿根天人菊

高品种

多品种，还有明黄色品种

2016唐山世园会

某售楼处（李健宏摄）

278. 天竺葵

花（刘志国摄）

大型盆栽

2016唐山世园会

超级天竺葵

大花天竺葵

279. 花叶天竺葵

北京某售楼处

280. 蔓生天竺葵

多色

欧洲常用各色
蔓生天竺葵装
饰楼窗

281. 蹄纹天竺葵

282. 皱叶天竺葵

283. 宿根六倍利

2019 北京世园会红花

284. 火尾抱茎桃叶蓼

2019 北京世园会　　　　　　与大头黑心菊等，英国威斯利花园　　　　中左，英国威斯利花园

285. 海石竹

2016 唐山世园会

红、粉红色，
2019 北京世园会

286. 须苞石竹

北京园博园

287. 香石竹

288. 大花夏枯草

北京某苗圃

289. 锦葵

盆栽高 70~80cm 冠
幅 30~40cm

中，北京某公司屋顶花园

十一、多年生花卉

290. 钓钟柳

蓝花与蓝色风铃草，2016 唐山世园会

291. 红花钓钟柳

292. 毛地黄钓钟柳

北京某苗圃

293. 紫叶毛地黄钓钟柳

与银叶桉，2016 唐山世园会

294. 冬珊瑚

295. 翼叶山牵牛

多色

296. 双腺藤

多色

297. 西番莲

北京教学植物园温室。
可盆栽

298. 金叶假连翘

左，与观赏谷子，
国家植物园

299. 马缨丹

多色

2015 北京东单路口花坛

十一、多年生花卉

中国台湾垦丁海滨

英国威斯利花园

300. 马利筋

沈阳市园林植物标本公园

301. 金苞花

2013 锦州世博园

302. 虾衣花

湖南黔阳古城

303. 鸳鸯茉莉

304. 新几内亚凤仙

多色

前与中部风铃草，2016 唐山世园会

305. 萼距花

高 20~30cm 冠幅 30~40cm

北京某售楼处

中左与非洲凤仙、迷迭香，北京雁栖湖

306. 细叶萼距花

307. 一品红

上海滨江（李健宏摄）

天安门广场红色

308. 比利时杜鹃

北京东单花坛冬初粉花
（李青秀摄）

309. 肾蕨

2014 北京冬初
花坛（李青秀
摄）

与菊花等应用

310. 叶子花

2017 北京西单国庆花坛多色组成树冠

山东济南某售楼处（李健宏摄）

北京某售楼处（李健宏摄）

云南大理双廊镇

与金边银纹竹蕉、金钻等（李健宏摄）

311. 鹤望兰

与八角金盘等

与亮红朱蕉等 2019 北京世园会

2013 锦州世博园

312. 黄蝎尾蕉

新加坡应用（李健宏摄）

印度尼西亚巴厘岛

313. 地涌金莲

与肾蕨等

2016 唐山世园会

314. 散尾葵

香港沙田公园

北京某售楼处

山东烟台某售楼处

315. 棕竹

北京园博园

福建武夷山

与刚竹应用（李健宏摄）

新加坡应用（李健宏摄）

316. 细叶棕竹

右下入口应用

苏州留园窗景

317. 蒲葵

318. 袖珍椰子

高 0.4m 冠幅 0.3m，2019 北京复兴门花坛

319. 狭叶龙血树

北京园博园

与回回苏等，
国家植物园

320. 龟背竹

厦门植物园

北京某售楼处（由杨摄）

澳门威尼斯人酒店附近

321. 春羽

中，北京某别墅区，园点景观
设计资料

322. 金钻蔓绿绒

济南某售楼处（李健宏摄）

323. 海芋

广西桂林街头绿地

高 1m 冠幅 0.8m，北京某售楼处

324. 尖尾芋

山东烟台某售楼处台阶处

325. 白鹤芋

北京某售楼处

326. 鹅掌藤

与鹤望兰、变叶木等，北京园博园　　　　贵州镇远古镇民宅　　　　新加坡入口

327. 花叶鹅掌藤

328. 大叶伞

左与鱼背竹等，北京某居住区（李健宏摄）

高 3.5m 冠幅 2m，广东珠海海公园

329. 非洲茉莉

高 0.8m 冠幅 0.8m，北京园博园

高 2m 冠幅 2m，可作绿篱

330. 龙船花

北京某苗圃

高 0.5m 冠幅 0.5m，与海芋等，北京售楼处

香港尖沙咀

331. 苏铁

福建武夷山武夷宫

苏州留园盆栽

北京园博园

澳门威尼斯人酒店附近

332. 小木槿

入口应用，2019
北京世园会

333. 金雀花

盆栽高 0.4m 冠幅 0.4m

2016 唐山世园会

334. 双荚决明

高 1.2m，2020 北京
西单国庆花坛

高 2~3m，北京教学植物园

335. 黑金刚橡皮树

高 0.5m 冠幅 0.5m，与杂种耧斗菜

与三角梅、变叶木等，
北京园博园

河北迁西某售楼处与紫藤、凤尾兰等

336. 褐锦紫叶槿

北京某售楼处秋末（李健宏摄）

与蕉藕应用

与大花美人蕉，国家植物园

与墨西哥鼠尾草等

337. 变叶木

与绣球花，2016 唐山世园会

高 40~50cm，澳门郑家大屋

338. 亮红朱蕉

高 60~80cm 冠幅 50~60cm，北京某售楼处

与龙船花，台湾台北绿地

339. 红边朱蕉

香港沙田公园

340. 紫剑叶朱蕉

2019 北京世园会

与后新西兰麻，北京某苗圃

341. 三色千年木

与巴西木、竹竿、尖尾芋等，北京售楼处

中上，香港中环绿地

与狐尾天门冬，成都麓湖红石公园（李健宏摄）

342. 彩虹千年木

粉花为双线藤

343. 金边竹蕉

344. 金边银纹竹蕉

高 50cm

345. 金心巴西木

北京某售楼处
（李健宏摄）

中下部，海南
三亚某酒店
（李健宏摄）

346. 金边百合竹

红色为凤梨，
厦门植物园

347. 新西兰麻

2019 北京世园会
紫叶，有叶偏红
品种

右上与紫薇，北京某
豪宅售楼处（朱海摄）

348. 花叶艳山姜

台湾日月潭日月行馆

左下与棕竹、银姬小
蜡，北京园博园

厦门南普陀寺

与广玉兰等，重庆某居住区

349. 银叶桉

高 0.6m 冠幅 0.6m，2016 唐山世园会

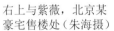

肺草，紫草科肺草属

十二、一二年生花卉

1. 白晶菊

北京某售楼处（由杨摄）

2. 黄晶菊

与白晶菊、肥皂花

2016 唐山世园会

3. 南非万寿菊

多色

中下紫色，英国威斯利花园

北京某售楼处

4. 金盏

5. 雏菊

经一段时间生长，铺满地面

6. 蓝雏菊

北京世界葡萄博览园

7. 瓜叶菊

新品种

多色，国家植物园

8. 三色堇

垂吊品种

多色

与荆芥，2016 唐山世园会

国家植物园

奥地利米拉贝尔花园

多色

9. 角堇

北京园博园

北京世界葡萄博览园

白色、黄色，2019 北京世园会

北京某品种展示会用作蓝色溪流

10. 紫堇

与黄水枝，2016 唐山世园会　　　　与玉簪、矾根

11. 金鱼草

高矮多色　　　　白、粉、红色，2019 北京世园会　　　　北京某售楼处

12. 柳穿鱼

多色。花似金鱼草

蓝色与前红色雏菊等

十二　一二年生花卉

13. 杂交石竹

与中部金鱼草，2019 北京世园会

北京某售楼处

红粉多色

15. 高雪轮

14. 矮雪轮

16. 满天星

与普赛深玫红色'

17. 美女樱

垂吊应用

红、淡紫及白色，北京世界葡萄博览园

北京某售楼处淡紫色花
（杨一帆摄）

墙上应用

右与紫叶山桃
草等，英国威
斯利花园

18. 裂叶美女樱

2016 唐山世园会

北京雁栖湖国际会议中心

19. 矮牵牛

2013 北京世博园

北京某居住区（李健宏摄）

北京某品种展示会

与小叶黄杨，
山东潍坊人
民公园西方
园林

20. 蔓生矮牵牛

山东某售楼处（李健宏摄）

苏州某售楼处（朱海摄）

21. 舞春花

多色，2019北京世园会

多色

北京园博会

22. 蛾蝶花

多色

23. 欧洲报春

十二、二年生花卉

24. 报春花

25. 矢车菊

26. 蛇目菊

与其他野花组合，北京某乡村休闲庄园

27. 花环菊

28. 波叶异果菊

与下部雏菊应用

29. 虞美人

2016 唐山世园会

30. 花菱草

2016 唐山
世园会

31. 风铃草

多色。有小花、小株品种

粉色、蓝色，
2016 唐山世园会

32. 彩星花

蓝色，2019 北京世园会

33. 半边莲

多色

白色与深蓝鼠尾草等，英国威斯利花园

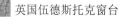

英国伍德斯托克窗台　　蓝色与紫南非万寿菊，2016 唐山世园会

34. 紫罗兰

多色，单瓣、重瓣　　　　　　　紫、粉及暗红色　　　　　　　　淡紫色

35. 香雪球

北京教学植物园

多色

2019 北京世园会

36. 糖芥

37. 板蓝根

38. 福禄考

多色

2019 北京世园会

39. 花葵

40. 古代稀

41. 红亚麻

42. 龙面花

多色

43. 蓝花鼠尾草

高 30~40cm 冠幅 15cm

溪边应用
（李健宏摄）

英国
肯辛顿公园

烟台某售楼处
（李健宏摄）

与狼尾草等，
英国邱园

与堆心菊等，
英国邱园

44. 大萼鼠尾草

45. 一串红

多色

北京某售楼处

上海植物园

46. 朱唇

北京园博园

左下及右中，英国威斯利花园

47. 非洲凤仙

多色

北京某居住区，园点景观设计资料
北京某售楼处（李健宏摄）

北京中山公园树荫下

大坡度应用（由杨摄）

左溪边应用，北京某售楼处

48. 凤仙花

宁夏银川植物园

与右桂花，北京某售楼处（李健宏摄）

49. 夏堇

北京某售楼处（由杨摄）

50. 香彩雀

白、紫色，2013 锦州世博园

混色，北京某售楼处

51. 双距花

52. 猴面花

多色

淡黄、粉及红色，2019 北京
世园会

53. 醉蝶花

淡紫、粉红色，2020 北京西单国庆花坛

北京某品种展示会门前，粉色与木茼蒿

后紫色与前彩星花，北京世园会

54. 长春花

后期花瓣多分开

与金光菊、蓝花鼠尾草，2019 北京世园会

55. 蜀葵

英国伦敦

56. 黄帝菊

北京某售楼处
（李健宏摄）

与假龙头，北京某售楼处（李健宏摄）

十二、二年生花卉

— 647 —

57. 百日草

北京某售楼处（由杨摄）

2021 年北京东单路口七一花坛

58. 小百日草

叶长椭圆形，北京某售楼处（李健宏摄）

59. 丰花百日草

叶线形或线状披针形，北京某售楼处

60. 波斯菊

矮生，白、淡粉纯色

与大花金鸡菊，北京某售楼处（李健宏摄）

与夏堇竹下应
用，北京售楼处

河北香河售楼处 10 月末水边

日本四国丰岛梯田

61. 硫华菊

多色，与上部丰花百日草

湖南永州勾蓝瑶寨

南京中山植物园

62. 大花藿香蓟

单盆冠幅 30cm 以上

2019 北京世园会

与白晶菊北京某售楼处（李健宏摄）

63. 麦秆菊

多色

高秆品种

与朱顶红等应用

64. 小向日葵

2021 年北京西单路口七一花坛

与百日草，北京某售楼处（由杨摄）

国家植物园

65. 翠菊

北京某售楼处
（李健宏摄）

北京某售楼处
（李健宏摄）

66. 勋章菊

前黄色，2016 唐山世园会

67. 孔雀草

北京长安街（李青秀摄）

英国威斯利花园

68. 万寿菊

黄色与角堇。
橙色

69. 桂圆菊

国家植物园

70. 堆心菊

与紫叶酢浆草

英国威斯利
花园红色

71. 黑心菊

北京奥林匹克森林公园

英国威斯利花园

英国威斯利花园

与松果菊等，英国邱园

72. 大头金光菊

与火尾蓼、缬草等，英国威斯利花园

74. 大花马齿苋

单、重瓣

73. 花烟草

混色

北京园博园

75. 环翅马齿苋

南京某售楼处

76. 旱金莲

花叶

垂吊品种

北京园博园

马墙上美国地锦；吉林市江南公园

英国邱园应用

77. 紫茉莉

北京柳荫公园

2019 北京世园会

78. 喜林草

2019 北京世园会

日本与郁金香等应用（王汝楠摄）

79. 黑种草

花、果、叶

80. 飞蓬

81. 五色菊

82. 鬼针草

第七届北京花木春季花展
7th BJFC Spring Flower Show

多色

83. 母菊

84. 月见草

与红叶蓖
麻、百日草，
呼和浩特

北京教学植物园

85. 大果月见草

86. 美丽月见草

山东昌邑绿博园

87. 千日红

多色

2019北京世园会品种'焰火'等

上海辰山植物园

88. 鸡冠花

多色

89. 凤尾鸡冠花

90. 青葙

北京教学植物园10月上

91. 澳洲狐尾

2019北京世园会

92. 毛蕊花

93. 屈曲花

94. 小菊

多色

国家植物园

95. 小丽花

传统品种

多色

紫叶、紫花品种

96.、97. 银叶菊、细裂银叶菊

两种。银叶菊多用作造型

2017 国庆北京东单路口花坛熊猫

北京世博园花期

98. 彩叶草

多品种

北京某售楼处
（李健宏摄）

北京某售楼处品种'老来少'（李健宏摄）

99. 雁来红

变色前效果

100. 扫帚菜

秋色

秋态（李健宏摄）

国家植物园秋

2019北京世园会

英国伦敦

101. 银边翠

国家植物园

102. 银雾伞花蜡菊

103. 蓖麻

北京某度假村

104. 红叶蓖麻

内蒙古呼和浩特。花、果

与蓖麻，北京
世园会

105. 观赏谷子

与金叶薯、玉簪等（李健宏摄）

与芭蕉等，英国伦敦摄政公园

与黑心菊、向日葵，
英国威斯利花园

106. 翡翠公主观赏谷子

绿色与后面观赏谷子，国家植物园

2013锦州世博园

107. 兔尾草

与非洲菊等

108. 美国薄荷

北京东二环路

109. 拟美国薄荷

国家植物园

110. 罗勒

112. 紫罗勒

113. 香青兰

河北小五台山附近

宁夏银川植物园

111. 疏柔毛罗勒

2019北京世园会

114. 红蓼

北京某苗圃

内蒙古呼和浩特

十二、一二年生花卉

115. 蓝蓟

蓝蓟品种

116. 野蓝蓟

右侧为树蓝蓟

117. 瓦松

北京小龙门
森林公园

118. 益母草

花序上叶全缘或浅
裂，花冠下唇长于
上唇

119. 细叶益母草

花序上叶3全裂，花冠下唇短于上唇

120. 牛蒡

北京教学植物园

123. 水金凤

北京龙门
涧景区

121. 泥胡菜

122. 草木樨

124. 紫花重瓣曼陀罗

北京教学植物园

日本大阪住宅左

125. 甘蓝

叶淡蓝色

126.、127. 羽衣甘蓝、皱叶羽衣甘蓝

皱叶

多品种

乳白色裂叶

北京世界葡萄博览园

上海元旦（付冰摄）

128. 油菜花

与郁金香，北京教学植物园

129. 紫叶油菜

北京世界葡萄博览园多种观赏蔬菜

130. 黑芥

2019 北京世园会

131. 红叶甜菜

红叶、黄柄甜菜与金盏，一米菜园

132、133. 红柄甜菜、黄柄甜菜

北京某品种展示会

英国威斯利花园餐厅

134. 红叶生菜

红叶生菜、苦苣

与绿叶生菜，2019 北京世园会

无土栽培

135. 紫叶油麦菜

2019 北京世园会

136. 苦苣

北京世界葡萄博览园观赏蔬菜

137. 茼蒿

小叶品种

大叶品种

小叶品种

大叶品种

138. 紫苏

北京某乡村休闲庄园

沈阳世博园

139. 回回苏

2019 北京世园会

140. 朝天椒

香港中环

141. 樱桃椒

小图为黑叶品种

142. 风铃椒

143. 樱桃番茄

右，北京某品种展示会

2019 北京世园会

144. 胡萝卜

花期

145. 茴香

后为小木槿

146. 黄蜀葵

147. 心叶日中花

花叶与红梗甜菜，
2019 北京世园会

148. 芋

与金叶薯，上海辰山植物园

149. 紫芋

北京教学植物园

150. 空心菜

十
二
、
一
二
年
生
花
卉

— 663 —

不说古典园林的亭廊依稀、古木掩映的画意，仅从现代遮阴、舒适、宜人的角度或功能要求，种植都有很大问题

植物与建筑、设施各自孤立，缺少任何呼应等关系，更达不到融为一体的效果

自然、古典的场景，行道树式的规则种植模式

水边除了整齐的列植，看不到任何自然、错落的痕迹；花卉的单调规则种植，也没有自然美感

树形极差，植物品种贫乏。植物配置不仅没有锦上添花，反而大大降低了硬景的观赏性和景观的整体价值

植物的简单堆砌，感受不到任何设计的艺术美感，毫无层次、错落、疏密等合理的组团效果

曾在北京地产行业很盛行的五重植物配植，虽然组团完整，符合售楼处立竿见影的营销效果，但不适应植物生长

杭州某世界著名酒店丰富的树冠线

英国谢菲尔德花园的植物配置层次和丰富的林冠线

英国谢菲尔德花园植物配置

英国威斯利花园中国亭子配置，"梁祝"传说的中式木亭——蝶恋亭

英国威斯利花园水生植物配置

英国威斯利花园水边及岩石园植物配置

英国威斯利花园岩石园（一）

英国威斯利花园岩石园（二）

英国旅馆入口丰富的常绿植物品种

英国温莎宫堡植物配置

英国邱园观赏草配置

英国威斯利花园观赏草配置（一）

英国威斯利花园观赏草配置（二）

英国威斯利花园，沿湖边呈圆弧状布置的条状花境，随地形层层铺开

英国威斯利花园宿根花卉配置（一）

英国威斯利花园宿根花卉配置（二）

英国威斯利花园宿根花卉配置（三）

[1] 贺士元，邢其华，尹祖棠. 北京植物检索表（1992 年增订版）[M]. 北京：北京出版社，1993.

[2] 北京市紫竹院公园管理处. 紫竹院公园常见植物 [M]. 北京：中国林业出版社，2017.

[3] 蔡丸子. 我的世界就是一座花园 [M]. 北京：中信出版集团，2018.

[4] 陈有民. 中国园林绿化树种区域规划 [M]. 北京：中国建筑工业出版社，2006.

[5] 付彦荣. 野菜图鉴 [M]. 南京：江苏凤凰科学技术出版社，2017.

[6] 胡中华，刘师汉. 草坪与地被植物 [M]. 北京：中国林业出版社，1995.

[7] 华北树木志编写组. 华北树木志 [M]. 北京：中国林业出版社，1984.

[8] 黄茂如. 杜鹃花 [M]. 上海：上海科学技术出版社，1998.

[9] 金波，东惠茹，王世珍. 水仙花 [M]. 上海：上海科学技术出版社，1998.

[10] 李清清，曹广才. 中国北方常见水生植物 [M]. 北京：中国农业科学技术出版社，2010.

[11] 李印普. 花卉宝典 [M]. 北京：中国林业出版社，2017.

[12] 李作文，关正君. 园林宿根花卉 400 种 [M]. 沈阳：辽宁科学技术出版社，2007.

[13] 李作文，刘家祯. 园林地被植物的选择与应用 [M]. 沈阳：辽宁科学技术出版社，2009.

[14] 李作文，刘家祯. 不同生态环境下的园林植物 [M]. 沈阳：辽宁科学技术出版社，2010.

[15] 李作文，徐文君. 新优园林树种 [M]. 沈阳：辽宁科学技术出版社，2013.

[16] 李作文，张连泉. 园林树木 1966 种 [M]. 沈阳：辽宁科学技术出版社，2014.

[17] 刘冰，林秦文，李敏. 中国常见植物野外识别手册北京册 [M]. 北京：商务印书馆，2018.

[18] 刘淑敏，王莲英，吴涤新，等. 牡丹 [M]. 北京：中国建筑工业出版社，1987.

[19] 刘世彪. 植物文化概论 [M]. 北京：民族出版社，2016.

[20] 日本美丽出版社. 花卉圣经 [M]. 张丽，译. 长春：吉林科学技术出版社，2013.

[21] 王其超，张行言. 中国荷花品种图志 [M]. 北京：中国林业出版社，2005.

[22] 王羽梅. 中国芳香植物 [M]. 北京：北京科学出版社，2008.

[23] 汪亦萍，俞仲辂. 山茶花 [M]. 北京：中国建筑工业出版社，1989.

[24] 邢福武，等. 中国景观植物（上、下册）[M]. 武汉：华中科技大学出版社，2009.

[25] 熊济华. 菊花 [M]. 上海：上海科学技术出版社，1998.

[26] 徐德嘉. 古典园林植物景观配置 [M]. 北京：中国环境科学出版社，1997.

[27] 徐德嘉，苏州三川营造有限公司. 园林植物景观配置 [M]. 北京：中国建筑工业出版社，2010.

[28] 徐景先，赵良成，林秦文. 北京湿地植物 [M]. 北京：北京科学技术出版社，2009.

[29] 闫双喜，刘保国，李永华. 景观园林植物图鉴 [M]. 郑州：河南科学技术出版社，2013.

[30] 杨斧，杨菁. 北京野花 [M]. 北京：北京大学出版社，2019.

[31] 姚梅国，池玉文. 大丽花 [M]. 北京：中国建筑工业出版社，1986.

[32] 张本. 月季 [M]. 上海：上海科学技术出版社，1998.

[33] 张天麟. 园林树木 1600 种 [M]. 北京：中国建筑工业出版社，2010.

[34] 赵家荣，燕玲. 水生植物图鉴 [M]. 武汉：华中科技大学出版社，2009.

[35] 赵良成，等. 北京野生植物资源 [M]. 北京：中国林业出版社，2014.

[36] 赵世伟. 园林植物种植设计与应用（全三卷）[M]. 北京：北京出版社，2006.

[37] 中国建筑标准设计研究院. 环境景观：绿化种植设计 03J012-2 [M]. 北京：中国计划出版社，2008.

[38] 中国建筑标准设计研究院. 种植屋面建筑构造 14J206 [M]. 北京：中国计划出版社，2014.

[39] 周洪义，张青，袁东升. 园林景观植物图鉴（上、下册）[M]. 北京：中国建筑工业出版社，2010.

[40] 周文翰. 花与树的人文之旅 [M]. 北京：商务印书馆，2016.

[41] 张宝贵. 北京四合院里的花木 [N]. 北京晚报，2006-07-03（49、50）.

[42] 李锐丽. 北京地区岩石园营建及岩生植物选择研究 [D]. 北京：北京林业大学，2007.

[43] DB11T 1100—2014 城市附属绿地设计规范.

[44] DB11T 1112—2014 高速公路边坡绿化设计、施工及养护技术规范.

[45] DB11T 281—2015 屋顶绿化规范.

[46] DB11T 1297—2015 绿地节水技术规范.

主要参考文献

[47] DB11T 1300—2015 湿地恢复与建设技术规程.

[48] DB11/T 1513—2018 城市绿地鸟类栖息地营造及恢复技术规范.

[49] DB11/T 1605—2018 鸟类多样性及栖息地质量评价技术规程.

[50] DB11/T 726—2019 露地花卉布置技术规程.

[51] 北京市绿地林地地被植物选择与养护技术指导书（试行）.

[52] 北京市城市森林建设指导书（试行）.

[53] 适宜北京地区节水耐旱植物名录（2019版）.

[54] 刘燕. 中国常见花卉图鉴 [M]. 郑州：河南科学技术出版社，1999.

[55] 刘燕. 园林花卉学 [M]. 北京：中国林业出版社，2020.

[56] 王美仙，刘燕. 花境设计 [M]. 北京：中国林业出版社，2013.

[57] 陈锦蓉. 花园中心靠什么吸引儿童 [N]. 中国花卉报，2018-09-06（6）.

[58] 陈美谕. 以植物多样性促人居环境提升 [N]. 中国花卉报，2018-10-11（1）.

[59] 黄国振，邓惠琴，李祖修，等. 睡莲 [M]. 北京：中国林业出版社，2009.

[60] 夏宜平. 园林花境景观设计 [M]. 2版. 北京：化学工业出版社，2020.

[61] 许联瑛. 北京常绿阔叶植物 [M]. 北京：科学出版社，2021.

[62] 杨开源. 这个严冬，哪些绿化受了"风寒"？[N]. 中国花卉报，2016-03-24（1、2）.

[63] 张乔松. 保障植物安全是植物保护的基石 [N]. 中国花卉报，2017-10-12（4、5），2017-10-19（4、5）.

C

中文名称	页码			中文名称	页码		
	表一	表二	彩图		表一	表二	彩图
大布尼狼尾草	140	143	536	大圆叶丝绵木	54	87	423
大车前	160	166	571	大字杜鹃	101	123	504
大萼鼠尾草	215	224	645	丹东桧	10	15	255
大佛肚竹	35	37	311	丹桂	13	19	269
大富豪玉簪	—	185	574	丹麦草	158	162	564
大果榆	41	62	336	丹参	170	190	583
大果月见草	217	227	653	单瓣黄刺玫	93	109	450
大红梅	46	71	364	单瓣黄木香	127	132	—
大红叶草	179	204	611	单瓣李叶绣线菊	94	111	457
大花百合	177	201	605	单瓣缫丝花	93	109	451
大花葱	177	201	605	单粉桃	44	67	350
大花藿香蓟	216	225	649	单红桃	44	67	350
大花金鸡菊	168	187	578	单叶蔓荆	98	118	—
大花蓝盆花	170	190	584	淡竹	34	36	308
大花六道木	24	31	298	当娜海棠	—	—	372
大花马齿苋	217	226	651	德国鸢尾	167	186	575
大花美人蕉	178	203	608	德景天	168	187	578
大花水亚木	91	105	437	灯台树	54	87	421
大花溲疏	90	105	436	灯芯草	141	146	547
大花天竺葵	—	—	620	荻	142	146	548
大花铁线莲	128	132	523	地被月季	92	108	448
大花夏枯草	182	208	622	地黄	174	196	596
大花萱草	167	185	573	地锦	126	130	517
大花野豌豆	129	135	529	地涌金莲	183	210	627
大火草	176	198	599	地榆	174	196	596
大丽花	178	203	609	棣棠	93	108	448
大藻	149	155	559	点地梅	160	166	571
大山樱	45	69	359	钓钟柳	182	208	622
大头金光菊	217	226	651	吊竹梅	179	205	614
大吴风草	172	194	—	顶花板凳果	158	162	564
大叶白蜡	52	84	412	东北扁核木	92	107	444
大叶垂榆	41	61	335	东北茶藨子	91	106	439
大叶胡颓子	25	32	303	东北雷公藤	128	132	523
大叶黄杨	21	26	277	东北连翘	97	115	472
大叶朴	42	62	338	东北婆婆纳	171	192	588
大叶伞	183	211	630	东北山梅花	90	104	435
大叶铁线莲	171	192	589	东北鼠李	102	123	506
大叶醉鱼草	101	121	499	东北玉簪	167	185	575
大油芒	140	143	540	东北珍珠梅	93	109	452

中文名称	页码			中文名称	页码		
	表一	表二	彩图		表一	表二	彩图
红花刺槐	49	76	383	厚叶岩白菜	171	192	588
红花酢浆草	179	204	612	忽地笑	178	202	608
红花钓钟柳	182	208	622	狐尾天门冬	179	204	611
红花檵木	25	32	301	狐尾藻	150	157	562
红花锦鸡儿	95	112	461	胡萝卜	220	231	663
红花忍冬	127	132	520	胡颓子	25	32	302
红花山桃	44	67	350	胡杨	136	138	530
红花水杨梅	174	196	596	胡枝子	95	112	462
红花贴梗海棠	—	107	—	湖北紫荆	49	77	385
红花新疆忍冬	99	119	488	槲栎	41	60	331
红花岩黄耆	136	138	533	槲树	41	60	331
红花玉兰	42	64	342	蝴蝶戏珠花	100	120	493
红桦	40	60	329	蝴蝶绣球	100	120	493
红栎	41	60	332	虎蹄蜡梅	90	104	434
红蓼	218	229	658	虎杖	175	198	599
红脉玉兰	42	63	340	虎榛子	102	124	507
红皮云杉	10	14	247	互叶醉鱼草	101	122	500
红肉苹果	47	72	369	瓟瓜	129	134	528
红瑞木	96	114	469	花棒	136	138	532
红三叶	160	165	570	花贝母	177	201	606
红睡莲	148	152	552	花碧桃	44	68	352
红松	12	18	263	花菖蒲	148	153	555
红王子锦带	99	118	485	花红	48	74	375
红薇	96	113	468	花花柴	137	139	534
红缬草	173	195	595	花环菊	215	223	641
红雪果	100	121	497	花椒	101	122	502
红亚麻	215	224	644	花楷槭	50	80	397
红叶蓖麻	218	228	657	花葵	215	223	644
红叶椿	51	80	400	花蔺	150	155	560
红叶生菜	219	230	661	花菱草	215	223	642
红叶石楠	23	29	290	花毛茛	178	203	610
红叶甜菜	219	230	661	花木蓝	95	113	464
红叶榆叶梅	91	106	441	花苜蓿	173	194	593
红叶羽毛枫	50	78	390	花楸树	48	74	375
红玉海棠	48	74	374	花葱	174	196	596
红运玉兰	42	64	342	花烟草	217	226	651
猴面花	216	224	646	花叶丁香	97	116	477
厚朴	43	65	344	花叶鹅掌藤	183	211	630
厚叶福禄考	169	188	581	花叶拂子茅	141	145	543

中文名称	页码			中文名称	页码		
	表一	表二	彩图		表一	表二	彩图
桔梗	171	192	588	蓝刺头	172	193	591
菊花桃	44	68	353	蓝翠柏	22	28	284
菊苣	172	194	593	蓝地柏	22	28	286
菊芋	170	191	586	蓝靛果忍冬	99	119	491
榉树	42	63	339	蓝丁香	97	116	478
巨紫荆	49	77	385	蓝粉云杉	11	16	257
苣荬菜	172	193	592	蓝花棘豆	173	195	594
聚合草	175	197	598	蓝花鼠尾草	215	224	644
卷丹	177	201	604	蓝花喜盐鸢尾	167	186	576
蕨叶薯	181	207	619	蓝花重瓣欧丁香	97	115	475
君迁子	52	82	407	蓝蓟	218	229	659
卡尔拂子茅	141	145	543	蓝剑柏	11	17	260
康乃馨	181	208	622	蓝莓	102	123	505
糠椴	54	87	423	蓝盆花	170	190	584
科罗拉多蓝杉	11	16	257	蓝色筹码平铺圆柏	22	28	286
克鲁兹王莲	149	155	559	蓝色天堂落基山圆柏	11	16	259
空心菜	220	231	663	蓝雪花	179	204	613
孔雀草	216	226	650	蓝亚麻	169	189	582
苦草	150	157	562	蓝羊茅	140	144	541
苦瓜	129	134	529	蓝叶忍冬	99	119	489
苦苣	219	231	662	狼尾花	173	195	594
K 苦树	51	81	400	榔榆	41	62	336
苦糖果	99	119	490	老鹳草	173	195	594
苦竹	34	37	—	老鸦糊	98	117	—
块根糙苏	172	193	591	涝峪薹草	140	144	542
宽叶薹草	141	144	542	藜芦	169	189	—
宽叶香蒲	148	153	554	李	45	68	356
款冬	168	188	—	李叶绣线菊	94	111	456
筐柳	102	124	510	立柳	40	58	323
阔叶箬竹	35	38	311	丽格海棠	180	206	618
阔叶山麦冬	160	166	—	丽红元宝枫	49	77	387
阔叶十大功劳	23	30	292	丽色画眉草	141	145	545
蜡梅	90	104	433	连钱草	160	165	570
兰花三七	161	166	572	连翘	96	114	471
兰考泡桐	53	86	418	连香树	55	89	428
L 蓝阿尔卑斯刺柏	11	16	259	楝树	51	81	400
蓝冰柏	11	17	260	亮粉锦带花	99	118	486
蓝冰麦	141	145	546	亮红朱蕉	184	212	632
蓝雏菊	214	221	636	辽东丁香	97	116	477

中文名称	页码			中文名称	页码		
	表一	表二	彩图		表一	表二	彩图
夏至草	174	197	—	小香蒲	148	153	554
先知草芦	140	144	541	小向日葵	216	225	649
纤序芒	140	143	539	小药八旦子	160	166	571
现代月季	92	108	446	小叶白蜡	52	84	412
线柏	12	18	266	小叶丁香	97	116	476
线叶美人蕉	178	203	609	小叶扶芳藤	126	131	518
腺柳	40	59	325	小叶黄杨	21	26	279
香彩雀	216	224	646	小叶金露梅	94	111	459
香茶藨子	91	106	439	小叶锦鸡儿	95	112	462
香椿	51	81	400	小叶榉	42	63	340
香蜂花	180	205	615	小叶罗汉松	13	20	—
香花槐	49	76	383	小叶女贞	23	28	286
香荚蒾	100	120	494	小叶朴	42	62	338
香蒲	148	153	554	小叶鼠李	102	123	506
香青兰	218	229	658	小叶杨	40	58	321
香石竹	181	208	622	小玉竹	169	189	582
香豌豆	129	135	529	小紫珠	98	117	481
香雪球	215	223	643	孝顺竹	35	37	310
香杨	40	58	321	心叶椴	54	87	424
香樟	13	20	272	心叶日中花	220	231	663
湘妃竹	34	36	307	新几内亚凤仙	182	209	624
小百日草	216	225	648	新疆忍冬	99	119	488
小檗	90	104	432	新疆小叶白蜡	53	84	413
小布尼狼尾草	140	143	536	新疆杨	39	57	317
小丑火棘	23	30	291	新西兰扁柏	22	28	284
小冠花	173	194	593	新西兰麻	184	213	634
小果卫矛	21	26	—	馨口蜡梅	90	104	434
小红菊	176	199	600	星花木兰	42	64	342
小花溲疏	90	105	436	兴安杜鹃	101	123	504
小黄花菜	167	185	574	兴安桧	22	27	281
小黄金叶玉簪	167	185	574	兴安胡枝子	95	112	463
小鸡爪槭	49	78	389	兴安落叶松	39	56	314
小菊	218	228	654	杏	44	66	348
小蜡	98	117	480	杏梅	46	71	365
小丽花	218	228	655	荇菜	149	154	558
小木槿	184	212	631	匈牙利丁香	97	116	477
小盼草	142	146	549	雄黄兰	178	203	—
小青杨	40	58	321	袖珍椰子	183	211	628
小兔子狼尾草	140	143	536	绣球	91	105	437

后记

十年磨一剑，本书 2020 年末终于成稿了。

一个人所以能长久地坚持、付出巨大精力、无视回报完成一件事，靠的完全是一种情怀、热爱和梦想，甚至可以说是一种纯粹的公益。互联网发达，图书市场不景气，投入与回报比例严重失衡，因此多需要高效和速战速决。国内真正潜心研究编辑、能被称为高质量或创新的图书是十分难得的。

为了自己的夙愿能画上完整的句号，基本上牺牲了所有业余时间，牺牲了专业领域其他深入进取的机会，牺牲了当今头等的赚钱大业。"等一朵花开，需要很多的耐心和微笑"（小林）。为了拍摄植物照片，仅北京的植物园就去了不下百次。仅仅为了一张照片能达到满意的效果，不管远近，一个地方经常要跑多次，有时进不去还要不惜"跃墙"……因此对于朋友们给予的帮助和支持，更加显得分外珍贵。我要对在本书完成过程中提供帮助和支持的各位朋友，致以最诚挚的谢意！谢谢你们！

在此我还要特别致谢，北京林业大学刘燕教授的赏识和百忙之中赐序。很多朋友都向我谈及过刘老师的口碑，虽然我一向钦慕，但是素未谋面。因为没有样书，刘老师只能阅览部分电子稿，老师能欣然为序，且是为赶时间，出差间隙用手机完成，更使我感激和敬佩！我的大学老师北京农学院园林学院郑强副教授悉心指导了概述部分的写作，提出许多有价值的修改意见。也非常感谢责任编辑孙高洁和刘军老师的认可和长时间的辛苦付出！

还应该特别感谢园林景观设计师和园林工作者，许多图片的美是由他们创造和实现的，我只是个还算勤奋的搬运工。2023 年 2 月 13 日晚，我的同学李健宏先生在工作岗位上因心脏病突发抢救无效，不幸英年早逝了，非常遗憾，没有看到本书的面世……设计师是个很艰苦的职业，应该受到更多关注和尊敬！

原工作单位，优地联合（北京）建筑景观设计咨询有限公司总经理由杨，同意使用他本人拍摄的照片 12 张，原优地联合首席设计师李健宏，无偿提供照片 260 多张。我要感谢公司曾给予的机会和资源共享的氛围，以下资深、主创设计师同事也无私提供了照片，王国福、袁昕、史秀洁分享了有关照片信息，进一步开阔了本书的视野。谢谢大家！

王汝楠（21）　朱海（15）　李青秀（10）　刘薇（湖北 3）　邓蕾（西藏 1 张）
杨一帆（3）　付冰（3）　孙军（2）　康伟（2）　李华雯（1）
张文强（1）　刘岸（1）　焦燕菁（1）　刘治国（1）　另：刘雪梅（36）

我的爱人刘雪梅高级化工工程师还负责整理了中文名称索引及参考文献，在各方面也给予了我大力支持。

本书编写中参考引用了许多张天麟老师编著的经典树木书，《园林树木 1600 种》的内容，同时从 20 多年的《中国花卉报》以及植物志中也汲取了很多营养，因为篇幅不能一一列出，在此深表谢意！

尽管在用心地付出，但知识的探索永无止境，结果如何只能由广大读者评说，真诚希望听到你们的宝贵意见！（请扫描下方二维码与我联系。）

编著者

2023 年 3 月